"十二五"普通高等教育本科国家级规划教材

有机化学

（第五版） 上册

□ 胡宏纹　主编
□ 吴　琳　修订

高等教育出版社·北京

内容提要

本书是"十二五"普通高等教育本科国家级规划教材。

本书是在第四版教学实践的基础上,结合教学改革需要修订而成的。本次修订更新了部分章后习题,将参考文献等内容通过二维码展现,方便读者选用。全书共31章,分上、下两册出版。上册15章,主要介绍有机化合物的分类、性质、主要反应、代表化合物,以及对映异构和光谱分析;下册16章,主要介绍天然有机化合物、立体化学及各类主要有机化学反应机理。

本书可作为高等学校化学类专业有机化学课程教材,也可供相关专业选用。

图书在版编目(CIP)数据

有机化学. 上册 / 胡宏纹主编. --5版. --北京:高等教育出版社,2020.9(2023.12重印)
ISBN 978-7-04-054445-9

Ⅰ.①有… Ⅱ.①胡… Ⅲ.①有机化学-高等学校-教材 Ⅳ.①O62

中国版本图书馆CIP数据核字(2020)第115379号

YOUJI HUAXUE

| 策划编辑 | 曹 瑛 | 责任编辑 | 曹 瑛 | 封面设计 | 姜 磊 | 版式设计 | 杨 树 |
| 插图绘制 | 邓 超 | 责任校对 | 张 薇 | 责任印制 | 赵义民 | | |

出版发行	高等教育出版社	网 址	http://www.hep.edu.cn
社 址	北京市西城区德外大街4号		http://www.hep.com.cn
邮政编码	100120	网上订购	http://www.hepmall.com.cn
印 刷	北京盛通印刷股份有限公司		http://www.hepmall.com
开 本	787mm×1092mm 1/16		http://www.hepmall.cn
印 张	31	版 次	1978年9月第1版
字 数	770千字		2020年9月第5版
购书热线	010-58581118	印 次	2023年12月第5次印刷
咨询电话	400-810-0598	定 价	55.00元

本书如有缺页、倒页、脱页等质量问题,请到所购图书销售部门联系调换
版权所有 侵权必究
物 料 号 54445-00

第五版前言

在第五版中,根据《有机化合物命名原则 2017》,对书中涉及的化合物名称进行了修改,替换了部分章节的习题,其他各章亦有所调整、修改。

感谢读者多年来的支持与帮助,并恳请大家继续批评指正。

编 者
2020 年 5 月

第四版前言

本书第四版除第一章重写外，其他各章只进行了少量修改及改正印刷中的错误。其主要的变化是增加了阅读材料，供读者学习时根据需要选用。

本版修改工作由胡宏纹、吴琳完成。

感谢广大读者35年来的支持和帮助，并希望继续批评、指正。

编　者
2013年4月

第三版前言

本书第三版的主要改动是在各类化合物的叙述中只保留反应机理的基本概念,将更深入的讨论放在下册新增加的各章中,目的是使教材在使用中具有更大的灵活性。

潘国骏硕士承担了第三版的打印和制图,由于他的严谨而细致的工作,减少了初稿中的错误,谨表示衷心感谢!

本书自1979年初版至今已有26年了,谨对广大读者多年来的支持和帮助表示衷心感谢,并希望继续批评、指正。

编 者
2005年8月

第二版前言

本书第一版于1978年出版，十年来国内的教学条件、教学水平和对教材的要求都有很大的变化，为了适应当前形势的要求，这一版差不多是重新编写的。

第一版出版以后，我们收到了许多批评和建议，在改写中，我们尽可能地采纳了这些意见，改正了第一版中出现的错误和缺点，为此，谨向有关同志表示衷心感谢！

在这一版中，一些基本概念和理论都尽可能提前介绍，以便在后面各章中反复应用，希望读者对有机化学中最基本的内容有较深的印象，在此基础上有阅读其他参考书的能力。这样做的缺点是前九章分量较重，难度较大。希望在教学过程中考虑到这个问题，把这几章的进度适当放慢。

高等学校理科教材编审委员会有机化学编审小组和高等教育出版社于1987年10月召开了审稿会，在王积涛教授主持下对本书初稿提出了详细的修改意见，使我们避免了许多错误，谨表示衷心感谢。由于编者水平所限，修改稿中一定还有不少错误和缺点，希望读者批评、指正。

段康宁同志参加了初稿第二、五、六、七、八、九各章的部分工作。

编　者
1989年3月

第一版前言

本书是根据1977年10月高等学校理科化学类教材会议制定的《有机化学》教材编写大纲编写的,供综合大学化学系作试用教材,也可供其他院校参考。

本书共分三部分。上册为第一部分,内容包括共价键的性质,各类有机化合物的结构、物理性质、反应和用途,立体化学及测定结构的物理方法。下册包括第二部分有机反应的历程和第三部分天然产物及高分子化合物。对这种编写方法,我们还缺乏实践经验,每一章的问题、习题及内容提要的选择和安排是否妥当,也有待于教学实践的检验。

本书的编写工作是在南京大学化学系有机化学教研室参加基础课教学的同志积极协助下进行的,由胡宏纹、段康宁、陈伟兴和陈子涛执笔。

本书初稿经《有机化学》教材审稿会审查。参加审稿的单位有南开大学、北京大学、吉林大学、复旦大学、武汉大学、中山大学、四川大学、兰州大学、厦门大学、中国科技大学、北京师范大学和上海师范大学等校。会上代表们对书稿提出了详细的修改意见,其他一些兄弟院校的同志也提出了不少的建议。在此,我们表示衷心的感谢。限于编者水平,加以成稿时间仓促,书中缺点错误在所难免,希望提出批评指正。

编 者
1978年8月于南京

目 录

第一章　绪论 1
§1.1　有机化合物和有机化学 1
1.1.1　有机化合物 1
1.1.2　生命力学说 1
§1.2　有机化合物的结构 2
1.2.1　经典结构式 2
1.2.2　碳原子的四面体结构 4
1.2.3　Lewis 结构式 6
§1.3　原子轨道和分子轨道 8
1.3.1　原子轨道 9
1.3.2　氢分子离子 10
1.3.3　氢分子 11
1.3.4　sp 杂化轨道 11
1.3.5　sp^2 杂化轨道 11
1.3.6　sp^3 杂化轨道 12
1.3.7　乙烯 12
1.3.8　乙炔 13
§1.4　价层电子对互斥模型 14
§1.5　特性基团和有机化合物的分类 14
1.5.1　特性基团 14
1.5.2　有机化合物的碳架结构 15
§1.6　阅读材料 17
1.6.1　合成染料工业的开始 17
1.6.2　Wittig 反应 18
1.6.3　杂化轨道 18

第二章　烷烃 21
§2.1　烷烃的同系列和异构 21
2.1.1　烷烃同系列 21
2.1.2　烷烃的异构 21
2.1.3　烷烃的结构 23
§2.2　烷烃的命名 24
2.2.1　直链烷烃 24
2.2.2　支链烷烃 24
§2.3　烷烃的构象 26
2.3.1　单键的自由旋转 26
2.3.2　构象 27
2.3.3　单键的旋转不是完全自由的 28
2.3.4　乙烷的构象 29
2.3.5　丁烷的构象 30
2.3.6　高级烷烃的构象 31
§2.4　烷烃的物理性质 31
2.4.1　沸点 32
2.4.2　熔点 34
2.4.3　相对密度 34
2.4.4　溶解度 34
§2.5　烷烃的反应 34
2.5.1　烷烃的燃烧 35
2.5.2　烷烃的热解 37
§2.6　烷烃的氯化 39
2.6.1　甲烷的氯化 39
2.6.2　其他烷烃的氯化 42
§2.7　烷烃的来源和用途 44
2.7.1　烷烃的来源 44
2.7.2　烷烃的用途 44
§2.8　阅读材料 46
2.8.1　取代乙烷的构象 46
2.8.2　甲基自由基 47
2.8.3　烷烃的卤化反应 47
2.8.4　Hammond 假说 49
习题 50

第三章　环烷烃 51
§3.1　环烷烃的异构和命名 51
3.1.1　环烷烃的异构 51
3.1.2　环烷烃的命名 52
§3.2　环烷烃的物理性质和化学反应 53
3.2.1　环烷烃的物理性质 53
3.2.2　环烷烃的反应 54
§3.3　环烷烃的来源和用途 55
§3.4　环的张力 55
3.4.1　Baeyer 张力学说 55

3.4.2 环烷烃的燃烧热 ⋯⋯⋯⋯⋯⋯ 57
3.4.3 张力能(strain energy) ⋯⋯⋯ 58
§3.5 环己烷的构象 ⋯⋯⋯⋯⋯⋯⋯⋯⋯⋯ 59
　3.5.1 椅型构象 ⋯⋯⋯⋯⋯⋯⋯⋯⋯ 59
　3.5.2 船型构象 ⋯⋯⋯⋯⋯⋯⋯⋯⋯ 61
　3.5.3 扭船型构象 ⋯⋯⋯⋯⋯⋯⋯⋯ 61
§3.6 取代环己烷的构象分析 ⋯⋯⋯⋯⋯ 62
　3.6.1 一取代环己烷 ⋯⋯⋯⋯⋯⋯⋯ 62
　3.6.2 二取代环己烷 ⋯⋯⋯⋯⋯⋯⋯ 64
　3.6.3 环己烷环的平面表示方法 ⋯⋯ 67
§3.7 其他单环环烷烃的构象 ⋯⋯⋯⋯⋯ 67
　3.7.1 小环 ⋯⋯⋯⋯⋯⋯⋯⋯⋯⋯⋯ 67
　3.7.2 环戊烷和环庚烷 ⋯⋯⋯⋯⋯⋯ 68
§3.8 多环烃 ⋯⋯⋯⋯⋯⋯⋯⋯⋯⋯⋯⋯ 68
　3.8.1 多环烃的命名 ⋯⋯⋯⋯⋯⋯⋯ 68
　3.8.2 十氢化萘 ⋯⋯⋯⋯⋯⋯⋯⋯⋯ 69
　3.8.3 金刚烷 ⋯⋯⋯⋯⋯⋯⋯⋯⋯⋯ 70
　3.8.4 其他多环烃 ⋯⋯⋯⋯⋯⋯⋯⋯ 71
§3.9 阅读材料 ⋯⋯⋯⋯⋯⋯⋯⋯⋯⋯⋯ 72
　跨环反应(transannular reaction) ⋯⋯ 72
习题 ⋯⋯⋯⋯⋯⋯⋯⋯⋯⋯⋯⋯⋯⋯⋯ 73

第四章　对映异构 ⋯⋯⋯⋯⋯⋯⋯⋯⋯⋯ 74
§4.1 旋光性 ⋯⋯⋯⋯⋯⋯⋯⋯⋯⋯⋯⋯ 74
　4.1.1 偏光 ⋯⋯⋯⋯⋯⋯⋯⋯⋯⋯⋯ 74
　4.1.2 旋光物质和比旋光度 ⋯⋯⋯⋯ 75
§4.2 手性 ⋯⋯⋯⋯⋯⋯⋯⋯⋯⋯⋯⋯⋯ 76
　4.2.1 对映异构和手性 ⋯⋯⋯⋯⋯⋯ 76
　4.2.2 不对称碳原子 ⋯⋯⋯⋯⋯⋯⋯ 78
§4.3 含一个不对称碳原子的化合物 ⋯⋯ 79
　4.3.1 Fischer 投影式(Fischer
　　　　projection) ⋯⋯⋯⋯⋯⋯⋯⋯ 80
　4.3.2 对映体的命名 ⋯⋯⋯⋯⋯⋯⋯ 81
　4.3.3 对映体的性质 ⋯⋯⋯⋯⋯⋯⋯ 85
§4.4 含几个不对称碳原子的开链化合物 ⋯ 86
　4.4.1 含两个相同的不对称碳原子的
　　　　化合物 ⋯⋯⋯⋯⋯⋯⋯⋯⋯⋯ 86
　4.4.2 绝对构型 ⋯⋯⋯⋯⋯⋯⋯⋯⋯ 88
　4.4.3 外消旋化 ⋯⋯⋯⋯⋯⋯⋯⋯⋯ 89
　4.4.4 含两个不同的不对称碳原子的
　　　　化合物 ⋯⋯⋯⋯⋯⋯⋯⋯⋯⋯ 89
　4.4.5 三羟基戊二酸 ⋯⋯⋯⋯⋯⋯⋯ 90
　4.4.6 含有三个不相同的不对称

碳原子的化合物 ⋯⋯⋯⋯⋯⋯⋯⋯⋯ 91
　4.4.7 异构体的分类 ⋯⋯⋯⋯⋯⋯⋯ 92
§4.5 环状化合物的立体异构 ⋯⋯⋯⋯⋯ 93
　4.5.1 二酮吡嗪 ⋯⋯⋯⋯⋯⋯⋯⋯⋯ 93
　4.5.2 环己烷衍生物 ⋯⋯⋯⋯⋯⋯⋯ 93
　4.5.3 稠环化合物 ⋯⋯⋯⋯⋯⋯⋯⋯ 95
§4.6 构象与旋光性 ⋯⋯⋯⋯⋯⋯⋯⋯⋯ 95
§4.7 阅读材料 ⋯⋯⋯⋯⋯⋯⋯⋯⋯⋯⋯ 96
　4.7.1 不对称碳原子 ⋯⋯⋯⋯⋯⋯⋯ 96
　4.7.2 构型 R 和 S 的确定 ⋯⋯⋯⋯ 97
　4.7.3 旋光性的发生 ⋯⋯⋯⋯⋯⋯⋯ 98
习题 ⋯⋯⋯⋯⋯⋯⋯⋯⋯⋯⋯⋯⋯⋯⋯ 98

第五章　卤代烷 ⋯⋯⋯⋯⋯⋯⋯⋯⋯⋯⋯ 100
§5.1 卤代烷的命名 ⋯⋯⋯⋯⋯⋯⋯⋯⋯ 100
　5.1.1 习惯命名法 ⋯⋯⋯⋯⋯⋯⋯⋯ 100
　5.1.2 系统命名法 ⋯⋯⋯⋯⋯⋯⋯⋯ 100
§5.2 一卤代烷的结构和物理性质 ⋯⋯⋯ 101
　5.2.1 一卤代烷的结构 ⋯⋯⋯⋯⋯⋯ 101
　5.2.2 偶极矩 ⋯⋯⋯⋯⋯⋯⋯⋯⋯⋯ 101
　5.2.3 沸点 ⋯⋯⋯⋯⋯⋯⋯⋯⋯⋯⋯ 102
　5.2.4 相对密度和溶解度 ⋯⋯⋯⋯⋯ 103
§5.3 一卤代烷的化学反应 ⋯⋯⋯⋯⋯⋯ 103
　5.3.1 取代反应 ⋯⋯⋯⋯⋯⋯⋯⋯⋯ 104
　5.3.2 消除反应 ⋯⋯⋯⋯⋯⋯⋯⋯⋯ 106
　5.3.3 还原 ⋯⋯⋯⋯⋯⋯⋯⋯⋯⋯⋯ 107
§5.4 亲核取代反应的机理 ⋯⋯⋯⋯⋯⋯ 108
　5.4.1 亲核取代反应的双分子
　　　　反应机理, S_N2 ⋯⋯⋯⋯⋯⋯ 108
　5.4.2 亲核取代反应的单分子
　　　　机理, S_N1 ⋯⋯⋯⋯⋯⋯⋯⋯ 113
§5.5 一卤代烷的制法 ⋯⋯⋯⋯⋯⋯⋯⋯ 117
　5.5.1 烷烃的卤化 ⋯⋯⋯⋯⋯⋯⋯⋯ 117
　5.5.2 烯烃与卤化氢加成 ⋯⋯⋯⋯⋯ 117
　5.5.3 由醇制备 ⋯⋯⋯⋯⋯⋯⋯⋯⋯ 117
§5.6 卤代烷的用途 ⋯⋯⋯⋯⋯⋯⋯⋯⋯ 118
　5.6.1 一卤代烷 ⋯⋯⋯⋯⋯⋯⋯⋯⋯ 118
　5.6.2 多氯代烷 ⋯⋯⋯⋯⋯⋯⋯⋯⋯ 118
　5.6.3 多氟化物 ⋯⋯⋯⋯⋯⋯⋯⋯⋯ 119
§5.7 有机金属化合物 ⋯⋯⋯⋯⋯⋯⋯⋯ 120
　5.7.1 有机镁化合物 ⋯⋯⋯⋯⋯⋯⋯ 120
　5.7.2 有机锂化合物 ⋯⋯⋯⋯⋯⋯⋯ 121
　5.7.3 二烷基铜锂 ⋯⋯⋯⋯⋯⋯⋯⋯ 122

§ 5.8 阅读材料 ………………………… 122
  烷基锂的结构 ……………………… 122
 习题 ………………………………… 123

第六章 烯烃 ………………………… 124

§ 6.1 烯烃的结构、异构和命名
 6.1.1 烯烃的结构 …………………… 124
 6.1.2 烯烃的异构 …………………… 124
 6.1.3 烯烃的命名 …………………… 125
 6.1.4 环烯烃 ………………………… 126

§ 6.2 烯烃的相对稳定性 ………………… 128
 6.2.1 燃烧热 ………………………… 128
 6.2.2 氢化热 ………………………… 129

§ 6.3 烯烃的制法 ………………………… 130
 6.3.1 醇脱水 ………………………… 130
 6.3.2 双分子消除反应，E2 ………… 131
 6.3.3 E2与S_N2的竞争 …………… 131
 6.3.4 E2反应的区域选择性 ………… 133
 6.3.5 单分子消除反应(E1) ………… 134

§ 6.4 烯烃的物理性质 …………………… 135
 6.4.1 熔点和沸点 …………………… 135
 6.4.2 偶极矩 ………………………… 136

§ 6.5 烯烃的反应 ………………………… 137
 6.5.1 加卤化氢 ……………………… 137
 6.5.2 水合 …………………………… 140
 6.5.3 加卤素 ………………………… 141
 6.5.4 加次卤酸 ……………………… 143
 6.5.5 硼氢化反应 …………………… 143
 6.5.6 臭氧化反应(ozonolysis) …… 145
 6.5.7 用高锰酸钾氧化 ……………… 146
 6.5.8 催化加氢 ……………………… 146
 6.5.9 烯烃的聚合 …………………… 147

§ 6.6 烯烃的工业来源和用途 …………… 149
 6.6.1 烯烃的来源 …………………… 149
 6.6.2 烯烃的用途 …………………… 149

§ 6.7 阅读材料 ………………………… 150
  Ziegler-Natta 催化剂 …………… 150
 习题 ………………………………… 152

第七章 炔烃和二烯烃 ……………… 155

§ 7.1 炔烃的结构、异构和物理性质 …… 155
 7.1.1 炔烃的结构 …………………… 155
 7.1.2 炔烃的异构和命名 …………… 155

 7.1.3 炔烃的物理性质 ……………… 156

§ 7.2 炔烃的反应 ………………………… 156
 7.2.1 炔烃的酸性 …………………… 157
 7.2.2 亲电加成 ……………………… 158
 7.2.3 硼氢化反应 …………………… 160
 7.2.4 氧化 …………………………… 161
 7.2.5 加氢和还原 …………………… 162

§ 7.3 炔烃的制法 ………………………… 162
 7.3.1 二卤代烷脱卤化氢 …………… 162
 7.3.2 炔烃的烷基化 ………………… 163

§ 7.4 乙炔 ………………………………… 164

§ 7.5 共轭作用 …………………………… 165
 7.5.1 π,π—共轭 …………………… 165
 7.5.2 由三个碳原子组成的
   共轭体系 …………………… 167
 7.5.3 烯丙式卤代烃 ………………… 168
 7.5.4 乙烯式卤代烃 ………………… 171
 7.5.5 超共轭作用 …………………… 172

§ 7.6 共振式 ……………………………… 173
 7.6.1 共振式的意义 ………………… 173
 7.6.2 采用共振式应当注意的问题 … 173
 7.6.3 共振式的应用 ………………… 175

§ 7.7 共轭二烯烃 ………………………… 176
 7.7.1 共轭二烯烃的反应 …………… 176
 7.7.2 共轭二烯烃的用途 …………… 182

§ 7.8 阅读材料 …………………………… 184
 7.8.1 聚乙炔 ………………………… 184
 7.8.2 多炔烃 ………………………… 185
 7.8.3 Diels-Alder 反应 …………… 186

 习题 ………………………………… 188

第八章 芳烃 ………………………… 189

§ 8.1 苯的结构 …………………………… 189
 8.1.1 苯的 Kekulé 式 ……………… 189
 8.1.2 苯的稳定性 …………………… 192
 8.1.3 苯的分子轨道模型 …………… 192
 8.1.4 苯的共振式和共振能 ………… 193
 8.1.5 苯的结构的表示方法 ………… 194

§ 8.2 苯衍生物的异构、命名及物理性质 … 195
 8.2.1 苯衍生物的异构和命名 ……… 195
 8.2.2 苯衍生物的偶极矩 …………… 196
 8.2.3 苯同系物的熔点、沸点和
   密度 ………………………… 197

8.2.4　烷基苯的生成热 …………… 197
§8.3　苯环上的亲电取代反应 …………… 198
　　8.3.1　卤化反应 …………… 198
　　8.3.2　硝化反应 …………… 199
　　8.3.3　磺化反应 …………… 200
　　8.3.4　Friedel-Crafts 反应 …………… 201
§8.4　苯环上亲电取代反应的
　　　定位规律 …………… 203
　　8.4.1　定位规律 …………… 203
　　8.4.2　定位规律的理论根据 …………… 205
　　8.4.3　二取代苯的取代反应 …………… 206
　　8.4.4　定位规律的应用 …………… 208
§8.5　烷基苯的反应 …………… 211
　　8.5.1　侧链卤化 …………… 211
　　8.5.2　氧化 …………… 212
　　8.5.3　催化加氢 …………… 212
§8.6　单环芳烃的来源和用途 …………… 213
　　8.6.1　苯 …………… 213
　　8.6.2　甲苯 …………… 213
　　8.6.3　乙苯 …………… 213
　　8.6.4　二甲苯 …………… 213
　　8.6.5　异丙苯 …………… 214
　　8.6.6　对乙基甲苯 …………… 214
　　8.6.7　洗涤剂用烷基苯 …………… 214
　　8.6.8　苯乙烯 …………… 214
　　8.6.9　联苯 …………… 214
§8.7　稠环芳烃 …………… 215
　　8.7.1　萘 …………… 215
　　8.7.2　蒽和菲 …………… 217
　　8.7.3　芘 …………… 219
　　8.7.4　䓛 …………… 219
　　8.7.5　[5]-circulene …………… 220
　　8.7.6　富勒烯 …………… 221
§8.8　卤代芳烃 …………… 222
　　8.8.1　结构和物理性质 …………… 222
　　8.8.2　卤代芳烃的反应 …………… 222
　　8.8.3　污染环境的多卤代芳烃 …………… 223
§8.9　阅读材料 …………… 225
　　8.9.1　共振式 …………… 225
　　8.9.2　磺化反应 …………… 229
　　8.9.3　环己三烯的氢化热 …………… 230
　　8.9.4　芳环上的溴化反应 …………… 231

　　8.9.5　石墨烯 …………… 232
习题 …………… 232

第九章　核磁共振谱、红外光谱和质谱 …………… 235
§9.1　核磁共振谱 …………… 235
　　9.1.1　核磁共振谱的基本原理 …………… 235
　　9.1.2　化学位移 …………… 236
　　9.1.3　自旋裂分 …………… 241
　　9.1.4　核磁共振与构象 …………… 244
　　9.1.5　^{13}C 核磁共振谱 …………… 245
§9.2　红外光谱 …………… 249
　　9.2.1　红外光谱的一般特征 …………… 249
　　9.2.2　红外光谱的基本原理 …………… 251
　　9.2.3　红外光谱的解析 …………… 253
§9.3　质谱 …………… 254
　　9.3.1　质谱的基本原理 …………… 254
　　9.3.2　烃类的质谱特征 …………… 256
　　9.3.3　卤代烃的质谱特征 …………… 257
习题 …………… 257

第十章　醇和酚 …………… 259
§10.1　醇的结构、命名和物理性质 …………… 260
　　10.1.1　醇的结构 …………… 260
　　10.1.2　醇的命名 …………… 260
　　10.1.3　醇的物理性质 …………… 261
§10.2　一元醇的反应 …………… 264
　　10.2.1　酸碱反应 …………… 265
　　10.2.2　转变成卤代烃 …………… 267
　　10.2.3　转变为烯烃 …………… 269
　　10.2.4　氧化成醛或酮 …………… 270
§10.3　一元醇的制法 …………… 272
　　10.3.1　羰基化合物的还原 …………… 272
　　10.3.2　用 Grignard 试剂合成醇 …………… 273
　　10.3.3　烯烃的水合 …………… 278
　　10.3.4　卤代烃的水解 …………… 279
§10.4　二元醇 …………… 280
　　10.4.1　1,2-二醇的物理性质 …………… 280
　　10.4.2　1,2-二醇的反应 …………… 281
§10.5　酚的结构、命名和物理性质 …………… 282
　　10.5.1　酚的结构 …………… 282
　　10.5.2　酚的命名 …………… 282
　　10.5.3　酚的物理性质 …………… 283
§10.6　一元酚的反应 …………… 283

  10.6.1 酸碱反应 ………………… 283
  10.6.2 芳环上的亲电取代反应 …… 285
  10.6.3 氧化 ……………………… 289
 § 10.7 二元酚和多元酚 ………………… 289
  10.7.1 邻苯二酚 ………………… 289
  10.7.2 间苯二酚 ………………… 289
  10.7.3 对苯二酚 ………………… 290
  10.7.4 苯-1,2,3-三酚 …………… 291
 § 10.8 醇和酚的来源和用途 …………… 291
  10.8.1 甲醇 ……………………… 291
  10.8.2 乙醇 ……………………… 292
  10.8.3 异丙醇和丙醇 …………… 292
  10.8.4 高级一元烷醇 …………… 292
  10.8.5 环己醇 …………………… 292
  10.8.6 乙二醇 …………………… 293
  10.8.7 丙三醇 …………………… 293
  10.8.8 苯酚 ……………………… 293
  10.8.9 萘-1-酚和萘-2-酚 ………… 294
 § 10.9 阅读材料 ………………………… 295
  10.9.1 酚醛树脂 ………………… 295
  10.9.2 杯芳烃 …………………… 295
 习题 ………………………………………… 298

第十一章 醚 ………………………………… 301
 § 11.1 醚的结构、命名和物理性质 …… 301
  11.1.1 醚的结构 ………………… 301
  11.1.2 命名 ……………………… 301
  11.1.3 物理性质 ………………… 302
  11.1.4 醚的波谱 ………………… 302
 § 11.2 醚的反应 ………………………… 303
  11.2.1 碱性 ……………………… 303
  11.2.2 醚链的断裂 ……………… 304
  11.2.3 自动氧化 ………………… 306
 § 11.3 醚的制法 ………………………… 307
  11.3.1 Williamson 合成法 ……… 307
  11.3.2 醇脱水 …………………… 308
  11.3.3 醇与烯烃的加成 ………… 308
 § 11.4 环醚 ……………………………… 309
  11.4.1 环氧化合物 ……………… 309
  11.4.2 冠醚 ……………………… 314
 § 11.5 醚的来源和用途 ………………… 317
  11.5.1 二甲醚 …………………… 317
  11.5.2 乙醚 ……………………… 317

  11.5.3 丁醚和异丙醚 …………… 317
  11.5.4 环氧乙烷 ………………… 317
  11.5.5 四氢呋喃和二噁烷 ……… 318
 § 11.6 硫醇、硫酚和硫醚 ……………… 318
  11.6.1 硫醇和硫酚 ……………… 319
  11.6.2 硫醚 ……………………… 321
 习题 ………………………………………… 322

第十二章 醛酮 ……………………………… 324
 § 12.1 一元醛、酮的结构、命名和
     物理性质 ………………………… 324
  12.1.1 醛和酮的结构 …………… 324
  12.1.2 命名 ……………………… 325
  12.1.3 一元醛、酮的物理性质 … 326
 § 12.2 醛、酮与氧亲核试剂的加成反应 … 329
  12.2.1 加水 ……………………… 329
  12.2.2 加醇 ……………………… 332
  12.2.3 加硫醇 …………………… 334
  12.2.4 加亚硫酸氢钠 …………… 334
 § 12.3 醛、酮与氮亲核试剂的加成反应 … 335
  12.3.1 羟胺 ……………………… 335
  12.3.2 苯肼和氨基脲 …………… 336
  12.3.3 伯胺 ……………………… 336
  12.3.4 氨 ………………………… 337
 § 12.4 醛、酮与碳亲核试剂的加成反应 … 337
  12.4.1 氢氰酸 …………………… 337
  12.4.2 Grignard 试剂 …………… 339
  12.4.3 羰基亲核加成反应小结 … 340
 § 12.5 醛、酮的酮-烯醇平衡及有关
     反应 ……………………………… 341
  12.5.1 酮-烯醇平衡 …………… 341
  12.5.2 外消旋化 ………………… 343
  12.5.3 卤化 ……………………… 344
  12.5.4 羟醛缩合 ………………… 346
 § 12.6 醛、酮的还原和氧化 …………… 351
  12.6.1 醛、酮的还原 …………… 351
  12.6.2 氧化 ……………………… 352
 § 12.7 一元醛、酮的制法 ……………… 353
  12.7.1 醇的氧化和脱氢 ………… 353
  12.7.2 芳烃的氧化 ……………… 354
  12.7.3 Friedel-Crafts 酰化反应 … 354
 § 12.8 醛、酮的来源和用途 …………… 354
  12.8.1 甲醛 ……………………… 354

12.8.2	乙醛	355
12.8.3	丙醛、丁醛和其他脂肪醛	356
12.8.4	丙酮	356
12.8.5	环己酮	356

§ 12.9 α,β-不饱和醛、酮和醌 ………… 356
    12.9.1 α,β-不饱和醛、酮 ………… 356
    12.9.2 醌 ………… 359

§ 12.10 紫外光谱 ………… 361
    12.10.1 紫外光谱的一般特性 ………… 361
    12.10.2 紫外光谱的基本原理 ………… 363

§ 12.11 阅读材料 ………… 366
    12.11.1 醛、酮的酮-烯醇互变 ………… 366
    12.11.2 酚类的酮-烯醇互变 ………… 368

习题 ………… 371

第十三章 羧酸 ………… 374

§ 13.1 一元羧酸的结构和命名 ………… 374
    13.1.1 一元羧酸的结构 ………… 374
    13.1.2 一元羧酸的命名 ………… 375

§ 13.2 一元羧酸的物理性质 ………… 376
    13.2.1 一元羧酸的熔点和沸点 ………… 376
    13.2.2 一元羧酸的红外光谱 ………… 376
    13.2.3 一元羧酸的核磁共振谱 ………… 377
    13.2.4 一元羧酸的质谱 ………… 377

§ 13.3 羧酸的酸性 ………… 378
    13.3.1 羧酸的解离 ………… 378
    13.3.2 羧酸盐 ………… 380
    13.3.3 羧酸酸性的应用 ………… 381

§ 13.4 酰化反应 ………… 382
    13.4.1 酯化 ………… 382
    13.4.2 生成酰胺和腈 ………… 383
    13.4.3 生成酰氯 ………… 384
    13.4.4 生成酐 ………… 384

§ 13.5 一元羧酸的其他反应 ………… 384
    13.5.1 脱羧 ………… 384
    13.5.2 还原 ………… 385
    13.5.3 α-氢原子的反应 ………… 385

§ 13.6 一元羧酸的制法 ………… 386
    13.6.1 氧化法 ………… 386
    13.6.2 水解法 ………… 387
    13.6.3 Grignard 试剂与二氧化碳反应 ………… 387

§ 13.7 一元羧酸的来源和用途 ………… 388
    13.7.1 甲酸 ………… 388
    13.7.2 乙酸 ………… 389
    13.7.3 其他脂肪酸 ………… 389
    13.7.4 α,β-不饱和羧酸 ………… 390

§ 13.8 二元羧酸 ………… 390
    13.8.1 二元羧酸的物理性质和反应 ………… 390
    13.8.2 二元羧酸的用途 ………… 392

习题 ………… 393

第十四章 羧酸衍生物 ………… 394

§ 14.1 羧酸衍生物的结构和命名 ………… 394
    14.1.1 羧酸衍生物的结构 ………… 394
    14.1.2 羧酸衍生物的命名 ………… 396

§ 14.2 羧酸衍生物的物理性质 ………… 397
    14.2.1 熔点、沸点和溶解度 ………… 397
    14.2.2 红外光谱 ………… 398
    14.2.3 核磁共振谱 ………… 399
    14.2.4 质谱 ………… 399

§ 14.3 酯的水解 ………… 401
    14.3.1 碱性水解 ………… 401
    14.3.2 酸催化下的水解 ………… 404

§ 14.4 羧酸衍生物的互相转变 ………… 406
    14.4.1 酰氯、酸酐、酯和酰胺的水解 ………… 406
    14.4.2 酰氯、酸酐、酯和酰胺的醇解 ………… 407
    14.4.3 酰氯、酸酐、酯和酰胺的酸解 ………… 409
    14.4.4 酰氯、酸酐和酰胺的氨解 ………… 412

§ 14.5 其他羧酸衍生物 ………… 414
    14.5.1 腈 ………… 414
    14.5.2 烯酮 ………… 415
    14.5.3 原酸酯 ………… 416
    14.5.4 过氧酸和二酰基过氧化物 ………… 417
    14.5.5 内酯 ………… 418
    14.5.6 碳酸衍生物 ………… 419

§ 14.6 乙酰乙酸乙酯和丙二酸二乙酯 ………… 421
    14.6.1 乙酰乙酸乙酯 ………… 422
    14.6.2 丙二酸酯合成法 ………… 425

§ 14.7 阅读材料 ………… 426
    14.7.1 酰胺 ………… 426

  14.7.2 青霉素的合成 ·················· 427
习题 ···································· 428

第十五章 胺 ························ 432

§15.1 胺的结构和命名 ··············· 432
  15.1.1 胺的结构 ··················· 432
  15.1.2 胺的命名 ··················· 433

§15.2 一元胺的物理性质 ············· 434
  15.2.1 熔点、沸点和溶解度 ········ 434
  15.2.2 偶极矩 ····················· 436
  15.2.3 红外光谱 ··················· 436
  15.2.4 核磁共振谱 ················ 437
  15.2.5 质谱 ······················· 437

§15.3 胺的碱性 ······················ 438
  15.3.1 脂肪胺 ····················· 438
  15.3.2 芳香胺 ····················· 439
  15.3.3 氢氧化四烃基铵 ············ 440
  15.3.4 胺的分离 ··················· 440
  15.3.5 手性胺的拆分 ·············· 441
  15.3.6 胺的酸性 ··················· 441

§15.4 胺的反应 ······················ 442
  15.4.1 烃化 ······················· 442
  15.4.2 酰化 ······················· 444
  15.4.3 亚硝化 ····················· 445
  15.4.4 胺的氧化 ··················· 447
  15.4.5 芳香胺的亲电取代反应 ······ 448

§15.5 胺的制法 ······················ 451
  15.5.1 氨或胺的直接烃化 ·········· 451
  15.5.2 Gabriel(S)合成法 ············ 451
  15.5.3 还原法 ····················· 452
  15.5.4 酰胺的 Hofmann 重排 ······· 457

§15.6 胺的用途 ······················ 457
  15.6.1 低相对分子质量的胺 ········ 457
  15.6.2 芳香胺 ····················· 458

§15.7 芳基重氮盐 ···················· 458
  15.7.1 重氮化反应 ················ 458
  15.7.2 芳基重氮盐的取代反应 ······ 459
  15.7.3 偶联 ······················· 461
  15.7.4 还原成肼 ··················· 464

§15.8 阅读材料 ······················ 464
  15.8.1 季铵碱(氢氧化四烃基铵) ····· 464
  15.8.2 托烷类生物碱 ·············· 465
  15.8.3 托品酮的合成 ·············· 466
  15.8.4 托品酮的一锅合成法 ········ 468
  15.8.5 逆合成分析 ················ 469
  15.8.6 生物碱 porantherine 的
      全合成 ····················· 472
  15.8.7 cyclopamine ··············· 473
习题 ···································· 474

第一章 绪 论

§1.1 有机化合物和有机化学

1.1.1 有机化合物

有机化合物(organic compound)就是碳化合物,绝大多数有机化合物中都含有氢。除碳和氢以外,有机化合物中常见的元素还有氧、氮、卤素、硫和磷。碳本身和一些简单的碳化合物,如碳化钙、一氧化碳、金属羰基化合物、二氧化碳、碳酸盐、二硫化碳、氰酸、氢氰酸、硫氰酸和它们的盐,仍被看成无机化合物。

已知的有机化合物有几千万种,它们的性质千变万化、各不相同。但对多数有机化合物可以做一个非常粗略的描述:有机化合物一般能燃烧,挥发性较大,固体有机化合物的熔点在400 ℃以下,常不溶于水。有机化合物的反应速率一般较慢,通常需要加热使反应加快,并常伴有副反应,产率很少能达到100%,能达到85%~90%已经很好了。有机化合物的这些性质与其结构有关,分子中原子一般以共价键相连。

有机化学(organic chemistry)就是碳化合物的化学。

1.1.2 生命力学说

17世纪中,将化合物根据它们的来源分为矿物、植物和动物三类(1675年,Lamery,Cours de Chymie)。18世纪中,有了元素定量分析的方法,证明植物和动物化合物中都含有碳和氢,有的还含有氮和磷;还发现许多化合物既可以从植物原料得到,也可以从动物原料得到。因此,将化合物分为三类显然是不合理的。

18世纪末,随着生物学的发展,生命现象的复杂而有序令人震惊,在这种条件下出现了生命力学说(vitalism),认为在生物体内存在着一种高于物理力和化学力的生命力(vital force)。

19世纪初,化学家已经认识到从有生命的动植物得到的化合物同来源于无生命的矿物中的化合物在性质上有显著的区别。在生命力学说的影响下,瑞典化学家Berzelius J J把产生这种差别的原因归结于生命力。他认为从动植物中得到的化合物是在生命力的影响下生成的,因此,把它们称为有机化合物,从没有生命力的矿物中得到的化合物则称为无机化合物(inorganic compound)。同时还认为有机化合物不能从无机化合物合成(即制造)出来。

18世纪末,还存在另一种思潮,认为生命过程同样遵循物理学和化学规律(即简化论,reductionism)。

1828年,Wöhler F 由异氰酸铵得到了之前只从动物的尿中才能提取出来的尿素(urea):

$$H_4\overset{+}{N}N=C=O \longrightarrow H_2N-\overset{\overset{\displaystyle O}{\|}}{C}-NH_2$$

异氰酸铵　　　　　尿素

1837 年,简化论的拥护者 Liebig J 认为:在没有生命力参与的条件下得到有机化合物尿素标志着一个新时代的开始。不过 Wöhler 所用的起始原料是氨和氰酸,当时它们都是由动物原料得到的,而尿素又是动物的排泄物。因此,Wöhler 的发现还不足以动摇持生命力观点的人的信念。1845 年,Kolbe H 由二硫化碳合成了醋酸,由于醋酸是一个典型的有机化合物,而二硫化碳是由碳和硫化铁得到的,因此,Kolbe 的发现更有力地证明了有机化合物可以由无机化合物合成。之后,又由无机化合物合成了其他有机化合物,以及并不存在于动植物中,但与有机化合物结构相似的大量新化合物。因此,在 19 世纪中期不得不把有机化合物的定义改变为碳化合物,但仍保留有机化学的名称。天然产物化学则成为有机化学中的一个分支。

Pasteur L 在有机化合物的手性和发酵问题上有创造性的发现,他在 19 世纪末又复活了生命力学说,他认为这两种奇异的现象都与生命有关,是由未知的生命力导入生物体系中的。

1899 年,Buchner E 将酵母与石英砂一起研碎后过滤,并证明不含细胞的滤液也能使糖类发酵生成醋酸,说明发酵与生命力没有直接关系。20 世纪中,又证明天然产物的手性是由酶催化的合成反应产生的,在生物体外也可以进行这类反应。

生命科学中还有许多神奇的问题没有答案,彻底证明没有生命力存在还需要做大量的工作,在这些研究中,化学,特别是有机化学无疑会发挥重要作用。法国化学家 Potier P 曾经说过:"……chemistry is to biology what notation to music……"(化学对于生物恰似乐谱对于音乐)。现在已经出现了化学生物学(chemical biology)这一新学科。

§1.2　有机化合物的结构

1.2.1　经典结构式

1835 年,Wöhler 在给他的老师 Berzelius J J 的一封信中写道:"有机化学能令人发疯,对我来说,它就像是一望无际的,充满神奇的、深不可测的事物的丛林,让人想进去又不敢进去(意译)"。他这样说是因为当时对有机化合物的研究非常困难,特别是缺乏理论指导。把公认的从无机化合物总结出来的规律应用在有机化合物上往往行不通。当时认为:两种元素由于电性不同而结合成化合物。例如,正电性的钙与负电性的氯生成氯化钙,正电性的氢与负电性的氧生成水;由于电性的不平衡,氯化钙仍是正电性的,而水则是负电性的,所以氯化钙能与水生成水合物。这种观念却不能说明为什么同样三种元素 C,H,O 既能生成中性的乙醇,又能生成酸性的乙酸;乙酸与氯反应,其中一个氢原子换成氯原子,生成与乙酸性质相似的氯乙酸。正电性的氢怎么能被负电性的氯取代? 特别是有机化合物中,异构现象非常普遍,这就是说,两种或两种以上的化合物,它们的元素组成相同,而性质却不相同。例如,乙醇和甲醚的化学式都是 C_2H_6O,但是乙醇能与金属钠反应放出氢气,而甲醚却不能。这又是为什么？

经过几十年的探索，逐渐找到一些规律：在有机化合物中由几种原子组成的原子团可以不变地由一种化合物转移到另一种化合物中，像无机化合物中的原子一样。例如，苯甲醛、苯甲酸、苯甲酰氯中都含有 C_7H_5O 原子团，它们像一个原子一样，在反应中由一种化合物转移到另一种化合物中，这样的原子团就称为基(radical)。这就是说在有机化合物中，原子不是无序地堆积在一起的，它们之间存在着某种组织。

后来又发现有机化合物有不同的类型。例如，将氢气、氯化氢、水和氨四种化合物中的氢用基代替，就得到四种类型的有机化合物：

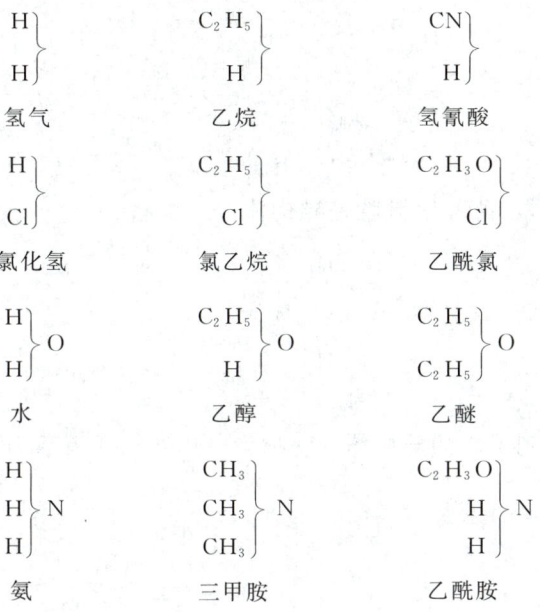

以后又加了一个沼气(甲烷)类型：

$$\left.\begin{matrix}H\\H\\H\\H\end{matrix}\right\}C \qquad \left.\begin{matrix}Cl\\Cl\\Cl\\Cl\end{matrix}\right\}C$$

沼气　　　　四氯化碳

1852 年以后逐渐认识到每种原子只能与一定数量的其他原子结合，这样就有了原子价的概念，H，O 和 N 分别为一价、二价和三价；1858 年以后才清楚地知道碳为四价。之后才认识到有机化合物中，原子按一定的次序连接在一起，是有一定的内部结构的，由此出现了有机化合物结构学说。

经典的有机化合物结构学说的主要内容：碳为四价，碳原子可以相互连接成碳链或碳环，也可以与别的原子连接成杂环。碳原子可以用一价、二价或者三价互相连接或与别的原子相连接。有机化合物分子中原子互相连接的次序称为结构(structure)，结构不同的有机化合物具有不同的性质。

表示有机化合物结构的化学式称为结构式(structural formula)，又称为Kekulé式。例如：

$$\begin{array}{c}H\\|\\H-C-H\\|\\H\end{array} \qquad \begin{array}{c}H\ \ H\\|\ \ |\\H-C-C-H\\|\ \ |\\H\ \ H\end{array} \qquad \begin{array}{c}H\ \ \ \ H\\ \diagdown\ \ \diagup\\C=C\\ \diagup\ \ \diagdown\\H\ \ \ \ H\end{array} \qquad H-C\equiv C-H$$

甲烷   乙烷   乙烯   乙炔

苯　　　　　　　　　吡啶
(Kekulé, 1866)　　　(Dewer, Körner, 1871)

组成相同而结构不同的化合物称为异构体，乙醇和甲醚就是异构体：

$$\begin{array}{c}H\ \ H\\|\ \ |\\H-C-C-OH\\|\ \ |\\H\ \ H\end{array} \qquad \begin{array}{c}H\ \ \ \ \ \ H\\|\ \ \ \ \ \ |\\H-C-O-C-H\\|\ \ \ \ \ \ |\\H\ \ \ \ \ \ H\end{array}$$

乙醇   甲醚

Wöhler当年本想得到异氰酸的铵盐，却得到了它的异构体——尿素。用结构式表示为

$$\overset{+\ -}{Ag\ N}=C=O \xrightarrow{NH_4^+Cl^-} \overset{+\ \ -}{H_4N\ N}=C=O + AgCl$$

$$\downarrow 加热$$

$$\underset{尿素}{H_2N-\overset{\overset{O}{\|}}{C}-NH_2}$$

结构学说促进了有机化学的快速发展，有了结构学说才能正确理解成千上万种有机化合物之间的关系。在合成有机化合物时，才能根据目标化合物的结构选择结构适当的原料通过适当的反应合成目标化合物。

1.2.2　碳原子的四面体结构

19世纪中，原子的价态和有机化合物的结构都是全新的理论概念，为了形象地说明问题，一些化学家开始用实物模型来表示结构。1864年Brown A C在纸上写的乙烷结构式和1865年Hofmann A W用小球和小棍做的球棍模型见图1.1。在Hofmann的模型中碳原子上的四个洞在同一平面上。

Kekulé A也用小球和小棍来组装模型，不过表示碳原子的小球上的四个洞之间等距离地排列在球面上，因为这样可以装配出乙炔的模型(两个小球之间用软管固定)，如图1.2所示。不过Kekulé只是用模型来表示分子中原子互相连接的次序。

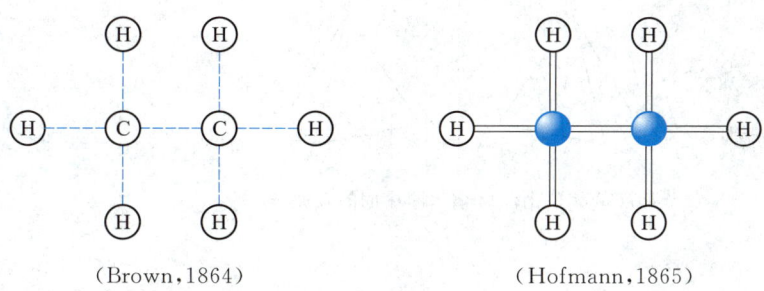

图 1.1　乙烷结构式和球棍模型

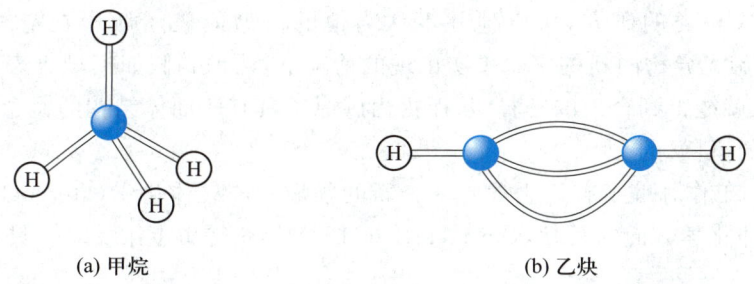

(a) 甲烷　　　　　　　　(b) 乙炔

图 1.2　Kekulé 模型(约 1867)

乳酸分子中碳原子互相连接的次序为

$$\begin{array}{c} H\ H \\ H-C-C-C=O \\ H\ O\ O \\ H\ H \end{array} = H_3C-\overset{H}{\underset{OH}{C}}-COOH$$

即中心碳原子分别与 CH_3,H,OH 和 COOH 相连,它只有一种连接方式。但是乳酸却有两种异构体,它们的化学性质基本相同,而对偏振光的影响却不相同,一种是右旋的,另一种则是左旋的,这种异构现象称为旋光异构。

1874 年,van't Hoff 认为:碳原子具有四面体结构,碳原子位于四面体的中心,碳原子的 4 个价分别指向四面体的 4 个顶点。在甲烷分子中四个氢原子分别位于四面体的 4 个顶点上。当碳原子与 4 个互不相同的一价基团相互连接时,就有两种不同的空间排列方式,它们之间的关系相当于物体和镜像,如图 1.3(b)所示。它们代表两种不同的化合物,如右旋和左旋的乳酸。

van't Hoff 的观点已被大量实验事实所证实,成为有机化合物结构学说的重要组成部分。

如用 Kekulé 模型来表示甲烷的结构,可见四个氢原子正是排列在以碳原子为中心的四面体的 4 个顶点上,见图 1.4。

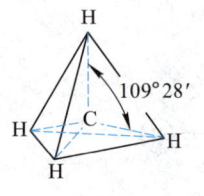 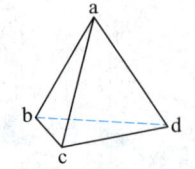 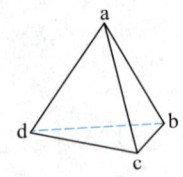 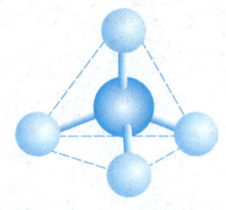

(a) 甲烷　　(b) Cabcd 型化合物(省去了中间的碳原子)

图 1.3　碳原子的四面体结构　　　　　　图 1.4　甲烷的模型

van't Hoff 曾经在 Kekulé 的实验室里工作过,多年后他也承认自己受到 Kekulé 的影响。Kekulé 曾说过,原子在分子中的位置只能通过对化合物的物理性质进行比较研究才能知道。当时并没有进行过这一类的研究,所以他并不认为他的模型能表示原子在空间的位置。van't Hoff 则是在关于旋光异构的新的实验事实出现的情况下,认识到假如模型也表示原子的相对位置,旋光异构现象就能得到合理的解释,从而提出碳原子具有四面体结构的概念。他们两人的思想方法都是严谨的、科学的。

van't Hoff 的工作开辟了有机化学中一个新的领域——立体化学(stereochemistry)。由于在物理化学和立体化学方面的贡献,van't Hoff 于 1901 年获得史上第一个诺贝尔化学奖。

问题 1.1　用球棍模型证明:CH_3Cl,CH_2Cl_2,$CHCl_3$ 都只有一种(用绿球代表氯原子)。

问题 1.2　如碳原子的 4 个价排列在一个平面上,即碳原子位于正方形的中心,4 个价指向正方形的 4 个顶点,CH_2Cl_2 可能有几种异构体?

问题 1.3　如碳原子具有金字塔结构,即碳原子位于金字塔的尖端,4 个价的方向与金字塔的棱边相同,CH_2Cl_2 可能有几种异构体?

1.2.3　Lewis 结构式

在 Kekulé 式中两个原子符号之间的短线只表示它们互相连接。在 19 世纪并不知道为什么 H,O,N 和 C 各为一价、二价、三价和四价,更不知道为什么两个原子会连接在一起。20 世纪初期诞生了原子结构学说,才认识到是一对电子把两个原子连接在一起,也产生了化学键的概念。

根据原子结构学说,原子是由带正电荷的原子核和带负电荷的电子组成的。电子在原子核周围各个能量不同的电子层中运动,通常化学键的生成只与最外层的价电子有关。稀有气体原子中,电子的构型是最稳定的。其他元素的原子,都有达到这种构型的倾向,因此,它们可以互相结合形成化学键。稀有气体元素最外层电子的数目是 8(氖等)或 2(氦),在一般情况下,原子互相结合生成键时,其外层电子数应达到 8 或 2。

有机化合物中常见的化学键:

(1) 离子键　钠原子只有 1 个价电子,氯原子有 7 个价电子,钠与氯作用,钠失去 1 个电子成为带正电荷的钠离子,氯得到 1 个电子成为带负电荷的氯离子。这两个离子的最外电子层中都有 8 个电子,都达到了最稳定的构型,它们相互作用的结果,就形成了离子键:

$$Na\cdot + \cdot\ddot{\underset{..}{Cl}}: \longrightarrow Na^+\,\overset{-}{\underset{..}{\ddot{Cl}}}:$$

乙酸钠分子中乙酸根与钠之间的化学键也是离子键 $CH_3COO^- Na^+$。

(2) 共价键　碳原子和氢原子结合生成甲烷分子时，碳原子和氢原子各出 1 个电子，配对而形成两个原子间共用的电子对。这样生成的化学键叫作共价键：

$$\cdot\overset{..}{\underset{..}{C}}\cdot + 4\,H \longrightarrow H:\overset{H}{\underset{H}{\overset{..}{\underset{..}{C}}}}:H \quad 即 \quad H-\overset{H}{\underset{H}{\overset{|}{C}}}-H$$

在甲烷分子中，碳原子和氢原子最外电子层中分别有 8 个和 2 个电子，都取得了最稳定的构型。

两个原子间共用两对或三对电子，就生成双键或三键。例如：

$$H:\overset{H}{\underset{..}{C}}::\overset{H}{\underset{..}{C}}:H \quad 即 \quad H-\overset{H}{\underset{|}{C}}=\overset{H}{\underset{|}{C}}-H$$

$$H:C:::C:H \quad 即 \quad H-C\equiv C-H$$

由此可见，以前用来表示键的每一短线相当于一对共用电子。

(3) 配位键　配位键是一种特殊的共价键。它的特点：形成键的电子对在成键以前是属于一个原子的。例如，氨分子与质子结合生成铵离子时，氨分子中的孤电子对变成了氮原子和氢原子之间的共用电子对：

$$H:\overset{H}{\underset{H}{\overset{..}{N}}}: + H^+ \longrightarrow \left[H:\overset{H}{\underset{H}{\overset{..}{N}}}:H\right]^+$$

供给电子对的原子叫作给予体，接受电子对的原子叫作接受体。生成铵离子后，四个 N—H 键完全是等同的，彼此之间没有差别。

Lewis G N 和 Kösel W 首先用电子对说明化学键的本性，因此，用电子对表示共价键的结构式又称为 Lewis 结构式。书写 Lewis 结构式时要把所有的价电子都表示出来，周期表第二周期元素的每一个原子周围最多只能有 8 个电子。共价键上的电子分属于所连接的两个原子，孤电子对则属于某一个原子，这样计算出来的每一个原子周围的电子总数与原子状态的原子比较，如果少 1 个电子，就在元素符号上加一个正号，多 1 个电子则加一个负号，表示形成电荷。

将 Kekulé 式改写成 Lewis 结构式时，不要忘记加上孤电子对。例如：

$$H-\overset{H}{\underset{H}{\overset{|}{C}}}-\overset{O}{\underset{|}{\overset{\|}{C}}}-O-H \quad 写作 \quad H:\overset{H}{\underset{H}{\overset{..}{C}}}:\overset{\overset{..}{\underset{..}{O}}}{\underset{..}{C}}:\overset{..}{\underset{..}{O}}:H$$

有机化合物的许多性质与孤电子对有关。例如，氢键和配合物的生成。

问题 1.4 将下列 Kekulé 结构式改写成 Lewis 结构式。

(1) 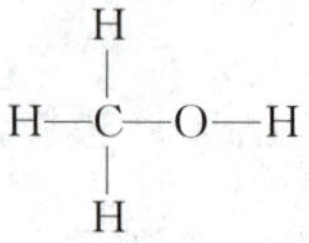 H—C(H)(H)—O—H (2) 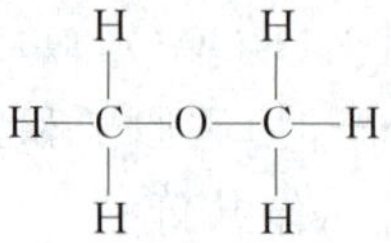 H—C(H)(H)—O—C(H)(H)—H (3) 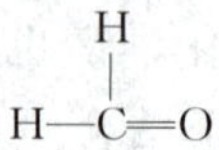 H—C(H)=O

(4) 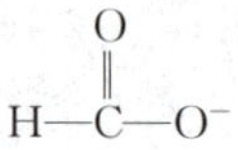 H—C(=O)—O⁻ (5) 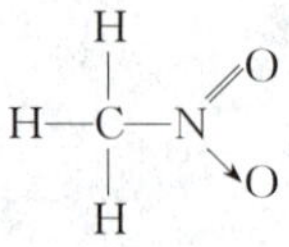 H—C(H)(H)—N(=O)(→O) (6) 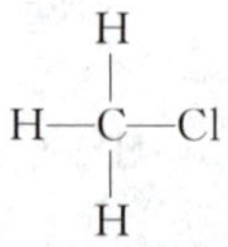 H—C(H)(H)—Cl

Lewis 提出的化合物中原子的价电子层中电子数目为 8 的学说称为八隅规则(octet rule)。不过八隅规则只适用于元素周期表中主族 ⅠA～ⅦA 元素的化合物，并且还存在着例外的情况。首先是 ⅢA 元素的化合物，如 BF_3 和 $AlCl_3$，其中 B 和 Al 的价电子层中都只有 6 个电子：

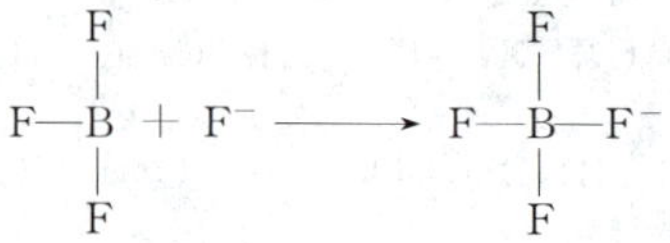

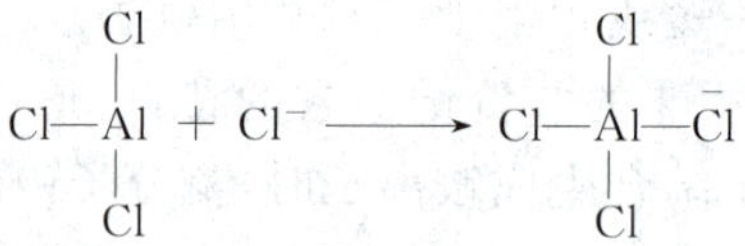

$$F_3B + F^- \longrightarrow BF_4^-$$

$$AlCl_3 + Cl^- \longrightarrow AlCl_4^-$$

由于价电子层未完全充满，它们的反应活性都非常高，容易生成稳定的负离子 BF_4^- 和 $AlCl_4^-$。

其次是 P，S 等元素，它们的 3d 轨道可以容纳更多的电子，生成高价化合物：

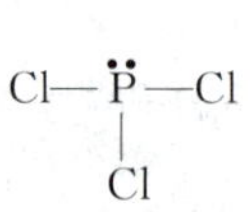

PCl_3 (8电子) PCl_5 (10电子) H_3PO_4 (10电子)

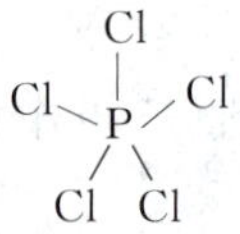

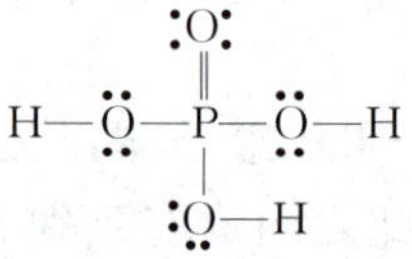

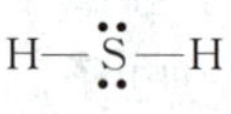

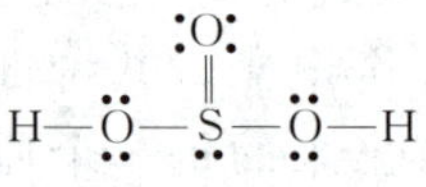

H_2S (8电子) H_2SO_3 (10电子) H_2SO_4 (12电子)

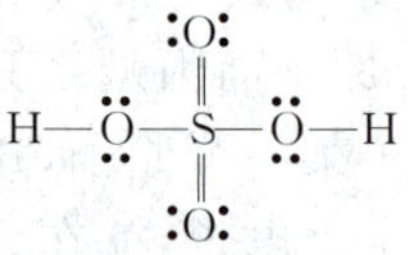

§ 1.3　原子轨道和分子轨道

Lewis 结构式有助于对有机化合物物理性质和化学性质的理解。但是，进一步理解有机化合物的结构，还需要近代价键理论的知识。

1.3.1 原子轨道

原子中电子的运动状态叫作原子轨道,用波函数 φ 表示。φ 是电子运动状态的空间坐标的函数。例如,1s 电子的波函数 φ 是电子与原子核之间的距离 r 的函数。

电子在某一点周围出现的概率与波函数 φ^2 成正比,1s 电子的 φ^2 数值随 r 的增大而迅速减小,并趋近于零[见图 1.5(a)]。1s 电子出现的概率最大的地方是在原子核附近,随着 1s 电子与原子核之间的距离增加,其出现的概率迅速减小。换句话说,1s 电子可以在原子核周围的任何地方出现,但在绝大部分时间内,是在离原子核不远的地方。可以把电子的概率密度分布近似地看作轮廓不清的一团云,电子出现的概率大的地方电子云的密度大,电子出现的概率小的地方电子云的密度小。如果用点的密度表示电子云的密度,使单位体积内点的密度与 φ^2 成正比,画在纸面上,就得到图 1.5(b),这是形象地表示原子轨道的一种方法。

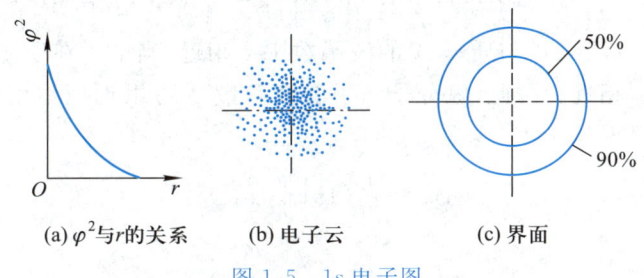

(a) φ^2 与 r 的关系　　(b) 电子云　　(c) 界面

图 1.5　1s 电子图

1s 电子的电子云对于原子核呈球形对称分布,可以画出一个球面,使电子云在球面以内出现的概率为 90% 或别的百分数,如图 1.5(c)所示。因此,可以用界面来画出一个区域,电子在这个区域内出现的概率很大,在这个区域以外,则很小。这是形象地表示原子轨道的另一种方法。1s 轨道的界面是以原子核为中心的球面。

1s,2s,3s 电子的界面都是球形,如电子在界面内出现的概率都是 90%(或别的百分数),则界面的大小顺序为 1s<2s<3s。这一规律也适用于 p 轨道。

p 轨道的电子云是以通过原子核的直线为轴对称分布的,也就是说 p 轨道的电子云集中在原子核两边一定的区域内。p 轨道常用图 1.6 中的几种方法表示,它们着重指出了 p 轨道的方向性。有三个能量相等的 p 轨道,它们的对称轴互相垂直,分别用 p_x,p_y 和 p_z 表示。图 1.6 中的正负号表示波函数 φ 的符号。波函数的符号不同,表示它的位相不同,正如琴弦振动所产生的驻波有不同的位相一样(见图 1.7)。

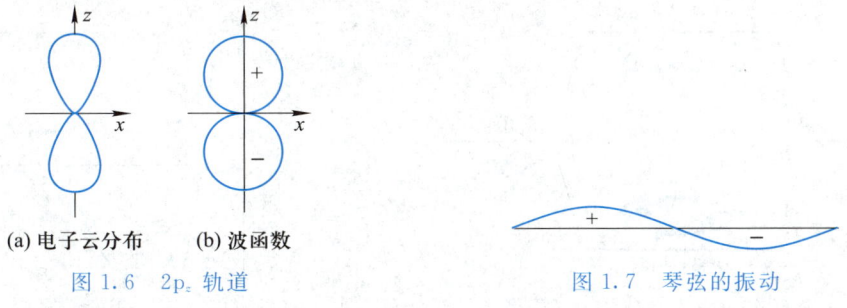

(a) 电子云分布　　(b) 波函数

图 1.6　$2p_z$ 轨道　　　　　　　　　　　图 1.7　琴弦的振动

1.3.2 氢分子离子

氢分子离子(hydrogen molecule ion)H_2^+只含有两个质子和一个电子,是最简单的分子。

由于质子的质量为电子的2 000倍,质子运动的速度比电子小得多,如果电子走过1 m的距离,质子只走过约1 mm。根据Born-Oppenheimer近似(Born-Oppenheimer approximation),质量大的原子核同质量小的电子的运动可以分开处理,即将两个质子固定在某一距离R,电子在两个质子周围运动,体系的波动方程式就是可以求解的,可以计算出相应的能量,再用同样的方法计算出与其他R值相当的体系的能量,这样就得到能量随R值变化的曲线,与曲线上能量最小的一点相应的R值就是两个质子的平衡位置(R_E)或H_2^+中H—H键的键长。

氢分子离子也可以用近似的方法进行计算。在两个质子A和B的电场中,电子的势能与$\left(\dfrac{1}{r_A}+\dfrac{1}{r_B}\right)$成正比,其中$r_A$和$r_B$分别表示电子与质子A和质子B之间的距离,当电子在质子A附近时,氢分子离子的波函数ψ与质子A的波函数$1s_A$相近;当电子在质子B附近时,波函数ψ与质子B的波函数$1s_B$相近。因此,氢分子离子的波函数ψ可以近似地用$1s_A$和$1s_B$的线性组合表示:

$$\psi_+ = \dfrac{1}{\sqrt{2}}(1s_A + 1s_B)$$

$$\psi_- = \dfrac{1}{\sqrt{2}}(1s_A - 1s_B)$$

式中$\dfrac{1}{\sqrt{2}}$为归一化因子(波函数必须经过归一化处理后才有物理意义)。原子轨道线性组合法(linear combination of atomic orbitals,LCAO)是量子化学中常用的近似方法。

当$1s_A$和$1s_B$的位相相同时(ψ_+),两个原子轨道可以相互重叠,计算结果表明两个质子之间的电子云密度比电子单独在$1s_A$周围的电子云密度与它单独在$1s_B$周围的电子云密度之和还要高,质子间的高电子云密度将两个质子吸引在一起生成稳定的化学键,这一分子轨道称为成键分子轨道(bonding MO)。

当$1s_A$和$1s_B$的位相相反时(ψ_-),两个轨道不能相互重叠。计算结果表明电子云密度远离两个质子之间的区域,这样就使质子之间的排斥力加大,不能生成稳定的化学键,这一分子轨道称为反键分子轨道(antibonding MO),见图1.8。反键分子轨道中电子云密度为零的平面称为节面。

用近似方法计算的氢分子离子的能量曲线见图1.9。

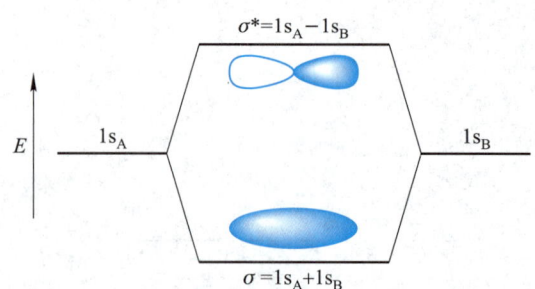

图1.8 成键分子轨道和反键分子轨道

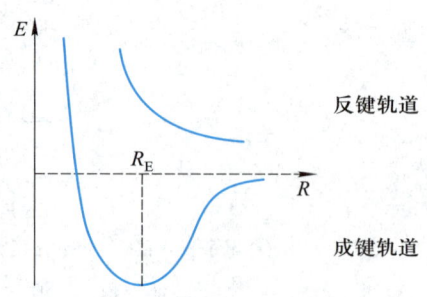

图1.9 氢分子离子的能量曲线

计算得到的 H—H 平衡距离(R_E)为 132 pm(1.32 Å),键能为 170.7 kJ·mol^{-1}(40.8 kcal·mol^{-1}),实测值为 106 pm(1.06 Å)和 268.19 kJ·mol^{-1}(64.1 kcal·mol^{-1}),有一定的差距,不过可以说明这种近似方法是合理的。

其他分子体系只能用近似方法计算。

1.3.3 氢分子

价键法是量子化学中处理化学键问题的一种近似方法。根据价键法,当两个原子互相接近生成共价键时,它们的原子轨道互相重叠,自旋相反的两个电子在原子轨道重叠的区域内为两个成键原子所共有,生成的共价键的键能与原子轨道重叠的程度成正比。因此,分子中原子的位置应能使原子轨道最大限度地重叠。

两个氢原子的 1s 轨道互相重叠生成氢分子的轨道,见图 1.10。

成键轨道中的两个电子的自旋相反。在基态下,氢分子中的化学键由一对电子生成。两个原子轨道的重叠是生成化学键的起因,两个电子的自旋相反才能使它们共同占据同一轨道而不互相干扰。

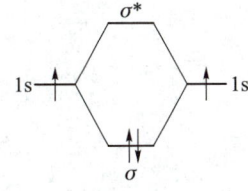

图 1.10 氢分子的分子轨道

1.3.4 sp 杂化轨道

氯化铍分子中两个 Be—Cl 键是等同的,它们之间的夹角为 180°,即三个原子在一条直线上。

铍原子的电子构型为 $1s^2 2s^2$。价键法的处理方法是把一个 2s 电子激发到 2p 轨道上,即 $1s^2 2s^1 2p^1$,将一个 2s 轨道和一个 2p 轨道进行线性组合,得到两个等同的 sp 杂化轨道。2p 轨道的两瓣位相不同,与 s 轨道组合时,位相与 s 轨道相同的一瓣增大了,位相与 s 轨道不同的一瓣则缩小了。两个 sp 杂化轨道对称轴之间的夹角正好等于 180°(见图 1.11)。

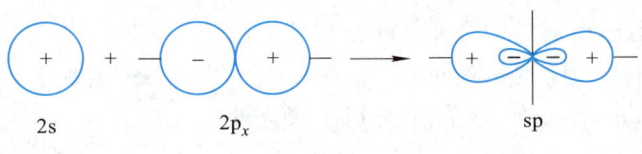

图 1.11 sp 杂化轨道

sp 杂化轨道比 s 轨道或 p 轨道有更强的方向性,可以同其他原子的原子轨道更有效地重叠。

铍原子的两个 sp 杂化轨道分别与两个氯原子的 p 轨道重叠,就生成两个 Be—Cl 键。当氯原子沿着 sp 杂化轨道对称轴的方向接近铍原子时,原子轨道可以最大限度地重叠。因此,两个 Be—Cl 键之间的夹角为 180°。

1.3.5 sp^2 杂化轨道

在氟化硼分子中所有的原子在同一平面内,每两个 B—F 键之间的夹角为 120°。

硼原子的电子构型为 $1s^2 2s^2 2p^1$。在价键法中是把一个 2s 电子激发到另一个 p 轨道上,这样就有了三个未成对的电子。一个 2s 轨道和两个 2p 轨道(如一个 $2p_x$ 和一个 $2p_y$)进行线性组合,得到三个等同的方向性更强的 sp^2 杂化轨道(见图1.12)。它们的对称轴在同一平面内,彼此之间的夹角为120°。当三个氟原子沿着 sp^2 杂化轨道对称轴的方向接近硼原子时,氟原子的2p轨道可以同硼原子的 sp^2 杂化轨道最大限度地重叠,因此,生成的三个B—F键在同一平面内,彼此之间的夹角为120°。

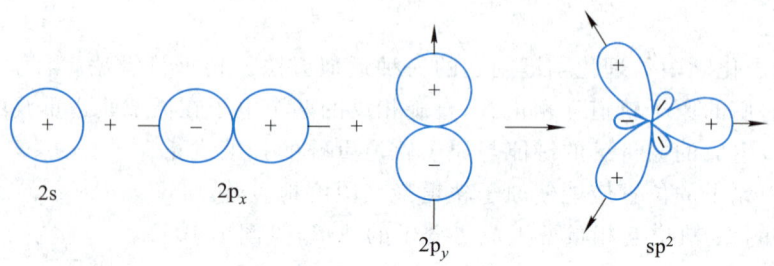

图1.12　sp^2 杂化轨道

1.3.6　sp^3 杂化轨道

在甲烷分子中碳原子位于四面体的中心,四个氢原子分别位于四面体的4个顶点上,两个C—H键之间的夹角为109°28′。

碳原子的电子构型为 $1s^2 2s^2 2p_x^1 2p_y^1$。在价键法中是把一个电子由2s轨道激发到2p轨道,然后将一个2s轨道和三个2p轨道进行线性组合,得到四个等同的方向性更强的 sp^3 杂化轨道。sp^3 杂化轨道的对称轴彼此之间的夹角为109°28′(见图1.13)。当四个氢原子分别沿着四个 sp^3 杂化轨道对称轴的方向接近碳原子时,氢原子的1s轨道可以同碳原子的 sp^3 杂化轨道最大限度地重叠,因此,生成的四个C—H键彼此之间的夹角为109°28′,四个C—H键是等同的。

甲硼烷(BH_3,borane)不稳定,实际上是以二聚体的形式存在的,一般写作:

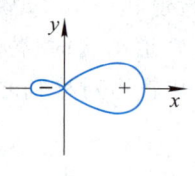 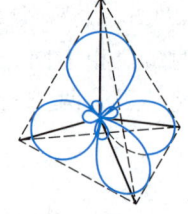

(a) sp^3 杂化轨道　　(b) 四个sp^3杂化轨道之间的关系

图1.13　sp^3 杂化轨道

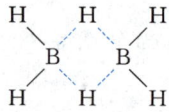

虚线不是代表一对电子。根据量子化学的解释,两个硼原子各以 sp^3 杂化轨道与氢原子的 s 轨道重叠生成 B—H 键,两个硼原子各以一个 sp^3 杂化轨道与氢原子的 s 轨道重叠,生成分子轨道,其中有一对电子,也就是说,这是一种三原子二电子键,以虚线表示,乙硼烷分子中有两个这样的键。

1.3.7　乙烯

在乙烯分子中,所有的原子都在同一平面内。两个碳原子以 sp^2 杂化轨道互相重叠,并以

sp² 杂化轨道分别与四个氢原子的 1s 轨道相重叠,生成五个 σ 键:一个 C—C 键和四个 C—H 键(见图 1.14)。

在两个碳原子上各剩下一个 $2p_z$ 轨道,它们可以组合成两个分子轨道,一个是成键轨道(π),另一个是反键轨道(π*)。成键轨道的电子云分布在 xy 平面的上下,反键轨道在两个碳原子核之间有节面(见图 1.15)。

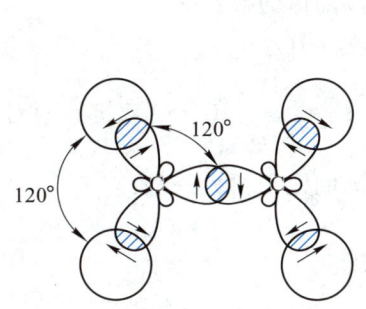

图 1.14 乙烯分子中的 σ 键

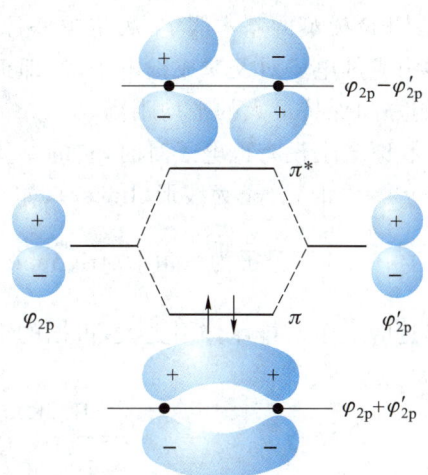

图 1.15 乙烯分子中的 π 键

在基态下,两个电子都在成键轨道上,这样生成的键叫作 π 键。π 键的键能小于 σ 键。

1.3.8 乙炔

在乙炔分子中,两个碳原子和两个氢原子在同一条直线上。分子轨道法对乙炔分子的处理与乙烯相似。两个碳原子以 sp 杂化轨道互相重叠,并以 sp 杂化轨道与两个氢原子的 1s 轨道重叠,生成三个 σ 键(一个 C—C 键和两个 C—H 键)。在两个碳原子上各剩下一个 $2p_y$ 和一个 $2p_z$ 轨道,它们分别组成两个分子轨道。在基态下 4 个电子在两个成键的 π 轨道上。乙炔分子中 4 个 π 电子的电子云混合在一起,围绕两个碳原子核的连线成圆柱形对称分布(见图 1.16)。

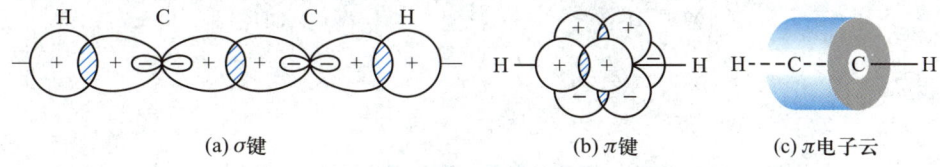

图 1.16 乙炔分子

杂化轨道是量子化学对共价键方向性的一种解释,并不是使分子采取某一种几何排列的原因。

§1.4 价层电子对互斥模型

价层电子对互斥模型(valence-shell electron-pair repulsion model)简称 VSEPR 模型,可以用来定性地推测中心原子上共价键的方向。

VSEPR 模型的基本假定:决定中心原子立体结构(指共价键的方向)的首要因素是它的价电子层中成键电子对及非成键电子对(即孤电子对)之间的相互作用。由于电子对之间的相互排斥,它们之间保持最大的平均距离。

中心原子上没有孤电子对时,它的立体形象决定于它周围配体的数目 n:

(1) $n=2$ 时,分子为线形(linear),如 H—C≡C—H,O=C=O。

(2) $n=3$ 时,分子为三角形(trigonal),如 $\begin{array}{c}H\\ \diagdown\\ H\end{array}\!C{=}O$, $\begin{array}{c}H\\ \diagdown\\ H\end{array}\!C{=}C\begin{array}{c}H\\ \diagup\\ H\end{array}$ 。C=O 双键有两对电子,它对邻近的电子对排斥作用更大,占据的空间更大,因此,实测的键角要大一些:

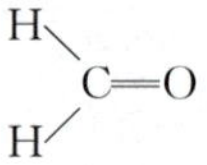

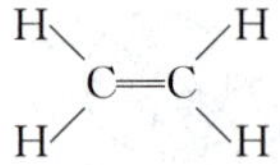

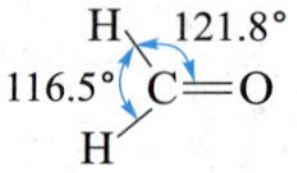

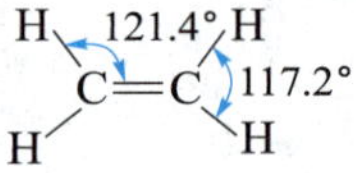

$$116.5° \;\angle\!\!\!{}^{H}_{H}\!\!C{=}O\;121.8° \qquad 121.4°\;{}^{H}_{H}\!\!C{=}C\!\!{}^{H}_{H}\;117.2°$$

(3) $n=4$ 时,分子为四面体形,如 CH_4。$\begin{array}{c}H\\H\end{array}\!C\!\!\begin{array}{c}Cl\\H\end{array}$ 110° 分子中∠HCCl 大于 109°28′,这是由于氯原子与氢原子之间的范德华排斥力大于两个氢原子之间的排斥力。

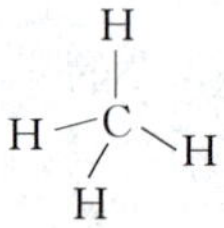

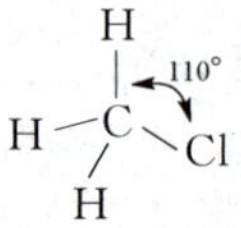

中心原子上有孤电子对时,由于孤电子对只受一个原子核的约束,它与成键电子对之间的排斥力更强,占据更大的空间,从而使共价键之间的键角减小。例如:

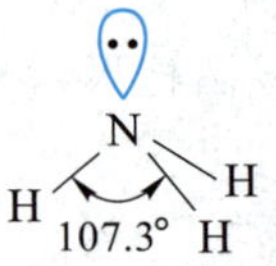

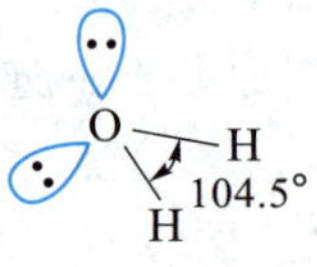

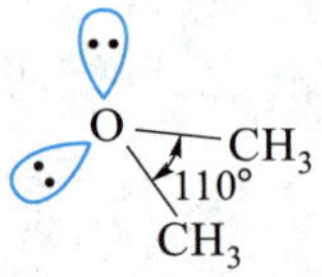

$$H\!-\!\!\underset{107.3°}{\overset{\overset{\displaystyle ..}{N}}{|}}\!\!-\!H \qquad \underset{104.5°}{H\!-\!\!\overset{..}{\underset{..}{O}}\!-\!H} \qquad CH_3\!-\!\!\overset{..}{\underset{..}{O}}\!-\!CH_3\;\;110°$$

§1.5 特性基团和有机化合物的分类

1.5.1 特性基团

甲醇的结构式为 CH_3OH,乙醇为 CH_3CH_2OH,其他的一元烷醇都可用通式 ROH 表示,R

代表碳和氢组成的烃基,作为一类化合物,它们都具有一些共同的性质,这是由 OH(羟基)的存在所引起的。决定一类化合物典型性质的原子团称为特性基团(characteristic group),又称官能团(functional group)。

将有机化合物按照特性基团分类,便于认识它们的共性。一些重要的特性基团列于表 1.1。

表 1.1 一些重要的特性基团

化合物的类别	特性基团		实 例	
烷 烃	无		CH_4	甲烷
烯 烃	$C=C$	烯键	$CH_2=CH_2$	乙烯
炔 烃	$—C≡C—$	炔键	$HC≡CH$	乙炔
芳 烃	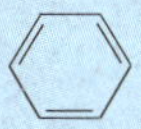 (苯环)	芳环	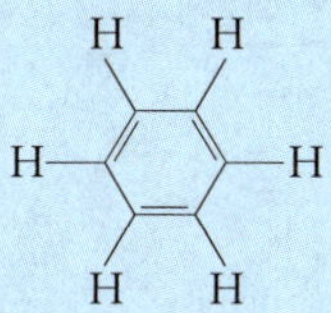 苯	苯
卤代烃	$—F, —Cl, —Br, —I$	卤素	CH_3Cl	氯甲烷
醇	$—OH$	羟基	CH_3OH	甲醇
醛或酮	$C=O$	羰基	$CH_3\overset{O}{\overset{\|}{C}}CH_3$	丙酮
			$CH_3\overset{O}{\overset{\|}{C}}H$	乙醛
羧 酸	$—\overset{O}{\overset{\|}{C}}OH$	羧基	$CH_3\overset{O}{\overset{\|}{C}}OH$	乙酸
胺	$—NH_2$	氨基	CH_3NH_2	甲胺
磺 酸	$—SO_3H$	磺酸基	CH_3SO_3H	甲磺酸

特性基团之间的相互转变是有机化学反应的一个主要内容。

1.5.2 有机化合物的碳架结构

有机化合物可以根据其分子中的碳架(碳原子所组成的骨架)分成三类:无环化合物、碳环化合物和杂环化合物。

1.5.2.1 无环化合物

这类化合物中,碳原子相连成链而无环状结构,所以叫作无环化合物或开链化合物。因为油脂含有这种开链结构,所以这类化合物又叫作脂肪族化合物。例如:

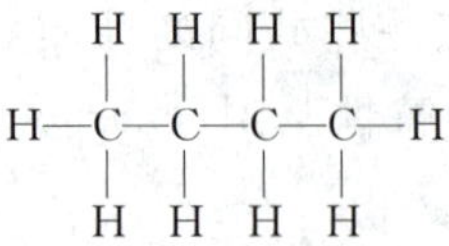

丁烷 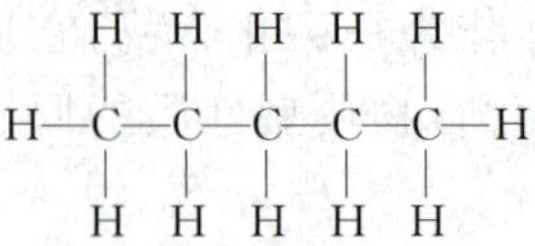　　　　　　　　　戊烷

1.5.2.2　碳环化合物

这类化合物分子中含有完全由碳原子组成的碳环。它又可分为两类：

(1) 脂环族化合物　不含苯环的碳环化合物都属于这一类。它们的性质与脂肪族化合物相似，因此叫作脂环族化合物。例如：

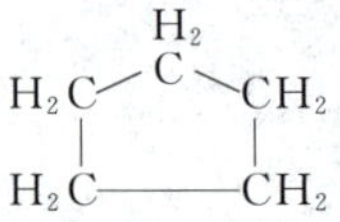

环戊烷 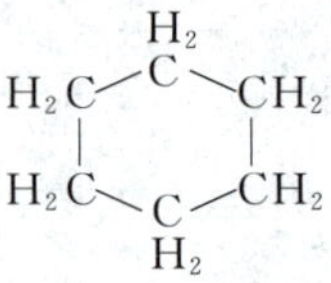　　　　　　　　　环己烷

(2) 芳香族化合物　芳香族化合物具有一些特殊的性质，大多数含有苯环。例如：

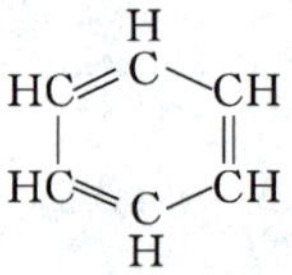

苯 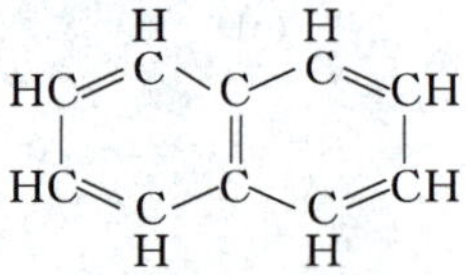　　　　　　　　　　　萘

1.5.2.3　杂环化合物

这类化合物分子中都含由碳原子和其他原子所组成的杂环。成环的原子，除碳原子以外，都叫作杂原子。常见的杂原子为氧、硫和氮。例如：

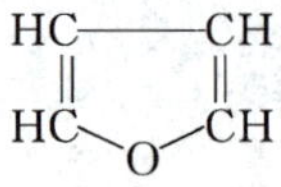

呋喃 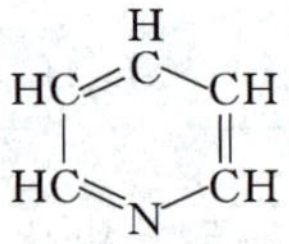　　　　　　　　　吡啶

无环化合物和碳环化合物的母体是相应的碳氢化合物，杂环化合物的母体是最简单的杂环化合物，即成环的原子在环外只与氢原子结合。

在基础有机化学中，有的先按碳架分类，再按特性基团分类；有的直接按特性基团分类。本书采用的是后一种方法。

§1.6 阅读材料

1.6.1 合成染料工业的开始

奎宁(quinine)是从南美洲的金鸡纳树树皮中提取出来的一种药物,当地的印第安人用来治疗疟疾,传到欧洲以后,最初被认为是一种能治百病的万灵药,非常珍贵。

1849 年,德国化学家 Hofmann A W 受英国政府的邀请到伦敦新成立的皇家化学学院任教,当时他正在研究煤焦油化学,对奎宁的合成也很感兴趣。1854,年德国化学家 Strecker A 测定奎宁的化学组成为 $C_{20}H_{24}N_2O_2$。当时元素分析是有机化合物最重要的特征,所以 Hofmann 猜想:只要能够找到一个适当的反应在萘胺($C_{10}H_9N$)中加两分子水就可以得到奎宁:

$$\underset{\text{萘胺}}{2\,C_{10}H_{10}N} + 2\,H_2O \dashrightarrow \underset{\text{奎宁}}{C_{20}H_{24}N_2O_2}$$

(当时分析数值有误)

1856 年,Hofmann 的十八岁的学生 Perkin W H Sr.设想:将一个化学组成为 $C_{10}H_{13}N$ 的胺用重铬酸氧化,使它加氧去水可能得到奎宁:

$$2\,C_{10}H_{13}N + 3\,[O] \dashrightarrow \underset{\text{奎宁}}{C_{20}H_{24}N_2O_2} + H_2O$$

在一个假日里,Perkin 在自己家里进行实验,只得到乱糟糟的棕色产物,他想,也许可以用其他的胺试试,这次用的是苯胺硫酸盐(后来的研究表明原料中还含有甲苯胺的两种异构体)。实验结果得到黑色固体,显然不是奎宁。不过 Perkin 发现:实验产物能将白色的抹布染成深紫色,可能是一种染料。有商业头脑的 Perkin 将产品送往一家纺织厂测试,结果发现它可以用来染丝,并且坚牢度高,经日晒不褪色。当时英国经济发展快,生活水平不断提高,每年都要进口 75 000 t 天然染料才能满足需要。于是 Perkin 就同他的哥哥一起建厂生产。紫色染料以前是从海洋生物中提取,非常珍贵,因此,Perkin 的工厂给他带来大量的财富,也开创了合成染料这一新的工业领域。

经过之后的研究,Perkin 的实验可以用现代的结构式表示:

$C_{10}H_{13}N$　　　　$C_{20}H_{24}N_2O_2$

异构体混合物　　　　奎宁

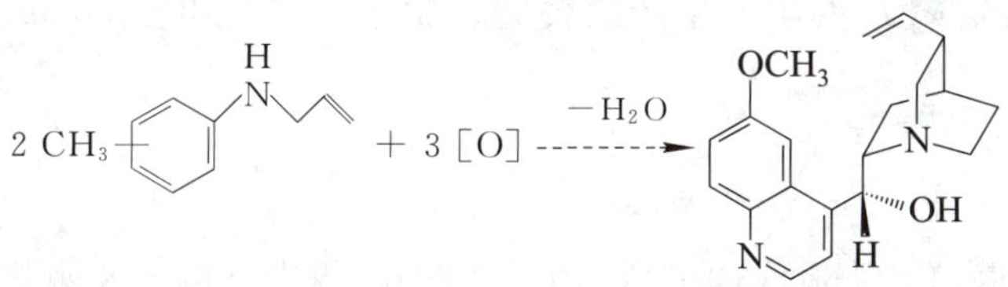

$$\text{（苯胺）} + \text{（对甲苯胺）} + \text{（邻甲苯胺）} \xrightarrow{H_2Cr_2O_7} \text{苯胺紫（混合物），} R = H \text{ 或 } CH_3$$

含有甲苯胺的苯胺   苯胺紫（混合物）

从 Perkin 的工作可以看出：在有机化合物结构学说出现以前，有机化合物的合成研究是多么困难。

参考文献

1.6.2 Wittig 反应

氮、磷、砷、锑、铋在元素周期表中属于同一族。磷、砷、锑、铋的五苯基化合物都已由合成得到，五甲基锑为液体，沸点为 126 ℃。

根据 Lewis 的八隅规则，氮原子的价电子层最多只能容纳 8 个电子，不能生成五甲基化合物。1949 年，为了从实验上验证这一结论是否正确，德国化学家 Wittig G 用甲基锂与溴化四甲铵反应，看是否能在氮原子上加入第五个甲基：

$$(CH_3)_4N^+Br^- + CH_3Li \longrightarrow [(CH_3)_3\overset{+}{N}-CH_2^-]LiBr + CH_4$$

氮叶立德

结果发现甲基锂从四甲基铵正离子中夺取一个氢原子生成甲烷和一种内盐，Wittig 称之为氮叶立德（N-ylide），它能与二苯甲酮反应生成另一种内盐：

$$(CH_3)_3\overset{+}{N}CH_2^- + (C_6H_5)_2C{=}O \longrightarrow (CH_3)_3\overset{+}{N}CH_2\overset{O^-}{C}(C_6H_5)_2$$

Wittig 把这一反应推广到磷化合物，却得到了烯烃：

$$(C_6H_5)_3\overset{+}{P}-CH_2^- + O{=}C(C_6H_5)_2 \longrightarrow (C_6H_5)_3PO + CH_2{=}C(C_6H_5)_2$$

这样就发明了一种能生成烯键的在有机合成中有广泛用途的新反应——Wittig 反应。

Wittig 反应在天然产物的合成中有重要用途。20 世纪 60 年代，BASF 公司就将 Wittig 反应用于维生素 A 的工业生产的关键步骤中。1979 年，Wittig 被授予诺贝尔化学奖。

参考文献

1.6.3 杂化轨道

杂化轨道由 s 轨道和 p 轨道线性组合而成。设 sp^3 杂化轨道的波函数为

$$\psi_1 = a_1 s + b_1 p_x + c_1 p_y + d_1 p_z$$
$$\psi_2 = a_2 s + b_2 p_x + c_2 p_y + d_2 p_z$$

§1.6 阅读材料

$$\psi_3 = a_3 s + b_3 p_x + c_3 p_y + d_3 p_z$$
$$\psi_4 = a_4 s + b_4 p_x + c_4 p_y + d_4 p_z$$

应用归一化等条件计算得出：

$$\psi_1 = \frac{1}{2}(s + p_x + p_y + p_z)$$

$$\psi_2 = \frac{1}{2}(s + p_x - p_y - p_z)$$

$$\psi_3 = \frac{1}{2}(s - p_x + p_y - p_z)$$

$$\psi_4 = \frac{1}{2}(s - p_x - p_y + p_z)$$

用图 1.17 表示为（为明显起见，省略了 s 轨道，蓝色部分表示位相不同）

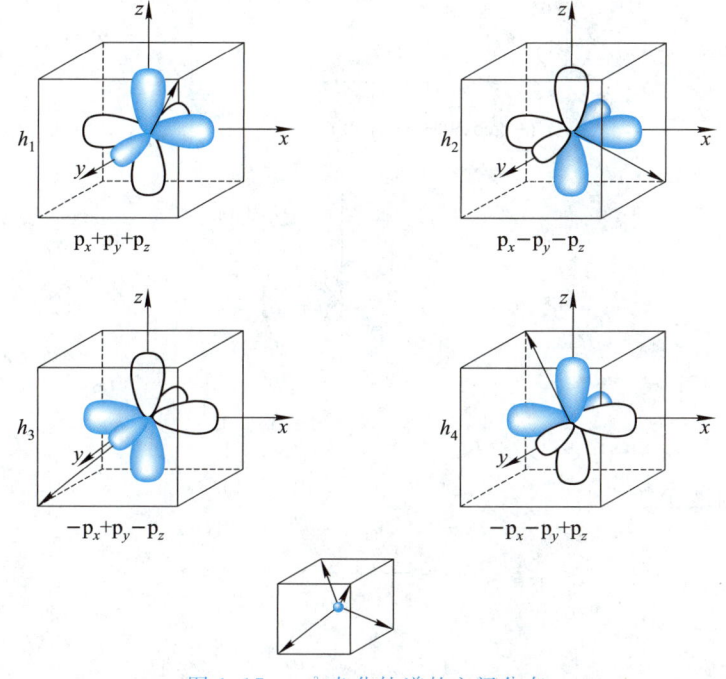

图 1.17　sp^3 杂化轨道的空间分布

p_x，p_y，p_z 三个轨道的轴分别在 x，y 和 z 轴上，根据矢量的加法，它们的和应在立方体的对角线方向上。

sp^2 杂化轨道的波函数为

$$\psi_1 = \frac{1}{\sqrt{3}} s + \sqrt{2} p_z$$

$$\psi_2 = \frac{1}{\sqrt{3}} s + \sqrt{2}(- p_x \cos 60° + p_y \cos 30°)$$

$$\psi_3 = \frac{1}{\sqrt{3}}s - \sqrt{2}(-p_x\cos60° - p_y\cos30°)$$

用图 1.18 表示,图中 p_x 和 p_y 分别旋转 60°和 30°后互相重叠。

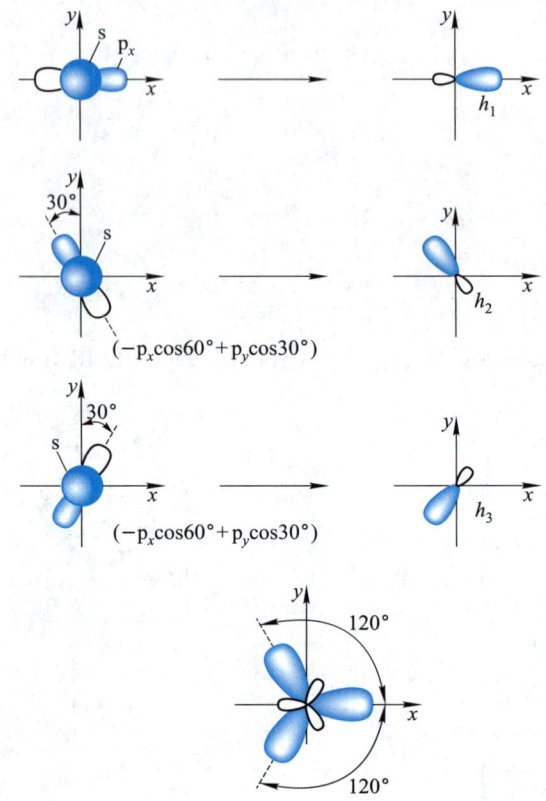

图 1.18　sp^2 杂化轨道的形成

sp 杂化轨道的波函数为

$$\psi_1 = \frac{1}{\sqrt{2}}(s + p_x)$$

$$\psi_2 = \frac{1}{\sqrt{2}}(s - p_x)$$

对称轴都在 x 轴上,两个 sp 杂化轨道在一条直线上。

参考答案

第二章 烷 烃

只含碳和氢两种元素的化合物称为碳氢化合物(hydrocarbon),简称为烃。烃是最简单的有机化合物,其他有机化合物可以看作烃的衍生物。

烷烃(alkane)分子中碳原子以单键互相连接成链,其余的价完全与氢原子相连,分子中氢的含量已达最高限度,因此是一类饱和烃(saturated hydrocarbon)。

§2.1 烷烃的同系列和异构

2.1.1 烷烃同系列

甲烷的分子式为 CH_4,乙烷、丙烷、丁烷和戊烷的分子式分别为 C_2H_6,C_3H_8,C_4H_{10} 和 C_5H_{12}。两个烷烃分子式间之差为 CH_2 或其倍数,这些烷烃的性质也很相似,这样的一系列化合物叫作同系列(homologous series)。同系列中的各个化合物彼此互称为同系物(homolog),CH_2 则叫作同系列的系差。烷烃同系列的通式为 C_nH_{2n+2}。

2.1.2 烷烃的异构

甲烷、乙烷和丙烷都没有异构体,丁烷有两种异构体,一种含有不分支的碳链(通常称为直链),叫作丁烷;另一种含有分支的碳链,即在长的主链上还有支链,是丁烷的异构体,叫作异丁烷。

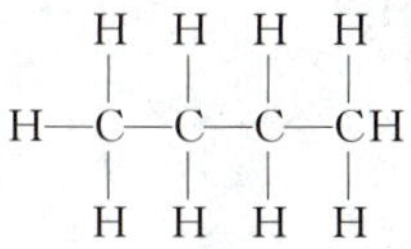

$$\begin{array}{cccc} H & H & H & H \\ | & | & | & | \\ H-C-C-C-CH \\ | & | & | & | \\ H & H & H & H \end{array} \qquad CH_3CH_2CH_2CH_3$$

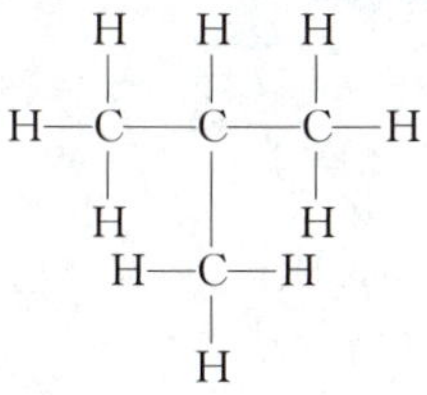

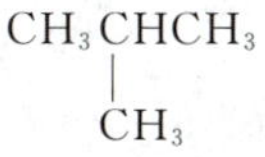

$$\begin{array}{ccc} H & H & H \\ | & | & | \\ H-C-C-C-H \\ | & | & | \\ H & H & H \\ & H-C-H \\ & | \\ & H \end{array} \qquad CH_3CHCH_3, CH_3CH(CH_3)_2 \\ | \\ CH_3$$

戊烷有三种异构体:戊烷、异戊烷和新戊烷。

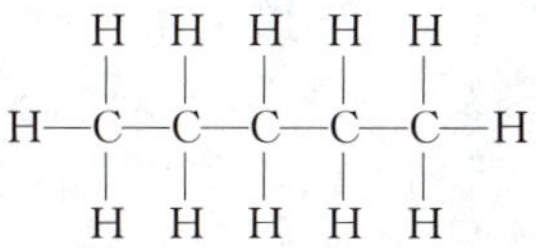

$$\begin{array}{ccccc} H & H & H & H & H \\ | & | & | & | & | \\ H-C-C-C-C-C-H \\ | & | & | & | & | \\ H & H & H & H & H \end{array} \qquad CH_3CH_2CH_2CH_2CH_3, CH_3(CH_2)_3CH_3$$

$$\begin{array}{c}\text{H H H H}\\\text{H—C—C—C—C—H}\\\text{H H}\phantom{\text{H}}\text{H}\\\phantom{\text{H H H}}\text{H—C—H}\\\phantom{\text{H H H H}}\text{H}\end{array}\qquad CH_3CH_2CH(CH_3)_2$$

$$\begin{array}{c}\phantom{\text{H}}\text{H}\\\phantom{\text{H}}\text{H—C—H}\\\text{H}\phantom{\text{H}}\text{H}\\\text{H—C—C—C—H}\\\text{H}\phantom{\text{H}}\text{H}\\\phantom{\text{H}}\text{H—C—H}\\\phantom{\text{H}}\text{H}\end{array}\qquad C(CH_3)_4$$

丁烷和戊烷的几种异构体之间的差别是分子中的碳链不同。

分子中原子互相连接的方式和次序叫作构造（constitution），以前也叫作结构（structure），根据国际纯粹与应用化学联合会（International Union of Pure and Applied Chemistry，IUPAC）的建议，改为"构造"，"结构"一词在更普遍的情况下使用，如物质结构、原子的电子结构等。分子的结构，除了构造以外，还包括构型、构象等（构型和构象的含义将在以后介绍）。在书写构造式时，常先写碳原子，与其相连的氢或其他原子团写在碳的后面。烷烃的异构是由于分子中碳链不同而产生的，常用折线来表示烷烃的构造，折线的转折点和两端的端点都代表一个碳原子。

烷烃中碳原子所处的位置并不是完全一样的，有的只与另一个碳原子相连，有的与另外两个、三个或四个碳原子相连，它们分别称为伯、仲、叔和季碳原子。与伯、仲或叔碳原子相连接的氢原子分别称为伯、仲或叔氢原子。

丙烷、丁烷、异丁烷，以及戊烷的三种异构体的模型见图 2.1。

从图 2.1 可见：碳链实际上是锯齿形的。因此，所谓直链，是指不分支的碳链。X 射线研究证明，高级烷烃在晶体中碳链排列成锯齿状：

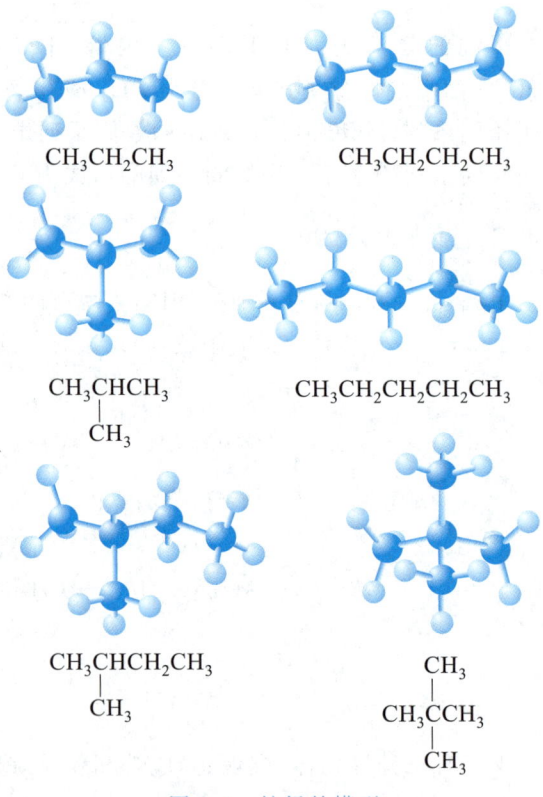

图 2.1 烷烃的模型

甲烷和新戊烷则接近球形。

问题 2.1　写出己烷 C_6H_{14} 的五种异构体的构造式。

问题 2.2　下列构造式中哪些代表同一化合物？

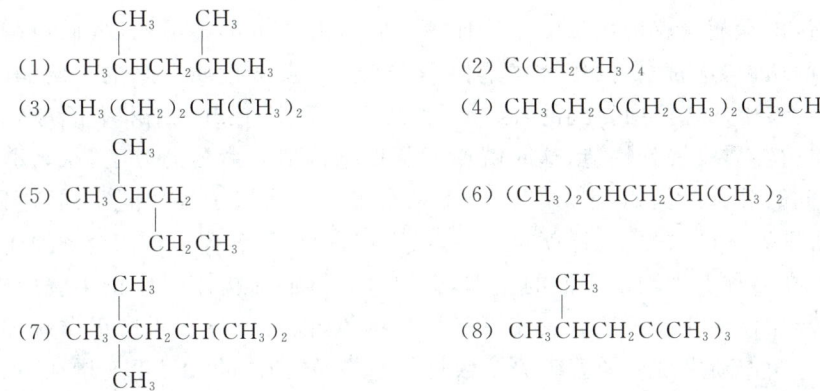

问题 2.3　将问题 2.1 各化合物中的仲碳原子和叔碳原子分别用圆圈和方框标示出来。

烷烃构造异构体的数目随着碳原子的增加而迅速增加（见表 2.1）。

表 2.1　烷烃构造异构体的数目

碳原子数	构造异构体数目	碳原子数	构造异构体数目
1	1	7	9
2	1	8	18
3	1	9	35
4	2	10	75
5	3	15	4 347
6	5	20	366 319

没有计算烷烃异构体数目的通式，如已知含 n 个碳原子的烷烃的异构体数目，可以用数学上的图论推算出含 $n+1$ 个碳原子的烷烃可能有的异构体数目。

含一个到十个碳原子的烷烃，实际上得到的异构体的数目与理论推测完全符合，更高级的烷烃，只有少数异构体是已知的。有些从理论上推测出的异构体可能无法得到。例如，与一个碳原子相连的四个基团体积都很大，在有限的空间内难以容纳，这样的化合物就可能制备不出来。

2.1.3　烷烃的结构

甲烷分子中 C—H 键的键长为 110 pm，∠HCH 为 109°28′，四个氢原子正好位于以碳原子为中心的正四面体的 4 个顶点上。其他烷烃分子中 C—H 键和 C—C 键的键长分别为 110 pm 和 154 pm,或与此相近,∠CCC 为 111°～113°,接近四面体所要求的角度。因此,可以认为烷烃分子中碳原子以 sp^3 杂化轨道互相重叠,生成碳-碳 σ 键,碳原子以 sp^3 杂化轨道与氢原子的 1 s 轨道重叠,生成碳-氢 σ 键。

§2.2　烷烃的命名

人们对有机化合物的认识是随着有机化学的发展而逐步扩大和深入的。最初,人们对少数有机化合物只有一些表面的认识,这时,有机化合物是根据它们的来源或性质命名的。例如,甲烷最初是由池沼里植物腐烂产生的气体中得到的,因此叫作沼气。后来,已知的有机化合物逐渐增多,人们对它们的认识也由性质发展到构造,这时就产生了根据构造来命名的方法,从名称可以看出各种化合物彼此之间的关系。例如,用"烷"这个字来表示化合物属于烷烃同系列,用甲、乙、丙等字表示分子中所含碳原子的数目,这样就得到甲烷、乙烷、丙烷等名称。含四个碳原子的烷烃有两种异构体,有必要在名称上表现出它们的差别,就把含直链的异构体叫作正丁烷(正字通常可以省去),含支链的异构体叫作异丁烷。戊烷有三种异构体,前两种分别叫作正戊烷和异戊烷,第三种 $C(CH_3)_4$ 只好叫作新戊烷。随着碳原子数目的增多,异构体的数目迅速增加,构造也更复杂,就有必要发展系统性更强、应用范围更广的命名法。为了解决有机化合物命名的困难,求得名词的统一,1892 年一些化学家在日内瓦集会,拟订了一种系统的有机化合物命名法,叫作日内瓦命名法。此后经过 IUPAC 的多次修订,其原则已普遍为各国所采用。我国所用的系统命名法,也是根据国际上通用的原则,结合我国文字的特点制定,由中国化学会有机化合物命名审定委员会审定和公布的。

2.2.1　直链烷烃

在系统命名法中,用烷字表示化合物属于烷烃同系列,在烷字前面将分子中所含碳原子的数目表示出来,碳原子从一个到十个依次用甲、乙、丙、丁、戊、己、庚、辛、壬、癸表示,十一个碳原子以上用汉字数字表示。例如:

$$CH_3(CH_2)_5CH_3 \qquad CH_3(CH_2)_{14}CH_3$$
庚烷　　　　　　　十六烷

2.2.2　支链烷烃

支链烷烃的名称从直链烷烃导出:

(1) 先选择分子中最长的碳链作为主链,写出相当于主链的直链烷烃的名称,把它作为母体,如 $CH_3CH_2\underset{\underset{CH_2CH_3}{|}}{C}HCH_3$　主链为 $CH_3CH_2\underset{\underset{CH_2CH_3}{|}}{C}H—$　而不是 $CH_3CH_2\underset{\underset{CH_2CH_3}{|}}{C}HCH_3$,母体名称为戊烷。

(2) 把支链当作取代基。烷烃中去掉一个氢原子生成的一价原子团叫作烷基,其通式为 C_nH_{2n+1}。

直链烷烃链端碳原子上去掉一个氢原子生成的基,叫作某(烃)基。例如:

CH_3- 简写作 $Me-$ $CH_3CH_2CH_2-$ 简写作 $n\text{-}Pr-$
甲基(methyl)   丙基(propyl)

CH_3CH_2- 简写作 $Et-$ $CH_3CH_2CH_2CH_2-$ 简写作 $n\text{-}Bu-$
乙基(ethyl)   丁基(butyl)

IUPAC 系统命名法中有较多用俗名命名的取代基,中文系统命名法中仅少部分保留相应的俗名,其余采用系统命名(详见《有机化合物命名原则 2017》)。例如:

$(CH_3)_2CH-$ 简写作 $i\text{-}Pr-$ 俗 名 异丙基(isopropyl)
系统命名 丙-2-基(propan-2-yl)

$(CH_3)_2CHCH_2-$ 简写作 $i\text{-}Bu-$ 俗 名 异丁基(isobutyl)
系统命名 2-甲基丙基(2-methylpropyl)

$CH_3CH_2CHCH_3$ (带支链) 简写作 $s\text{-}Bu-$ 俗 名 仲丁基(sec-butyl)
系统命名 1-甲基丙基(1-methylpropyl)

$(CH_3)_3C-$ 简写作 $t\text{-}Bu-$ 俗 名 叔丁基($tert$-butyl)
系统命名 1,1-二甲基乙基(1,1-dimethylethyl)

(3) 将主链上的碳原子编号,从离取代基最近的一端开始,将取代基的位置(用阿拉伯数字表示)和名称写在母体名称的前面(阿拉伯数字与汉字之间应加一短线"-")。例如:

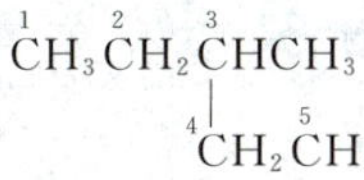

$\overset{1}{C}H_3\overset{2}{C}H_2\overset{3}{C}HCH_3$
               $|$
               $\overset{4}{C}H_2\overset{5}{C}H_3$

3-甲基戊烷(3-methylpentane)

$\overset{1}{C}H_3\overset{2}{C}HCH_2\overset{4}{C}H_2\overset{5}{C}H_3$
        $|$
        $\overset{3}{C}H_3$

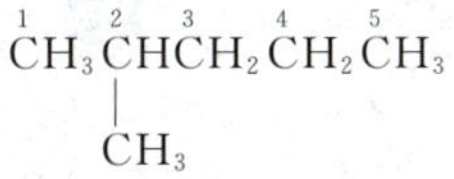

2-甲基戊烷(2-methylpentane)

有几个相同的取代基时,应并在一起,其数目用汉字表示,表示取代基位置的两个或几个阿拉伯数字之间应加一逗号。例如:

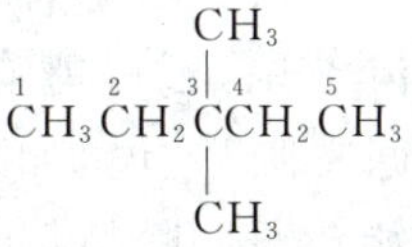

CH_3
$|$
$\overset{1}{C}H_3\overset{2}{C}H_2\overset{3}{C}\overset{4}{C}H_2\overset{5}{C}H_3$
$|$
CH_3

3,3-二甲基戊烷
3,3-dimethylpentane

有几种取代基时,按取代基首字母次序排列,表示取代基数目的前缀不计入取代基首字母。例如:

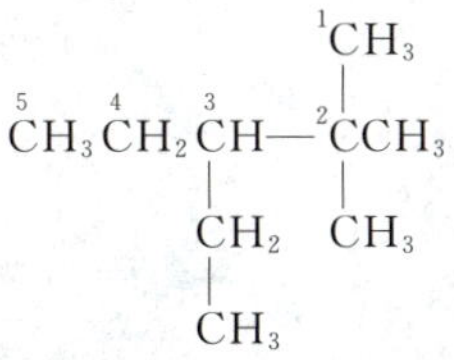

$\overset{1}{C}H_3$
$|$
$\overset{5}{C}H_3\overset{4}{C}H_2\overset{3}{C}H-\overset{2}{C}CH_3$
       $|$ $|$
       CH_2 CH_3
       $|$
       CH_3

3-乙基-2,2-二甲基戊烷
3-ethyl-2,2-dimethylpentane

问题 2.4　将问题 2.1 和问题 2.2 中各化合物用系统命名法命名。

问题 2.5　写出下列各化合物的构造式：

　　(1) 3,3-二乙基戊烷　　　　(2) 3,3-二异丙基-2,4-二甲基戊烷
　　(3) 2,2,3-三甲基丁烷　　　(4) 四甲基丁烷

(4) 在选择最长碳链作为主链时，若有两种可能，应选择取代基最多的碳链。例如：

$$\underset{7}{CH_3}\underset{6}{CH_2}\underset{5}{CH}-\underset{4}{CH}-\underset{3}{CH}-\underset{2}{CH}\underset{1}{CH_3}$$

（侧链：CH₃, CH₂, CH₃, CH₃，其中 CH₂ 下接 CH₃）

2,3,5-三甲基-4-丙基庚烷
2,3,5-trimethyl-4-propylheptane
（不是 2,3-二甲基-4-仲丁基庚烷）

系统命名法的优点是明确，根据化合物的构造式可以写出它的名称，知道了化合物的名称，即可写出它的构造式。它的缺点是太烦琐，结构复杂的化合物名称太长，使用不便。因此在工业上对有些常见的化合物往往采用习惯名。例如，通常把 2,2,4-三甲基戊烷叫作异辛烷。

§2.3　烷烃的构象

2.3.1　单键的自由旋转

19 世纪 60 年代，文献报道的二溴乙烷的异构体有三种，当时才出现不久的关于有机化合物的结构理论，只注意到化合物中原子互相连接的次序，即构造。根据构造，二溴乙烷只可能有两种异构体，即 1,1-二溴乙烷和 1,2-二溴乙烷，不可能有第三种异构体。1868 年，俄国化学家 Butlerov A M 在他的有机化学教科书（德文版）上说，如果真的有三种二溴乙烷，化学结构的概念就应当重新考虑。19 世纪 60 年代开始，德国化学家 Kekulé F A 就开始用模型（与现在用的球棍模型相似）来表示有机化合物的结构。1869 年，Paterno E 在他的论文中用模型来说明为什么二溴乙烷会有三种异构体，见图 2.2。Paterno 首先用分子中原子的立体排列来说明异构现象，他的思想是有创新性的。但是后来实验证明二溴乙烷只有两种异构体，这样就使当时的化学家普遍认为，考虑分子中原子在空间的排列方式是没有意义的。

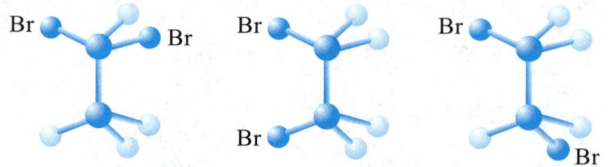

图 2.2　二溴乙烷三种异构体的模型

1874 年,荷兰化学家 van't Hoff J H 用碳原子的四面体结构的观念说明了对映异构现象(见第四章),这等于是说 Kekulé 模型也表示化合物中原子在空间的排列。根据 Paterno 的模型,1,2-二溴乙烷的模型有两种排列方式,但实际上只有一种 1,2-二溴乙烷。如果单键能够旋转,两个模型就表示同一化合物。乙烷和其他烷烃都有同样的问题,即模型有多种排列方式而化合物只有一种。因此 van't Hoff 在 1898 年明确提出了 C—C 单键围绕键轴自由旋转(free rotation)的概念。这样,Paterno 所画出的 1,2-二溴乙烷的两种模型,就代表同一化合物,与实际的异构体数目相符合。

2.3.2 构象

由于围绕单键的旋转而产生的分子中原子在空间的不同排列方式称为构象(conformation)。乙烷的两种最重要的构象如图 2.3 所示。

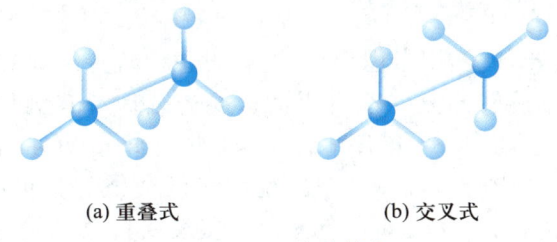

(a) 重叠式　　　　(b) 交叉式

图 2.3　乙烷的构象

从模型的前方对着 C—C 键看,在(a)中,后面一个碳原子上的氢原子正好在前面碳原子上的氢原子的正后方,而在(b)中,后面碳原子上每一个氢原子都在前面碳原子上两个氢原子之间。(a)和(b)分别称为重叠式构象和交叉式构象,它们可以用透视法表示:

重叠式　　　　交叉式

用实线相连的原子在纸面上,用楔形虚线连接的原子在纸面后方,用楔形实线连接的原子则在纸面的前方。透视式也可以用另一种方式书写:

重叠式　　　　交叉式

如果把乙烷的模型放在纸面上,使 C—C 键与纸面垂直,从 C—C 键的上方向下看,用一个点表示前面的碳原子,与这一个点相连的线表示碳原子上的键,用圆圈表示后面的碳原子,从圆圈向外伸出的线表示后一个碳原子上的键,则得到 Newman 投影式:

如以 ABCD 表示有机化合物分子中排列成链的四个原子，ABC 所在的平面与 BCD 所在平面之间的夹角 ϕ 称为扭转角（torsional angle）或两面夹角（dihedral angle），见图 2.4。乙烷的重叠式构象中，H—C—C—H 的扭转角为 0°，而在交叉式构象中则为 60°。

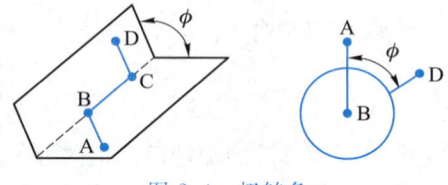

图 2.4　扭转角

2.3.3　单键的旋转不是完全自由的

既然单键能够自由旋转，就不用考虑构象，这种思想一直持续到 20 世纪 30 年代。以后出现的实验事实，说明单键的旋转不是完全自由的。要充分理解有机化合物的性质，在许多情况下必须考虑它的构象。例如，1934 年日本化学家 Mitzushima S 在研究 1,2-二氯乙烷的偶极矩和 Raman 光谱时，得出结论：1,2-二氯乙烷由于两个带部分负电荷的氯原子的互相排斥，重叠式构象是不稳定的，而反交叉式构象又比顺交叉式构象稳定，因为两个带部分负电荷的氯原子相距更远：

1,2-二氯乙烷的偶极矩随着温度的降低而减小，而其 Raman 光谱中的谱线数也随温度降低而减少。这说明 1,2-二氯乙烷在温度极低时，以反交叉式构象存在，偶极矩最小，Raman 光谱中只有反交叉式构象的谱线。随着温度的升高，顺交叉式构象的份额增加，偶极矩的数值和 Raman 光谱中的谱线数也相应增加。

1932 年，Eyring H 认为，由于氢原子之间的非键作用力，乙烷的重叠式构象的能量要比交叉式构象高，通过单键的旋转，由一个交叉式构象变成另一个交叉式构象，必须经过重叠式构象，即必须克服一个能垒，相当于翻过一个小山丘：

1936 年，Pitzer K 用统计力学的方法计算乙烷的焓值和熵值，证明碳-碳单键的旋转要越过约 $12.54\ \text{kJ}\cdot\text{mol}^{-1}$（$3\ \text{kcal}\cdot\text{mol}^{-1}$）的能垒，这样才能使计算值与实验值相符合。因此，即使在乙烷这样的简单分子中，单键的旋转也不是完全自由的。

2.3.4 乙烷的构象

在乙烷的棍球模型中,保持前面的 CH_3 不动,后面的 CH_3 围绕 C—C 键旋转一周,即从重叠式构象开始,使 ϕ 的值由 0°逐渐变到 360°,可以得到无数个模型,它们之间的差别在于原子在空间的排列不同。乙烷的重叠式构象和交叉式构象就是乙烷的无数构象中有代表性的两种。扭转角等于 0°,120°和 240°时为重叠式构象,等于 60°,180°和 300°时为交叉式构象。

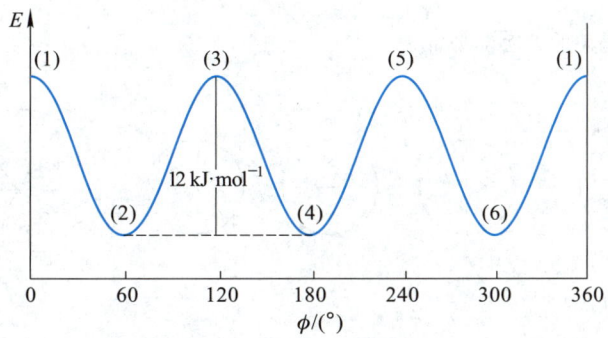

乙烷分子的势能与扭转角的大小有关,根据物理化学研究,势能与扭转角的关系可以用图 2.5 表示。

图 2.5 乙烷的势能与扭转角关系示意图

重叠式构象位于能量曲线上的峰顶,而交叉式构象则在谷底,它们之间的能量差约为 12 kJ·mol^{-1},从一个交叉式构象转变成另一个交叉式构象,分子必须获得 12 kJ·mol^{-1} 以上的能量,以越过能垒。

现在认为交叉式构象比重叠式构象更稳定的原因是 C—H 键之间的超共轭效应(hyperconjugation)。

分子在不停地运动,它们互相碰撞时,发生能量交换,有的分子得到能量,其中一部分转变为势能,如果得到的势能超过两个交叉式构象之间的能垒,分子就可以通过围绕单键的旋转,由一个交叉式构象变为另一个。据计算在 25 ℃下，这种转变每秒内发生的次数高达 10^{11} 次，或者说在 10^{-11} s 内就发生一次。温度越高，旋转的速率越快。但在大部分时间内乙烷分子为交叉式构象。如果围绕单键的旋转是完全自由的，则各种构象出现的机会相等，它们所占的份额与温度无关。

2.3.5 丁烷的构象

丁烷的不同构象可以用 C(2)—C(3) 键为标准，用 Newman 投影式表示如下：

(1) $\phi=0°,360°$ 全重叠式 顺叠±sp

(2) $\phi=60°$ 顺交叉式 顺错+sc

(3) $\phi=120°$ 部分重叠式 反错+ac

(4) $\phi=180°$ 反交叉式 反叠±ap

(5) $\phi=240°$ 部分重叠式 反错−ac

(6) $\phi=300°$ 顺交叉式 顺错−sc

IUPAC 规定的表示构象的方法说明如下。

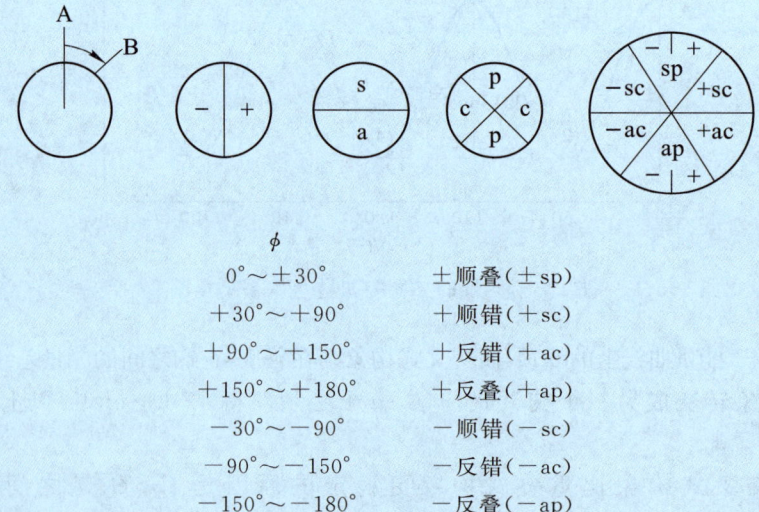

ϕ	
0°～±30°	±顺叠(±sp)
+30°～+90°	+顺错(+sc)
+90°～+150°	+反错(+ac)
+150°～+180°	+反叠(+ap)
−30°～−90°	−顺错(−sc)
−90°～−150°	−反错(−ac)
−150°～−180°	−反叠(−ap)

B 顺时针转动为 +，反时针转动为 −，B 在上半圆内为顺(s)，在下半圆内为反(a)，B 在 +30°～−30° 和 +150°～−150° 为叠(p)，在 +30°～+150° 和 −30°～−150° 为错(c)。

它们之间的能量关系见图 2.6。反交叉式构象(4)中两个体积大的甲基相距最远,能量最低,顺交叉式构象中,两个甲基之间的范德华(van der Waals)斥力使能量升高约 3.7 kJ·mol^{-1},全重叠式构象的两个甲基之间距离最小,范德华斥力最大,加上 C—H 键电子云之间的斥力,使其能量比反交叉式构象高 18.8 kJ·mol^{-1},部分重叠式构象中甲基与氢重叠,氢与氢重叠,其能量也较高。

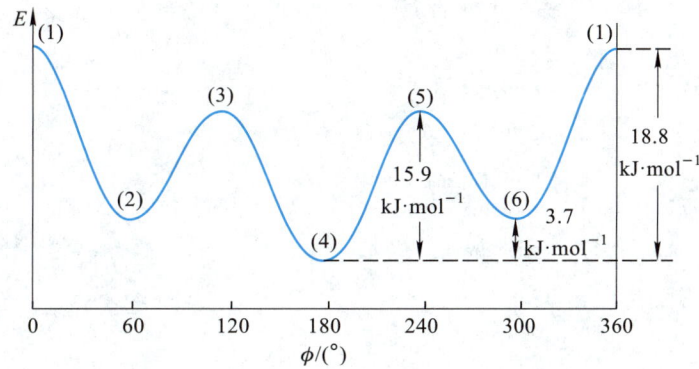

图 2.6　丁烷的不同构象之间的能量关系示意图

在室温下,丁烷主要以反交叉式构象和顺交叉式构象存在,前者约占 63%,后者约占 37%,重叠式构象位于能量曲线的峰顶,只是在碳-碳单键旋转时,一瞬间通过这一点。

2.3.6　高级烷烃的构象

在戊烷和己烷最稳定的构象中碳链排列成锯齿形,C—H 键都在交叉式构象的位置:

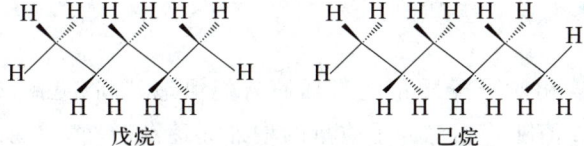

在气态和液态下,各种构象迅速互相转变,而在晶体中,分子排列在刚性的晶格中,运动受到阻碍,因此不发生构象的转变。直链烷烃在晶体中,碳链排列成锯齿形,这种构象不仅能量较低,并有利于分子在晶格中紧密排列。

§2.4　烷烃的物理性质

在常温(20 ℃)和常压(101 325 Pa,760 mmHg)下,含一个到四个碳原子的烷烃为气体,含五个到十六个碳原子的直链烷烃为液体,含十七个碳原子以上的直链烷烃为固体。

表 2.2 为一些直链烷烃的熔点和沸点。

表 2.2　一些直链烷烃的熔点和沸点

化 合 物	英文名称	熔点/℃	沸点/℃(0.1 MPa)
甲　烷	methane	−182.6	−161.6
乙　烷	ethane	−183.3	−88.5
丙　烷	propane	−187.1	−42.2
丁　烷	butane	−138.4	−0.5
戊　烷	pentane	−129.7	36.1
己　烷	hexane	−94.0	68.7
庚　烷	heptane	−90.5	98.4
辛　烷	octane	−56.8	125.7
壬　烷	nonane	−53.7	150.8
癸　烷	decane	−29.7	174.1
十一烷	undecane	−25.6	195.9
十二烷	dodecane	−9.7	216.3
十三烷	tridecane	−6.0	235.5
十四烷	tetradecane	5.5	253.6
十五烷	pentadecane	10.0	270.7
十六烷	hexadecane	18.1	287.1
十七烷	heptadecane	22.0	302.6
十八烷	octadecane	28.0	317.4
一百烷	hectane	115.1～115.4	—

2.4.1　沸点

直链烷烃的沸点随着相对分子质量的增加而有规律地升高(见图 2.7)。每增加一个 CH_2 原子团所引起的沸点升高值随着相对分子质量的增加而逐渐减小。例如,乙烷的沸点比甲烷高 73 ℃,丙烷比乙烷高 46 ℃,而十一烷比癸烷只高 22 ℃。

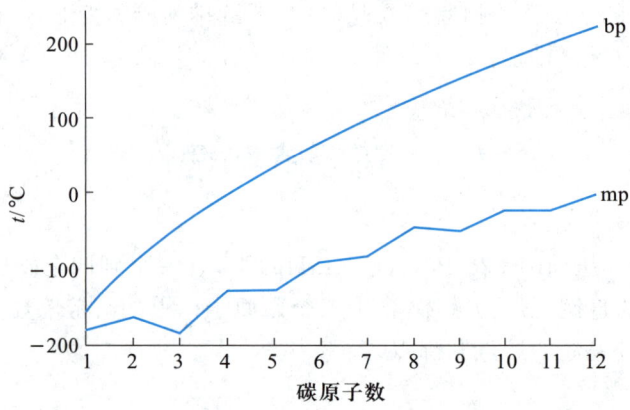

图 2.7　直链烷烃的沸点(bp)和熔点(mp)

碳链的分支及分子的对称性对沸点有显著的影响,在含同数碳原子的烷烃异构体中,直链异构体沸点最高,支链越多,沸点越低。例如,戊烷、异戊烷和新戊烷的沸点分别为 36.1 ℃,28 ℃和 9 ℃,己烷、2-甲基戊烷、3-甲基戊烷、2,3-二甲基丁烷和 2,2-二甲基丁烷的沸点分别为 68.7 ℃,60.3 ℃,63.3 ℃,58.0 ℃和 49.7 ℃。

分子间的吸引力叫作内聚力(又称分子间作用力),它使分子聚集在一起,而分子的热运动则使分子彼此分开。液体在较低温度下,只有动能特别大的一部分分子能克服内聚力,脱离液相而进入气相,随着温度的升高,分子的热运动逐渐加强,能克服内聚力而挥发的分子逐渐增多,蒸气压也逐渐增大,当蒸气压与大气压力相等时,液体就沸腾了。因此液体的沸点决定于内聚力的大小。内聚力越大,沸点越高。

非极性分子之间的吸引力为色散力。以氢分子为例,当两个氢分子之间的距离小于两个非键氢原子的范德华半径之和时,它们的电子云互相排斥,并且排斥力随着距离的进一步减小而迅速增强,如距离稍大于范德华半径之和,则两个氢分子互相吸引。这是因为分子中的电子在不停地运动,电子云在某一瞬间可能聚集在分子的一端,在另一瞬间聚集在另一端,这样就在非极性分子中产生暂时的偶极。如分子 A 附近有另一分子 B,在分子 A 的暂时偶极诱导下,在分子 B 中产生相应的暂时偶极,两个偶极之间的作用表现为微弱的吸引力(见图 2.8)。

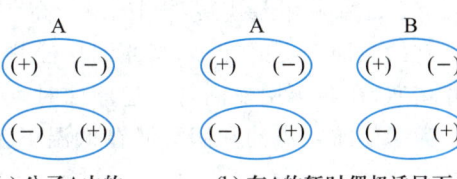

图 2.8 色散力

诱导偶极-诱导偶极作用力称为色散力或范德华吸引力。各种分子或原子之间都有色散力存在,非极性分子间只有色散力,极性分子间的作用力也有一部分是色散力。氢气或氦气在低温下可以液化,就是由于色散力的作用。色散力与分子中原子的数目和大小约成正比。

烷烃分子是非极性分子,分子中碳原子和氢原子越多,色散力越大,也越不容易脱离液相,因此直链烷烃的沸点随着相对分子质量的增加而有规律地升高。色散力只有在近距离内才能有效地作用,它随着距离的增加而很快地减弱。有支链的分子由于支链的阻碍,不能紧密地靠在一起。因此,带支链烷烃分子间的色散力比直链烷烃小,它的沸点也相应地低一些。

有机化合物的物理性质在工业上有重要意义,从石油得到的气态烷烃($C_1 \sim C_4$),由于沸点相差较大,可以用加压低温分馏的方法把它们分离开来利用。石油中除了直链烷烃以外,还含有它们的异构体,由于异构体的沸点很接近,并且随着碳原子数目的增加,异构体的数目也迅速增加,很难用分馏的方法把它们一一分开。因此,在工业上炼制石油时是根据原油的特点和对成品的要求而分成各种馏分。例如:

成品	沸程	成分
油气	气体	$C_1 \sim C_4$
汽油	55~200 ℃	$C_6 \sim C_{12}$
煤油	195~300 ℃	$C_{12} \sim C_{16}$
柴油	285~350 ℃	$C_{15} \sim C_{18}$
石蜡	固体	$C_{20} \sim C_{30}$

2.4.2 熔点

直链烷烃的熔点也随着相对分子质量的增加而升高。不过含奇数碳原子的烷烃和含偶数碳原子的烷烃分别构成两条熔点曲线,前者在下(甲烷除外),后者在上(见图2.7)。随着相对分子质量的增加,两条曲线逐渐趋于一致。这种现象也存在于其他的同系列中。

支链烷烃的熔点比直链烷烃低。例如,异丁烷、异戊烷、2-甲基戊烷和2,2-二甲基丁烷的熔点分别为-159.6 ℃,-159.4 ℃,-153.6 ℃和-100.0 ℃,低于相应的直链烷烃丁烷、戊烷和己烷。这是由于支链对分子在晶格中的紧密排列有阻碍作用,分子间的吸引力小于直链烷烃,熔点也相应低一些。有的支链烷烃的结构具有高度的对称性,它们的熔点则比含同数碳原子的直链烷烃高。例如,甲烷和新戊烷分子接近球形,有助于在晶格中紧密堆积,因此,甲烷的熔点比丙烷还高,新戊烷的熔点(-16.6 ℃)比戊烷约高113 ℃,四甲基丁烷的熔点(102 ℃)比辛烷高158.8 ℃,比2-甲基庚烷(-111 ℃)高213 ℃。

有的原油含石蜡较多,当原油从油井中喷出时,往往由于温度降低,石蜡从原油中析出而使油井堵塞,在冬天用输油管输送原油时,必须采取特别措施,以防管道被石蜡堵塞。

为了使航空煤油和润滑油在低温下不凝固,必须经过"脱蜡"工序,以除去其中凝固点高的烷烃。

2.4.3 相对密度

烷烃的相对密度小于1,甲烷为0.424(-164 ℃),三十烷为0.780(70 ℃),其他烷烃的相对密度在这一范围内。

2.4.4 溶解度

烷烃不溶于水,能溶于有机溶剂,在非极性溶剂(如烃类)中的溶解度比在极性有机溶剂(如乙醇)中大。

由于烷烃比水轻又不溶于水,因此,在开采石油时可以采取注水的方法采油。

§2.5 烷烃的反应

一个同系列中的化合物往往都具有相似的化学性质,这是同系列的特点。知道了一个典型化合物的性质就可推测同系列中其他化合物的性质。但所谓相似,只具有定性的意义,即反应类型相似,同系物的反应速率往往有很大的差异,各个同系列的第一个化合物往往有特殊的性质。

烷烃在常温下与强酸(如浓硫酸、浓硝酸)、强碱(如熔化的氢氧化钠)、强氧化剂(如重铬酸钾、高锰酸钾)、强还原剂(如锌加盐酸、钠加乙醇)等都不发生反应或反应速率很慢,因此,以前认为它们的化学活性很低。为了充分利用石油资源,对烷烃的化学性质进行了大量的研究工作,发现它们在适当的温度、压力和催化剂的作用下可以发生反应而变成许多非常重要的工业产品,现在烷烃已成为有机化学工业最重要的原料之一。

本节先讨论烷烃的燃烧和热解。烷烃的氯化将在§2.6中讨论。

2.5.1 烷烃的燃烧

烷烃完全燃烧生成二氧化碳和水,同时放出大量的热:

$$C_nH_{2n+2} + \left(\frac{3n+1}{2}\right)O_2 \longrightarrow nCO_2 + (n+1)H_2O$$

烷烃最广泛的用途就是用作燃料。

烷烃燃烧时要消耗大量的氧。以戊烷为例,使一体积的戊烷完全燃烧,需要8体积的氧或40体积的空气。供氧不足时,燃烧不完全,会产生一氧化碳等有毒物质。汽车所排放的废气中含有相当多的一氧化碳,因此造成空气污染。

2.5.1.1 燃烧热

纯粹的烷烃完全燃烧所放出的热称为燃烧热(heat of combustion),燃烧热可以精确测量,是重要的热化学数据。燃烧热等于燃烧反应 $\Delta H_c^\ominus$ 的负值,即 $-\Delta H_c^\ominus$:

$$C_nH_{2n+2} + \left(\frac{3n+1}{2}\right)O_2 \longrightarrow nCO_2 + (n+1)H_2O$$

$$\Delta H_c^\ominus = H_{\text{产物}}^\ominus - H_{\text{原料}}^\ominus$$

$H^\ominus$ 是化合物在标准状态下(0.1 MPa下的理想气体、纯粹液体或结晶固体)的焓,在放热反应中产物的焓小于原料的焓,故 $\Delta H_c^\ominus$ 为负值,而燃烧热为正值。一些烷烃的燃烧热见表2.3。直链烷烃每增加一个 CH_2,燃烧热平均约增加 659 kJ·mol^{-1}。

表 2.3 一些烷烃的燃烧热

化 合 物	$-\Delta H_c^\ominus/(kJ\cdot mol^{-1})$	化 合 物	$-\Delta H_c^\ominus/(kJ\cdot mol^{-1})$
甲 烷	891.0	壬 烷	6 129.1
乙 烷	1 560.8	癸 烷	6 783.0
丙 烷	2 221.5	异丁烷	2 869.6
丁 烷	2 878.0	2-甲基丁烷	3 531.1
戊 烷	3 539.1	2-甲基戊烷	4 160.0
己 烷	4 165.9	2-甲基己烷	4 814.8
庚 烷	4 820.3	2-甲基庚烷	5 469.2
辛 烷	5 474.2		

含同数碳原子的烷烃异构体中,直链烷烃的燃烧热最大,支链越多,燃烧热越小。例如:

$$C_8H_{18} + \frac{25}{2}O_2 \Longrightarrow 8CO_2 + 9H_2O$$

辛烷异构体	$-\Delta H_c^\ominus/(\text{kJ}\cdot\text{mol}^{-1})$
(1) $CH_3(CH_2)_6CH_3$	5 474.2
(2) $(CH_3)_2CH(CH_2)_4CH_3$	5 469.2
(3) $(CH_3)_3C(CH_2)_3CH_3$	5 462.1
(4) $(CH_3)_3CC(CH_3)_3$	5 455.4

异构体燃烧时生成的产物相同,消耗的氧的量也相同,而$-\Delta H_c^\ominus = H_{原料}^\ominus - H_{产物}^\ominus$,因此,$-\Delta H_c^\ominus$的大小可以反映烷烃异构体的焓或势能的高低,见图 2.9。由图可见:在烷烃异构体中支链最多的燃烧热最小,也最稳定。

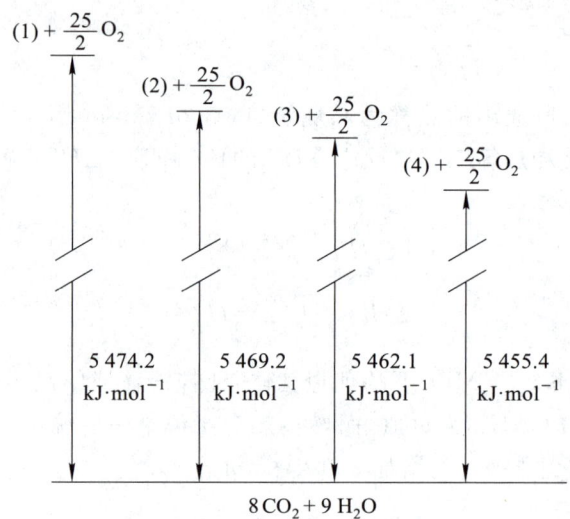

图 2.9 烷烃异构体的燃烧热

2.5.1.2 生 成 热

由标准状态下的元素生成某一化合物的反应中焓的变化称为生成热(heat of formation),表示为 $\Delta H_f^\ominus$,如生成的化合物为气态,则用 $\Delta H_f^\ominus(g)$ 表示。例如:

$$4C(石墨) + 5\,H_2(g) \Longrightarrow n\text{-}C_4H_{10}(g)$$

$$\Delta H^\ominus = H_{产物}^\ominus - H_{原料}^\ominus = \Delta H_f^\ominus(g) = -125.66\,\text{kJ}\cdot\text{mol}^{-1}$$

标准状态规定元素在 25 ℃ 和 0.1 MPa 为最稳定的状态,碳规定为石墨,氢和氧规定为 H_2 和 O_2,在标准状态下元素的生成热规定为零。化合物的生成热如为负值,表示它比生成它的元素更稳定;如为正值,表示它没有生成它的元素那样稳定。一些烷烃的生成热见表 2.4。

异构体的生成热的数值越小,化合物越稳定,支链烷烃比含同数碳原子的直链烷烃更稳定。生成热与燃烧热的关系见图 2.10。

§2.5 烷烃的反应

表 2.4　一些烷烃的生成热

化　合　物	$\Delta H_f^\ominus(g)/(kJ\cdot mol^{-1})$	化　合　物	$\Delta H_f^\ominus(g)/(kJ\cdot mol^{-1})$
甲　烷	−74.45	癸烷	−299.66
乙　烷	−83.45	异丁烷	−134.19
丙　烷	−104.67	2−甲基丁烷	−153.68
丁　烷	−125.66	2,2−二甲基丙烷	−167.95
戊　烷	−146.77	3−甲基戊烷	−172.1
己　烷	−167.03	2−甲基戊烷	−174.8
庚　烷	−187.7	2,3−二甲基丁烷	−178.3
辛　烷	−208.7	2,2−二甲基丁烷	−186.1
壬　烷	−228.7		

2.5.2　烷烃的热解

化合物在热作用下分解称为热解（pyrolysis）。烷烃热解时，碳−碳键断裂，两个碎片各取得共价键的 1 个电子，生成含有未配对电子的烷基自由基。例如，丁烷热解生成一个甲基自由基和一个丙基自由基，或两个乙基自由基：

$$CH_3CH_2CH_2CH_3 \xrightarrow{\triangle} \begin{cases} CH_3\cdot + \cdot CH_2CH_2CH_3 \\ CH_3CH_2\cdot + \cdot CH_2CH_3 \end{cases}$$

自由基（free radical）中的未配对电子用圆点表示。

在较高温度下，丁烷还可以分解成一个丁基自由基和一个氢原子：

$$CH_3CH_2CH_2CH_3 \xrightarrow{\triangle} CH_3CH_2CH_2CH_2\cdot + \cdot H$$

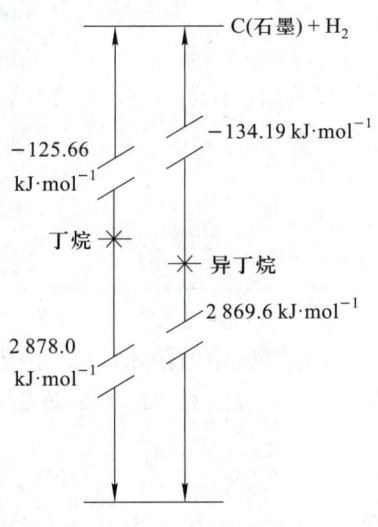

图 2.10　生成热和燃烧热

烷基自由基的反应活性很高，寿命很短，两个烷基自由基可以结合生成稳定的烷烃分子，烷基自由基也可以从另外一个烷基自由基夺取一个氢原子生成烷烃，而失去氢原子的烷基自由基则转变为烯烃：

$$CH_3\cdot + \cdot CH_2CH_3 \longrightarrow CH_3CH_2CH_3$$
$$CH_3\cdot + \cdot CH_2CH_2CH_3 \longrightarrow CH_4 + CH_2=CHCH_3$$
$$CH_3CH_2\cdot + \cdot CH_2CH_3 \longrightarrow CH_3CH_3 + CH_2=CH_2$$

高级烷烃热解时，碳链可以在任何一处断裂，生成相对分子质量较小的烷烃和烯烃的复杂混合物。

在工业上利用烷烃的热解使高沸点的重油转变为低沸点的汽油，这一过程称为裂化（cracking）。近年来热裂化已为催化裂化所代替，催化裂化就是在催化剂存在下进行热解，但催化裂化可能不是通过烷基自由基的生成进行的。

2.5.2.1 键裂解能

共价键裂解生成原子或自由基的反应中焓的变化称为键裂解能,用 $DH^{\ominus}$ 表示:

$$A\text{—}B \longrightarrow A\cdot + B\cdot \quad \Delta H^{\ominus} = DH^{\ominus}$$

一些共价键的键裂解能见表 2.5。

表 2.5 一些共价键的键裂解能 $[DH(A\text{—}B)]$ 单位:$kJ\cdot mol^{-1}$

A	B			
	H	Cl	Br	I
CH_3—	439.6	355.9	297.5	238.6
C_2H_5—	410.3	334.9	284.7	221.9
$i\text{-}C_3H_7$—	397.7	339.1	284.7	224.0
$t\text{-}C_4H_9$—	389.4	339.1	280.5	217.7
C_6H_5—	464.7	401.9	337.0	272.1
$C_6H_5CH_2$—	368.4	301.4	242.8	201.0
$CH_2\text{=}CHCH_2$—	360.1	284.7	226.1	171.7
CH_3CO—	360.1	339.1	276.3	205.2
C_2H_5CO—	435.4			
$CH_2\text{=}CH$—	460.5	376.8	326.6	
H—	436.3	432.1	366.3	298.5

在热解反应中较弱(键裂解能较小)的键更容易裂解。烷烃中的 C—C 键比 C—H 键更容易裂解。甲烷中的 C—H 键最难裂解,在 1 000 ℃ 以上才显著裂解。

2.5.2.2 烷基自由基

烷基自由基中未配对电子在伯、仲和叔碳原子上的分别称为伯、仲和叔烷基自由基。

丙烷或异丁烷分子中链端的 C—H 键比链中间的 C—H 键更难裂解:

$$CH_3CH_2CH_3 \longrightarrow CH_3CH_2CH_2\cdot + \cdot H \quad \Delta H^{\ominus} = 460.3 \text{ kJ}\cdot\text{mol}^{-1}$$

$$CH_3CH_2CH_3 \longrightarrow (CH_3)_2CH\cdot + \cdot H \quad \Delta H^{\ominus} = 397.7 \text{ kJ}\cdot\text{mol}^{-1}$$

$$\underset{\underset{CH_3}{|}}{CH_3CHCH_3} \longrightarrow \underset{\underset{CH_3}{|}}{CH_3CHCH_2}\cdot + \cdot H \quad \Delta H^{\ominus} = 410.3 \text{ kJ}\cdot\text{mol}^{-1}$$

$$\underset{\underset{CH_3}{|}}{CH_3CHCH_3} \longrightarrow (CH_3)_3C\cdot + \cdot H \quad \Delta H^{\ominus} = 389.4 \text{ kJ}\cdot\text{mol}^{-1}$$

根据键裂解能和烷烃的生成热,可以计算出烷基自由基的生成热。一些烷基自由基的生成热见表 2.6。

表 2.6 一些烷基自由基的生成热(25 ℃)

自 由 基	$\Delta H_f^\ominus/(\text{kJ}\cdot\text{mol}^{-1})$	自 由 基	$\Delta H_f^\ominus/(\text{kJ}\cdot\text{mol}^{-1})$
H·	217.7	$CH_3CH_2CH_2CH_2\cdot$	67.0
$CH_3\cdot$	146.5	$(CH_3)_2CHCH_2\cdot$	58.6
$C_2H_5\cdot$	108.8	$CH_3CH_2\overset{\cdot}{C}HCH_3$	54.4
$CH_3CH_2CH_2\cdot$	87.9	$(CH_3)_3C\cdot$	37.7
$(CH_3)_2CH\cdot$	75.4		

由表 2.6 可见:自由基的生成热都是正值,说明它们比其生成的元素更不稳定,不同类型的烷基自由基的稳定性次序为叔烷基自由基＞仲烷基自由基＞伯烷基自由基。

实验和理论研究说明,甲基自由基中所有的原子在同一平面内。可以认为,碳原子以三个 sp^2 杂化轨道分别与三个氢原子的 1s 轨道重叠,生成三个 σ 键,在碳原子上还剩下一个 p 轨道,其中只有一个未配对的电子,见图 2.11。

叔丁基自由基中,中心碳原子在三个甲基碳原子所在平面的上方,四个碳原子组成高度低而平的角锥,中心碳原子接近于以 sp^2 杂化轨道成键。

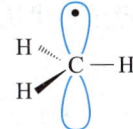

图 2.11 甲基自由基的结构

§ 2.6 烷烃的氯化

2.6.1 甲烷的氯化

甲烷与氯气在光照、加热到较高温度或在催化剂存在下反应,分子中的氢原子被氯原子取代,生成氯代甲烷:

$$CH_4 + Cl_2 \xrightarrow[\text{或}\triangle]{h\nu} CH_3Cl + HCl$$

$h\nu$ 表示用光照射,$\triangle$ 表示加热。

反应中生成的氯甲烷继续与氯作用,生成二氯甲烷、三氯甲烷和四氯化碳:

$$CH_3Cl + Cl_2 \longrightarrow CH_2Cl_2 + HCl$$
$$CH_2Cl_2 + Cl_2 \longrightarrow CHCl_3 + HCl$$
$$CHCl_3 + Cl_2 \longrightarrow CCl_4 + HCl$$

20 世纪初,有人将甲烷和氯的混合气体通过用弧光灯照射的玻璃反应室,产物经冷凝后分析,发现其中含二氯甲烷 35%,三氯甲烷 35%,四氯化碳 6%,乙烷的氯化物 20%。即使用很纯粹的甲烷作原料,也得到乙烷的氯化物,扩大实验的规模还可以分离出更高级的烷烃的氯化物。上面的反应式显然不能说明这些实验事实。

2.6.1.1 甲烷氯化反应的机理

反应方程式一般只表示反应原料和产物之间的数量关系,并没有说明原料是怎样变成产物的,在变化过程中要经过哪些中间步骤,这些问题正是反应机理(reaction mechanism)所要说明的。

反应机理是综合实验事实做出的理论假设,对于某一个反应可能提出不同的机理,其中能够最恰当地说明现有实验事实的,被认为是最可信的,如果出现与反应机理相抵触或不能说明的新的实验事实,就要对原有的机理进行修正,或用新的机理来代替它。因此,反应机理是在不断发展的。

甲烷的氯化反应是分步进行的,在反应中氯分子先裂解成两个氯原子:

$$Cl-Cl \xrightarrow[\text{或}\triangle]{h\nu} Cl\cdot + \cdot Cl \tag{1}$$
$$\Delta H^{\ominus} = 242.6 \text{ kJ} \cdot \text{mol}^{-1}$$

由于氯分子的键裂解能较低,用波长较长的光照射或加热到不太高的温度(如120 ℃),以产生氯原子。氯原子与甲烷分子相碰撞时,从甲烷夺取一个氢原子,生成氯化氢分子,甲烷则转变成甲基自由基:

$$Cl\cdot + CH_4 \longrightarrow HCl + CH_3\cdot \tag{2}$$
$$\Delta H^{\ominus} = +8.4 \text{ kJ} \cdot \text{mol}^{-1}$$

甲基自由基的化学活性很高,当它与一个氯分子碰撞时能夺取一个氯原子,生成氯甲烷分子和另一个氯原子:

$$CH_3\cdot + Cl_2 \longrightarrow CH_3Cl + Cl\cdot \tag{3}$$
$$\Delta H^{\ominus} = -111.8 \text{ kJ} \cdot \text{mol}^{-1}$$

新生成的氯原子继续与甲烷反应,生成氯化氢和甲基自由基,反应(2)和(3)循环进行,到两个自由基相碰撞,生成稳定的分子为止:

$$CH_3\cdot + \cdot Cl \longrightarrow CH_3Cl \tag{4}$$
$$CH_3\cdot + \cdot CH_3 \longrightarrow CH_3CH_3 \tag{5}$$

这种反应称为自由基链反应(free radical chain reaction)。反应(1)产生活性大的氯原子,引起反应(2)和(3)的进行,称为链引发(initiation)步骤;反应(2)和(3)循环进行,不断生成产物氯甲烷和氯化氢,称为链增长(chain propagation)步骤;反应(4)和(5)使反应链不能继续发展,称为链终止(chain termination)步骤。反应(2)和(3)往往要循环10 000次左右,反应链才中断。

问题 2.6 解释甲烷氯化反应中观察到的现象:
(1) 甲烷和氯气的混合物在室温下和黑暗中可以长期保存而不发生反应;
(2) 将氯气先用光照射,然后迅速在黑暗中与甲烷混合,可以得到氯化产物;
(3) 将氯气用光照射后在黑暗中放一段时间再与甲烷混合,不发生氯化反应;
(4) 将甲烷先用光照射后,在黑暗中与氯气混合,不发生氯化反应;
(5) 甲烷和氯气在光照下发生反应时,每吸收一个光子产生许多氯化甲烷分子。

CH_3Cl,CH_2Cl_2 和 $CHCl_3$ 分子中 C—H 键的键解离能分别为 422.2 kJ·mol^{-1},414.2 kJ·mol^{-1} 和 400.8 kJ·mol^{-1},小于甲烷分子中 C—H 键的键解离能,因此,在甲烷氯化反应中生成的氯甲烷容易继续氯化,生成二氯甲烷、三氯甲烷和四氯化碳,只有在甲烷大幅度过量时,才能使氯甲烷成为主要的反应产物。

甲烷的氯化是放热反应,反应热可以从反应(2)和(3)的 $\Delta H^{\ominus}$ 算出[反应(4)虽然也产生氯甲烷,但只占总产量的 0.01% 以下,可以略去不计]:

$$CH_4 + \cdot Cl \longrightarrow CH_3 \cdot + HCl \quad \Delta H^{\ominus} = +8.4 \text{ kJ·mol}^{-1}$$
$$CH_3 \cdot + Cl_2 \longrightarrow CH_3Cl + \cdot Cl \quad \Delta H^{\ominus} = -111.8 \text{ kJ·mol}^{-1}$$

$$CH_4 + Cl_2 \longrightarrow CH_3Cl + HCl \quad \Delta H^{\ominus} = -103.4 \text{ kJ·mol}^{-1}$$

也可以由键裂解能算出:

$$\begin{array}{cccc} CH_3-H + Cl-Cl \longrightarrow CH_3-Cl + H-Cl \\ DH/(\text{kJ·mol}^{-1}) \quad 439.6 \quad\quad 242.6 \quad\quad\quad 355.9 \quad\quad 432.1 \end{array}$$

$\Delta H^{\ominus}$ = 439.6 kJ·mol^{-1} + 242.6 kJ·mol^{-1} − 355.9 kJ·mol^{-1} − 432.1 kJ·mol^{-1}
       = −105.8 kJ·mol^{-1}

键裂解能有一定的误差,如 CH_3—H 键的键裂解能的误差范围为 ±4 kJ·mol^{-1},因此,两种算法得到的结果在误差范围内是符合的。

在甲烷的氯化反应中,共价键断裂时,成键的两部分各取得一个电子,这种反应称为均裂反应(homolytic reaction)。

2.6.1.2 甲烷氯化反应的能线图

在甲烷的氯化反应中,氯原子与甲烷分子接近,达到一定距离后,CH_3—H 键开始伸长,共价键开始断裂,在 H 和 Cl 之间开始形成新的共价键,同时,其他 C—H 键之间的键角也逐渐加大,体系的能量逐渐上升,到最大值后,随着 H—Cl 键成键程度的增加,体系的能量开始降低,最后形成平面形的甲基自由基和一分子氯化氢:

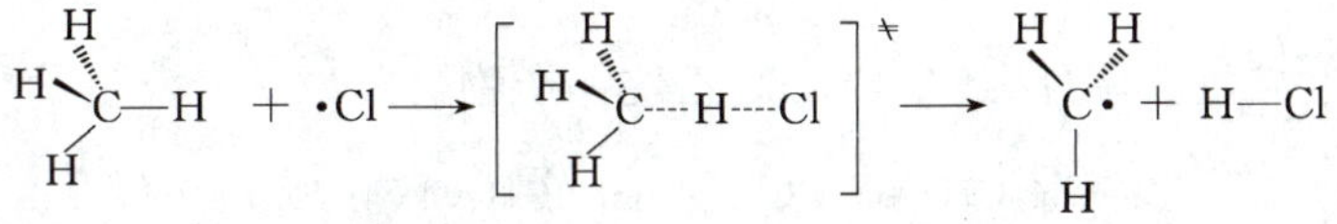

这一过程可以用能线图(energy profile)表示,见图 2.12。图中的横坐标为反应坐标,它定性地表示反应进行的程度。能线图上与能量最高点相当的结构称为反应的过渡状态(transition state),过渡状态与初态之间的能量差称为反应的活化能(activation energy),活化能与反应速率有关,活化能越小,反应速率越快。

在甲烷与氯原子的反应中,活化能约为 17 kJ·mol^{-1}。根据微观可逆性原则,在相同的条件下,正反应和逆反应的途径相同,因此,图 2.12 也是逆反应 $CH_3 \cdot + HCl \longrightarrow CH_4 + \cdot Cl$ 的能线图。正反应是吸热的,逆反应就是放热的,其活化能比正反应小,约为 8.4 kJ·mol^{-1}。

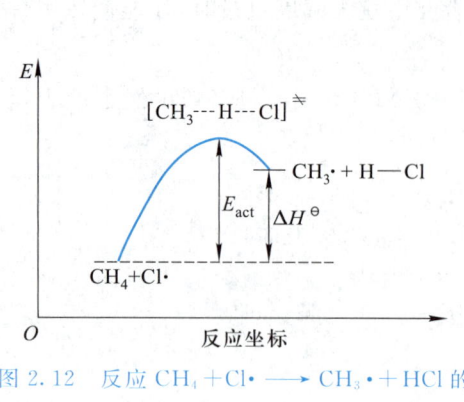

图 2.12 反应 $CH_4 + Cl \cdot \longrightarrow CH_3 \cdot + HCl$ 的能线图

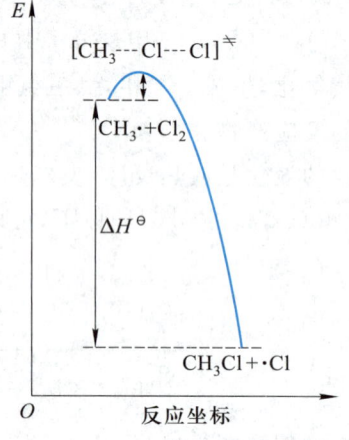

图 2.13 反应 $CH_3 \cdot + Cl_2 \longrightarrow CH_3Cl + \cdot Cl$ 的能线图

甲基自由基与氯分子反应，生成一分子氯甲烷和一个氯原子：

$$CH_3 \cdot + Cl—Cl \longrightarrow [CH_3 \cdots Cl \cdots Cl]^{\neq} \longrightarrow CH_3Cl + \cdot Cl$$
$$\text{过渡状态}$$

其能线图见图 2.13。反应的活化能约为 $8.4 \text{ kJ} \cdot \text{mol}^{-1}$。由于这是一个放出大量热的反应，逆反应的活化能比正反应大得多，实际上不能进行。

在甲烷的氯化反应中，甲基自由基是反应的活性中间体（reactive intermediate）。从图 2.12 和图 2.13 可见：活性中间体处于能线图的谷底，而过渡状态则处于峰顶。活性中间体可以用实验方法证实其存在。

2.6.2 其他烷烃的氯化

其他烷烃的氯化与甲烷相似，由于分子中能被氯原子取代的氢原子更多，产物也更复杂。

2.6.2.1 乙烷

乙烷氯化时除生成氯乙烷外，还生成二氯乙烷等产物：

$$CH_3CH_3 + Cl_2 \longrightarrow CH_3CH_2Cl + HCl$$
$$CH_3CH_2Cl + Cl_2 \longrightarrow CH_3CHCl_2 + ClCH_2CH_2Cl$$

在较高温度下氯化可以使氯乙烷成为主要产物：

$$CH_3CH_3 + Cl_2 \xrightarrow{420 \text{ ℃}} \underset{78\%}{CH_3CH_2Cl} + HCl$$

2.6.2.2 丙烷

丙烷氯化时，生成的一氯化物中有 1-氯丙烷，也有 2-氯丙烷：

$$CH_3CH_2CH_3 + Cl_2 \xrightarrow[CCl_4]{h\nu, 250\ ^\circ C} CH_3CH_2CH_2Cl + CH_3\underset{\underset{Cl}{|}}{CH}CH_3$$

$$\phantom{CH_3CH_2CH_3 + Cl_2 \xrightarrow[CCl_4]{h\nu, 250\ ^\circ C} }\ 43\% \qquad\qquad 57\%$$

反应中氯原子夺取甲基或亚甲基(CH_2)上的氢原子生成丙基自由基和异丙基自由基：

$$CH_3CH_2CH_3 + \cdot Cl \longrightarrow CH_3CH_2CH_2\cdot + HCl$$

$$CH_3CH_2CH_3 + \cdot Cl \longrightarrow CH_3\dot{C}HCH_3 + HCl$$

自由基从氯分子夺取一个氯原子生成1-氯丙烷和2-氯丙烷：

$$CH_3CH_2CH_2\cdot + Cl\!-\!Cl \longrightarrow CH_3CH_2CH_2Cl + \cdot Cl$$

$$CH_3\dot{C}HCH_3 + Cl\!-\!Cl \longrightarrow CH_3\underset{\underset{Cl}{|}}{CH}CH_3 + \cdot Cl$$

丙烷分子中有6个伯氢和2个仲氢，氯原子与伯氢相遇的机会为仲氢的三倍，但一氯化产物2-氯丙烷反而比1-氯丙烷多，说明仲氢比伯氢更容易被氯取代。在氯化反应中每一个仲氢和伯氢原子的相对反应活性为

$$\frac{仲氢}{伯氢}=\frac{57/2}{43/6}=\frac{4}{1}$$

这是由于$(CH_3)_2CH\!-\!H$键的键裂解能比$CH_3CH_2CH_2\!-\!H$小，反应的活性中间体$(CH_3)_2\dot{C}H$比$CH_3CH_2CH_2\cdot$更稳定。

丙烷与氯原子反应生成丙基自由基和异丙基自由基，在反应的过渡状态，C—H键部分断裂，H—Cl键部分生成，过渡状态已具有自由基的部分性质。异丙基自由基比丙基自由基更稳定，由此推测，丙烷与氯原子反应生成异丙基自由基的过渡状态的能量低于生成丙基自由基的过渡态。这样，生成异丙基自由基的活化能就小于生成丙基自由基的活化能，活化能小，反应速率快，所以生成异丙基自由基的速率比生成丙基自由基快，在产物中2-氯丙烷也比1-氯丙烷多。

2.6.2.3 丁烷和异丁烷

丁烷和异丁烷氯化时，产物中一氯化物的组成为

$$CH_3CH_2CH_2CH_3 \xrightarrow{35\ ^\circ C,\ h\nu} CH_3CH_2CH_2CH_2Cl + CH_3CH_2\underset{\underset{Cl}{|}}{CH}CH_3$$

$$\phantom{CH_3CH_2CH_2CH_3 \xrightarrow{35\ ^\circ C,\ h\nu}}\ 28\% \qquad\qquad 72\%$$

$$CH_3\underset{\underset{CH_3}{|}}{CH}CH_3 \xrightarrow{35\ ^\circ C,\ h\nu} (CH_3)_2CHCH_2Cl + (CH_3)_3CCl$$

$$\phantom{CH_3CHCH_3 \xrightarrow{35\ ^\circ C,\ h\nu}}\ 63\% \qquad\quad 37\%$$

由此算出仲氢、叔氢与伯氢的相对反应活性为

$$\frac{仲氢}{伯氢}=\frac{72/4}{28/6}=3.9$$

$$\frac{叔氢}{伯氢} = \frac{37/1}{63/9} = 5.3$$

因此,在氯化反应中三种氢原子的相对活性为

$$叔氢 > 仲氢 > 伯氢$$

在烷烃的氯化反应中,氯原子对三种氢原子有选择性,但选择性不高,因此,常常得到不容易分离提纯的混合物,在制备上的用途不大。如分子中只有一种氢原子,生成的一氯化物与多氯化物比较容易分离,氯化反应可以用于制备。例如:

$$(CH_3)_4C + Cl_2 \longrightarrow (CH_3)_3CCH_2Cl + HCl$$

§2.7 烷烃的来源和用途

2.7.1 烷烃的来源

烷烃的主要工业来源为石油和天然气。

2.7.1.1 石油

石油是许多烃类化合物的复杂混合物,其中主要是直链烷烃,少量分支程度较小的支链烷烃、环烷烃和芳烃。一般认为石油来源于远古的生物。最新的发现说明:木星、土星和天王星的大气中都含有甲烷,土星的卫星(Titan)上还有固态的甲烷,因此,也不能排除石油的非生物来源。

2.7.1.2 天然气

天然气的主要成分(90%~95%)为甲烷,此外还含有少量低级烷烃和硫化氢等杂质。天然气或与石油共生,或单独成矿。甲烷也存于煤层中,在煤的开采过程中与空气混合,形成爆炸性的气体,可能引发煤矿事故。有机化合物在细菌作用下分解产生的可燃气体(沼气)的主要成分也是甲烷。污水处理厂和小型沼气池所产生的沼气可以用作燃料。

甲烷在温度低于 300 K,气体压力大于 5 MPa 的条件下能生成水合物 $CH_4 \cdot nH_2O$,这是水分子通过氢键形成笼状晶格,其中包有甲烷分子。天然气水合物俗称可燃冰,存在于浅海底层沉积物、深海大陆斜坡沉积地层及极地地区的永久冻土层中。据推测天然气水合物的蕴藏量非常大,其含碳量约为全球已探明的石油和天然气矿藏的 2 倍,可能成为未来的洁净能源。但沉积物中的天然气水合物由于环境变化而分解,逸出的天然气作为温室气体又可能影响气候。目前还没有成熟的开采和应用的技术。天然气输气管在低温下管道堵塞也是由于水合物的生成。

2.7.2 烷烃的用途

从石油和天然气中得到的烷烃主要用作燃料和化工原料。

2.7.2.1 甲烷

甲烷是重要的燃料和化工原料。甲烷在镍催化剂存在下与水蒸气反应生成一氧化碳和氢的混合物,工业上称为合成气,是生产合成氨和甲醇的原料:

$$CH_4 + H_2O \xrightarrow{Ni} CO + H_2$$

将甲烷直接转化为液体燃料或其他有机原料是工业上重要的研究课题。

2.7.2.2 乙烷

天然气和炼厂气中含有乙烷,可以回收用于工业生产。乙烷最重要的工业用途是作为生产乙烯或氯乙烯的原料。

2.7.2.3 丙烷

丙烷是液化石油气的一种组分,可以从液化石油气中回收。它最重要的用途是作为生产乙烯和丙烯的原料。

2.7.2.4 丁烷和异丁烷

丁烷可以从液化石油气中回收,它具有多种工业用途。例如,经水蒸气裂解生成乙烯和丙烯;经催化脱氢生成丁二烯;经酸性催化重排生成异丁烷;经气相催化氧化生成顺丁烯二酐;经气相催化氧化生成乙酸。

异丁烷可以从液化石油气中回收或由丁烷异构化生成。它的主要用途是用作烷化剂使烯烃烷化以生产高辛烷值汽油;经催化脱氢生成异丁烯;氧化生成甲基丙烯酸等。

2.7.2.5 戊烷和异戊烷

从轻汽油中分离得到。戊烷可以用作溶剂或异构化成异戊烷。异戊烷可以掺在高辛烷值汽油中或催化脱氢生成异戊二烯。

2.7.2.6 己烷

己烷可以从轻汽油中分离,用作溶剂。

2.7.2.7 高级直链烷烃

含六个以上碳原子的直链烷烃可以从适当的石油馏分中分离,主要用途为燃料、润滑剂或化工原料。

§2.8 阅读材料

2.8.1 取代乙烷的构象

丁烷可以看作 1,2-二甲基乙烷。丁烷以反交叉式构象和顺交叉式构象存在。这两种构象处于能量曲线的谷底,又称为构象异构体(conformational isomer,conformer)。

对于 1,2-二取代乙烷,XCH_2CH_2Y,在多数情况下反交叉式构象的稳定性大于顺交叉式构象,不过顺交叉式构象比反交叉式构象更稳定的例子也不少。

在 2,3-二甲基丁烷分子中,C(2),C(3)各与两个甲基相连,由于甲基之间的范德华斥力,键角 $CH_3—C—CH_3$ 扩大到 114°左右,这样就使反交叉式构象(1)中 $CH_3—\overset{2}{C}—\overset{3}{C}—CH_3$ 之间的扭转角减小到 54°左右,而在顺交叉式构象中这一扭转角却要大一些,从而使顺交叉式构象(2)比反交叉式构象更稳定:

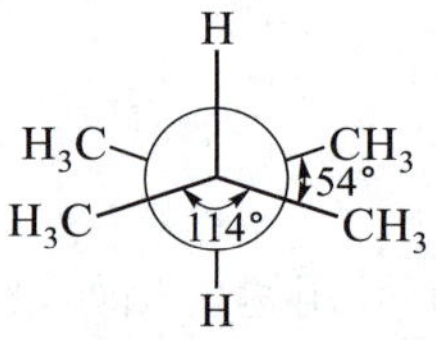

(1) 反交叉式　　　(2) 顺交叉式

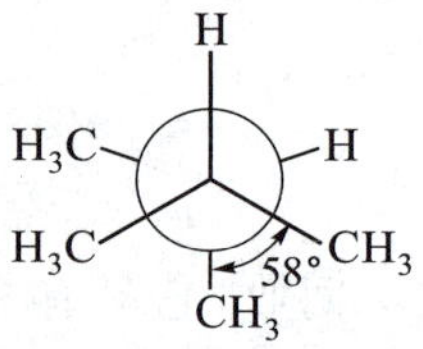

四叔丁基乙烷也以顺交叉式构象存在。

1,2-乙二醇及其衍生物的顺交叉式构象(3)由于能生成分子内氢键比反交叉式构象(4)更稳定:

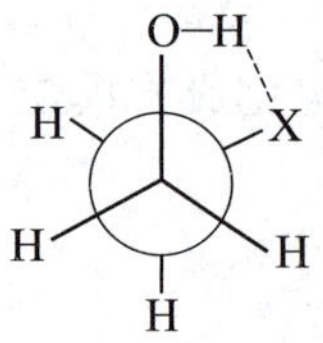

(3) 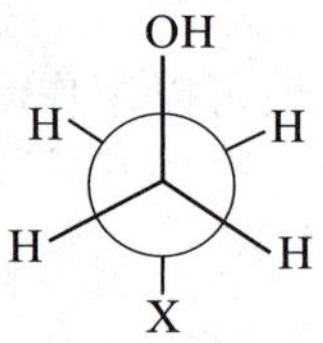　　　(4)

$X=OH, OCH_3, F, Cl, Br$

1,2-二氯乙烷或 1,2-二溴乙烷在晶体中以反交叉式构象(5)存在,熔化成液体后才出现顺交叉式构象(6),显然是反交叉式构象比顺交叉式构象更稳定:

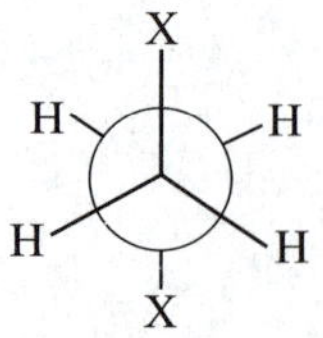

(5) 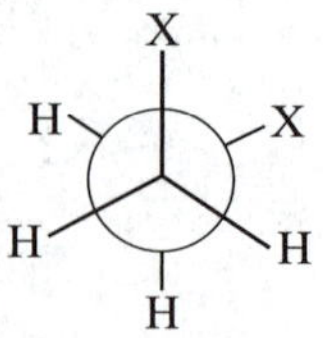　　　(6)

$X=Cl, Br$

1,2-二氟乙烷则与1,2-二氯乙烷或1,2-二溴乙烷不同,它的顺式构象比反式构象更稳定。丁二腈($NCCH_2CH_2CN$)、β-卤代丙腈(XCH_2CH_2CN)、乙二醇二甲醚($CH_3OCH_2CH_2OCH_3$)在液态下也是顺交叉式构象比反交叉式构象更稳定,这种现象(gauche effect)的解释已超出基础课的范围。

参考文献

构象对有机化合物的性质有重要影响,特别是在大分子中,如橡胶的弹性、蛋白质的生物活性和核酸的功能等都与其特殊的构象有关。

2.8.2 甲基自由基

1929年,Paneth F 和 Hofeditz W 首先用实验方法证明了甲基自由基的生成。他们在低压(133~266 Pa,1~2 mmHg)下用氮气或氢气带着四甲基铅 $PbMe_4$ 蒸气通过石英管,将管子的某一点加热到450 ℃,这时四甲基铅分解,生成的金属铅沉积在管子的内壁上形成明亮的铅镜,然后在生成的铅镜上游的一点加热,这时,在加热处生成新的铅镜,而第一个铅镜却逐渐消失,从流出的气体中可以检测到重新生成的 $PbMe_4$,见图 2.14。

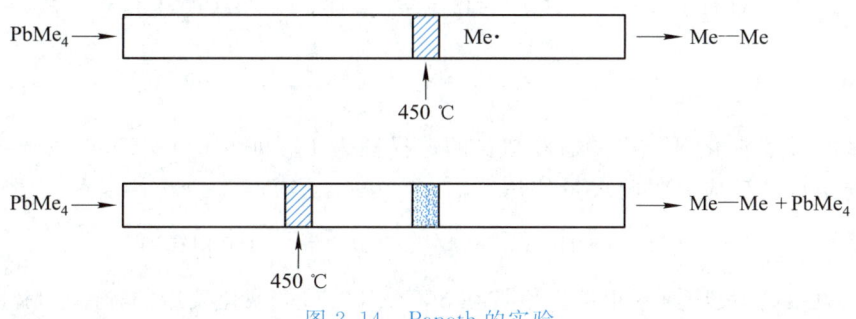

图 2.14 Paneth 的实验

实验说明 $PbMe_4$ 在加热时生成金属铅和甲基自由基,后者在经过第一个铅镜时与金属铅反应,重新生成 $PbMe_4$。稳定的分子如甲烷、乙烷、乙烯等都不能使铅镜消失,由此推测是高活性的甲基自由基与铅镜作用。

$$PbMe_4 \xrightarrow{\triangle} Pb + 4\,Me\cdot$$
$$4\,Me\cdot + Pb \longrightarrow PbMe_4$$

此后其他人重复了 Paneth 的实验,但在第一个铅镜所在的地方首先生成一个锌镜或锑镜,然后通入 $PbMe_4$ 进行实验,结果在流出的气体中分别检测出 $ZnMe_2$ 和 $SbMe_3$:

$$2\,Me\cdot + Zn \longrightarrow ZnMe_2$$
$$3\,Me\cdot + Sb \longrightarrow SbMe_3$$

进一步证实了甲基自由基的生成。

2.8.3 烷烃的卤化反应

根据键裂解能可以算出,氟与甲烷反应要放出大量的热,足以使氟分子裂解成氟原子:

$$CH_3-H + F-F \longrightarrow CH_3-F + H-F$$
$$DH/(kJ \cdot mol^{-1}) \quad 440 \quad\quad 159 \quad\quad 452 \quad\quad 570$$
$$\Delta H^{\ominus} = -423 \text{ kJ} \cdot mol^{-1}$$

氟原子的大量产生，会使反应急剧加速。将氟与甲烷混合，不需要光照或加热，反应就可能爆炸式地进行。虽然稀释惰性气体可以避免发生爆炸，但技术上的难度很大，成本也会很高。全氟化的烷烃有重要用途，工业上是用金属氟化物来进行氟化的。

$$C_nH_{2n+2} + CoF_3 \longrightarrow C_nF_{2n+2} + HF + CoF_2$$

氯与甲烷反应只放出 $105.8 \text{ kJ} \cdot mol^{-1}$ 的能量，不足以使氯分子分解成两个氯原子，必须进行光照或加热才能引发氯化反应。

溴在光照或加热下，也可以与甲烷反应，其反应速率比氯化慢，但选择性更高。例如：

$$CH_3CH_2CH_3 + Br_2 \xrightarrow[h\nu]{150 \text{ °C}} CH_3CH_2CH_2Br + (CH_3)_2CHBr$$
$$\phantom{CH_3CH_2CH_3 + Br_2 \xrightarrow[h\nu]{150 \text{ °C}} } 3\% \quad\quad\quad 97\%$$

$$(CH_3)_3C-CH(CH_3)_2 + Br_2 \xrightarrow[CCl_4]{h\nu} (CH_3)_3C-\underset{\underset{\text{Br}}{|}}{C}(CH_3)_2$$
$$ 97\%$$

烷烃在 200 °C 下溴化，伯氢、仲氢和叔氢的选择性为 $1:(90\sim100):1\,600$。

碘原子与甲烷的反应要吸收大量的热：

$$I\cdot + CH_4 \longrightarrow H-I + \cdot CH_3 \quad\quad \Delta H^{\ominus} = +140 \text{ kJ} \cdot mol^{-1}$$

相应的活化能也很高，反应速率很慢。甲烷在 300~500 °C 下碘化反应的速率实际上为零。

乙烷以上的烷烃氯化反应的第一步：

$$Cl\cdot + H-R \longrightarrow Cl-H + \cdot R$$

都是放热的，而溴化反应的第一步：

$$Br\cdot + H-R \longrightarrow Br-H + \cdot R$$

则是吸热的。

根据 Hammond 假设，丙烷在溴化反应中过渡状态更接近产物：

$$Br\cdot + CH_3CH_2CH_3 \longrightarrow Br-H + CH_3CH_2CH_2\cdot$$
$$Br\cdot + CH_3CH_2CH_3 \longrightarrow Br-H + (CH_3)_2CH\cdot$$

生成正丙基自由基和异丙基自由基这两个反应的过渡状态与这两个自由基更接近，两个反应的活化能之差也与两个自由基的能量差相近，如图 2.15(a) 所示。而在相应的氯化反应中：

$$Cl\cdot + CH_3CH_2CH_3 \longrightarrow Cl-H + CH_3CH_2CH_2\cdot$$
$$Cl\cdot + CH_3CH_2CH_3 \longrightarrow Cl-H + (CH_3)_2CH\cdot$$

生成两个自由基的反应的过渡状态与原料相近，受自由基结构的影响不大，因此，两个反应的活化能之差应小于两个自由基的能量差，如图 2.15(b) 所示。

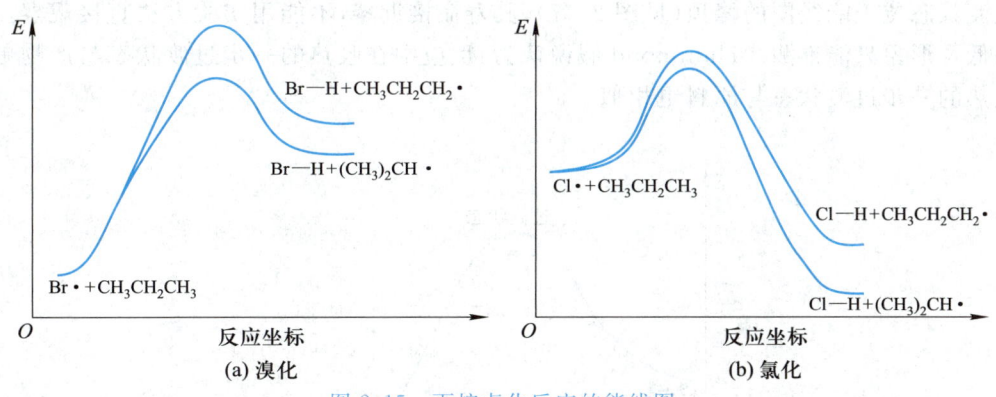

图 2.15　丙烷卤化反应的能线图

这一步反应是决定卤代丙烷生成速率的步骤,生成 1 位或 2 位取代物的速率差决定于相应的活化能之差。因此,生成两种溴代丙烷的速率差大于相应的氯代丙烷,反映到产物的比例上就是溴化反应的选择性比氯化反应高。

2.8.4　Hammond 假说

氯原子与甲烷分子相碰撞,夺取一个氢原子生成氯化氢和甲基自由基。假定甲基在整个过程中保持不变,反应就可以作为三质点体系来处理;再假定三个质点的相互作用在一条直线上进行:

$$Cl\cdot + H-Me \longrightarrow Cl\cdots H\cdots Me \longrightarrow Cl-H + \cdot Me$$

并且每次只考虑两个质点间的作用:[H Me],[H Cl],[Me Cl],这样就可以对三个质点在不同位置上体系的势能进行计算,得到的结果是一个三维的势能面(potential energy surface)。将势能的高低用等高线表示,像在地图中一样就得到图 2.16。图 2.16(b)中两座高山之间为峡谷,两个峡谷之间有一个山口。图中用蓝色虚线画出的是从一个峡谷中的一点到另一个峡谷的消耗能量最低的途径,这也是图 2.16(a)中的反应坐标。

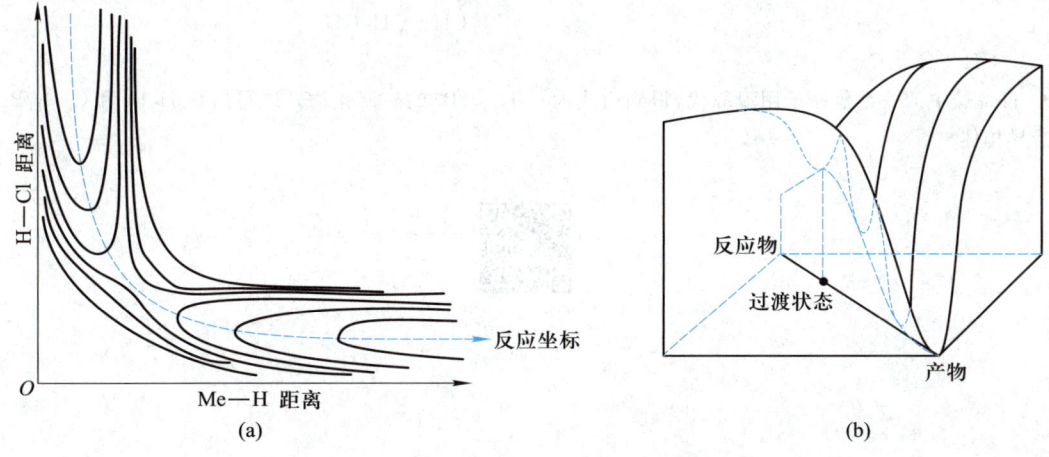

图 2.16　[Cl⋯H⋯Me]体系的势能面

过渡状态位于能线图的峰顶(见图 2.17),其寿命接近零,不能用实验方法直接观察,对它的能量高低及形象只能推测。Hammond 假说认为:反应中在吸热的一步过渡状态与产物更相似,而在放热的一步过渡状态与原料更相似。

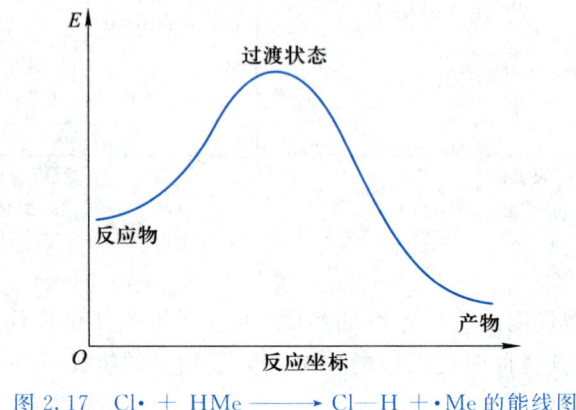

图 2.17 Cl· + HMe ——→ Cl—H + ·Me 的能线图

习 题

1. 写出分子式为 C_7H_{16} 的烷烃的各种异构体的构造式,并用系统命名法命名。

2. 将下列化合物用系统命名法命名。

(1) $(CH_3)_2CHCH_2CH_2CH(CH_3)_2$

(2) $\begin{array}{c} \quad\quad\quad\quad\quad\quad\quad CH_3 \\ CH_3CH_2CHCH_2CH_2CHCH_2CH_3 \\ \quad\quad CH_3CHCH_3 \quad\quad CH_3 \end{array}$

(3) $\begin{array}{c} \quad\quad\quad\quad\quad CH_3 \\ CH_3CHCH_2CH_2CH_2CHCH_2CH_3 \\ \quad CH_3 \quad\quad\quad\quad CH_3 \end{array}$

(4) $\begin{array}{c} \quad\quad\quad CH_3\ CH_3 \\ CH_3CH\text{—}C\text{—}CCH_3 \\ \quad\quad\quad CH_2\ CH_2 \\ \quad\quad\quad CH_3\ CH_3 \end{array}$

(5) $(CH_3CH_2)_4C$

3. 将烷烃中的一个氢原子用溴取代,得到通式为 $C_nH_{2n+1}Br$ 的一溴化物。试写出 C_4H_9Br 和 $C_5H_{11}Br$ 的所有构造异构体。

参考答案

第三章 环 烷 烃

在环烷烃(cycloalkane)分子中碳原子以单键互相连接成闭合的碳环,剩余的价完全与氢原子相连。将链烃变为环烃,需要增加一个碳-碳单键,同时减少两个氢原子,因此,单环环烷烃的通式为 C_nH_{2n}。每增加一个环都要增加一个碳-碳键,减少两个氢原子。如一个环烷烃的分子式为 $C_{10}H_{18}$,符合通式 C_nH_{2n-2},比含同数碳原子的烷烃少四个氢原子,可以推测它是一个双环环烷烃。

§3.1 环烷烃的异构和命名

3.1.1 环烷烃的异构

环烷烃由于环的大小及侧链的长短和位置不同而产生构造异构体。最简单的环烷烃含有三个碳原子,它没有异构体。含四个碳原子的环烷烃有两种异构体,含五个碳原子的环烷烃有五种构造异构体:

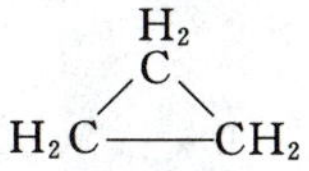

环丙烷 环丁烷 甲基环丙烷 环戊烷
cyclopropane cyclobutane methylcyclopropane cyclopentane

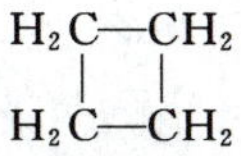

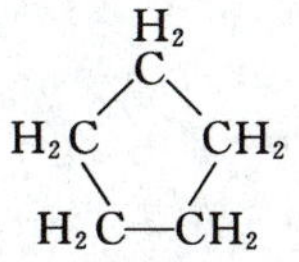

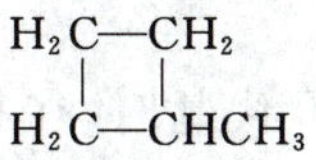

甲基环丁烷 乙基环丙烷 1,1-二甲基环丙烷 1,2-二甲基环丙烷
methylcyclobutane ethylcyclopropane 1,1-dimethylcyclopropane 1,2-dimethylcyclopropane

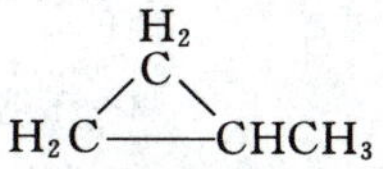

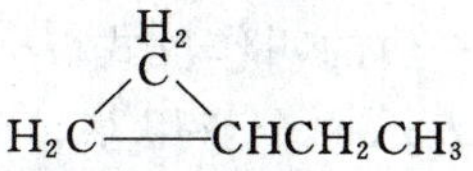

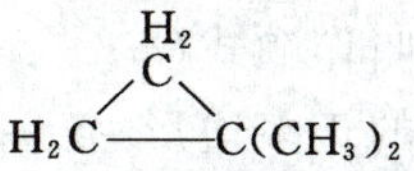

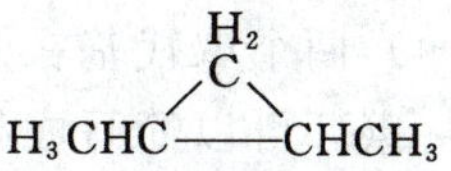

1,4-二甲基环己烷分子中,两个甲基可以都在环平面的一边,也可以各在一边:

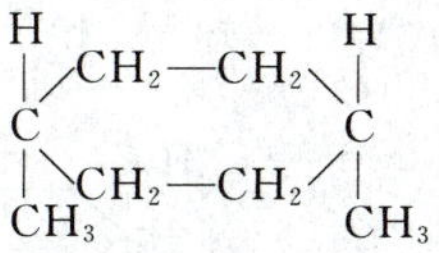

cis-1,4-dimethylcyclohexane
熔点:−87.4 ℃
沸点:124.3 ℃

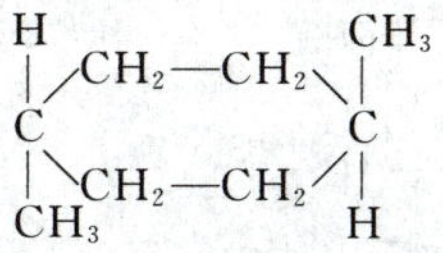

trans-1,4-dimethylcyclohexane
熔点:−37.1 ℃
沸点:119.4 ℃

它们的互相转变会引起共价键的断裂,这需要较高的能量,在室温下不能实现,因此,它们是具有不同物理性质的异构体,这种异构现象称为顺反异构(cis-trans-isomerism)。

构造相同,分子中原子在空间的排列方式不同的化合物互称为立体异构体(stereoisomer)。顺反异构体是立体异构体中的一类,分子的构造相同,而分子中原子在空间的排列方式不同,即构型(configuration)不同。构象也属于立体异构,构象和构型的区别将在以后讨论。

3.1.2 环烷烃的命名

单环烷烃的命名是根据环中碳原子的数目叫作环某烷。如环上有取代基,则在母体环烃名称的前面加上取代基的名称和位置,环上碳原子的编号,应使表示取代基位置的数字尽可能小一些,有不同的取代基时,要用较小的数字表示英文字母排列在前的取代基的位置。例如:

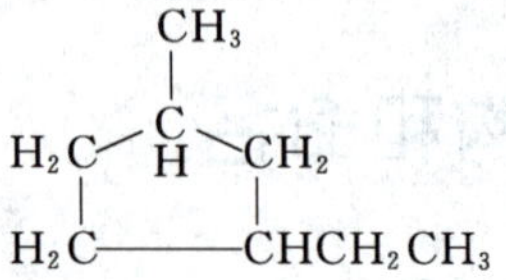

1-乙基-3-甲基环戊烷	1-异丙基-4-甲基环己烷
1-ethyl-3-methylcyclopentane	1-isopropyl-4-methylcyclohexane

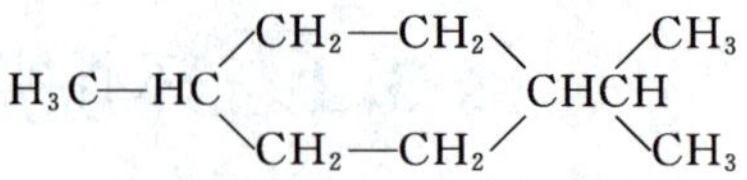

如取代基为较长的碳链,则将环当作取代基,作为烷烃的衍生物命名。例如:

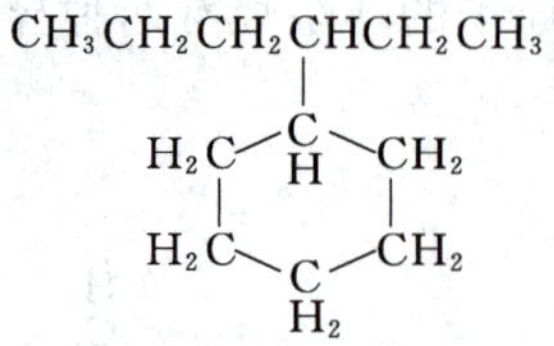

3-环己基己烷
3-cyclohexylhexane

顺反异构体的命名是假定环中碳原子在一个平面上,把它作为参考平面(或以环平面为参考平面),两个取代基在同一边的叫作顺式(cis-),不在同一边的叫作反式(trans-)。

碳环可以简写成相同大小的正多边形,每一个顶点表示一个亚甲基,环上有取代基时,在相应的位置上写出取代基的符号。例如:

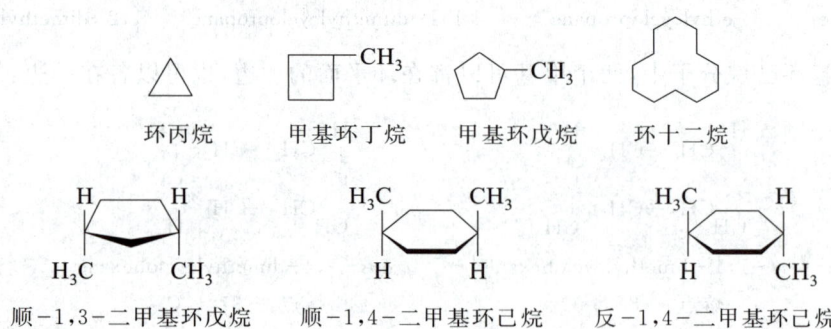

环丙烷　　甲基环丁烷　　甲基环戊烷　　环十二烷

顺-1,3-二甲基环戊烷　　顺-1,4-二甲基环己烷　　反-1,4-二甲基环己烷

环的一半用粗线写出,表示环平面与纸面垂直,粗线表示在纸面的前面。

烷烃也可简写作折线,每一个转折点表示一个亚甲基,折线两端的两点表示两个甲基。例如:

戊烷 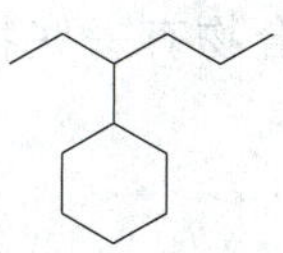　　　　3-环己基己烷

问题 3.1 写出下列化合物的名称。

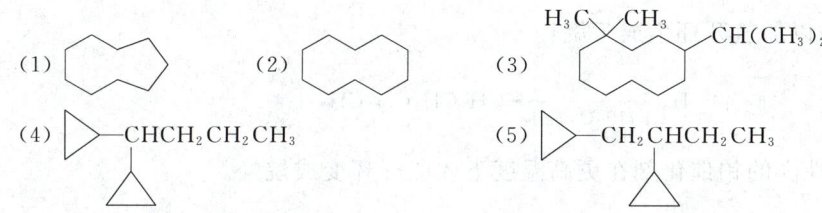

问题 3.2 写出下列化合物的结构式。
(1) 顺-1,2-二甲基环丙烷
(2) 顺-1-甲基-4-叔丁基环己烷
(3) 顺-1,4-二氯环己烷
(4) 反-1,4-二甲基环辛烷

§3.2 环烷烃的物理性质和化学反应

3.2.1 环烷烃的物理性质

环丙烷及环丁烷在常温下为气体,环戊烷为液体,高级同系物为固体。环烷烃的熔点较含同数碳原子的直链烷烃高,因为环烷烃在晶格中比直链烷烃排列得更紧密。环烷烃的相对密度在 0.688(环丙烷,−40 ℃)和 0.853(环十八烷,20 ℃)之间。环烷烃和烷烃一样,不溶于水。

一些环烷烃的熔点和沸点见表 3.1。

表 3.1　一些环烷烃的熔点和沸点

名　称	英文名称	熔点/℃	沸点/℃(0.1 MPa)
环丙烷	cyclopropane	−127	−34.5
环丁烷	cyclobutane	−90	−12.5
环戊烷	cyclopentane	−93	49.5
环己烷	cyclohexane	6.5	80
环庚烷	cycloheptane	8	119
环辛烷	cyclooctane	4	148

3.2.2 环烷烃的反应

环烷烃的反应与烷烃相似。

含三元环和四元环的小环化合物有一些特殊的性质,它们容易开环生成开链化合物。

3.2.2.1 氢解

环丙烷在较低温度和镍催化剂存在下,加氢开环,生成丙烷:

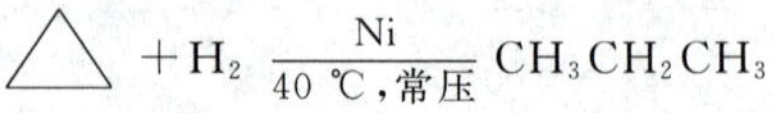

$$\triangle + H_2 \xrightarrow[40\,℃,常压]{Ni} CH_3CH_2CH_3$$

环丁烷在较高温度下也可以加氢开环生成丁烷:

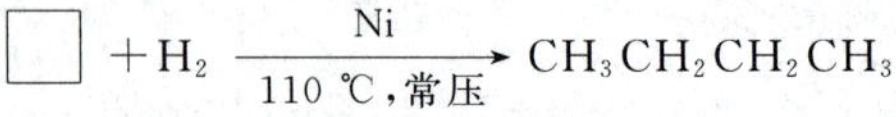

$$\square + H_2 \xrightarrow[110\,℃,常压]{Ni} CH_3CH_2CH_2CH_3$$

环戊烷、环己烷等要用活性高的铂催化剂在更高温度下才能开环变成烷烃。

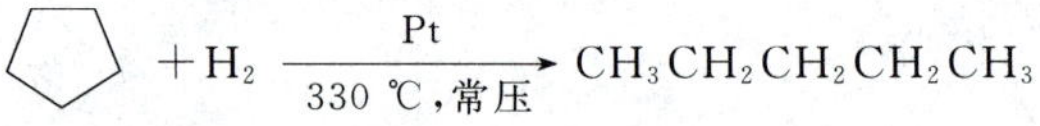

$$\pentagon + H_2 \xrightarrow[330\,℃,常压]{Pt} CH_3CH_2CH_2CH_2CH_3$$

3.2.2.2 加溴

溴在室温下即能使环丙烷开环,生成1,3-二溴丙烷:

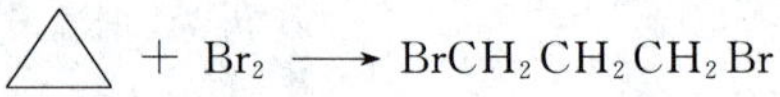

$$\triangle + Br_2 \longrightarrow BrCH_2CH_2CH_2Br$$

环丁烷、环戊烷等与溴的反应与烷烃相似,即发生取代反应:

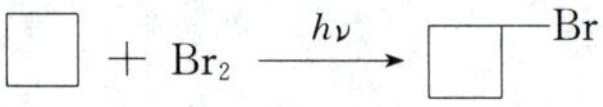

$$\square + Br_2 \xrightarrow{h\nu} \square\text{—Br}$$

多环化合物中的三元环在溴作用下也容易开环。例如:

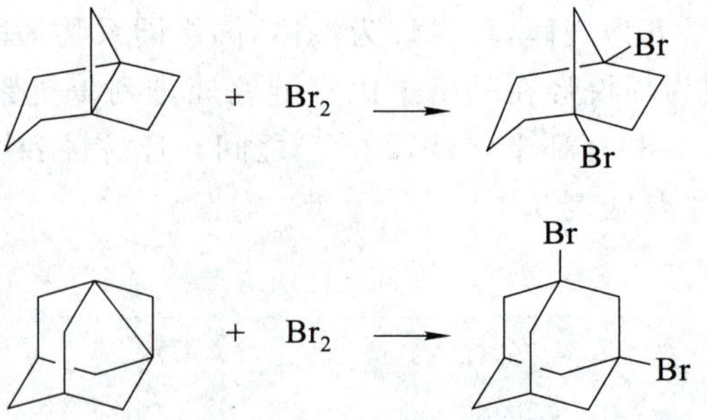

[降冰片烷类结构] + Br₂ ⟶ [二溴产物]

[金刚烷类结构] + Br₂ ⟶ [二溴金刚烷]

3.2.2.3 加溴化氢

溴化氢也能使环丙烷开环,产物为1-溴丙烷:

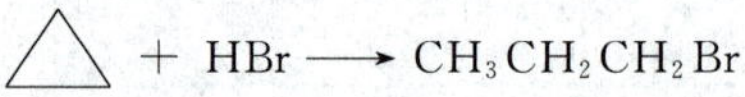

$$\triangle + HBr \longrightarrow CH_3CH_2CH_2Br$$

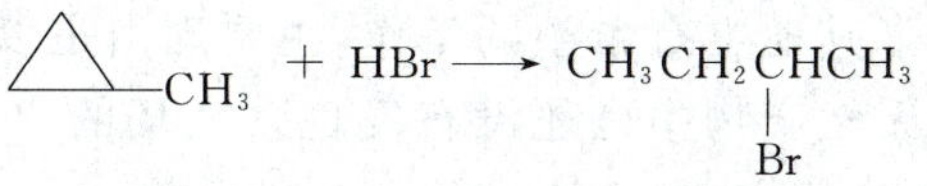

$$\triangle\!\!-\!\!CH_3 + HBr \longrightarrow CH_3CH_2CHCH_3 \atop \hspace{3cm} Br$$

环丁烷、环戊烷等与溴化氢不发生反应。

3.2.2.4 氧化

环丙烷不能使高锰酸钾溶液褪色。

三元环对氧化剂相当稳定,含三元环的多环化合物氧化时,三元环可以保持不变。例如:

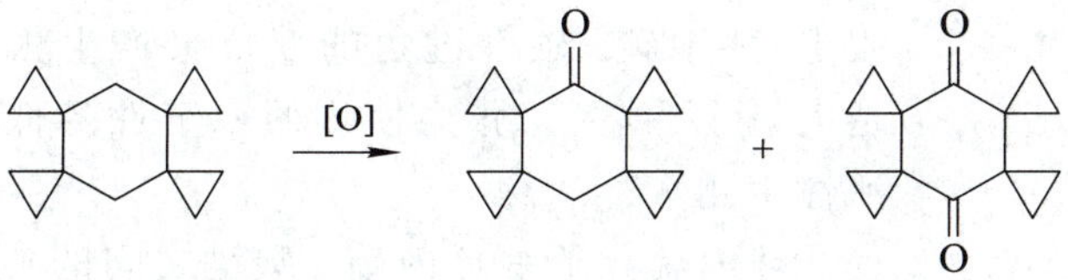

§3.3 环烷烃的来源和用途

环己烷存在于石油中,含量为 0.1%~1.0%。环戊烷和环己烷的甲基和乙基取代物也存在于石油中,含量随石油产地而异。

环烷烃中有重要工业用途的为环己烷和环十二烷。纯粹的环己烷由苯加氢制备,纯度较低的环己烷可由原油或催化重整产物中分离得到。环十二烷在工业上由丁二烯合成。

环己烷在钴催化剂存在下用空气氧化生成环己醇和环己酮的混合物:

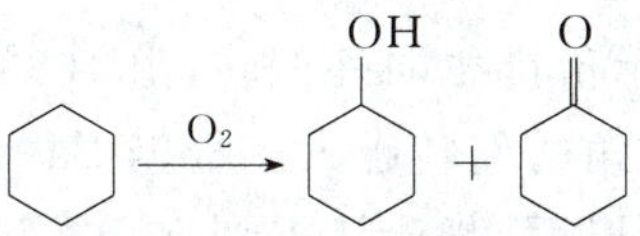

环十二烷也可以氧化成环十二酮。环己酮和环十二酮都是合成纤维的重要原料。

§3.4 环的张力

3.4.1 Baeyer 张力学说

在 19 世纪 70 年代,只有含六元环的苯系化合物是已知的,合成更小的碳环化合物的尝试尚未成功,因此,1876 年德国著名的有机化学家 Meyer V 在一篇论文中断言六元以下的碳环不能合成出来。1880 年,英国化学家 Perkin W H Jr. 到德国学习,他对 Meyer 的论文印象很深,两年后他到著名化学家 Baeyer A(1905 年获得诺贝尔化学奖)的实验室工作,有机会见到来访的 Meyer,Perkin 表示他自己要努力合成含三元环、四元环和五元环的化合物。Meyer 对年轻人的热情印象很深,但还是劝他从事其他更有希望的工作,主要理由是以前的实验工作常常得到苯衍生物而不是含小环的化合物,天然产物中也还没有发现含小环的化合物。Baeyer 也认为现有的经验都与小环化合物能够存在的假定相反,不过他还是鼓励 Perkin 进行探索。来访问的另一位著名化学家 Fischer E 认为即使能够合成出小环化合物,它们的稳定性也会很小,以致难以证明它们的存在。实际上 1882 年,Freund O 已经报道了环丙烷的合成,由于当时多数有机化学家都赞同 Meyer 的观点而被忽视。Perkin 经过几年的努力,终于找到了合成三元环、四元环和五元环化合物的方法。为了说明这些新的实验事实,Baeyer 在 1885 年提出了张力学说(strain theory)。他假定形成环的碳原子都在同一平面上,并排成正多边形。在不同的环中碳-碳键之间的夹角小于或大于正四面体所要求的角度——109°28′,并假定:环中碳-碳键键角的变形会产生张力。键角变形的程度越大,张力越大。张力使环的稳定性降低,张力越大,环的反应活性也越大。

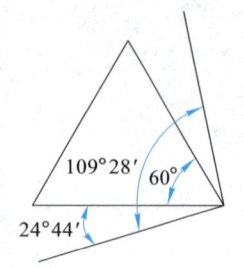

图 3.1 环丙烷分子中键角的偏转

环丙烷分子中环内碳-碳键之间的夹角为 60°,要使键角由正常的 109°28′ 变为 60°,必须使两个价键各向内偏转 24°44′ $\left(=\dfrac{109°28′-60°}{2}\right)$,见图 3.1。用同样的方法可以算出环丁烷、环戊烷和环己烷分子中价键的偏转程度:

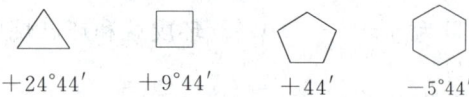

+24°44′   +9°44′   +44′   −5°44′

环戊烷和环己烷键角偏转最小,也最稳定,环丙烷的键角偏转大于环丁烷,因此,环丙烷的反应活性比环丁烷高。Baeyer 当时掌握的实验材料还不太多,因此他明确表示:他提出自己的观点是为了接受最广泛的评价。

环己烷的键角偏转为负值,表示价键要向外偏转,由 109°28′ 扩大到 120°。比六元环大的环,键角偏转都是负值,并且环越大,键角的偏转越大。根据 Baeyer 张力学说,环己烷和更大的环都有键角变化所引起的张力。几十年以后,普遍认识到这一推论是不正确的,因为环己烷和更大的环中碳原子并不像 Baeyer 原来假设的那样在同一平面内。因此,由键角变化所引起的张力,即 Baeyer 张力主要存在于小环化合物中。

之后发现:许多天然产物中也含有三元环和四元环。例如:

除虫菊酯(pyrethrin)   truxinic acid   truxillic acid
（1924年被发现）   （1889年由古柯叶中提取）

萜类化合物中也含有三元环和四元环:

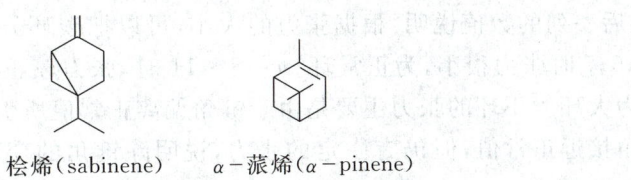

桧烯(sabinene)　　α-蒎烯(α-pinene)

3.4.2 环烷烃的燃烧热

根据异构体燃烧热的大小可以推测其相对热化学稳定性。不同环烷烃所含的碳原子和氢原子的数目不等,它们的燃烧热不能直接进行比较。由于单环环烷烃的通式为 $C_nH_{2n}[(CH_2)_n]$,如果把每一个单环环烷烃的燃烧热都除以环内碳原子数 n,得到的是各单环环烷烃每一个亚甲基的燃烧热,就可以进行比较。单环环烷烃 $(CH_2)_n$ 的燃烧热见表3.2。

表 3.2　单环环烷烃 $(CH_2)_n$ 的燃烧热(25 ℃)　　　单位:kJ·mol^{-1}

环的大小	$-\Delta H_c^{\ominus}/n$	$-\Delta H_c^{\ominus}/n - 658.6$	$n[-\Delta H_c^{\ominus}/n - 658.6]$
小环			
3	697.1	38.5	115.5
4	686.2	27.4	109.6
正常环			
5	664.0	5.4	27.0
6	658.6	0	0
7	662.4	3.8	26.6
中环			
8	663.6	5.0	40.0
9	664.1	5.5	49.5
10	663.6	5.0	50.0
11	664.5	5.9	64.0
大环			
12	659.9	1.3	15.6
13	660.2	1.7	22.1
14	658.6	0	0
15	659.0	0.4	6.0
16	658.7	0.1	1.6
17	658.7	0.1	1.7
烷烃	658.6	—	

从表 3.2 可见:环己烷和环十四烷分子中每个亚甲基的平均燃烧热数值最小,并与烷烃中亚甲基燃烧热的平均值(碳原子数为 $n+1$ 和 n 的两个烷烃的燃烧热之差相当于一个亚甲基的燃烧热,由多种烷烃算出一个亚甲基的燃烧热后再取其平均值)相近。以此作为标准,算出各种环烷烃的亚甲基燃烧热与标准值之差,这些数值可以看作环中每个亚甲基的张力,分子中共 n 个亚甲基,乘以 n 后就得到不同大小的环的张力。

表 3.2 最后一列的数值说明:根据张力的大小,可以把碳环分成几类:$n=3,4$ 时张力很大,为小环;$n=5,6,7$ 时张力很小,为正常环;$n=8\sim11$ 时,张力较正常环大,为中环;$n>12$ 时,几乎没有张力,为大环。小环的张力主要是由于键角偏离正常值所引起的,在中环中碳原子不在同一平面内,键角接近正常值,但仍有一定的张力,说明除键角的变化以外,还有别的因素能产生张力。

环烷烃的生成热除环丙烷和环丁烷为正值($+53.26$ kJ·mol^{-1} 和 $+28.37$ kJ·mol^{-1})外,其余均为负值。说明环丙烷和环丁烷比生成它们的元素更不稳定。

3.4.3 张力能(strain energy)

有机化合物中能产生张力的因素有:非键作用(non-bonding interaction)、键长的变化、键角的变化和扭转角的变化。

分子中两个非键合的原子或原子团由于几何的原因互相靠近,当它们之间的距离小于两者的范德华半径之和时,这两个原子或原子团就强烈地互相排斥,由此引起的体系能量的升高用 E_{nb} 表示。

两个用化学键连接的原子核之间的距离等于平衡键长时,能量最低。分子中由于几何的原因,必须使某一个键伸长或缩短(相当于弹簧的拉伸或压缩),能量都随之升高,其大小用 E_l 表示。

分子中由于几何的原因要使键角的大小偏离平衡值时,所引起的体系能量的升高用 E_θ 表示。

分子中由于扭转角变化所引起的能量升高用 E_ϕ 表示。

以上几种能量的总和就是分子由于几何原因使各种键参数发生变化所引起的体系能量的升高。这几种能量的大小次序为 $E_\phi < E_\theta < E_l < E_{nb}$。这是指扭转角变化所引起的能量升高数值最小,即使扭转角变化较大,能量升高的数值也不大;键角和键长即使变化较小,所引起的能量升高却很大;而压缩范德华半径所引起的能量升高,数值最大。分子由于几何原因使两个非键合的原子或原子团靠得太近时,它们互相排斥,使扭转角发生变化,以减小非键作用。如果单是扭转角变化,还不足以使两个靠得太近的原子或原子团分开,而是某些键的键角或键长在扭转角发生变化的同时就会被迫发生变化,使这两个原子团能够容纳在有限的空间内,而范德华半径很少变化。

在丁烷的顺交叉式构象中,两个甲基靠得太近,它们之间的斥力使扭转角加大,这样两个甲基之间的距离略大一些,可以挤在一起。根据实验测定,顺交叉式构象的扭转角不是 60° 而是 63°,而 C—C 键和 C—H 键之间的键角和键长仍保持正常的大小。实验测定的三叔丁基甲烷分子中的键长和键角为

C(叔)—C(季) 161.1 pm
C(季)—C(伯) 154.8 pm
∠C(季)C(叔)C(季) 116°
∠C(伯)C(季)C(叔) 113°

由于叔丁基的体积很大,键角和键长都要做一定的调整才能使三个大的基团挤在叔碳原子周围。

在小环中,张力主要是键角变化所引起的;在正常环中,键角和扭转角引起的张力都很小;中

环中，C—H 键上的氢原子都指向环内，如环癸烷：

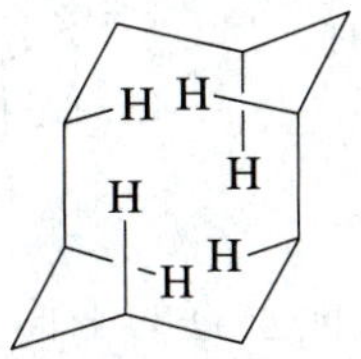

环癸烷

处于环不同侧的 C—H 键上的氢原子互相排斥，产生跨环张力；大环几乎没有张力，分子中的键参数接近正常值。

§3.5 环己烷的构象

Baeyer 假定环己烷分子中六个碳原子在同一平面内。1890 年，Sachse H 指出：用碳原子的四面体模型可以组合成两种环己烷模型，其中碳原子不在同一平面内。1915—1918 年，在 Mohr W M 的论文中首次出现了环己烷的椅型构象和船型构象的棍球模型(见图 3.2)。

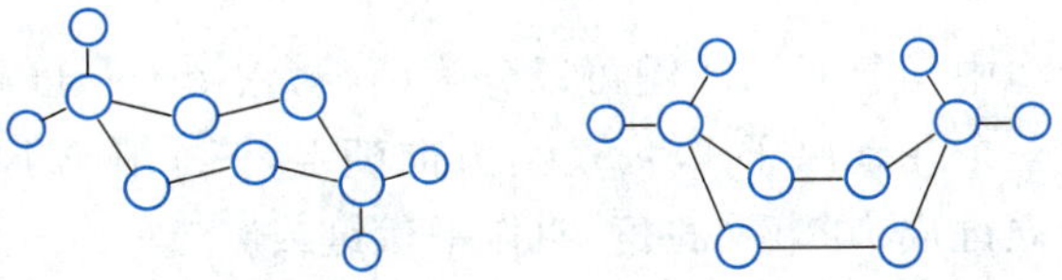

1920 年以后开始出现证明环己烷分子中碳原子不在同一平面上的实验事实。例如，X 射线研究说明 β-1,2,3,4,5,6-六氯环己烷分子中环己烷环为椅型构象，但这类零星的报道并未引起有机化学家的注意。瑞典物理化学家 Hassel O 从 20 世纪 30 年代初用测定偶极矩和 X 射线衍射方法来研究氯代环己烷的结构，但 X 射线衍射只能用单晶测定，1938 年以后他换用电子衍射技术，在气态下测定环己烷的结构，取得了重要突破。Hassel 的主要结论：环己烷主要以椅型构象存在；环上取代基以直立键或平伏键方式与环相连，这两种方式能迅速互变。但是当时的有机化学家对物理化学论文没有给予足够的重视。英国化学家 Barton D H R 在 1942 年获得博士学位以后，对萜类和甾族化合物进行过研究，熟悉天然产物化学，又在英国 Imperial College 讲授无机化学和物理化学，因此对 Hassel 的论文很感兴趣。1949 年，Barton 到哈佛大学访问，著名甾族化合物化学家 Fieser L F 向他谈起甾族化合物化学中一些难以解释的问题。Barton 立即认识到可以从立体化学的观点根据构象来说明含六元环化合物的反应性，Barton 随后的工作开辟了构象分析这一新的研究方向。1969 年，Barton 和 Hassel 被授予诺贝尔化学奖。

(a) 椅型 (b) 船型

图 3.2 环己烷的棍球模型
为了突出碳原子的排列方式，只画出了 1,4 位上的氢原子

3.5.1 椅型构象

椅型是环己烷最稳定的构象，其中 1,2,4,5 四个碳原子在同一平面内，碳原子 3,6 分别在这一平面的上面和下面，相邻的两个碳原子上 C—H 键都在交叉式的位置。椅型构象可以用透视式或纽曼投影式表示：

纽曼投影式表示出碳原子1,2,4,5在与纸面垂直的平面上,另外两个碳原子在平面的上下,C—H键都在交叉的位置。

椅型构象中碳原子1,3,5在同一平面上,碳原子2,4,6在另一平面上,两个平面之间相距50 pm。如以通过环的中心并与碳原子1,3,5或2,4,6所在的平面相垂直的直线为轴,旋转120°或其倍数后,新的构型与原来的构型相重合,即椅型构象有一个三重对称轴(C_3):

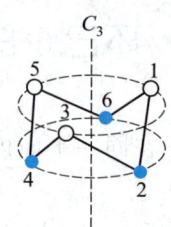

椅型中构象C—H键可以分为两类,六个C—H键与分子的对称轴平行,叫作直立键或 a 键,其中三个在碳原子1,3,5上,方向朝上,三个在碳原子2,4,6上,方向朝下。另外六个C—H键与直立键成109°28′的角,叫作平伏键或 e 键。

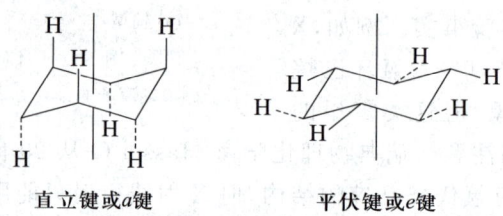

直立键或a键　　　　　　　平伏键或e键

环己烷分子可以由一个椅型构象翻转而成另一个椅型构象,这时碳原子1,3,5由上面的平面转移到下面的平面,而碳原子2,4,6则由下面的平面转移到上面的平面,同时原来的 a 键都变成 e 键,而原来的 e 键则变成 a 键。

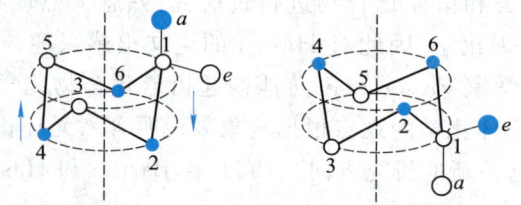

在椅型构象中相邻的两个碳原子上C—H键都在交叉式的位置($E_\phi=0$),所有键角都接近平衡值(∠HCH=111°~112°)($E_\theta=0$),非键原子间的距离也都大于范德华半径之和($E_{nb}=0$),因此,也不存在使键长改变的因素($E_l=0$)。但这种无张力状态只适用于未取代的环己烷。

环己烷分子中由实验测定的键长、键角:C—C,153.6 pm,C—H,112.1 pm;∠CCC,111.4°,∠HCH,107.50°,C—C—C—C的扭转角 θ 为54.9°±0.4°,而不是60°。

§ 3.5 环己烷的构象

3.5.2 船型构象

在环己烷的船型构象中,1,2,4,5 四个碳原子在同一平面内,碳原子 3,6 都在这一平面的上面。船型构象可以用透视式和纽曼投影式表示如下:

在船型构象中,碳原子 1 和 2 及 4 和 5 上的 C—H 键都在重叠式的位置上($E_\phi \neq 0$),碳原子 3 和 6 上相对的两个氢原子的距离只有 183 pm,小于范德华半径之和(240 pm),这就迫使环变得更平一些,使得键角和键长都发生一定程度的改变,而结果是张力能中每一项都不等于零。

3.5.3 扭船型构象

如果将船型构象的模型扭动,使 3 和 6 两个碳原子错开,碳原子 1 和 2 及 4 和 5 之间的扭转角也随之发生变化,当所有的扭转角都达到 30°时,张力减小最大,这就是扭船型构象。

环己烷椅型、船型和扭船型构象之间的能量关系见图 3.3。由图 3.3 可见:椅型构象的能量最低,扭船型构象在能线图上处于谷底,但其能量比椅型构象高 23.0 kJ·mol^{-1},船型构象在能线图上处于峰顶,其能量比椅型构象高 29.7 kJ·mol^{-1}。

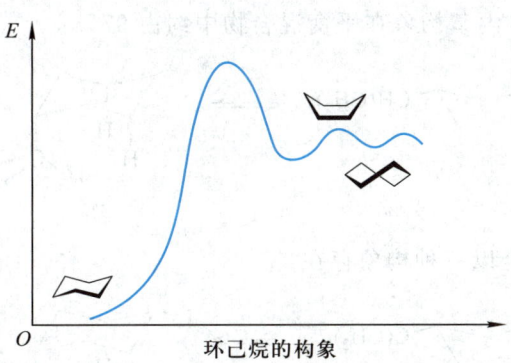

图 3.3 环己烷椅型、船型和扭船型构象的能量

在室温下，由于分子的热运动，环己烷的椅型构象通过环的翻转，变成另一个椅型构象：

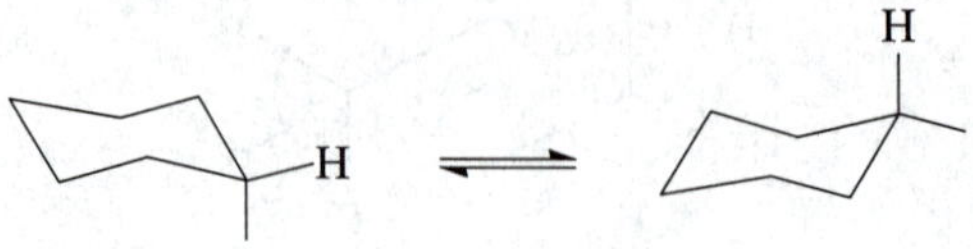

两个椅型构象间的能垒为 44.3 kJ·mol^{-1}。在室温下环己烷的椅型构象约占 99.9%。

§3.6 取代环己烷的构象分析

环己烷最稳定的构象为椅型构象，因此，在讨论取代环己烷的构象分析时，主要考虑椅型构象。

3.6.1 一取代环己烷

甲基环己烷分子中甲基可以在 e 键的位置，也可以在 a 键的位置，它们可以通过环的翻转而互相转变，两种构象形成动态平衡：

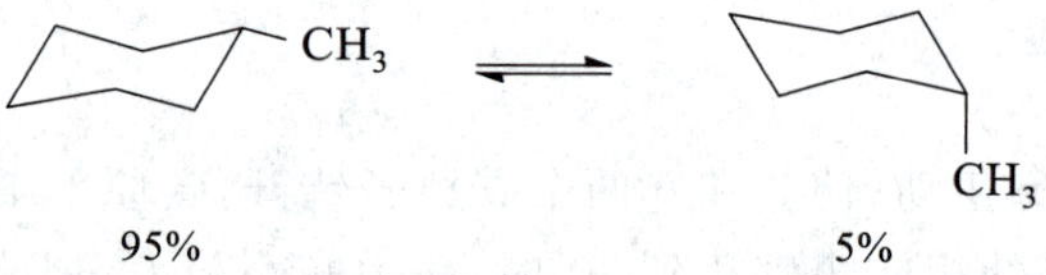

95%   5%

甲基在 e 键位置时，与邻近的氢原子相距较远，而在 a 键位置时，受到环同侧 3,5 位上 a-氢原子的排斥，势能升高，因此，在平衡混合物中，较稳定的 e-甲基构象占 95% 左右。

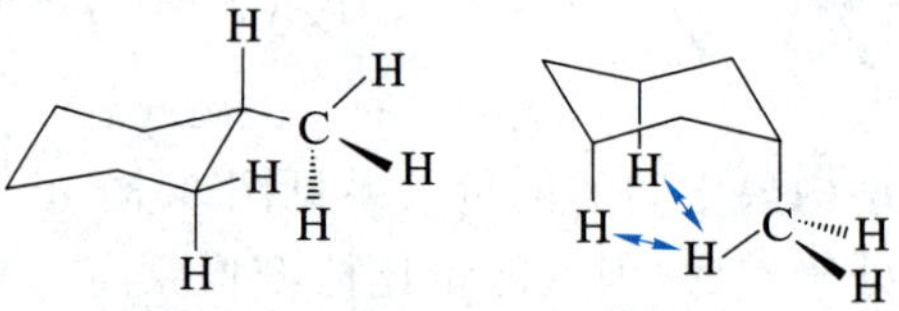

e-甲基   a-甲基

异丙基环己烷中，e-异丙基构象在平衡混合物中约占 97%：

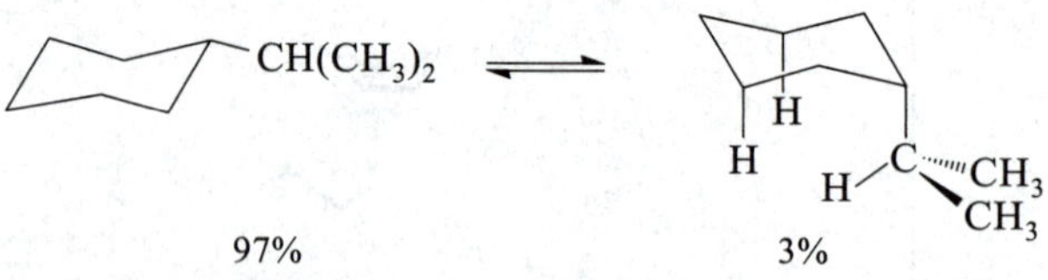

97%   3%

叔丁基环己烷几乎完全以一种构象存在：

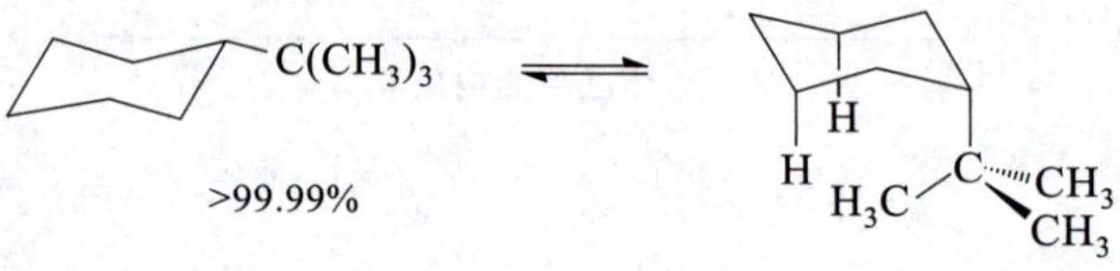

>99.99%

§3.6 取代环己烷的构象分析

因此,在进行构象分析的研究工作时,常导入一个叔丁基使某一种构象占绝对优势。例如,使某一个取代基主要处于 a 键或 e 键的位置,以比较其反应速率。

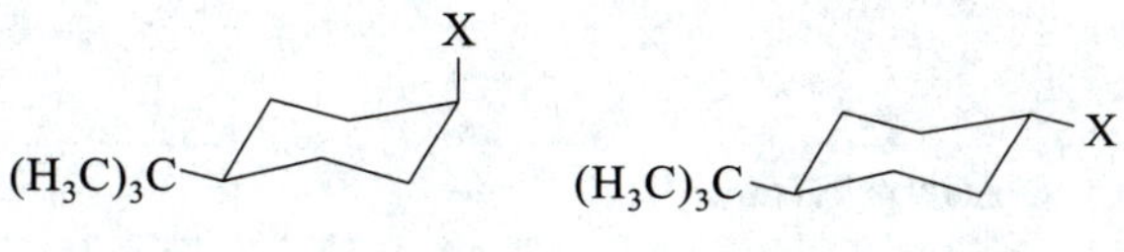

顺式, a-X   反式, e-X

当 X＝OCOMe 时,顺式异构体水解成醇的速率慢,反式异构体水解成醇的速率快,因为顺式异构体中—OCOCH$_3$ 锁定在直立键的位置,环同一面另外两个直立键上的氢原子阻碍了试剂的进攻。

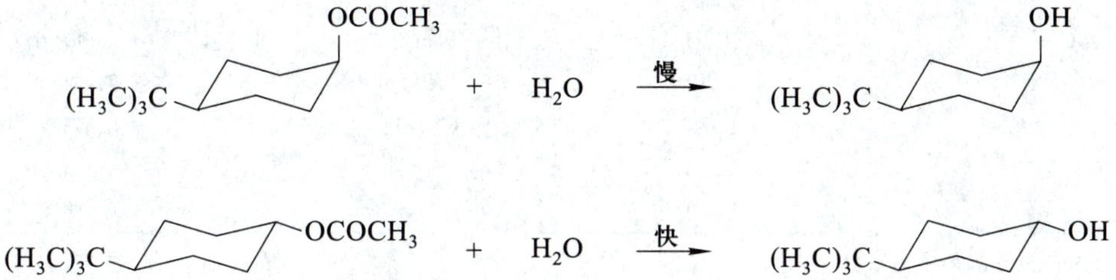

一氯环己烷在室温下为两种构象的混合物:

将一氯环己烷溶解在惰性溶剂中,然后冷至 $-150\ ℃$,有晶体析出,在低温下过滤,所得到的晶体经证明其中氯原子处于 e 键的位置。

化合物 A 和 B 在一定的温度下达成平衡时,平衡常数 K 的大小和平衡混合物的组成取决于反应的吉布斯自由能变化:

$$A \rightleftharpoons B$$

$$K=\frac{[B]}{[A]},\ \Delta G^\ominus = G_B^\ominus - G_A^\ominus = -RT\ln K$$

K	$x_B/\%$	$x_A/\%$	$\Delta G^\ominus/(\text{kJ}\cdot\text{mol}^{-1})(25\ ℃)$
0.0001	0.01	99.99	22.9
0.001	0.1	99.9	17.1
0.01	0.99	99.01	11.4
0.1	9.1	90.9	5.7
0.33	25	75	2.7
1	50	50	0

一取代环己烷构象平衡的 $\Delta G^\ominus_{ae}$ 值见表 3.3。

表 3.3 一取代环己烷构象平衡的吉布斯自由能变化

R	$\Delta G_{ae}^{\ominus}/(kJ \cdot mol^{-1})$	R	$\Delta G_{ae}^{\ominus *}/(kJ \cdot mol^{-1})$
CH$_3$—	7.00	—OH	2.17(3.63)
CH$_3$CH$_2$—	7.30	—OCH$_3$	2.50(3.04)
(CH$_3$)$_3$CCH$_2$—	8.34	—OC$_2$H$_5$	3.96
(CH$_3$)$_2$CH—	8.97	—OCOCH$_3$	2.50
环己基	8.97	—OSO$_2$C$_6$H$_4$CH$_3$-p	2.10
C$_6$H$_5$—	12.51	—SH	3.75
(CH$_3$)$_3$C—	>19	—NH$_2$	5.00(6.67)
F—	0.63	—NH$_3$	7.92
Cl—	1.79	—CO$_2$H	5.63
Br—	1.58		
I—	1.79		

* 括号中为在极性溶剂中的数值。

问题 3.3 根据表 3.3 中所给数据计算 25 ℃时，一氯环己烷中 e-氯构象的含量。

3.6.2 二取代环己烷

二甲基环己烷各种异构体的燃烧热见表 3.4。

表 3.4 二甲基环己烷的燃烧热

化 合 物	燃烧热/(kJ·mol^{-1})	较稳定的异构体
顺-1,2-二甲基环己烷	5 226.4	反式
反-1,2-二甲基环己烷	5 220.1	
顺-1,3-二甲基环己烷	5 215.5	顺式
反-1,3-二甲基环己烷	5 222.6	
顺-1,4-二甲基环己烷	5 222.6	反式
反-1,4-二甲基环己烷	5 215.9	

两种异构体中燃烧热较小的较为稳定，因此，1,2-和 1,4-二甲基环己烷的反式异构体较顺式异构体稳定，而 1,3-二甲基环己烷则是顺式异构体较反式异构体稳定。出现这种情况与它们的构象有关。

环己烷中两个相邻碳原子上的 a-氢原子总是在反位（一个向上，一个向下），相隔一个碳原子的两个 a-氢原子则在顺位（都向上或都向下），相隔两个碳原子的两个 a-氢原子又在反位。因此，环己烷的二元取代物中，顺-1,2-、反-1,3-和顺-1,4-异构体的两个取代基，一个以 a 键与环相连，另一个以 e 键与环相连，也就是说它们的构象是 ae 型，环翻转后仍为 ae 型。

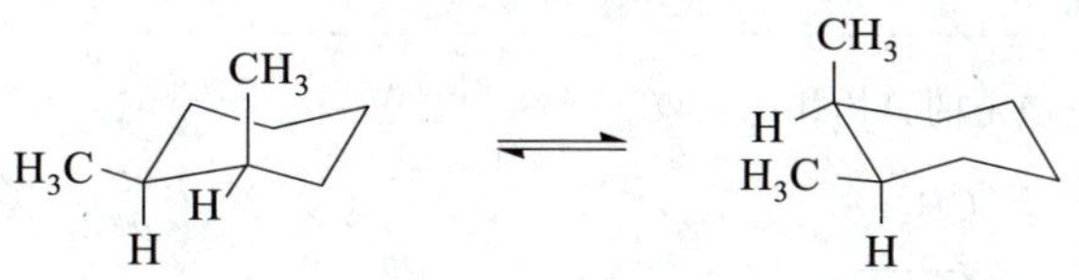

§ 3.6 取代环己烷的构象分析

顺-1,2-二甲基环己烷

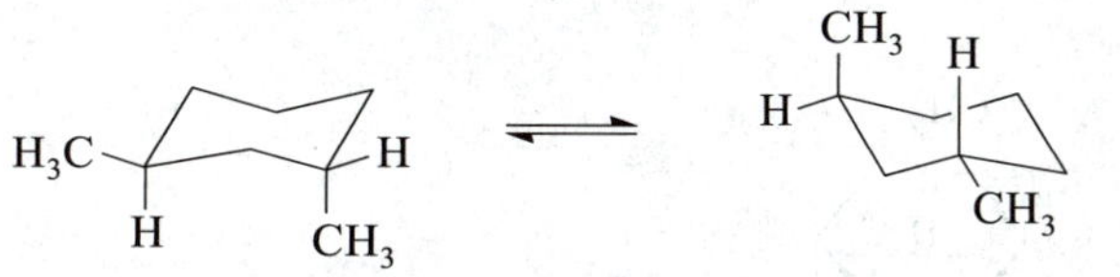

反-1,3-二甲基环己烷

顺-1,4-二甲基环己烷

反-1,2-、顺-1,3-和反-1,4-异构体的构象为 aa 型，环翻转后变为 ee 型：

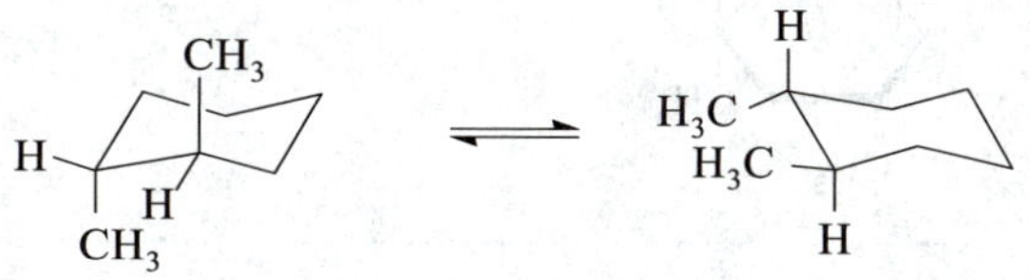

反-1,2-二甲基环己烷

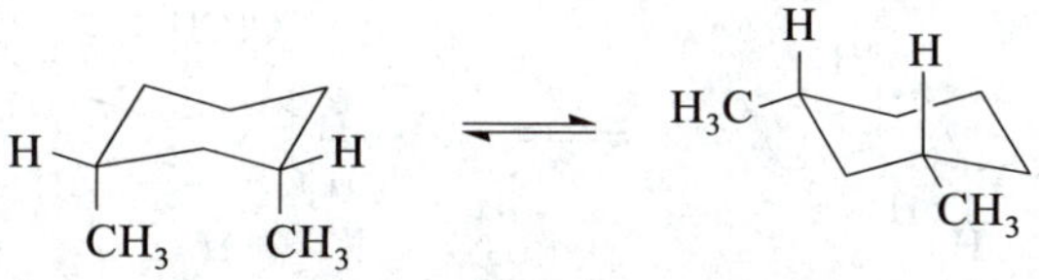

顺-1,3-二甲基环己烷

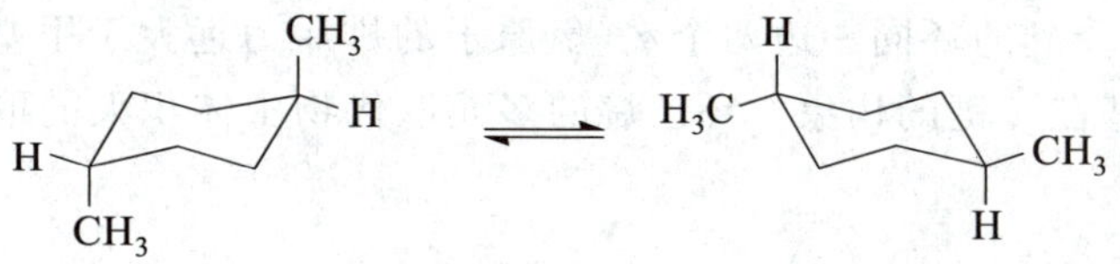

反-1,4-二甲基环己烷

a-甲基受到环同一边两个 a-氢原子的排斥，使体系的能量升高，因此，这几个化合物主要以 ee 型构象存在。在顺-1,2-二甲基环己烷、反-1,3-二甲基环己烷和顺-1,4-二甲基环己烷分子中都有一个 e-甲基和一个 a-甲基，而在反-1,2-二甲基环己烷、顺-1,3-二甲基环己烷和反-1,4-二甲基环己烷分子中，两个甲基都以 e 键与环相连，显然后者比前者更稳定。因此，环己烷多元取代物中，e-取代基最多的构象最稳定。

问题 3.4 写出下列化合物中较稳定的异构体的构象。

(1)

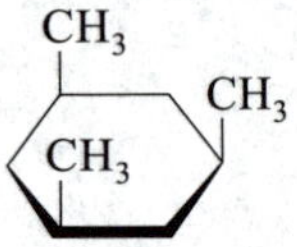

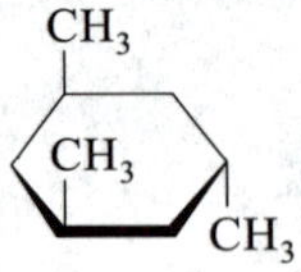

(2)

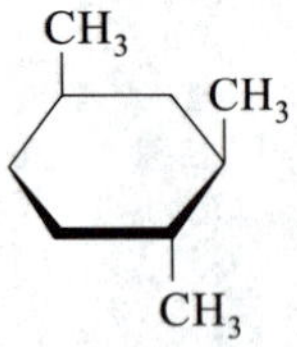

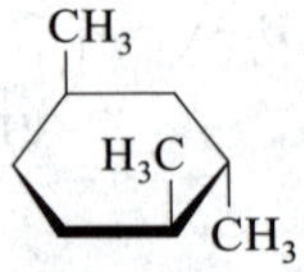

(3)

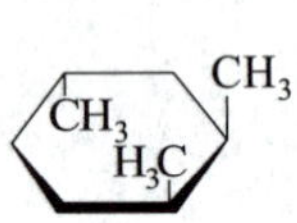

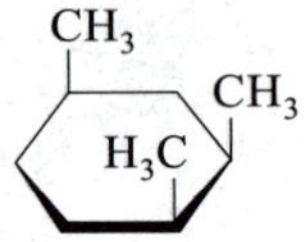

(4)

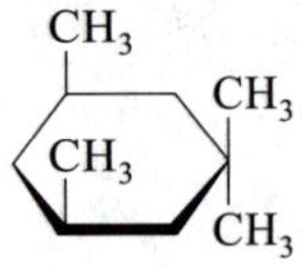

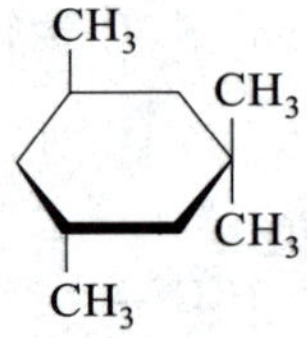

在顺-1-甲基-2-叔丁基环己烷中，两个取代基中一定有一个在 a 键的位置：

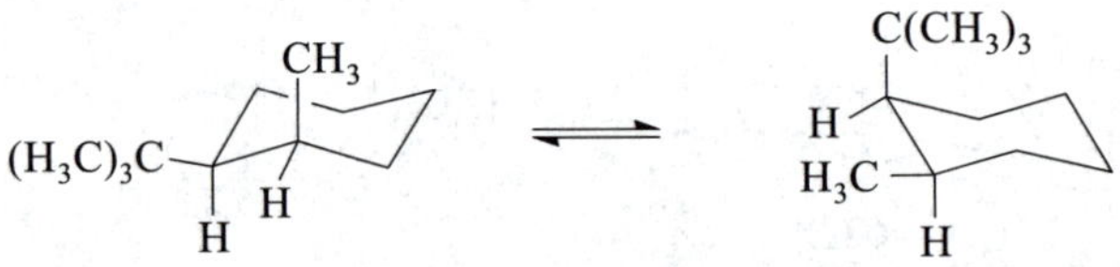

顺-1-甲基-2-叔丁基环己烷

叔丁基在 a 键位置时受到的环同一边两个 a-氢原子的排斥力远大于甲基，因此，较稳定的构象是叔丁基在 e 键、甲基在 a 键的构象。环己烷的多元取代物中体积大的取代基在 e 键的构象较稳定。

问题 3.5 写出下列化合物较稳定的构象。
(1) 反-1-甲基-2-叔丁基环己烷
(2) 反-1-甲基-3-叔丁基环己烷
(3) 反-1-甲基-4-叔丁基环己烷
(4) 顺-1-甲基-4-叔丁基环己烷

3.6.3 环己烷环的平面表示方法

环己烷的椅型构象也可以用平面投影式表示。写投影式时,从环平面的上方向下看,环用六边形表示,向上伸的取代基用楔形实线与环相连,向下的取代基则用楔形虚线与环相连,楔形实线粗的一端表示离观察者较近。例如:

从平面投影式容易看出各个取代基的顺反关系,用楔形实线相连的取代基在环的上方,而用楔形虚线相连的,则在环的下方。

§ 3.7 其他单环环烷烃的构象

3.7.1 小环

环丙烷分子中,C—H 键都处于重叠式的位置,因此,除键角变化所引起的张力外,还有扭转角所引起的张力。

环丙烷分子中,C—C 键和 C—H 键的键长分别为 151 pm 和 108 pm,∠HCH=115°。C—C 键的键长比烷烃小。一种模型认为环丙烷分子中,碳原子上的 sp^3 杂化轨道部分重叠形成弯键,见图 3.4。

物理研究说明:环丁烷分子中,四个碳原子不在同一平面内,即为折叠式构象,见图 3.5。碳原子 1,2,3 所在平面与碳原子 1,4,3 所在平面之间的夹角约为 35°,这样,C—H 键之间的扭转角约为 25°。两个折叠式构象可以通过环的翻转互变,它们之间的能垒约为 6.3 kJ·mol^{-1},由于折叠式构象和平面构象的能量差较小,在平衡混合物中,平面构象也占一定份额。

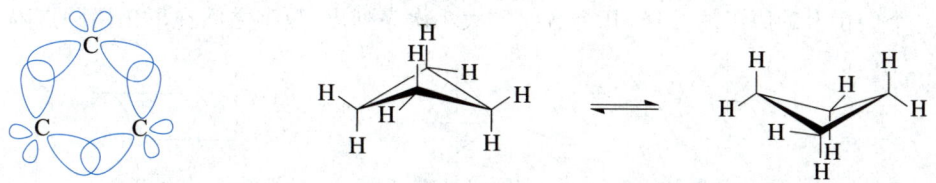

图 3.4 环丙烷的弯键模型　　　　　图 3.5 环丁烷的构象

3.7.2 环戊烷和环庚烷

环戊烷分子中五个碳原子在同一平面上时,C—C 键之间的夹角接近正常的键角,但 C—H 键都处于重叠式的位置,一个或两个碳原子伸出平面外,可以减少扭转角所引起的张力。在信封型构象中,一个碳原子在其他四个碳原子所在平面上方约 50 pm,在半椅型构象中,三个碳原子在同一平面内,另外两个碳原子一个在平面的上方,另一个则在平面的下方(H 未写出):

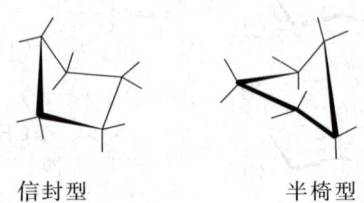

信封型　　　　　半椅型

两种构象在不断地互相转变,并且伸出平面外的碳原子也在轮换。

七元环和更大的环可能的构象较多,不像环己烷那样,有一个特别稳定的构象。

§3.8 多 环 烃

3.8.1 多环烃的命名

在多环烃分子中两个环共用一个碳原子的叫作螺烃(spiranes),螺烃的命名是根据螺环上碳原子的总数目叫作螺某烷,并在螺字后面的方括号中用阿拉伯数字标明螺原子所夹碳原子的数目,数字之间在下角用圆点隔开。例如:

$$
\begin{array}{cc}
\text{CH}_2\text{CH}_2\quad\text{CH}_2\text{CH}_2 \\
|\quad\quad\text{C}\quad\quad| \\
\text{CH}_2\text{CH}_2\quad\text{CH}_2\text{CH}_2
\end{array}
\qquad
\begin{array}{cc}
\text{CH}_2\text{CH}_2\quad\text{CH}_2 \\
|\quad\quad\text{C}\quad\quad| \\
\text{CH}_2\text{CH}_2\quad\text{CH}_2
\end{array}
$$

螺[4.4]壬烷　　　　　螺[3.4]辛烷
spiro[4.4]nonane　　　spiro[3.4]octane

表示螺原子两边各有一个碳桥,桥上分别有四个碳原子,或一个桥上有四个碳原子,另一个桥上有三个碳原子。

两个环共用两个以上碳原子的多环烃叫作桥环烃。双环桥环烃的命名是根据环上碳原子的总数称为双环某烷,以几个碳桥交会处的两个碳原子为桥头,在环字后面的方括号内,用阿拉伯数字标明每一个碳桥上碳原子的数目,几个数字按大小次序列出,数字之间在下角用圆点隔开。例如:

双环[2.2.1]庚烷　　　双环[1.1.0]丁烷　　　双环[2.1.0]戊烷
bicyclo[2.2.1]heptane　bicyclo[1.1.0]butane　bicyclo[2.1.0]pentane

这种命名法比较复杂，环的数目增多，更加不便。因此，有的化合物常用习惯名。例如：

十氢化萘
decahydronaphthalene

3.8.2 十氢化萘

十氢化萘分子中含有两个环己烷环，它们共用两个碳原子。

利用顺-1,2-二甲基环己烷的球棍模型，从其中两个甲基上各去掉一个氢原子，再用两个亚甲基把它们连接起来，就成为顺十氢化萘的模型，顺十氢化萘中的环可以翻转。

顺-1,2-二甲基环己烷　　　　　　　　　　　　　　　　　顺十氢化萘

利用反-1,2-二甲基环己烷的球棍模型，只有两个甲基都在 e 键时，可以改装成反十氢化萘模型，当两个甲基都在 a 键时，由于相距太远，用两个亚甲基不能把它们连成闭合的环，因此，反十氢化萘分子中的环己烷环不能翻转。

反十氢化萘

反-1,2-二甲基环己烷

顺十氢化萘和反十氢化萘是顺反异构体,其沸点分别为 187.3 ℃ 和 195.7 ℃。

顺十氢化萘分子中一个环己烷环用一个 a 键和一个 e 键与另一个环连接,而反十氢化萘分子中一个环己烷环用两个 e 键与另一个环连接,因此,反十氢化萘比顺十氢化萘稳定,它们的生成热分别为 -182.1 kJ·mol^{-1} 和 -169.2 kJ·mol^{-1}。在 530 ℃ 和钯炭催化下,两种异构体形成动态平衡,平衡混合物中 91% 为反十氢化萘。

由于反十氢化萘分子中两个环都不能翻转,因此,取代基分别以直立键和平伏键与环相连,得到两个化合物,它们的性质不同。例如:

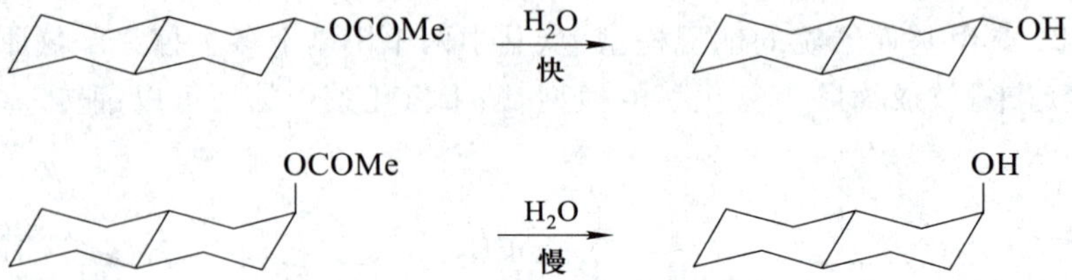

顺十氢化萘和反十氢化萘常用平面投影式表示:

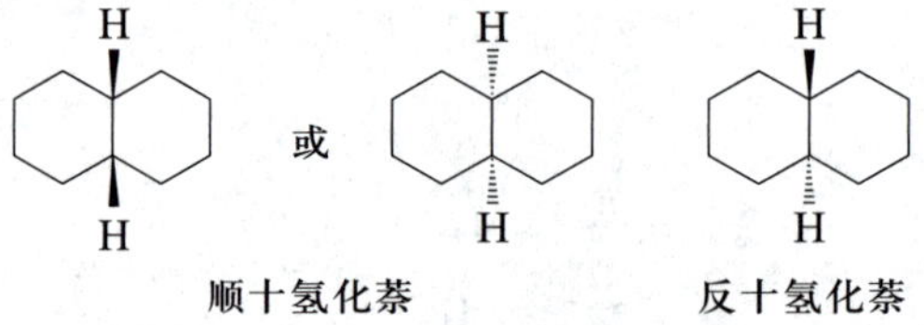

桥头上的氢原子可以省去,只用一个圆点表示向上方伸出的氢原子:

问题 3.6 下列化合物有没有顺反异构体?
(1) 双环[1.1.0]丁烷
(2) 双环[2.1.0]戊烷
(3) 双环[2.2.0]己烷

3.8.3 金刚烷

金刚烷(adamantane)为无色易升华的晶体,熔点:270 ℃,密度:1.07 g·cm^{-3},能溶于烃类溶剂。金刚烷由于结构高度对称,分子接近球形,有助于在晶格中紧密堆积,因此熔点特别高。如导入一个取代基,则熔点大幅度降低。

§ 3.8 多 环 烃

  金刚烷   甲基金刚烷   乙基金刚烷
 熔点：270 ℃ 熔点：104 ℃ 熔点：−52 ℃

  金刚烷于 1933 年首先从摩拉维亚(Moravia)的石油中分离出来。金刚烷在石油中的含量只有百万分之四，由于其特殊的物理性质，才能从成分复杂的石油中分离出纯品。

  金刚烷的碳架由环己烷的椅型构象组合而成，相当于金刚石的一部分。扭船烷(twistane)是金刚烷的异构体，它是由环己烷的扭船型构象组合成的(用两个 CH_2CH_2 链将扭船型构象固定，得到 4 个扭船型构象组成的稠环)，twistane 在 $AlCl_3$ 作用下，迅速转变为更稳定的金刚烷(由 4 个椅型构象组成的稠环)。

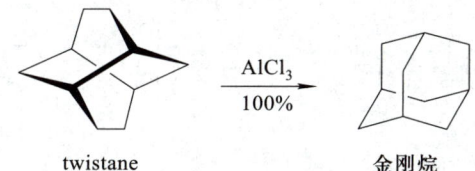

   twistane   金刚烷

  二金刚烷基分子中，中心 C—C 键的键长由于几何原因而明显伸长。

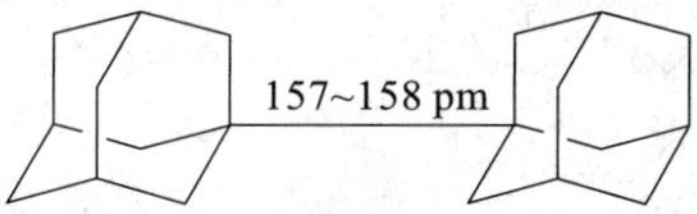

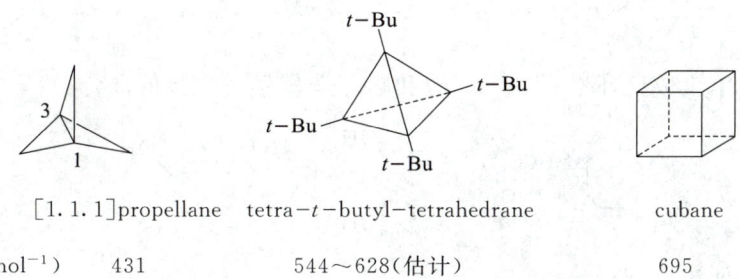

二金刚烷基

3.8.4 其他多环烃

  近年来合成了不少张力很大的多环烃。例如：

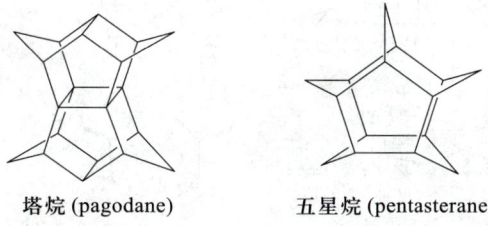

 [1.1.1]propellane tetra-t-butyl-tetrahedrane cubane

张力能/(kJ·mol^{-1}) 431   544～628(估计)   695

单环化合物不稳定的构象通过桥链固定可以在多环化合物中出现。例如：

  塔烷(pagodane)   五星烷(pentasterane)

§3.9 阅读材料

跨环反应(transannular reaction)

环辛-1,5-二烯可以用分子中两个双键上的 π 电子与金属生成配合物：

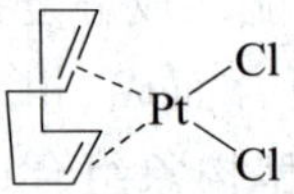

由于两个双键的位置相近，原来在一个双键上的反应，可以变成牵涉两个双键的跨环反应。例如：

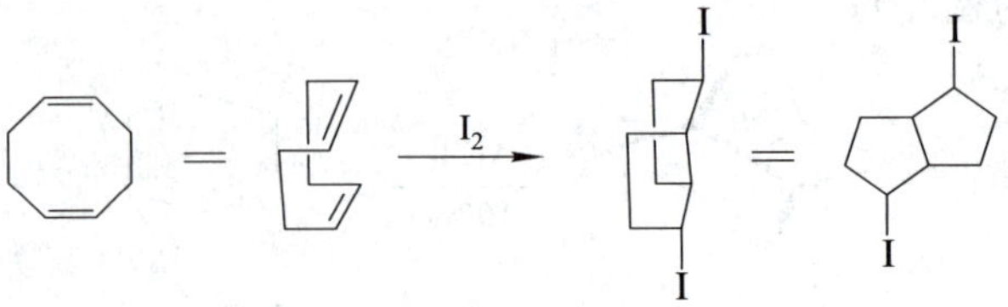

环壬-1,5-二烯加溴也生成跨环产物：

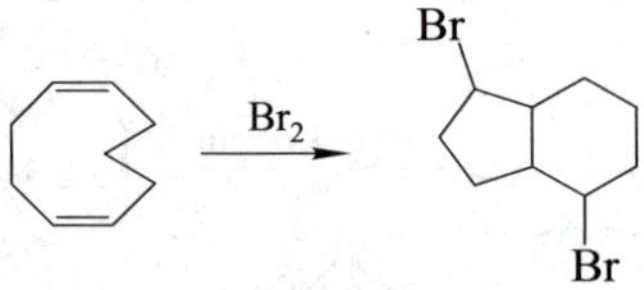

烯烃用过氧甲酸氧化生成环氧化合物后再水解是制备反式 1,2-二醇的方法。例如：

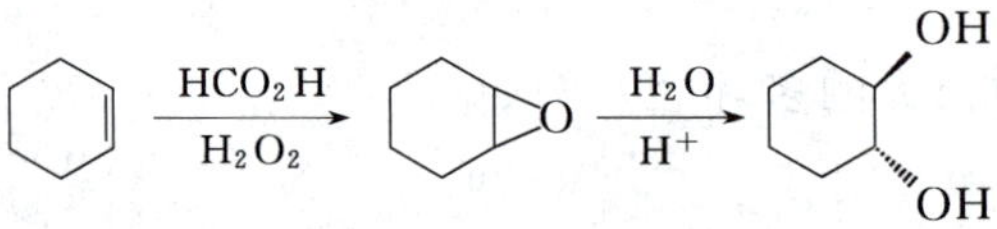

环辛烯在同样条件下生成反环辛-1,2-二醇和顺环辛-1,4-二醇的混合物：

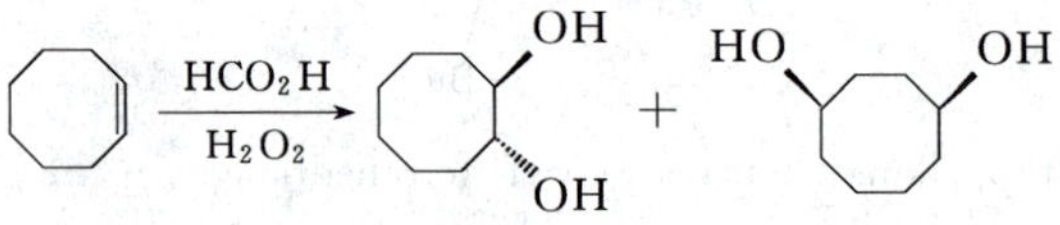

后者是通过跨环反应生成的：

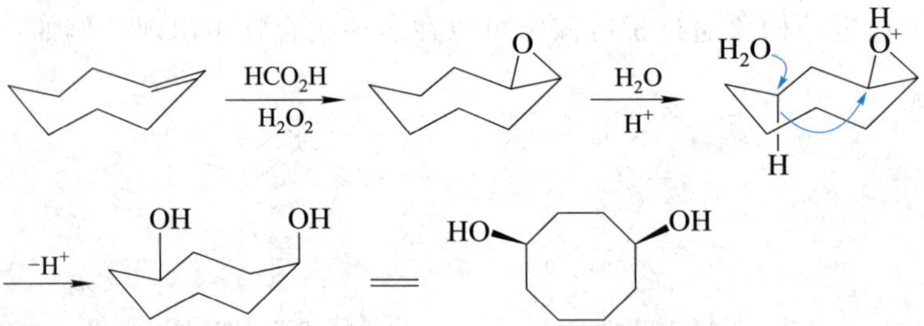

在反应中 4 位碳原子上的氢迁移到 2 位,同时在 4 位导入羟基。

将有关位置上的氢用氘代替,可以证明发生了跨环迁移。例如:

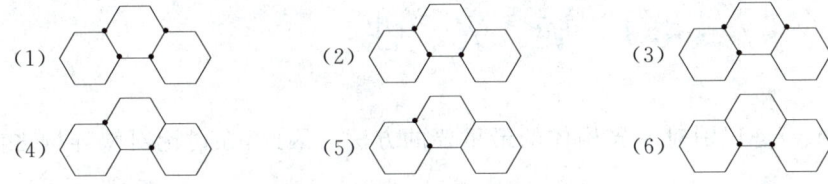

8～11 个碳原子的脂环烃都可以发生跨环反应。

习　　题

写出下列化合物的构象式。

[提示:先写出右边十氢化萘两个环的构象,(6)中间的环为船型。]

参考答案

第四章 对映异构

构造相同,但分子中原子在空间的排列方式不同的化合物称为立体异构体,这种现象称为立体异构(stereoisomerism)。立体异构是立体化学(stereochemistry)的主要内容之一。立体化学从立体观点研究分子的结构,以及分子的立体结构对其物理性质和化学反应的影响,是化学中一个重要的研究领域。本章讨论立体异构中的对映异构(enantiomerism)。

§4.1 旋 光 性

旋光性(optical activity)是识别对映异构体的最重要的方法。因此,在讨论对映异构之前,先对旋光性做简单说明。

4.1.1 偏光

光波是一种电磁波,电场或磁场振动的方向与光前进的方向垂直,电场振动的平面又与磁场振动的平面垂直。图 4.1(a)表示光波前进时电场振幅的周期性变化;(b)表示在光前进的方向上,正对光源,电场在直线所示的平面上振动,振幅变化的范围用箭头标出;(c)表示在普通的光束中光波在一切可能的平面上振动。

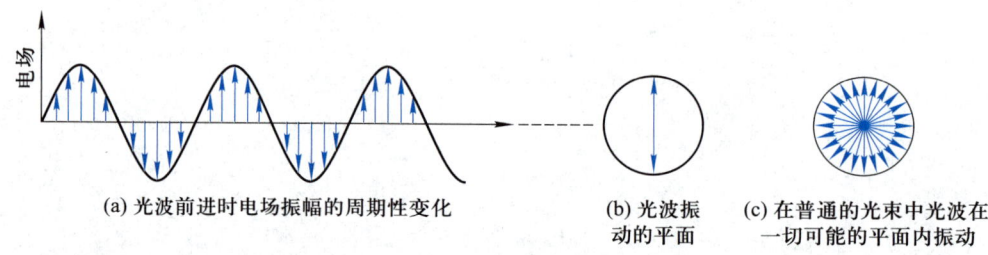

图 4.1 光波

使普通光通过尼科尔棱镜或人造的偏光片,则透过棱镜的光线的电场只在一个平面上振动,磁场的振动也是这样,如图 4.2 所示,这种光叫作平面偏振光,简称偏光。

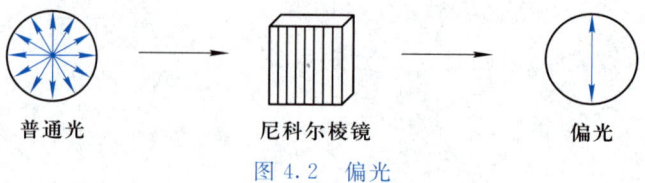

图 4.2 偏光

4.1.2 旋光物质和比旋光度

把两个尼科尔棱镜平行放置,使普通光照射在第一个棱镜上,透出来的光就变成偏光,因为第二个棱镜与第一个互相平行,所以偏光能完全通过第二个棱镜。如在两个棱镜之间放一个盛有液体或溶液的玻璃管,这时就有两种不同的情况发生:如管里装的是水、酒精、乙酸等,则偏光仍能通过第二个棱镜;如管里装的是从肌肉中提取出来的乳酸或葡萄糖的水溶液,则必须把第二个棱镜旋转一个角度后,偏光才能完全通过(见图 4.3)。因此化合物可以分为两类:一类能使偏光振动平面旋转一定的角度,即有旋光性,称为旋光物质;另一类没有旋光性。

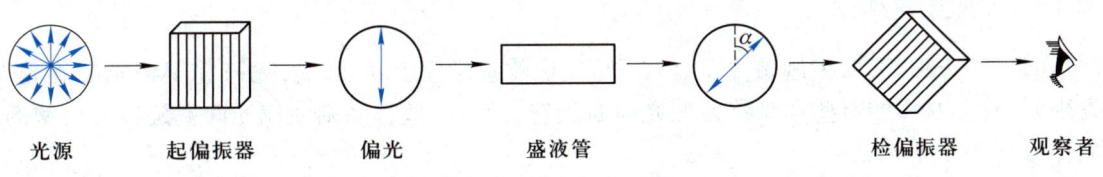

图 4.3 旋光仪的原理

定量测定液体或溶液旋光程度的仪器叫作旋光仪,其工作原理见图 4.3。从光源发出一定波长的光,通过一个固定的尼科尔棱镜或偏振片(起偏振器)后变成偏光,通过盛有样品的盛液管后,偏光的振动平面旋转了一定的角度 α,要将另一个可转动的尼科尔棱镜或偏振片(检偏振器)旋转相应的角度后,偏光才能完全通过,由装在检偏振器上的刻度盘读出 α 的数值,这就是所测样品的旋光度。

用旋光仪测定出来的旋光度的大小与光束通过盛液管时所遇到的旋光物质的分子数有关,因此,盛液管的长度或溶液的浓度增加一倍,旋光度也增加一倍。考虑到盛液管长度和样品浓度的影响,通常用比旋光度[α](单位为 $°\cdot cm^2\cdot g^{-1}$)作为表示化合物旋光性的物理常数,其定义为

$$[\alpha] = \frac{100\alpha}{\rho l}$$

其中,ρ 为样品的质量浓度,其单位为 100 mL 溶液中样品的质量,l 为盛液管的长度,单位为 cm。

有些化合物能使偏光的振动平面向右(顺时针)旋转,另一些化合物则使振动平面向左(反时针)旋转,因此,表示比旋光度时,必须指出旋光方向。右旋规定用(+)表示,左旋规定用(−)表示。温度、所用光的波长和溶剂对旋光度也有一定影响,都应当注明。例如,葡萄糖水溶液在 20 ℃用钠光灯作光源测得的比旋光度为右旋 52.5°·cm²·g⁻¹,写作:

$$[\alpha]_D^{20} = +52.5°\cdot cm^2\cdot g^{-1}(水)$$

果糖的比旋光度则为

$$[\alpha]_D^{20} = -93°\cdot cm^2\cdot g^{-1}(水)$$

问题 4.1 一种化合物的氯仿溶液的旋光度为+10°,如果把溶液稀释一倍,其旋光度是多少? 如化合物的旋光度为-350°,溶液稀释一倍后旋光度是多少?

§4.2 手 性

4.2.1 对映异构和手性

1809 年,Malus E L 发现偏光。1812 年,法国物理学家 Biot J B 首先研究了物质的旋光性,他发现 α-石英晶体的有些样品能使偏光向右旋转,而另一些样品则使偏光向左旋转。典型的石英晶体接近图 4.4(a)。

1801 年,法国矿物学家 Haüig R J 发现少量 α-石英晶体中存在着一组小的晶面。它们的排列方式有的向右,有的向左,相当于右手和左手[见图 4.4(b)],这种晶体称为半面晶体(hemihedral crystals)。只有少数石英样品中的一部分经过仔细观察,可以看出是半面晶体。1820 年,英国天文学家 Herschel J F W 首先将石英晶体的外形与其旋光性联系起来,认为互为镜像的两种半面石英晶体其旋光性相反。

(a) 典型的晶体　　(b) 半面晶体

图 4.4　石英晶体

1815 年,Biot 发现有的天然有机化合物也有旋光性。例如,松节油、樟脑和蔗糖的溶液都有旋光性。α-石英晶体的旋光性在石英熔化后消失;而有机化合物在液态或溶液中仍保持其旋光性。因此,Biot 在当时已经认识到晶体的旋光性与质点在晶体中的排列方式有关,而有机化合物的旋光性则与原子在分子中的排列方式有关。

酒石(tartar)是酿造葡萄酒时生成的一种含钾沉淀物。从酒石可以得到酒石酸(tartaric acid)。1769 年,Scheele C W 首先得到酒石酸,以后酒石酸的化学式经测定为 $C_4H_6O_4$,酒石就是酒石酸的一种钾盐。1821 年,法国商人 Kestner C 发现:在生产酒石酸时,水溶液如在减压和 50 ℃下蒸发,得到酒石酸;如在常压下蒸发,得到的却是另外一种酸,它的溶解度与酒石酸不同。1828 年,Gay-Lussac J L 测定出这种酸的化学式也是 $C_4H_6O_4$,由于它不是酒石酸,因此被称为葡萄酸(racemic acid)。1838 年,Biot 发现酒石酸的水溶液是右旋的,而葡萄酸的水溶液则不旋光。当时在学术界有很大影响的瑞典化学家 Berzelius J J 把酒石酸和葡萄酸作为同分异构体的一个例子,并猜想这两种酸的晶形可能不同。1848 年,法国学者 Pasteur L 从巴黎师范学院(École Normale de la Paris)毕业后成为 Biot 的助手,为了加强自己的结晶学研究能力,他对酒石酸盐和葡萄酸盐的晶体进行了研究,取得了创造性的结果。Pasteur 证明:酒石酸的 19 种不同的盐,其中包括酒石酸钠铵,都形成半面晶体。葡萄酸钠铵也形成半面晶体,但半面排列的方式有右有左(见图 4.5),而酒石酸钠铵晶体的排列方式只有一种。

Pasteur 用手工将葡萄酸钠铵的两种半面晶体仔细分拣出来,分别溶解于水后测定其旋光性,发现其中一种与酒石酸钠铵相同,都是右旋的,而另一种则是左旋的;从左旋的葡萄酸钠铵水溶液得到一种新的化合物——左旋酒石酸。葡萄酸实际上是右旋酒石酸和左旋酒石酸的等物质的量混合物,现在称为外消旋酒石酸,英文中的外消旋(racemic)就是从葡萄酸来的。这样,Pasteur首先发现了对映异构现象,即两个化合物具有相同的化学构造而其旋光性相反。1844年,Mitscherlich E A 曾经报道:酒石酸钠铵和葡萄酸钠铵的晶体晶形相同。后来发现:葡萄酸钠

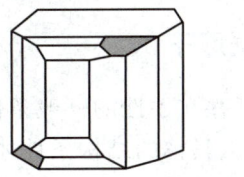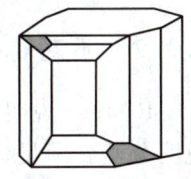

图 4.5 葡萄酸钠铵的两种半面晶体

铵从热的浓溶液中结晶出来时,其组成为 $Na(NH_4)C_4H_4O_6·H_2O$,即为一水合物,每个晶体中含有等物质的量的右旋酒石酸盐和左旋酒石酸盐,不生成半面晶体;而在28 ℃以下的温度结晶出来时,得到的是四水合物[$Na(NH_4)C_4H_4O_6·4H_2O$],由右旋酒石酸盐的晶体或左旋酒石酸盐的晶体组成并显示出半面晶体。Pasteur是幸运的,因为他是让稀溶液在室温下慢慢冷却析出晶体的,而当时的室温较低。不过半面晶体要用放大镜仔细观察才能分辨出来,把两种半面晶体用手工分开更需要细心和耐心,刚开始进行研究工作的年轻的Pasteur能够取得这样重要的结果绝不是偶然的。

在随后的几年中Pasteur还研究了天冬酰胺(asparagine)、天冬氨酸(aspartic acid)和苹果酸等化合物的旋光性。Pasteur发现:甲酸锶的晶体具有半面晶体,晶体有旋光性,而在溶液中则是不旋光的。这使Pasteur认识到:甲酸锶的旋光性是由晶体结构引起的,晶体溶解于水后旋光性就消失了。1860年,Pasteur在一次讲演中说:"设想一个螺旋扶梯,如果是由立方体或其他能与其镜像重合的砌块砌成的,把扶梯拆毁,其非对称性(dissymmetry,指螺旋是右旋或左旋的)就消失了,扶梯的非对称性完全是其中梯级的排列方式引起的。反之,设想螺旋扶梯的每一级都是由不规则的四面体(irregular tetrahedron)砌成的,把扶梯拆毁,非对称性仍然存在,因为现在涉及的是一堆(非对称的)四面体"。"右旋酸(指右旋酒石酸)中原子是排列在右螺旋的螺线上,或是排列在一个不规则的四面体的顶点上,或是按照其他特殊的非对称方式排列,这些问题还不能回答,不过这些原子以一种非对称方式排列,并与其镜像不能重合,则是毫无疑义的。左旋酸(指左旋酒石酸)的原子正好按照与此相反的非对称方式排列,也是没有疑问的"。

这样,Pasteur就指出了立体化学中的一个重要原理:分子中原子的非对称排列,使它同它的镜像不能互相重合,是产生对映异构的根本原因。

一个化合物分子与其镜像不能互相重合,必然存在着一个与镜像相应的化合物,这两个化合物之间的关系,相当于右手和左手,即互相对映,这种异构体称为对映异构体或对映体。旋光性是识别对映异构体的重要手段。

手性分子(chiral molecules)是指分子与其镜像不能重合,因而有左右之分,非手性分子(achiral molecules)是指分子与其镜像能够互相重合。分子的立体结构分左右这种性质就叫作手性(chirality,handedness)。

手性只能在手性条件下识别。例如,识别左右手可用分左右的手套,识别螺丝钉用相应的螺丝帽。常用的识别手性化合物的手段是测定旋光性。在一般情况下,手性化合物在液态或溶液中是旋光的,但也有极少数化合物的旋光度在可检测的限度以下。例如,乙基丙基丁基己基甲烷

的两种对映体都已得到,但在280～580 nm波长范围内无旋光性。

有些非手性化合物在液晶状态下有旋光性。

4.2.2 不对称碳原子

Pasteur 说明了存在手性的一般条件,但由于当时有机化合物的结构理论尚未出现,他没有说明分子要满足什么具体的结构条件才有手性。1874 年,22 岁的荷兰化学家 van't Hoff J H 发现当时已知的手性化合物中,都含有一个与四个互不相同的一价原子或原子团相连接的碳原子,他假定碳原子的四个价指向以碳原子为中心的正四面体的四个顶点,如与碳原子连接的四个一价基团互不相同,它们在碳原子周围就有两种不同的排列方式,它们之间的关系相当于物体和镜像,并不能互相重合(见图 4.6),两个四面体之间的虚线表示镜子所在的平面。

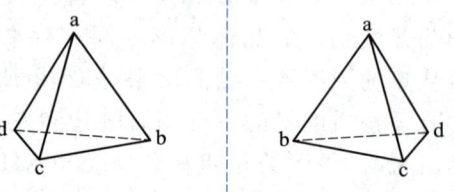

图 4.6 不对称碳原子的四面体模型

van't Hoff 把与四个互不相同的一价基团相连的碳原子叫作不对称碳原子(asymmetric carbon atom)。通常化合物的构造式中不对称碳原子的右上角加一个星号。例如:

$$\begin{array}{c} CO_2H \\ | \\ H-C^*-OH \\ | \\ CH_3 \end{array} \qquad \begin{array}{c} CO_2H \\ | \\ H-C^*-OH \\ | \\ CH_2CO_2H \end{array}$$

乳酸　　　　　　苹果酸

分子中原子在空间中的排列方式称为构型(configuration),Cabcd 型的化合物有两种立体异构体,四面体模型所表示的就是它们的构型。

同年,法国化学家 Le Bel J A 也提出了类似的学说,不过 Le Bel 没有使用四面体模型。

问题 4.2 将下列式中的不对称碳原子用"*"标出。

(1) $CH_3CH_2CH_2CHCH_2CH_3$
　　　　　　　　　　$|$
　　　　　　　　　CH_3

(2) $BrCH_2CH_2CHCH_2CH_3$
　　　　　　　　　$|$
　　　　　　　　CH_3

(3) $CH_3CH_2CHBrCH_3$

(4) CH_3CHDBr

(5) $CH_3CH_2CCH_2Cl$
　　　　　　　$|$
　　　　　　Cl
　　（上方为 CH_3）

(6) 　F　　CH₃
　　　　△
　　　F　　H

问题 4.3 写出分子式为 $C_5H_{11}Br$ 的构造异构体,并用"*"标出其中的不对称碳原子。

1894 年,van't Hoff 写道:"Le Bel 的论文和我的论文整体上是一致的,然而在构思上却不完全相同。历史渊源上的差别在于:Le Bel 的出发点是 Pasteur 的研究,而我的出发点则是 Kekulé 的工作(注:Kekulé 在 19 世纪 60 年代就已使用球棍模型;1872—1873 年,van't Hoff 曾在 Kekulé 的实验室里工作过)。我的思想是 Kekulé 的碳为四价、碳的四价分别指向以碳为中心的四面体的四个顶点这些思想的延续。"

对 van't Hoff 有直接影响的还有德国化学家 Wislicenus J A 关于乳酸的研究。乳酸首先是从变酸的牛奶中分离出来的,后来又从肌肉中分离出另外一种酸性物质——肌乳酸(sarcolactic acid),这两个化合物的化学组成相同,但又不是同一物质。19 世纪 60 年代初,化学家认为:乳酸和肌乳酸是位置异构体,即乳酸为 2-羟基丙酸,$CH_3CH(OH)CO_2H$,肌乳酸为 3-羟基丙酸,$HOCH_2CH_2CO_2H$。Wislicenus 发现乳酸是不旋光的而肌乳酸则是右旋的。乳酸和肌乳酸的化学反应相同:在硫酸存在下加热都生成乙醛和甲酸,氧化时都生成乙酸和二氧化碳:

$$HCO_2H + CH_3CHO \xleftarrow{H_2SO_4,130\ ℃} 乳酸或肌乳酸 \xrightarrow{[O]} CH_3CO_2H + CO_2 + H_2O$$

说明这两种化合物中都含有甲基,它们都是 2-羟基丙酸。那么为什么有两种异构体?1869 年,Wislicenus 在一次论文报告会上说:"这就提供了异构体数目超过构造数(注:就是说 2-羟基丙酸只有一种构造,却有两种异构体)的确定无疑的例子。这样的事实迫使我们在解释不同的异构体分子具有同一构造式时采用它们的原子在空间的位置不同的概念,并寻找明确的表示方法。"Kekulé 在评述 Wislicenus 的报告时说:"异构现象的这种特例也许可以用原子互相结合的立体表示方法,即模型来解释。"经过持续研究,1873 年,Wislicenus 在一篇论文里写道:"如果(两种)分子构造相同却具有不同的性质,这种差异只能用它们的原子在空间中的排列不同来解释。"

1904 年,van't Hoff 在一次讲演中说,30 年前他在图书馆里读到 Wislicenus 关于乳酸的论文,深受启发,于是中断了学习,出去散步,"在新鲜空气的影响下"产生了不对称碳原子的概念。

1874 年,van't Hoff 把他的研究结果用荷兰文写成一本 12 页的小册子。1875 年,又扩充到 44 页,以"空间中的化学(La Chemie dans L'Espace)"的书名用法文出版。1877 年,又翻译成德文出版。Wislicenus 在他为德文版所写的序言中敦促化学家认真地考虑 van't Hoff 的观点。但是当时化学界多数人认为有关原子在空间的排列方式的假设在有机化学研究中没有任何实际用途。当时影响很大的有机化学家 Kolbe A W H 甚至用非常尖刻的语言批评了 van't Hoff,说他对精确的化学研究没有兴趣,却认为自己什么问题都能解释,当知识不够时又求助于不可思议的猜想。当时许多物理学家对于价的方向性也不能接受。后来,支持 van't Hoff 观点的实验事实越来越多,到 1931 年 Pauling L 用量子化学方法计算出 sp^3 杂化轨道的本征函数后,这种怀疑才彻底消失。

1901 年,van't Hoff 由于"发现了溶液中的化学动力学法则和渗透压规律,以及对立体化学和化学平衡理论做出的贡献"获得诺贝尔化学奖。

参考文献

§4.3 含一个不对称碳原子的化合物

含有一个不对称碳原子的化合物有两种互为镜像的对映异构体,它们的等物质的量混合物称为外消旋体(racemates)。

乳酸是最早研究的含一个不对称碳原子的化合物。(+)-乳酸是肌肉运动时由生化过程产生的,熔点:25~26 ℃,$[\alpha]_D^{15} = +3.8°·cm^2·g^{-1}$(10%水溶液)。(−)-乳酸可以由葡萄糖在特殊条件下(用特殊的菌种 Leishmania brazilensis panamensis)发酵得到,熔点:26~27 ℃,旋光度与右旋体方向相反,数值相近。从酸牛奶中分离出来的乳酸是(+)-乳酸和(−)-乳酸的等物质的量混合物,即外消旋体,其熔点为 18 ℃。

4.3.1　Fischer 投影式(Fischer projection)

Fischer H E 在 19 世纪 90 年代应用 van't Hoff 的理论解决了葡萄糖的结构问题,用实验事实证明了这一理论在有机化学研究中的重要性。Fischer 在 1902 年由于他在糖类化合物和嘌呤化合物方面的研究工作获得诺贝尔化学奖。糖类化合物分子中有多个不对称碳原子,用四面体模型表示很不方便,为此,他采用四面体模型在纸面上的投影来表示化合物的构型。

Fischer 投影式是将四面体模型前面的一个棱边横向放置,这样后面的一个棱边就在垂直的方向上。假定纸面通过不对称碳原子,横向的棱边在纸面前,用实线表示,垂直的棱边在纸面后,用虚线表示,再将四面体中其他棱边画出,就得到一个顶角向下的正方形。投影式与球棍模型之间的关系见图 4.7。在投影式中,明确规定横向的两个原子团在纸平面前,竖向的两个原子团在纸平面后,不能随意改变:

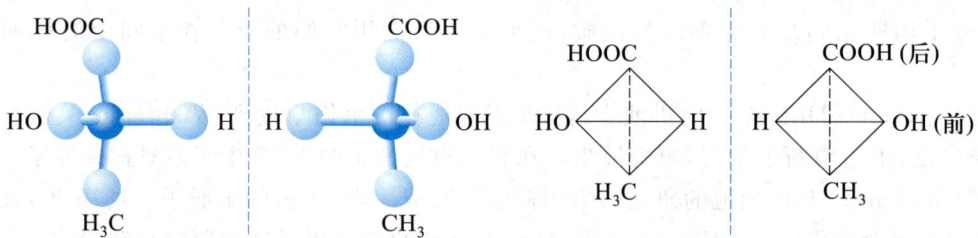

图 4.7　投影式与球棍模型之间的关系

如用透视式可表示为

$$\begin{array}{c} \text{HOOC} \\ \text{HO}—\text{C}—\text{H} \\ \text{H}_3\text{C} \end{array} \qquad \begin{array}{c} \text{COOH} \\ \text{H}—\text{C}—\text{OH} \\ \text{CH}_3 \end{array}$$

投影式不能离开纸面而翻转过来,因为这样会改变不对称碳原子周围各原子或原子团的前后关系。例如,将(1)式翻一个身得到(2)式,但(2)式并不等于(3)式,因为(2)式中,H、OH 在纸平面的后方,而(3)式中,H、OH 则在纸平面的前方,(2)式也不符合书写投影式的规定。

　　　　(1)　　　　　　　(2)　　　　　　　(3)

要知道两个投影式是否能重合,只能使它在纸平面上移动,或转动 180°,只有这样才能使各原子团的前后关系保持不变。

§ 4.3 含一个不对称碳原子的化合物

从球棍模型可以看出：将不对称碳原子上任何两个原子或原子团对调，如在图 4.7 中将 H 和 OH 对调，都变成它的对映体。将任意三个原子或原子团按一定方向依次轮换位置，则不改变化合物的构型，如图 4.8 中两个模型代表同一化合物：

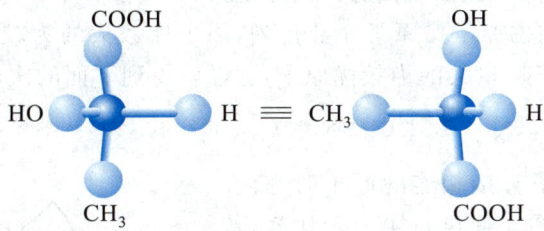

图 4.8　不对称碳原子上三个原子团的轮换

用这种方式可以判断两个投影式之间的关系。例如，将(1)式中的 H 与 COOH 对调，得到(4)，再将(4)式中的 HO,H 和 COOH 轮换，得到(1)式的对映体(3)，说明将不对称碳原子周围任意两个原子团对调都得到原来化合物的对映体。

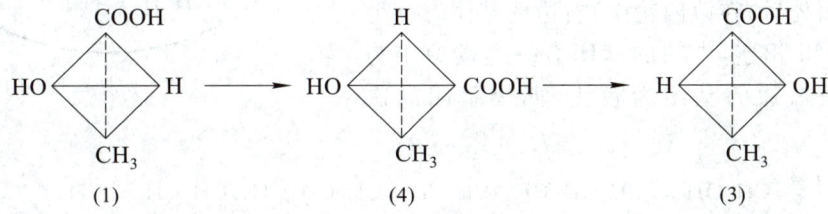

问题 4.4　下列构型式哪些是相同的，哪些是对映体？

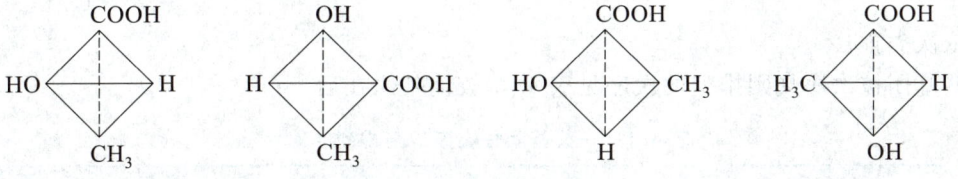

Fischer 投影式常简写成十字形。例如：

$$\begin{array}{c} \text{HOOC} \\ \text{HO}\!-\!\!\!-\!\text{H} \\ \text{H}_3\text{C} \end{array} \qquad \begin{array}{c} \text{COOH} \\ \text{H}\!-\!\!\!-\!\text{OH} \\ \text{CH}_3 \end{array}$$

但各原子团的前后关系仍是横线连接的在纸平面前方，竖线连接的在纸平面后方。写投影式时一般不写出不对称碳原子。

4.3.2　对映体的命名

根据 IUPAC 建议的命名法，对映体的构型用 R 或 S 表示。判断某一指定构型是 R 或 S，要用到次序规则(sequence rule)。

4.3.2.1 次序规则

各种取代基按先后次序排列的规则称为次序规则,其要点如下:

1. 取代基游离价所在的原子按原子序数排列,原子序数大的为较优基团,同位素原子按相对原子质量排列,相对原子质量大的为较优原子,这样就得到下面的次序,较优基团在后:

$$H < D < T < Li < B < C < N < O < F < Si < P < S < Cl < Br < I$$

2. 如比较与中心原子直接相连的原子时,有几个的次序无法决定,则照图4.9进行第二轮比较,依次类推,到所有基团的先后次序都确定为止。图4.9中第一轮的原子为HCCC,较优原子为CCC,其次序无法决定,在第二轮中左边的碳原子与HHO相连,中间和右边的碳原子与HHC相连,故CH_2OH为最优,在第三轮中,中间和右边的基团都是与HCC相连,仍不能分出先后,在第四轮中,右边的基团有一个碳原子与HHCl相连,中间的基团有一个碳原子与HHC相连,故右边的基团为较优,四个基团的次序为

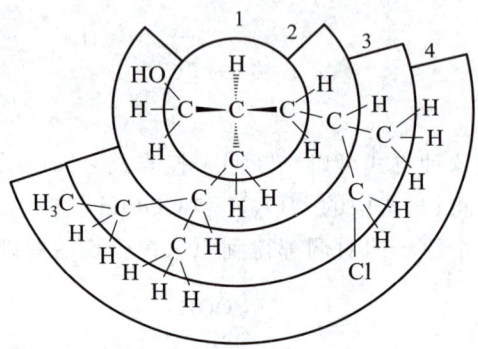

图4.9 次序规则的用法

$$CH_2OH > CH_2CH(CH_3)CH_2Cl > CH_2CH(CH_3)CH_2CH_3 > H$$

3. $-\overset{O}{\underset{}{C}}=O$ 当作 $-\overset{O}{\underset{}{C}}-O-$,$-\overset{C}{\underset{}{C}}=\overset{C}{\underset{}{C}}-$ 当作 $-\overset{C}{\underset{}{C}}-\overset{C}{\underset{}{C}}-$,$-C\equiv C-$ 当作 $-\overset{C}{\underset{C}{C}}-\overset{C}{\underset{C}{C}}-$ 考虑,其

余重键依次类推。

一些基团按次序规则排列的次序见表4.1,较优基团在后。

表4.1 一些基团按次序规则排列的次序

1.	H—	8.	$CH_2=CH-$
2.	CH_3-	9.	$(CH_3)_3C-$
3.	CH_3CH_2-	10.	$HOCH_2-$
4.	CH_3CHCH_2- $\quad\vert$ $\quad CH_3$	11.	$HC-$ $\Vert$ O
5.	$(CH_3)_3CCH_2-$	12.	CH_3C- $\Vert$ O
6.	$(CH_3)_2CH-$	13.	$HOC-$ $\Vert$ O
7.	CH_3CH- $\quad\vert$ $\quad CH_2CH_3$		

14.	CH₃OC(=O)—	21.		CH₃CO(=O)—
15.	HSCH₂—	22.		F—
16.	H₂N—	23.		HS—
17.	HO—	24.		Cl—
18.	CH₃O—	25.		Br—
19.	CH₃CH₂O—	26.		I—
20.	HCO(=O)—			

4.3.2.2 R 和 S 的确定

先将与不对称碳原子相连接的原子或原子团按照次序规则排列，较优基团在前，如 a＞b＞c＞d，观察者从排在最后的原子或原子团 d 的对面看去，如 a→b→c 是按顺时针方向排列的，则构型用 R（右）表示；如 a→b→c 是按反时针方向排列的，则构型用 S（左）表示。也可以把不对称碳原子比作方向盘，按次序规则排在最后的原子团 d 在方向盘的连杆上，其他三个原子团 a、b、c 则在圆盘上，如 a→b→c 是按顺时针方向排列的，构型为 R；如 a→b→c 是按反时针方向排列的，则构型为 S（见图 4.10）。

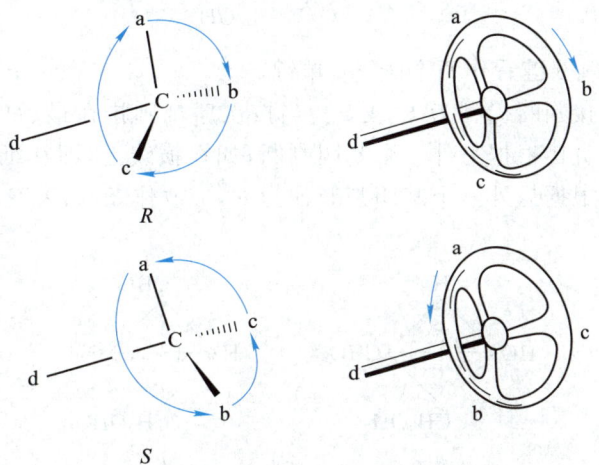

图 4.10 R 和 S 的确定

例如：

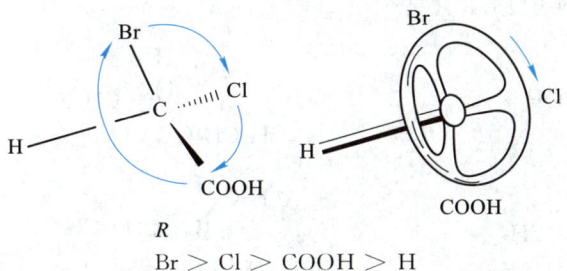

R

Br ＞ Cl ＞ COOH ＞ H

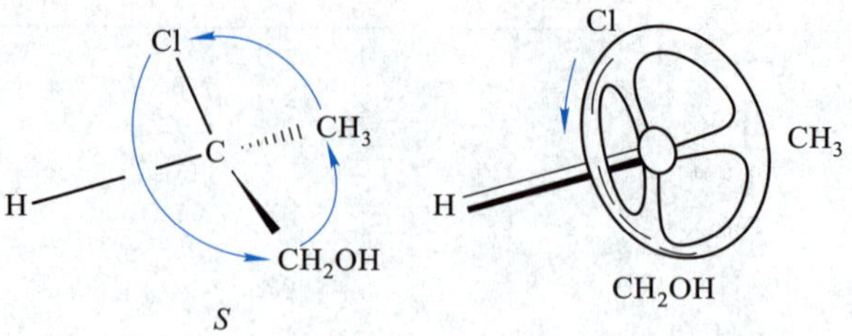

$$Cl > \underset{OH}{\underset{|}{C}}-H > CH_3 > H$$

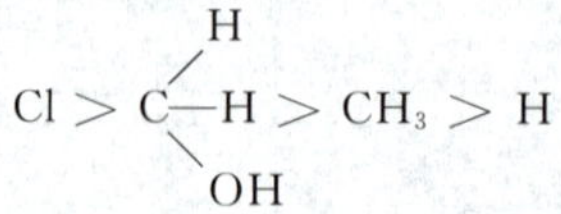

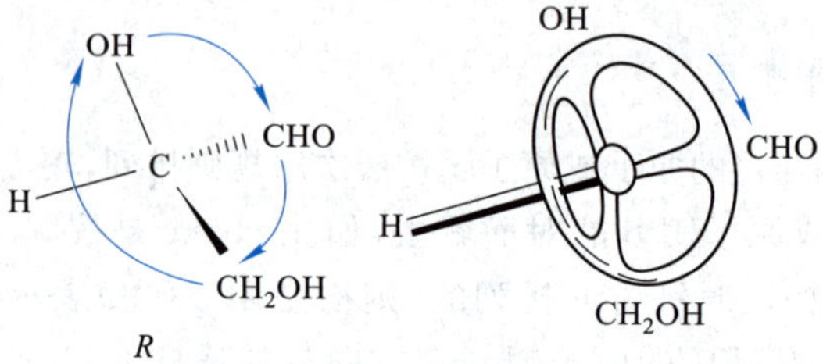

$$OH > \underset{O}{\underset{\|}{C}}-H > \underset{OH}{\underset{|}{C}}-H > H$$

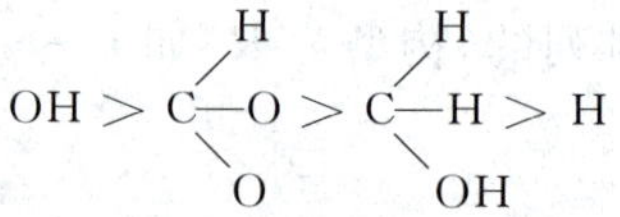

在最后一个例子中碳–氧双键看作两个碳–氧单键。

根据投影式可以直接判断构型为 R 或 S。当按次序规则排在最后的原子或原子团在竖线上，即在纸平面后方时，直接根据另外三个基团判断；如在横线上，即在纸平面的前方，观察者应从纸后面往前看，因此，根据另外三个基团判断如为 R，应改作 S；如为 S，应改作 R。例如：

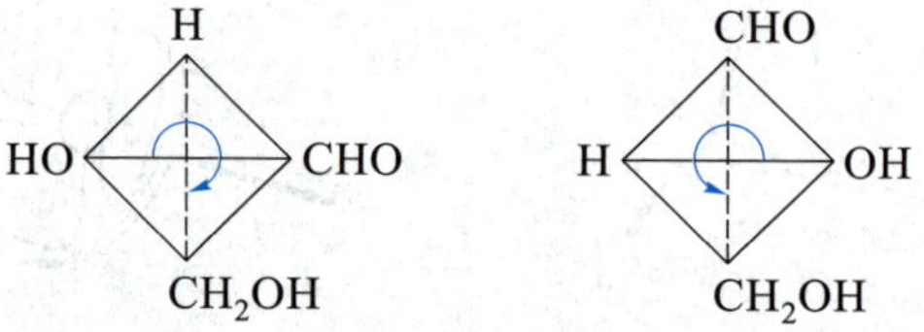

问题 4.5 判断下列化合物的构型是 R 还是 S。

(1) 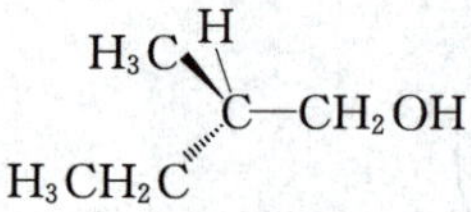 $H_3C\underset{H_3CH_2C}{\overset{H}{>}}C-CH_2OH$

(2) 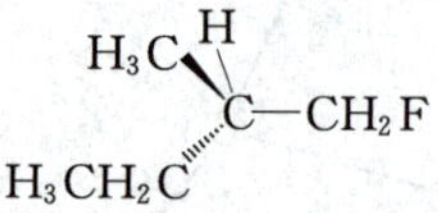 $H_3C\underset{H_3CH_2C}{\overset{H}{>}}C-CH_2F$

(3) 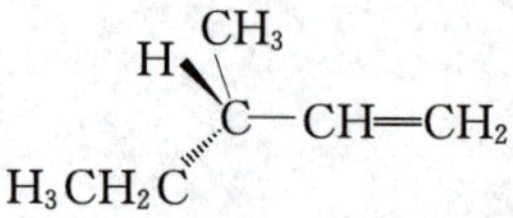 $H\underset{H_3CH_2C}{\overset{CH_3}{>}}C-CH=CH_2$

(4) 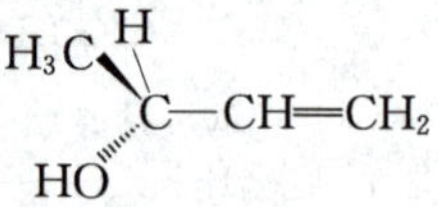 $H_3C\underset{HO}{\overset{H}{>}}C-CH=CH_2$

§4.3 含一个不对称碳原子的化合物

(5) 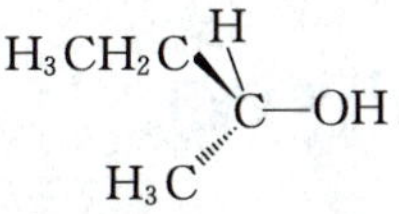 结构式：H_3CH_2C—C(H)(CH_3)—OH

(6) 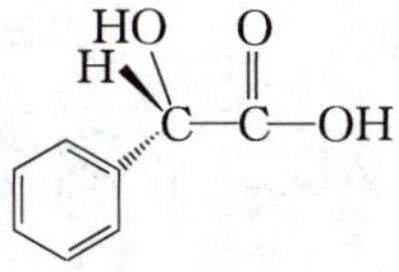 结构式：苯基-CH(OH)-COOH

R 或 S 是某一指定构型的名称，两种对映体中哪一种的构型是 R 或 S 则是根据实验事实确定的，构型为 R 的对映体其旋光方向不一定是（+）。例如，经测定（-）-乳酸与（+）-甘油醛分子中不对称碳原子的构型相同，都是 R 型，而前者为左旋，后者为右旋。而乳酸的旋光方向同它的一些衍生物正好相反：

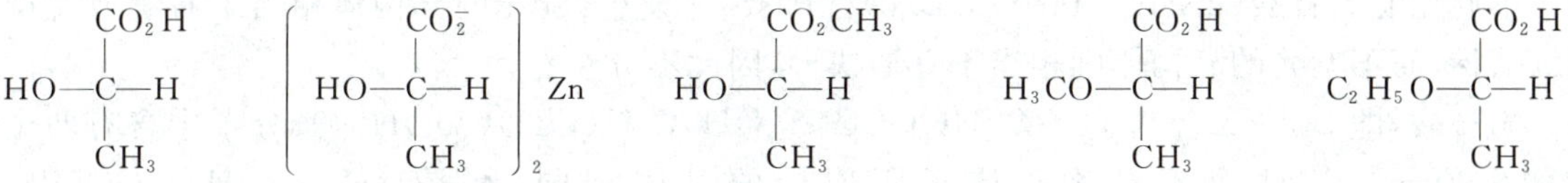

CO_2H	$[CO_2^-$	CO_2CH_3	CO_2H	CO_2H
HO—C—H	HO—C—H]$_2$ Zn	HO—C—H	H_3CO—C—H	C_2H_5O—C—H
CH_3	CH_3	CH_3	CH_3	CH_3
(S)-(+)-乳酸				
$[\alpha]_D$ +3.8°·cm²·g⁻¹	-6.0°·cm²·g⁻¹	-8.2°·cm²·g⁻¹	-75.5°·cm²·g⁻¹	-66.4°·cm²·g⁻¹

4.3.3 对映体的性质

两种对映体是物体和镜像之间的关系，其分子中任何两个原子之间的距离都相同，因此分子的内能也相同。对映体的性质在非手性环境中没有区别，但在手性条件下则可能不同。

对映体的熔点、沸点、在非手性溶剂中的溶解度及与非手性试剂反应的速率都相同，而旋光性、与手性试剂反应或在手性催化剂或手性溶剂中的反应速率则不相同。生物体内的酶和各种底物是有手性的，因此，对映体的生理性质往往有很大的差异。例如，（-）-氯霉素有疗效，而（+）-氯霉素没有疗效，（-）-尼古丁的毒性比（+）-尼古丁大得多，（+）-香芹酮与（-）-香芹酮的香气不同。对映体在生物体内代谢的速率也不一样，如青霉菌在含有外消旋酒石酸的培养液中生长，右旋酒石酸被消耗掉，溶液慢慢由不旋光变成左旋。

20 世纪 60 年代，在欧洲曾采用（±）-thalidomide 作为妇女妊娠初期的镇静剂和抗恶心药物，结果发现服用这种药物的妇女产下的婴儿肢体畸形的发病率很高，经研究证明毒性来自（S）-(-)-thalidomide，(R)-(+)-thalidomide 在动物试验中即使使用高剂量也未观察到畸胎。1988 年，美国食品和医药管理局（FDA）明确规定：在申请药物审查时手性物质必须说明对映体的组成。

(S)-(-)-thalidomide

§4.4　含几个不对称碳原子的开链化合物

4.4.1　含两个相同的不对称碳原子的化合物

在§4.2.1中已经提道:Pasteur将外消旋酒石酸拆分为右旋酒石酸和左旋酒石酸两种对映体。1853年,Pasteur将右旋酒石酸与一种生物碱——辛可宁(cincnonine)一起加热,从产物中除分离出外消旋酒石酸外,还得到一种新化合物,它不旋光,但不是外消旋酒石酸,Pasteur把它叫作不旋光的酒石酸(inactive tartaric acid)。Pasteur设想:旋光的异构体相当于右旋或左旋的螺旋扶梯,而不旋光的异构体则相当于直形扶梯,因此不分左右。

酒石酸,即2,3-二羟基丁二酸[HOOCC*H(OH)C*H(OH)COOH],其分子中含有两个不对称碳原子。这两个不对称碳原子所连接的基团相同,都是—H、—OH、—COOH及—CH(OH)COOH,不对称碳原子有两种构型,R及S:

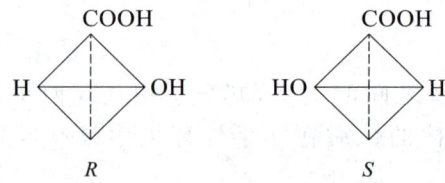

它们有三种组合方式,用投影式表示如下:

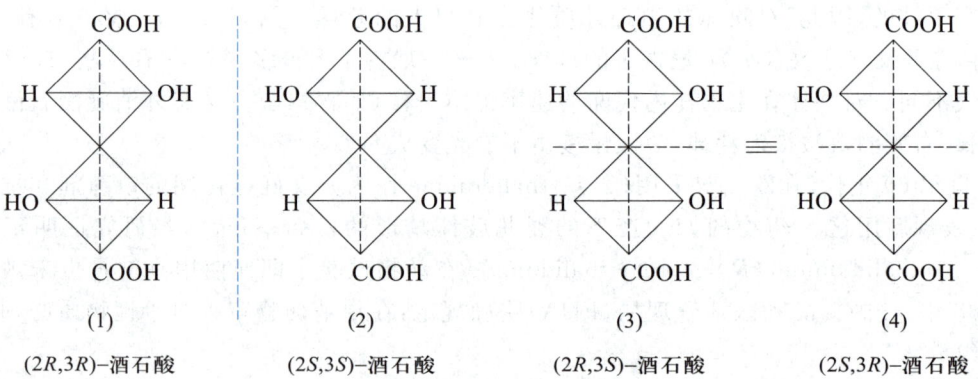

  (1)   (2)   (3)   (4)

(2R,3R)-酒石酸 (2S,3S)-酒石酸 (2R,3S)-酒石酸 (2S,3R)-酒石酸

两个R构型的不对称碳原子相结合,得到(2R,3R)-(+)-酒石酸,两个S构型的不对称碳原子结合成(2S,3S)-(−)-酒石酸,一个R构型的不对称碳原子和一个S构型的不对称碳原子相结合,得到(2R,3S)-酒石酸,2,3表示碳原子的编号。

(1)式与(2)式相当于物体和它的镜像,并且不能互相重合,是一对对映体,(3)式与(4)式虽然也相当于物体和它的镜像,但将(4)式在纸面上转动180°,即能与(3)式重合,因此,(3)式和(4)式是同一个化合物,即(2R,3S)-酒石酸,它没有手性。

§4.4 含几个不对称碳原子的开链化合物

在(3)式或(4)式中,通过2,3位C—C键的中点而与C—C键垂直的平面是分子的对称面,如果把对称面看作一面镜子,分子中任何一个原子的镜像正好与同一分子中的另外一个原子相重合。根据 Pasteur 原理,非对称分子(dissymmetric molecules)与其镜像不能互相重合,因此有左右之分,可以用旋光性来识别;而非对称分子是指分子中缺少某些对称元素,使它与其镜像不能互相重合。这些对称元素中最常见的一种就是对称面,只要分子中有一个对称面,它就能与其镜像互相重合,化合物就没有旋光性。所以(3)式代表没有旋光性的酒石酸。(3)式的分子中2位和3位碳原子的构型分别为 R 和 S,在命名时假定它们对偏光的影响互相抵消,因此化合物没有旋光性,内消旋(meso)酒石酸的名称就是这样来的。

在(1)式或(2)式中,通过中心 C—C 键的中点而与 C—C 键垂直的直线是分子的对称轴,绕轴旋转 $180°$ 后,所得到的构型,正好与未旋转前的分子重合。

$$\begin{matrix} COOH \\ H—C^2—OH \\ HO—C^3—H \\ COOH \end{matrix} \xrightarrow{绕轴旋转180°} \begin{matrix} COOH \\ H—C^3—OH \\ HO—C^2—H \\ COOH \end{matrix}$$

○ 表示通过 C—C 键中点并与纸面垂直的直线

由此可见非对称分子中仍有对称元素,即对称轴。

从构象来看,酒石酸的 Fisher 投影式实际上是重叠式构象的投影,如果用 Newman 投影式,则可以写作:

(2R,3R)-(+)-酒石酸   (2R,3S)-酒石酸

可以清楚地看出:内消旋酒石酸分子中通过 C—C 单键中点并与纸面平行的平面是分子的对称面。

van't Hoff 在 1898 年就曾指出:从已知异构体的数目出发,必须假定 C—C 单键能够自由旋转。他也认识到 C—C 单键上基团的空间排列(即构象)应当有一个最优的方式。当时还不知道交叉式构象是优势构象,所以选择了重叠式构象。

Pasteur 是从结晶学开始进行手性研究的,在结晶学中对称概念是很清楚的,因此他在论文中用的是非对称性的分子(dissymmetrie moleculaire),而在德文和英文文献中把非对称译为不对称(asymmetry),以致后来引起了许多误解,因为不对称是指没有对称元素,而非对称是指缺少某些对称元素(如对称面)而使物体与其镜像不能互相重合。

自从 van't Hoff 提出不对称碳原子的概念以后,许多化学家在考虑一个化合物有没有旋光性时,总是先去找不对称碳原子,这也引起不少问题。从内消旋酒石酸的例子可以看出:分子中有不对称碳原子不一定就有旋光性,还要考虑整个分子的对称性。因此有人提出:"不对称原子

只是分子对映性的一种方便的标识,而不是产生旋光性的原因(An asymmetric atom is a convenient molecular sign of molecular enantiomorphism, not the cause of optical activity),应当回到 Pasteur 原理上来"(见 §4.2 二维码中参考文献[2])。

如果用大写字母 A 代表不对称碳原子,A 有 R 和 S 两种构型,两个 A 结合到一起,得到三种不同的组合:

$$
\begin{array}{ccc}
A & R & S & R \\
A & R & S & S \\
\text{对映体} & \text{对映体} & \text{内消旋(meso)体}
\end{array}
$$

因此,含有两个相同的不对称碳原子的化合物有三种立体异构体,两种对映体和一个内消旋体,对映体与内消旋体之间没有对映关系,它们互称为非对映异构体(diastereoisomers)或非对映体。非对映异构体的物理性质不同,可以从表 4.2 看出。

表 4.2 酒石酸的物理性质

化 合 物	熔点/℃	$[\alpha]_D^{25}/(° \cdot cm^2 \cdot g^{-1})$ (20%水溶液)	溶解度 $g \cdot (100\ gH_2O)^{-1}$	pK_{a1}	pK_{a2}
(+)-酒石酸	170	+12	139	2.93	4.23
(-)-酒石酸	170	-12	139	2.93	4.23
(±)-酒石酸	206	—	20.6	2.96	4.24
meso-酒石酸	140	—	125	3.11	4.80

4.4.2 绝对构型

上节提到酒石酸的两种对映体的构型分别为(2R,3R)-酒石酸和(2S,3S)-酒石酸,不过天然的右旋酒石酸的构型究竟是(2R,3R)还是(2S,3S)还不能确定。Fischer 在研究葡萄糖的结构时指定(+)-甘油醛的构型为

$$\begin{array}{c} CHO \\ H \longrightarrow OH \\ CH_2OH \end{array}$$

(+)-甘油醛

以此为基础,经过一系列化学反应,其中每一步都不触及直接与不对称碳原子相连的化学键,推测出(+)-酒石酸的构型为(2R,3R)-酒石酸:

$$\underset{(+)\text{-}酒石酸}{\begin{array}{c}CO_2H\\H-C-OH\\HO-C-H\\CO_2H\end{array}} \xrightarrow{[H]} \underset{(+)\text{-}苹果酸}{\begin{array}{c}CO_2H\\H-C-OH\\CH_2\\CO_2H\end{array}} \longrightarrow \underset{(-)\text{-}甘油酸}{\begin{array}{c}CO_2H\\H-C-OH\\CH_2OH\end{array}} \xleftarrow{[O]} \underset{(+)\text{-}甘油醛}{\begin{array}{c}CHO\\H-C-OH\\CH_2OH\end{array}}$$

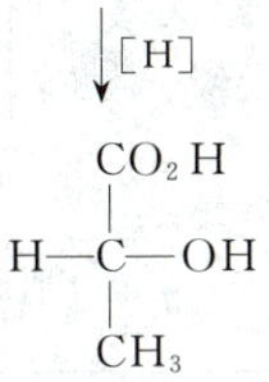

$$\xrightarrow{[H]}$$

```
    CO₂H
H—C—OH
    CH₃
```
(−)-乳酸

一般的 X 射线衍射分析法不能分别（＋）-酒石酸和（−）-酒石酸，两种化合物的衍射图是一样的。1951 年，Bijvoet J M(van't Hoff Laboratory at the University of Utrecht)采用反常 X 射线衍射技术(anomalous X-ray diffraction techniques)测定了（＋）-酒石酸钠铷的结构，确证其构型为 R,R：

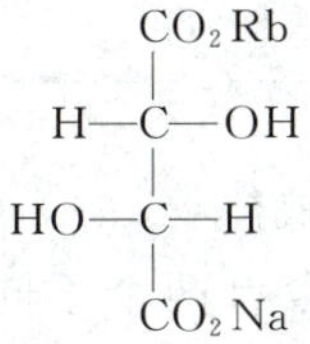

```
     CO₂Rb
 H—C—OH
HO—C—H
     CO₂Na
```
(2R,3R)-(＋)-酒石酸钠铷

说明 Fischer 原来的设想完全正确。用实验方法确证的构型称为绝对构型(absolute configuration)。现在确定了绝对构型的化合物已有数千种。酒石酸等几种化合物的绝对构型为

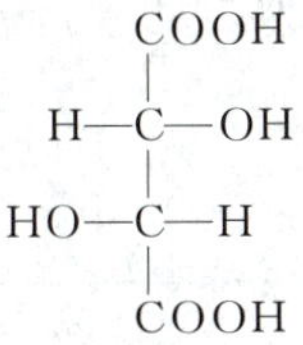

```
  COOH           COOH           CHO            CO₂H
H—C—OH         H—C—OH         H—C—OH         H—C—OH
HO—C—H          CH₂            CH₂OH           CH₃
  COOH           COOH
```
(2R,3R)-(＋)-酒石酸 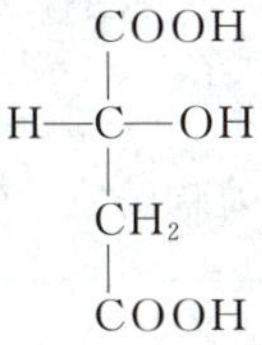   (R)-(＋)-苹果酸 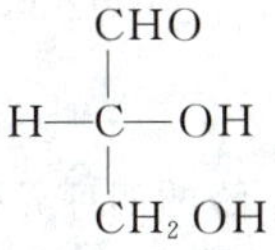   (R)-(＋)-甘油醛 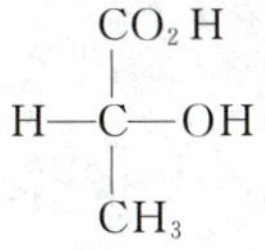   (R)-(−)-乳酸

4.4.3 外消旋化

旋光化合物在物理因素或化学试剂作用下变成两种对映体的平衡混合物，因而失去旋光性的过程叫作外消旋化(racemization)。外消旋化实际上是使不对称碳原子的构型发生反转，如使 R 变成 S。Pasteur 使（＋）-酒石酸转变成（±）-酒石酸和内消旋酒石酸，从而首先实现了外消旋化。Kestner 则是在酒石酸的生成过程中发现了它的外消旋化。由于纯粹的旋光化合物在多种条件下会发生外消旋化，因此，即使是从天然产物中分离出来的旋光化合物，也不能保证它是纯粹的对映体。文献上报道的两种对映体的比旋光度方向相反，但数值有时却不相同。

4.4.4 含两个不同的不对称碳原子的化合物

两个不对称碳原子用 A 和 B 表示，它们各有两种互相对映的构型，可以组合成四种对映体，它们分别组成两个外消旋体：

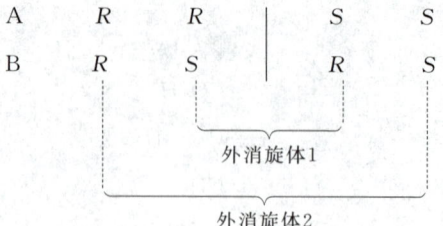

四种异构体之间的关系可用下式表示：

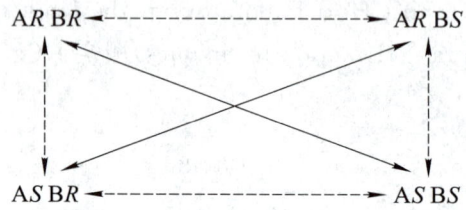

实线表示互为对映体，虚线表示互为非对映体。

2,3,4-三羟基丁醛（丁醛糖）分子中含有两个不同的不对称碳原子，它有四种异构体，其构型为

CHO	CHO	CHO	CHO
H—OH	H—OH	HO—H	HO—H
H—OH	HO—H	H—OH	HO—H
CH$_2$OH	CH$_2$OH	CH$_2$OH	CH$_2$OH

问题 4.6 写出 2,3,4-三羟基丁醛的四种异构体中各个不对称碳原子的构型（R 或 S）。

4.4.5 三羟基戊二酸

三羟基戊二酸有四种异构体，用投影式表示如下：

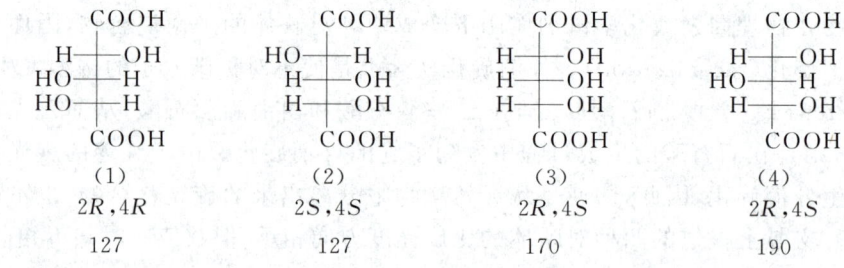

	(1)	(2)	(3)	(4)
	$2R,4R$	$2S,4S$	$2R,4S$	$2R,4S$
熔点/℃	127	127	170	190

从上面的投影式看不出碳链的形状，如果将(3)式横过来可以看得很清楚：

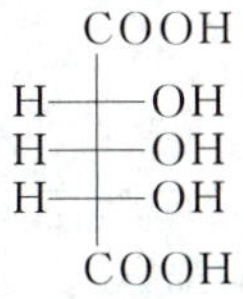

§ 4.4　含几个不对称碳原子的开链化合物

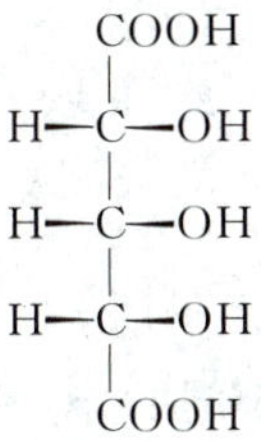

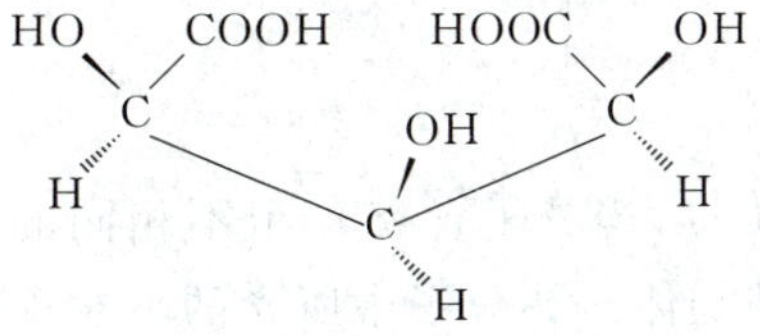

$$
\begin{array}{ccc}
(3) & (3) & (3') \\
\end{array}
$$

在(3′)式中所有的碳原子都在纸平面上，三个羟基位于纸平面的前方，三个氢原子位于纸平面的后方。通过3位碳原子及与它相连的氧原子和氢原子的平面（与纸平面相垂直）则是分子的对称面，因此(3)式是不旋光的。(4)式与(3)式不同之处在于3位碳原子上的羟基与氢原子交换了位置，分子中存在相同的对称面，(4)式也是不旋光的。(3)式和(4)式不能重合，它们是两个不同的化合物。(1)式和(2)式分子中没有这样的对称面，是旋光的，(1)式和(2)式是一对对映体。

(3)式和(4)式分子中3位碳原子连有 H，OH，(R)-CH(OH)COOH 和 (S)-CH(OH)COOH 四个不同的取代基，根据 van't Hoff 的定义，应当是一个不对称碳原子，但是它却有一个对称面，不能说是不对称。van't Hoff 最初认为2,3,4-三羟基戊二酸同酒石酸一样，有3种异构体，而 Fischer 认为应当有4种异构体，并且都是旋光的。两位大师在认识上的不全面，说明一个新概念的成功应用是艰难曲折的。现在文献中把3位碳原子称为假不对称碳原子（pseudoasymmetric carbon atom）。

在三羟基戊二酸分子中如果用 g^+，g^- 分别代表两个不对称碳原子，用 a 和 b 分别代表 H 和 OH，则三羟基戊二酸的两个 meso 异构体的构型可以写作：

可以看出：纸面就是分子的对称面，因为 g^+ 的镜像是 g^-。两个构型式也不能互相重合，所以它们是两个不同的化合物。

如果把上面的构型式中的 g^-，a 和 b 都换成 g^+，分子就不再有对称面：

因为 H 和 OH 这样的基团可以看作一个球，能够被平面切成对称的两半，而不对称碳原子像手，不能被平面切成对称的两半。这样，中心碳原子虽然与四个相同的基团相连，但是却没有对称面，实际上是不对称的碳原子。由此可见 van't Hoff 关于不对称碳原子的定义是有局限性的。

4.4.6　含有三个不相同的不对称碳原子的化合物

用 A，B，C 表示三个不对称碳原子，它们各有两种构型，互相组合后得到 $2^3=8$ 种构型，它们分别组成四对外消旋体：

A	R	R	R	R	S	S	S	S
B	R	R	S	S	R	R	S	S
C	R	S	R	S	R	S	R	S

依次类推，当分子含有 n 个不相同的不对称碳原子时，对映体的数目为 2^n，它们分别组成 2^{n-1} 对外消旋体。如分子中所含的不对称碳原子有相同的，对映体的数目小于 2^n。

戊醛糖和己醛糖分别含有三个和四个不同的不对称碳原子，它们所有的异构体都已得到。

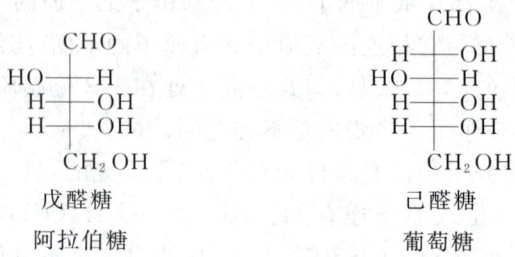

4.4.7 异构体的分类

异构体可以根据其对称性进行分类。

具有相同分子式的化合物如能够互相重合，则为同一化合物，如不能重合，则是异构体。异构体的构造不相同的称为构造异构体，构造相同的称为立体异构体。立体异构体中，如存在对映关系，又不能互相重合的称为对映体，不存在对映关系的称为非对映体，见图 4.11。

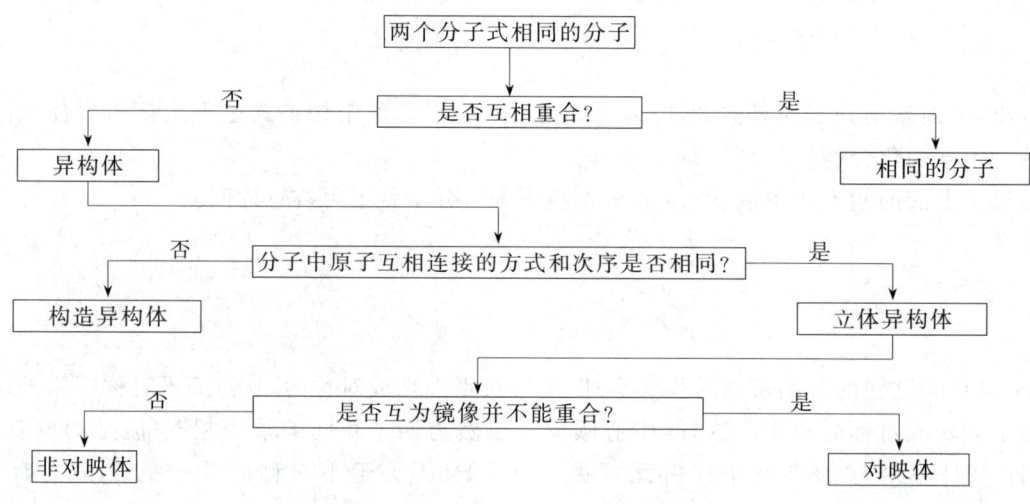

图 4.11 异构体根据对称性的分类图

分子中原子在空间中的排列方式称为构型，立体异构体的构型不同。分子由于单键的旋转产生的不同空间排列方式称为构象。构型的含义中不包括构象概念，如用 Fischer 投影式表示构型时，并未考虑分子的稳定构象是交叉式构象。

§4.5 环状化合物的立体异构

4.5.1 二酮吡嗪

二酮吡嗪(diketopiperazine)是由氨基酸脱水生成的。例如,旋光的丙氨酸脱水生成二甲基二酮吡嗪:

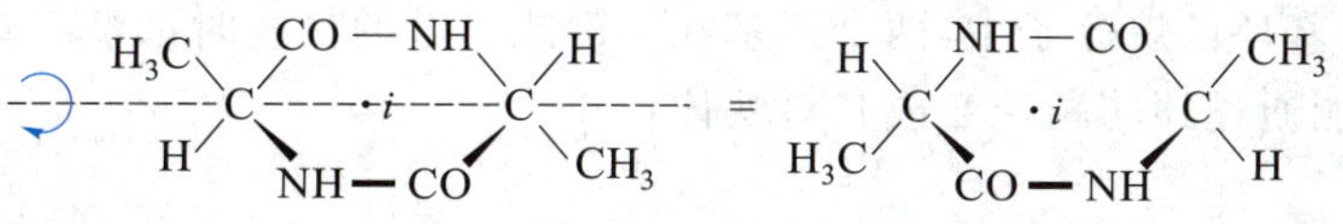

$$\text{A} \quad = \quad \text{B}$$

这个化合物分子中含有两个相同的不对称碳原子,分子中也没有对称面,但是却能与其镜像相重合(将 A 绕轴旋转 180°,即变为 B)。19 世纪末,有机化学家不理解这个化合物为什么没有手性,曾做出了一些错误的解释。在这个化合物的分子中,将每一个原子与环中心的一点 i 连成一条直线,再延长出去,在中心点另一边等距离处都会遇到分子中另一个等同的原子,这个中心点就是分子的对称中心(center of symmetry),通常用 i 表示。结晶学家早已知道有对称面或对称中心的分子能与其镜像相重合。当时德国结晶学和矿物学杂志(Zeitschrift für Krystallographie und Mineralogie)的主编 Groth P 相当严厉地指出了化学家的错误,并建议在化学课程中讲授对称元素。现在知道:对于绝大多数化合物,如果分子中没有对称面或对称中心就可以断定这是非对称分子,即有手性。

4.5.2 环己烷衍生物

顺-1,2-二甲基环己烷分子(1)没有对称面或对称中心,是有手性的,其镜像为(2)式:

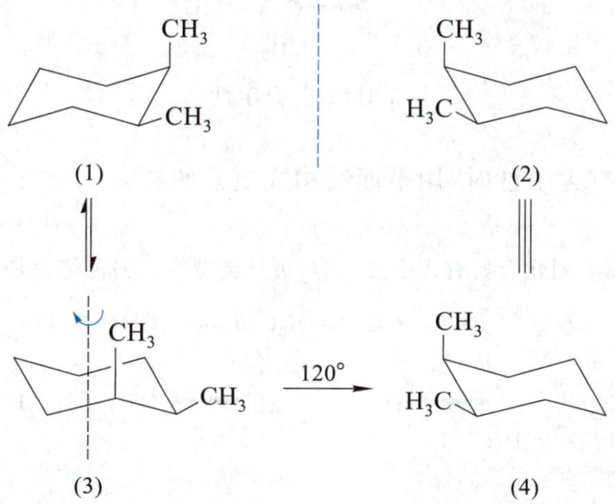

(1)式翻转后变成(3)式,以通过环中心并与 a 键平行的直线为轴,旋转 120°得(4)式,(4)式与

(2)式互相重合,这就是说,(1)式经过环的翻转变成其对映体。而环的翻转在室温下即可进行,在构象平衡中(1)式和(2)式所占的份额相同,它们对偏光的影响互相抵消,因此,顺-1,2-二甲基环己烷没有旋光性,这与从平面结构考虑所得结果相符。

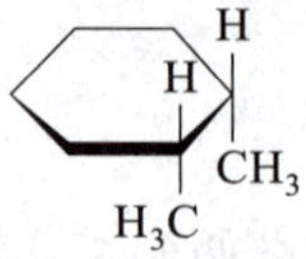

有对称面,无手性

反-1,2-二甲基环己烷分子中,两个甲基在 e 键或 a 键的位置时都没有对称面或对称中心,是有手性的,但不能通过环的翻转变成其对映体:

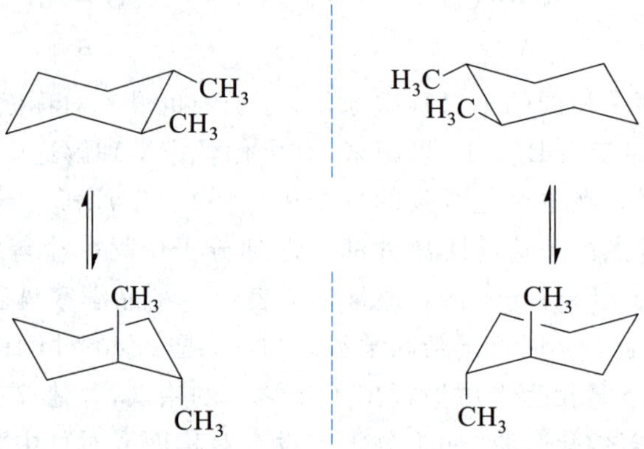

因此,反-1,2-二甲基环己烷是有手性的,其平面结构式中,没有对称面或对称中心,结论也是有手性的:

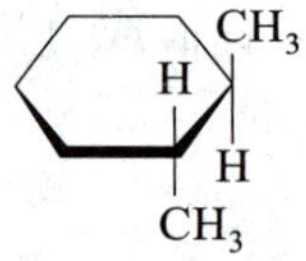

无对称面,有手性

因此,考虑环己烷衍生物有无手性时,用平面结构式更方便。

问题 4.7 从平面结构式判断下列化合物有无手性,然后再从椅型构象验证结论是否正确。

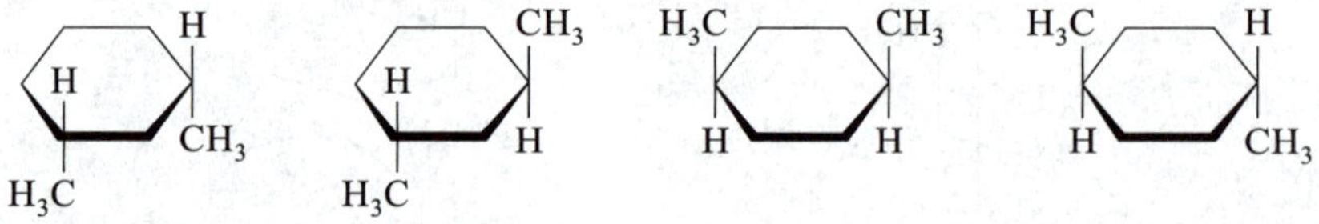

4.5.3 稠环化合物

在全氢化苯并[9,10]菲(perhydrotriphenylene)分子中没有对称面和对称中心,因此是有手性的:

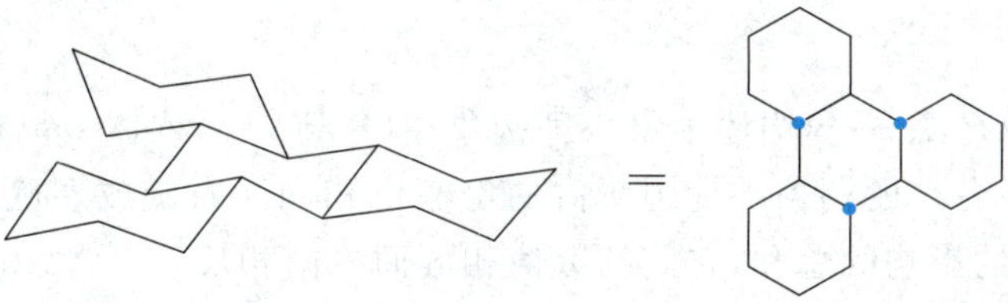

中间的一个六元环上每一个碳原子都是不对称的(没有对称面),如果根据不对称碳原子来判断分子有无手性,不但找出不对称碳原子有困难,最后判断有无手性也不容易。

§4.6 构象与旋光性

内消旋酒石酸分子中有一个对称面,它没有手性。但是,这是根据重叠式构象判断的,而重叠式构象是不稳定的构象。因此,还必须考虑其他的构象。下面是三种交叉式构象的 Newman 投影式:

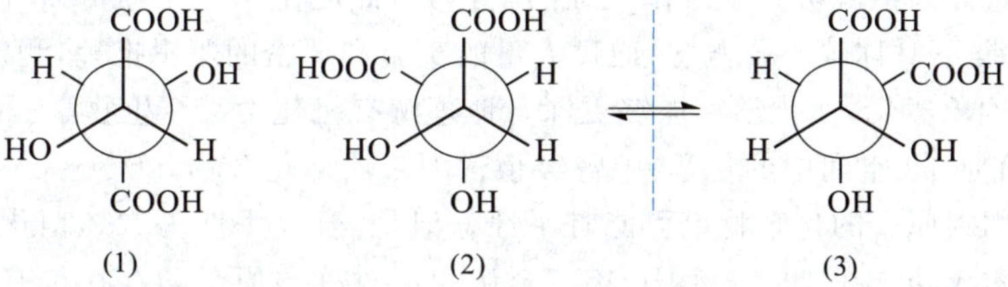

(1)式中有一个对称中心,位于中心 C—C 键的中点,是非手性的。(2)式和(3)式没有对称面,也没有对称中心,是有手性的,但(2)式和(3)式是对映的,它们的内能相同,在构象平衡中所占份额也相同,与(2)式和(3)式相似的其他有手性的构象也是这样,总是成对出现,在构象平衡中的份额也相同。

化合物的旋光性与熔点、沸点一样,是许许多多分子所组成的集体的性质,而不是一个分子的性质。由于有手性的构象对偏光的影响互相抵消,所以化合物没有旋光性。只要分子的任何一种构象有对称面或对称中心,其他有手性的构象都会成对出现,因此,根据重叠式构象所得出的化合物没有手性的结论与从统计的观点得出的是相符的。

右旋酒石酸和左旋酒石酸的情况与内消旋酒石酸不同。下面是它们的几种构象,虚线表示通过中心 C—C 键并与纸面平行的对称轴。两种对映体中每一种构象都没有对称面和对称中心:

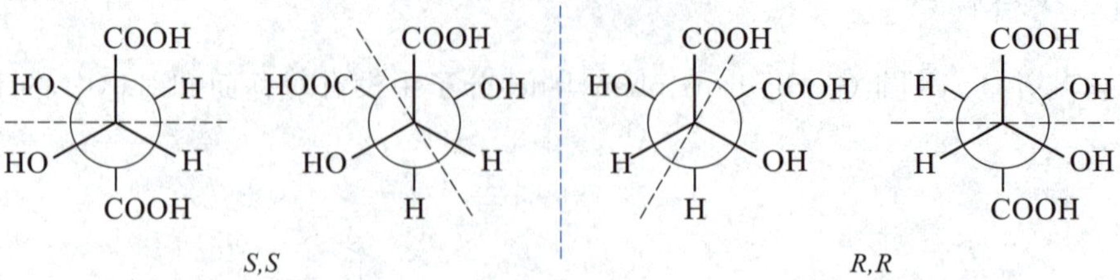

S,S   R,R

因此,都是有手性的,(R,R)-异构体中每一种构象在(S,S)-异构体中都有与之对映的构象,由于它们的内能相同,在各自的构象平衡中所占的份额也相同。右旋或左旋酒石酸的旋光性是所有的手性构象对偏光的影响的总和,它们的数值相等而方向相反。

问题 4.8 讨论丁烷的构象对其旋光性的影响。

§4.7 阅 读 材 料

4.7.1 不对称碳原子

1874 年,van't Hoff J H 提出的不对称碳原子的概念是有机化学发展史上的重要里程碑,因为从此以后化学家开始把有机分子看作三维的实体,由此诞生了一个新的研究领域——立体化学。Fischer E 根据不对称碳原子概念,通过大量的实验和严密的逻辑推理,测定了单糖的构型,Barton 等推出了构象概念,使化学家能够更深入地理解有机化学甚至生物学。

van't Hoff 在他的《空间中的化学》中曾经预言丙二烯型化合物,abC=C=Cab,有手性,明确提出没有不对称碳原子的化合物也可能有手性。但是,合成手性丙二烯型化合物的尝试屡遭失败,到 1935 年才成功。在 1900—1910 年甚至认为不对称碳原子的存在是有机化合物有旋光性的必要条件。

1908—1909 年,Perkin W H Jr.,Pope W J 和 Wallach O 合成了(4-甲基环己亚基)乙酸(1):

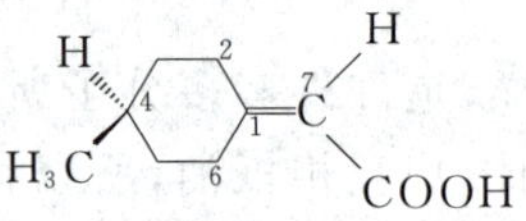

(1)

并把它拆分为旋光的对映体。他们认为这是第一个没有不对称碳原子的旋光化合物,当即引发一场热烈的争论。有的化学家认为 C(4)是不对称碳原子,因为 C(2)和 C(6)是不等同的,C(2)与 H 在碳-碳双键的同一边,而 C(6)则与 COOH 在同一边,是有差别的,可以看作不对称碳原子,甚至认为 C(1)和 C(7)也是不对称碳原子(当时把双键看作两个单键)。以后发现的螺环化合物(2)中,有人认为 C(2),C(4)和 C(6)都是不对称碳原子,这就更不容易看清楚了。

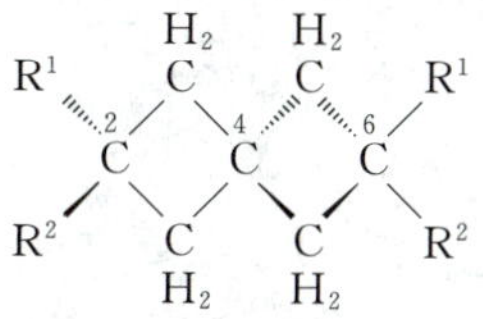

(2)

这样的争论一直持续到 20 世纪 20 年代中期。最后比较一致的看法是

(1) 不对称碳原子没有令人满意的定义；

(2) 应当根据 Pasteur 原理从分子整体的对称性来判断它是否有手性；

(3) The so-called asymmetric carbon atom is such a special case, so full of trap for the unwary, that it is of very doubtful pedagogical value(引自参考文献[2])。

例如，在环己六醇中，每一个碳原子上都有一个羟基，最简单的方法是先写出 6 个 OH 在环平面上下的不同排列方式，再观察每一种方式中有无对称面或对称中心，以判断它是否具有手性，如有手性，再写出它的对映体(镜像)。去找不对称碳原子，反而使问题复杂化了。

一个有趣的例子是

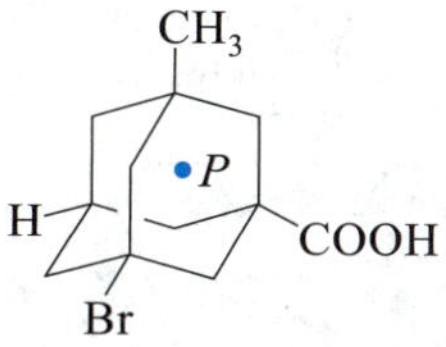

(3) 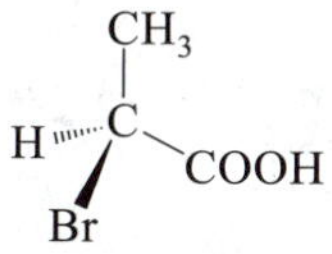   2-溴丙酸

化合物(3)与 2-溴丙酸相似，将环中间的一点 P 与四个互不相同的基团相连，就是一个四面体，但是又不能把没有原子的一个点看作不对称碳原子。也可以把这四个基团相连的碳原子看作不对称碳原子，它们倒真可以算作不对称碳原子。这样，排列在球面上的四个不同的不对称碳原子只有一对对映体！这涉及一个新的问题，就是排列成环的多个不对称碳原子的对称性，因为不同的不对称碳原子排列成环，有顺时针排列或反时针排列的可能，这又涉及一种新的立体异构 cyclostereoisomerism。环状多肽就有这种问题。最简单的方法还是根据 Pasteur 原理，分子没有对称面或对称中心，有手性，有一对对映体。

4.7.2 构型 R 和 S 的确定

一种判断不对称碳原子的构型的方法，是把手上的大拇指伸出，指向碳原子上按次序规则排在最后的取代基 d，其他手指弯曲起来，弯曲的方向与碳原子上其他三个取代基按次序规则的先后次序 a→b→c 排列的方向一致，用两个手试验，如右手符合，构型为 R，如左手符合，构型为 S。

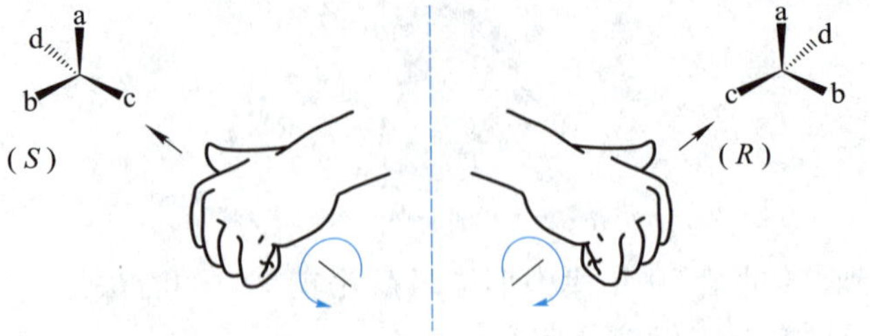

参考文献

这种方法也可用于其他类型的手性化合物。

4.7.3 旋光性的发生

在溶液中进行的反应,如果底物、试剂、溶剂、催化剂等都没有旋光性,生成的产物也没有旋光性。

在固相反应中情况要复杂得多。化合物(1)在光照下会发生重排反应 di-π-methane rearrangement,生成化合物(2):

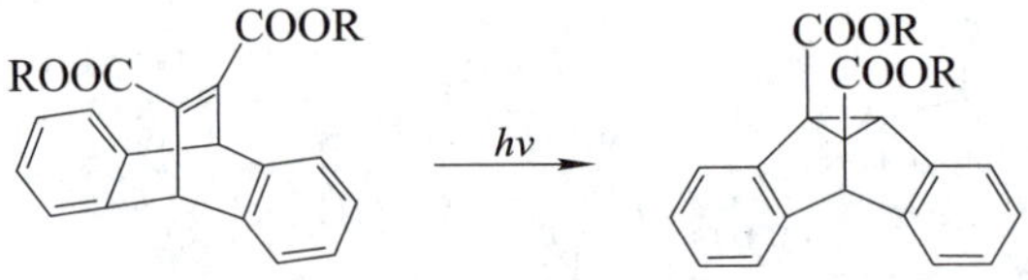

R = Me₂CH—

如反应在溶液中进行,重排产物为外消旋体,没有旋光性。

化合物(1)可以成为没有手性的晶体(空间群 Pbca)析出,用这种晶体进行光重排反应,产物为外消旋体。化合物(1)也可以成为有手性的晶体(空间群 P2,2,2)析出,如果选择生长良好的单晶进行光重排反应,则产物是旋光的,ee 值可达 95%。

参考文献

习 题

1. 找出下列化合物分子中的对称面或对称中心,并推测有无手性,如有手性,写出其对映体。

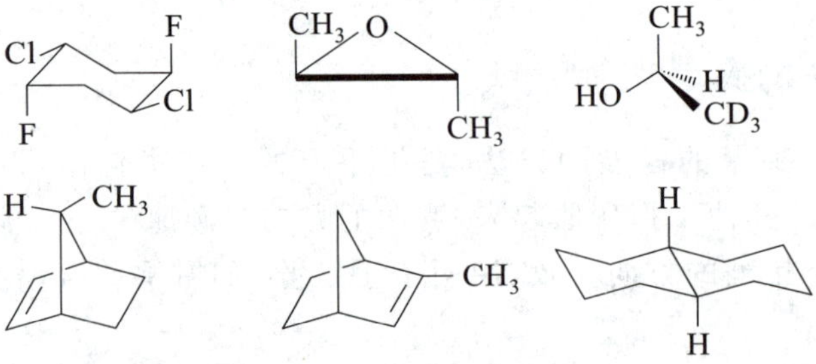

2. 1,2,3,4,5,6-环己六醇分子中,六个羟基在环平面的上下有下列几种排列方式:

(1) 指出上式中的对称面或对称中心,并判断有无手性。
(2) 写出各化合物最稳定的椅型构象。

第五章 卤 代 烷

烷烃分子中一个或几个氢原子被卤素原子取代生成的化合物称为卤代烷(haloalkane)。卤代烷为合成产物，一般不存在于自然界中。

§5.1 卤代烷的命名

5.1.1 习惯命名法

一卤代烷是由烷基与卤素原子结合生成的化合物，可以根据分子中的烷基命名。例如：

$(CH_3)_2CHCl$　　　　　$CH_3CH_2CHCH_3$　　　　　$(CH_3)_2CHCH_2Cl$
　　　　　　　　　　　　　　　　$|$
　　　　　　　　　　　　　　　　Cl
异丙基氯　　　　　　　　　仲丁基氯　　　　　　　　　异丁基氯
isopropyl chloride　　　　sec-butyl chloride　　　　isobutyl chloride

$(CH_3)_3CCl$　　　　　$(CH_3)_3CCH_2Cl$　　　　　环己基-Cl

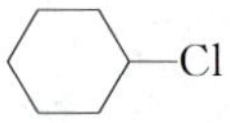

叔丁基氯　　　　　　　　　新戊基氯　　　　　　　　　环己基氯
t-butyl chloride　　　　neopentyl chloride　　　　cyclohexyl chloride

一卤代烷根据烷基的性质分为伯卤代烷、仲卤代烷和叔卤代烷，甲基卤化物自成一类。多卤代烷有历史留下来的特殊名称。例如：

$CHCl_3$　　　　$CHBr_3$　　　　CHI_3　　　　CCl_4
氯仿　　　　　　溴仿　　　　　　碘仿　　　　　　四氯化碳
chloroform　　　bromoform　　　iodoform　　　carbon tetrachloride

烷烃分子中所有的氢原子全部被氟原子取代生成的化合物常叫作全氟代烷。例如：

$CF_3CF_2CF_3$　　　　　　　　$CF_3CF_2CF_2CF_3$
全氟丙烷　　　　　　　　　　　全氟丁烷
perfluoropropane　　　　　　perfluorobutane

5.1.2 系统命名法

在系统命名法中卤代烷作为烷烃的卤素取代物命名，在烷烃名称的前面加上卤原子的名称和位置。例如：

CH₃CH₂CH₂CH₂Cl
1-氯丁烷
1-chlorobutane

CH₃CH(CH₃)—CH(Br)CH₃
2-溴-3-甲基丁烷
2-bromo-3-methylbutane

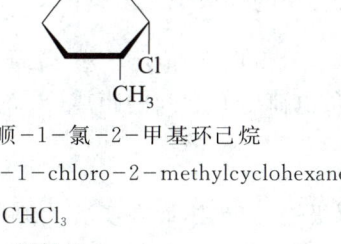
顺-1-氯-2-甲基环己烷
cis-1-chloro-2-methylcyclohexane

ClCH₂CH₂Cl
1,2-二氯乙烷
1,2-dichloroethane

CHCl₃
三氯甲烷
trichloromethane

问题 5.1 写出一溴戊烷的所有异构体,并用系统命名法命名。

§5.2 一卤代烷的结构和物理性质

5.2.1 一卤代烷的结构

一卤代烷的通式为 $C_nH_{2n+1}X$,$X=F,Cl,Br,I$。几种卤代烷分子的键长、键角的大小见表 5.1。可以认为碳原子以 sp^3 杂化轨道成键,根据计算,卤原子基本上以 p 轨道与碳原子成键。

表 5.1 几种卤代烷分子的键长、键角

化合物	C—H 键键长/pm	C—X 键键长/pm	∠HCH/(°)	∠HCX/(°)
CH₃—F	109.5	138.2	109.5	109.0
CH₃—Cl	109.6	178.1	110.5	108.0
CH₃—Br	109.5	193.9	111.4	107.1
CH₃—I	109.6	213.9	111.5	106.6
CH₃CH₂—Cl	—	177.7		

由于氟原子的原子半径小,C—F 键的键长小于 C—C 键,其他 C—X 键则比 C—C 键长。

5.2.2 偶极矩

一卤代烷具有较大的偶极矩(dipole moment),它们是极性分子。一些卤代烷的偶极矩见表 5.2。

表 5.2 一些卤代烷的偶极矩 单位:C·m

X	CH₃X	CH₂X₂	CHX₃	CX₄
F	6.07×10⁻³⁰			
Cl	6.47×10⁻³⁰	5.34×10⁻³⁰	3.44×10⁻³⁰	0
Br	5.97×10⁻³⁰	4.84×10⁻³⁰	3.40×10⁻³⁰	0
I	5.47×10⁻³⁰	3.70×10⁻³⁰	3.335×10⁻³⁰	0

卤代烷的偶极矩主要是由 C—X 键的极性引起的。由于卤素的电负性比碳原子大，C—X 键上的电子云偏向卤原子一边，卤原子带部分负电荷，而碳原子则带部分正电荷：$\overset{\delta+}{C}—\overset{\delta-}{X}$，电荷($q$)与正、负电荷中心之间的距离($d$)的乘积就是偶极矩($\mu$)：

$$\mu = qd$$

这是偶极矩的定义，而在实验上则是用间接的方法测量出来的。例如，先测定化合物的介电常数，然后再由此计算偶极矩。

偶极矩是一种矢量，其方向规定为由正电荷指向负电荷。例如，氯甲烷的偶极矩表示作：

$$CH_3 \overset{\longrightarrow}{—} Cl$$

多卤代烷的偶极矩是分子中几个碳-卤键的偶极矩的矢量和，因此，四氯化碳的偶极矩为零。

5.2.3 沸点

一些一卤代烷的沸点见表 5.3。

表 5.3　一些一卤代烷(R—X)的沸点　　　　　　　　　　　　　单位：℃

R—	F	Cl	Br	I
CH₃—	−78.4	−24.2	3.6	42.4
CH₃CH₂—	−37.7	12.3	38.4	72.3
CH₃(CH₂)₂—	−2.5	46.6	71.0	102.5
CH₃(CH₂)₃—	32.5	78.4	101.6	130.5
CH₃(CH₂)₄—	62.8	107.8	129.6	157
CH₃(CH₂)₅—	91.5	134.5	155.3	181.3
CH₃(CH₂)₆—	117.9	159	178.9	204
CH₃(CH₂)₇—	142	182	200.3	225.5
(CH₃)₂CH—	−9.4	34.8	59.4	89.5
(CH₃)₂CHCH₂—	25.1	68.8	91.2	120
CH₃CH₂CHCH₃	16.0	68.3	91.2	121
(CH₃)₃C—	—	50.7	73.1	100(分解)
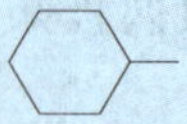 ⬡—	80.7	142.5	165	

由表 5.3 可见：在室温下，除氟甲烷、氯甲烷、溴甲烷和氟乙烷、氯乙烷为气体外，其余一卤代烷均为液体。含同数碳原子的一卤代烷的沸点高低次序为 RI＞RBr＞RCl＞RF＞RH，与相对分子质量大小次序相同。

1-卤代直链烷烃的沸点随碳原子数目的增加而有规律地升高，见图 5.1。

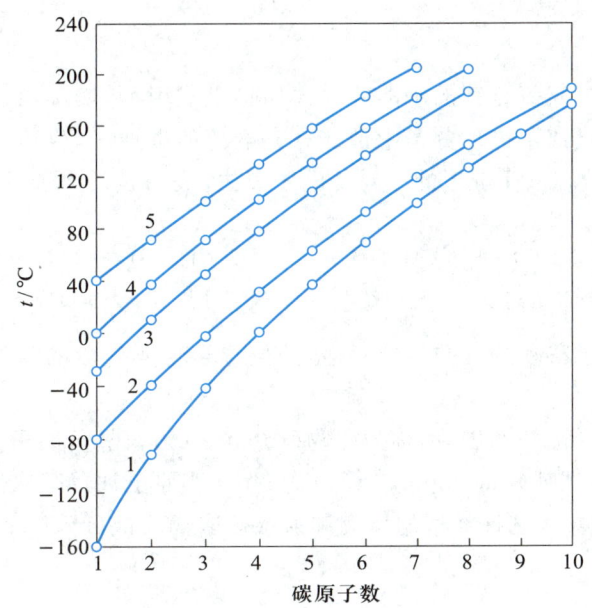

图 5.1　1-卤代直链烷烃的沸点
1—直链烷烃；2—1-氟代烷；3—1-氯代烷；4—1-溴代烷；5—1-碘代烷

5.2.4　相对密度和溶解度

一氟代烷和一氯代烷的相对密度小于 1，一溴代烷和一碘代烷的相对密度大于 1。一卤代烷的相对密度随着碳原子数的增加而减小。碘甲烷、氯乙烷、溴乙烷、碘乙烷的相对密度（20 ℃）分别为 2.279，0.903，1.460 和 1.933。

一卤代烷都不溶于水，能溶于乙醇、乙醚等有机溶剂。

一氟代烷在蒸馏时脱去氟化氢，保存时容易变质。一氯代烷相当稳定，可以用蒸馏法提纯，但相对分子质量较大的叔氯代烷受热时容易脱去氯化氢。一碘代烷见光容易分解，同时颜色变深。

含偶数碳原子的一氟代烷有剧毒，可能在生物体内氧化成有毒的氟乙酸，FCH_2CO_2H。人体长时期处于其他卤代烷的高浓度蒸气中也会中毒。

§5.3　一卤代烷的化学反应

一卤代烷的化学反应主要在碳-卤键上发生，因此，可以把卤原子看作官能团。通过化学反应可以使一卤代烷转变成多种类型的有机化合物，因此，一卤代烷是重要的合成原料。在工业上常用便宜的一氯代烷，在实验室中常用反应活性高的一溴代烷。在一卤代甲烷中只有碘甲烷在室温下为液体，因此，在实验室工作中常用碘甲烷。

5.3.1 取代反应

碘甲烷与氢氧化钠或氢氧化钾的水溶液一起加热生成甲醇,实际参加反应的试剂是氢氧负离子。带负电荷的氢氧负离子进攻分子中带部分正电荷的碳原子,供给一对电子与碳原子生成 C—O 键,而碘原子则带着 C—I 键上的一对价电子离去,成为碘负离子:

$$HO^- + CH_3-I \longrightarrow CH_3OH + I^-$$

氢氧负离子　　碘甲烷　　　　　甲醇　　碘负离子

反应式中弯箭头表示电子移动的方向,箭头所指的位置是将要生成的新的共价键或孤电子对的位置。

碘甲烷在反应中接受试剂的进攻,称为底物(substrate),氢氧负离子进攻底物分子中电子云密度小的位置,称为亲核试剂(nucleophile,简写作 Nu),碘原子被羟基取代,成为负离子离去,称为离去基团(leaving group),这种类型的反应称为亲核取代反应(nucleophilic substitution,简写作 S_N),其通式为

$$Nu^- + R-X \longrightarrow Nu-R + X^-$$

在亲核取代反应中,底物分子中共价键断裂时,离去基团保留一对价电子,这种裂解方式称为异裂(heterolytic cleavage),异裂反应一般在溶液中进行。

许多亲核试剂是负离子,如 ^-OR,^-SH,^-CN 等,在实验室中常用它们的钠盐、钾盐或锂盐。例如:

$$RX + NaOR' \longrightarrow ROR' + NaX$$
$$RX + KSH \longrightarrow RSH + KX$$
$$RX + NaCN \longrightarrow RCN + NaX$$

有些亲核试剂为中性分子,如 H_2O,$R'OH$,NH_3,RNH_2 等。例如:

$$RX + H_2O \longrightarrow ROH + HX$$
$$RX + R'OH \longrightarrow ROR' + HX$$
$$RX + NH_3 \longrightarrow RNH_2 + HX$$

除卤代烷外,其他化合物如磺酸酯等也可以作为亲核试剂的底物。

在卤代烷与水、醇等化合物的反应中,用作溶剂的水、醇等同时又是亲核试剂,这类反应又称为溶剂解(solvolysis)。

利用亲核取代反应可以从卤代烷制备多种类型的有机化合物。

5.3.1.1 卤素交换反应

卤代烷与卤离子的作用为平衡反应:

$$RX + X'^- \rightleftharpoons RX' + X^-$$

将碘代烷与含有放射性同位素碘的碘化钠溶解在丙酮中,隔一段时间后分出碘代烷,可以检测出

它含有放射性碘。

$$RI + I^{*-} \rightleftharpoons RI^* + I^-$$

如果能设法使平衡移向右边,就能够用卤素交换的方法从一种卤代烷合成另一种。碘化钠能溶于丙酮,而氯化钠和溴化钠却不能溶解。因此,将异丙基溴与碘化钠在丙酮溶液中一起加热,可以得到异丙基碘:

$$\underset{Br}{CH_3CHCH_3} + NaI \xrightarrow{\text{丙酮}} \underset{I}{CH_3CHCH_3} + NaBr\downarrow$$
$$63\%$$

利用这一反应可以从氯代烷或溴代烷制备碘代烷(伯碘代烷或仲碘代烷)。

问题 5.2 说明以下反应是如何进行的。

$$n\text{-}C_8H_{17}Cl + NaI(\text{催化量}) + MeI \xrightarrow{\triangle} n\text{-}C_8H_{17}I \atop 94\%$$

$$n\text{-}C_8H_{17}Cl + NaBr(\text{催化量}) + EtBr \xrightarrow{\triangle} n\text{-}C_8H_{17}Br \atop 96\%$$

参考文献

将 1-溴戊烷与氟化钾在高沸点溶剂如乙二醇中加热到 120 ℃,沸点低的 1-氟戊烷生成后立即蒸馏出来,使平衡向右移动,氟与溴的交换能继续进行。

$$CH_3CH_2CH_2CH_2CH_2Br + KF \xrightarrow[120\ ℃]{\text{乙二醇}} CH_3CH_2CH_2CH_2CH_2F + KBr$$

1-溴戊烷　　　　　　　　　　　　　　1-氟戊烷(50%)
沸点:129.6 ℃　　　　　　　　　　　沸点:62.8 ℃

5.3.1.2　水 解 成 醇

卤代烷水解生成醇,伯卤代烷和仲卤代烷在碱存在下才能水解:

$$RX + NaOH \longrightarrow ROH + NaX$$

卤代烷一般由相应的醇合成,因此这一反应在制备上很少应用。

5.3.1.3　生 成 硫 醇

卤代烷与氢硫化钠(NaSH,硫化氢溶于氢氧化钠生成的溶液)反应生成硫醇:

$$Br(CH_2)_7Br + NaSH \longrightarrow HS(CH_2)_7SH$$
$$88\%$$
庚-1,7-二硫醇

由伯卤代烷制备硫醇产率较高,由仲卤代烷得到的硫醇产率较低,由叔卤代烷主要得到烯烃。

5.3.1.4　生 成 胺

卤代烷与氨反应生成胺:

$$RX + :NH_3 \longrightarrow RNH_2 + NH_4X$$

这一反应将在第十五章讨论。

叔卤代烷与氨反应生成烯烃。

5.3.1.5 生成腈

卤代烷与氰离子反应生成腈：

$$RX + {}^-CN \longrightarrow RCN + X^-$$

用二甲亚砜(Me_2SO，DMSO)作溶剂效果较好。由伯卤代烷制备腈产率较高，仲卤代烷次之，由叔卤代烷主要得到烯烃。

氰离子的结构为

$$:C\equiv N:^-$$

其中的碳原子或氮原子都可以作为亲核原子进攻卤代烷，因此，在反应中除腈外，还生成少量有恶臭和毒性的异腈 $R-N\equiv C$。用氰化银或氰化亚铜为试剂，可以使异腈成为主要产物。

亲核试剂在两个或两个以上的原子上都有孤电子对，可以接受亲核原子的进攻生成两个或两个以上的产物，称为两可亲核试剂(ambident nucleophiles)。氰酸钾中的氰酸根离子($^-N=C=O$)也是两可亲核试剂。

5.3.2 消除反应

一卤代烷与强碱如乙醇钠的乙醇溶液一起加热，脱去卤化氢而生成烯烃：

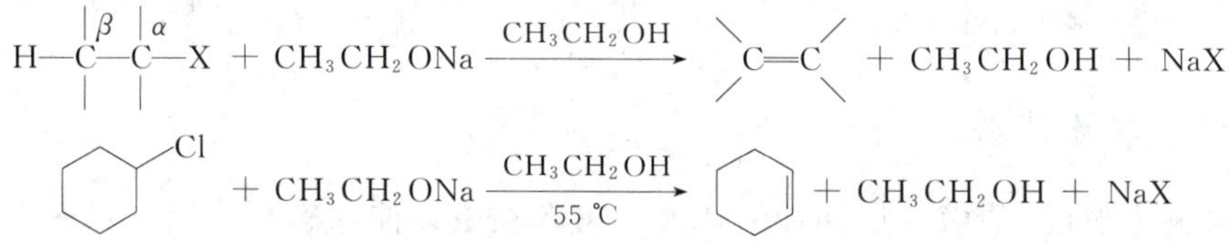

这种类型的反应称为消除反应(elimination reaction，简写作 E)，是制备烯烃的一种重要方法。常用的强碱有甲醇钠的甲醇溶液、氢氧化钾的乙醇溶液等。

一卤代烷分子中与卤原子直接相连的碳原子称为 α-碳原子，碳链上离卤素原子更远的碳原子分别称为 $\beta,\gamma,\cdots$。由一卤代烷生成烯烃的反应中，脱去卤原子和 β-碳原子上的氢原子，因此，又称为 β-消除反应。

叔卤代烷最容易脱去卤化氢，仲卤代烷次之，伯卤代烷最难。仲和叔卤代烷脱卤化氢，反应可以在碳链的不同方向进行，生成不同的产物。例如，2-溴丁烷与乙醇钠的乙醇溶液反应，生成的烯烃中含有丁-2-烯和丁-1-烯：

$$CH_3CH_2CHCH_3 \xrightarrow{C_2H_5ONa, C_2H_5OH} CH_3CH=CHCH_3 + CH_3CH_2CH=CH_2$$
$$\quad\quad\quad |$$
$$\quad\quad\quad Br$$

2-溴-2-甲基丁烷在消除反应中也生成两种烯烃：

$$\underset{\underset{Br}{|}}{\overset{\overset{CH_3}{|}}{CH_3CH_2\overset{|}{C}CH_3}} \xrightarrow[70\ ^\circ C]{C_2H_5OK,\ C_2H_5OH} \underset{29\%}{CH_3CH_2\overset{\overset{CH_3}{|}}{C}=CH_2} + \underset{71\%}{CH_3CH=\overset{\overset{CH_3}{|}}{C}CH_3}$$

1875年，俄国化学家 Zaitsev A M 总结了当时已知的实验事实，指出：在 β-消除反应中，从含氢原子最少的 β-碳原子上脱去氢原子而生成的烯烃的量最多，这一经验规律称为 Zaitsev 规律：

$$\underset{\underset{CH_3}{|}}{\overset{\overset{X}{|}}{R_2CH-\overset{|}{C}-CH_2R}} \xrightarrow{-HX} \underset{\underset{CH_3}{|}}{R_2C=\overset{|}{C}CH_2R}$$

Zaitsev 规律又可表达为，在 β-消除反应中主要产物为双键上烷基取代基最多的烯烃（或最稳定的烯烃）。

一卤代烷在脱氢卤反应中，从哪一个 β-碳原子脱去氢原子是有所选择的，这种选择性称为区域选择性（regioselectivity）。

消除反应常与取代反应同时进行。例如，异丙基溴与乙醇钠的乙醇溶液反应，除生成丙烯外，还生成取代产物乙基异丙基醚：

$$\underset{\underset{Br}{|}}{CH_3CHCH_3} + C_2H_5ONa \xrightarrow[50\ ^\circ C]{C_2H_5OH} \underset{79\%}{CH_3CH=CH_2} + \underset{21\%}{(CH_3)_2CHOC_2H_5}$$

问题 5.3 写出下列卤代烷在消除反应中的主要产物。
(1) 2-溴-2,3-二甲基丁烷 (2) 2-溴-3-乙基戊烷
(3) 2-溴-3-甲基丁烷 (4) 1-碘-2-甲基环己烷
(5) 2-溴己烷

5.3.3 还原

一氯代烷、一溴代烷和一碘代烷都可以用氢化铝锂还原成烷烃，一溴代烷和一碘代烷比一氯代烷更容易还原，烷烃的产率也高，一氟代烷在一般实验条件下不容易还原。

$$CH_3(CH_2)_6CH_2X + LiAlH_4 \xrightarrow[25\ ^\circ C]{四氢呋喃(THF)} CH_3(CH_2)_6CH_3 + AlH_3 + LiX$$

$$\begin{array}{ll} X=Cl, 24\ h & 73\% \\ Br, 1\ h & 99\% \\ I, 1\ h & 100\% \end{array}$$

这是制备纯粹烷烃的一种重要方法。

氢化铝锂可以看作一种提供氢负离子（H^-）的试剂，它与一卤代烷的反应具有亲核取代反应的特点：

$$H_3\bar{Al}-H + \underset{\underset{R}{|}}{CH_2}-X\ Li^+ \longrightarrow H_3Al + RCH_3 + LiX$$

副产物氢化铝（AlH_3）也可以使卤代烷还原成烷烃，但反应速率较慢。

三种类型的一卤代烷在还原反应中的活性次序：伯卤代烷＞仲卤代烷＞叔卤代烷，$n-Bu_2\underset{\underset{Cl}{|}}{C}Pr-n$ 几乎不发生还原反应。

氢化铝锂与水猛烈反应而放出氢气：

$$LiAlH_4 + 4H_2O \longrightarrow LiOH + Al(OH)_3 + 4H_2\uparrow$$

因此，用氢化铝锂作还原剂，必须用无水溶剂，并在严格隔绝湿气的装置中进行操作。

硼氢化钠或硼氢化钾也可以使一卤代烷还原成烷烃：

$$CH_3(CH_2)_6CH_2X \xrightarrow{NaBH_4,\text{二甘醇二甲醚(diglyme)}} CH_3(CH_2)_6CH_3$$

X=Cl,	25 ℃,	24 h	25%
Br,	45 ℃,	1 h	77%
I,	45 ℃,	1 h	91%

硼氢化钠或硼氢化钾的还原能力比氢化铝锂小，但能在水或醇溶液中使用。

§5.4　亲核取代反应的机理

5.4.1　亲核取代反应的双分子反应机理，S_N2

简单（即烷基上没有特殊的取代基）的伯卤代烷和仲卤代烷与负离子亲核试剂的反应机理为 S_N2。

5.4.1.1　反应动力学

在反应机理的研究中要用到多种实验技术，其中不可缺少的是反应动力学研究，由此可以了解底物的相对反应活性、各种实验条件的变化对反应的影响等，得到的定量数据可以为推测反应的本质和过程提供丰富的信息。

在体积分数为 80% 的乙醇溶液中，55 ℃ 下测定溴甲烷与氢氧化钠的反应速率，说明这是一个二级反应，即反应速率（v）与溴甲烷浓度和氢氧化钠浓度的乘积成正比：

$$CH_3Br + OH^- \longrightarrow CH_3OH + Br^-$$

$$v = -\frac{d[CH_3Br]}{dt} = -\frac{d[OH^-]}{dt} = \frac{d[CH_3OH]}{dt} = \frac{d[Br^-]}{dt} = k_2[CH_3Br][OH^-]$$

式中，k_2 表示二级反应速率常数。

Ingold C K 和 Hughes E D 根据反应动力学推测：在决定反应速率的步骤中有溴甲烷和氢氧负离子参加，即为双分子亲核取代反应，简写作 S_N2。

Ingold 等认为：S_N2 反应为一步反应，进攻的氢氧负离子在溴离子完全脱离溴甲烷以前，即与碳原子部分成键，在反应的过渡状态中氧原子和溴原子都与碳原子相连，即新的 O—C 键的生成和旧的 C—Br 键的断裂是同步进行的。

在 S_N2 反应中亲核试剂对 C—X 键的断裂起协助作用,在一定程度上离去基团是被亲核试剂推出去的。

5.4.1.2 立体化学

根据立体化学的观点,S_N2 反应有两种途径:一是取代基从前方接近,占据离去基团原来的位置,碳原子的构型保持不变:

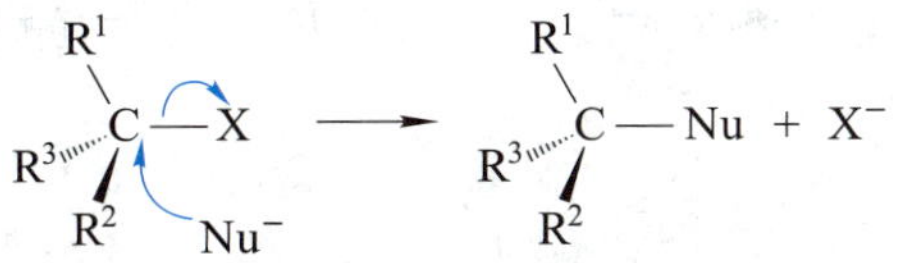

另外一种途径是取代基团从离去基团的背面进攻,碳原子的构型发生反转(inversion):

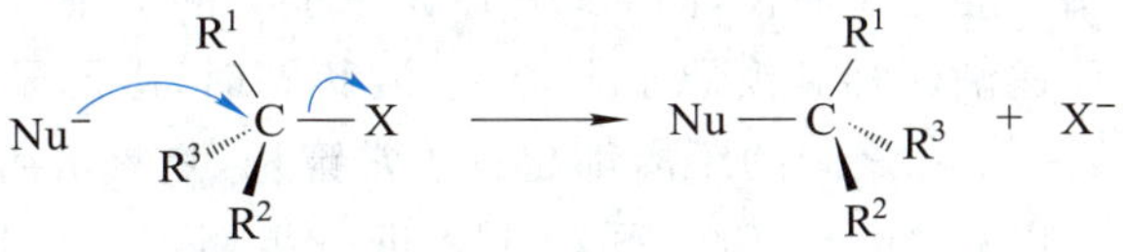

在碘代烷的溶液中加入有放射性的碘负离子,经过不同的时间间隔后,取样测定碘代烷的放射性,根据放射性随时间的变化可以测定同位素交换反应的速率常数 k_2。

在碘与不对称碳原子直接相连的旋光碘代烷的溶液中加入碘负离子,经过不同时间间隔后,取样测定旋光性,发现旋光度逐渐降低,即发生了外消旋化。

在卤素交换反应中,如果碘负离子从正面进攻,则碳原子仍保持原来的构型,旋光性也应保持不变,旋光度的降低说明碘负离子从碳原子的背面进攻,经过卤素交换后,碳原子的构型改变。例如,由 R 构型变成 S 构型:

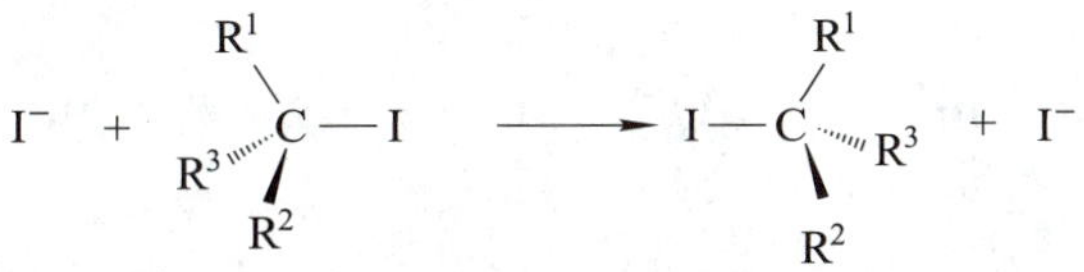

根据旋光度随时间的变化,可以测定外消旋化的速率常数 k_2'。一个 R 构型分子转变成一个 S 构型分子,不但减少了一个 R 构型分子,还抵消了另一个 R 构型分子对旋光的影响。如果每一次卤素交换都发生构型转化,则外消旋化的速率应为同位素交换速率的两倍,如果碘负离子从前面和背面进攻的概率相等,则外消旋化速率应与同位素交换速率相等。

Ingold 等用旋光的 2-碘辛烷与放射性碘负离子发生卤素交换反应,在同一次实验中测定同位素交换速率和外消旋化速率,得到的 k_2 和 k_2' 分别为 $(13.6 \pm 1.1) \times 10^{-4}$ mol^{-1}·L·s^{-1} 和 $(26.2 \pm 0.3) \times 10^{-4}$ mol^{-1}·L·s^{-1},在误差范围内为 $1:2$。由此得出结论,在双分子亲核取代反应中,亲核试剂从离去基团的背面进攻。

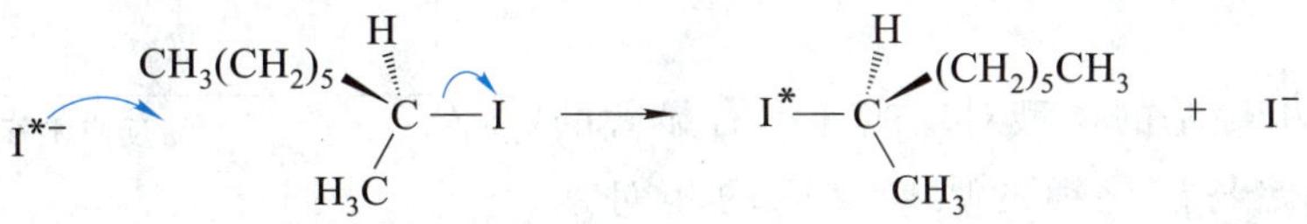

右旋的 2-溴辛烷与氢氧化钠在含水乙醇中反应,得到左旋的辛-2-醇,动力学试验证明为二级反应,即为 S_N2 反应,由此推测产物和原料的构型相反。

$$HO^- + \underset{(S)-(+)-2-溴辛烷}{\overset{H}{\underset{CH_3}{C}}-Br} \longrightarrow \underset{(R)-(-)-辛-2-醇}{HO-\overset{H}{\underset{CH_3}{C}}(CH_2)_5CH_3} + Br^-$$

5.4.1.3 能线图

在溴甲烷与氢氧负离子的反应中,氢氧负离子从溴原子的背面接近碳原子,氧原子与碳原子之间的距离逐渐减小,C—Br 键逐渐伸长,同时,中心碳原子上的三个氢原子向溴原子的方向偏转,氢氧负离子上的负电荷逐渐转移到溴原子上,到过渡状态时,碳原子和三个氢原子差不多在同一平面上,O—C 键和 C—Br 键之间的距离都超过正常键长,氢氧负离子上的负电荷平均分布在氧原子和溴原子上,在此以后,O—C 键之间的距离进一步缩短,C—Br 键之间的距离进一步增加,三个氢原子也偏向溴原子一边,最后,O—C 键达到正常键长的距离,溴原子完全离开碳原子,成为溴负离子,同时碳原子也恢复四面体构型。

在反应过程中体系的能量也不断变化,氢氧负离子从背面接近碳原子,要克服氢原子的阻力,由于三个 C—H 键的偏转,键角发生变化,也使体系的能量升高,到达过渡状态,五个原子同时挤在碳原子周围,能量达到最高点,以后,随着溴原子的离去,张力减小,体系的能量也逐渐降低,见图 5.2。

过渡状态位于能量曲线的峰顶,它与原料之间的能量差就是 S_N2 反应的活化能(E_{act})。

5.4.1.4 位阻效应

在 S_N2 反应中烷基的类型对反应速率有显著的影响。一些溴代烷与碘化锂的取代反应的相对速

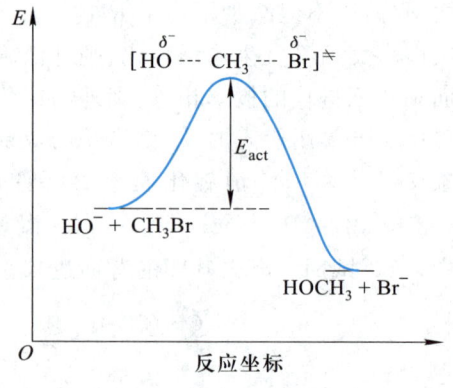

图 5.2 S_N2 反应的能线图

§5.4 亲核取代反应的机理

率为

$$RBr + LiI \longrightarrow RI + LiBr$$

R	相对反应速率
CH_3-	221 000
CH_3CH_2-	1 350
$(CH_3)_2CH-$	1
$(CH_3)_3C-$	太小,测量不出

可见不同类型的卤代烷在 S_N2 反应中的活性次序为

$$R_3CX < R_2CHX < RCH_2X < CH_3X$$

即 α-碳原子上烷基取代基越多,越不容易发生 S_N2 反应。

β-碳原子上烷基数目的增加也使反应速率减慢:

$$RBr + LiI \longrightarrow RI + LiBr$$

R	相对反应速率
CH_3CH_2-	1.0
$CH_3CH_2CH_2-$	0.8
$(CH_3)_2CHCH_2-$	0.036
$(CH_3)_3CCH_2-$	2×10^{-5}

新戊基溴几乎不发生取代反应。

根据在不同溶剂中进行的 5 种取代反应计算出的不同类型底物的平均相对速率为

$$R-L + Nu \longrightarrow R-Nu + L$$

R	平均相对反应速率
CH_3-	1
CH_3CH_2-	3.3×10^{-2}
$CH_3CH_2CH_2-$	1.3×10^{-2}
$(CH_3)_2CH-$	8.4×10^{-4}
$(CH_3)_3CCH_2-$	3.3×10^{-7}

可见在所有的双分子亲核取代反应中,α 位和 β 位上的氢原子被烷基取代都使反应速率显著降低。

Ingold 等认为:在基态下一卤代甲烷分子中的键角接近 $109°28'$,在过渡状态下,$\angle HCX$ 减小至 $90°$,$\angle HCNu$ 也是 $90°$,由于氢原子的体积很小,X 和 Nu 与氢原子之间的非键作用很小,当甲基上的氢原子被烷基取代,X 和 Nu 与烷基之间的非键作用加大,使过渡状态的能量上升,反应的活化能升高,因此,反应速率减慢。另外一种说法是,烷基的体积比氢原子大,α 位和 β 位上的烷基阻碍试剂从背面进攻,使反应不易进行,也就是说烷基的位阻效应(steric effect)使反应速率减慢,见图 5.3。

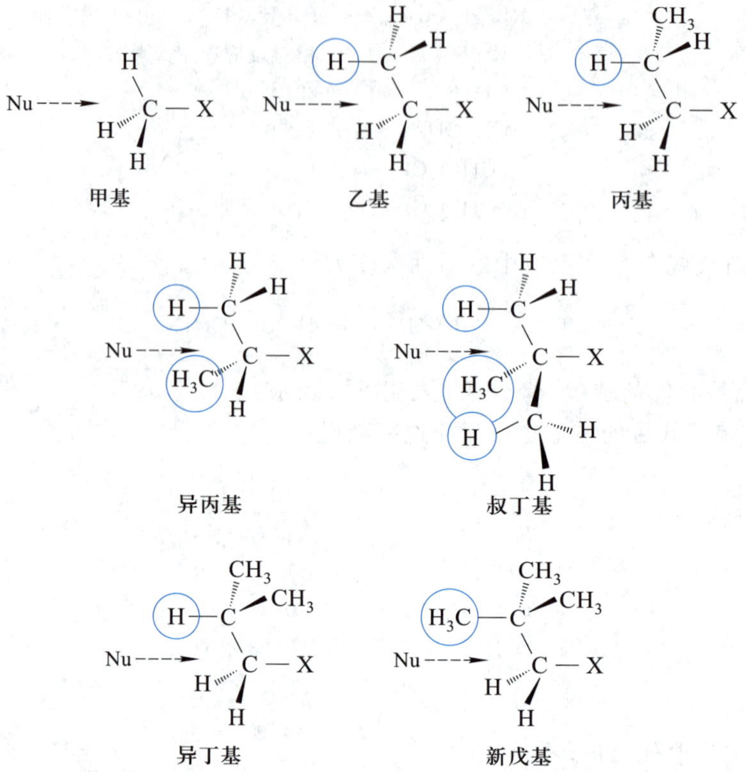

图 5.3 α 位和 β 位上的烷基阻碍亲核试剂从背面进攻

5.4.1.5 试剂的亲核性

在 S_N2 反应中,离去基团是在亲核试剂协助下脱离碳原子的,显然,反应速率与亲核试剂的性质也有关系。

溴乙烷与乙醇钠在乙醇溶液中回流(78 ℃)几分钟就完全变成乙醚：

$$CH_3CH_2Br + CH_3CH_2ONa \xrightarrow[\triangle]{CH_3CH_2OH} CH_3CH_2OCH_2CH_3 + NaBr$$

如不加乙醇钠,在纯乙醇中回流 4 昼夜,也只有 50% 的溴乙烷转变成乙醚,说明乙醇钠是比乙醇效力更强的亲核试剂,或乙醇钠的亲核性(nucleophilicity)比乙醇强。

根据碘甲烷与不同亲核试剂在甲醇溶液中反应速率的快慢,可以推测亲核试剂亲核性的强弱,其结果见表 5.4。

表 5.4 亲核试剂的亲核性

亲核试剂	相对反应速率*	亲核性的强弱
I^-, HS^-, RS^-	$>10^5$	很强
Br^-, HO^-, RO^-, CN^-, N_3^-	10^4	强

续表

亲核试剂	相对反应速率*	亲核性的强弱
NH_3, Cl^-, F^-, RCO_2^-	$10^1 \sim 10^2$	中等
H_2O, ROH	1	弱
RCO_2H	10^{-2}	很弱

* 以 CH_3OH 为标准。

5.4.1.6 离去基团的离去倾向

在 S_N2 反应中离去基团带着一对电子离去，X^- 的碱性越大，离去倾向越小，HO^-、RO^- 和 NH_2^- 都是强碱，OH、OR 和 NH_2 在 S_N2 亲核取代反应中都很难被其他亲核试剂取代。一卤代烷的烷基相同时 S_N2 反应的相对速率大小次序为

$$RI > RBr > RCl > RF$$

与卤素负离子碱性大小次序相反。因此，碘负离子是一个强的亲核试剂，又是离去倾向大的离去基团。

5.4.2 亲核取代反应的单分子机理，S_N1

叔丁基溴在乙醇溶液中加热，迅速生成乙基叔丁基醚和异丁烯：

$$(CH_3)_3CBr + CH_3CH_2OH \xrightarrow{55\ ℃} \underset{72\%}{(CH_3)_3COCH_2CH_3} + \underset{28\%}{(CH_3)_2C=CH_2} + HBr$$

乙基溴与乙醇的反应不但速率很慢，也没有烯烃生成，说明叔丁基溴的取代反应的机理与乙基溴不同。

5.4.2.1 反应动力学

叔丁基溴在浓度极低的氢氧化钠溶液中水解生成叔丁醇和异丁烯，反应速率只与叔丁基溴的浓度成正比，而与氢氧负离子的浓度无关。不加氢氧化钠，反应速率也没有显著变化：

$$(CH_3)_3CBr + OH^- \longrightarrow (CH_3)_3COH + (CH_3)_2C=CH_2$$
$$v = k_1[t\text{-BuBr}]$$

Ingold 等认为：反应是分步进行的，叔丁基溴首先解离成叔丁基正离子和溴负离子，然后叔丁基正离子迅速与氢氧负离子结合，生成叔丁醇。

$$(CH_3)_3CBr \underset{慢}{\rightleftharpoons} (CH_3)_3C^+ + Br^-$$
$$(CH_3)_3C^+ + OH^- \xrightarrow{快} (CH_3)_3COH$$

如不加氢氧化钠，则作为活性中间体生成的叔丁基正离子与水分子结合，脱去一个质子后也成为叔丁醇：

$$(CH_3)_3C^+ + H_2\ddot{O}: \xrightarrow{快} (CH_3)_3C\overset{+}{\underset{H}{O}}H$$

$$(CH_3)_3 \overset{+}{C}OH \atop H \xrightarrow{\text{快}} (CH_3)_3COH + H^+$$

两步骤中前一步骤比后一步骤慢,是决定整个反应速率的步骤,在这一步骤中发生键的断裂的只有一种分子,因此称为单分子亲核取代反应,简写作 S_N1。

问题 5.4 写出叔丁基溴分别在甲醇(CH_3OH)和乙酸(CH_3COOH)中溶剂解的机理。

5.4.2.2 能线图

S_N1 反应的能线图见图 5.4。随着叔丁基溴分子中 C—Br 键的逐渐伸长,键的极化程度增加,碳原子上所带部分正电荷和溴原子上所带部分负电荷逐渐增加,键的部分断裂使体系能量上升。由于反应在溶剂中进行,正、负电荷分离的程度增加,其溶剂化的程度也随着增加,带电质点的溶剂化,要释放能量,因此,C—Br 键的极化达到一定程度后,体系的能量开始下降,能线图上的第一个高峰就是反应速率决定步骤的过渡状态。生成的叔丁基正离子被溶剂分子所包围,是溶剂化的,要与氢氧负离子结合,必须脱去部分溶剂分子,因此,体系能量再度升高,随着 C—O 键的逐渐形成,体系的能量在到达第二个高峰后又开始下降。作为活性中间体生成

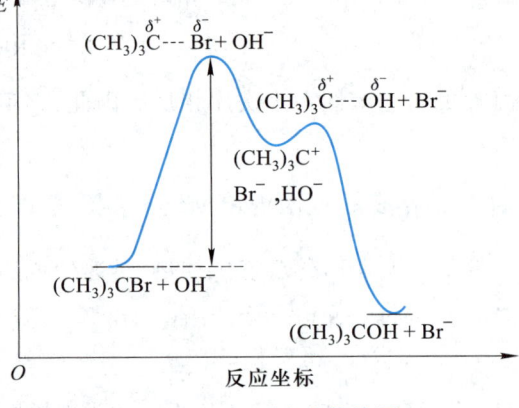

图 5.4 S_N1 反应的能线图

的叔丁基正离子位于两个峰之间的谷底。S_N1 反应的速率决定于第一步的活化能。

5.4.2.3 离去基团的影响

在 S_N1 反应的速率决定步骤中,离去基团也是带着一对电子离去,离去倾向大有助于反应的进行,同在 S_N2 反应中一样。叔丁基卤代物起 S_N1 反应的速率大小次序为

$$t\text{-BuI} > t\text{-BuBr} > t\text{-BuCl} \gg t\text{-BuF}$$

在卤代烷的取代反应中,加入银离子或汞离子,能使 S_N1 反应的速率加快。在叔卤代烷的溶液中加入硝酸银,立即有卤化银沉淀出来。银离子的作用是与卤代烷分子中的卤原子配位,使其离去倾向更大,因为离去的不再是卤离子,而是溶解度极小的卤化银:

$$(CH_3)_3C\text{—}\ddot{B}r + Ag^+ \longrightarrow (CH_3)_3C\text{—}\overset{+}{B}r\text{···}Ag \longrightarrow (CH_3)_3C^+ + AgBr\downarrow$$

S_N1 反应的速率决定步骤中没有亲核试剂参加,反应速率不受亲核试剂亲核性大小的影响。

5.4.2.4 溶剂的影响

S_N1 反应的速率决定步骤是卤代烷的解离,溶剂的性质对反应的进行有重要的影响。叔丁

基氯在介电常数不同的几种溶剂中溶剂解的相对反应速率见表5.5。

表 5.5　叔丁基氯在不同溶剂中溶剂解的相对反应速率(25 ℃)

溶　剂	介电常数	相对反应速率
乙　酸	6	1
甲　醇	33	4
甲　酸	58	5 000
水	78	150 000

介电常数可以作为溶剂极性大小的标志。由表5.5可见：溶剂的极性越大，溶剂化反应的速率越快。

S_N1反应速率决定步骤的过渡状态是高度极化的，底物为卤代烷时，碳－卤键已部分断裂，碳原子上带部分正电荷，卤原子带部分负电荷，电荷被溶剂分子所包围，极性溶剂使卤代烷分子由于电荷分离而引起的能量升高有所缓解，等于使过渡状态能量降低，溶剂的极性越大，过渡状态的能量越低，反应速率越快。卤代烷在基态下也是极化的，但极化程度小，因此，溶剂对过渡状态的影响是主要的。

溶剂的极性对S_N2反应的影响不大，因为在S_N2反应中原料（$RX+Nu^-$）和过渡状态（$\overset{\delta-}{Nu}\cdots R\cdots\overset{\delta-}{X}$）都带负电荷，原料中电荷集中，过渡状态电荷分散，溶剂对原料的作用略大于过渡状态，对活化能的影响较小。

5.4.2.5　碳正离子

在烷基正离子中，中心碳原子带正电荷，是碳正离子(carbon cation 或 carbenium ion)中的一类。一氯代烷在气相中异裂生成碳正离子和氯负离子的焓值见表5.6。

表 5.6　一氯代烷在气相中解离的焓值
$$R-Cl \longrightarrow R^+ + Cl^-$$

R	$\Delta H^{\ominus}/(kJ\cdot mol^{-1})$
CH_3-	954
CH_3CH_2-	799
$CH_3CH_2CH_2-$	803
$CH_3CH_2CH_2CH_2-$	808
$(CH_3)_2CH-$	699
$(CH_3)_3C-$	632

由表5.6可见：解离所需要的能量远大于相应的键解离能，因此，在气相中自由基反应更容易进行。在溶液中由于离子的溶剂化，体系的能量降低，离子反应才有条件发生。在烷基正离子中中心碳原子上甲基数目的增加使碳正离子更加稳定，不同烷基正离子的稳定性大小次序为

$$R_3C^+ > R_2CH^+ > RCH_2^+ > CH_3^+$$

叔碳正离子是溶液中有机反应常见的活性中间体，仲碳正离子有时作为活性中间体出现，伯碳正离子很少出现，尚未发现甲基正离子作为活性中间体出现。

由于叔卤代烷比较容易解离成碳正离子，它的亲核取代反应常为单分子机理。

如用亲核性很小、介电常数较大的含水甲酸使卤代烷进行水解反应，由于S_N2反应受到抑制，仲卤代烷的水解机理也是S_N1，但反应速率比叔卤代烷慢得多：

$$RBr + H_2O \xrightarrow{HCO_2H-H_2O} ROH + HBr$$

R	相对反应速率
CH_3-	1
CH_3CH_2-	2
$(CH_3)_2CH-$	42
$(CH_3)_3C-$	1×10^8

而伯卤代烷的水解机理可能仍为S_N2。

碳正离子的中心碳原子为sp^2杂化，中心碳原子及与其直接相连的三个原子在同一平面内，在与平面垂直的方向，有一个空的p轨道，见图5.5。

如由于几何原因，碳正离子难于达到平面结构，则S_N1反应很难进行。例如，1-溴双环[2.2.1]庚烷分子中，溴原子在桥头碳原子上，相应的碳正离子如要达到平面结构，会产生很大的张力。虽然它也是叔卤代烷，但很难水解，在硝酸银存在下，在150 ℃加热两昼夜才能水解，而3-溴-3-乙基戊烷在含水乙醇中室温下即能水解。

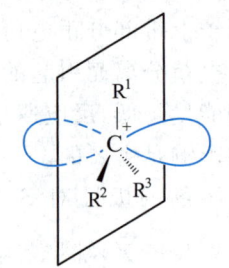

图5.5 碳正离子的结构

1-溴双环[2.2.1]庚烷　　　3-溴-3-乙基戊烷

5.4.2.6 单分子亲核取代反应的立体化学

S_N1反应的活性中间体为碳正离子，碳正离子为平面构型，亲核试剂从平面两边与碳正离子结合生成构型相反的产物：

用旋光的卤代烷进行取代反应，两种结合方式分别生成构型保持和构型转化产物，如它们的概率相等,应得到外消旋产物。实验结果并不完全是这样,说明还有别的原因。

S_N2 和 S_N1 是两种极端条件下的反应机理,伯卤代烷的亲核取代反应一般为 S_N2 反应,叔卤代烷的亲核取代反应一般为 S_N1 反应。

问题 5.5 下列反应中,哪一个化合物的反应速率较快?为什么?
(1) 1-氯-2-甲基丁烷或 1-氯戊烷在丙酮溶液中与碘化钠反应;
(2) 新戊基溴或叔丁基溴在水-甲酸溶液中的水解;
(3) 2-溴-3,3-二甲基丁烷、3-溴-3-乙基戊烷或溴甲烷在乙醇溶液中与硝酸银反应;
(4) 1-氯丁烷与乙酸钠在乙酸溶液中反应或与甲醇钠(CH_3ONa)在甲醇溶液中反应,哪一个反应快?

§5.5 一卤代烷的制法

一卤代烷可以用直接卤化或将化合物中其他的官能团置换成卤素的方法制备。

5.5.1 烷烃的卤化

烷烃卤化一般生成复杂的混合物,在实验室中只在少数情况下用卤化法制备一卤代烷。例如:

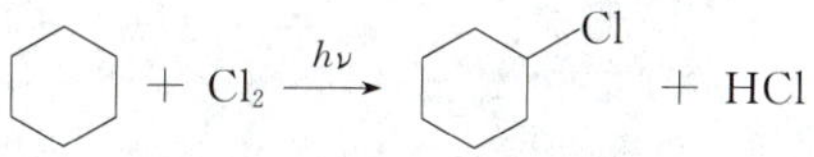

$$\text{C}_6\text{H}_{12} + \text{Cl}_2 \xrightarrow{h\nu} \text{C}_6\text{H}_{11}\text{Cl} + \text{HCl}$$

5.5.2 烯烃与卤化氢加成

烯烃加卤化氢可以得到一卤代烷。例如:

$$\text{CH}_3\text{CH}_2\text{CH}_2\text{CH}=\text{CH}_2 + \text{HBr} \xrightarrow[84\%]{\text{CH}_3\text{CO}_2\text{H}} \text{CH}_3\text{CH}_2\text{CH}_2\underset{\underset{\text{Br}}{|}}{\text{CH}}\text{CH}_3$$

5.5.3 由醇制备

将醇分子中的羟基用卤原子置换可得到相应的卤代烷。常用的试剂有氢卤酸、磷的卤化物和亚硫酰氯($SOCl_2$)等。例如:

$$\text{CH}_3\text{CH}_2\text{CH}_2\text{CH}_2\text{OH} + \text{HBr} \xrightarrow[95\%]{\text{H}_2\text{SO}_4} \text{CH}_3\text{CH}_2\text{CH}_2\text{CH}_2\text{Br} + \text{H}_2\text{O}$$

§5.6 卤代烷的用途

5.6.1 一卤代烷

一卤代烷主要用作烷基化试剂,在特殊情况下也可用作溶剂。

5.6.1.1 氯甲烷

工业上由甲烷氯化或甲醇与氯化氢反应得到,氯甲烷在室温下为气体,能溶于常用的有机溶剂,微溶于水。主要用途是作为生产有机硅化合物的原料。

5.6.1.2 氯乙烷

工业上由乙烯和氯化氢加成生产,氯乙烷的沸点低于室温,要在加压容器中保存。当喷在皮肤表面时,它迅速汽化,同时吸收大量的热,由于皮肤冷却而使神经末梢暂时处于麻醉状态,因此可以用作局部麻醉剂。

5.6.1.3 溴甲烷

在室温下为气体,可以用作熏蒸杀虫剂。

5.6.2 多氯代烷

多氯代烷化学活性低,热稳定性好,是良好的溶剂。

5.6.2.1 二氯甲烷

工业上由甲烷氯化,或由甲醇与氯化氢先得到氯甲烷,然后再进行氯化以生产二氯甲烷。

二氯甲烷为无色液体,沸点:40.1 ℃,相对密度大于1,15 ℃下在水中的溶解度为 $2.50\ \text{mL} \cdot (100\ \text{mL} H_2O)^{-1}$。

二氯甲烷有溶解能力强、毒性小、不燃烧、对金属(包括铝)稳定等优点,正迅速成为最重要的含氯溶剂。用二氯甲烷作提取剂,提取液中不含水。易燃溶剂(如汽油、苯、酯类等)中加入少量二氯甲烷可提高其着火点,加入10%~30%二氯甲烷可使其不易燃烧。

5.6.2.2 三氯甲烷

又称为氯仿,工业上由甲烷氯化或四氯化碳还原生产:

$$CCl_4 + H_2 \xrightarrow{Fe} CHCl_3 + HCl$$

$$3\ CCl_4 + CH_4 \xrightarrow{400\sim650\ ℃} 4\ CHCl_3$$

三氯甲烷为有香气的无色液体,沸点:61 ℃,相对密度:1.483 2,微溶于水(0.381%,25 ℃),能与常用的有机溶剂混溶。在常温、有空气存在和光照下分解可产生剧毒的光气。在三氯甲烷中加入少量(1％)乙醇可增加其稳定性,便于长期储存。三氯甲烷应放在绿色或棕色玻璃瓶中。

三氯甲烷的溶解性能很好,是碘、硫,以及生物碱、油脂、树脂、橡胶、沥青等有机化合物的溶剂,但由于其毒性大,已逐渐被二氯甲烷取代。

三氯甲烷与碱金属或一些碱土金属在一起容易引起爆炸。

5.6.2.3 四氯化碳

工业上由甲烷氯化或其他烷烃的氯解得到。烷烃在高温下用过量的氯气进行氯化,碳-碳键断裂,生成碳原子数较原料少的氯化物,称为氯解。例如,丙烷在 600~900 ℃氯解,可以得到 92％~93％的四氯化碳,另一种产物为四氯乙烯。

四氯化碳为无色液体,沸点:76.54 ℃,相对密度:1.594 0,差不多不溶于水(20 ℃时为0.08％)。四氯化碳不燃烧,在常温下对空气和光相当稳定。它是一种良好的溶剂,但由于毒性大,在高温下遇水分解能产生光气,许多国家已不再用作溶剂或灭火剂。碱金属、碱土金属与四氯化碳接触容易引起爆炸。

5.6.2.4 1,2-二氯乙烷

由乙烯加氯得到:

$$CH_2=CH_2 + Cl_2 \xrightarrow{FeCl_3, 40\sim 50\ ℃} ClCH_2CH_2Cl$$

为无色液体,沸点:83.7 ℃,相对密度:1.252。主要用作汽油添加剂,与含铅抗爆剂中的铅结合生成氯化铅,以免沉积在汽缸中。

1,2-二溴乙烷由乙烯与溴加成得到,为无色液体,沸点:131 ℃,相对密度:2.18,也是一种汽油添加剂,作用与 1,2-二氯乙烷相同。1,2-二溴乙烷与氨的反应很猛烈。

5.6.3 多氟化物

全氟化物的沸点特别低。例如,全氟己烷的沸点为 51.7 ℃,而 1-氟戊烷为 91.5 ℃。全氟化物和含氯和氟的多卤代烷(商品名 Freon)化学稳定性和热稳定性高,毒性低,不燃烧,大量用作制冷剂。这些化合物在常温下为气体,压缩后液化并冷却到适当温度后,压入冷却系统的旋管中让它膨胀和汽化,由于膨胀的液体从周围吸收大量的热而产生制冷作用。含氯和氟的多卤代烷还用来生产各种气溶胶,即将杀虫剂、去臭剂、除垢剂、香料等溶解于其中,保存在加压容器里,使用时喷出。1974 年,Freon 系列产品的产量曾达到 $9×10^5$ t。

1974 年,Rowland F S 和 Molina M S 首先发现高层大气(平流层)中的 Freon 在光照射下会破坏大气层中的臭氧平衡:

$$CF_2Cl_2 \xrightarrow{h\nu} CF_2Cl\cdot + Cl\cdot$$
$$Cl\cdot + O_3 \longrightarrow ClO\cdot + O_2$$
$$O_3 \xrightarrow{h\nu} O\cdot + O_2$$
$$ClO\cdot + O\cdot \longrightarrow Cl\cdot + O_2$$

在离地面 25~45 km 的大气层中可以检测到 Cl· 和 ClO·。1985 年,在南极上空发现臭氧空洞,后

来在北极上空也发现臭氧空洞。如果失去了臭氧层的保护,太阳光中对人类健康有害的部分会穿透到地面上。因此,1987年蒙特利尔破坏臭氧层物质管制议定书(Montreal Protocol on Substances that Deplete the Ozone Layer)正式要求减少氯氟烷的生产和消费。

§5.7 有机金属化合物

有机金属化合物(organometallic compounds)分子中含有碳-金属键,不但类型很多,在结构和反应方面也有很多特点。有机金属化合物化学是化学中的一个重要分支,是有机化学和无机化学之间的边缘学科,近年来发展很快。本节只讨论几种在有机合成中有重要用途的有机金属化合物。

5.7.1 有机镁化合物

1899年,Barbier D 使碘甲烷、金属镁和一种酮在无水乙醚中反应,得到一种醇:

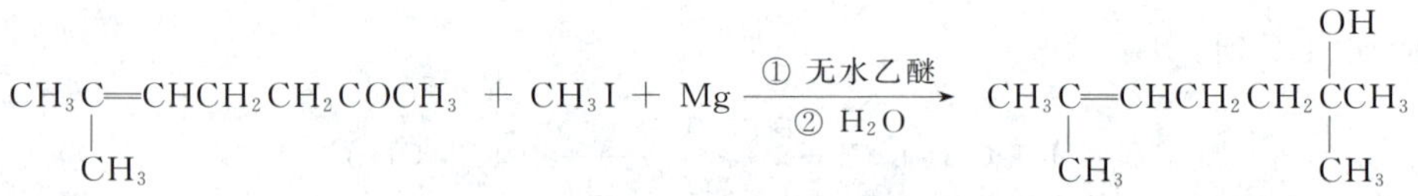

$$CH_3C=CHCH_2CH_2COCH_3 + CH_3I + Mg \xrightarrow[\text{② } H_2O]{\text{① 无水乙醚}} CH_3C=CHCH_2CH_2C(OH)(CH_3)CH_3$$
(CH$_3$ 分支)

反应中放出大量的热,要用水冷却,产物的产率不高,且不稳定。Barbier 让他的学生 Grignard V 进一步研究。Grignard 发现(1900年):如果让碘甲烷与金属镁在无水乙醚中先生成有机镁化合物后,再与酮作用,反应可以平稳进行,产率也显著提高。Grignard 经过系统研究,发展了用有机镁化合物合成多种多样的有机化合物的方法,并于1912年被授予诺贝尔化学奖。由卤代烃和金属镁在无水乙醚中制备的有机镁化合物被称为 Grignard 试剂。

Grignard 试剂一般写作卤化烃基镁(RMgX):

$$RX + Mg \xrightarrow{\text{乙醚}} RMgX$$

但实际上是卤化烃基镁、二烃基镁和卤化镁的平衡混合物:

$$2\,RMgX \rightleftharpoons R_2Mg + MgX_2$$

平衡位置决定于 R,X 和溶剂的性质。RMgX 还可以缔合成二聚体或多聚体。例如:

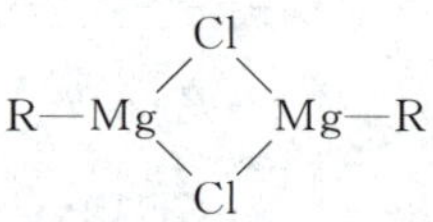

$$R-Mg\underset{Cl}{\overset{Cl}{\big<\!\!\!\big>}}Mg-R$$

在乙醚溶液中平衡偏向左边,即主要以 RMgX 的形式存在。由伯溴代烷或伯碘代烷制备的 Grignard 试剂在高浓度(0.5~1 mol·L^{-1})下主要为二聚体、三聚体和多聚体,由伯氯代烷制备的主要为二聚体。

乙醚在 Grignard 试剂的制备中有重要作用。卤化烃基镁分子中镁原子上只有两对电子,它

可以从乙醚分子中的氧原子接受电子生成配合物,其结构已由 X 射线衍射法证实:

$$\text{R} \overset{\overset{\text{EtOEt}}{..}}{\underset{\underset{\text{EtOEt}}{..}}{-\text{Mg}-}} \text{Cl}$$

配合物的生成不但使有机镁化合物更稳定,并能溶解于乙醚。在制备 Grignard 试剂时,一般是将一卤代烷滴加到金属镁和无水乙醚的混合物中,同时进行搅拌,生成的有机镁化合物附在金属表面,与乙醚生成配合物后,就可以被乙醚冲洗下来,使一卤代烷与镁的反应能继续进行,反应是放热的,一旦开始进行,乙醚可以保持沸腾(35 ℃)。

一卤代烷生成 Grignard 试剂的活性次序为 RI>RBr>RCl>RF,通常用一溴代烷来制备 Grignard 试剂。伯卤代烷、仲卤代烷和叔卤代烷都能生成 Grignard 试剂。

关于 Grignard 试剂生成的机理已进行过大量研究,单电子转移(SET)机理认为:反应在金属镁表面进行,金属镁先转移一个电子给卤代烷,生成的自由基负离子(radical anion)解离为卤负离子和烷基自由基,后者在金属表面与·MgX 结合生成 RMgX:

$$\text{R}-\text{X} + \text{Mg} \longrightarrow \text{RX}^{\cdot -} + \text{Mg}^{\cdot +}$$
$$\text{RX}^{\cdot -} \longrightarrow \text{R}\cdot + \text{X}^{-}$$
$$\text{X}^{-} + \text{Mg}^{\cdot +} \longrightarrow \cdot\text{MgX}$$
$$\text{R}\cdot + \cdot\text{MgX} \longrightarrow \text{RMgX}$$

RMgX 中的 C—Mg 键为共价键,它是极化的,烷基碳原子具有显著的碳负离子性质,是碳负离子(carbanion)的潜在来源,在生成 C—C 键的反应中有重要价值。

Grignard 试剂与水、醇、氨等含活性氢的化合物反应生成烷类。利用这个反应可以将一卤代烷转变为烷烃:

$$\text{CH}_3\text{CH}_2\text{CH}_2\underset{\underset{\text{Br}}{|}}{\text{CH}}\text{CH}_3 \xrightarrow{\text{Mg} \atop \text{BuOBu}} \text{CH}_3\text{CH}_2\text{CH}_2\underset{\underset{\text{MgBr}}{|}}{\text{CH}}\text{CH}_3 \xrightarrow{\text{H}_2\text{O} \atop \text{H}_2\text{SO}_4} \underset{50\%\sim53\%}{\text{CH}_3\text{CH}_2\text{CH}_2\text{CH}_2\text{CH}_3}$$

5.7.2 有机锂化合物

一卤代烷与金属锂反应生成有机锂化合物。例如:

$$\text{CH}_3\text{CH}_2\text{CH}_2\text{CH}_2\text{Br} + 2\,\text{Li} \xrightarrow[-10\,℃]{\text{CH}_3\text{CH}_2\text{OCH}_2\text{CH}_3} \underset{80\%\sim90\%}{\text{CH}_3\text{CH}_2\text{CH}_2\text{CH}_2\text{Li}} + \text{LiBr}$$

$$\underset{\text{叔丁基氯}}{(\text{CH}_3)_3\text{CCl}} + 2\,\text{Li} \xrightarrow[-30\,℃]{\text{CH}_3\text{CH}_2\text{OCH}_2\text{CH}_3} \underset{\text{叔丁基锂}}{(\text{CH}_3)_3\text{CLi}} + \text{LiCl}$$

常用的溶剂为乙醚。由于有机锂化合物在较高温度下能与醚类反应,因此,要在较低温度下制备有机锂化合物。除乙醚外也可以用烷烃,如戊烷和己烷作溶剂。少量的水或醇能与金属锂生成不溶于有机溶剂的氢氧化锂,包在金属表面,使其不能与一卤代烷反应,并且,生成的有机锂化合物被水、醇等迅速分解成烷烃。因此,溶剂必须彻底干燥,反应最好在氮气、氩气等保护下进行。

一卤代烷与金属锂发生反应的活性大小次序为 RI＞RBr＞RCl＞RF，一氟代烷的反应活性太低，只能在比较剧烈的反应条件下生成有机锂化合物，一碘代烷容易与生成的烷基锂反应，两个烷基互相结合生成更高级的烷烃。因此，常用反应活性适中又容易得到的一溴代烷或一氯代烷制备烷基锂。烷基锂在有机合成中有广泛用途，与 Grignard 试剂比较各有优点。

5.7.3 二烷基铜锂

烷基锂在乙醚或四氢呋喃 [结构式，简写作 THF] 溶液中与碘化亚铜反应生成二烷基铜锂 (lithium dialkylcuprate)：

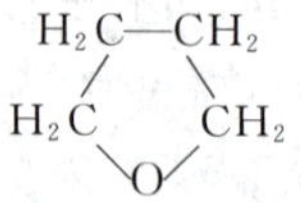

$$2\ RLi + CuI \xrightarrow{EtOEt} R_2CuLi + LiI$$

烷基锂先与碘化亚铜生成烷基铜（Ⅰ），后者再与另一分子烷基锂结合生成能溶于乙醚或四氢呋喃的二烷基铜锂：

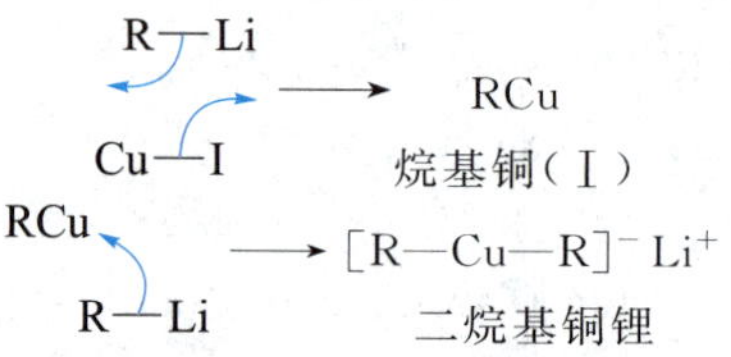

$$R-Li + Cu-I \longrightarrow RCu\ (烷基铜Ⅰ)$$
$$RCu + R-Li \longrightarrow [R-Cu-R]^- Li^+\ (二烷基铜锂)$$

在溶液中二烷基铜锂以二聚体的形式存在，但在 LiI 存在下，可能为单体。

二烷基铜锂与卤代烷反应，生成烷烃：

$$R_2CuLi + R'X \longrightarrow R-R' + RCu + LiX$$

卤代烷与二烷基铜锂发生反应的活性大小次序为 $CH_3X＞RCH_2X＞R_2CHX＞R_3CX$，$RI＞RBr＞RCl＞RF$，与 S_N2 反应相似。二烷基铜锂与仲卤代烷或叔卤代烷可能发生消除反应，二烷基铜锂中的烷基为仲或叔烷基时与卤代烷反应的活性较小，本身也不稳定。因此，常用二烷基铜锂来合成 RCH_2-CH_2R' 型烷烃。例如：

$$(CH_3)_2CuLi + CH_3(CH_2)_8CH_2I \xrightarrow[0\ ℃]{Et_2O} CH_3(CH_2)_9CH_3 + CH_3Cu + LiI$$
$$90\%$$

§5.8 阅 读 材 料

烷基锂的结构

烷基锂在反应中给予碳负离子，一般写作 RLi 或 R^-Li^+，不过真实的结构要复杂得多。甲基锂在晶体或者乙醚溶液中为四聚体：

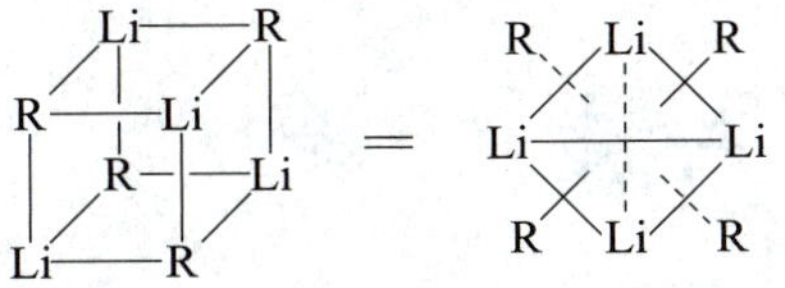

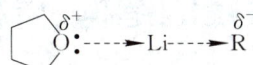

相当于 Li 和 R 都排成四面体。在 Li 所形成的四面体的每一个面上都连接一个甲基。^{7}Li NMR 和 ^{13}C NMR 研究说明：Li 原子间的键序实际上为零，每一个甲基都与三个 Li 原子作用，因此，碳原子周围有六个配体，经典的碳原子为 4 价的观念已不适用。

烷基锂的缔合度越小，其活性越高，选择给电子能力强的溶剂，可以降低缔合度，提高烷基作为碳负离子的活性：

⃯

习 题

1. 写出下列各反应的产物。

(1) $CH_3CH_2OCH_2CH_2Br$ + NaCN $\xrightarrow{EtOH-H_2O}$

(2) $ClCH_2CH_2CHCH_2CH_3$ + NaI $\xrightarrow{CH_3COCH_3}$
　　　　　|
　　　　Cl

(3) $BrCH_2CH_2Br$ + $Na^+{}^-SCH_2CH_2S^-Na^+$ ⟶ $C_4H_8S_2$

(4) $ClCH_2CH_2CH_2CH_2Cl$ + Na_2S ⟶ C_4H_8S

(5) $CH_3CHCH_2CH_2Br$ + Zn $\xrightarrow{EtOH}$
　　　　|
　　　Br

(6) $CH_3CH_2CH_2CH_2CH_2CH_2Br$ $\xrightarrow{Mg, Et_2O}$ $\xrightarrow{D_2O}$

2. 1-溴环戊烷在含水乙醇中与氰化钠反应，如加入少量碘化钠，反应速率加快，为什么？

3. 已知下列化合物在甲醇中发生溶剂解的相对反应速率，给出合理解释。

(1) 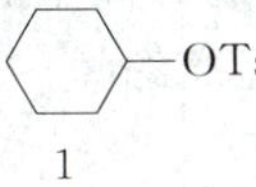 ⬡—OTs　　　　(2) 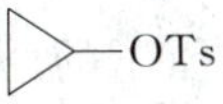 △—OTs

相对反应速率　　1　　　　　　　10^{-10}

4. 用丁醇为原料合成下列化合物：

(1) 辛烷　　(2) 丁烷　　(3) 戊烷　　(4) 己烷

参考答案

第六章 烯 烃

含有碳-碳双键的不饱和烃叫作烯烃(alkene)，其通式为 C_nH_{2n}，与单环环烷烃相同。含同数碳原子的烯烃和单环环烷烃互为构造异构体，它们都比含同数碳原子的烷烃少两个氢原子，即含有一个不饱和度(unsaturation site)。烯烃的多数反应在双键上发生，碳-碳双键是烯烃的官能团。

§6.1 烯烃的结构、异构和命名

6.1.1 烯烃的结构

乙烯分子中所有原子在同一平面上，键长、键角为

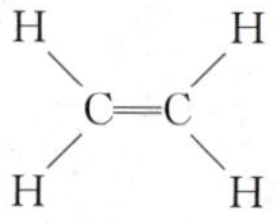

$$\begin{array}{llll} C-H & 110\ pm & \angle HCH & 117.2° \\ C=C & 134\ pm & \angle HCC & 121.4° \end{array}$$

丙烯分子中三个碳原子和双键上的氢原子在同一平面上，键长、键角为

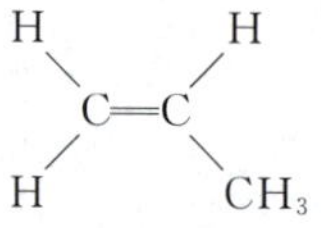

$$\begin{array}{llll} C=C & 134\ pm & \angle HC=C & 121.5° \\ C-C & 150\ pm & \angle C=C-C & 124.3° \end{array}$$

可以认为双键碳原子为 sp^2 杂化。因此，一般用 π 键模型来表示烯烃的结构，即两个碳原子以 sp^2 杂化轨道互相重叠，并各与两个氢原子的 1s 轨道重叠，生成 C—C 和 C—H σ 键，两个碳原子上的 p 轨道组成两个 π 轨道，在基态下，两个 π 电子在成键轨道上。

丙烯分子中 C—C 键的键长比乙烷中的 C—C 键短，可能是由于碳原子的杂化状态不同，丙烯中为 $C(sp^2)$—$C(sp^3)$，而乙烷中为 $C(sp^3)$—$C(sp^3)$，碳原子轨道 s 成分高生成的键键长较短，因为 s 轨道与电子的结合强，使 σ 轨道收缩，成键原子的原子核间的距离缩短。

6.1.2 烯烃的异构

烯烃由于碳架不同和双键在碳架上的位置不同而有各种构造异构体。例如，丁烯有三种构造异构体，戊烯有五种构造异构体：

$$\begin{array}{ccc} CH_3CH_2CH=CH_2 & CH_3CH=CHCH_3 & \underset{\underset{CH_3}{|}}{CH_3C}=CH_2 \\ \text{丁}-1-\text{烯} & \text{丁}-2-\text{烯} & 2-\text{甲基丙烯} \\ but-1-ene & but-2-ene & 2-methylpropene \end{array}$$

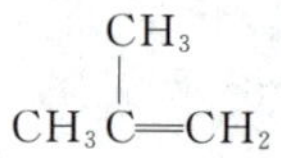

$$\underset{\text{戊-1-烯}}{\underset{\text{pent-1-ene}}{CH_3CH_2CH_2CH\!=\!CH_2}} \qquad \underset{\text{戊-2-烯}}{\underset{\text{pent-2-ene}}{CH_3CH_2CH\!=\!CHCH_3}} \qquad \underset{\text{2-甲基丁-1-烯}}{\underset{\text{2-methyl but-1-ene}}{CH_3CH_2\overset{\overset{\displaystyle CH_3}{|}}{C}\!=\!CH_2}}$$

$$\underset{\text{2-甲基丁-2-烯}}{\underset{\text{2-methyl but-2-ene}}{CH_3CH\!=\!\overset{\overset{\displaystyle CH_3}{|}}{C}CH_3}} \qquad \underset{\text{3-甲基丁-1-烯}}{\underset{\text{3-methyl but-1-ene}}{CH_2\!=\!CH\overset{\overset{\displaystyle CH_3}{|}}{C}HCH_3}}$$

问题 6.1 写出分子式为 C_7H_{14}，最长碳链为五个碳原子的烯烃的各种构造异构体。

在丁-2-烯分子中两个甲基可以在双键的同一边或各在一边：

$$\underset{\text{顺丁-2-烯}}{\underset{cis\text{-but-2-ene}}{\begin{matrix}H_3C\quad CH_3\\ \diagdown\;\;/\\ C\!=\!C\\ /\;\;\diagdown\\ H\quad\;\; H\end{matrix}}} \qquad\qquad \underset{\text{反丁-2-烯}}{\underset{trans\text{-but-2-ene}}{\begin{matrix}H_3C\quad H\\ \diagdown\;\;/\\ C\!=\!C\\ /\;\;\diagdown\\ H\quad\;\; CH_3\end{matrix}}}$$

因此丁-2-烯有两种顺反异构体，它们之间不存在对映关系，是非对映体。

化合物中两个双键碳原子各带有不同的取代基时，都可能有顺反异构体：

$$\begin{matrix}a\;\; a\\ \diagdown/\\ C\!=\!C\\ /\diagdown\\ b\;\; b\end{matrix} \qquad \begin{matrix}a\;\; a\\ \diagdown/\\ C\!=\!C\\ /\diagdown\\ b\;\; d\end{matrix} \qquad \begin{matrix}a\;\; c\\ \diagdown/\\ C\!=\!C\\ /\diagdown\\ b\;\; d\end{matrix}$$

两个双键碳原子中任何一个带有两个相同的取代基，都没有顺反异构体。

问题 6.2 问题 6.1 中哪些化合物有顺反异构体？

6.1.3 烯烃的命名

烯烃的系统命名法是根据主链上碳原子的数目称为某烯，碳原子 11 个以上称为某碳烯，然后从碳链上靠近双键的一端开始，进行编号，将双键上第一个碳原子的号码加在烯字的前面以表示双键的位置，取代基的名称和位置的表示方法与烷烃相同。例如：

$$\underset{\text{十六碳-1-烯}}{CH_3(CH_2)_{13}CH\!=\!CH_2} \qquad \underset{\text{3-乙基己-2-烯}}{CH_3CH_2\overset{\overset{\displaystyle CH_2CH_3}{|}}{C}\!=\!CHCH_3} \qquad \underset{\text{3,4-二甲基己-1-烯}}{CH_3CH_2\overset{\overset{\displaystyle CH_3}{|}}{C}H\overset{\underset{\displaystyle CH_3}{|}}{C}HCH\!=\!CH_2}$$

常见的烯基为

$$\text{CH}_2=\text{CH}- \qquad \text{CH}_3\text{CH}=\text{CH}- \qquad \text{CH}_2=\text{CHCH}_2-$$

乙烯基   丙烯基   烯丙基
vinyl   propenyl   allyl

烯烃的顺反异构体的构型以前用顺和反表示。两个双键碳原子上如没有共同的原子或取代基,用顺、反表示构型有困难。例如:

$$\begin{matrix} \text{H}_3\text{C} & & \text{CH}_2\text{CH}_2\text{CH}_3 \\ & \text{C}=\text{C} & \\ \text{H}_3\text{CH}_2\text{C} & & \text{CH}_2\text{CH}_2\text{CH}_3 \end{matrix}$$

根据系统命名法顺反异构体的构型用 Z(德文 zusammen,同)和 E(entgegen,对)表示。先将两个双键碳原子上的取代基按次序规则分别排列,较优基团在前,如 $\text{abC}=\text{Ccd}, a>b, c>d$。两个碳原子上较优的取代基在双键的同一边的构型为 Z,各在双键一边的构型为 E。

$$\begin{matrix} a & & c \\ & \text{C}=\text{C} & \\ b & & d \end{matrix} \qquad \begin{matrix} a & & d \\ & \text{C}=\text{C} & \\ b & & c \end{matrix}$$

(Z)   (E)

例如:

$$\begin{matrix} \text{H}_3\text{C} & & \text{CH}_3 \\ & \text{C}=\text{C} & \\ \text{H} & & \text{H} \end{matrix} \qquad \begin{matrix} \text{H}_3\text{C} & & \text{H} \\ & \text{C}=\text{C} & \\ \text{H} & & \text{CH}_3 \end{matrix} \qquad \begin{matrix} \text{H}_3\text{C} & & \text{CH}_2\text{CH}_3 \\ & \text{C}=\text{C} & \\ \text{H}_3\text{CH}_2\text{C} & & \text{CH}_2\text{CH}_2\text{CH}_3 \end{matrix}$$

(Z)-丁-2-烯   (E)-丁-2-烯   (Z)-3-甲基-4-丙基辛-3-烯

$$\begin{matrix} \text{Br} & & \text{Cl} \\ & \text{C}=\text{C} & \\ \text{Cl} & & \text{H} \end{matrix} \qquad\qquad \begin{matrix} \text{Br} & & \text{H} \\ & \text{C}=\text{C} & \\ \text{Cl} & & \text{Cl} \end{matrix}$$

(Z)-1,2-二氯溴乙烯   (E)-1,2-二氯溴乙烯
反-1,2-二氯溴乙烯   顺-1,2-二氯溴乙烯

用顺、反和用(Z)、(E)表示烯烃的构型是两种不同的命名方法,不能简单地把顺和(Z)或反和(E)等同看待。

问题 6.3 命名问题 6.1 中的化合物。

6.1.4 环烯烃

环烯烃(cycloalkene)的通式为 C_nH_{2n-2},有两个不饱和度。

最简单的环烯烃为环丙烯,其分子中碳-碳双键的键长比烯烃短:

△   C=C   129 pm
     C—C   152 pm

环丙烯的张力很大（张力能为 277 kJ·mol^{-1}），但含环丙烯环的苹婆酸（sterculic acid）存在于一些植物（如 sterculia foelida）的种子油中。

$$CH_3(CH_2)_7-\triangle-(CH_2)_7CO_2H$$
苹婆酸

由于几何原因，较小的环中不可能有反式双键。环辛烯的碳环相当大，碳-碳双键有可能以反式构型存在。反环辛烯已经合成出来，并对它的 Pt 配合物进行了 X 射线衍射研究，反环庚烯只能在低温下合成，在 1 ℃ 下只能存在几分钟。

较小的双环化合物桥头碳原子上如有双键是不稳定的，这一经验规律称为 Bredt 规律。例如，双环[2.2.1]庚-1-烯尚未分离得到纯粹的化合物：

双环[2.2.1]庚-1-烯

从结构上看，这个化合物是反环己烯中的 1,4 位碳原子用一个碳原子的桥连接而成的，因此，它同反环己烯一样，是不稳定的。如果含桥头双键的双环化合物中，含反式双键的环较大，相应的化合物是不是更稳定？实验证明这一推测是合理的。双环[3.3.1]壬-1-烯是将反环辛烯分子中的 1,5-碳原子用一个碳原子的桥连接成的，它可以分离出来，但活性很高，双环[4.4.0]癸-1-烯是将反环癸烯分子中的 1,6-碳原子直接用单键连接而成的，它同一般的烯烃一样稳定。

双环[3.3.1]壬-1-烯　　　　　　双环[4.4.0]癸-1-烯

环己烯的构象为半椅型（half-chair），已由微波光谱及电子衍射证实。

C(4)，C(5) 上的两个键相当于环己烷椅型构象中的直立键和平伏键。C(3)，C(6) 上的两个键与 a 键和 e 键有相似之处，称为 Ψ-a 和 Ψ-e（Ψ=pseudo-假）。C(4)，C(5) 上取代基在 e 键位置比在 a 键位置更稳定，但差别不大。Ψ-e 和 Ψ-a 之间的差别更小。可能是由于在环的同一边 a-取代基只受一个 Ψ-a 取代基的影响，后者又不是真正的 a-取代基。

§6.2 烯烃的相对稳定性

根据烯烃的燃烧热或氢化热可以推测其相对稳定性。

6.2.1 燃烧热

含同数碳原子的烯烃异构体燃烧时生成相同的产物：

$$C_4H_8 + 6\,O_2 \longrightarrow 4\,CO_2 + 4\,H_2O$$

因此，可以根据烯烃异构体的燃烧热来比较它们的相对稳定性。

C_4 烯烃的燃烧热分别为

$CH_3CH_2CH=CH_2$	2 718 kJ·mol^{-1}
(Z)-丁-2-烯	2 711 kJ·mol^{-1}
(E)-丁-2-烯	2 708 kJ·mol^{-1}
$(CH_3)_2C=CH_2$	2 701 kJ·mol^{-1}

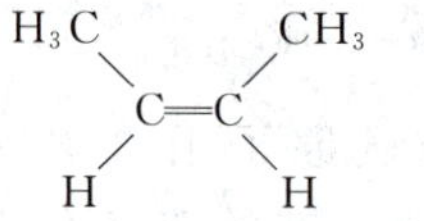

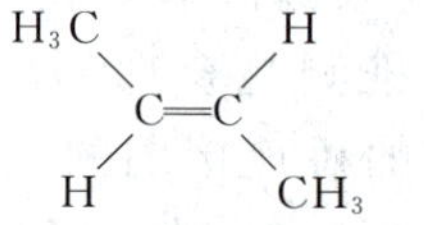

稳定性次序为丁-1-烯＜(Z)-丁-2-烯＜(E)-丁-2-烯＜异丁烯。可见含同数碳原子的烯烃异构体中，与烯键碳原子直接相连的烷基数目多的较稳定。在顺反异构体中，反式异构体较顺式稳定。

在顺丁-2-烯分子中两个体积较大的甲基挤在一起，它们之间的范德华斥力使分子的能量升高：

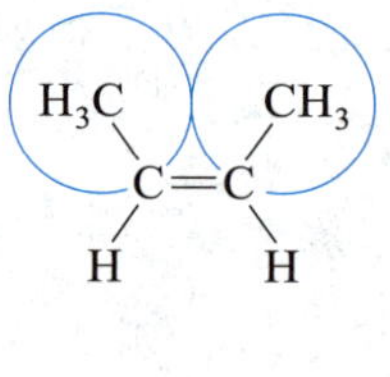

顺丁-2-烯 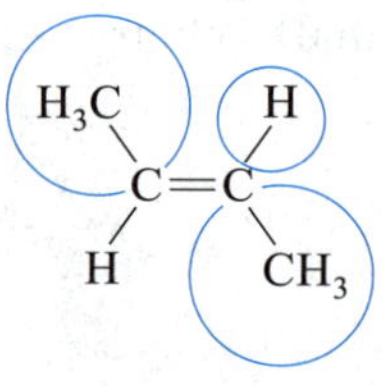　　　　反丁-2-烯

实验测得的键长、键角为

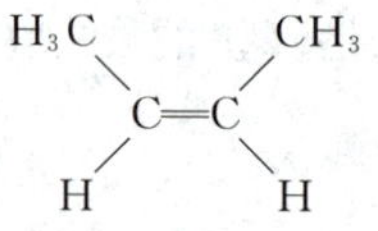

C=C 134.6 pm　　　　C=C 134.7 pm
∠CCC 126.4°　　　　∠CCC 123.8°

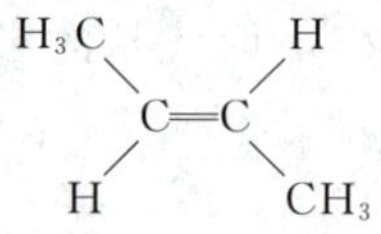

§ 6.2 烯烃的相对稳定性

即顺式异构体的∠CCC角略大于反式。

顺-和反-1,2-二叔丁基乙烯的燃烧热分别为

$$(CH_3)_3C \overset{}{\underset{H}{C}}=\overset{}{\underset{H}{C}} C(CH_3)_3 \qquad 6\,634 \text{ kJ·mol}^{-1}$$

$$(CH_3)_3C \overset{}{\underset{H}{C}}=\overset{}{\underset{C(CH_3)_3}{C}} H \qquad 6\,590 \text{ kJ·mol}^{-1}$$

顺式异构体与反式异构体燃烧热之差达 44 kJ·mol^{-1}，为丁-2-烯的两种异构体之间的差值 (3 kJ·mol^{-1}) 的十几倍，说明顺式异构体分子中张力很大。

6.2.2 氢化热

烯烃在催化剂存在下加氢生成烷烃：

$$\text{C}=\text{C} + H_2 \xrightarrow{\text{催化剂}} \text{CH—CH}$$

这是一个放热反应，放出的热称为氢化热。

丁-1-烯和丁-2-烯加氢后生成同一烷烃——丁烷，因此，氢化热和燃烧热一样，可以用来比较含同一碳架的烯烃异构体的相对稳定性。一些烯烃的氢化热见表 6.1。

表 6.1　一些烯烃的氢化热　　　　　　　　　　　　　　　　单位：kJ·mol^{-1}

化　合　物	氢 化 热	化　合　物	氢 化 热
$CH_2=CH_2$	136.5	(Z)-$CH_3CH=CHCH_3$	118.9
$CH_3CH=CH_2$	125.2		
$CH_3CH_2CH=CH_2$	126.0	(E)-$CH_3CH=CHCH_3$	114.7
$(CH_3)_2C=CH_2$	117.6		
$CH_3CH_2CH_2CH_2CH=CH_2$	126.4	(Z)-$CH_3CH_2CH=CHCH_2CH_3$	117.6
$(CH_3)_2HC\,C(H_3C)=CH_2$	116.4		
$CH_3CH_2CH=C(CH_3)_2$	111.8	(E)-$CH_3CH_2CH=CHCH_2CH_3$	113.9
$(CH_3)_2C=C(CH_3)_2$	110.5		
$(CH_3)_3CH_2C(H_3C)=CH_2$	113.0		

从表 6.1 可见：含四个碳原子的直链烯烃的稳定性次序为丁-1-烯<(Z)-丁-2-烯<(E)-丁-2-烯，与从燃烧热得出的结果一致，并且两种异构体的能量差在误差范围内也相符合。

由于氢化只涉及碳-碳双键，所有的单烯烃都是加两个氢原子，如果假定生成的烷烃的结构对氢化热的影响不大，就可以利用氢化热来比较含不同碳原子数和不同碳架的烯烃的相对稳定性，结果得到如下次序：

$$CH_2{=}CH_2 < RCH{=}CH_2 < RCH{=}CHR < R_2C{=}CHR < R_2C{=}CR_2$$

即烯烃分子中双键碳原子上烷基取代基的数目多的烯烃较为稳定。

乙烯、丙烯和丁-1-烯的生成热分别为 $+52.3 \text{ kJ·mol}^{-1}$，$+20.5 \text{ kJ·mol}^{-1}$ 和 -0.8 kJ·mol^{-1}，与上面的稳定性次序相符合。

§6.3 烯烃的制法

常用的制备烯烃的方法是用一卤代烷或醇作原料，通过消除反应在分子中导入碳-碳双键。

由一卤代烷制备烯烃，常用的试剂是热的 KOH 乙醇溶液，更强的碱则用醇钠或醇钾，如叔丁醇钾 $[(CH_3)_3CO^-K^+]$，也可以用胺作碱性试剂。除了用醇作溶剂外，还可以用非质子极性溶剂（aprotic polar solvents）如 N,N-二甲基甲酰胺（N,N-dimethylformamide，DMF）和二甲亚砜（dimethyl sulfoxide，DMSO）。例如：

$$CH_3(CH_2)_{15}CH_2CH_2Cl \xrightarrow[\text{DMSO}]{\text{KOC}(CH_3)_3} \underset{86\%}{CH_3(CH_2)_{15}CH{=}CH_2}$$

如卤代烷分子中有两个以上不同的 β-氢原子，则生成两种或几种烯烃的混合物。例如：

$$CH_3CH_2\underset{\underset{Br}{|}}{C}(CH_3)_2 + \text{EtOK} \xrightarrow[\triangle]{\text{EtOH}} \underset{70\%}{CH_3CH{=}C(CH_3)_2} + \underset{30\%}{CH_3CH_2\underset{\underset{CH_3}{|}}{C}{=}CH_2}$$

$$CH_3CH_2CH_2\underset{\underset{Br}{|}}{CH}CH_3 + \text{EtOK} \xrightarrow[\triangle]{\text{EtOH}} \underset{\text{顺式,}14\%;\text{反式,}41\%}{CH_3CH_2CH{=}CHCH_3} + \underset{25\%}{CH_3CH_2CH_2CH{=}CH_2}$$

$$+ \underset{20\%}{CH_3CH_2CH_2\underset{\underset{OCH_2CH_3}{|}}{CH}CH_3}$$

由于一卤代烷的消除反应可能生成两种或几种烯烃，此外还可能有取代产物，因此，必须考虑产物是否容易提纯。

6.3.1 醇脱水

醇在酸催化下脱水生成烯烃，常用的酸为硫酸、磷酸和草酸。

$$CH_3CH_2OH \xrightarrow{H_2SO_4,170\ ℃} CH_2{=}CH_2$$

$$(CH_3)_2\underset{\underset{OH}{|}}{C}CH_3 \xrightarrow{20\% H_2SO_4,85\ ℃} \underset{84\%}{(CH_3)_2C{=}CH_2}$$

$$\text{环己醇} \xrightarrow{H_2SO_4,140\ ℃} \underset{79\% \sim 87\%}{\text{环己烯}}$$

另外一种方法是将醇的蒸气在高温下通过氧化铝等催化剂制备烯烃：

$$CH_3CH_2OH \xrightarrow[98\%]{Al_2O_3,350\sim360\ ℃} CH_2=CH_2$$

用这种方法制备烯烃的优点是副产物少。

6.3.2 双分子消除反应，E2

溴乙烷与乙醇钠在乙醇溶液中反应，除生成取代产物外还生成消除产物乙烯：

$$CH_3CH_2\ddot{O}:^- + H-CH_2-CH_2-Br \longrightarrow CH_2=CH_2 + CH_3CH_2OH + Br^-$$

生成烯烃的速率与溴乙烷浓度和乙氧负离子浓度的乘积成正比：

$$v = k_{E2}[CH_3CH_2Br][CH_3CH_2O^-]$$
$$k_{E2} = 1.6\times 10^{-5}\ s^{-1}\cdot mol^{-1}(55\ ℃)$$

Ingold 等认为：这也是双分子反应，乙氧负离子进攻 β-碳原子上的氢原子，H—C 键和 C—Br 键的断裂和 π 键的形成是同步进行的，同 S_N2 反应一样，为一步反应。这种反应机理称为双分子消除，简写作 E2。

$$CH_3CH_2O^- + H-CH_2-CH_2-Br \longrightarrow \left[CH_3CH_2\overset{\delta-}{O}\cdots H\cdots CH_2=CH_2\cdots \overset{\delta-}{Br}\right]^{\neq}$$
$$\text{过渡状态}$$
$$\longrightarrow CH_3CH_2OH + CH_2=CH_2 + Br^-$$

虚线表示部分生成或断裂的键。

E2 反应的能线图与 S_N2 反应相似。

含同一烷基的一卤代烷在 E2 反应中反应速率的大小次序：RI＞RBr＞RCl＞RF。例如，2-卤代-2-甲基丁烷与叔丁醇钾在叔丁醇溶液中发生消除反应的相对速率为 RCl∶RBr∶RI＝1∶58∶401，与卤素的离去倾向次序一致。

$$(CH_3)_2\underset{X}{C}CH_2CH_3 + (CH_3)_3CO^- \xrightarrow[25\ ℃]{(CH_3)_3COH} (CH_3)_2C=CHCH_3 + (CH_3)_3COH + X^-$$

6.3.3 E2 与 S_N2 的竞争

一卤代烷中除卤代甲烷外，一般都有 β-氢原子，试剂既可进攻 α-碳原子生成取代产物，也可以进攻 β-氢原子生成消除产物，因此，E2 和 S_N2 是互相竞争的两种反应。一种反应的份额增加，另外一种反应的份额就会减少。

对 E2 和 S_N2 反应的份额影响最大的因素是底物的结构。一些一溴代烷在乙醇钠的乙醇溶液中发生消除和取代反应的速率常数见表 6.2。

表 6.2　一溴代烷在 EtONa/EtOH 作用下的取代和消除反应(55 ℃)

一溴代烷, RBr R—	$k_2/(10^{-5}\,\text{s}^{-1}\cdot\text{mol}^{-1})$		$x_{烯烃}/\%$
	S_N2	E2	
CH_3CH_2—	172	1.6	0.9
$CH_3CH_2CH_2$—	55	5.3	8.9
$(CH_3)_2CHCH_2$—	5.8	8.5	60
$(CH_3)_2CH$—*	(1.6)	(7.6)	80
$(CH_3CH_2)_2CH$—*	(1.5)	(13)	88

* 实验原在 25 ℃下进行,括号中为用于粗略对比的估计数值。

一卤代烷分子中 α- 或 β- 碳原子上的氢原子被烷基取代,都能阻碍试剂从卤原子的背面进攻碳原子,使 S_N2 反应不容易进行,而进攻 β- 氢原子则不受阻碍,因此,仲卤代烷比伯卤代烷更容易发生消除反应,叔卤代烷只生成少量取代产物。例如:

$$(CH_3)_3CBr \xrightarrow[55\,℃]{\text{EtONa,EtOH}} (CH_3)_2C{=}CH_2 + (CH_3)_3C{-}OEt$$
$$\qquad\qquad\qquad\qquad\qquad\qquad 93\% \qquad\qquad 7\%$$

伯卤代烷分子中 β- 碳原子上烷基数目增加,取代反应的份额也显著减少。

试剂的碱性强有利于消除反应的进行。仲卤代烷和叔卤代烷与烷氧基负离子反应,主要生成消除产物。如试剂的碱性比氢氧负离子更弱,则仲卤代烷主要生成取代产物。

一个碱的共轭酸的酸性越强(pK_a 值小),其碱性越弱。水和乙醇的 pK_a 分别为 15.7 和 15.9,HCN 的 pK_a 为 9.1,因此,CN^- 是比 OH^- 更弱的碱,它与仲卤代烷主要生成取代产物。例如:

$$CH_3(CH_2)_5\underset{\underset{Cl}{|}}{C}HCH_3 + KCN \xrightarrow[70\%]{\text{DMF}} CH_3(CH_2)_5\underset{\underset{CN}{|}}{C}HCH_3 + KCl$$

叠氮离子的碱性弱(HN_3,$pK_a=4.6$),它与仲卤代烷也生成取代产物。例如:

$$\text{C}_6\text{H}_{11}{-}I + NaN_3 \xrightarrow{75\%} \text{C}_6\text{H}_{11}{-}N_3 + NaI$$

叔卤代烷与负离子亲核试剂主要生成消除产物。

碱的体积加大,它与一卤代烷分子中 α- 或 β- 碳原子上的烷基之间的范德华作用力使其不容易接近 α- 碳原子,因此不利于 S_N2 反应,使 E2 反应的份额相应增加。例如:

$$(CH_3)_2CHCH_2Br + CH_3CH_2O^- \xrightarrow{CH_3CH_2OH} (CH_3)_2C{=}CH_2 + (CH_3)_2CHCH_2OCH_2CH_3$$
$$\qquad\qquad\qquad\qquad\qquad\qquad\qquad\qquad 62\% \qquad\qquad 38\%$$

$$(CH_3)_2CHCH_2Br + (CH_3)_3CO^- \xrightarrow{(CH_3)_3COH} (CH_3)_2C{=}CH_2 + (CH_3)_2CHCH_2OC(CH_3)_3$$
$$\qquad\qquad\qquad\qquad\qquad\qquad\qquad\qquad 92\% \qquad\qquad 8\%$$

在卤代烷的 E2 反应中，卤素的变化对 E2 和 S_N2 产物的比例影响不大，但离去基团为 $CH_3-\!\!\!\!\bigcirc\!\!\!\!-SO_3(TsO)$ 时一般得到取代产物。例如，$n-C_{18}H_{37}Br$ 用 Me_3CO^-/Me_3COH 处理，得到 85% 的消除产物，而 $n-C_{18}H_{37}OTs$ 在同样条件下得到 99% 的取代产物。

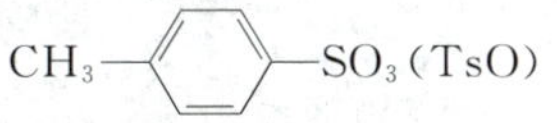

溶剂的极性增加有利于 S_N2 反应，因此，由卤代烷制备烯烃常用 KOH 的醇溶液作试剂，而其水解则用 KOH 的水溶液。

反应的温度升高，取代反应和消除反应的速率都加快，但消除反应比取代反应速率增加的幅度大，因此，升高反应温度，有利于消除反应的进行。

只要采用体积大的强碱，如叔丁醇钾作试剂，在较高温度下反应，即使是伯卤代烷，也可以使它主要生成消除产物。

6.3.4 E2 反应的区域选择性

一卤代烷分子中如有两种或几种不同的 β-氢原子，其消除反应可以向不同方向进行，生成结构不同的烯烃。这是几个同时进行的反应，哪一个反应的速率快，生成的烯烃在产物中的份额就较大。

在 E2 反应的过渡状态中，π 键已部分形成，因此，影响烯烃稳定性的因素在一定程度上也影响生成它的过渡状态。双键碳原子上烷基取代基较多的烯烃较稳定，由此推测，生成它的过渡状态也较稳定，相应的活化能较低，反应速率较快，这种烯烃在产物中的份额也较大。这就是 Zaitsev 规律的理论根据，见图 6.1。

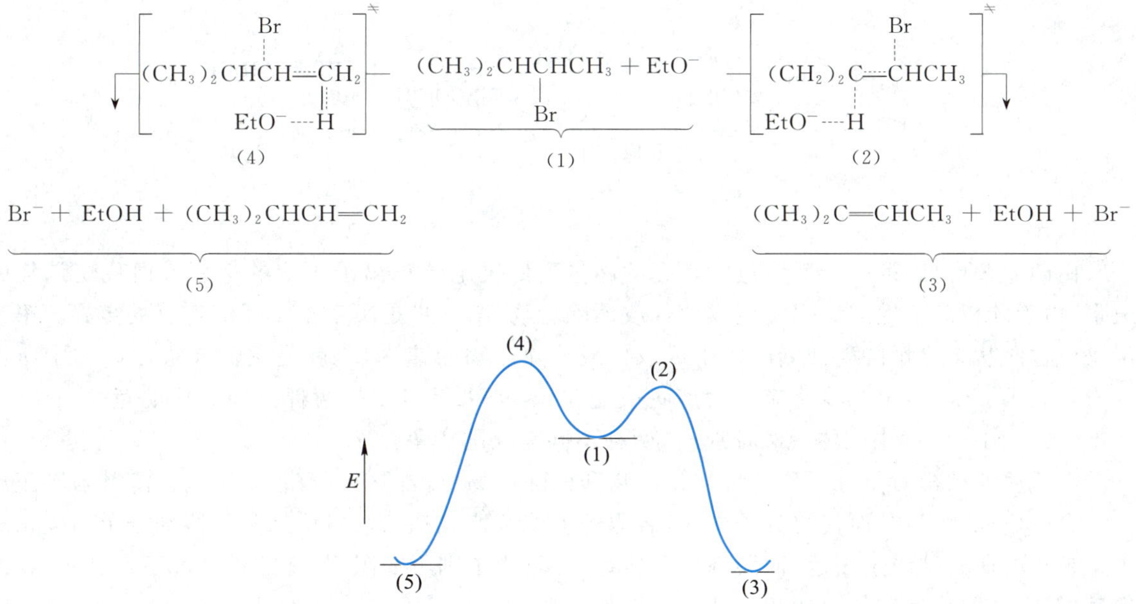

图 6.1 在 E2 反应中优先生成较稳定的烯烃

6.3.5 单分子消除反应(E1)

叔丁基溴在乙醇溶液中除了生成取代产物外,还生成消除产物:

$$(CH_3)_3CBr + C_2H_5OH \xrightarrow{25\ ℃} (CH_3)_3COCH_2CH_3 + (CH_3)_2C{=}CH_2$$
$$\quad\quad\quad\quad\quad\quad\quad\quad\quad\quad\quad 81\%\quad\quad\quad\quad\quad 19\%$$

说明作为活性中间体生成的碳正离子除了与溶剂结合生成取代产物外,还能够脱去质子,生成烯烃:

$$C_2H_5\ddot{O}: + H{-}CH_2{-}\underset{CH_3}{\overset{CH_3}{C^+}} \xrightarrow{快} C_2H_5\overset{+}{O}H_2 + (CH_3)_2C{=}CH_2$$
$$\ \ |$$
$$\ \ H$$

由于反应的速率决定步骤也是叔卤代烷的解离,所以称为单分子消除反应,简称为 E1。

E1 反应的能线图与 S_N1 反应相似,见图 6.2。

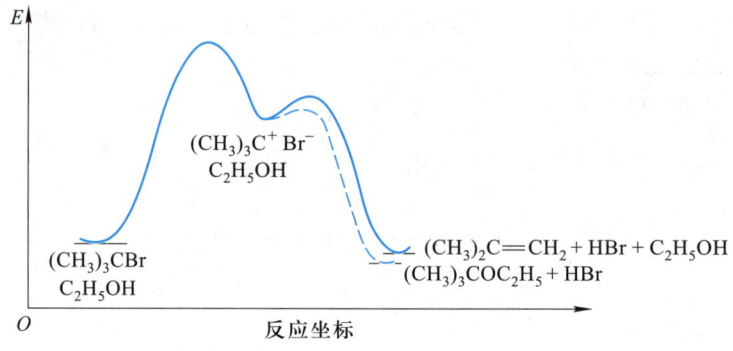

图 6.2 E1 反应的能线图

由图 6.2 可见:第一步反应过渡状态的能量高低决定碳正离子生成的速率或卤代烷消耗的速率,由于碳正离子生成后很快生成取代或消除产物,第一步是决定整个反应速率的步骤。第二步反应过渡状态能量的高低则决定生成取代或消除产物的速率,也就是它们在最后产物中所占的份额大小。因此,第二步反应称为产物决定步骤。S_N2 和 E2 是两种不同反应的竞争,而 S_N1 和 E1 则是同一活性中间体继续反应时,两种不同途径的竞争。

卤代烷的结构对单分子反应中取代产物和消除产物所占的份额有重要影响。溶剂与碳正离子结合生成取代产物,卤代烷分子中 β-碳原子上烷基取代基的数目增加阻碍溶剂分子与碳正离子中带正电荷的碳原子接近,而溶剂分子接近 β-氢原子则不受阻碍,在这种情况下,消除产物的份额增加,而取代反应的份额相应减少。例如:

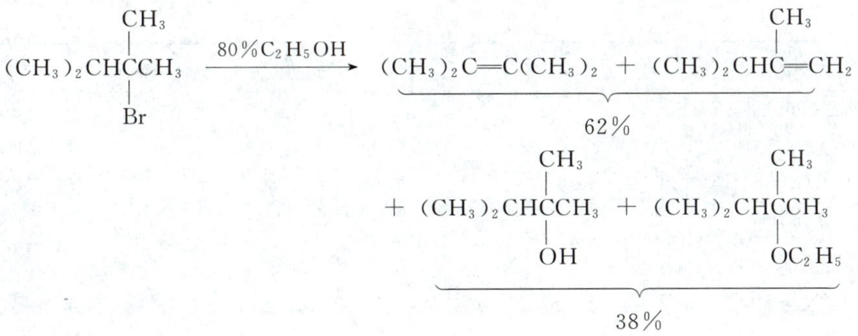

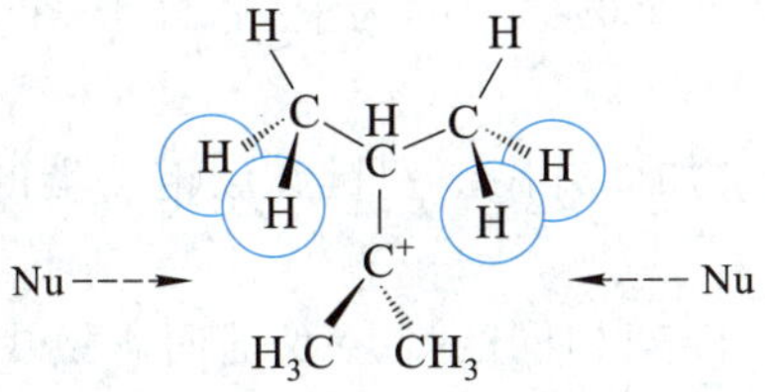

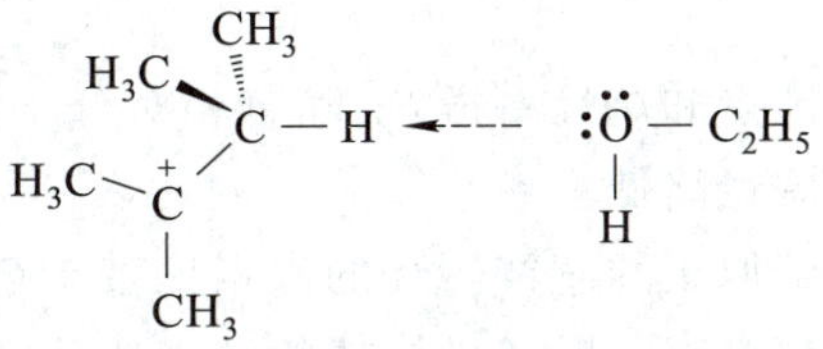

$$(CH_3)_2CHCH_3 \atop Br \xrightarrow{80\% C_2H_5OH} \underbrace{(CH_3)_2C=C(CH_3)_2 + (CH_3)_2CHC=CH_2 \atop CH_3}_{62\%}$$

$$+ \underbrace{(CH_3)_2CHCCH_3 + (CH_3)_2CHCCH_3 \atop CH_3 \; OH \qquad CH_3 \; OC_2H_5}_{38\%}$$

2-溴-2-甲基丁烷在乙醇中溶剂解，取代和消除产物的比例为64∶36，如在 2 mol·L^{-1} 乙醇钠乙醇溶液中进行反应，取代和消除产物的比例为1∶99：

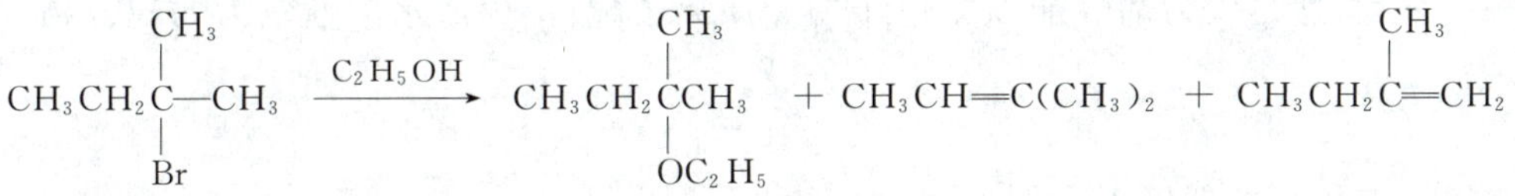

$$CH_3CH_2\underset{Br}{\overset{CH_3}{\underset{|}{\overset{|}{C}}}}CH_3 \xrightarrow{C_2H_5OH} CH_3CH_2\underset{OC_2H_5}{\overset{CH_3}{\underset{|}{\overset{|}{C}}}}CH_3 + CH_3CH=C(CH_3)_2 + CH_3CH_2\underset{}{\overset{CH_3}{\underset{}{\overset{|}{C}}}}=CH_2$$

在后一种情况下，反应机理为 S_N2 和 E2，因此，制备烯烃在双分子反应的条件下进行，效果较好。

§6.4 烯烃的物理性质

6.4.1 熔点和沸点

一些烯烃和环烯烃的熔点和沸点见表6.3。

表 6.3　一些烯烃和环烯烃的熔点和沸点

化　合　物	熔点/℃	沸点/℃
乙烯(ethene, ethylene)	−169.1	−103.7
丙烯(propene)	−185.0	−47.6
丁-1-烯(but-1-ene)	−185	−6.1
(Z)-丁-2-烯(but-2-ene)	−138.91	3.7
(E)-丁-2-烯	−105.55	0.88
2-甲基丙烯(2-methylpropene)	−140	−6.6
戊-1-烯(pent-1-ene)	−138.0	30.2

续表

化 合 物	熔点/℃	沸点/℃
(Z)-戊-2-烯(pent-2-ene)	−151.39	36.9
(E)-戊-2-烯	−136	36.35
2-甲基丁-2-烯(2-methyl but-2-ene)	−134.1	38.4
己-1-烯(hex-1-ene)	−138.0	63.5
环戊烯(cyclopentene)	−98.3	44.1
环己烯(cyclohexene)	−104.0	83.1

在室温下含 2~4 个碳原子的烯烃为气体,含 5~18 个碳原子的为液体,含 19 个碳原子以上的为固体。

烯烃的沸点和烷烃一样,也随着相对分子质量的增加而升高。双键在碳链一端的烯烃,其沸点比相应的烷烃略低。

含同数碳原子的直链烯烃的沸点比带支链的高。碳架相同的烯烃双键向碳链中间移动时,沸点和熔点都升高。顺式异构体的沸点比反式高,熔点比反式低。烯烃的相对密度小于 1,但比相应的烷烃大。

烯烃在水里的溶解度很小,但比烷烃大。烯烃在某些重金属盐(如亚铜盐和银盐)的水溶液中的溶解度很大,这是因为烯烃能以 π 电子与金属离子配位,生成水溶性较大的配合物。

6.4.2 偶极矩

一些烯烃有较小的偶极矩。例如:

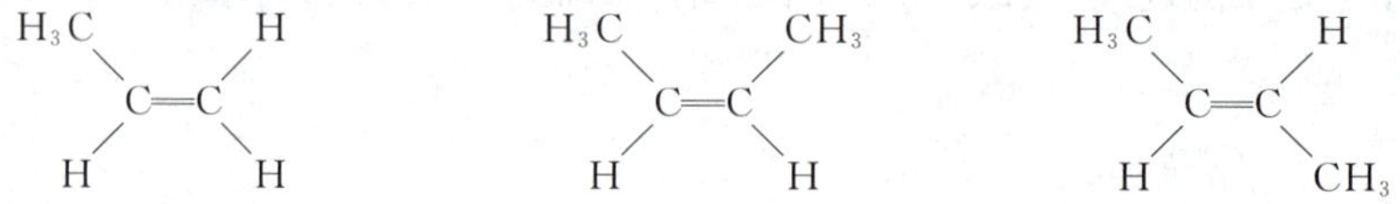

$\mu = 1.334 \times 10^{-30}$ C·m $\mu = 0.834 \times 10^{-30}$ C·m $\mu = 0$

偶极矩的产生可能是由于烯键碳原子为 sp^2 杂化,烷基碳原子为 sp^3 杂化,杂化轨道中 s 成分越多,吸引电子的能力越强,在 $C(sp^3)$—$C(sp^2)$ 键上电子云是不对称分布的,其方向从 $C(sp^3)$ 指向 $C(sp^2)$:

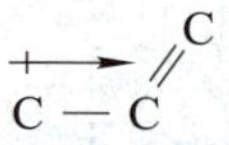

其数值虽小,仍可以测定。分子的偶极矩为各化学键的偶极矩的矢量和,因此,顺丁-2-烯有较小的偶极矩,而反丁-2-烯的偶极矩为零。

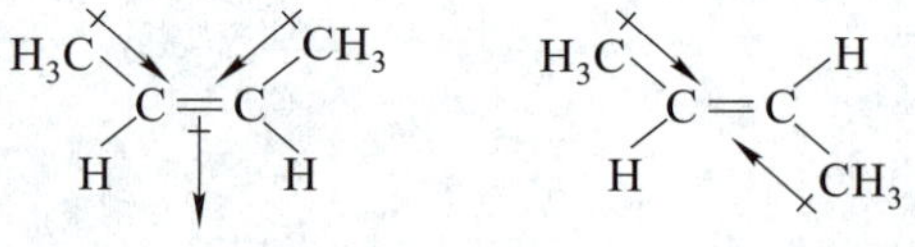

由于顺式异构体的偶极矩比反式异构体大,在液态下,分子间除了范德华吸引力外,还有偶

极之间的吸引力，因此，顺式异构体的沸点较高，反式异构体在晶格中能比顺式异构体更紧密地排列，因而熔点较高。

§6.5 烯烃的反应

烯烃分子中决定反应性能的主要结构单位是由一个 σ 键和一个 π 键所组成的碳-碳双键。π 键的强度比 σ 键小，它容易通过在双键碳原子上加两个原子或原子团而转变为 σ 键。因此烯烃的典型反应是加成反应。

烯烃与 $Ag^+NO_3^-$ 能生成 1∶1 的配合物 $[烯烃·Ag]^+NO_3^-$，说明烯烃分子中的 π 键使它成为富电子（electron rich）化合物，容易与亲电试剂发生反应。

6.5.1 加卤化氢

烯烃与卤化氢发生加成反应生成一卤代烷：

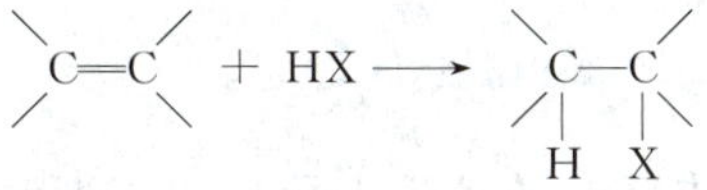

$$\mathrm{C{=}C} + HX \longrightarrow \mathrm{\underset{H\ \ X}{C-C}}$$

反应可以在烃类、二氯甲烷、三氯甲烷、乙酸等有机溶剂中进行：

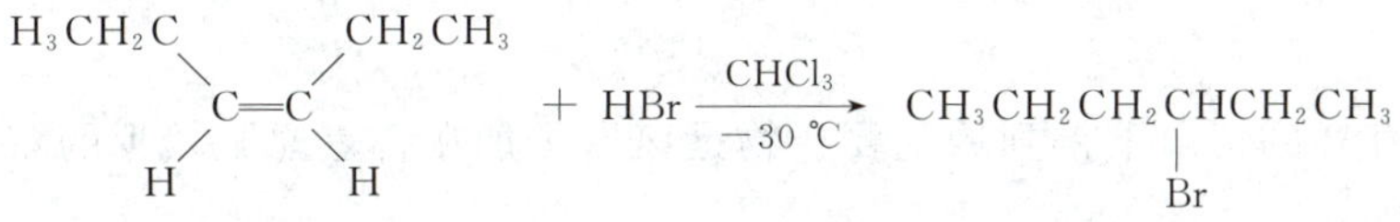

$$\mathrm{\underset{H\ \ \ \ \ H}{\overset{H_3CH_2C\ \ \ \ CH_2CH_3}{C{=}C}}} + HBr \xrightarrow[-30\ ℃]{CHCl_3} \mathrm{CH_3CH_2CH_2\underset{Br}{CH}CH_2CH_3}$$

$$76\%$$

碘化氢可以用碘化钾和磷酸代替：

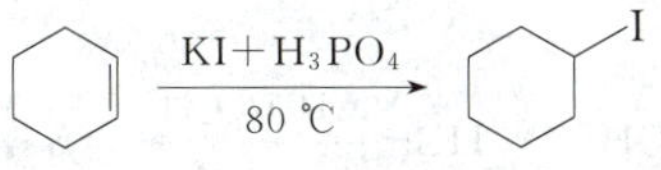

$$\underset{}{\bigcirc} \xrightarrow[80\ ℃]{KI+H_3PO_4} \underset{88\%\sim 90\%}{\bigcirc{-}I}$$

极性催化剂的存在能使加成反应的速率加快。例如，氯化氢气体与烯烃气体发生反应的速率非常慢，而在无水氯化铝存在下迅速发生加成反应。在无水氯化铝存在下乙烯在氯乙烷溶液中，即使在 $-80\ ℃$，也迅速与氯化氢发生加成反应。因此，工业上由乙烯合成氯乙烷时，用无水氯化铝作催化剂。碘化氢最容易加成，溴化氢次之，氯化氢最难：

$$HI > HBr > HCl$$

与卤化氢酸性大小次序一致，氟化氢也能发生加成反应，但同时也使烯烃聚合。

6.5.1.1 反应机理

在 E1 反应中，卤代烷先解离成碳正离子和卤离子，碳正离子在碱（溶剂分子）协助下，脱去质子，生成烯烃：

$$(CH_3)_3C-Br \longrightarrow (CH_3)_3C^+ + Br^-$$

$$(CH_3)_2\overset{+}{C}-CH_2-H + :B \longrightarrow [(CH_3)_2\overset{\delta+}{C}-CH_2\cdots H\cdots\overset{\delta+}{B}] \longrightarrow (CH_3)_2C=CH_2 + HB$$

因此，碳正离子可以看作烯烃的共轭酸。酸碱反应是可逆的，碳正离子可以脱去质子变成烯烃，烯烃也能从卤化氢接受质子变成碳正离子，碳正离子再与溶液中的卤离子结合，就生成卤代烷：

$$C=C + H-X \longrightarrow CH-\overset{+}{C}$$

$$CH-\overset{+}{C} + X^- \longrightarrow CH-C-X$$

质子带正电荷，是一种亲电试剂(electrophile)，烯烃与卤化氢的加成反应是由亲电的质子进攻碳－碳双键上的 π 电子而引发的，因此，是一种亲电加成反应(electrophilic addition)。烯烃是很弱的碱，从烯烃转移两个 π 电子给质子而生成碳正离子，比碳正离子与卤离子结合生成卤代烷的速率慢，烯烃加质子，一般是加成反应的速率决定步骤。

6.5.1.2 区域选择性(regioselectivity)

卤化氢与不对称烯烃发生加成反应从理论上可以生成两种加成产物：

$$RCH=CH_2 + HBr \longrightarrow RCHCH_3 + RCH_2CH_2Br$$
$$\qquad\qquad\qquad\qquad\quad |$$
$$\qquad\qquad\qquad\quad Br$$

在没有过氧化物存在的情况下得到的主要产物是卤原子加在含氢原子较少的双键碳原子上所生成的化合物。例如：

$$CH_3CH_2CH=CH_2 + HBr \xrightarrow{CH_3CO_2H} CH_3CH_2CHCH_3 + CH_3CH_2CH_2CH_2$$
$$\qquad\qquad\qquad\qquad\qquad\qquad\qquad | \qquad\qquad\qquad\qquad |$$
$$\qquad\qquad\qquad\qquad\qquad\qquad\qquad Br \qquad\qquad\qquad\qquad Br$$
$$\qquad\qquad\qquad\qquad\qquad\qquad\qquad 80\% \qquad\qquad\qquad\qquad 20\%$$

$$(CH_3)_2C=CH_2 + HBr \xrightarrow{CH_3CO_2H} (CH_3)_2CCH_3$$
$$\qquad\qquad\qquad\qquad\qquad\qquad\qquad |$$
$$\qquad\qquad\qquad\qquad\qquad\qquad\qquad Br$$
$$\qquad\qquad\qquad\qquad\qquad\qquad\qquad 90\%$$

1-甲基环戊烯 + HCl $\xrightarrow{0\ ℃}$ 1-氯-1-甲基环戊烷 100%

1870 年，俄国化学家 Markovnikov V M 首先总结了烯烃加卤化氢的区域选择性规律，因此称为 Markovnikov 规律，即马氏规律。

问题 6.4　下列化合物与碘化氢的反应中主要产物是什么？
(1) 2-甲基丁-2-烯　　(2) 2-甲基丁-1-烯
(3) 3-乙基戊-2-烯　　(4) $CH_3CH=$⬡

结构不对称的烯烃与质子可能生成两种碳正离子。例如：

$$RCH=CH_2 + H^+ \longrightarrow \left[\overset{\delta+}{RCH}\cdots\cdots\overset{\delta+}{CH_2}\cdots H \right]^{\neq} \longrightarrow \overset{+}{RCH}CH_3$$
(1)

$$\begin{matrix}RCH=CH_2 \\ H^+\end{matrix} \longrightarrow \left[\begin{matrix}RCH\cdots\cdots CH_2 \\ \vdots \\ H^{\delta+}\end{matrix} \right]^{\neq} \longrightarrow RCH_2CH_2^+$$
(2)

它们分别与卤离子结合生成仲卤代烷和伯卤代烷。两种卤代烷在最后产物中所占的份额决定于生成两种碳正离子的速率，后者则决定于生成它们的过渡状态能量的高低，过渡状态的能量低，活化能小，反应速率快。在过渡状态中，碳正离子已部分生成，它在结构上更像碳正离子，在能量上也与碳正离子相近。由于仲碳正离子比伯碳正离子稳定，过渡状态(1)的能量也应当比(2)低，因此，仲卤代烷生成的速率较快，是主要产物，见图 6.3。

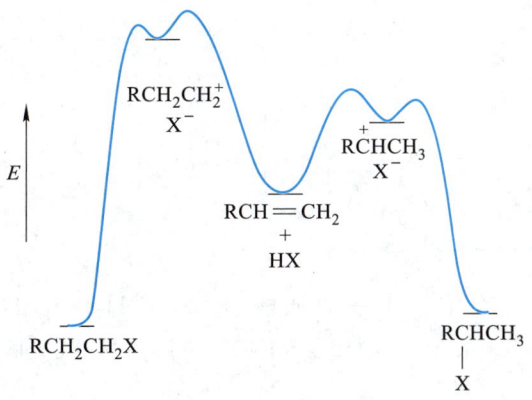

图 6.3　不对称烯烃加卤化氢反应的能线图

6.5.1.3　碳正离子的重排

3-甲基丁-1-烯与氯化氢反应除了生成 2-氯-3-甲基丁烷外，还生成 2-氯-2-甲基丁烷，即氯原子不是与双键碳原子相连接，说明生成的仲碳正离子可以通过氢原子的迁移生成更稳定的叔碳正离子。氢原子带着一对电子迁移到另一个碳原子上用符号 H:→表示：

$$(CH_3)_2CHCH=CH_2 + H-Cl \longrightarrow (CH_3)_2\underset{H}{C}-\overset{+}{C}HCH_3 \xrightarrow{Cl^-} \underset{\underset{Cl}{|}}{(CH_3)_2CHCHCH_3}$$
40%

$$\downarrow$$

$$(CH_3)_2\overset{+}{C}CH_2CH_3$$

$$\downarrow Cl^-$$

$$\underset{\underset{Cl}{|}}{(CH_3)_2CCH_2CH_3}$$

3,3-二甲基丁-1-烯与氯化氢在硝基甲烷(CH_3NO_2)溶液中反应,主要产物为2-氯-2,3-二甲基丁烷,即生成的仲碳正离子通过甲基的迁移,重排成更稳定的叔碳正离子:

$$CH_3\underset{\underset{CH_3}{|}}{\overset{\overset{CH_3}{|}}{C}}CH=CH_2 + H-Cl \longrightarrow CH_3\overset{\overset{CH_3}{|}}{\underset{\underset{CH_3}{|}}{C}}\overset{+}{C}HCH_3 \xrightarrow{Cl^-} \underset{\underset{Cl}{|}}{(CH_3)_3C}CHCH_3$$

17%

$$CH_3\overset{\overset{CH_3}{|}}{\underset{\underset{CH_3}{|}}{\overset{+}{C}}}CH_3 \xrightarrow{Cl^-} \underset{\underset{Cl}{|}}{(CH_3)_2C}CH(CH_3)_2$$

83%

甲基也是带着一对电子迁移到邻近的碳原子上。

在S_N1和E1反应中也有重排现象。例如,新戊基碘在硝酸银存在下水解生成2-甲基丁-2-醇:

$$CH_3\underset{\underset{CH_3}{|}}{\overset{\overset{CH_3}{|}}{C}}CH_2-I \xrightarrow{H_2O, AgNO_3} CH_3\underset{\underset{OH}{|}}{\overset{\overset{CH_3}{|}}{C}}CH_2CH_3$$

97%

6.5.2 水合

在浓度中等的强酸(H_2SO_4,H_3PO_4,HNO_3)中,烯烃加水生成醇,这种反应称为水合(hydration)。例如,异丁烯用65%的硫酸吸收,产物为叔丁醇:

$$(CH_3)_2C=CH_2 + H-\underset{\underset{H}{|}}{\overset{+}{O}}-H \rightleftharpoons \overset{慢}{} (CH_3)_2\overset{+}{C}CH_3 + :\underset{\underset{H}{|}}{\overset{}{O}}-H$$

$$(CH_3)_3\overset{+}{C} + :\underset{\underset{H}{|}}{\overset{}{O}}-H \rightleftharpoons \overset{快}{} (CH_3)_3C-\overset{+}{\underset{\underset{H}{|}}{O}}-H$$

$$(CH_3)_3C-\underset{\underset{H}{|}}{\overset{+}{O}}-H + :\underset{\underset{H}{|}}{\overset{}{O}}-H \rightleftharpoons \overset{快}{} (CH_3)_3COH + H_3O^+$$

异丁烯接受质子转变成叔丁基正离子,后者与水结合生成𬭩盐,𬭩盐是叔丁醇的共轭酸,脱去质子后成为叔丁醇。

Markovnikov规律显然也适用于水合反应,即羟基加在含氢原子最少的双键碳原子上。例如:

$$(CH_3)_2C=CHCH_3 \xrightarrow{50\% \ H_2SO_4} (CH_3)_2\underset{\underset{OH}{|}}{C}CH_2CH_3$$

90%

乙烯只能用浓硫酸吸收,产物为乙基硫酸:

$$CH_2{=}CH_2 + H{-}O{-}SO_3H \longrightarrow [CH_3CH_2^+ + {}^-OSO_3H] \longrightarrow CH_3CH_2OSO_3H$$

这是碳正离子中正电荷在伯碳原子上的极少数例子之一。

6.5.3 加卤素

大多数烯烃与溴迅速发生加成反应,生成二溴化物,乙酸、三氯甲烷、四氯化碳和二氯甲烷都可用作溶剂:

$$(CH_3)_2CHCH{=}CHCH_3 + Br_2 \xrightarrow[0\,°C]{CCl_4} \underset{\underset{Br\ Br}{|\ |}}{(CH_3)_2CHCHCHCH_3}$$
$$100\%$$

溴的四氯化碳溶液常用于烯烃的检验。溴的四氯化碳溶液为红棕色,把它滴加到烯烃中,立即褪色。不过能使溴的四氯化碳溶液褪色的化合物不只限于烯烃,还要用别的方法验证。

烯烃与氯的反应也很快:

$$(CH_3)_3CCH{=}CH_2 + Cl_2 \xrightarrow[53\%]{5\,°C} \underset{\underset{Cl\ Cl}{|\ |}}{(CH_3)_3CCHCH_2}$$

烯烃与氟的反应太猛烈,往往引起碳-碳键的断裂,在惰性溶剂中和低温(-78 ℃)下,可以发生加成反应,但同时发生取代反应。

烯烃与碘的加成是一个平衡反应,平衡位置偏向烯烃一边,邻二碘化合物也容易分解成烯烃。

6.5.3.1 立体化学

烯烃与溴或氯的加成反应为立体选择反应(即只生成某一种立体异构体的反应)。例如,在环己烯与溴的反应中只得到反式加成产物,反-1,2-二溴环己烷:

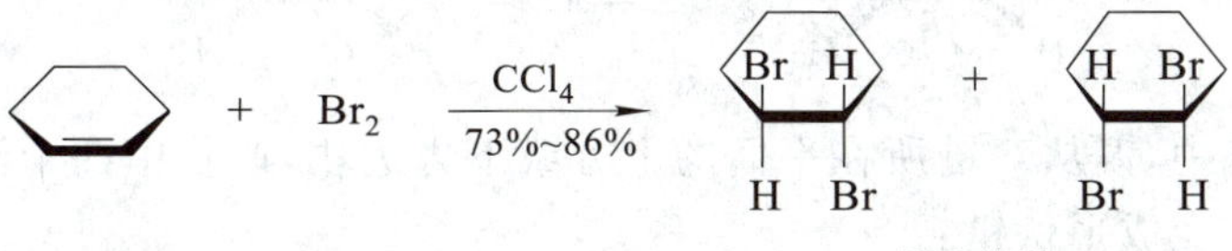

环己烯 + Br_2 $\xrightarrow[73\%\sim86\%]{CCl_4}$ 反-1,2-二溴环己烷 (外消旋体)

生成反式加成产物,说明反应是分步进行的,因为溴分子不可能同时从平面的上方和下方进攻。

6.5.3.2 反应机理

烯烃与溴的反应研究得较多,在没有光照和自由基引发的条件下,为离子反应。

乙烯与溴在水溶液中反应,如加入氯化钠、碘化钠、硝酸钠等盐类,除1,2-二溴乙烷外,还得到含有氯、碘和氮的副产物:

$$CH_2=CH_2 + Br_2 \begin{array}{l} \xrightarrow{H_2O, NaCl} CH_2ClCH_2Br \\ \xrightarrow{H_2O, NaI} CH_2ICH_2Br \\ \xrightarrow{H_2O, NaNO_3} CH_2CH_2Br \\ \qquad\qquad\qquad\quad | \\ \qquad\qquad\qquad\;\; ONO_2 \end{array}$$

但这些盐单独与烯烃不发生反应。由此推测，两个溴原子是分步加在双键上的，中间产物能够与 Cl^-，I^- 和 NO_3^- 等负离子结合，应是带正电荷的碳正离子：

$$CH_3CH=CH_2 + Br-Br \longrightarrow CH_3\overset{+}{C}HCH_2Br + Br^-$$

$$CH_3\overset{+}{C}HCH_2Br + Br^- \longrightarrow CH_3CHBrCH_2Br$$

反应的第二步是两个带相反电荷的离子结合生成共价键，而在第一步则有共价键的断裂，显然第一步较慢，是决定整个反应速率的步骤。在这一步中，实际结果是缺少电子的 Br^+ 进攻电子云密度高的 π 键，因此，是一种亲电加成。

为了说明加成反应的立体化学，假定碳正离子从 α 位上的溴原子接受一对电子生成环状的溴鎓离子（cyclic bromonium ion），溴鎓离子中的正电荷主要集中在溴原子上，溴原子和碳原子周围都有 8 个外层电子，比缺电子的碳正离子稳定。

溴负离子与溴鎓离子之间的反应相当于 S_N2，即从背面进攻碳原子。

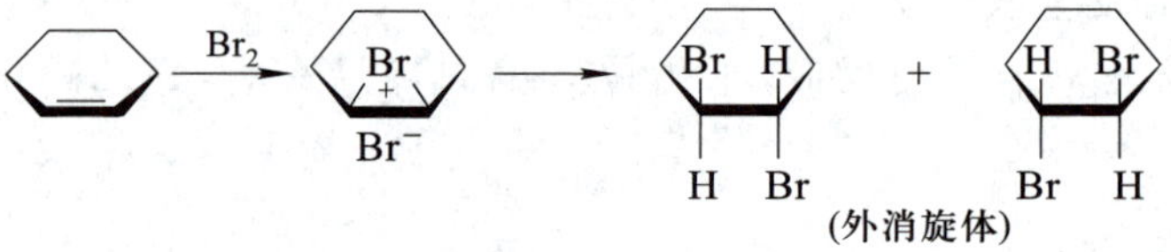

环己烯的构象为半椅型，1,2,3,6 四个碳原子在同一平面上，碳原子 4,5 则在平面的上下方：

在环己烯与溴的反应中，溴从双键所在平面的上方或下方进攻，产物中两个溴原子都在直立键的位置，经过环的翻转，变成平伏键：

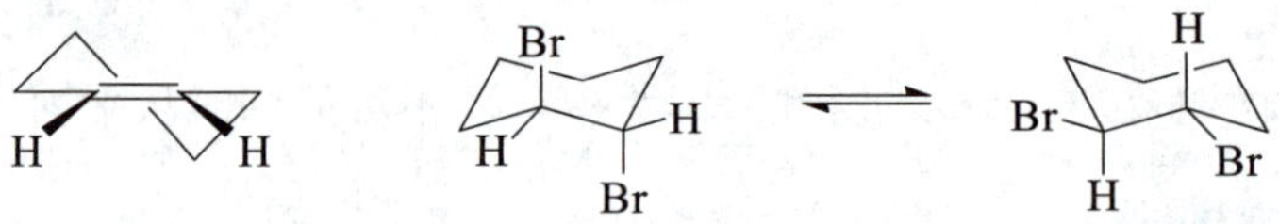

在多环化合物中，环的翻转受到阻碍，两个溴原子仍保留在直立键的位置。例如：

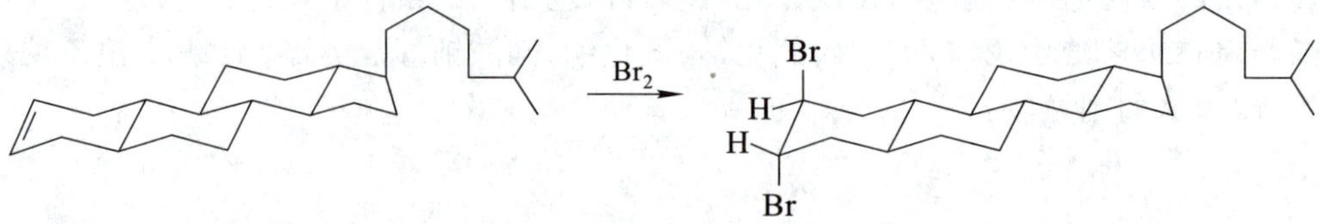

环状溴鎓离子的存在已有很多的实验证明。

6.5.4 加次卤酸

烯烃与氯或溴在水溶液中反应,主要产物为卤代醇,相当于在双键上加次卤酸:

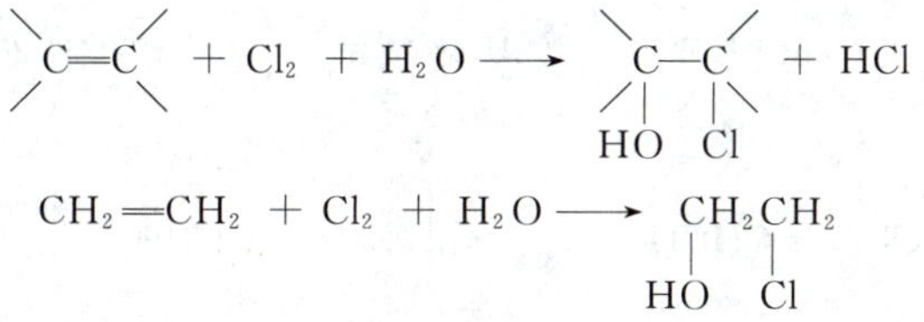

$$\text{C=C} + Cl_2 + H_2O \longrightarrow \underset{\underset{HO}{|}\ \underset{Cl}{|}}{\text{C-C}} + HCl$$

$$CH_2=CH_2 + Cl_2 + H_2O \longrightarrow \underset{\underset{HO}{|}\ \underset{Cl}{|}}{CH_2CH_2}$$

对于结构不对称的烯烃,羟基加在含氢原子最少的双键碳原子上:

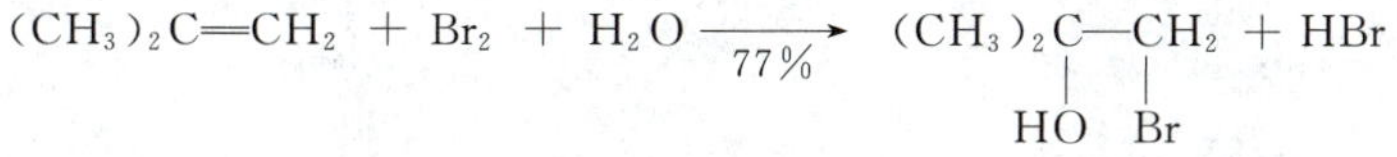

$$(CH_3)_2C=CH_2 + Br_2 + H_2O \xrightarrow{77\%} \underset{\underset{HO}{|}\ \underset{Br}{|}}{(CH_3)_2C-CH_2} + HBr$$

加次卤酸反应的活性中间体可能是环状卤鎓离子:

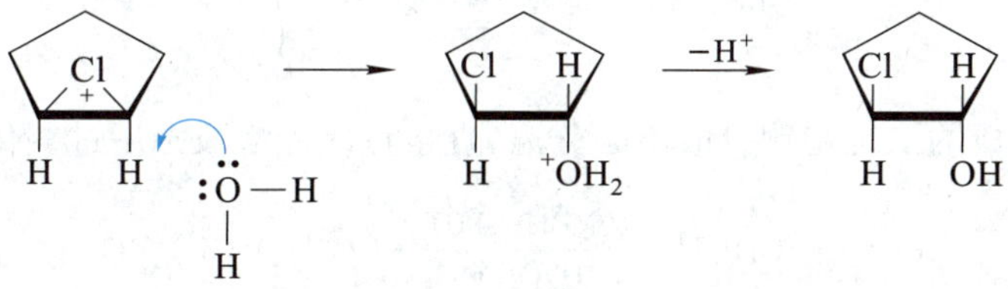

由于反应在水溶液中进行,环状卤鎓离子最容易受到水分子的亲核进攻,因此,主要产物为卤代醇。

6.5.5 硼氢化反应

最简单的硼氢化合物为甲硼烷(BH_3),它只含有一个硼原子,硼原子周围只有 6 个外层电子,是不稳定的。两个甲硼烷分子互相结合生成乙硼烷:

$$2\ BH_3 \rightleftharpoons B_2H_6$$

由于平衡偏向右边,甲硼烷本身尚未分离鉴定,由硼氢化钠和氟化硼制备硼烷,实际得到的是乙硼烷:

$$3\ NaBH_4 + 4\ BF_3 \longrightarrow 2\ B_2H_6 + 3\ NaBF_4$$

乙硼烷为在空气中能自燃的无色有毒气体,它与醚类生成甲硼烷的配合物:$H_3B \cdot OR_2$。

醚类化合物,如四氢呋喃、二乙二醇二甲醚 $CH_3OCH_2CH_2OCH_2CH_2OCH_3$(diglyme)等是硼氢化反应中常用的溶剂,市售试剂为甲硼烷与四氢呋喃的配合物 $H_3B \cdot THF$。

在硼氢化反应中,B—H 键迅速而定量地与碳-碳双键加成,生成三烷基硼:

$$RCH=CH_2 + BH_3 \xrightarrow{THF} (RCH_2CH_2)_3B$$

硼氢化反应受立体因素的控制,硼原子主要加在取代基较少、位阻较小的双键碳原子上:

$$CH_3CH_2CH_2CH=CH_2 \qquad CH_3\underset{|}{\overset{CH_3}{C}}=CH_2$$

$$\qquad\qquad\quad \uparrow \quad \uparrow \qquad\qquad\qquad \uparrow \quad \uparrow$$
$$\qquad\qquad\quad 6\% \ 94\% \qquad\qquad\qquad 1\% \ 99\%$$

位阻大的烯烃在硼氢化反应中可以得到二烷基硼烷或一烷基硼烷。例如：

$$CH_3\underset{|}{\overset{CH_3}{C}}=CHCH_3 \xrightarrow[0\ ^\circ C]{BH_3} \left[(CH_3)_2CHCH\underset{|}{\overset{CH_3}{-}} \right]_2 BH$$

$$CH_3\underset{|}{\overset{CH_3}{C}}=CHC(CH_3)_3 \xrightarrow[0\ ^\circ C]{BH_3} (CH_3)_2CHCHC(CH_3)_3$$
$$\qquad\qquad\qquad\qquad\qquad\qquad\qquad\qquad\underset{|}{BH_2}$$

烯烃的硼氢化反应是顺式加成反应：

(环戊烯-CH₃) $\xrightarrow{BH_3,\ 二乙二醇二甲醚(diglyme)}$ (环戊基-CH₃, H, B)₃

硼氢化反应中生成的三烷基硼一般不必分离，直接在碱性溶液中用过氧化氢氧化成醇。例如：

$$(CH_3)_2C=CHCH_3 \xrightarrow[②\ H_2O_2,OH^-]{①\ BH_3\cdot THF} (CH_3)_2CHCHCH_3$$
$$\qquad\qquad\qquad\qquad\qquad\qquad\qquad\underset{|}{OH}$$
$$\qquad\qquad\qquad\qquad\qquad\qquad\qquad 98\%$$

$$CH_3(CH_2)_7CH=CH_2 \xrightarrow[②\ H_2O_2,OH^-]{①\ B_2H_6,二乙二醇二甲醚} CH_3(CH_2)_7CH_2CH_2OH$$
$$\qquad\qquad\qquad\qquad\qquad\qquad\qquad\qquad\qquad 93\%$$

高度支化的烯烃在硼氢化反应中也不发生重排。例如：

$$\underset{H}{\overset{(CH_3)_3C}{>}}C=C\underset{C(CH_3)_3}{\overset{H}{<}} \xrightarrow[②\ H_2O_2,OH^-]{①\ B_2H_6,二乙二醇二甲醚} (CH_3)_3CCH_2CHC(CH_3)_3$$
$$\qquad\qquad\qquad\qquad\qquad\qquad\qquad\qquad\qquad\qquad\underset{|}{OH}$$
$$\qquad\qquad\qquad\qquad\qquad\qquad\qquad\qquad\qquad\qquad 82\%$$

烯烃通过硼氢化反应间接水合，生成的是反 Markovnikov 规律的产物，区域选择性和立体选择性都很高，也不发生重排，是合成中非常有用的反应。

问题 6.5 写出下列烯烃经硼氢化和氧化后的主要产物的结构式。

(1) 2-甲基丙烯　　　　(2) (Z)-丁-2-烯

(3) 3-乙基戊-2-烯　　　(4) (E)-3-甲基戊-2-烯

(5) 1,2-D₂-环己烯　　　(6) (环丙基)=CH₂

6.5.6 臭氧化反应(ozonolysis)

将含有臭氧(6%~8%)的氧气在低温下通入液体烯烃或烯烃的溶液(常用的溶剂有二氯甲烷、乙醇、乙酸乙酯等)中,臭氧迅速而定量地与烯烃反应,臭氧分子中两端的两个氧原子协同加在两个双键碳原子上生成分子臭氧化物,分子臭氧化物立即重排成臭氧化物,在臭氧化物中,碳-碳双键已经完全断裂。

$$C=C + :\overset{..}{\underset{..}{O}}=\overset{+}{O}-\overset{..}{\underset{..}{O}}:^- \longrightarrow \left[\begin{array}{c} C-C \\ O\diagdown_{O}\diagup O \end{array} \right]^{\neq} \longrightarrow$$

分子臭氧化物 → 臭氧化物

臭氧化物易爆炸,但一般不用把它从溶液中分离出来,可以直接加水分解,生成的水解产物为醛或酮,此外还有过氧化氢。

$$\underset{O-O}{RHC\diagup^O\diagdown CHR'} + H_2O \longrightarrow RHC=O + O=CHR' + H_2O_2$$
$$\qquad\qquad\qquad\qquad\qquad\qquad\quad 醛 \qquad\quad 醛$$

$$\underset{O-O}{R_2C\diagup^O\diagdown CR'_2} + H_2O \longrightarrow R_2C=O + O=CR'_2 + H_2O_2$$
$$\qquad\qquad\qquad\qquad\qquad\qquad\quad 酮 \qquad\quad 酮$$

$$\underset{O-O}{R_2C\diagup^O\diagdown CH_2} + H_2O \longrightarrow R_2C=O + O=CH_2 + H_2O_2$$
$$\qquad\qquad\qquad\qquad\qquad\qquad\quad 酮 \qquad\quad 甲醛$$

为了避免水解中生成的醛被过氧化氢氧化成羧酸,臭氧化物可以在还原剂如锌粉存在下进行分解,通过臭氧化和臭氧化物的还原水解,原来烯烃中的 $CH_2=$ 变成甲醛 $CH_2=O$;$RCH=$ 变成其他醛,$RCH=O$;$RR'C=$ 变成酮,$RR'C=O$。因此,根据臭氧化物的水解产物,就可以确定烯烃中双键的位置和碳架的构造。例如,丁烯的三种异构体臭氧化时,分别生成下列产物:

$$CH_3CH=CHCH_3 \xrightarrow[\text{② } Zn+H_2O]{\text{① } O_3} CH_3CH=O + O=CHCH_3$$

$$CH_3CH_2CH=CH_2 \xrightarrow[\text{② } Zn+H_2O]{\text{① } O_3} CH_3CH_2CH=O + O=CH_2$$

$$(CH_3)_2C=CH_2 \xrightarrow[\text{② } Zn+H_2O]{\text{① } O_3} (CH_3)_2C=O + O=CH_2$$

如果只生成一种氧化产物,如乙醛,说明双键在碳链中间;如果产物中有甲醛,说明双键在链端;另一种产物为醛,说明另一个双键碳原子上只有一个烷基;如另一种产物为酮,说明另一个双键碳原子上有两个烷基。如果氧化产物为二醛或二酮,说明双键在碳环内。例如:

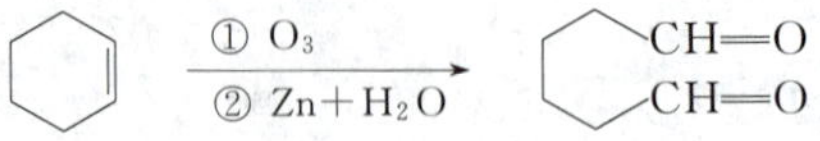

$$\text{环己烯} \xrightarrow[\text{② Zn+H}_2\text{O}]{\text{① O}_3} \text{OHC-(CH}_2\text{)}_4\text{-CHO}$$

问题 6.6 一些烯烃经臭氧化和水解后生成下面的产物,试推测原来烯烃的结构。

(1) $CH_3CH_2CH_2CHO, CH_2O$
(2) $(CH_3)_2CHCHO, CH_3CHO$
(3) $(CH_3)_2C=O$
(4) 环戊烷-1,2-二甲醛(顺式)

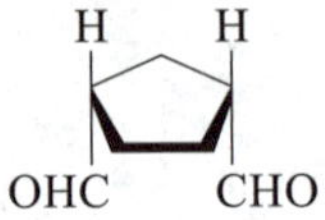

6.5.7 用高锰酸钾氧化

烯烃用高锰酸钾氧化,也可以使碳链在双键处断裂,如双键碳原子上没有氢原子,裂解后生成酮,有一个氢原子,生成羧酸,链端的双键碳原子则氧化成二氧化碳。

$$RR'C=CHR'' \xrightarrow[\text{② H}_3\text{O}^+]{\text{① KMnO}_4} RR'C=O + R''C(=O)OH$$

$$RCH=CH_2 \xrightarrow[\text{② H}_3\text{O}^+]{\text{① KMnO}_4} RCOOH + CO_2$$

6.5.8 催化加氢

烯烃加氢生成烷烃,反应是放热的,但由于活化能很大,只有这两种原料在一起,还不能进行反应。催化剂可以降低反应的活化能,在催化剂存在下,加氢反应能够顺利进行。

常用的非均相催化剂为分散程度很高的金属粉末,如铂、钯、铑、钌和镍,一般是将它们吸附在活性炭、氧化铝等载体上使用。烯烃如为气体,可以先与氢气混合再通过催化剂;如为液体或固体,可以溶解在溶剂中,加催化剂后通氢气,并摇动或搅拌,到吸收氢气的量达到要求为止。加氢反应的产率常接近100%,产物的纯度高,容易分离,在实验室和工业上都有重要用途。烯烃的加氢是合成纯粹烷烃的重要方法。

烯烃分子中双键碳原子上只有一个烷基的一取代烯烃比二取代、三取代和四取代烯烃更容易加氢,烷基链的长短和分支对加氢的影响不大。

催化加氢主要得到顺式加成产物,催化剂、溶剂和压力对顺式和反式加成产物的比例有一定影响。例如,1,2-二甲基环己烯用二氧化铂在乙酸溶液中室温和常压下加氢,产物中顺式加成产物占81.8%,反式占18.2%,如用钯炭作催化剂则主要得到反式加成产物。

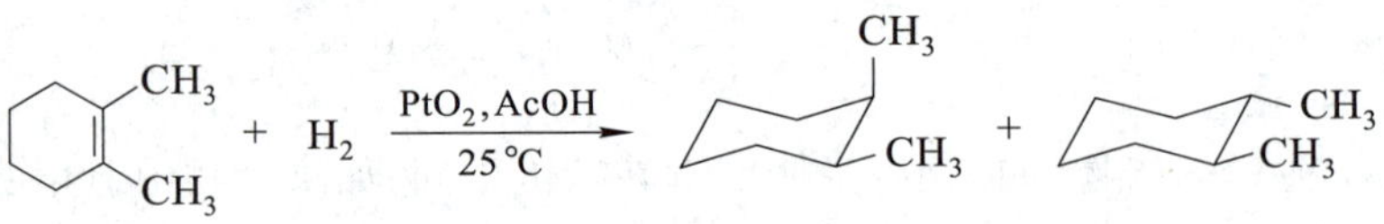

$$\text{1,2-二甲基环己烯} + H_2 \xrightarrow[25\ ^\circ\text{C}]{\text{PtO}_2, \text{AcOH}} \text{顺-1,2-二甲基环己烷} + \text{反-1,2-二甲基环己烷}$$

催化加氢的过程可用示意图表示,见图 6.4。

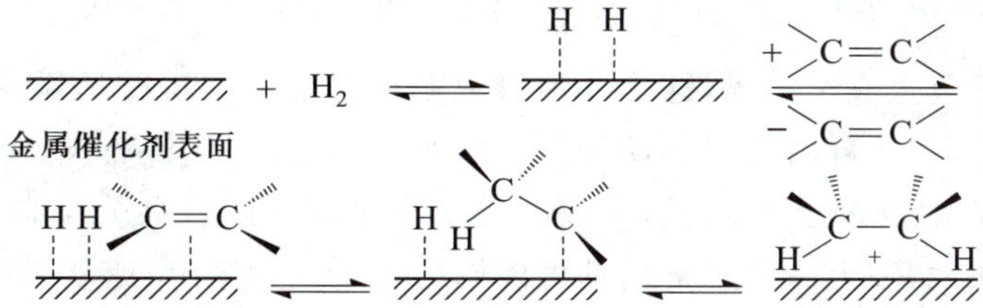

§6.5 烯烃的反应

图 6.4 烯烃的催化加氢

吸附在催化剂表面的氢和烯烃先生成加一个氢的中间产物,然后再加第二个氢,生成烷烃后离开催化剂。半加氢中间产物围绕新生成的碳-碳单键发生旋转以后再加第二个氢,就得到反式加成产物。由于顺式加成产物常占优势,说明中间产物的寿命很短,在围绕碳-碳单键的旋转发生以前,加氢即已完成。双键碳原子上的烷基增多,空间障碍使烯烃不容易被催化剂吸附,从而使加氢速率减慢。分子中如有两个以上的取代程度不同的烯键,可以使加氢有选择地进行。例如,苧烯加氢时,如使反应在吸收 1 mol 氢后停止,蓋烯的产率差不多是定量的。

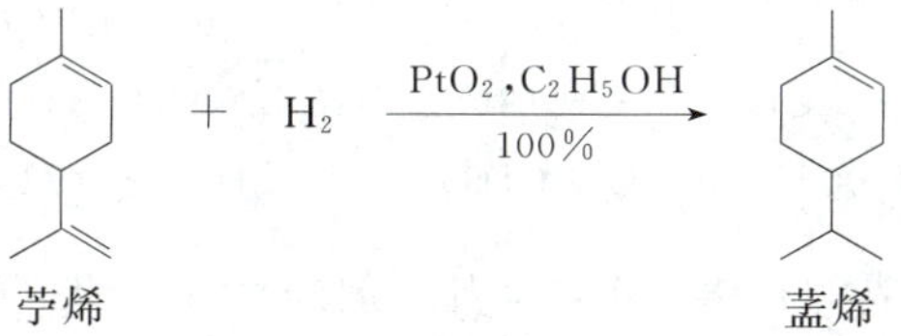

苧烯 + H_2 $\xrightarrow[100\%]{PtO_2, C_2H_5OH}$ 蓋烯

α-蒎烯加氢可以生成甲基和碳桥在同一边的顺蒎烷,也可以生成甲基和碳桥各在一边的反蒎烷,实际上只得到顺蒎烷:

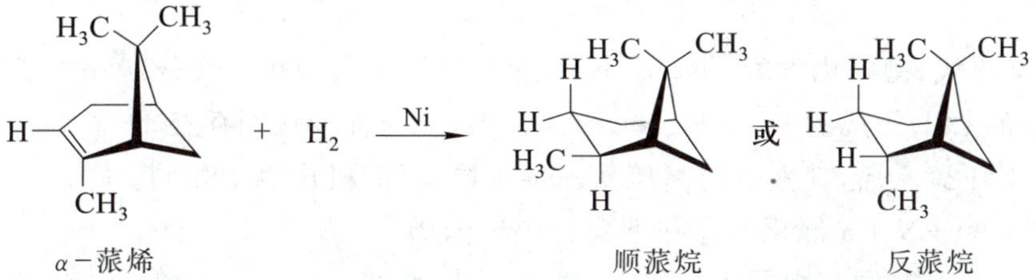

α-蒎烯 + H_2 $\xrightarrow{Ni}$ 顺蒎烷 或 反蒎烷

这是因为碳桥能阻碍蒎烯与催化剂表面接近,使蒎烯只能以碳桥背面的一边吸附在催化剂表面上,从而只生成顺蒎烷。即烯烃以位阻较小的一面接近催化剂,从而产生立体选择性。

6.5.9 烯烃的聚合

烯烃在不同条件下生成性质不同的聚合物。

$$n\,CH_2{=\!=}CH_2 \xrightarrow[O_2]{200\,℃, 200\,MPa} {-\!}CH_2CH_2(CH_2CH_2)_{n-2}{-\!}CH_2{-\!}CH_2{-\!}$$

6.5.9.1 自由基聚合

乙烯在高压下聚合生成聚乙烯,这是一种自由基聚合反应。反应体系中的过氧化物或其他引发剂先分解产生自由基,自由基与乙烯分子中的双键加成,产生新的自由基,引发聚合反应,与更多的乙烯分子加成,使碳链不断增长,生成高分子自由基。随着高分子自由基浓度的增加,它们互相碰撞的机会加大,一个高分子自由基可以同另一个互相结合,或从另一个高分子自由基夺取一个氢原子,变成烷烃,后者则变为烯烃,其结果都是生成稳定的分子,使反应终止。高分子自由基同体系中的杂质相遇也可以使进一步的反应停止进行。

链引发:

$$RO-OR \longrightarrow 2\ RO\cdot$$

$$CH_2=CH_2 + RO\cdot \longrightarrow ROCH_2CH_2\cdot$$

链增长:

$$ROCH_2CH_2\cdot + (n-1)CH_2=CH_2 \longrightarrow ROCH_2CH_2(CH_2CH_2)_{n-2}CH_2CH_2\cdot$$

链终止:

$$ROCH_2CH_2(CH_2CH_2)_{n-1}CH_2CH_2\cdot + \cdot CH_2CH_2(CH_2CH_2)_{n-2}CH_2CH_2OR$$
$$\longrightarrow ROCH_2CH_2(CH_2CH_2)_{2n-2}CH_2CH_2OR$$

$$ROCH_2CH_2(CH_2CH_2)_{n-2}CH_2CH_2\cdot + \cdot CH_2CH_2(CH_2CH_2)_{n-2}CH_2CH_2OR$$
$$\longrightarrow ROCH_2CH_2(CH_2CH_2)_{n-2}CH_2CH_3 + CH_2=CH(CH_2CH_2)_{n-2}CH_2CH_2OR$$

聚合产物是由许多亚甲基组成的长链,端基为引发剂碎片或双键,实际上是高分子烷烃。

四氟乙烯通过自由基链反应聚合成聚四氟乙烯,这是一种性质优良的塑料。

$$n\ CF_2=CF_2 \longrightarrow -CF_2CF_2(CF_2CF_2)_{n-2}CF_2CF_2-$$
四氟乙烯   聚四氟乙烯

20 世纪 50 年代,德国化学家 Ziegler K 和意大利化学家 Natta G 分别独立发展了由四氯化钛和三乙基铝(Et_3Al)组成的 Ziegler-Natta 催化剂,在这种催化剂存在下,乙烯在较低的压力和温度下聚合成低压聚乙烯,其性能与高压聚乙烯不同,反应机理也不相同。

丙烯在 Ziegler-Natta 催化剂存在下聚合成聚丙烯。

Ziegler 和 Natta 共同获得了 1963 年的诺贝尔化学奖。

6.5.9.2 异丁烯的二聚

异丁烯在浓硫酸中与另一分子异丁烯结合生成二聚体:

$$2\ (CH_3)_2C=CH_2 \xrightarrow{浓\ H_2SO_4} (CH_3)_3CCH_2C(CH_3)=CH_2 + (CH_3)_3CCH=C(CH_3)_2$$

产物经催化加氢后生成高辛烷值的支链烷烃。

异丁烯在浓硫酸中先生成叔丁基碳正离子,它与另一分子异丁烯加成,生成的新的碳正离子脱去质子,生成烯烃:

$$(CH_3)_2C=CH_2 + H-OSO_3H \longrightarrow (CH_3)_3\overset{+}{C} + HSO_4^-$$

$$(CH_3)_3\overset{+}{C} + (CH_3)_2C=CH_2 \longrightarrow (CH_3)_3C-CH_2-\overset{+}{C}(CH_3)_2$$

$$(CH_3)_3CCH_2-\overset{+}{C}(CH_3)_2 \xrightarrow{-H^+} (CH_3)_3CCH_2\underset{\underset{CH_3}{|}}{C}=CH_2 + (CH_3)_3CCH=C(CH_3)_2$$

§6.6 烯烃的工业来源和用途

6.6.1 烯烃的来源

石油在直接蒸馏时得到的气体产物叫作油厂气。为了得到产量更多质量更好的汽油就要将炼油所得的高沸点馏分进行裂化,在裂化过程中产生的气体叫作裂化气。油厂气和裂化气中都含有大量的烯烃。可以从其中分离出纯粹的乙烯、丙烯和几种丁烯,这是低级烯烃的一个重要来源。

乙烯的用途非常广泛,从油厂气和裂化气中分离出来的乙烯远远不能满足工业上的需要,因此必须建立专门生产乙烯的工厂,采用的方法也是高温裂化,根据不同地区的资源情况和工业布局,原料可以采用从天然气中得到的乙烷、丙烷、丁烷等,也可以采用炼油过程中所得的液体馏分,甚至可以用原油。

用乙烷作原料时,乙烯的产量最高,这时主要的反应是乙烷的去氢:

$$CH_3CH_3 \xrightarrow{\text{加热}} CH_2=CH_2 + H_2$$

部分乙烷裂化,生成甲烷和氢气。此外,乙烷裂化的碎片还可以互相结合,生成含三个、四个甚至更多碳原子的化合物。

用丙烷、丁烷和更高级的烷烃作原料时,丙烯、丁烯和液体产物的含量增高。

目前,丙烯、丁烯都是作为乙烯的副产品得到的。

6.6.2 烯烃的用途

6.6.2.1 乙烯

乙烯是目前产量最大的有机化工产品,用它作原料生产多种多样大吨位的产品或中间体,如塑料、树脂、纤维、弹性体、溶剂、表面活性剂、涂料、增塑剂、抗冻剂等,因此它是石油化学工业最重要的基石。

乙烯最重要的工业用途是生产相对分子质量由 10^3 到 5×10^6 的各种聚乙烯,这需要 99.9% 以上的高纯乙烯作原料。聚合如在高压下进行,得到的是相对密度在 0.910～0.940 的低密度聚乙烯,主要用来生产薄膜;如在低压下进行,则得到相对密度在 0.941～0.970 的高密度聚乙烯,它可以用吹塑或注塑的方法生产各种用品。

此外乙烯还用作合成环氧乙烷、乙醛、乙酸乙烯酯、1,2-二氯乙烷、1,2-二溴乙烷、氯乙烷、乙醇等产品的原料。

6.6.2.2 丙烯

由烃类热裂生产的丙烯,纯度较高,用作合成丙烯腈、环氧丙烷、异丙醇、异丙苯等产品的原料。由油厂气回收的丙烯,纯度较低,主要用来生产辛烷值较高的支链烷烃,加在汽油中作燃料。

6.6.2.3 丁烯

直链异构体可以被 5A 分子筛吸附,而异丁烯则不吸附,用分子筛吸附法分离出来的异丁烯纯度可达 99% 以上,用于生产高辛烷值的支链烷烃。丁烯去氢生成丁-1,3-二烯,加水生成仲丁醇。

直链的高级烯烃($C_6 \sim C_{20}$),可以由石蜡的裂解或乙烯的聚合得到,主要用来生产高级醇、合成洗涤剂的中间体和合成润滑油。

支链高级烯烃中,含竹碳原子的烯烃由丙烯和丁烯的混合物在酸催化下反应得到,含 6~8 个碳原子的烯烃由丙烯和丁烯的酸催化二聚得到,它们可以用来合成醇类或合成洗涤剂的中间体。

§6.7 阅读材料

Ziegler-Natta 催化剂

Ziegler K 是德国化学家,他在 20 世纪 20 年代合成了 1,1,3,3-四苯基烯丙基自由基和五苯基环戊二烯基自由基,发现它们比 Gomberg 的三苯甲基自由基更稳定:

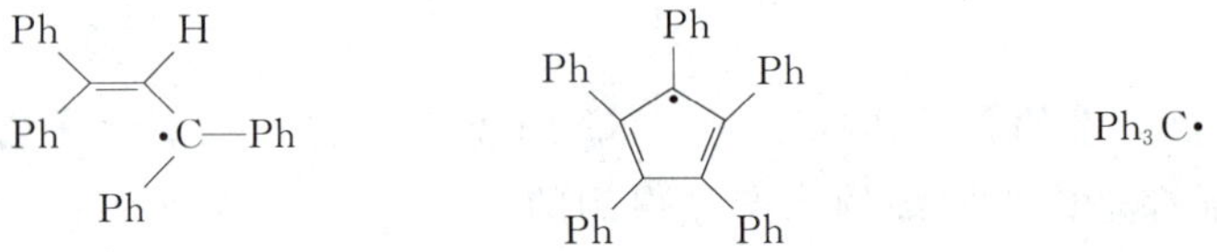

1,1,3,3-四苯基烯丙基自由基　　五苯基环戊二烯基自由基　　三苯甲基自由基

在制备自由基时他采用了两类反应:

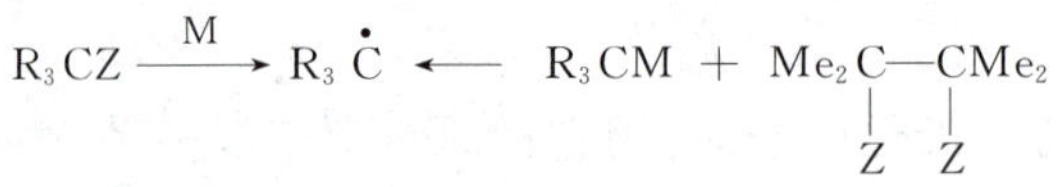

$$R_3CZ \xrightarrow{M} R_3\dot{C} \longleftarrow R_3CM + Me_2\underset{Z}{C}-\underset{Z}{\overset{\bullet}{C}}Me_2$$

最初使用的金属或有机金属化合物为 K 和 Na 或它们的有机金属化合物。为了比较不同的有机金属化合物在反应中的活性,他制备了有机锂化合物,文献上合成有机锂化合物的方法是用 Li 置换有机汞化合物中的汞,Ziegler 在 1930 年发展了由卤代烷和金属锂直接制备有机锂化合物的方法:

$$R_2Hg + 2 Li \longrightarrow 2 RLi \longleftarrow 2 RX + 4 Li$$

这个方法推动了有机锂化合物在有机合成中的应用研究,使其成为有机合成工作中与 Grignard

试剂一样的有用工具。在此期间 Ziegler 还发现了有机金属化合物与烯烃的加成反应。例如：

$$PhC(Me)_2K + CH_2=CPh_2 \longrightarrow PhC(Me)_2CH_2CPh_2K$$

Ziegler 试图用蒸馏的方法提纯 CH_3CH_2Li，但却得到分解产物乙烯、更高级的烯烃和 LiH。根据他研究金属钾化合物与烯烃的反应中的经验，Ziegler 推测高级烯烃是由有机锂化合物与分解产生的乙烯反应生成的：

$$CH_3CH_2Li \underset{?}{\overset{\triangle}{\rightleftharpoons}} CH_2=CH_2 + LiH$$

$$\downarrow CH_2=CH_2$$

$$CH_3CH_2CH_2CH_2Li \xrightarrow{\triangle} CH_3CH_2CH=CH_2 + LiH$$

$$\downarrow CH_2=CH_2$$

$$CH_3CH_2CH_2CH_2CH_2CH_2Li \xrightarrow{\triangle} CH_3CH_2CH_2CH_2CH=CH_2 + LiH$$

$$\downarrow$$

$$\vdots$$

如果真是这样，那么就可以利用逆反应，使 LiH 与乙烯加成，生成的 CH_3CH_2Li 再与更多的乙烯反应，生成 $C_nH_{2n+1}Li$（$n=$偶数），最后分解成高级的 α-烯烃 $C_{n-2}H_{2n-3}CH=CH_2$，也就是用 LiH 作催化剂使乙烯聚合成为高级的烯烃。不过实验证明，高熔点（680 ℃）的 LiH 与乙烯的反应速率太慢。正好 1947 年文献上报道了 $LiAlH_4$〔熔点 125 ℃（分解）〕。因此，就将乙烯与 $LiAlH_4$ 一起加热到 180～200 ℃，果然得到了 α-烯烃的混合物。由于在实验中发现，$LiAlH_4$ 中的"AlH_3"部分与乙烯的反应速率要比"LiH"部分快得多，在以后的实验中就改用 AlH_3 或 R_3Al 来与乙烯反应，结果发现 Et_2AlH 或 Et_3Al 在 100 ℃ 下迅速与乙烯反应，生成高级的三烷基铝：

$$Et_2AlH \xrightarrow{CH_2=CH_2} Et_3Al \xrightarrow[n=x+y+z]{n\ CH_2=CH_2} \begin{matrix} Et(C_2H_4)_x \\ Et(C_2H_4)_y \\ Et(C_2H_4)_z \end{matrix} Al$$

1953 年，在一次实验中出现了意外的结果：得到的产物差不多全是丁-1-烯而不是三烷基铝：

$$CH_3CH_2AlEt_2 \xrightarrow{C_2H_4} CH_3CH_2CH_2CH_2AlEt_2 \xrightarrow{HAlEt_2} CH_3CH_2CH=CH_2$$

这就是说 $CH_3CH_2CH_2CH_2AlEt_2$ 消除 $HAlEt_2$ 的速率比继续与乙烯反应快。仔细研究发现：用来进行反应的高压釜以前进行过催化加氢，清洗不彻底残留下来的微量镍化合物影响了反应的过程，即所谓镍效应（nickel effect）起了作用。镍是一种重金属，其他的重金属化合物是否有相似的效应？因此，以后就在反应混合物中特意加入各种重金属化合物进行研究。很快发现加入戊-2,4-二酮合锆时，产物不是丁-1-烯而是高相对分子质量的聚乙烯，以后又发现，在烃类溶剂中加入催化量的 Et_2AlCl 和 $TiCl_4$，在常压下通入乙烯，聚乙烯就沉淀出来。这真是一个惊人的结果！因为当时英国公司 Imperial Chemical Industries 开发的聚乙烯工艺，乙烯是在 200 ℃ 和 $9.81×10^7$ Pa（约 1 000 atm）下聚合的。Ziegler 在他的报告会上当众演示这个实验，使听众大为惊异。

使乙烯在常压下聚合的混合催化剂的信息很快传到意大利 Montecatini 公司设立的 Milan Polytechnic Institute 的 Natta G 那里。Natta 有一个很强的研究小组，自己又熟悉 X 射线衍射技术，很快就使这项发明得到惊人的发展，在 5 年中发表了 200 多篇重要论文，其中包括丙烯的定向聚合（聚合所得的全同异构聚丙烯的结构是用 X 射线衍射法测定的）、丁二烯和异戊二烯的聚合、乙烯和丙烯的共聚、环戊烯和乙炔的聚合等。

Ziegler-Natta 催化剂的发现极大地推动了聚合物工业的发展，近几十年中每年用 Ziegler-Natta 催化剂生产的聚烯烃超过 5 000 万吨。

Ziegler-Natta 催化剂的发现和应用充分显示了基础研究与工业发展之间的密切关系。

参考文献

习　　题

1. 写出下列反应中的产物、原料或试剂。

(1) $CH_3CH_2CH=CHCH_2CH_3 \longrightarrow CH_3CH_2CH_2CHICH_2CH_3$

(2) $(CH_3)_2CHCH_2CH_2CH_2CH=CH_2 \longrightarrow (CH_3)_2CHCH_2CH_2CH_2CH_2Br$

(3) $CH_3CH_2CH=CH_2 \longrightarrow CH_3CH_2CHCH_2Br$
　　　　　　　　　　　　　　　　　$\underset{OH}{|}$

(4) $(CH_3)_2CHCH_2CH_2CH_2CH=CH_2 \longrightarrow (CH_3)_2CHCH_2CH_2CH_2CH_2CH_2OH$

(5) $(CH_3)_2CHCH_2CH_2CH=CH_2 \longrightarrow (CH_3)_2CHCH_2CH_2CHCH_3$
　　　　　　　　　　　　　　　　　　　　　　　　　　　$\underset{OH}{|}$

(6) ![结构式] $\xrightarrow{\text{① } O_3}{\text{② } Zn, H_2O}$

2. 推测下列化合物的结构。

(1) 三个分子式为 $C_{10}H_{16}$ 的化合物，经臭氧化和还原水解后，分别生成下列产物：

(2) 一化合物的分子式为 $C_{19}H_{38}$，催化加氢后生成 2,6,10,14-四甲基十五烷；臭氧化和还原水解后则得到 $(CH_3)_2C=O$ 和一个十六碳醛。

(3) 一个含羟基的化合物 $C_{10}H_{18}O$ 与 $KHSO_4$ 一起加热后生成两个新化合物，它们催化加氢后生成同一化合物，其中一个化合物经臭氧化和水解后只得到一种产物环戊酮。

(4) 化合物 A 的分子式为 C_6H_{14}，光氯化时得到 3 种一氯代烷 B、C 和 D，B 和 C 与叔丁醇钾在叔丁醇溶液中生成同一烯烃 E，D 不能发生 E2 反应。试推测 A、B、C、D 和 E 的结构。

3. 简答：

(1) 已知下列实验事实，为什么 C 的产率不是最低，给出合理解释。

习 题

$$\underset{\underset{CH_3}{|}}{\overset{\underset{|}{Cl}}{Ph-C}}-CH_2CH_3 \xrightarrow{AcOH} \underset{H_3C}{\overset{Ph}{>}}C=C\underset{CH_3}{\overset{H}{<}} + \underset{H_3C}{\overset{Ph}{>}}C=C\underset{H}{\overset{CH_3}{<}} + CH_2=\underset{\underset{}{|}}{\overset{Ph}{C}}-CH_2CH_3$$

$$\quad\quad\quad\quad\quad\quad\quad\quad\quad\quad\quad\quad\quad A \quad\quad\quad\quad\quad\quad B \quad\quad\quad\quad\quad\quad C$$
$$\quad\quad\quad\quad\quad\quad\quad\quad\quad\quad\quad 68\% \quad\quad\quad\quad\quad 9\% \quad\quad\quad\quad\quad 23\%$$

(2) 在下列消除反应中, 当卤素不同时, 实验结果如下, 说明原因。

X=	F	Cl	Br	I
A/B=	0.43	2.0	2.6	4.2

(3) 烯烃的二溴化反应立体化学关系如下 (25 ℃, 乙酸), 给出合理解释。

烯烃	反式百分数	烯烃	反式百分数
$\underset{H}{\overset{H_3C}{>}}C=C\underset{CH_3}{\overset{H}{<}}$	100%	$\underset{H}{\overset{H_3C}{>}}C=C\underset{H}{\overset{CH_3}{<}}$	100%
$\underset{H}{\overset{Ph}{>}}C=C\underset{CH_3}{\overset{H}{<}}$	83%	$\underset{H}{\overset{Ph}{>}}C=C\underset{H}{\overset{CH_3}{<}}$	73%
$\underset{H_3C}{\overset{Ph}{>}}C=C\underset{CH_3}{\overset{H}{<}}$	68%	$\underset{H_3C}{\overset{Ph}{>}}C=C\underset{H}{\overset{CH_3}{<}}$	63%

4. 推测下列反应的机理。

(1) $(CH_3)_2C=CH_2 + Cl_2 \longrightarrow CH_2=\underset{\underset{}{|}}{\overset{CH_3}{C}}-CH_2Cl + HCl$

(2) [反应式，萜烯在 H_3PO_4 催化下的环化反应]

(3) [1-甲基-1-乙烯基环戊烷 + $H_2O \xrightarrow{H_2SO_4}$ 1,2-二甲基环己醇]

(4) $C_5H_{11}CH=CH_2 + (CH_3)_3COCl \xrightarrow{CH_3OH, HCl} C_5H_{11}\underset{\underset{OCH_3}{|}}{CH}CH_2Cl$

[提示: $(CH_3)_3COCl$ 的作用与 HOCl 相似。]

5. 如何完成下列转变?

(1) $CH_3CHBrCH_3 \longrightarrow CH_3CH_2CH_2Br$

(2) $CH_3CH_2C(CH_3)=CH_2 \longrightarrow CH_3CH_2C(CH_3)_2OCH_3$

(3) $CH_3CH_2C(CH_3)=CH_2 \longrightarrow CH_3CH_2CH(CH_3)CH_2OCH_3$

(4)

(5) 环戊基-Br ⟶ 反式-2-溴环戊醇(Br 与 OH 反式)

(6) $HOCH_2CH_2CH_2CH=CH_2 \longrightarrow$ 四氢呋喃-2-基-CH_2I

第七章 炔烃和二烯烃

炔烃(alkyne)和二烯烃(diene)的通式都是 C_nH_{2n-2}，它们都含有两个不饱和度。

§7.1 炔烃的结构、异构和物理性质

7.1.1 炔烃的结构

乙炔分子中四个原子在一条直线上，C≡C 键和 C—H 键的键长分别为 120 pm 和 106 pm。丙炔分子中三键碳原子上的氢原子和三个碳原子在一条直线上，C≡C 键，C—C 键和 ≡C—H 键的键长分别为 121 pm，146 pm 和 106 pm。

根据乙炔的分子轨道模型，两个碳原子以 sp 杂化轨道互相重叠，并各与一个氢原子的 1s 轨道重叠生成 σ 键。每个碳原子上各剩下一个 p_y 轨道和一个 p_z 轨道，它们在侧面重叠生成两个 π 键，π 电子云是以 C—C 键为轴对称分布的。

由于炔烃中的碳-碳三键是 C(sp)—C(sp) 键，轨道的 s 成分大，所以键长小于烯烃中的 $C(sp^2)$—$C(sp^2)$ 键和烷烃中的 $C(sp^3)$—$C(sp^3)$ 键，丙炔分子中的碳-碳单键是 C(sp)—$C(sp^3)$ 键，其键长也小于丙烯中的 $C(sp^2)$—$C(sp^3)$ 键。

在环炔烃中，由于 C—C≡C—C 在一条直线上，只有较大的环才能容纳这一结构单位，已合成的最小的环炔烃为环辛炔(cyclooctyne)。环庚炔在 197 K 下半衰期只有 1 h，但 3,3,7,7-四甲基环庚炔在室温下是稳定的，3,3,6,6-四甲基环己炔在 77 K 以下就能聚合成二聚物。

7.1.2 炔烃的异构和命名

炔烃的异构是由于碳架不同或三键位置不同而引起的。在碳链分支的地方不可能有三键，炔烃也没有顺反异构体，因此，炔烃的异构比烯烃简单。

炔烃的普通命名法是把乙炔作为母体，其他炔烃作为乙炔的衍生物命名。例如：

(CH₃)₃CC≡CH	(CH₃)₃CC≡CC(CH₃)₃	CF₃C≡CH
叔丁基乙炔	二叔丁基乙炔	三氟甲基乙炔
t-butyl acetylene	di-*t*-butyl acetylene	trifluoromethyl acetylene

炔烃的系统命名法是根据主链上碳原子的数目称为某炔，将主链从靠近三键的一端开始，进行编号，用三键碳原子中号码最小的表示三键的位置，将数字写在炔前面，得到母体的名称，然后在母体名称的前面加上取代基的位置和名称。例如：

$$CH_3CH_2C\equiv CCH_3 \qquad (CH_3)_2CHC\equiv CH \qquad (CH_3)_3CC\equiv CCH_3$$
戊－2－炔　　　　　　3－甲基丁－1－炔　　　　4,4－二甲基戊－2－炔
pent－2－yne　　　　　3－methyl but－1－yne　　4,4－dimethyl pent－2－yne

问题 7.1 写出炔烃 C_6H_{10} 的各种异构体,并用系统命名法命名。

7.1.3 炔烃的物理性质

乙炔、丙炔和丁－1－炔在室温下为气体。炔烃的沸点比含同数碳原子的烯烃高 10～20 ℃,碳架相同的炔烃中,三键在链端的沸点较低。炔烃的相对密度小于1,在水里的溶解度很小,易溶于烷烃、四氯化碳、乙醚等有机溶剂。一些炔烃的熔点和沸点见表 7.1。

表 7.1　一些炔烃的熔点和沸点

化合物名称	英文名称	熔点/℃	沸点/℃(0.1 MPa)
乙炔	ethyne(acetylene)	－81.8	－84.0
丙炔	propyne	－101.5	－23.2
丁－1－炔	but－1－yne	－125.9	8.1
丁－2－炔	but－2－yne	－32.3	27.0
戊－1－炔	pent－1－yne	－106.5	40.2
戊－2－炔	pent－2－yne	－109.5	56.1
3－甲基丁－1－炔	3－methyl but－1－yne	－89.7	29.0
己－1－炔	hex－1－yne	－132.4	71.4
己－2－炔	hex－2－yne	－89.6	84.5
己－3－炔	hex－3－yne	－103.2	81.4

丁－1－炔分子中,乙基与三键碳原子相连,由于乙基碳原子为 sp^3 杂化,三键碳原子为 sp 杂化,后者 s 成分多,因此,单键电子云偏向三键碳原子一边,使丁炔有偶极矩,其数值比丁－1－烯大。对称二取代乙炔偶极矩为零。

$$CH_3CH_2C\equiv CH \qquad CH_3CH_2CH=CH_2 \qquad CH_3C\equiv CCH_3$$
$\mu=2.67\times 10^{-30}$ C·m　　　$\mu=1.00\times 10^{-30}$ C·m　　　$\mu=0$

乙炔、丙炔、丁－1－炔和丁－2－炔的生成热($\Delta H_f^\ominus$)分别为 +227.3 kJ·mol^{-1},+185.9 kJ·mol^{-1},+165.4 kJ·mol^{-1} 和 +145.3 kJ·mol^{-1},说明它们比生成它们的元素更不稳定,丁－2－炔比丁－1－炔稳定。

§7.2　炔烃的反应

炔烃分子中三键碳原子上的氢原子有微弱的酸性,容易被金属置换生成炔化物,三键也能与亲电试剂发生加成反应。

7.2.1 炔烃的酸性

炔烃的酸性比其他烃强,这与其特殊的结构有关。

7.2.1.1 碳氢酸和烃类的酸性

有机化合物中 C—H 键的解离也应当看作酸性解离:

$$R_3C—H \xrightleftharpoons[]{K_a} R_3C^- + H^+ \quad pK_a = -\lg K_a$$

为了同含氧酸、氢卤酸等相区别,把这种酸称为碳氢酸(carbonic acid),碳氢酸的共轭碱为碳负离子。

由于碳原子的电负性较小,烃类作为碳氢酸,其酸性极弱,有时平衡常数 K_a 不能直接测定,只能估计。

元素周期表中第二周期元素的氢化物及其共轭碱分别为

$$CH_4, NH_3, OH_2, FH; :\bar{C}H_3, :\bar{N}H_2, :\bar{O}H, :\bar{F}:$$

带负电荷的共轭碱中,中心原子的电负性越强,负离子越稳定,越不容易接受质子而成为共轭酸,因此,其碱性越弱;共轭碱的碱性越弱,其共轭酸的酸性就越强。第二周期元素的电负性由左到右逐渐增强,吸引电子的能力也增强,由其氢化物生成的共轭碱则逐渐变弱,氢化物的酸性则由左到右逐渐增强,即

$$H_3\bar{C}: > :\bar{N}H_2 > :\bar{O}H > :\bar{F}: \qquad CH_4 < NH_3 < OH_2 < FH$$
$$\xleftarrow{\text{碱性增强}} \qquad \xrightarrow{\text{酸性增强}}$$
$$pK_a \sim 50 \quad 34 \quad 15.7 \quad 3.2$$

乙烷、乙烯和乙炔作为碳氢酸,其共轭碱分别为

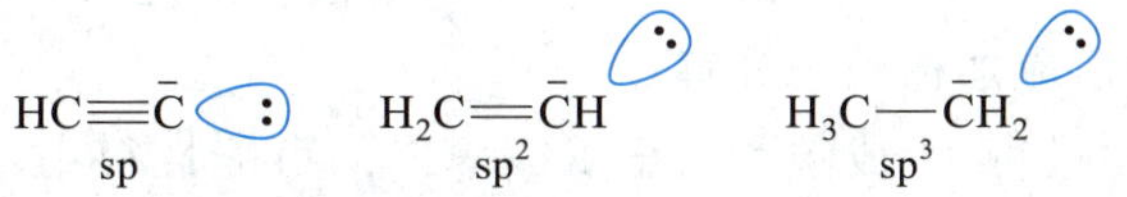

$$\underset{sp}{HC \equiv \bar{C}:} \qquad \underset{sp^2}{H_2C = \bar{C}H} \qquad \underset{sp^3}{H_3C—\bar{C}H_2}$$

带负电荷的碳原子,其杂化轨道的 s 成分越大,吸引电子的能力越强,相应的共轭碱碱性越弱,而共轭酸的酸性越强。因此,共轭碱的碱性强弱次序为

$$HC \equiv \bar{C}: \ < \ H_2C = \bar{C}H \ < \ H_3C—\bar{C}H_2$$

而酸性强弱次序为

$$\begin{array}{cccc} HC \equiv CH & > & H_2C = CH_2 & > & H_3C—CH_3 \\ pK_a \quad \approx 25 & & \approx 44 & & \approx 50 \end{array}$$

7.2.1.2 炔化物的生成

乙炔或 RC≡CH 型炔烃在液氨中与氨基钠反应,炔键上的氢被钠置换,生成炔化钠:

$$RC\equiv CH + Na^+NH_2^- \xrightarrow{\text{液氨}} RC\equiv C^-Na^+ + NH_3$$
炔烃　　　　氨基钠　　　　　　　　炔化钠　　　　氨
$pK_a \approx 25$ 　　　　　　　　　　　　　　　　　　　　　34

这可以看作酸碱反应。强酸与弱酸的盐反应,生成强酸的盐和弱酸。炔烃的 pK_a 与氨相差 9 左右,即酸性比氨强 10^9 倍,它与氨的盐(氨基钠)反应能完全转变为炔化钠。

烷基锂或 Grignard 试剂也可以将三键碳原子上的氢用金属原子置换：

$$RC\equiv CH + n\text{-}C_4H_9Li \longrightarrow RC\equiv CLi + n\text{-}C_4H_{10}$$
炔烃　　　　丁基锂　　　　　　炔化锂　　　　烷烃
$pK_a \approx 25$ 　　　　　　　　　　　　　　　　　 ≈ 50

$$RC\equiv CH + C_2H_5MgBr \longrightarrow RC\equiv CMgBr + C_2H_6$$
炔烃　　　　溴化乙基镁　　　　　炔化物　　　　烷烃

这也可以看作强酸(炔烃)与弱酸(烷烃)的盐(烷基锂或 Grignard 试剂)之间的反应,生成的炔化物的性质与一般的有机金属化合物相同。

7.2.1.3 过渡金属炔化物

将乙炔或 RC≡CH 型炔烃加入硝酸银或氯化亚铜的氨溶液中,立即生成炔化银的白色沉淀或炔化亚铜的红色沉淀：

$$HC\equiv CH + 2\,Ag(NH_3)_2^+NO_3^- \longrightarrow AgC\equiv CAg\downarrow + 2\,NH_4NO_3 + 2\,NH_3$$
乙炔　　　　　　　　　　　　　　　　　乙炔银

$$HC\equiv CH + 2\,Cu(NH_3)_2^+Cl^- \longrightarrow CuC\equiv CCu\downarrow + 2\,NH_4Cl + 2\,NH_3$$
乙炔　　　　　　　　　　　　　　　　　乙炔亚铜

反应很灵敏,现象也较显著,可用于乙炔及 RC≡CH 型炔烃的定性检验。

炔化银或炔化亚铜的溶解度很小,因此,可以从水溶液中沉淀出来,它们在干燥状态下,受热或震动容易爆炸,实验以后应加稀硝酸分解。

由于反应在水溶液中进行,生成碳负离子 RC≡C⁻ 的可能性很小。一种合理的解释是金属离子作为亲电试剂与炔烃生成配合物,后者脱去质子生成炔化物：

$$RC\equiv CH \xrightarrow{M^+} RC\overset{+}{=}C\underset{H}{\overset{M}{\diagup\diagdown}} \longrightarrow RC\equiv CM + H^+$$

在过渡金属炔化物中,C—M 键为共价键。

7.2.2 亲电加成

炔烃同烯烃一样,也能与氢卤酸、卤素等发生亲电加成反应,但反应速率比相应的烯烃慢,可能是因为碳-碳键的长度较小,对 π 电子的束缚力强,进攻的亲电试剂不容易取得一对电子。

7.2.2.1 加氢卤酸

炔烃与氢卤酸的加成反应分两步进行,先加一分子氢卤酸,生成卤代烯烃,后者继续与氢卤酸加成,生成二卤代烷烃,产物符合 Markovnikov 规律:

$$RC\equiv CH \xrightarrow{HCl} RC=CH_2 \xrightarrow{HCl} RCCH_3$$
$$\quad\quad\quad\quad\quad\quad | \quad\quad\quad\quad\quad |$$
$$\quad\quad\quad\quad\quad\quad Cl \quad\quad\quad\quad\quad Cl$$
(第二步产物结构: $RCCl_2CH_3$)

加成反应有时可以停留在只加一分子氢卤酸的阶段。例如:

$$CH_3CH_2CH_2CH_2C\equiv CH + HI \xrightarrow{73\%} CH_3CH_2CH_2CH_2C=CH_2$$
$$\quad\quad\quad\quad\quad\quad\quad\quad\quad\quad\quad\quad\quad\quad\quad\quad\quad\quad\quad\quad\quad | $$
$$\quad\quad\quad\quad\quad\quad\quad\quad\quad\quad\quad\quad\quad\quad\quad\quad\quad\quad\quad\quad\quad I$$

如三键在碳链中间,则生成反式加成产物:

$$CH_3CH_2C\equiv CCH_2CH_3 + HCl \xrightarrow{97\%} \underset{H_3CH_2C}{\overset{H}{\diagdown}} C=C \underset{Cl}{\overset{CH_2CH_3}{\diagup}}$$

不同类型的炔烃与氢卤酸加成的速率大小次序为

$$RC\equiv CR' > RC\equiv CH > HC\equiv CH$$

反应机理为亲电加成。第一步反应的活性中间体为乙烯型碳正离子(vinyl cation):

$$RC\equiv CH + H-Cl \longrightarrow R\overset{+}{C}=CH_2 + Cl^-$$

根据气相中解离反应得出的碳正离子的稳定性次序为

$$R_3C^+ \gg R_2CH^+ > RCH_2^+, R\overset{+}{C}=CH_2 > R\overset{+}{CH}=CH$$

链端烯烃加卤化氢反应的活性中间体为 R_2CH^+,比乙烯型碳正离子更稳定,因此,炔烃的加成反应比烯烃慢。$R\overset{+}{C}=CH_2$ 又比 $RCH=\overset{+}{CH}$ 稳定,所以,加成产物符合 Markovnikov 规律。

由于乙烯型碳正离子不稳定,生成后立即与卤离子结合生成卤代烯烃:

$$R\overset{+}{C}=CH_2 + Cl^- \longrightarrow RC=CH_2$$
$$\quad\quad\quad\quad\quad\quad\quad\quad\quad\quad\quad\quad | $$
$$\quad\quad\quad\quad\quad\quad\quad\quad\quad\quad\quad\quad Cl$$

卤代烯烃分子中的卤原子使烯键的反应活性降低,因此,反应可以停留在只加一分子氢卤酸的阶段。

7.2.2.2 水合

炔烃在酸性溶液中加水,先生成烯醇,后者立即转变为更稳定的羰基化合物(含 $>C=O$ 的化合物):

$$RC\equiv CH + H-\overset{+}{O}H-H \longrightarrow R\overset{+}{C}=CH_2 + H_2O$$
$$|$$
$$H$$

$$R\overset{+}{C}=CH_2 + H_2O \longrightarrow RC=CH_2$$
$$|$$
$$\overset{+}{O}H_2$$

$$RC=CH_2 + H_2O \longrightarrow R-C=CH_2 + H_3O^+$$
$$||$$
$$\overset{+}{O}H_2OH$$
$$\text{烯醇}$$

$$RC=CH_2 \longrightarrow RCCH_3$$
$$|\|$$
$$O-HO$$

由于水合产物也符合 Markovnikov 规律，只有乙炔的水合生成乙醛，其他炔烃都生成酮。

炔烃的水合反应常在硫酸溶液中进行，并加入硫酸汞作催化剂，为了使炔烃能够溶解在溶液中，常加入甲醇、乙酸等作为共溶剂。例如：

$$CH_3CH_2CH_2C\equiv CCH_2CH_3 \xrightarrow[89\%]{H_2SO_4, HgSO_4} CH_3CH_2CH_2CH_2\overset{\|}{C}CH_2CH_3$$
$$\phantom{CH_3CH_2CH_2C\equiv CCH_2CH_3 \xrightarrow[89\%]{H_2SO_4, HgSO_4} CH_3CH_2CH_2CH_2C}O$$

$$CH_3(CH_2)_5C\equiv CH \xrightarrow[91\%]{H_2SO_4, HgSO_4} CH_3(CH_2)_5\overset{\|}{C}CH_3$$
$$\phantom{CH_3(CH_2)_5C\equiv CH \xrightarrow[91\%]{H_2SO_4, HgSO_4} CH_3(CH_2)_5C}O$$

乙炔的水合以前曾用于乙醛的工业生产：

$$HC\equiv CH + H_2O \xrightarrow{H_2SO_4, HgSO_4} CH_3CH=O$$

7.2.2.3 加卤素

炔烃与两分子氯或溴加成，生成四氯代烷或四溴代烷。例如：

$$CH_3C\equiv CH + 2Cl_2 \xrightarrow{63\%} CH_3CCl_2CHCl_2$$

如用一分子卤素，也可以得到二卤代烯烃。例如：

$$CH_3CH_2C\equiv CCH_2CH_3 + Br_2 \xrightarrow{90\%} \underset{Br}{\overset{H_3CH_2C}{\Large\diagdown}}C=C\underset{CH_2CH_3}{\overset{Br}{\Large\diagup}}$$

7.2.3 硼氢化反应

炔烃的硼氢化可以停留在生成含烯键产物的一步：

$$C_2H_5C\equiv CC_2H_5 \xrightarrow{BH_3-THF} \left(\underset{H}{\overset{H_5C_2}{\Large\diagdown}}C=C\underset{H}{\overset{C_2H_5}{\Large\diagup}}\right)_3 B$$

硼氢化产物用酸处理生成顺式烯烃，氧化则生成酮或醛：

$$\left(\begin{array}{c}H_5C_2\\H\end{array}C=C\begin{array}{c}C_2H_5\\H\end{array}\right)_3B \xrightarrow{HOAc} \begin{array}{c}H_5C_2\\H\end{array}C=C\begin{array}{c}C_2H_5\\H\end{array}$$

$$\downarrow H_2O_2, OH^-$$

$$\begin{array}{c}H_5C_2\\H\end{array}C=C\begin{array}{c}C_2H_5\\OH\end{array} \rightleftharpoons C_2H_5CH_2COC_2H_5 \quad 62\%$$

HOAc = 乙酸

采用位阻大的二取代硼烷作试剂,可以使三键在链端的炔烃只与一分子硼烷加成,产物经氧化水解后,得到醛。例如:

$$CH_3(CH_2)_5C\equiv CH \xrightarrow{R_2BH} \begin{array}{c}CH_3(CH_2)_5\\H\end{array}C=C\begin{array}{c}H\\BR_2\end{array} \xrightarrow{H_2O_2, OH^-} CH_3(CH_2)_5CH_2CH=O \quad 72\%$$

$$R = (CH_3)_2CHCH-$$

而由炔烃的直接水合只能得到酮。

7.2.4 氧化

炔烃经臭氧化和水解或用高锰酸钾氧化,碳链在三键处断裂,生成羧酸。例如:

$$CH_3CH_2CH_2CH_2C\equiv CH \xrightarrow[② H_2O]{① O_3} CH_3CH_2CH_2CH_2COOH + HOCH \\ 51\%$$
$$\qquad\qquad\qquad\qquad\qquad\qquad\qquad\qquad O \qquad\qquad\qquad\qquad O$$

$$CH_3(CH_2)_7C\equiv C(CH_2)_7COOH \xrightarrow[② H_3O^+]{① KMnO_4, OH^-} CH_3(CH_2)_7COOH + HOC(CH_2)_7COOH$$

炔烃的氧化用于结构测定,将生成的羧酸分离鉴定后,即可推测出三键在碳链上的位置。

问题 7.2 用化学方法区别下列各组化合物。

(1) $CH_3CH_2C\equiv CH$, $CH_3C\equiv CCH_3$

(2) $CH_3CH_2C\equiv CH$, $CH_3(CH_2)_3CH=CH_2$, $CH_3CH_2CH_2CH_2CH_3$

(3) $CH_3CH_2CH_2C\equiv CH$, $CH_2=CHCH_2CH=CH_2$, ⬡

问题 7.3 分子式为 C_5H_8 的炔烃异构体中哪一种与溴的反应速率最快?

问题 7.4 下列化合物中哪些可以由炔烃水合合成(必须得到纯化合物)?

$$CH_3CH_2CH_2CH=O, \quad (CH_3)_2CHCOCH(CH_3)_2, \quad (CH_3)_3CCOCH_3$$

$$CH_3CH_2CH_2COCH_2CH_3, \quad CH_3CH_2CH_2COCH_2CH_2CH_3$$

7.2.5 加氢和还原

炔烃部分加氢生成烯烃,完全加氢生成烷烃。烯键和炔键催化加氢的速率差异不大,对于有些催化剂烯键加氢的速率较炔键快,因此,即使只用一分子氢,也难于避免完全加氢产物的生成。

用特殊方法制备的催化剂可以使炔烃的加氢停留在生成烯烃的阶段。Lindlar(H)催化剂(简写作 Lindlar Pd)是将金属钯的细粉沉淀在碳酸钙上,再用乙酸铅溶液处理而制成的。炔烃在 Lindlar Pd 存在下加氢生成烯烃:

$$RC \equiv CH + H_2 \xrightarrow{\text{Lindlar Pd}} RCH = CH_2$$

三键在碳链中间的炔烃生成顺式加成产物。例如:

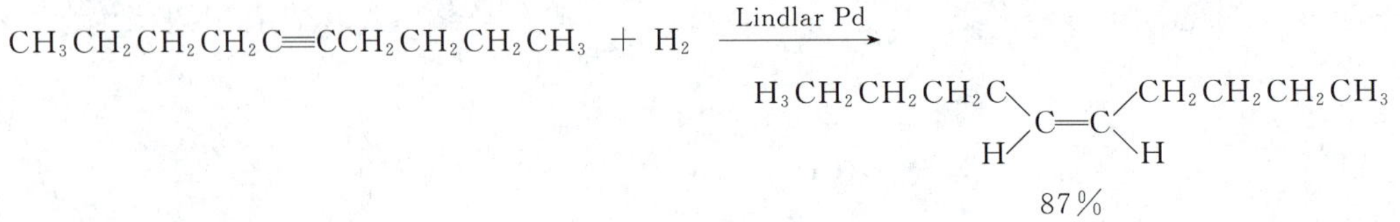

$$CH_3CH_2CH_2CH_2C \equiv CCH_2CH_2CH_3 + H_2 \xrightarrow{\text{Lindlar Pd}}$$

顺式-H_3CH_2CH_2CH_2C—CH_2CH_2CH_3 (87%)

其他一些催化剂也可以起同样的作用。例如,沉淀在硫酸钙上的钯粉、乙酸镍用硼氢化钠还原制成的镍粉:

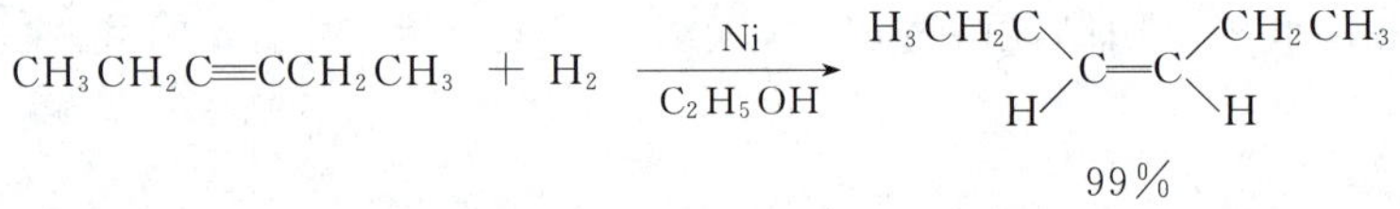

$$CH_3CH_2C \equiv CH_2CH_3 + H_2 \xrightarrow[C_2H_5OH]{Ni}$$ 顺式烯烃 (99%)

己-1-炔加氢生成己烷所放出的热为己-1-烯氢化热的 2~3 倍,说明炔烃的势能很高。

$$CH_3CH_2CH_2CH_2C \equiv CH + 2H_2 \longrightarrow CH_3CH_2CH_2CH_2CH_2CH_3$$
$$\Delta H^{\ominus} = -289.7 \text{ kJ} \cdot \text{mol}^{-1}$$

$$CH_3CH_2CH_2CH = CH_2 + H_2 \longrightarrow CH_3CH_2CH_2CH_2CH_2CH_3$$
$$\Delta H^{\ominus} = -126.4 \text{ kJ} \cdot \text{mol}^{-1}$$

炔烃也可以用氢化铝锂还原为烯烃,三键在碳链中间的炔烃生成反式烯烃。例如:

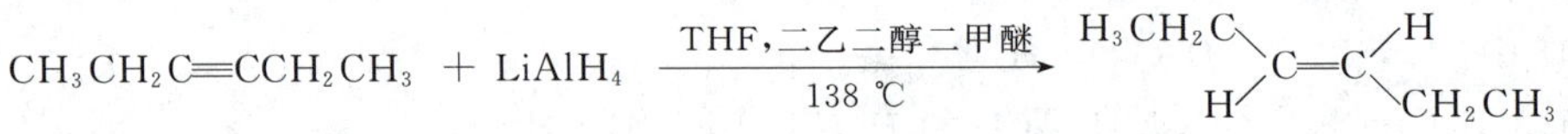

$$CH_3CH_2C \equiv CCH_2CH_3 + LiAlH_4 \xrightarrow[138\ ^\circ C]{\text{THF,二乙二醇二甲醚}}$$ 反式烯烃

§7.3 炔烃的制法

用消除反应可以在分子中导入三键,乙炔或 R≡CH 型炔烃发生烷基化反应则可以使碳链加长。

7.3.1 二卤代烷脱卤化氢

两个卤原子在相邻或同一碳原子上的二卤代烷(邻二卤代烷或偕二卤代烷)在消除反应中先

脱去一分子卤化氢生成卤原子与双键碳原子直接相连的卤代烯烃(乙烯式卤代烃),后者在剧烈的条件下(强碱、高温)再脱去一分子卤化氢生成炔烃:

$$\left.\begin{array}{r}RCHXCH_2X \\ RCH_2CHX_2\end{array}\right\} \xrightarrow{-HX} RCH{=}CHX \xrightarrow{-HX} RC{\equiv}CH$$

常用的试剂为氨基钠。例如:

$$(CH_3)_3CCH_2CHCl_2 \xrightarrow[\triangle]{NaNH_2} [(CH_3)_3CC{\equiv}CNa] \xrightarrow{H_2O} (CH_3)_3CC{\equiv}CH$$
不分离 50%~60%

$$CH_3(CH_2)_7CHCH_2Br \atop Br \xrightarrow[\triangle]{NaNH_2} [CH_3(CH_2)_7C{\equiv}CNa] \xrightarrow{H_2O} CH_3(CH_2)_7C{\equiv}CH$$
54%

如用较弱的碱在较低的温度下反应,则得到乙烯式卤代烃。例如:

$$CH_3CH_2CHCHCH_2CH_3 \atop Cl\ \ Cl \xrightarrow[\text{丙醇}]{KOH,90℃} CH_3CH_2CH{=}CCH_2CH_3 \atop Cl$$
90%

由于三键在碳链中间的炔烃在强碱作用下三键可能移至链端,因此,这种方法主要用于三键在链端的炔烃的制备。

邻二卤代烷可以由烯烃与卤素加成得到,而烯烃又可以由醇脱水得到,因此,利用这一系列反应可以将醇或烯烃转变为炔烃:

$$RCH_2CH_2OH \longrightarrow RCH{=}CH_2 \longrightarrow RCHCH_2 \atop X\ \ X \longrightarrow RC{\equiv}CH$$
醇　　　　烯烃　　　邻二卤代烷　　炔烃

7.3.2 炔烃的烷基化

乙炔与氨基钠反应生成乙炔钠:

$$HC{\equiv}CH + Na^+NH_2^- \xrightarrow{\text{液氨}} HC{\equiv}C^-\ Na^+ + NH_3$$

乙炔钠中的碳负离子是强的亲核性试剂,与卤代烷发生 S_N2 反应生成新的碳-碳键:

$$HC{\equiv}C{:}^- + {CH_2{-}Br \atop CH_2CH_3} \longrightarrow HC{\equiv}C{-}CH_2CH_2CH_3 + Br^-$$
70%~77%

这样就把炔烃中的碳链加长了,或者说把炔基导入别的分子中。

一取代乙炔也可以用这种方法加长碳链,得到二取代乙炔:

$$(CH_3)_2CHCH_2C{\equiv}CH \xrightarrow{NaNH_2} (CH_3)_2CHCH_2C{\equiv}C^-Na^+ \xrightarrow{CH_3Br} (CH_3)_2CHCH_2C{\equiv}CCH_3$$
81%

从乙炔也可以得到二取代乙炔：

$$HC\equiv CH \xrightarrow[\text{② } CH_3CH_2Br]{\text{① } NaNH_2} CH\equiv CCH_2CH_3 \xrightarrow[\text{② } CH_3Br]{\text{① } NaNH_2} \underset{81\%}{CH_3C\equiv CCH_2CH_3}$$

反应可以在液氨溶液中进行，也可以在乙醚、四氢呋喃中进行，除了用氨基钠把炔烃变成炔化钠外，还可以用烷基锂把炔烃变成炔化锂，然后再与卤代烷反应。

由于碳负离子的碱性强，容易使仲和叔卤代烷脱卤化氢，因此，在这个方法中只能用伯卤代烷。例如：

$$CH_3(CH_2)_3C\equiv C^-Li^+ + (CH_3)_2CHBr \xrightarrow[25\ ℃]{HMPT}$$

$$\underset{6\%}{CH_3(CH_2)_3C\equiv CCH(CH_3)_2} + \underset{85\%}{CH_3(CH_2)_3C\equiv CH + CH_3CH\equiv CH_2}$$

HMPT 为六甲基磷酰胺($PO[N(CH_3)_2]_3$)，是一种良好的溶剂。

位阻大的伯卤代烷与炔烃的碱金属盐反应，也容易脱去卤化氢。例如：

$$CH_3(CH_2)_3C\equiv C^-Li^+ + (CH_3)_2CHCH_2Br \xrightarrow[25\ ℃]{HMPT}$$

$$\underset{32\%}{CH_3(CH_2)_3C\equiv CCH_2CH(CH_3)_2} + \underset{68\%}{CH_3(CH_2)_3C\equiv CH + (CH_3)_2C\equiv CH_2}$$

问题 7.5 如何实现下列转变？

(1) $CH_3CH_2CH_2CH\equiv CH_2 \longrightarrow CH_3CH_2CH_2C\equiv CH$

(2) $CH_3CH_2OH \longrightarrow CH_3CH_2C\equiv CCH_2CH_3$

(3) $CH_3CH_2CH_2CH_2OH \longrightarrow CH_3CH_2CH_2CH_2COCH_3$

(4) $CH_3CH_2CH_2CH_2OH \longrightarrow$ 癸烷

---

§7.4 乙 炔

炔烃中最重要的是乙炔，它是基本有机合成的原料。工业上生产乙炔可以用煤作原料，也可以用石油或天然气作原料。

焦炭和石灰在电炉中作用生成碳化钙（又称电石）：

$$3\ C + CaO \xrightarrow[\text{(电炉)}]{2\ 000\ ℃} CaC_2 + CO$$

碳化钙遇水立即放出乙炔：

$$CaC_2 + 2H_2O \longrightarrow HC\equiv CH + Ca(OH)_2$$

这个方法耗电量很大，但可以直接得到 99% 的乙炔。

甲烷在高温下吸收大量的热,裂化而生成乙炔:

$$2\ CH_4 \xrightarrow{1\ 250\ ℃} HC\equiv CH + 3\ H_2 \qquad \Delta H^{\ominus}=1.84\times 10^5\ kJ\cdot mol^{-1}$$

乙炔在高温下又可以分解成碳和氢,由甲烷生成乙炔的速率要比乙炔分解成碳和氢的速率快,如果在高温下迅速供给大量的热能,使甲烷在尽可能短的时间(如 0.01~0.1 s)内热解,然后将反应产物迅速冷却,就可以得到乙炔、乙烷、丙烷。炼制石油所得的液体馏分,甚至原油也可以用同样的方法转变成乙炔。

乙炔还可以由乙烯脱氢得到:

$$CH_2=CH_2 \xrightleftharpoons{\triangle} CH\equiv CH + H_2$$

纯粹的乙炔为无色气体。由碳化钙制得的乙炔由于含有磷化氢、硫化氢等杂质而有臭味和毒性。

乙炔在水里有一定的溶解度,1 L 水在 0 ℃ 时能溶解 1.7 L 乙炔,在 15.5 ℃ 能溶解 1.1 L 乙炔。用天然气或石油作原料制乙炔时,可以在加压下用水吸收乙炔,所得溶液在减压下又能放出乙炔。

乙炔在有机溶剂中的溶解度要比在水中大得多。1 L 丙酮在 25 ℃ 和 0.1 MPa 下能溶解 20.8 L 乙炔,溶解度随着压力加大而增加。如在 1.2 MPa 下,1 L 丙酮能溶解 300 L 乙炔。乙炔在丁内酯、N,N-二甲基甲酰胺和 N-甲基吡咯烷酮中的溶解度也很大,这些有机溶剂常用于乙炔的储存、提纯和分离。

乙炔是一种不稳定的化合物,即使在常温下乙炔也能慢慢分解变成碳和氢:

$$HC\equiv CH \longrightarrow 2\ C + H_2 \qquad \Delta H^{\ominus}=-227.3\ kJ\cdot mol^{-1}$$

乙炔对震动很敏感,在热和电火花的引发下能发生猛烈爆炸,在高压或铜存在下更容易爆炸。因此,在处理和运输大量乙炔时,都必须注意安全。乙炔的丙酮溶液是稳定的,所以通常在钢筒中盛满用丙酮浸透的多孔物质,如硅藻土、石棉、软木等,再在 1~1.2 MPa 下将乙炔压入,以减少爆炸的危险。

乙炔与空气混合物的爆炸极限为 2.6%~77%(体积分数),其中含乙炔 7%~13% 的混合气爆炸危险性最大。

乙炔燃烧时,火焰的温度很高,氧炔焰的最高温度可达 3 000 ℃,因此乙炔常用来熔接金属,但乙炔最主要的用途是作为有机合成的基本原料,如用来合成氯乙烯,但在成本上要高于乙烯。

§7.5 共 轭 作 用

7.5.1 π,π-共轭

一些烯烃和二烯烃的氢化热见表 7.2。

表 7.2 一些烯烃和二烯烃的氢化热

化合物	氢化热/(kJ·mol^{-1})	化合物	氢化热/(kJ·mol^{-1})
CH$_3$CH$_2$CH=CH$_2$	126.8	CH$_2$=CH—CH=CH$_2$	238.9
CH$_3$CH$_2$CH$_2$CH=CH$_2$	125.9	CH$_2$=CHCH=CH$_2$	254.4
CH$_3$CH$_2$CH=CHCH$_3$	115.6	CH$_2$=CH—CH=CHCH$_3$	226.4
CH$_3$CH$_2$CH$_2$CH$_2$CH=CH$_2$	125.9	CH$_2$=CHCH$_2$CH$_2$CH=CH$_2$	253.1
⬡	119.6	⬡	231.8

由表 7.2 可见:二烯烃分子中两个双键之间被一个或几个饱和碳原子隔开时,它的氢化热约为单烯烃的两倍,两个双键可以看作孤立存在的,这种类型的二烯烃称为孤立二烯烃;二烯烃分子中两个双键中间没有饱和碳原子,而是直接用单键相连时,它的氢化热低于含同数碳原子的孤立二烯烃,如戊-1,3-二烯比戊-1,4-二烯低,因此,两个双键不再是孤立的,而是结合在一起,成为一个整体,这种类型的二烯烃称为共轭二烯烃。由图 7.1 可见:共轭二烯烃的势能低于孤立二烯烃,即比孤立二烯烃更稳定。

共轭二烯烃的稳定性高与其特殊的结构有关。以丁-1,3-二烯为例,根据分子轨道模型,分子中四个碳原子都用 sp^2 杂化轨道互相重叠或与氢原子的 1s 轨道重叠,生成 C—C 键和 C—H 键,组成分子的骨架。每个碳原子上各剩下一个 p 轨道,它们可以在侧面重叠,如四个碳原子和氢原子都在同一平面上,p 轨道的对称轴互相平行,重叠程度最大。

由四个 p 轨道可以组合成四个分子轨道,见图 7.2。

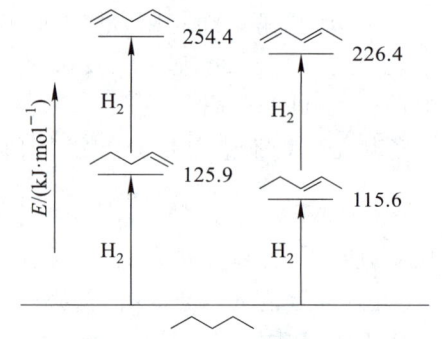

图 7.1 二烯烃的氢化热

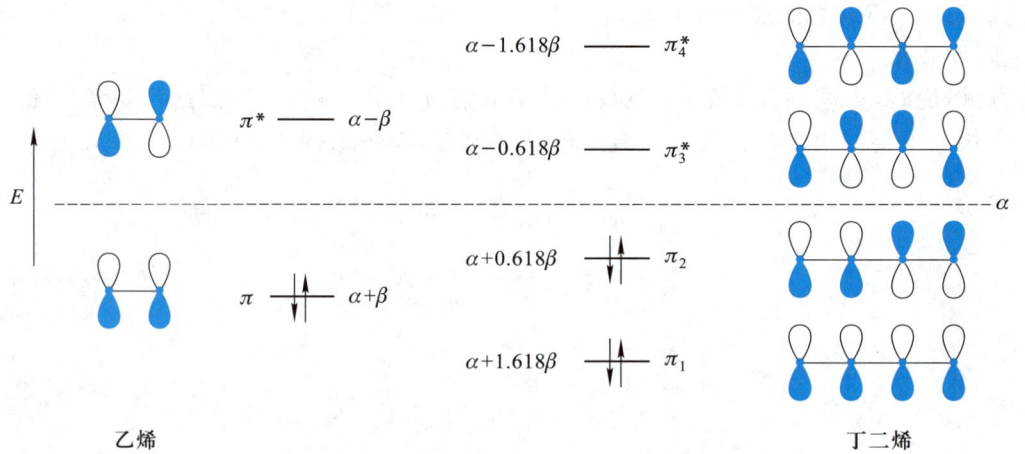

图 7.2 乙烯和丁二烯的分子轨道的能级

π_1,π_2 的能级低于原子轨道,为成键轨道,在基态下 4 个 π 电子都在成键轨道上,π_3^*,π_4^* 的能级高于原子轨道,为反键轨道。以乙烯分子中成键轨道的能量为 β(β 为负值),原子轨道的能量为 α,则 π_1,π_2 轨道的能量分别为 $\alpha+1.618\beta$ 和 $\alpha+0.618\beta$,4 个 π 电子的总能量为 $4\alpha+4.472\beta$,如 π 电子在两个孤立的 π 轨道中,其总能量为 $4\alpha+4\beta$,因此,共轭二烯烃的能量比孤立二烯烃低。两个 π 键之间的这种作用称为共轭作用(conjugation)。共轭二烯烃分子中的共轭作用称为 π,π-共轭。

7.5.2 由三个碳原子组成的共轭体系

烯丙基氯解离生成烯丙基碳正离子:

$$CH_2=CHCH_2Cl \longrightarrow CH_2=CHCH_2^+ + Cl^- \quad \Delta H^\ominus = 715.9 \text{ kJ} \cdot \text{mol}^{-1}$$

解离所需要的能量低于乙基氯(799.71 kJ·mol^{-1}),而与异丙基氯(695.0 kJ·mol^{-1})相近,说明烯丙基碳正离子的稳定性比伯碳正离子高,而与仲碳正离子相近。

烯丙基碳正离子的稳定性与其结构有关。根据分子轨道模型,三个碳原子以 sp^2 杂化轨道互相重叠并与氢原子的 1s 轨道重叠,生成 C—C 键和 C—H 键,每个碳原子上还剩下一个 p 轨道,它们可以在侧面重叠,当所有的原子都在同一平面上时,p 轨道的轴互相平行,可以最大限度地重叠。由三个 p 轨道可以组成三个分子轨道(见图 7.3),π_1 为成键轨道,π_2 为非键轨道,其能级相当于原子轨道,π_3 为反键轨道。在基态下,烯丙基碳正离子中两个 p 电子都在成键轨道中,π_2 为空轨道,两个电子的总能量为 $2\alpha+2.828\beta$,比在孤立的 π 轨道中低。这种由三个碳原子组成的共轭体系可以看作 π 键与 p 轨道的共轭,称为 p,π-共轭。

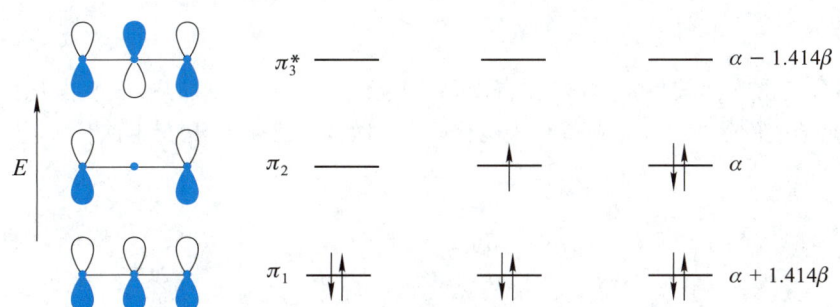

图 7.3　含三个碳原子的共轭体系的分子轨道

在烯丙基碳正离子中,两个 π 电子分布在三个碳原子周围,是一个缺电子体系,带一个正电荷,但是正电荷不像在丙基碳正离子中那样,集中在一个碳原子上,而是分散在三个碳原子上,由于电荷的分散,烯丙基碳正离子比伯碳正离子更稳定。

但是在烯丙基碳正离子中正电荷并不是平均分布在三个碳原子上,而是主要分布在共轭体系两端的两个碳原子上,一般表示作 $\overset{\delta^+}{CH_2}\text{---}CH\text{---}\overset{\delta^+}{CH_2}$。

丙烯分子中甲基上的 C—H 键的键解离能为 364.2 kJ·mol^{-1},比乙烷分子中 C—H 键的键解离能(410.3 kJ·mol^{-1})小,说明烯丙基自由基比伯烷基自由基更稳定。

$$CH_2=CH-CH_3 \longrightarrow CH_2=CHCH_2\cdot + \cdot H \qquad \Delta H^\ominus = 364.2 \text{ kJ}\cdot\text{mol}^{-1}$$

烯丙基自由基中有 3 个 p 电子，由图 7.3 可见：一对 π 电子在成键轨道上，一个未配对的电子在非键轨道上，其总能量为 $3\alpha+2.828\beta$，如不是共轭体系，总能量为 $3\alpha+2\beta$，因此，烯丙基自由基比丙基自由基或 $CH_2=CHCH_2CH_2\cdot$ 型自由基更稳定。

烯丙基自由基中未配对电子的电子云不是集中在一个碳原子上，而是分布在共轭体系两端的两个碳原子上。

根据碳氢酸的酸性强弱次序，丙烯分子中甲基 C—H 的酸性比烷烃强（pK_a 分别为 40～44 和 50），说明其共轭碱（$CH_2=CH-\bar{C}H_2$），即烯丙基碳负离子比一般的烷基碳负离子更稳定。

烯丙基碳负离子中有 4 个 p 电子，一对电子在成键轨道中，另一对在非键轨道中，其总能量较 $CH_2=CH-CH_2CH_2^-$ 型碳负离子低，所带负电荷分布在共轭体系两端的两个碳原子上，一般表示作：$\overset{\delta-}{C}H_2=CH=\overset{\delta-}{C}H_2$ 。

7.5.3 烯丙式卤代烃

卤素取代烯烃分子中 α-碳原子上的氢原子生成的化合物称为烯丙式卤代烃。例如：

$CH_2=CH-CH_2Cl$ 3-溴环己烯 $(CH_3)_2CCH=CH_2$ 中带Cl

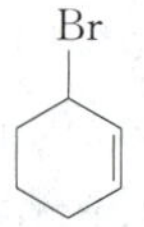

烯丙基氯   3-溴环己烯   3-氯-3-甲基丁-1-烯

7.5.3.1 烯丙式卤代烃的制法

由于烯丙式自由基比较稳定，烯烃在自由基反应条件下（光照或加热）发生卤化反应，卤原子容易取代 α-碳原子上的氢原子，生成烯丙式卤代烃。例如，环己烯与溴发生取代反应，生成 3-溴环己烯：

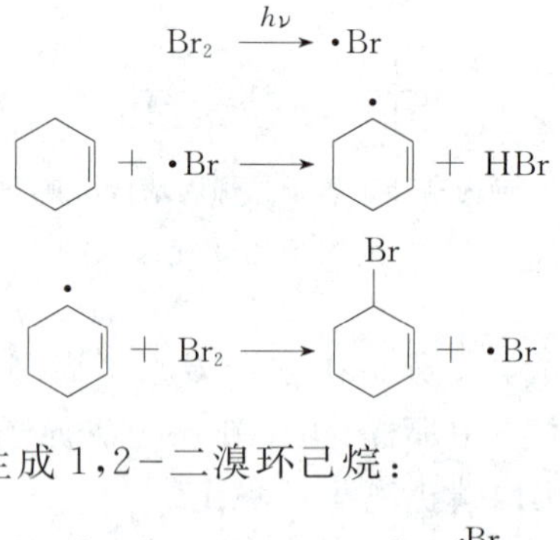

$$Br_2 \xrightarrow{h\nu} \cdot Br$$

环己烯 + ·Br ⟶ 环己烯基· + HBr

环己烯基· + Br_2 ⟶ 3-溴环己烯 + ·Br

环己烯与溴还能发生加成反应，生成 1,2-二溴环己烷：

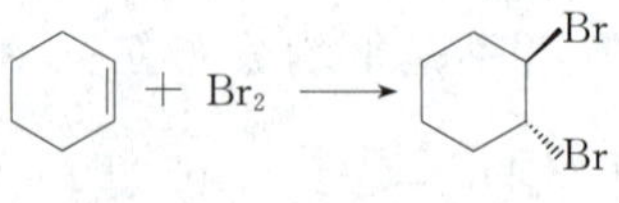

环己烯 + Br_2 ⟶ 1,2-二溴环己烷

取代反应和加成反应互相竞争，选择适当的实验条件，可以使其中的一种反应占优势。如在室温和没有光照的条件下进行反应，主要得到加成产物；如在加热或光照下进行反应，并且在反应过

程中,使溴保持低浓度,则主要得到取代产物,因为光照或加热有利于自由基反应。根据反应动力学研究:加溴反应的速率与烯烃浓度和溴的浓度的平方的乘积成正比,$v = k$[烯烃][溴]^2,溴的浓度低,[溴]^{2}急剧减小,使加成反应受到抑制。

烯丙位溴化可以用 N-溴代丁二酰亚胺(简称 NBS)作试剂进行。例如,将环己烯与 NBS 在四氯化碳中加热:

$$\text{环己烯} + \text{丁二酰亚胺-NBr} \xrightarrow[82\% \sim 87\%]{\text{CCl}_4, \triangle} \text{3-溴环己烯} + \text{丁二酰亚胺-NH}$$

NBS 在四氯化碳中的溶解度极小,它比四氯化碳密度大,沉在溶液下面,随着反应的进行,NBS 逐渐消失,生成的副产物丁二酰亚胺也不溶于四氯化碳,但它比四氯化碳密度小,浮在溶液上面,反应完毕后可以过滤回收。除了加热外,还可以用光照或加过氧化物引发自由基反应。

N-溴代丁二酰亚胺在反应混合物中微量的酸性杂质或湿气存在下分解而产生低浓度的溴:

$$\text{丁二酰亚胺-NBr} + \text{HBr} \longrightarrow \text{丁二酰亚胺-NH} + \text{Br}_2$$

如用 NBS 能溶于其中的溶剂,则不能保证溴的低浓度,可能发生别的反应。

工业上由丙烯的高温氯化生产烯丙基氯:

$$\text{CH}_2=\text{CHCH}_3 + \text{Cl}_2 \xrightarrow[80\% \sim 83\%]{500\ ℃} \text{CH}_2=\text{CHCH}_2\text{Cl} + \text{HCl}$$

气相下离子型亲电加成受到抑制,主要发生自由基氯化反应:

$$\text{Cl}_2 \rightleftharpoons 2\ \text{Cl}\cdot$$
$$\text{CH}_2=\text{CHCH}_3 + \cdot\text{Cl} \longrightarrow \text{CH}_2=\text{CHCH}_2\cdot + \text{HCl}$$
$$\text{CH}_2=\text{CHCH}_2\cdot + \text{Cl}_2 \longrightarrow \text{CH}_2=\text{CHCH}_2\text{Cl} + \cdot\text{Cl}$$

7.5.3.2 烯丙式卤代烃的反应

3-氯-3-甲基丁-1-烯水解生成 2-甲基丁-3-烯-2-醇和 3-甲基丁-2-烯-1-醇的混合物:

$$(\text{CH}_3)_2\underset{\underset{\text{Cl}}{|}}{\text{C}}\text{CH}=\text{CH}_2 \xrightarrow[\text{Na}_2\text{CO}_3]{\text{H}_2\text{O}} (\text{CH}_3)_2\underset{\underset{\text{OH}}{|}}{\text{C}}\text{CH}=\text{CH}_2 + (\text{CH}_3)_2\text{C}=\text{CHCH}_2\text{OH}$$
$$\qquad\qquad\qquad\qquad\qquad\qquad 85\% \qquad\qquad\qquad 15\%$$

1-氯-3-甲基丁-2-烯水解得到相同的产物:

$$(\text{CH}_3)_2\text{C}=\text{CHCH}_2\text{Cl} \xrightarrow[\text{Na}_2\text{CO}_3]{\text{H}_2\text{O}} (\text{CH}_3)_2\underset{\underset{\text{OH}}{|}}{\text{C}}\text{CH}=\text{CH}_2 + (\text{CH}_3)_2\text{C}=\text{CHCH}_2\text{OH}$$
$$\qquad\qquad\qquad\qquad\qquad\qquad 85\% \qquad\qquad\qquad 15\%$$

说明它们的活性中间体相同。

两种氯代烃解离时生成同一种碳正离子：

$$\left.\begin{array}{c}(CH_3)_2CCH=CH_2 \\ | \\ Cl \\ (CH_3)_2C=CHCH_2Cl\end{array}\right\} \xrightarrow{H_2O} [(CH_3)_2\overset{\delta+}{C}\text{---}CH\text{---}\overset{\delta+}{CH_2}]^+ + Cl^-$$

由于碳正离子中正电荷分布在共轭体系两端的碳原子上，它可以在这两个位置上与水结合，生成相应的醇：

$$[(CH_3)_2\overset{\delta+}{C}\text{---}CH\text{---}\overset{\delta+}{CH_2}]^+ \begin{cases} \rightarrow (CH_3)_2\underset{\overset{|}{+}OH_2}{C}-CH=CH_2 \xrightarrow{-H^+} (CH_3)_2\underset{\overset{|}{OH}}{C}CH=CH_2 \\ \rightarrow (CH_3)_2C=CHCH_2\overset{+}{OH_2} \xrightarrow{-H^+} (CH_3)_2C=CHCH_2OH \end{cases}$$

这两种烯丙式卤代烃在50%乙醇中溶剂解的相对速率为

$$RCl + C_2H_5OH + H_2O \xrightarrow{44.6\ ℃} R-OC_2H_5 + R-OH + HCl$$

$$\begin{array}{cc}(CH_3)_2CCH=CH_2 & 162 \\ | & \\ Cl & \\ (CH_3)_2C=CHCH_2Cl & 38 \\ \begin{array}{c} CH_3 \\ | \\ CH_3CH_2C-Cl \\ | \\ CH_3 \end{array} & (1.00) \end{array}$$

可见卤代烃的结构只影响反应速率。烯丙型碳正离子的稳定性次序为

$$R-CH=\overset{+}{CH} < R-\overset{+}{C}=CH_2 \approx R\overset{+}{C}H_2 < R_2\overset{+}{C}H < RCH=CH\overset{+}{CHR} \approx R_3C^+ < R_2C=CH-\overset{+}{CR_2}$$

不同类型的卤代烃在 S_N2 反应中的平均相对速率次序为

$$\begin{array}{ccccc} C_6H_5CH_2X & > & CH_2=CHCH_2X & > & CH_3X & > & CH_3CH_2X & > & CH_3CH_2CH_2X \\ 4.0 & & 1.3 & & 1 & & 3.3\times10^{-2} & & 1.3\times10^{-3} \end{array}$$

$$\begin{array}{ccc} > & (CH_3)_2CHX & > & (CH_3)_3CCH_2X \\ & 8.4\times10^{-4} & & 3.3\times10^{-7} \end{array}$$

可见烯丙式卤代烃在 S_N2 反应中的反应速率也比较快。

烯丙基溴能与 Grignard 试剂反应，生成新的碳－碳键，一般的伯卤代烷则不发生反应：

$$CH_2=CHCH_2Br + BrMg-\bigcirc \xrightarrow{70\%} CH_2=CHCH_2-\bigcirc + MgBr_2$$

利用这个反应可以合成双键在链端的烯烃。

由于烯丙式卤代烃容易与 Grignard 试剂偶联，用它们来制备 Grignard 试剂往往得到偶联产物。例如：

$$CH_2=CHCH_2Cl + Mg \xrightarrow[5\ h]{Et_2O, 25\ ℃} \underset{55\%\sim 65\%}{CH_2=CHCH_2CH_2CH=CH_2}$$

如果用过量的镁和乙醚,在剧烈搅拌下将烯丙式卤代烃在乙醚中的稀溶液慢慢滴入,则可得到相应的 Grignard 试剂。因为 Grignard 试剂在镁的表面生成,用过量的镁可以使反应速率加快,而生成的 Grignard 试剂和烯丙式卤代烃的浓度都很小,它们之间发生 S_N2 反应的速率大幅度降低,从而使偶联反应受到抑制。

由 3-溴丁-1-烯和 1-溴丁-2-烯分别制备的 Grignard 试剂加水分解后生成同一产物:

$$\begin{array}{c} CH_3CHCH=CH_2 \\ | \\ Br \end{array} \xrightarrow{Mg} \begin{array}{c} CH_3CHC=CH_2 \\ | \\ MgBr \end{array} \Big\updownarrow$$
$$CH_3CH=CHCH_2Br \xrightarrow{Mg} CH_3CH=CHCH_2MgBr$$
$$\xrightarrow{H_3O^+} \begin{array}{c} CH_3CH_2CH=CH_2 \\ 57\% \\ + \\ CH_3CH=CHCH_3 \\ (Z)\ 27\% \\ (E)\ 16\% \end{array}$$

说明由这两种互为异构体的烯丙式卤代烃制备的 Grignard 试剂为同样的平衡混合物。

Grignard 试剂中 C—Mg 键为共价键,但极化程度很高,碳原子具有显著的碳负离子性质,因此,容易发生重排。

由烯丙基溴制备的 Grignard 试剂与有手性的溴代烷反应,主要得到构型转化的偶联产物,说明这是 S_N2 反应:

$$\begin{array}{c} CH_3(CH_2)_5CHCH_3 \\ | \\ Br \end{array} + CH_2=CHCH_2MgBr \xrightarrow[65\ h]{Et_2O,\triangle} \underset{78\%}{CH_3(CH_2)_5\underset{\underset{CH_3}{|}}{C}HCH_2CH=CH_2}$$

7.5.4 乙烯式卤代烃

卤原子与双键碳原子相连的卤代烃称为乙烯式卤代烃。例如:

$$CH_2=CHCl \qquad CH_2=CHBr \qquad ClCH=CHCl$$
沸点:3.37 ℃   沸点:15.80 ℃   沸点:(Z) 15.80 ℃
                   (E) 47.5 ℃

乙烯式卤代烃的偶极矩比卤代烷小,C—X 键的键长比卤代烷短,键解离能和键电离能则比卤代烷高。例如:

	$CH_2=CH-Cl$	CH_3CH_2-Cl	$CH_2=CH-Br$	CH_3CH_2-Br
$r(C-X)/pm$	172	178	189	194
$\mu/(C\cdot m)$	4.84×10^{-30}	6.84×10^{-30}	4.74×10^{-30}	6.77×10^{-30}
键解离能/$(kJ\cdot mol^{-1})$	376.8	334.9	326.6	284.7
键电离能/$(kJ\cdot mol^{-1})$	993.7	799.7		

在亲核取代反应中,无论是在有利于 S_N1 或 S_N2 反应的条件下,乙烯式卤代烃的反应活性都特别低。例如,在丙酮溶液中 1-氯丙烷迅速与碘化钾作用生成 1-碘丙烷,而在同样的实验条

件下,1-氯丙-1-烯则不发生反应:

$$CH_3CH_2CH_2Cl + KI \xrightarrow{丙酮} CH_3CH_2CH_2I + KCl\downarrow$$

$$CH_3CH=CHCl + KI \xrightarrow{丙酮} 无反应$$

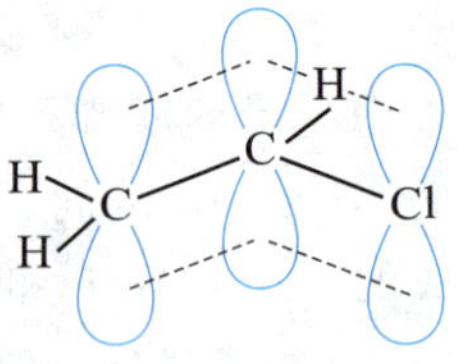

乙烯式卤代烃的这些性质与其结构有关。以氯乙烯为例,其分子轨道模型见图 7.4。两个碳原子和氯原子上各有一个 p 轨道,它们在侧面重叠组成分子轨道(三原子四电子),氯原子上的电子部分分散到碳-碳双键上:

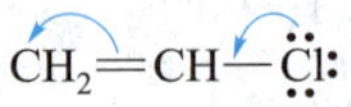

$$CH_2=CH-\ddot{\underset{..}{Cl}}:$$

图 7.4 氯乙烯的分子轨道模型

这样就使氯乙烯的偶极矩减小,并使 C—Cl 键具有部分双键的性质,加之碳原子为 sp^2 杂化,杂化轨道的 s 成分较氯乙烷中的碳原子高,因此,C—Cl 键的键长较短。

由于 $CH_2=\overset{+}{C}H$ 很难生成,在溶液中尚未检测出它的存在,$CH_2=\overset{+}{C}H$ 在特殊条件下可以检测出来,但在简单的乙烯式卤代烃的反应中也不起重要作用,所以乙烯式卤代烃不发生 S_N1 反应。

由于 C—X 键的强度增加,亲核试剂从卤原子背面进攻又受到阻碍:

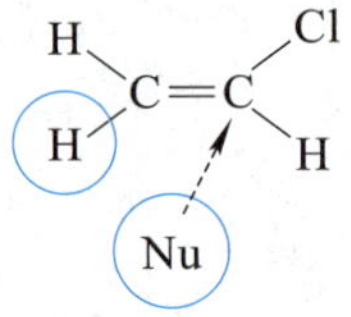

乙烯式卤代烃也不容易发生 S_N2 反应。

7.5.5 超共轭作用

在乙基碳正离子中,带正电荷的碳原子上空的 p 轨道与甲基上 C—H 键的电子云部分重叠(见图 7.5),使部分正电荷向甲基分散,碳正离子的稳定性也相应提高,甲基数目越多,正电荷越分散,碳正离子也越稳定。因此,烷基碳正离子的稳定性次序为

$$(CH_3)_3\overset{+}{C} > (CH_3)_2\overset{+}{C}H > CH_3\overset{+}{C}H_2 > \overset{+}{C}H_3$$

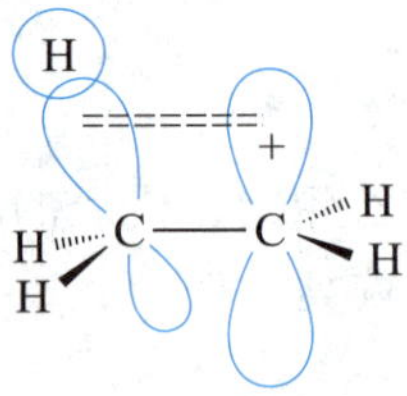

这与 p,π-共轭使烯丙基碳正离子的稳定性提高有相似的地方,称为超共轭(hyperconjugation)。

图 7.5 乙基碳正离子中的超共轭

烯烃分子中双键碳原子上甲基或烷基的数目增加,由于超共轭作用而使其稳定性相应增加,因此,烯烃的稳定性次序为

$$R_2C=CR_2 > R_2C=CHR > RCH=CHR > RCH=CH_2 > CH_2=CH_2$$

§7.6 共振式

7.6.1 共振式的意义

许多化合物可以用一个式子表示其结构,如甲烷、乙烯、戊-1,4-二烯等:

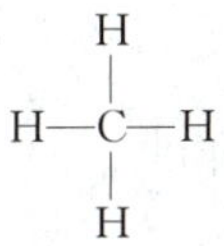

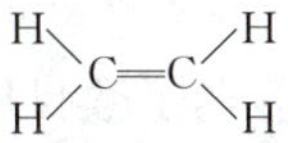

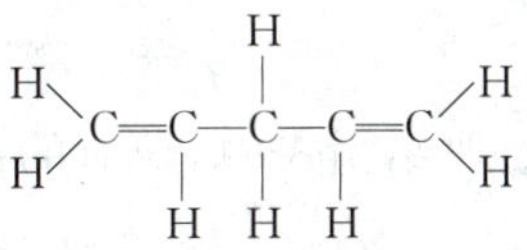

另外一些化合物却不能用单一的式子精确地表示其结构。例如,在乙酸根中,两个 C—O 键的键长相等,负电荷也不是固定在哪一个氧原子上,用下面两个式子中的任何一个都不能精确地表示其结构:

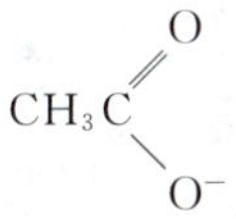

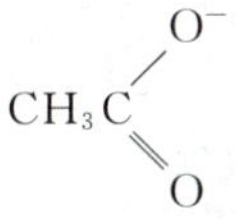

在这种情况下可以采用共振式:

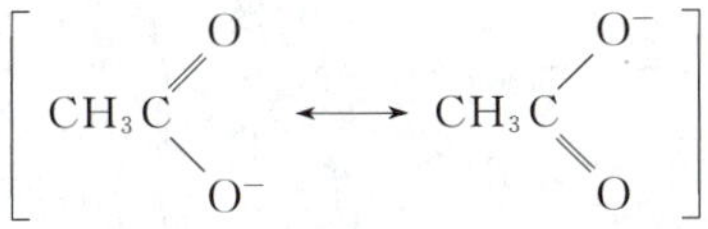

它的意义是乙酸根是两个经典结构式的杂化体,它不是两个经典结构式中任何一个,但与每一个都有相似的地方,这就是说两个 C—O 键都具有部分双键的性质,每个氧原子都带有部分负电荷。乙酸根的能量低于根据每一个经典结构式计算出来的能量。共振式可以简写作:

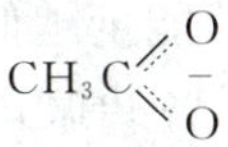

双向箭头"⟷"是表示共振杂化体的专用符号,不能与平衡符号"⇌"混淆。

乙酸根的两个经典结构式任何一个单独使用都不能代表实际存在的乙酸根,因此,它们是理想中的结构式。由于化学工作者对这些结构式很熟悉,他们能够从共振式中的经典结构式想象出它们的杂化体应当具备什么性质。例如,从乙酸根的共振式可以想象出两个 C—O 键既不是单键也不是双键,而是单键和双键之间的一种键,碳-氧双键上的 π 电子不是固定在哪一个 C—O 键上,而是分布在 O—C—O 三个原子所组成的共轭体系中。在有机化学中许多化合物要用共振式来表示。

7.6.2 采用共振式应当注意的问题

共振式中的经典结构式不能随意书写,对它们有一定的选择标准。

(1) 各经典结构式中原子在空间的位置应当相同或接近相同，它们之间的差别在于电子的排布。例如，CH₂CH=CHCH₃ 和 CH₂=CHCHCH₃ 不能作为两个经典结构式，因为氯原子
             | |
             Cl   Cl
在空间的位置不同。烯醇式和酮式也不能作为经典结构式，因为氢原子在空间的位置不同。

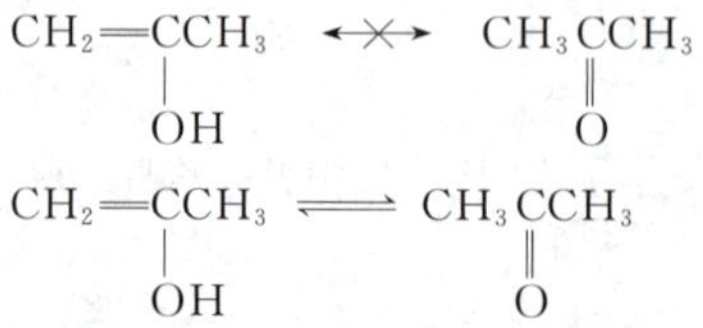

$$CH_2=CCH_3 \quad \xleftrightarrow{\times} \quad CH_3CCH_3$$
$$\quad\;\; | \qquad\qquad\qquad\qquad \|$$
$$\quad\;\; OH \qquad\qquad\qquad\quad O$$

$$CH_2=CCH_3 \quad \rightleftharpoons \quad CH_3CCH_3$$
$$\quad\;\; | \qquad\qquad\qquad\qquad \|$$
$$\quad\;\; OH \qquad\qquad\qquad\quad O$$

(2) 所有的经典结构式中，配对的或未配对的电子数目应当是一样的。例如：

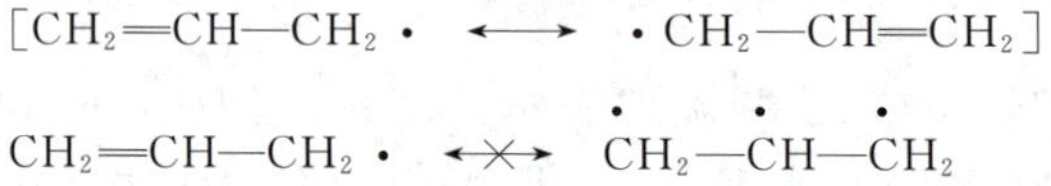

$$[CH_2=CH-CH_2\cdot \quad \longleftrightarrow \quad \cdot CH_2-CH=CH_2]$$

$$CH_2=CH-CH_2\cdot \quad \xleftrightarrow{\times} \quad \cdot\overset{\cdot}{C}H_2-\overset{\cdot}{C}H-\overset{\cdot}{C}H_2$$

因此用弯箭头表示电子移动的方向，但不移动原子的位置和改变未配对的电子数目，可以从一个经典结构式推导出另一个。例如：

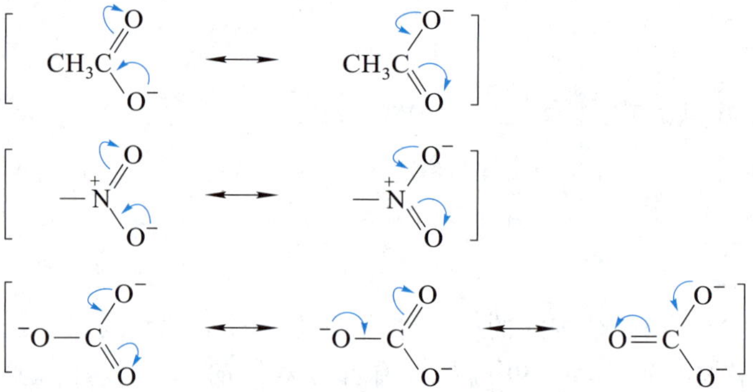

在共振杂化体中，每一个经典结构式都有自己的贡献，如把它们都看作实际存在的化合物，可以估计出其贡献大小。一个经典结构式的能量越低，贡献越大。

(3) 等同的经典结构式贡献相等。以上各共振式中的经典结构式都是等同的。

(4) 经典结构式中，如所有属于元素周期表中第一和第二周期的原子都满足稀有气体电子构型，其贡献较未满足的大。例如：

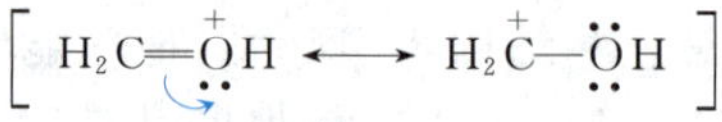

$$[H_2C=\overset{+}{O}H \quad \longleftrightarrow \quad H_2\overset{+}{C}-\ddot{O}H\,]$$
贡献较大　　　　　贡献较小

(5) 没有正负电荷分离的经典结构式贡献较大。例如：

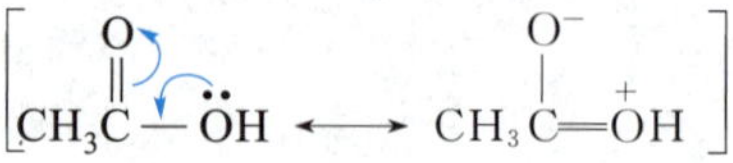

$$\begin{matrix} O & & O^- \\ \| & & | \\ CH_3C-\ddot{O}H & \longleftrightarrow & CH_3\overset{+}{C}-\ddot{O}H \end{matrix}$$
贡献较大　　　　　贡献较小

真实分子的能量比每一个经典结构式的能量都要低。如共振杂化体由几个等同的经典结构

式组成,真实分子的能量往往特别低,如碳酸根和硝酸根。

$$\left[\begin{array}{c} \text{O}^- \\ \text{O}-\overset{+}{\text{N}} \\ \text{O} \end{array} \longleftrightarrow \begin{array}{c} \text{O}^- \\ \text{O}=\overset{+}{\text{N}} \\ \text{O}^- \end{array} \longleftrightarrow \begin{array}{c} \text{O} \\ {}^-\text{O}-\overset{+}{\text{N}} \\ \text{O}^- \end{array} \right]$$

真实分子在更大的程度上像贡献大的经典结构式,但贡献小的经典结构式并非毫无意义,在有的反应中真实分子更像贡献小的经典结构式。

问题 7.6 下列各共振式中,哪一个经典结构式"贡献"较大?

(1) $\left[\begin{array}{c} \text{H}-\text{C}\overset{\overset{\cdot\cdot}{\text{O}}\text{:}}{\underset{\text{NH}_2}{\vphantom{X}}} \longleftrightarrow \text{H}-\text{C}\overset{\overset{\cdot\cdot}{\text{:O:}^-}}{\underset{\overset{+}{\text{NH}_2}}{\vphantom{X}}} \end{array} \right]$

(2) $\left[\begin{array}{c} \text{H}-\text{C}\overset{\text{O}}{\underset{\text{CH}_2}{\vphantom{X}}} \longleftrightarrow \text{H}-\text{C}\overset{\text{:O:}^-}{\underset{\text{CH}_2}{\vphantom{X}}} \end{array} \right]$

(3) $\left[\begin{array}{c} \text{H}-\text{C}\overset{\overset{\cdot\cdot}{\text{O}}\text{:}}{\underset{\text{:NH}}{\vphantom{X}}} \longleftrightarrow \text{H}-\text{C}\overset{\text{:O:}^-}{\underset{\text{NH}}{\vphantom{X}}} \end{array} \right]$

问题 7.7 下列各式中哪些是错误的?

(1) $\left[\begin{array}{c} \text{CH}_3-\text{C}\overset{\overset{\cdot\cdot}{\text{O}}\text{:}}{\underset{\text{CH}_3}{\vphantom{X}}} \longleftrightarrow \text{CH}_3-\text{C}\overset{\text{:ÖH}}{\underset{\text{CH}_2}{\vphantom{X}}} \end{array} \right]$

(2) $\left[\begin{array}{c} \text{CH}_2=\text{CH}-\text{C}\overset{\overset{\cdot\cdot}{\text{O}}\text{:}}{\underset{\text{H}}{\vphantom{X}}} \longleftrightarrow \overset{+}{\text{CH}_2}\text{CH}=\text{C}\overset{\text{:Ö:}^-}{\underset{\text{H}}{\vphantom{X}}} \end{array} \right]$

(3) $\left[\text{CH}_3-\ddot{\text{N}}=\text{C}=\ddot{\text{O}} \longleftrightarrow \text{CH}_3-\overset{+}{\text{N}}\equiv\text{C}-\ddot{\text{O}}\text{:}^- \right]$

(4) $\left[:\ddot{\text{O}}-\overset{+}{\text{O}}=\ddot{\text{O}}: \longleftrightarrow :\text{O}=\overset{+}{\text{O}}-\ddot{\text{O}}:^- \right]$

(5) $\left[\text{CH}_2=\text{C}=\text{CH}_2 \longleftrightarrow \text{HC}\equiv\text{C}-\text{CH}_3 \right]$

7.6.3 共振式的应用

有机化学常常根据共振式来定性地比较化合物或反应活性中间体的稳定性。例如,乙烯氯的结构可以用共振式表示:

$$\left[\text{CH}_2=\text{CH}-\ddot{\text{Cl}}: \longleftrightarrow :\bar{\text{CH}}_2\text{CH}=\overset{+}{\ddot{\text{Cl}}}: \right]$$

由于第二个经典结构式中正负电荷分离,并且正电荷在电负性大的氯原子上,其能量显然比第一个经典结构式高。因此,第一个经典结构式的贡献较大。由于第二个经典结构式也有一定的贡献,因此,氯乙烯分子中 C—Cl 键具有部分双键的性质,不容易发生取代反应。

烯丙基自由基和烯丙基碳正离子的结构也可用共振式表示:

$$[\text{CH}_2=\text{CH}-\dot{\text{CH}}_2 \longleftrightarrow \dot{\text{CH}}_2-\text{CH}=\text{CH}_2]$$

$$[\text{CH}_2=\text{CH}-\overset{+}{\text{CH}}_2 \longleftrightarrow \overset{+}{\text{CH}}_2-\text{CH}=\text{CH}_2]$$

由于两个经典结构式是等同的,可以推测:这两种活性中间体都比较稳定,因此丙烯容易在甲基上发生自由基氯化反应,烯丙基氯容易发生 S_N1 反应。

§7.7 共轭二烯烃

丁-1,3-二烯可以作为共轭二烯烃的代表,它的键长、键角为

C(1)—C(2)	133.7 pm
C(2)—C(3)	146.3 pm
∠HCC	109.8°
∠CCC	122.4°

C(1)—C(2)键和 C(3)—C(4)键的键长与单烯烃中的双键差不多,C(2)—C(3)键的键长显然比烷烃中的 C—C 键短,这可能是由于 $C(sp^2)$—$C(sp^2)$ 键轨道的 s 成分大于烷烃中的碳原子。由于两个双键的共轭,C(2)—C(3)键具有部分双键的性质。

丁-1,3-二烯分子中,所有的原子都在同一平面上时,有两种较稳定的构象:

$$\begin{array}{cc} \text{s-反式} & \text{s-顺式} \end{array}$$

s 表示单键,s-反式是指两个双键各在 C(2)—C(3) 单键的一边,s-顺式则是指两个双键都在 C(2)—C(3) 单键的同一边。s-顺式的势能比 s-反式高 $10.5 \sim 13.0 \text{ kJ} \cdot \text{mol}^{-1}$,由 s-顺式转变成 s-反式所需的活化能为 $26.8 \sim 29.2 \text{ kJ} \cdot \text{mol}^{-1}$。在室温下分子的热运动就能提供这样多的能量,因此,它们迅速互变,形成动态平衡。如两个双键不在同一平面上,分子的势能上升,因为 C(2),C(3) 上的 p 轨道不能有效重叠,共轭体系受到破坏。

7.7.1 共轭二烯烃的反应

共轭二烯烃同烯烃一样,容易与卤素、卤化氢等发生加成反应,它的特点是比烯烃更容易发生加成反应,并且能发生 1,4-加成反应。

7.7.1.1 加卤素和卤化氢

孤立二烯烃,如戊-1,4-二烯与溴作用时,先加一分子溴,生成4,5-二溴戊-1-烯,再继续加溴,生成1,2,4,5-四溴戊烷:

$$CH_2=CHCH_2CH=CH_2 \xrightarrow{Br_2} \underset{Br}{CH_2}-\underset{Br}{CHCH_2CH}=CH_2 \xrightarrow{Br_2} \underset{Br}{CH_2}-\underset{Br}{CHCH_2}\underset{Br}{CH}-\underset{Br}{CH_2}$$

在反应中两个双键分别与溴作用,彼此之间不发生关系,好像是在两个不同的分子中一样。

共轭二烯烃,如丁-1,3-二烯与溴作用,加第一分子溴的速率要比加第二分子溴的速率大得多,可以容易地得到二溴化物,并且在得到的二溴化物中除3,4-二溴丁-1-烯外,还有1,4-二溴丁-2-烯。

$$\begin{matrix} CH_2=CH-CH=CH_2 + Br-Br \\ CH_2=CH-CH=CH_2 + Br-Br \end{matrix} \Bigg] \begin{matrix} CH_2=CH-CH-CH_2 \\ \quad\quad\quad\quad\quad Br \quad Br \\ CH_2-CH=CH-CH_2 \\ Br \quad\quad\quad\quad\quad Br \end{matrix}$$

在前一种加成产物中,两个溴原子加在二烯烃中的一个双键上,即碳原子1,2上,一般把它叫作1,2-加成产物,在后一种产物中,两个溴原子加在共轭体系的两端,即碳原子1,4上,同时在原来是碳-碳单键的地方(2,3位)生成新的双键,这种加成方式叫作1,4-加成。

1,2-加成产物和1,4-加成产物的比例决定于反应条件。在低温下,生成1,2-加成产物的速率较快。例如:

$$CH_2=CH-CH=CH_2 + Br_2 \xrightarrow[CHCl_3]{-15\ ℃} BrCH_2CHBrCH=CH_2 + \underset{H}{\overset{BrH_2C}{>}}C=C\underset{CH_2Br}{\overset{H}{<}}$$
$$\quad\quad\quad\quad\quad\quad\quad\quad\quad\quad\quad\quad\quad\quad\quad\quad\quad 55\%\quad\quad\quad\quad\quad\quad\quad\quad\quad 45\%$$

如反应在60 ℃下进行,1,2-和1,4-加成产物形成动态平衡,平衡混合物中,较稳定的1,4-加成产物占90%。2,3-二甲基丁二烯加溴,差不多完全生成1,4-加成产物。

$$\underset{H_2C}{\overset{H_3C}{>}}C=C\underset{CH_3}{\overset{CH_2}{<}} + Br_2 \xrightarrow[85\%\sim 90\%]{CHCl_3} \underset{BrH_2C}{\overset{H_3C}{>}}C=C\underset{CH_3}{\overset{CH_2Br}{<}}$$

丁二烯与氯化氢或溴化氢在低温下反应,主要生成1,2-加成产物:

$$CH_2=CH-CH=CH_2 + HCl \xrightarrow{-80\ ℃} \underset{Cl}{CH_3CHCH}=CH_2 + CH_3CH=CHCH_2Cl$$
$$\quad\quad\quad\quad\quad\quad\quad\quad\quad\quad\quad\quad\quad\quad\quad\quad 78\%\quad\quad\quad\quad\quad\quad 22\%$$

$$CH_2=CH-CH=CH_2 + HBr \xrightarrow{-80\ ℃} \underset{Br}{CH_3CHCH}=CH_2 + CH_3CH=CHCH_2Br$$
$$\quad\quad\quad\quad\quad\quad\quad\quad\quad\quad\quad\quad\quad\quad\quad\quad 81\%\quad\quad\quad\quad\quad\quad 19\%$$

1,2-加成产物的结构符合 Markovnikov 规律。

如将加成产物在溴化氢存在下分别加热至 45 ℃,则得到 1,2- 和 1,4- 加成产物的平衡混合物,其中 1,4- 加成产物所占份额较多:

$$\underset{15\%}{CH_3CHCH=CH_2} \underset{Br}{|} \xrightleftharpoons{HBr} \underset{85\%}{CH_3CH=CHCH_2Br}$$

丁-1,3-二烯与氯化氢反应,先加一个质子,生成碳正离子,由于烯丙基碳正离子比较稳定,亲电试剂总是加在链端:

$$CH_2=CH-CH=CH_2 + HCl \longrightarrow \begin{array}{l} \overset{+}{\times} CH_2-CH-CH=CH_2 + Cl^- \\ \qquad\quad |\\ \qquad\quad H \\ CH_3-\overset{\delta+}{CH}{=\!=\!=}\overset{\delta+}{CH}{-}CH_2 + Cl^- \\ \text{或} \diagup\!\!\!\diagdown^+ + Cl^- \end{array}$$

然后碳正离子与氯离子在 2 位或 4 位结合,生成 1,2- 和 1,4- 加成产物:

$$CH_3-\overset{\delta+}{CH}{=\!=\!=}\overset{\delta+}{CH}{-}CH_2 + Cl^- \longrightarrow \begin{array}{l} CH_3CHClCH=CH_2 \\ CH_3CH=CHCH_2Cl \end{array}$$

生成 1,2- 加成产物所需的活化能较低,反应速率较快,在低温下,反应产物的组成由反应速率决定,因此以 1,2- 加成产物为主。

图 7.6 为丁-1,3-二烯与氯化氢加成反应的能线图。图中第一个过渡状态的能量高低,决定加成反应的速率,第二个过渡状态则决定产物的组成。

1,2-加成产物和 1,4-加成产物在较高温度下解离生成的烯丙基碳正离子和 Cl^- 再重新结合的能线图见图 7.7。

1,2-加成产物解离所需的活化能较低,反应速率较快;1,4-加成产物解离所需的活化能较高,反应速率较慢。假定一定量的 1,2-加成产物解离生成 1 000 个离子对,重新结合后 80% 变回 1,2-加成产物,20% 变成 1,4-加成产物,在同样的时间,1,4-加成产物只生成 1 000 个离子对,结果 1,4-加成产物净增 1 200 个分子,这样 1,4-加成产物逐渐积累起来,直到总量达到一定程度,使通过可逆反应变成 1,2-加成产物的速率与不断减少的 1,2-加成产物变成 1,4-加成产物的速率相等,达到平衡状态,这时两种产物的比例决定于其自由能之差 ΔG(见 §3.6.1)。在平衡状态下两种产物的比例为热力学控制(thermodynamic control)或平衡控制。

1,2- 和 1,4- 加成产物在较高温度下,特别

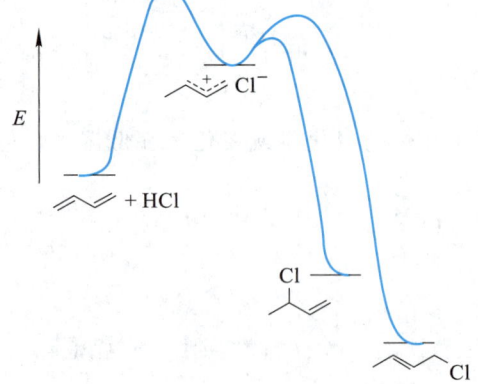

图 7.6 丁-1,3-二烯与氯化氢加成反应的能线图

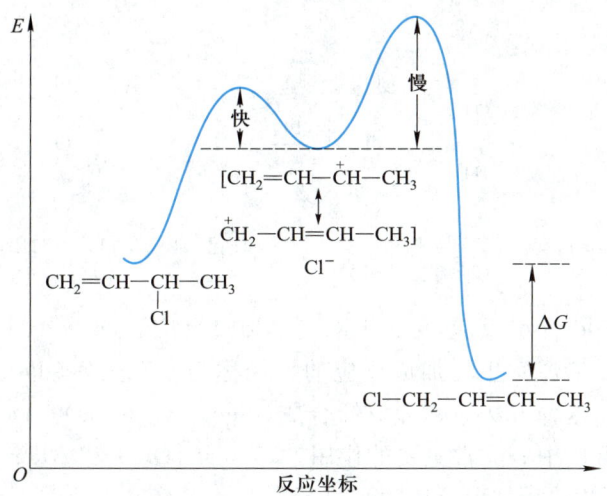

图 7.7　1,2-加成产物和 1,4-加成产物通过逆反应互相转变

是在 Lewis 酸存在下,解离成碳正离子和卤离子,它们重新结合生成平衡混合物:

$$CH_3CHCH=CH_2 \rightleftharpoons CH_3\overset{\delta+}{C}H\text{---}CH\text{---}\overset{\delta+}{C}H_2Cl^- \rightleftharpoons CH_3CH=CHCH_2Cl$$
$$\quad\quad\,|\,$$
$$\quad\,\,Cl$$

在不可逆反应中,如有两种(或以上)产物生成,它们在反应混合物中所占的比例,决定于各自生成的速率,即为动力学控制(kinetic control)或速率控制。

在丁-1,3-二烯与氯化氢的加成反应中,1,2-加成产物为一烷基取代烯烃,1,4-加成产物为二烷基取代烯烃,因此,后者比前者更稳定。为什么 1,2-加成产物生成的速率较快?例如,环己-1,3-二烯与 DBr 加成,生成顺式加成产物:

即 D 和 Br 从分子的同一面加在二烯烃的双键上。在丁-1,3-二烯与 HCl 加成生成烯丙基碳正离子和 Cl⁻ 时,Cl⁻ 就在 2 位附近,可能更容易就地与 2 位结合。

戊-1,3-二烯在低温下与 DCl 加成,1,2-加成产物占优势:

$$CH_2=CH-CH=CHCH_3 \xrightarrow{DCl} [CH_2D\overset{+}{C}H-CH=CHCH_3 \longleftrightarrow CH_2DCH=CH\overset{+}{C}HCH_3]Cl^-$$

$$\longrightarrow CH_2DCH-CH=CHCH_3 + CH_2DCH=CHCHCH_3$$
$$\quad\quad\quad\quad\,\,|\quad\quad\quad\quad\quad\quad\quad\quad\quad\quad\quad\quad\quad\,|$$
$$\quad\quad\quad\quad\,Cl\quad\quad\quad\quad\quad\quad\quad\quad\quad\quad\quad\quad\quad Cl$$
$$\quad\quad\quad 1,2\text{-加成},75\%\quad\quad\quad\quad\quad\quad 1,4\text{-加成},25\%$$

如用 HCl 作试剂,1,2-加成和 1,4-加成生成同一产物。这个实验也说明烯丙基型碳正离子更容易在 2 位与就在附近的 Cl⁻ 结合。

7.7.1.2　Diels–Alder 反应

1928 年,Diels O 和 Alder K 发现:丁-1,3-二烯与马来酐在苯溶液中加热,定量地生成环己烯的衍生物：

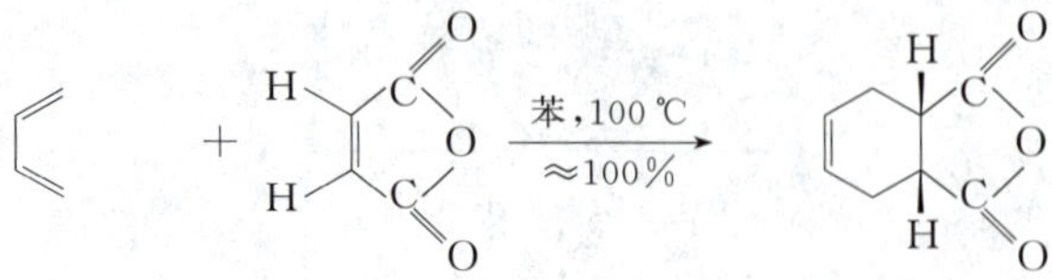

$$\text{丁-1,3-二烯} + \text{马来酐（丁烯二酸酐）} \xrightarrow[\approx 100\%]{\text{苯}, 100\,^\circ\text{C}} \text{环己-4-烯-1,2-二甲酸酐}$$

这是一种环加成(cycloaddition)反应，称为 Diels–Alder 反应。Diels–Alder 反应是共轭二烯烃的特征性反应，与共轭二烯烃发生环加成反应的烯烃称为亲双烯体(dienophiles)。这是合成六元碳环的最重要的反应，这种方法又称为双烯合成(diene synthesis)。Diels–Alder 反应的应用范围非常广泛，在有机合成中有非常重要的作用。1950 年，Diels 和 Alder 被授予诺贝尔化学奖。

丁-1,3-二烯和乙烯的环加成反应很难进行：

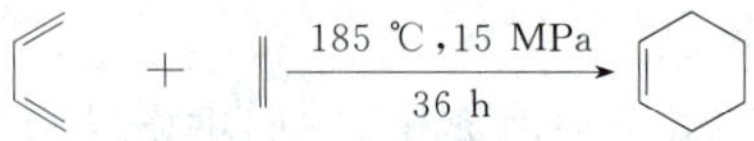

$$\diagup\!\!\!\diagdown + \| \xrightarrow[36\,\text{h}]{185\,^\circ\text{C}, 15\,\text{MPa}} \bigcirc$$

亲双烯体中双键碳原子上的吸电子取代基使加成反应容易进行。例如：

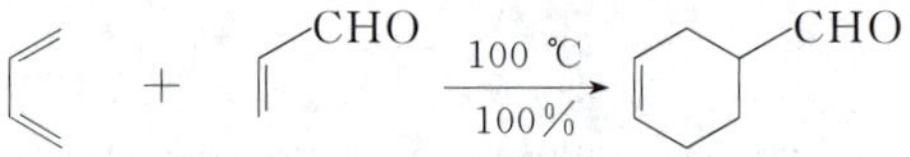

$$+ \text{CH}_2=\text{CHCHO} \xrightarrow[100\%]{100\,^\circ\text{C}} \text{环己烯-CHO}$$

其他吸电子取代基有 —COR，—$\overset{\text{O}}{\underset{}{\text{COR}}}$，—C≡N，—NO$_2$ 等。

Diels–Alder 反应是立体特异性的顺式加成反应，加成产物仍保持二烯和亲二烯体原来的构型。例如：

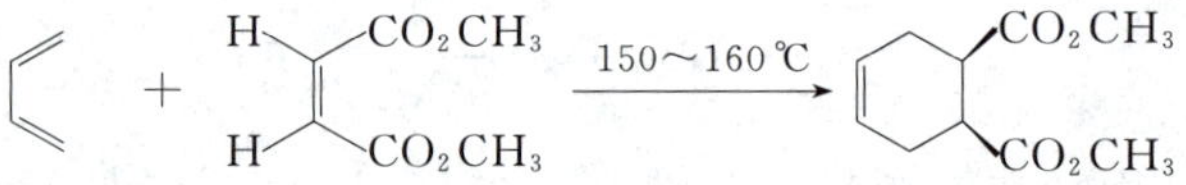

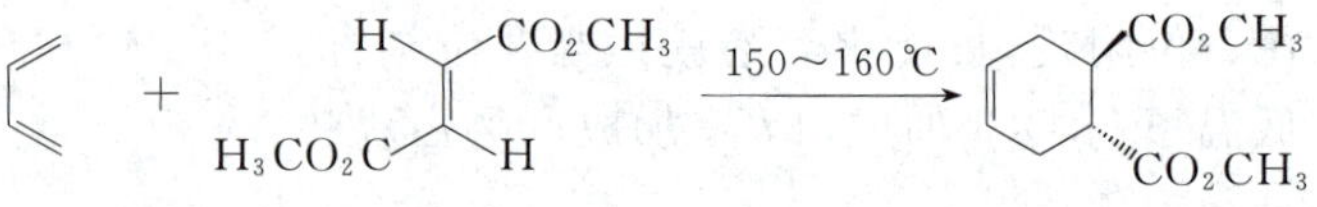

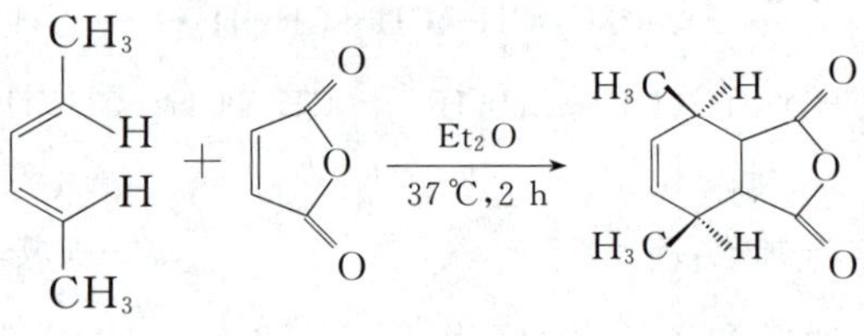

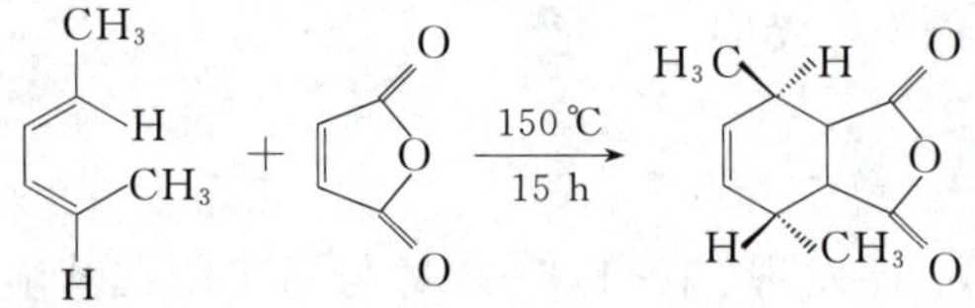

（顺式亲双烯体 + 丁二烯 → 顺式产物，150~160 ℃）

（反式亲双烯体 + 丁二烯 → 反式产物，150~160 ℃）

（顺,顺-己二烯 + 马来酐 → 内型产物，Et$_2$O, 37 ℃, 2 h）

（顺,反-己二烯 + 马来酐 → 外型产物，150 ℃, 15 h）

§7.7 共轭二烯烃

共轭二烯烃以 s-顺式构象参加反应，两个双键固定在反位的二烯烃。例如：

不发生环加成反应，两个双键固定在顺位的共轭二烯烃在环加成中的反应活性特别高。例如，环戊二烯与马来酐发生反应的速率为丁-1,3-二烯的 1 000 倍。

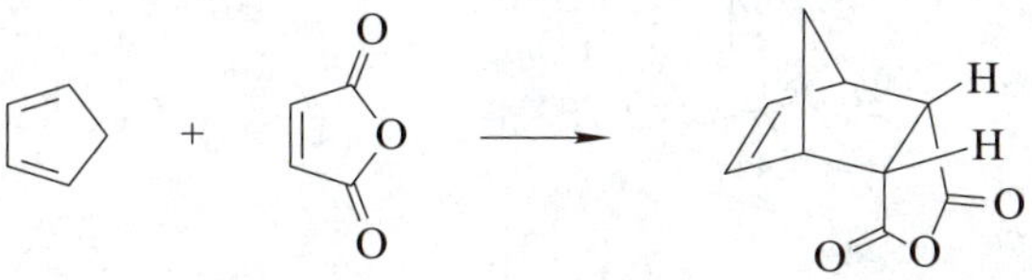

环内共轭烯烃与马来酐发生 Diels-Alder 反应的速率与环的大小有关，环戊二烯最快，环己二烯较慢，环辛二烯则不发生反应。环庚三烯和环辛四烯与马来酐反应都生成多环产物：

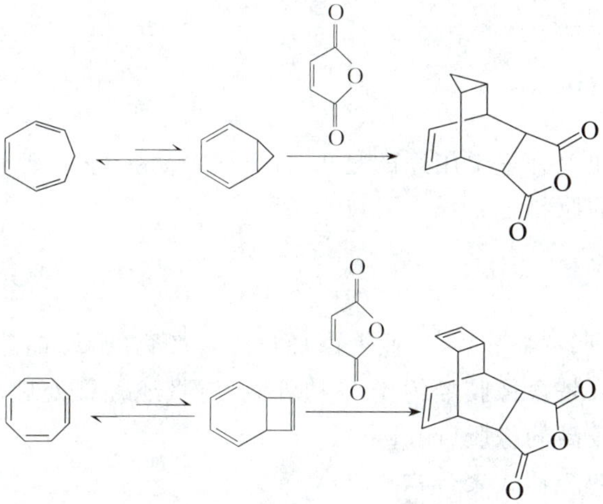

这两个环多烯烃都可以通过价键变化转变成双环的价键互变异构体，虽然双环异构体在环多烯烃中含量极少，但它们之间能迅速达成平衡。由于双环异构体与马来酐加成速率快，所以是能够得到的唯一产物。这是平衡混合物继续反应受动力学控制的典型例证。环辛四烯与溴的反应也是通过双环价键异构体进行的：

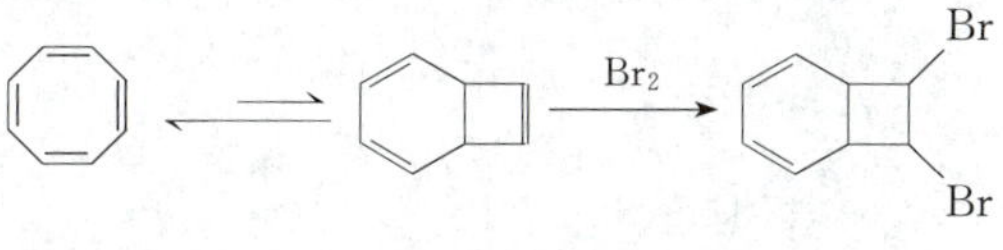

四元环中的烯键由于张力很大，特别容易通过加成缓解张力。

问题 7.8 写出下列反应的产物。

(1) 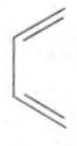 ⟨structure⟩ + $EtO_2CC{\equiv}CCO_2Et$ ⟶

(2)  ⟨structure⟩ + $CH_2{=}C(CO_2CH_3)_2$ ⟶

(3) 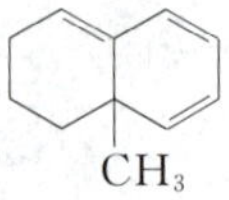 [结构式] + CH₂=CHCO₂CH₃ ⟶

(4)  [环戊二烯结构式] + HC≡C—CO₂CH₃ ⟶

问题 7.9 下列化合物可由什么原料合成？

(1) 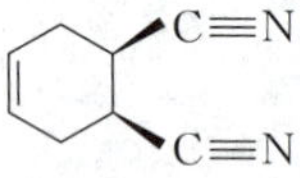 [结构式，环己烯二腈]

(2) 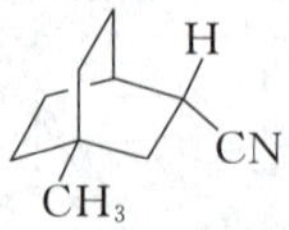 [结构式，双环腈]

(3) 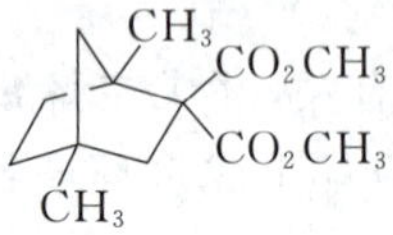 [结构式，双环二酯]

(4) 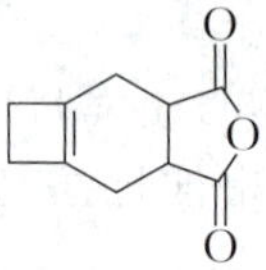 [结构式，双环酸酐]

7.7.2 共轭二烯烃的用途

共轭二烯烃中在工业上有重要用途的是丁-1,3-二烯和2-甲基丁-1,3-二烯(又称为异戊二烯)，它们是合成橡胶的原料。

7.7.2.1 异戊二烯

异戊二烯为液体，沸点：34.1 ℃，工业上由烃类裂解产物的 C_5 馏分中分离。

由橡胶树流出的树浆是含橡胶烃约 40% 的乳液，树浆经凝聚处理后，得到生胶，生胶再经硫化才生成强度和弹性都较高的橡胶(rubber)。

橡胶烃是异戊二烯的全顺式聚合物：

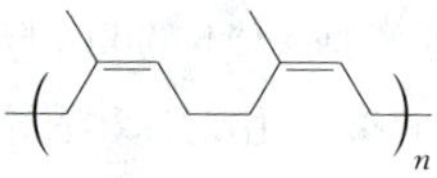

[结构式]

每一个橡胶烃链中含有 19 000～44 000 个异戊二烯单元。

另外一种天然的异戊二烯聚合物是杜仲胶，其硬度大、弹性小。杜仲胶是异戊二烯的全反式聚合物：

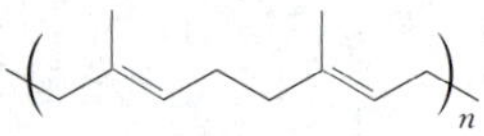

[结构式]

由异戊二烯生产橡胶，关键是要找到能生成全顺式聚合物的催化剂，这一课题在 20 世纪 50 年代才得到解决。由于丁二烯的来源更丰富，合成橡胶工业主要用丁二烯作原料。

7.7.2.2 丁-1,3-二烯

丁-1,3-二烯在常温下为气体，沸点：4.41 ℃。工业上大规模生产乙烯同时也得到丁-1,3-二烯。

丁-1,3-二烯主要用作合成橡胶的原料。丁-1,3-二烯用 Ziegler-Natta 催化剂($R_3Al+TiCl_4$)聚合,生成全顺式聚丁二烯(BR),它还可以同苯乙烯或丙烯腈共聚分别生成丁苯橡胶(SBR)和丁腈橡胶(NBR)。

7.7.2.3 环戊二烯

环戊二烯存在于煤焦油中,也可从烃类裂解产物中提取。环戊二烯为液体,沸点:41.5 ℃,它很快变成二聚物:

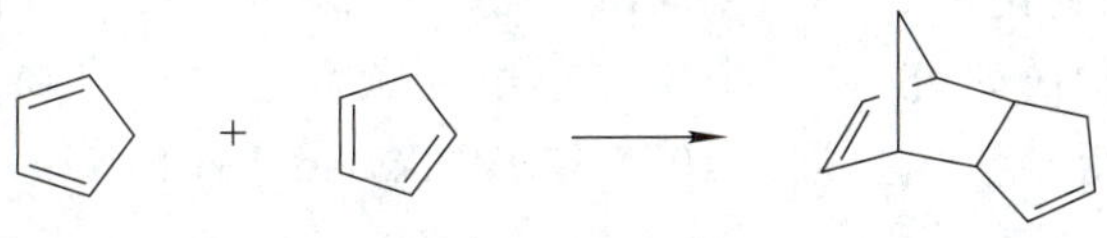

实验室中由二聚环戊二烯的热解得到环戊二烯后,应立即使用。

环戊二烯分子中亚甲基上的氢原子容易被金属取代。例如,与 Grignard 试剂作用生成有机镁化合物:

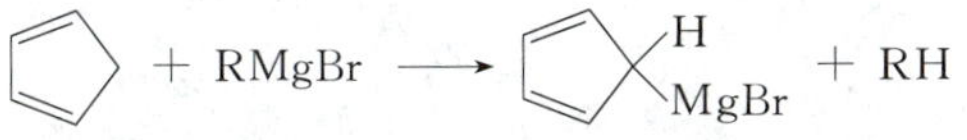

1951 年,Pauson P L 等计划通过下列反应合成富瓦烯(fulvalene):

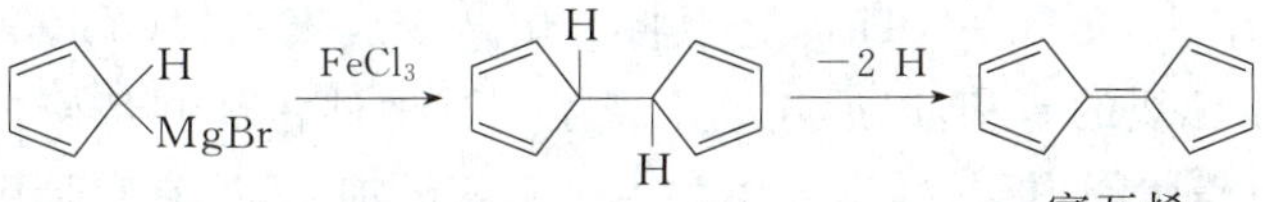

但在第一步反应中得到一种非常稳定的橙色晶体,能溶于有机溶剂,熔点:173～174 ℃,在 100 ℃以上升华,在 470 ℃才开始分解,根据元素分析,含有两个环戊二烯基和一个铁原子,原来以为它的结构为

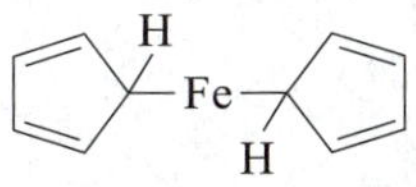

但以后的研究证明它具有夹层结构:

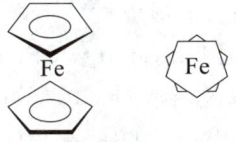

即铁原子夹在两个环中间,依靠环中的 π 电子成键。10 个碳原子等同地与中间的亚铁离子键合,后者的外电子层含有 18 个电子(Fe^{2+} 的 6 个 3d 电子,加上两个环戊二烯负离子的 12 个 p 电子),达到惰性气体氪的电子结构,分子有一个对称中心,两个环是交错的。这个化合物就是二茂铁(ferrocene)。二茂铁的发现是有机金属化合物化学中一个新时代的开始,许多过渡金属都能生成这种类型的化合物。

Wilkinson G 在 20 世纪 50 年代初是哈佛大学新任命的助理教授,他在 1952 年 1 月读到

Pauson 的论文,根据他自己对过渡金属的有机化合物的经验,知道含 C—M σ 键的化合物是不稳定的,而二茂铁是非常稳定的化合物,显然 Pauson 的结构式是有问题的。因此,他考虑合成与二茂铁类似的化合物来进行研究。这时,Woodward R B 教授的博士研究生 Rosenblum M 来到他的实验室问他有没有 Ru(钌,在元素周期表中位于 Fe 的正下面),Wilkinson 立刻认识到,Woodward 和他所想的是同一个问题,因此,他很快和 Woodward 商定了共同研究计划,然后拼命进行研究试验,每天工作 12 h 以上。很快就合成出 Ru 和 Co 的夹心化合物,并用当时最新的技术进行结构鉴定。在 1952 年 3 月就寄出与 Woodward,Rosenblum 和 Whiting M C 共同署名的关于二茂铁的夹心结构的论文(J Am Chem Soc. 1952,74:2125)。同时,德国的 Fischer E O 也在进行类似的研究,在两个研究小组的竞赛中,夹心型有机金属化合物(metallocenes)的化学得到快速发展。1973 年,Wilkinson 和 Fischer 被授予诺贝尔化学奖。

参考文献

§7.8 阅读材料

7.8.1 聚乙炔

Natta G 首先在 $Et_3Al/(n-pro)_4Ti$ 催化下将乙炔转变成聚乙炔(poly acetylene),Ziegler K 在 1953 年也申请了制备聚乙炔的专利,以后陆续出现了用其他催化剂制备聚乙炔的报道。这样得到的聚乙炔为不溶的黑色粉状物,是一种半导体。由于不容易加工,没有实际用途。

20 世纪 70 年代初,日本化学家白川英树(Shirakawa H)也在研究聚乙炔,他的一个研究生在实验中把催化剂的浓度弄错了,实际使用的浓度为原计划的 1 000 倍,结果意外地得到看起来像铝箔一样的聚合物膜。随后 Shirakawa 发现:改变实验条件和溶剂,应用高浓度的催化剂可以在反应容器的壁上生成色泽像铜一样的全顺式聚乙炔或色泽像银一样的全反式聚乙炔:

全顺式聚乙炔   全反式聚乙炔

这样得到的聚乙炔膜虽然看起来像金属,但导电性并不好。

在东京举行的一次学术会议上美国 University of Pennsylvania 化学系教授 McDiramid A T 见到了 Shirakawa,了解了他的工作,就邀请他到 University of Pennsylvania 去一起进行研究工作。后来他们用碘来处理聚乙炔,发现银色的膜变成了有金属光泽的黑色膜。他们邀请同校物理系教授 Heeger A J 来研究聚乙炔膜的导电性,Heeger 测出用碘处理过的聚乙炔膜的电导率为 3 000 $S·m^{-1}$(Cu,Fe,Ag 为 10^8 $S·m^{-1}$,锗为 10^0 $S·m^{-1}$,硅为 10^{-3} $S·m^{-1}$,玻璃为 10^{-8} $S·m^{-1}$,钻石为 10^{-12} $S·m^{-1}$,石英为 10^{-16} $S·m^{-1}$)。以后又制备出电导率为 10^5 $S·m^{-1}$ 的聚乙炔膜。Heeger,McDiramid 和 Shirakawa 于 1977 年发表了他们的研究结果。碘的作用是使聚乙炔氧化,从它的一个双键上夺取 1 个电子,产生自由基正离子和 I_3^-,大分子自由基正离子中的未配对电子通过共轭链传递,相当于电流在碳链上通过:

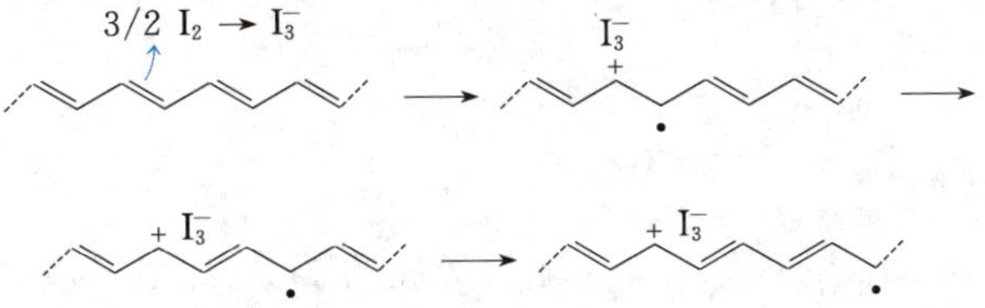

§ 7.8 阅读材料

碳链上的正电荷由于受 I_3^- 的吸引,不能迅速传递,为了让电流畅通,需要在大分子间散布许多 I_3^-,因此,聚乙炔中需要渗入大量的碘,使其导电能力提高。当未配对电子由一个高分子链转移到另一个高分子链上正电荷所在的位置,就可以使电流继续沿着另一个高分子链流通:

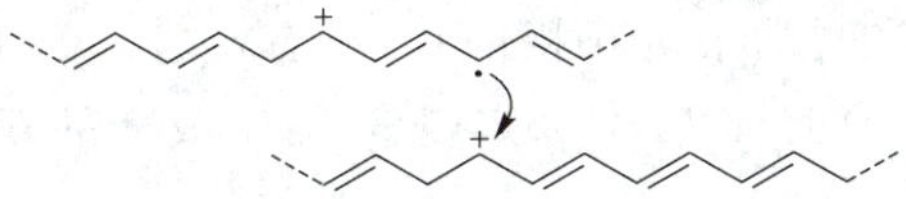

Heeger,McDiramid 和 Shirakawa 的工作开辟了一个新的领域,迅速引发了研究热潮,开发了一些比聚乙炔性能更好的导电高分子化合物,如聚噻吩(polythiophene)、聚吡咯(polypyrrole)、聚苯胺(polyaniline)、polyphenylen-vinylene 等:

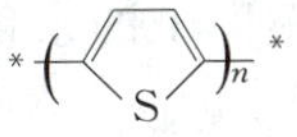

polythiophene

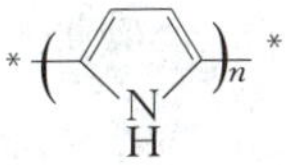

polypyrrole

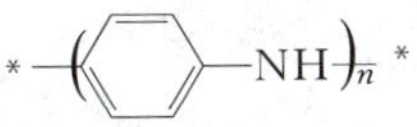

polyaniline

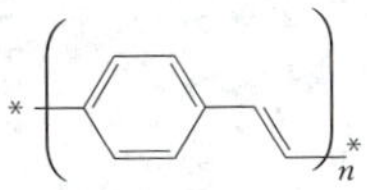

polyphenylene-vinylene

导电高分子化合物成本低,加工性能好,可供选择的品种多。采用导电高分子化合物使电子元件的体积减小,计算机的性能提高,IT 工业的发展加快。导电高分子的开发应用需要化学家、物理学家,以及其他领域的科学家和工程师的协同工作。

参考文献

2000 年,Heeger,McDiramid 和 Shirakawa 被授予诺贝尔化学奖。

7.8.2 多炔烃

低级炔烃的生成热为正值,从热力学的观点,它们比生成它们的元素更不稳定。多炔烃都是容易爆炸的化合物。例如, $H-(C\equiv C)_3-H$ 在 $-10\ ℃$ 下爆炸, $CH_3-(C\equiv C)_3-H$ 在 $0\ ℃$ 下爆炸。但是从植物中却可以分离出含多个炔键和烯键的化合物。例如:

$$CH_3-CH=CH-(C\equiv C)_3-CH=CH-CH=CH_2$$
$$CH_3-(C\equiv C)_5-CH=CH_2$$

可能是由于它们存在于植物的含油部分,始终在溶液中,因此是安全的。

从菊科(compositae)和伞形科(umbelifera)植物中已经分离出几百种含多个炔键和烯键的化合物,大多数是含有羟基、羧基、酮基等官能团的化合物。值得研究的是它们是怎样生成的?它们在生命过程中起什么作用?

从真菌,如担子菌(basidiomycetes)中分离出许多含多个炔键和烯键的化合物,其中包括炔二烯类抗生素。

7.8.3 Diels–Alder 反应

19 世纪末,德国化学家 Thiele J 发现了共轭二烯烃的 1,4-加成反应。Thiele 认为:碳原子生成碳–碳双键时,它的价没有全部用完,还有剩余(即余价,用虚线表示),因此烯烃容易发生加成反应:

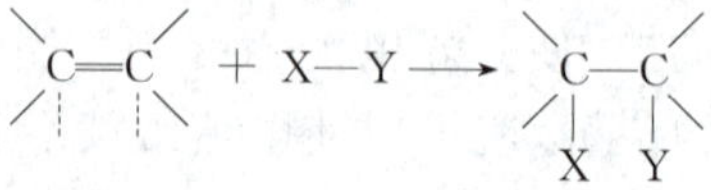

$$\text{C=C} + \text{X—Y} \longrightarrow \underset{\text{X Y}}{\text{C—C}}$$

在共轭二烯烃中,C(2),C(3)之间的余价互相饱和,只有 C(1),C(4)上还有余价。因此,发生加成反应时,X,Y 加在 C(1),C(4)上,而在 C(2),C(3)间生成新的双键。这种反应称为共轭加成(conjugate addition):

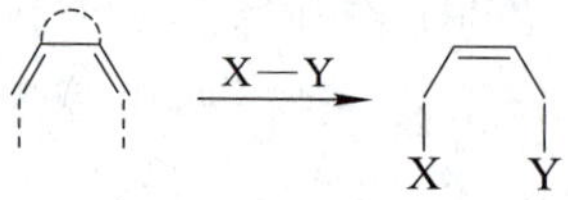

如果把余价学说用于苯分子,则每个碳原子上的余价与邻近碳原子的余价互相饱和,因此,苯不容易发生加成反应:

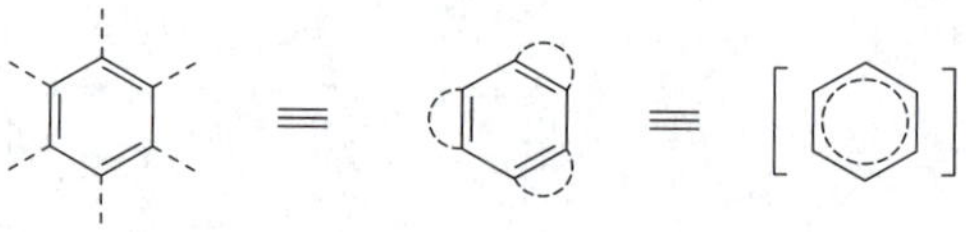

在 Thiele 的余价学说中苯的结构与现在的 π 电子离域相似。

1900 年,Thiele 发现:环戊二烯在碱存在下与酮反应生成颜色鲜艳的富烯(fulvenes)。例如:

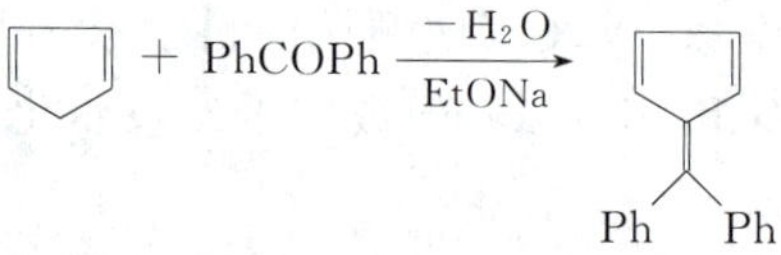

$$\text{环戊二烯} + \text{PhCOPh} \xrightarrow[\text{EtONa}]{-\text{H}_2\text{O}} \text{富烯(=CPh}_2\text{)}$$

Thiele 的学生 Albrecht W 将环戊二烯与对苯醌混合,发现它们立即反应,但不消除水,生成 1∶1 或 2∶1 加成产物。在 Albrecht 于 1906 年发表的论文中把产物的结构写作:

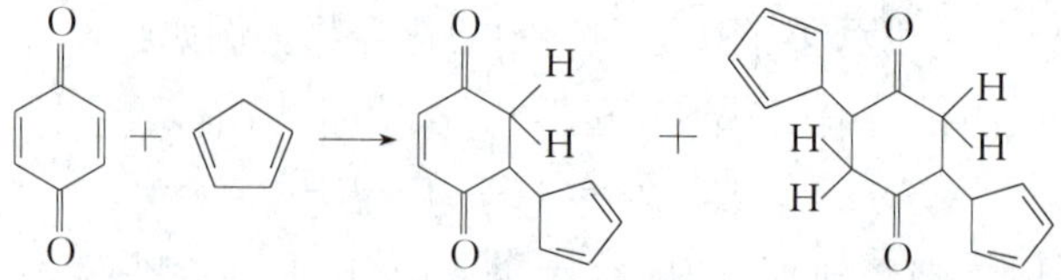

作者自己承认对产物的结构把握不大,暂时这样写。Albrecht 原来可能是想得到富烯类化合物:

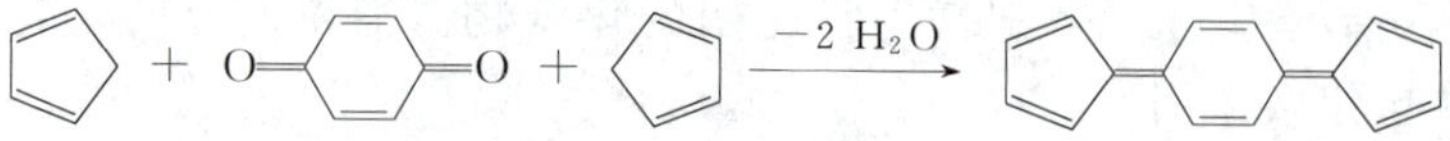

但结果得到加成产物。Thiele 当时注意力集中在富烯类化合物,看到产物不是富烯,就完全没有兴趣,没有去考虑反应中没有加碱,属于另一种类型,更没有把他的共轭加成理论应用于加成产物的结构,完全忽略了实验结果的重大意义,甚至在发表论文时也没有署名。

1920 年,von Euler H 和 Josephson K O 将对苯醌与异戊二烯反应,得到共轭加成产物:

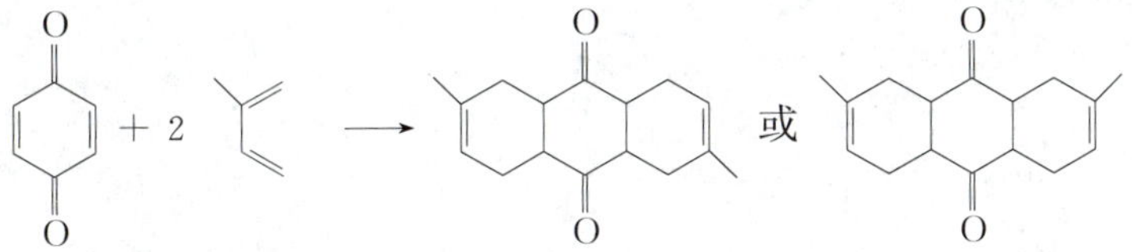

但是他们没有继续研究这一重要的反应。原来 von Euler 的主要研究领域是生物化学,有时兴之所至也做一点有机化学方面的研究工作,但都没有时间做完。

偶氮二甲酸酯与胺作用生成相应的酰胺:

$$EtO-\overset{O}{C}-N=N-\overset{O}{C}-OEt + 2RNH_2 \longrightarrow RHN-\overset{O}{C}-N=N-\overset{O}{C}-NHR$$

1921 年,Diels O 和 Back J 发现萘-2-胺与偶氮二甲酸酯的反应是 —N=N— 双键的加成反应:

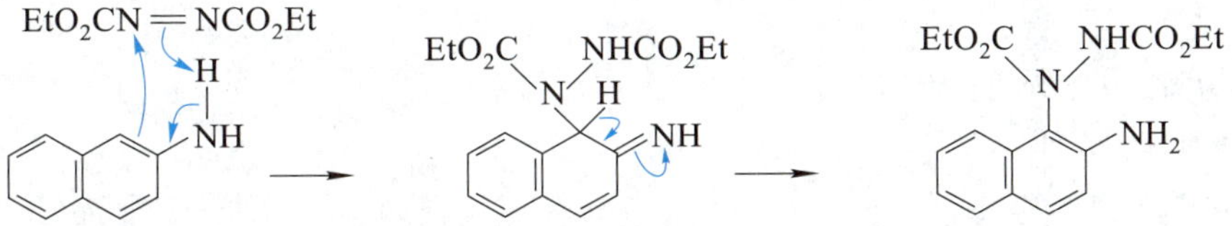

Diels 联想到他看到的 Albrecht 的论文,认为这两个反应之间可能有联系,即环戊二烯分子中的 CH_2 与萘-2-胺的 NH_2 都是与双键加成。既然环戊二烯分子中的亚甲基能与对苯醌分子中的碳-碳双键加成,也许它也可以与偶氮二甲酸酯分子中的氮-氮双键加成。因此,Diels 研究了环戊二烯与偶氮二甲酸酯的反应,结果发现产物的结构与原来的想法不符,是环戊二烯分子中共轭双键体系的 1,4 位与氮-氮双键加成:

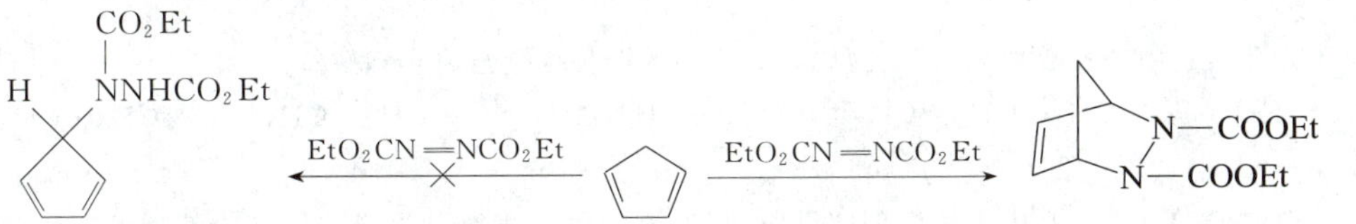

这一结果引起了 Diels 对 Albrecht 所得到产物的结构的怀疑,因此,Diels 和他的学生 Alder 在 1928 年重复了 Albrecht 的工作,重新测定了产物的结构,发现反应也是共轭加成:

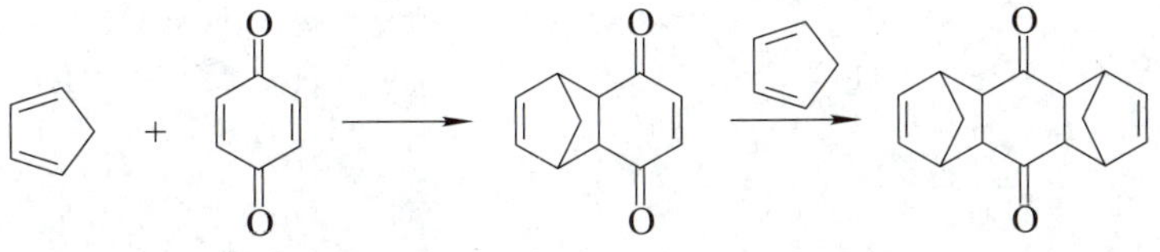

Diels 和 Alder 认识到他们的发现的重要性。随后,Diels,特别是 Alder,做了大量工作,扩大了这

一反应的应用范围。

1950 年，Diels 和 Alder 被授予诺贝尔化学奖。

Thiele 和 Albrecht 错过了这一重要反应；von Euler 发现了它，但没有认识到它的重要性；Diels 和 Alder 重新发现了它，更重要的是认识和发展了它，理应得到用他们的名字命名反应的荣誉。

参考文献

习　　题

参考答案

1. 写出下列各反应产物：

(1) $CH_3-C\equiv CH \xrightarrow[(C_6H_5COO)_2, 95\%]{HBr(2\ mol)}$

(2) 降冰片烯-Cl,Cl $\xrightarrow[(C_2H_5)_2O, 86\%]{LiAlH_4}$

(3) $HO-\overset{O}{\underset{\|}{C}}-C\equiv C-\overset{O}{\underset{\|}{C}}-OH \xrightarrow[170\sim 180\ ℃, 12\ h, 30\%]{丁二烯(过量)}$

(4) 异戊二烯 + 马来酸酐 (过量) $\xrightarrow{\triangle}$

2. 从指定原料合成下列化合物：

(1) $HC\equiv CH \longrightarrow CH_3CCl_3$

(2) 丙炔 ⟶ 丁-1-烯

(3) 环己烯 ⟶ 丙基环己烷

(4) 己-1-炔 ⟶ 壬-1,4-二烯

(5) 乙炔及其他原料 ⟶ (Z)-十三碳-5-烯（雌性苍蝇的性引诱剂）

3. 一旋光化合物 C_8H_{12}(A)，用铂催化剂加氢得到没有手性的化合物 C_8H_{18}(B)，A 用 Lindlar 催化剂加氢得到手性化合物 C_8H_{14}(C)，但用金属钠在液氨中还原得到另一个没有手性的化合物 C_8H_{14}(D)。试推测 A 的结构。

4. 简答：

(1) 下列化合物中键长数据如下：对丙烯和氯乙烯的键长变化给出合理解释。

$CH_2=CH_2$　　　$CH_3-CH_2=CH_2$　　　$Cl-CH=CH_2$　　　CH_3-CH_3　　　CH_3-Cl

　134 pm　　　　148 pm　　135 pm　　　164 pm　138 pm　　　　154 pm　　　　　177 pm

(2) 化合物 A 在丙酮-水中发生溶剂解反应，其外消旋化的速率是生成水解产物速率的四倍，给出合理的解释。

$H_3C-\overset{H}{\underset{}{C}}=C-\overset{}{\underset{CH_3}{CH}}-O-\overset{O}{\underset{\|}{C}}-C_6H_4-NO_2 \xrightarrow[CH_3COCH_3]{H_2O} H_3C-\overset{H}{\underset{}{C}}=C-\overset{}{\underset{H}{CH}}-\overset{OH}{\underset{CH_3}{}}$

第八章 芳 烃

　　最简单的芳烃是苯(benzene),最早发现的苯衍生物是从香脂、精油、香胶等天然产物中分离出来的,它们一般有香气,氢的含量低,稳定性较高,不同于由烷烃等衍生出来的脂肪族化合物,因此称为芳香族化合物(aromatic compound)。苯和其他类似的烃则称为芳烃(aromatic hydrocarbon,arene)。

　　19世纪初期,英国通过鲸鱼油的热解来生产照明气。1825年,Faraday M从照明气的冷凝物中分离出苯。1845年,Hofmann A W从煤焦油中分离出苯,以后又从煤焦油中分离出甲苯等苯的同系物。1856年,Hofmann的学生18岁的Perkin W H由不纯的苯胺氧化合成了第一个人造染料——苯胺紫(mauvein),并建厂生产,取得了极大的成功,由此开创了合成染料工业。其他化学家纷纷跟上,相继合成了一批各种色彩的染料。染料工业的兴起带动了煤焦油精制、硫酸和烧碱等原料工业的发展。但是,Perkin和其他染料化学家并不知道他们所采用的原料和得到的产物的化学结构,他们的成功全凭经验和幸运,因此十年以后发展就减慢了。工业的继续发展迫切需要理论研究的推动,首先要解决的问题就是母体化合物——苯的结构。

§8.1 苯 的 结 构

　　苯为无色液体,沸点:80 ℃,分子式为C_6H_6,与烷烃相比,不饱和程度较高,但是却与烯烃、炔烃不同,不容易发生加成反应。

8.1.1 苯的Kekulé式

　　1865年,德国化学家Kekulé A首先提出了苯的环状结构式,即苯的Kekulé式:

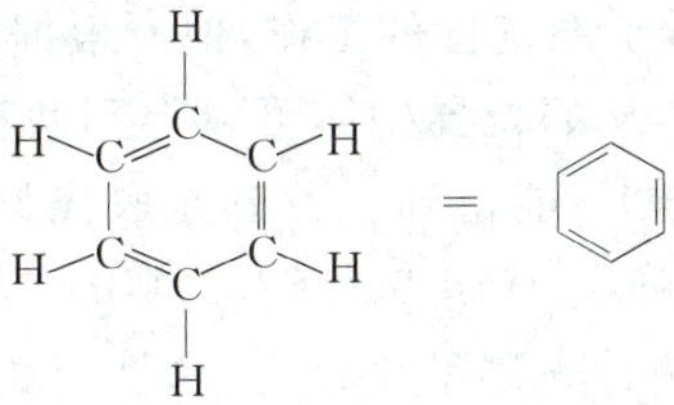

这是有机化学发展中的一项重大成就,不但引发了有机化学的理论研究,也促进了19世纪后半期芳香族化合物化学工业的迅速发展。

8.1.1.1 苯的环状结构

　　早期发现的苯衍生物有从安息香胶(gum benzoin)中得到的苯甲酸(C_6H_5COOH)和苯甲醇

($C_6H_5CH_2OH$),从苦杏仁油(bitter almond oil)中得到的苯甲醛(C_6H_5CHO),从妥卢香脂(tolubalsam)中得到的甲苯($C_6H_5CH_3$),从许多植物和果实中得到的水杨酸[$C_6H_4(OH)COOH$],以及由水杨酸得到的苯酚(C_6H_5OH)等,Kekulé 首先注意到这些化合物中都有 C_6 单元,在苯衍生物的化学转变或降解中保持不变。当时对苯的取代反应已有一些研究,Kekulé 从这些还不完整的资料中注意到苯的一元取代物只有一种,二元取代物只有三种。

苯只有一种一元取代物,说明苯分子中六个氢原子是等同的,最简单的情况是每个碳原子上各有一个氢原子,如果六个碳原子排成一条直线,就有链端和链中间的区别,要消除这种区别,最简单的方法就是把链的两端连接起来成为一个环,这样,既可以说明为什么苯在反应中六个碳原子作为一个整体转移到新化合物中,又可以说明二元取代物只有三种。

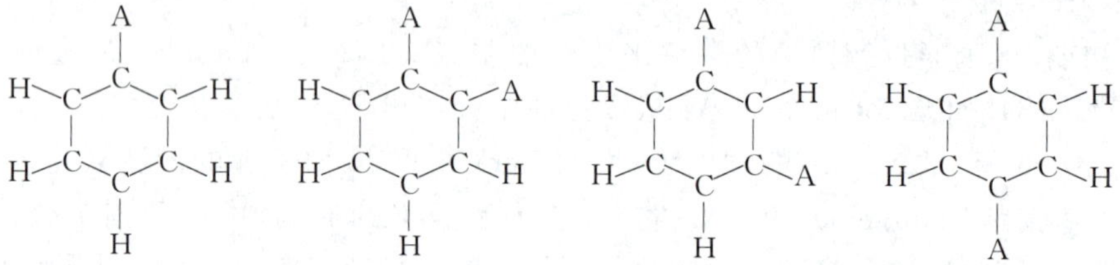

当时只知道碳原子可以相连成链,Kekulé 根据还不太多的实验事实提出了苯的环状结构,应当说是非常有创造性的。

Kekulé 提出苯的结构式以后,化学家进行了大量的实验工作来验证结构式的正确性。早期的工作是用化学方法来证明苯分子中六个氢原子是等同的,某一个取代产物的结构等。例如,丙酮在硫酸存在下缩合成三甲苯,Baeyer 根据反应的方式推测三个甲基是对称排列的:

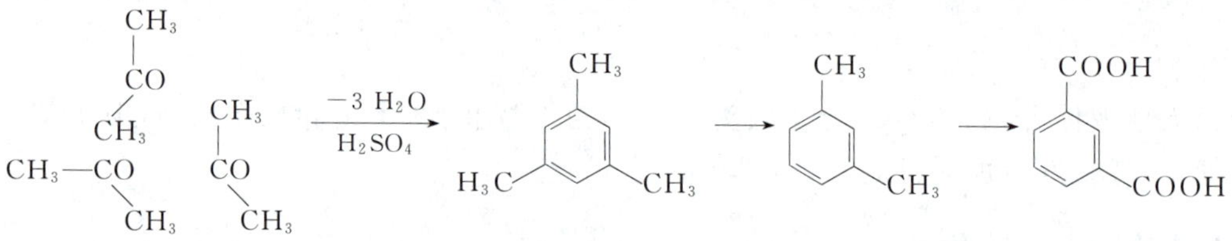

从这个三甲苯用化学反应去掉一个甲基只得到一种二甲苯,说明其中两个甲基相隔一个碳原子,由这种二甲苯氧化得到的苯二甲酸,其中两个羧基也相隔一个碳原子。

在早期的研究中 Körner W 做了系统性的工作,他所根据的原理:苯的二元取代物当两个取代基相同时,再导入第三个取代基,从邻位异构体可以得到两种三元取代物,从间位异构体可以得到三种三元取代物,从对位异构体只能得到一种三元取代物。例如,二溴苯有三种异构体,其熔点分别为 87.3 ℃,7.1 ℃ 和 −7 ℃。从熔点为 87.3 ℃ 的二溴苯只能得到一种一硝基化合物;从熔点为 7.1 ℃ 的二溴苯能得到两种一硝基化合物;从熔点为 −7 ℃ 的二溴苯能得到三种一硝基化合物。由此推测这三种二溴苯分别为对位、邻位和间位化合物:

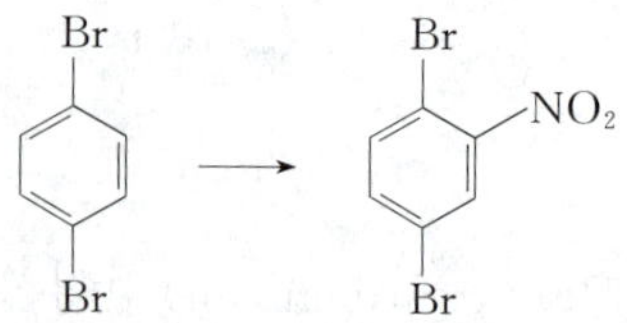

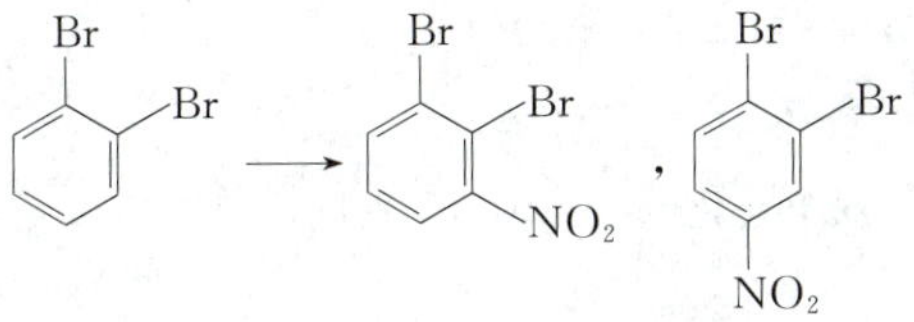

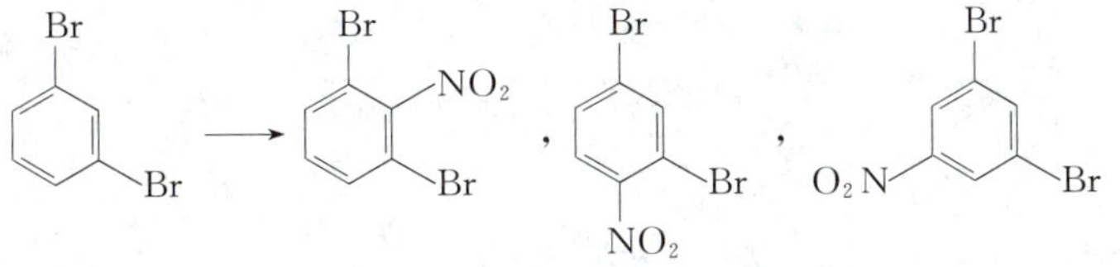

这种方法原理很简单,但在执行时困难很多,因为经过直接取代后生成几种异构体的混合物,分离提纯非常困难,有时某一种异构体的产率极低,甚至分离不出来。1874 年,Griess P 采取的则是另一种方法,他将六种已知的二氨基苯甲酸分别与生石灰一起蒸馏除去羧基,得到相应的苯二胺,结果从两种二氨基苯甲酸得到熔点为 103 ℃ 的苯二胺,从三种二氨基苯甲酸得到熔点为63 ℃ 的苯二胺,最后一种二氨基苯甲酸生成熔点为 140 ℃ 的苯二胺,由此推测这三种苯二胺分别为邻、间、对三种异构体。今天所写的每一个结构式都是化学家发挥聪明才智用各种方法逐个确证的。

1922—1929 年,Bragg W H 和 Longsdale K 用 X 射线衍射法测定了六甲基苯的晶体结构,不但证实了六个碳原子排列成环,还得到了苯环中 C—C 键长度相等的结论。

8.1.1.2 苯环中的双键

苯的环状结构经过大量实验研究证明是正确的,但是环中的双键却引起了许多争论。

根据 Kekulé 式,苯环上相邻两个碳原子上的氢原子被取代,应当生成两种取代物,其中这两个碳原子分别以单键或双键相连:

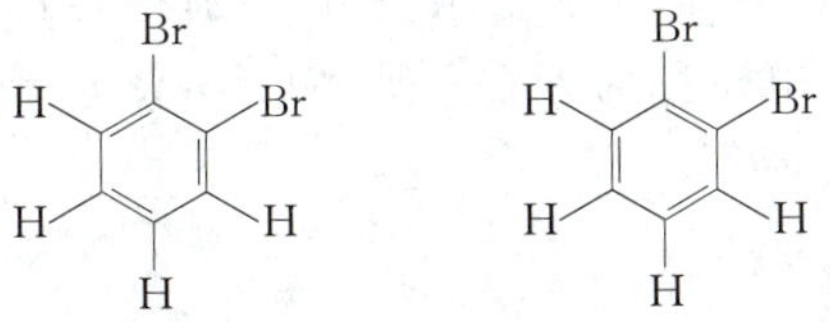

但实际上只有一种。为了克服这一困难,Kekulé 假定苯分子中的双键在不停地来回移动:

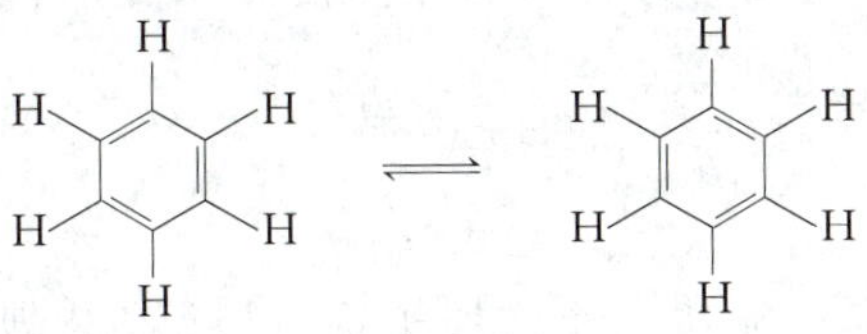

但是,根据 Kekulé 式,苯就是环己三烯,即使一对迅速互变的环己三烯也不能说明苯的性质为什么与典型的烯烃不同。例如,不能被高锰酸钾稀溶液氧化,不容易发生加成反应,稳定性特别高等。

19 世纪中期,一些化学家提出了其他的结构式,但都被实验事实否定。

20 世纪中期出现了用 X 射线衍射和电子衍射测定键长的方法,发现苯环中碳-碳键的键长为 139 pm,而典型的碳-碳单键和双键分别为 154 pm 和 134 pm,说明苯环中发生了键长的平均化,既没有一般的双键,也没有一般的单键。

8.1.2 苯的稳定性

苯在铂催化剂存在下加氢生成环己烷,氢化热为 208.5 kJ·mol^{-1}:

$$\Delta H^{\ominus} = -208.5 \text{ kJ·mol}^{-1}$$

环己烯加氢生成环己烷的氢化热为 119.5 kJ·mol^{-1}:

$$\Delta H^{\ominus} = -119.5 \text{ kJ·mol}^{-1}$$

假定存在环己三烯,它催化加氢生成环己烷的氢化热如按环己烯的三倍计算应为 358.0 kJ·mol^{-1},(Z)-己-1,3,5-三烯加氢生成己烷的氢化热为 337.0 kJ·mol^{-1}:

$$\Delta H^{\ominus} = -337.0 \text{ kJ·mol}^{-1}$$

与假定的环己三烯的估计值相近,而大于苯的氢化热。说明苯环中的三个共轭双键不同于链烃中的三个共轭双键,苯环上的 6 个 π 电子组成一个特别稳定的体系。1925 年,Armit J W 和 Robinson R 把苯环中的 6 个 π 电子称为芳香六隅体(aromatic sextet),用一个圆圈表示:

并认为芳香六隅体的存在,决定了苯的特性,即芳香性(aromaticity)。

为什么苯环上 6 个 π 电子组成的芳香六隅体能使体系更加稳定,这个问题在量子化学出现后才得到解决。

8.1.3 苯的分子轨道模型

在分子轨道模型中,假定苯分子中六个碳原子都以 sp^2 杂化轨道互相重叠,形成碳-碳 σ 键,并排列成正六边形,每个碳原子再以一个 sp^2 杂化轨道分别与六个氢原子的 1s 轨道重叠,生成六个碳-氢 σ 键,所有的原子都在同一平面上,形成分子的骨架。在每个碳原子上各剩下一个 p 轨道和一个电子。这六个 p 轨道在侧面重叠,组成六个分子轨道,其中三个是成键轨道,三个是反键轨道,在基态下,6 个电子都在成键轨道上,见图 8.1。

六个分子轨道中,π_1 能量最低;π_2,π_3 能量相等,称为简并轨道;π_4,π_5 也是简并轨道;π_6 能量最高。

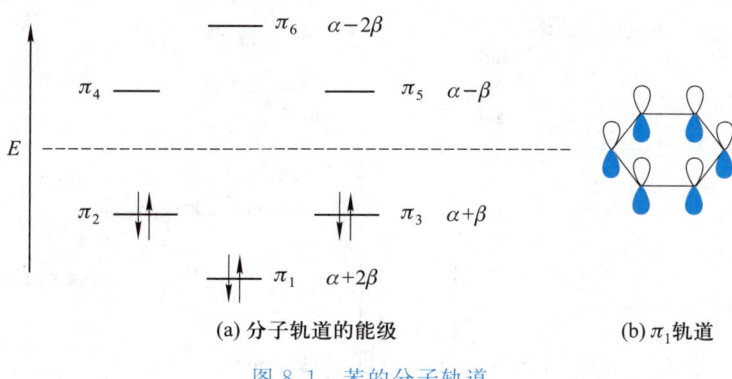

(a) 分子轨道的能级　　(b) π_1 轨道

图 8.1　苯的分子轨道

在基态下，苯分子中 6 个 π 电子的总能量为 $2\times(\alpha+2\beta)+4\times(\alpha+\beta)=6\alpha+8\beta$，比在三个孤立的 π 轨道中 $(6\alpha+6\beta)$ 要低得多，因此，苯环是一个很稳定的体系，比己-1,3,5-三烯这样的共轭体系更稳定。

8.1.4　苯的共振式和共振能

苯的结构也可以用共振式表示：

它的意义：苯分子中 C—C 键的键长相等，电子云的分布等于两个经典结构式的叠加，即平均分布在所有的六个碳原子的周围，它的能量比每一个经典结构式都低。

共振式中的两个经典结构式与 Kekulé 式不同之处在于：Kekulé 式实际上是并不存在的环己三烯，它的单键比双键长，碳环不是正六边形。

Kekulé式

在量子化学中用共价键法计算苯的能量时假定六个碳原子排成正六边形，三个双键与单键相间排列，如果用两个只有双键位置不同的结构式加起来计算，即

$$\Psi=C_1\psi_1+C_2\psi_2$$

其中 Ψ 代表苯的波函数，ψ_1，ψ_2 代表两个经典结构式的波函数，则得到的能量比只用 ψ_1 或 ψ_2 计算时低。

共振式实际上是用有机化学中通用的语言（两个经典结构式）来翻译量子化学的计算结果。共振式中的两个经典结构式实际上是不存在的。

通常把经典结构式的能量与实际分子的能量比较，估计几个经典结构式的"共振"所起的稳定作用的大小，称为共振能（resonance energy）。例如，假定共振式中经典结构式的氢化热为环己烯的三倍，即 $3\times119.5\ \text{kJ}\cdot\text{mol}^{-1}=358.5\ \text{kJ}\cdot\text{mol}^{-1}$，用它来与苯的实测氢化热比较，估计苯的

共振能，358.5 kJ·mol^{-1} − 208.5 kJ·mol^{-1} = 150.0 kJ·mol^{-1}，得到的数值称为经验共振能（empirical resonance energy），见图 8.2。

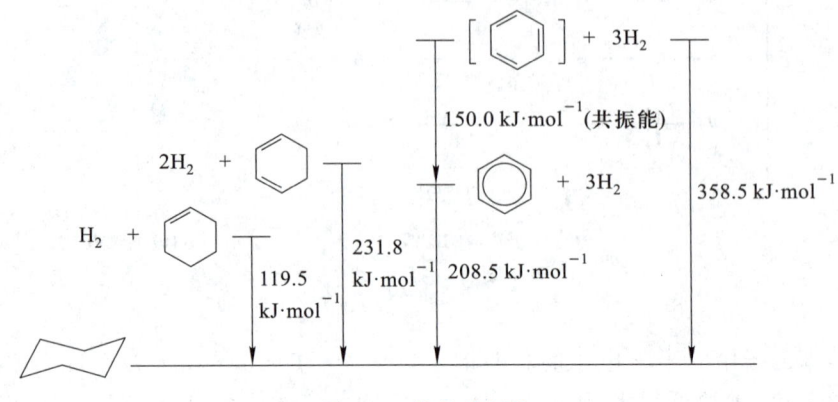

图 8.2　苯的共振能

由于共振能中的经典结构式是不存在的，估算的方法不同，得出的共振能也不一样。例如，把 Kekulé 式中的键长调整到苯分子中的实际键长，把双键伸长和单键缩短所需的能量估计在内，得到的共振能自然不是 150.0 kJ·mol^{-1} 了。

8.1.5　苯的结构的表示方法

苯的结构可以用一个正六边形内加一个圆圈表示。例如：

苯　　甲苯　　氯苯

这种方法强调了苯分子中 π 电子云的平均分布，但没有说明 π 电子的数目，用于其他芳环容易产生误解。例如，萘的结构一般表示作：

可能误解为萘含有 12 个 π 电子，分属于两个苯环，实际上萘只有 10 个 π 电子，都在包括 10 个碳原子的分子轨道中。

另一种方法是用正六边形加上三个双键，但这不是环己三烯，而是共振式的简写。例如：

§8.2 苯衍生物的异构、命名及物理性质

8.2.1 苯衍生物的异构和命名

苯的一元衍生物只有一种，二元衍生物有三种，如所有的取代基完全相同，三元及四元衍生物各有三种异构体，五元及六元衍生物各有一种。

衍生物的命名法是将取代基的名称放在苯字前面，取代基的位置用阿拉伯数字表示，或用邻、间、对（简写作 $o-$，$m-$，$p-$）等字表示。例如：

氯苯	硝基苯	1,2-二氯苯，邻二氯苯	3-硝基氯苯
chlorobenzene	nitrobenzene	o-dichlorobenzene	3-nitrochlorobenzene

苯的同系物（烷基苯）是以苯环为母体，把烷基当作取代基命名。例如：

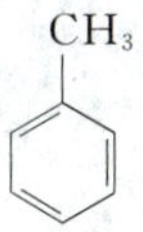

甲苯	1,2-二甲苯	1,3-二甲苯	1,4-二甲苯
toluene	邻二甲苯	间二甲苯	对二甲苯
	o-xylene	m-xylene	p-xylene

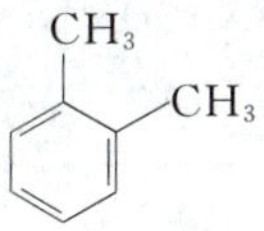

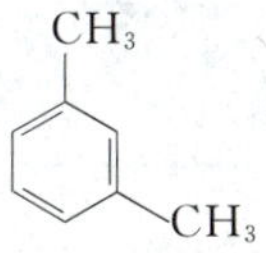

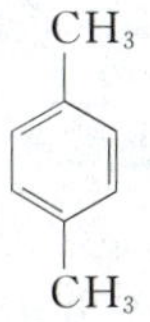

问题 8.1　C_6H_3ABC 型化合物有几种异构体？

苯分子中减去一个氢原子剩下来的原子团 C_6H_5— 叫作苯基（phenyl），苯基又可简写作 Ph—。甲苯分子中苯环上减去一个氢原子，得到甲苯基，如 $o\text{-}CH_3C_6H_4$— 为邻甲苯基（o-tolyl）。支链上减去一个氢原子，则得到苯甲基或苄基 $C_6H_5CH_2$—（benzyl）。

芳烃分子中芳环上减去一个氢原子，剩下的原子团称为芳基（aryl），简写作 Ar—。

对于结构复杂或支链上有官能团的化合物，可以把支链当作母体，把苯环当作取代基命名。例如：

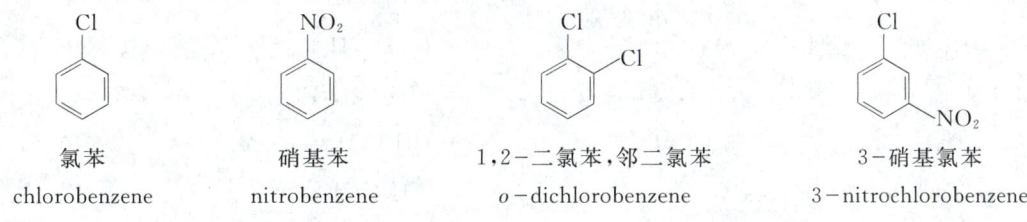

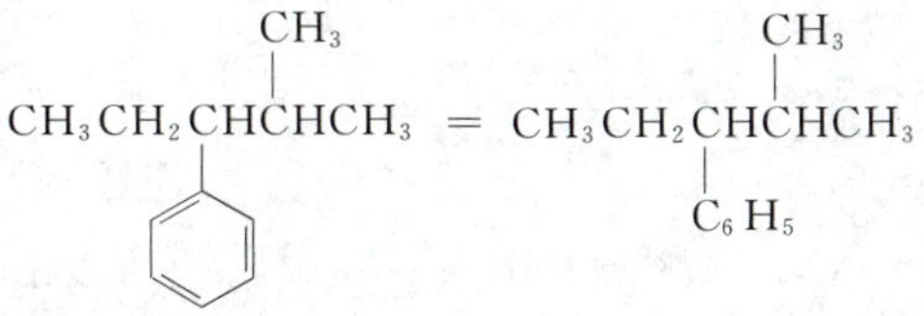

2-甲基-3-苯基戊烷
2-methyl-3-phenylpentane

$C_6H_5CH=CH_2$ $C_6H_5CH_2CH=CH_2$ $C_6H_5C\equiv CH$
苯乙烯   3-苯丙烯   苯乙炔
styrene   3-phenylpropene   phenylacetylene

8.2.2 苯衍生物的偶极矩

一些苯衍生物的偶极矩(气相)见表8.1。

表8.1 一些苯衍生物的偶极矩(气相)

化合物	偶极矩/(C·m)	化合物	偶极矩/(C·m)
C_6H_6	0	p-$C_6H_4Cl_2$	0
C_6H_5F	5.44×10^{-30}	o-$CH_3C_6H_4F$	4.50×10^{-30}
C_6H_5Cl	5.84×10^{-30}	m-$CH_3C_6H_4F$	6.17×10^{-30}
C_6H_5Br	5.74×10^{-30}	p-$CH_3C_6H_4F$	6.70×10^{-30}
C_6H_5I	5.70×10^{-30}	o-$CH_3C_6H_4Cl$	5.24×10^{-30}
$C_6H_5NO_2$	14.27×10^{-30}	m-$CH_3C_6H_4Cl$	5.90×10^{-30}
$C_6H_5CH_3$	1.23×10^{-30}	p-$CH_3C_6H_4Cl$	7.37×10^{-30}
o-$C_6H_4Cl_2$	8.40×10^{-30}	m-$ClC_6H_4NO_2$	12.40×10^{-30}
m-$C_6H_4Cl_2$	5.60×10^{-30}	p-$ClC_6H_4NO_2$	9.34×10^{-30}

甲苯的偶极矩虽小,但其存在是没有疑问的。对氯甲苯的偶极矩与甲苯和氯苯的偶极矩之和相近,说明甲苯的偶极矩方向是由甲基指向苯环:

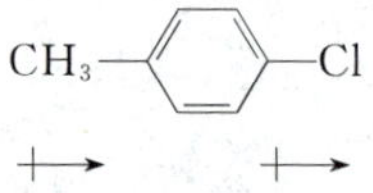

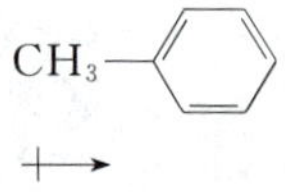

1.23×10^{-30} C·m 5.84×10^{-30} C·m 1.23×10^{-30} C·m
1.23×10^{-30} C·m + 5.84×10^{-30} C·m = 7.07×10^{-30} C·m
实测值 7.37×10^{-30} C·m

甲苯有偶极矩是由于甲基与苯环上的碳原子的杂化方式不同,后者的s成分较大,使碳-碳单键的电子云偏向苯环一边。

苯胺的偶极矩为4.94×10^{-30} C·m,硝基苯的偶极矩为14.27×10^{-30} C·m,对硝基苯胺的偶极矩为20.34×10^{-30} C·m,由此推测:氨基是给电子的取代基,即电子给体。

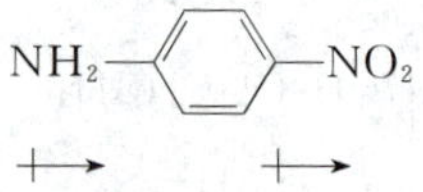

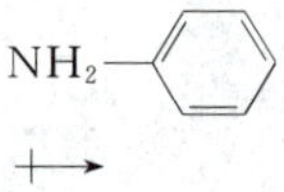

4.94×10^{-30} C·m 14.27×10^{-30} C·m 4.94×10^{-30} C·m
4.94×10^{-30} C·m + 14.27×10^{-30} C·m = 19.21×10^{-30} C·m
实测值 20.34×10^{-30} C·m

用类似的方法推测：CF_3 是吸电子取代基，即电子受体。

$$NH_2\text{—}\bigcirc\text{—}CF_3 \qquad \bigcirc\text{—}CF_3$$

$\xrightarrow{\quad}\quad\xrightarrow{\quad}$ $\qquad\qquad\xrightarrow{\quad}$

$4.94×10^{-30}$ C·m　$8.67×10^{-30}$ C·m　　　$8.67×10^{-30}$ C·m

$4.94×10^{-30}$ C·m $+ 8.67×10^{-30}$ C·m $= 13.61×10^{-30}$ C·m

实测值　　$14.27×10^{-30}$ C·m

8.2.3　苯同系物的熔点、沸点和密度

苯的同系物多数为液体，和苯一样具有特殊的香气，但它们的蒸气有毒，苯的蒸气可以通过呼吸道对人体产生损害，高浓度的苯蒸气主要作用于中枢神经，引起急性中毒，低浓度的苯蒸气长期接触能损害造血器官。

苯由于其高度对称性而具有较高的熔点。在苯的同系列中，每增加一个 CH_2 单位，沸点平均升高 30 ℃左右。含同数碳原子的各种异构体，其沸点相差不大，而结构对称的异构体，都具有较高的熔点（见表8.2）。例如，邻、间、对二甲苯的沸点分别为 144.4 ℃，139.1 ℃，138.2 ℃。用高效率的分馏塔只能把邻二甲苯分出，由于结构对称的对二甲苯的熔点要比间二甲苯高 61 ℃，因此，可以用冷冻的方法，使对二甲苯结晶出来，再用过滤的方法使它与间二甲苯分离开来。

苯及其同系物的相对密度比链烃、环烷烃和环烯烃大。

表 8.2　苯同系物的熔点、沸点和相对密度

化合物名称	英 文 名 称	熔点/℃	沸点/℃	相对密度
苯	benzene	5.5	80.1	0.878 6
甲苯	toluene	−95	110.6	0.866 9
乙苯	ethylbenzene	−95	136.2	0.867 0
丙苯	propylbenzene	−99.5	159.2	0.862 0
异丙苯	isopropylbenzene, cumene	−96	152.4	0.861 8
丁苯	butylbenzene	−88	183	0.860 1
仲丁苯	sec−butylbenzene	−75	173	0.862 1
叔丁苯	tert−butylbenzene	−57.8	169	0.866 5
邻二甲苯	o−xylene	−25.5	144.4	0.880 2
间二甲苯	m−xylene	−47.9	139.1	0.864 2
对二甲苯	p−xylene	13.3	138.2	0.861 1

苯及其同系物都不溶于水，它们是许多有机化合物的良好溶剂。

问题 8.2　室温下，四甲基苯的两种异构体是液体，第三种异构体是固体。写出第三种异构体的结构式。

8.2.4　烷基苯的生成热

一些烷基苯的生成热见表 8.3。

表 8.3 一些烷基苯的生成热(25 ℃,气相)

化合物	$\Delta H_f^\ominus/(kJ\cdot mol^{-1})$	化合物	$\Delta H_f^\ominus/(kJ\cdot mol^{-1})$
苯	83.0	间二乙苯	−21.8
甲苯	50.0	对二乙苯	−22.3
乙苯	29.8	1,2,3-三甲苯	−9.6
丙苯	7.8	1,2,4-三甲苯	−13.9
邻二甲苯	19.0	1,3,5-三甲苯	−16.1
间二甲苯	17.2	1,2,3-三乙苯	−70.1
对二甲苯	18.0	1,2,4-三乙苯	−71.1
邻乙基甲苯	29.8	1,3,5-三乙苯	−74.0
邻二乙苯	−19.0	六甲苯	−105.8

由表 8.3 可见:苯环上的甲基使化合物更稳定。例如,三甲苯比丙苯更稳定,六甲苯比三乙苯更稳定。三种二甲苯中,邻二甲苯最不稳定,可能是由于两个甲基挤在一起势能升高的缘故。可以把邻位和对位异构体同(Z)和(E)二取代乙烯相比,(E)式常比(Z)式更稳定,对位异构体也比邻位异构体更稳定。

§8.3 苯环上的亲电取代反应

苯及其同系物的通式为 C_nH_{2n-6},有 4 个不饱和度,是高度不饱和的化合物,但它们的最主要的反应却是取代反应,在反应中苯环上的氢原子被—X,—NO_2,—SO_3H,—R 等原子或原子团取代,生成的取代产物中有许多在工业上有重要用途。

8.3.1 卤化反应

苯与溴的反应只有在溴化铁或别的催化剂存在下才能进行,反应中苯环上的氢原子被溴取代,同时放出溴化氢:

$$\text{C}_6\text{H}_6 + \text{Br}_2 \longrightarrow \text{C}_6\text{H}_5\text{Br} + \text{HBr}$$

由于无水溴化铁极易吸水,不便保存,在溴化反应中实际上是加入少量铁屑,后者与溴就地产生溴化铁。

溴化铁的作用是与溴分子配位,使它容易发生异裂,以增强其亲电性:

$$\text{C}_6\text{H}_6 + \text{Br}—\text{Br}:\text{FeBr}_3 \longrightarrow [\text{arenium ion resonance structures}] + \text{FeBr}_4^-$$

苯加溴正离子后生成一个带正电荷的芳基正离子(arenium ion),其中含有一个由 5 个碳原子和 4 个 π 电子组成的共轭体系,其结构可以用共振式表示,也可表示作:

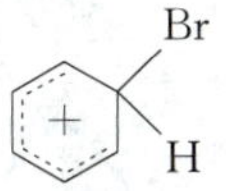

虚线表示电子云分布在五个碳原子周围。这种表示方法的缺点是未表示出 π 电子的数目。

在 $FeBr_4^-$ 的进攻下,碳正离子失去一个质子而生成溴苯:

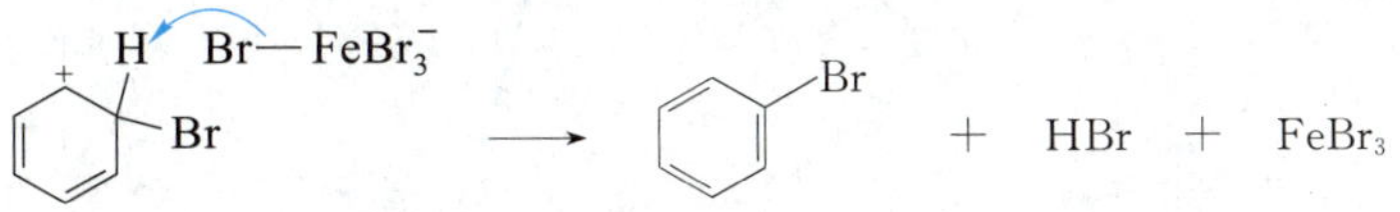

同时释出溴化氢和溴化铁,溴化铁再继续起催化剂的作用。

苯加溴生成芳基正离子,苯环的共轭体系被破坏,虽然生成的芳基正离子也是一个共轭体系,但远不及苯环稳定,因此苯与溴的反应要在比烯烃加溴更猛烈的条件下才能进行,即要用液体溴并加催化剂。亲核性强的芳环溴化不需加催化剂。

芳基正离子不与溴负离子结合生成加成产物,这是由苯环的特殊稳定性决定的,因为失去质子恢复稳定的苯环是一个放热反应,更容易进行。

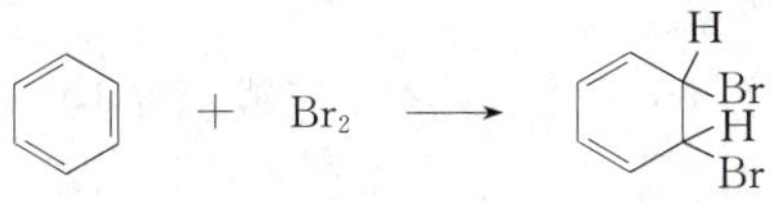

$$\Delta H^\ominus \approx +8.4 \text{ kJ·mol}^{-1}$$

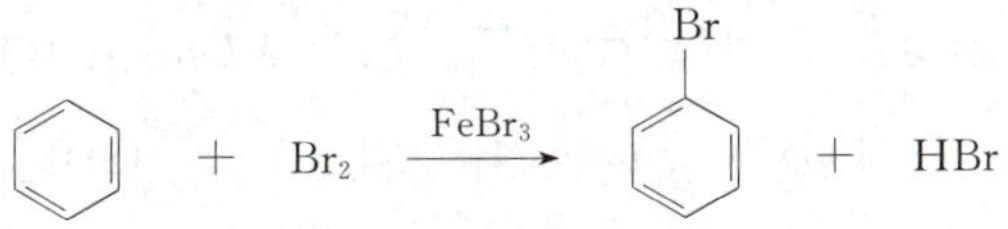

$$\Delta H^\ominus = -45.2 \text{ kJ·mol}^{-1}$$

溴化反应的能线图见图 8.3,生成芳基正离子的一步是反应的速率决定步骤。

苯的氯化与溴化相似:

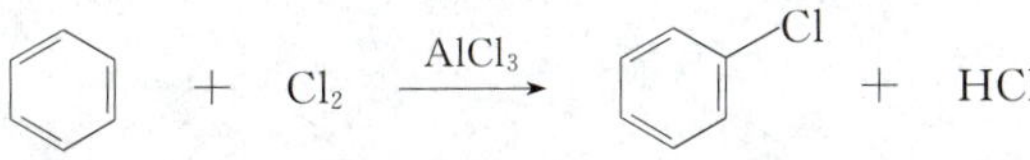

催化剂可以用氯化铁,也可以用别的 Lewis 酸,如氯化铝。

苯的碘化在氧化剂如硝酸存在下进行:

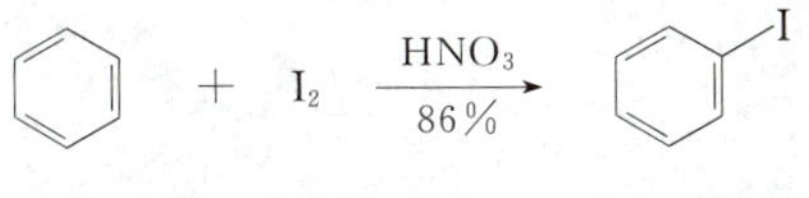

氟的亲电性很强,它与苯的反应难以控制,因此,氟苯用间接的方法合成。

8.3.2 硝化反应

苯在浓硝酸和浓硫酸的混合物(常称为混酸)作用下生成硝基苯:

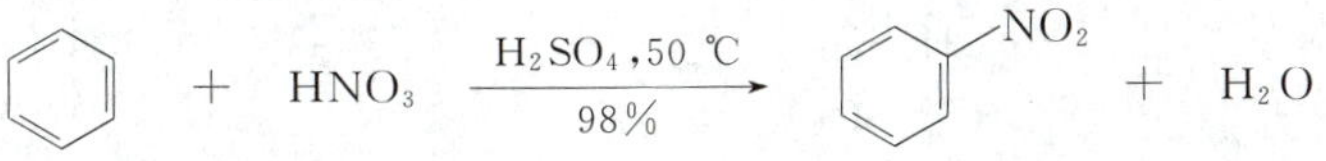

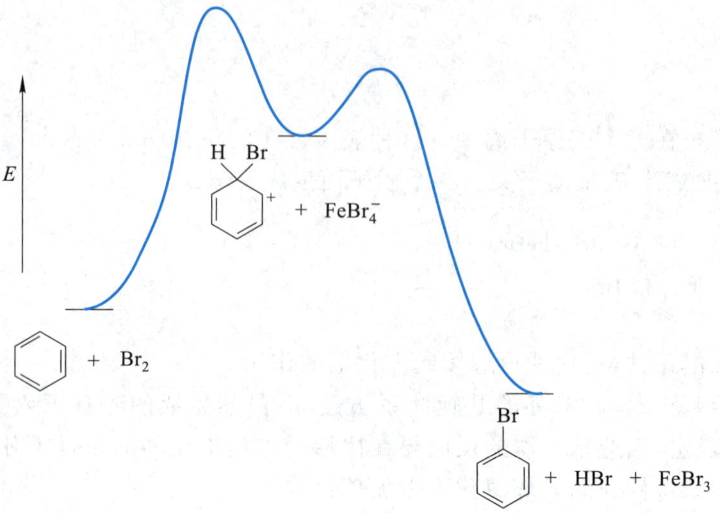

图 8.3　溴化反应的能线图

如只用硝酸作试剂，生成硝基苯的速率很慢。

在硝化反应中，进攻试剂是硝鎓离子（NO_2^+），它具有线形结构，亲电性很强：

$$:\ddot{O}=\overset{+}{N}=\ddot{O}:$$

实验证明，无水硝酸中含有硝鎓离子，但浓度较低。浓硫酸的存在有助于硝鎓离子的生成：

$$H_2SO_4 + HONO_2 \rightleftharpoons H_2\overset{+}{O}NO_2 + HSO_4^-$$

$$H_2\overset{+}{O}NO_2 + H_2SO_4 \rightleftharpoons NO_2^+ + H_3O^+ + HSO_4^-$$

$$2\,H_2SO_4 + HONO_2 \rightleftharpoons NO_2^+ + H_3O^+ + 2HSO_4^-$$

硝鎓离子进攻苯环也生成碳正离子，后者失去一个质子生成硝基苯：

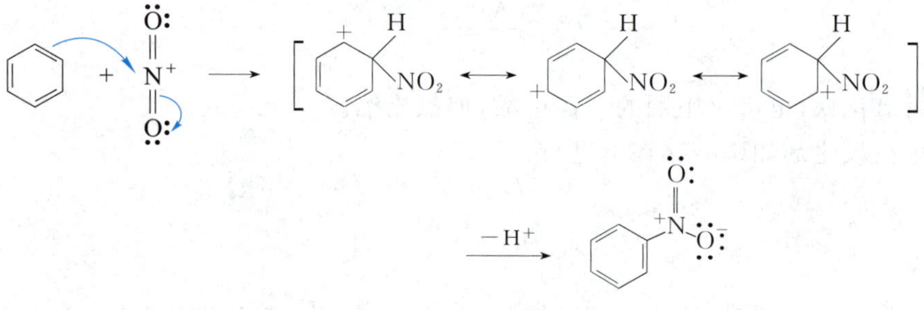

8.3.3　磺化反应

苯与发烟硫酸在室温下反应，生成苯磺酸：

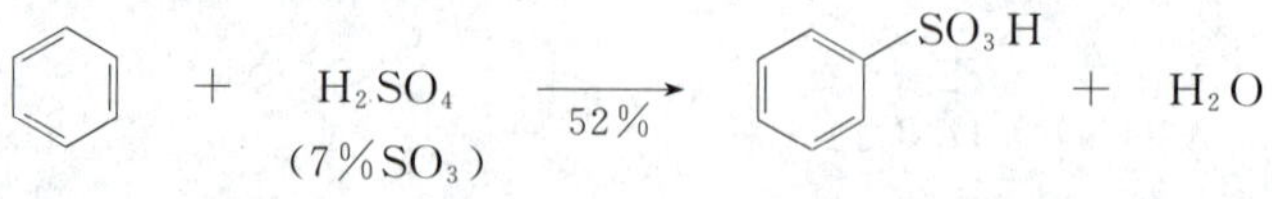

磺化反应的机理与硝化相似,进攻试剂为三氧化硫:

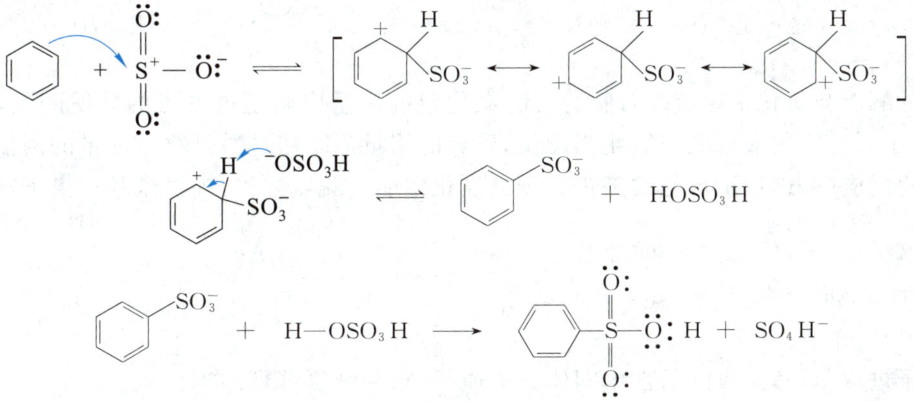

[反应机理示意图:苯与 SO₃ 进行亲电加成,生成共振结构的中间体,然后脱去质子形成苯磺酸根,再质子化生成苯磺酸]

苯衍生物中,有的可用浓硫酸或浓度更低的硫酸磺化,在这种情况下,进攻试剂可能为 $H_2\overset{+}{O}SO_3H$:

$$2H_2SO_4 \rightleftharpoons H_2\overset{+}{O}-SO_3H + SO_4H^-$$

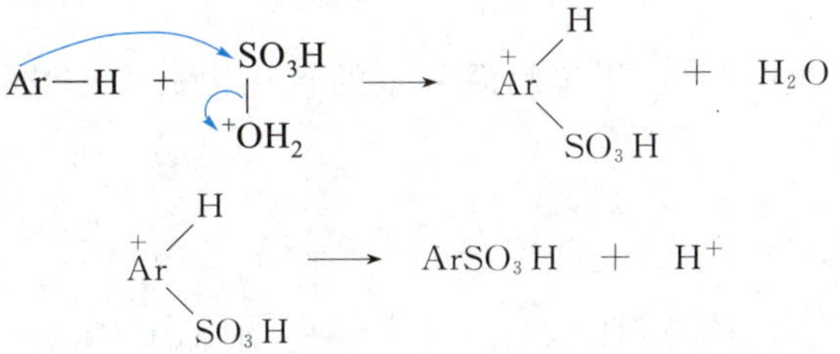

[反应机理:Ar—H 与 $H_2\overset{+}{O}SO_3H$ 反应生成中间体,再脱去 H⁺ 生成 $ArSO_3H$]

苯磺酸为强酸,在水中的溶解度很大,因此,在分子中导入磺酸基可以增加化合物在水中的溶解度。

磺化是可逆反应,如在磺化后的反应混合物中通入过热水蒸气或将芳基磺酸与稀硫酸一起加热,可以脱去磺酸基。

$$ArSO_3H + H_2O \xrightarrow{\triangle} ArH + H_2SO_4$$

8.3.4 Friedel-Crafts 反应

芳烃在 Lewis 酸(无水氯化铝、氯化铁、氯化锌、氟化硼等)存在下的酰化和烃化反应称为 Friedel(C)-Crafts(J M)反应。它的应用范围很广,是有机合成中最有用的反应之一。

8.3.4.1 酰化反应

在无水氯化铝存在下苯与酰氯反应生成芳基酮,这是合成芳基酮的重要方法。例如:

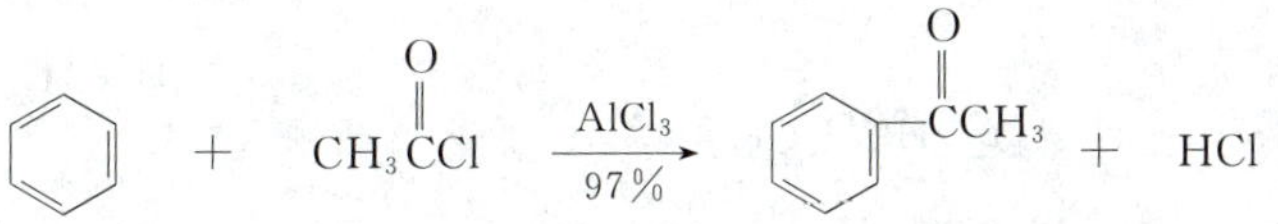

[苯 + CH_3COCl $\xrightarrow[97\%]{AlCl_3}$ 苯乙酮 + HCl]

酰氯也可以用酸酐代替。例如:

$$\text{C}_6\text{H}_6 + (\text{CH}_3\text{CO})_2\text{O} \xrightarrow[82\%\sim85\%]{\text{AlCl}_3} \text{C}_6\text{H}_5\text{COCH}_3 + \text{CH}_3\text{COOH}$$

由于生成的酮能与氯化铝生成配合物,因此,氯化铝的用量应略超过酰氯的物质的量,如用酸酐作原料,由于副产物羧酸也能与氯化铝配位,后者的用量应略超过酸酐物质的量的两倍。

在酰化反应中,进攻试剂是酰基正离子。氯化铝能与酰氯配位,提供酰基正离子:

$$\text{R—CO—Cl} + \text{AlCl}_3 \rightleftharpoons \text{R—C(Ö:)—Cl—AlCl}_3 \rightleftharpoons [\text{R—C}\overset{+}{\equiv}\text{Ö:} \leftrightarrow \text{R}\overset{+}{\text{C}}=\overset{..}{\text{O}}:] + \text{AlCl}_4^-$$

酰基正离子进攻苯环,生成的活性中间体失去质子,重新恢复苯环结构:

$$\text{C}_6\text{H}_6 + \text{R—C}^+=\text{Ö:} \cdot \text{AlCl}_4^- \longrightarrow [\text{中间体}] \longrightarrow \text{C}_6\text{H}_5\text{COR} + \text{HCl} + \text{AlCl}_3$$

酰化中生成的芳基酮与氯化铝配位,使等物质的量的氯化铝失去催化活性。配合物在后处理加水分解中释出芳基酮:

$$\text{C}_6\text{H}_5\overset{:\ddot{\text{O}}:}{\text{C}}\text{CH}_3 + \text{AlCl}_3 \rightleftharpoons \text{C}_6\text{H}_5\overset{:\overset{+}{\text{O}}:\text{AlCl}_3^-}{\text{C}}\text{CH}_3 \xrightarrow{\text{H}_2\text{O}} \text{C}_6\text{H}_5\text{COCH}_3 + 3\text{HCl} + \text{Al(OH)}_3$$

8.3.4.2 烃化反应

在无水氯化铝或无水氯化铁存在下苯与卤代烷反应生成烷基苯:

$$\text{C}_6\text{H}_6 + (\text{CH}_3)_3\text{CCl} \xrightarrow[80\%]{\text{FeCl}_3} \text{C}_6\text{H}_5\text{C}(\text{CH}_3)_3 + \text{HCl}$$

生成的烷基苯与氯化铁的配位能力弱,反应中只需加催化量的无水氯化铁。烷基苯发生烃化反应的速率比苯更快,为了减少二烷基化产物的生成,必须使用大量的苯。

用伯卤代烷作烃化剂时,烃基可能发生重排:

$$\text{C}_6\text{H}_6 + \text{CH}_3\text{CH}_2\text{CH}_2\text{CH}_2\text{Cl} \xrightarrow{\text{AlCl}_3} \text{C}_6\text{H}_5\text{CH}(\text{CH}_3)\text{CH}_2\text{CH}_3 + \text{C}_6\text{H}_5\text{CH}_2\text{CH}_2\text{CH}_2\text{CH}_3 + \text{HCl}$$
$$65\% 35\%$$

$$\text{C}_6\text{H}_6 + (\text{CH}_3)_2\text{CHCH}_2\text{CH}_2\text{Cl} \xrightarrow{\text{AlCl}_3} \text{C}_6\text{H}_5\text{C}(\text{CH}_3)_2\text{CH}_2\text{CH}_3 + \text{HCl}$$

在工业上往往用烯烃作烃化剂:

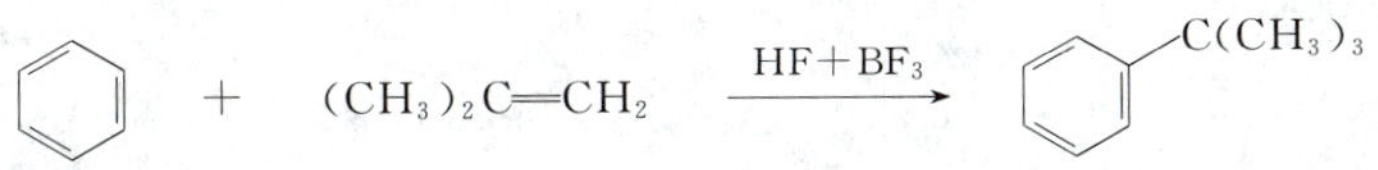

$$\text{benzene} + (CH_3)_2C=CH_2 \xrightarrow{HF+BF_3} \text{PhC}(CH_3)_3$$

在烃化反应中进攻试剂是碳正离子：

$$(CH_3)_3C-Cl + FeCl_3 \longrightarrow (CH_3)_3\overset{+}{C}-Cl-\overset{-}{FeCl_3}$$

$$(CH_3)_3\overset{+}{C}-Cl-\overset{-}{FeCl_3} \rightleftharpoons [(CH_3)_3C^+\,ClFeCl_3^-]$$

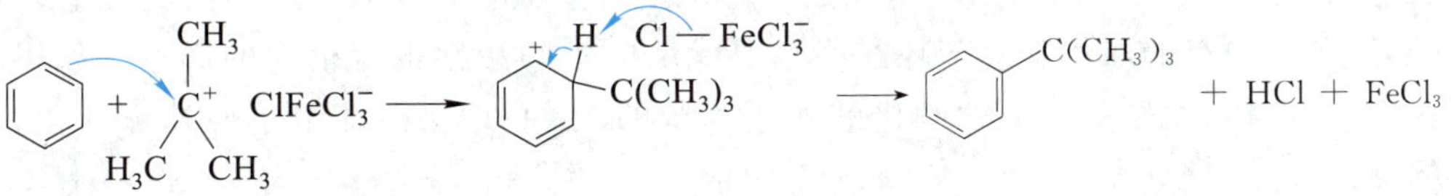

伯碳正离子不稳定，容易重排成更稳定的仲或叔碳正离子，用伯卤代烷作烃化剂，除重排产物外，还生成未重排的产物，这时，进攻试剂可能是卤代烷与氯化铝或氯化铁生成的配合物：

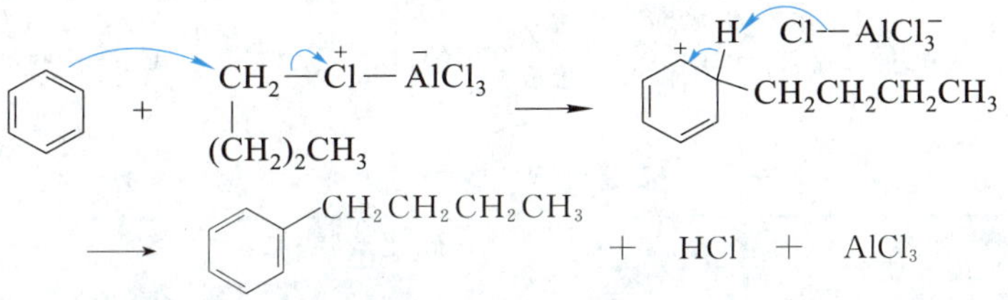

由于进攻试剂是碳正离子，除了卤代烷外，其他能产生碳正离子的化合物也可用作烃化剂。

§8.4 苯环上亲电取代反应的定位规律

8.4.1 定位规律

在一取代苯的亲电取代反应中，新导入的取代基可以取代原有取代基的邻位、间位或对位上的氢原子，生成三种不同的二元取代物。苯环上共有两个邻位、两个间位和一个对位氢原子，如果新取代基取代这五个氢原子的机会是一样的，生成的产物应当是三种二元取代物的混合物，其中 40%（2/5）为邻位异构体，40%（2/5）为间位异构体，20%（1/5）为对位异构体。但实际上主要产物只有一种或两种。例如，硝基苯继续硝化主要生成间二硝基苯：

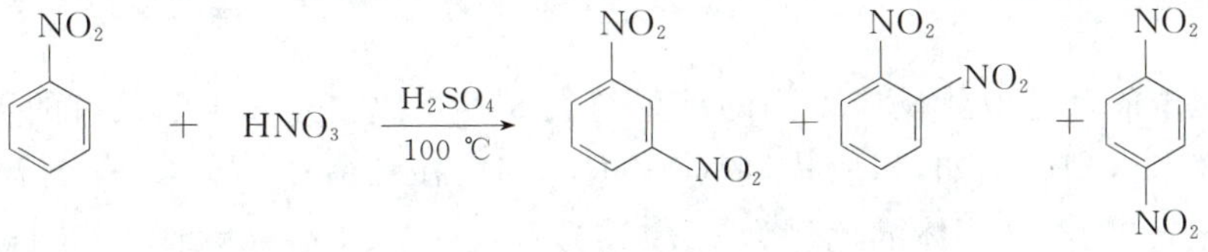

$$PhNO_2 + HNO_3 \xrightarrow[100\,°C]{H_2SO_4} \text{间-}(NO_2)_2C_6H_4 + \text{邻-}(NO_2)_2C_6H_4 + \text{对-}(NO_2)_2C_6H_4$$

$$\qquad\qquad\qquad\qquad\qquad 93\% \qquad\quad 6\% \qquad\quad 1\%$$

甲苯发生硝化反应主要生成邻硝基甲苯和对硝基甲苯：

$$\text{C}_6\text{H}_5\text{CH}_3 + \text{HNO}_3 \xrightarrow{\text{AcOH}} \text{邻-硝基甲苯 (63\%)} + \text{间-硝基甲苯 (3\%)} + \text{对-硝基甲苯 (34\%)}$$

可见苯环上原有的取代基对新导入的取代基有定位作用（orientation），硝基是间位定位基（间位取代产物比例大于 40%），而甲基则是邻对位定位基（邻、对位取代产物比例大于≥60%）。

此外，苯环上原有的取代基对苯环在亲电取代反应中的活性也有很大的影响。如甲苯硝化的速率为苯的 25 倍，而硝基苯继续硝化的速率为苯的 $6×10^{-8}$ 倍。即甲基使苯环活化，而硝基使苯环钝化。

各种一取代苯发生硝化反应的相对速率（以苯为标准）和产物中异构体的比例见表 8.4。

由表 8.4 可见：常见的取代基可分为三类，第一类如—OH，—NHCOCH$_3$，—CH$_3$ 和—C(CH$_3$)$_3$ 是邻对位定位基，使苯环活化；第二类如—F，—Cl，—Br，—I 也是邻对位定位基，但使苯环钝化；第三类如—NO$_2$，—COOC$_2$H$_5$，—$\overset{+}{\text{N}}$(CH$_3$)$_3$，—COOH，—SO$_3$H，—CF$_3$ 等为间位定位基，使苯环强烈钝化。

表 8.4 一取代苯硝化反应的相对速率及产物的组成

取代基	相对速率	x（硝化产物）/%			$\dfrac{x_o + x_p}{x_m}$
		$o-$	$m-$	$p-$	
OH	很快	55	痕量	45	100/0
NHCOCH$_3$	快	19	1	80	99/1
CH$_3$	25	63	3	34	97/3
C(CH$_3$)$_3$	16	12	8	80	92/8
F	0.03	12	痕量	88	100/0
Cl	0.03	30	1	69	99/1
Br	0.03	37	1	62	99/1
I	0.18	38	2	60	98/2
H	1.0				
NO$_2$	$6×10^{-8}$	6	93	1	7/93
CO$_2$C$_2$H$_5$	0.003 7	28	68	4	32/68
$\overset{+}{\text{N}}$(CH$_3$)$_3$	$1.2×10^{-8}$	0	89	11	11/89
COOH	慢	19	80	1	20/80
SO$_3$H	慢	21	72	7	28/72
CF$_3$	慢	0	100	0	0/100

研究一取代苯的其他取代反应得到的结果与表 8.4 相似。表 8.4 上没有的数据可以从其他取代反应的研究中得到。例如，当取代基为—OCH$_3$ 时，在乙酸中，25 ℃下，与溴反应的速率为苯的 $1.7×10^5$ 倍，产物中异构体的比例为 $x_o = 1.6\%$，$x_p = 98.4\%$。因此，—OCH$_3$ 也是第一类取代基。

根据实验资料可以将常见取代基按其对苯环的活化及钝化能力排列如下：

§8.4 苯环上亲电取代反应的定位规律

$$—NH_2, —NHR, —NR_2, —OH > —NHCOCH_3, —OR > —C_6H_5, —R > H > —F, —Cl, —Br, —I$$

强烈活化　　　　　　　　中等活化　　　　　弱活化　　　　弱钝化

←――――――――――――――邻对位定位基――――――――――――――→

$$> —NO_2, —\overset{+}{N}R_3, —CN, —COOH, —CO_2R, —COR, —SO_3H, —CF_3$$

强钝化

←―――――間位定位基―――――→

从取代基结构上看,邻对位定位基与苯环直接相连的原子上都只有单键(苯基例外),间位定位基与苯环直接相连的原子上有双键或正电荷（CF_3 例外）。

问题 8.3 写出下列化合物在硝化反应中(导入一个硝基)的主要产物。

(1) 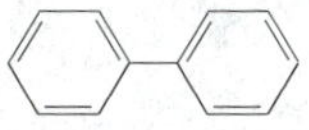 联苯

(2) 联苯-NO_2

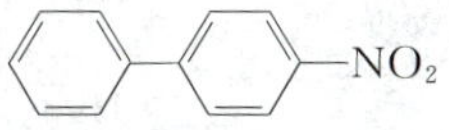

(3)  联苯-OCH_3

(4) 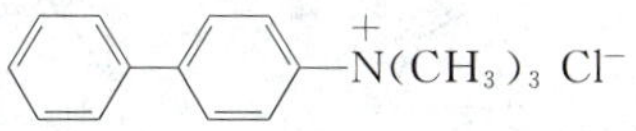 联苯-$\overset{+}{N}(CH_3)_3$ Cl^-

---

8.4.2 定位规律的理论根据

一取代苯的亲电取代反应的机理与苯相似,活性中间体也是芳基正离子。第一类取代基为给电子的电子给体(D),它使取代反应生成的芳基正离子中电荷更分散,使其稳定性提高,能量降低,反应的活化能降低,因此,取代反应的速率大于苯。第二、第三类取代基为吸电子的电子受体(A),它使芳基正离子中电荷更加集中,使其稳定性降低,能量升高,反应的活化能升高,因此,取代反应的速率小于苯:

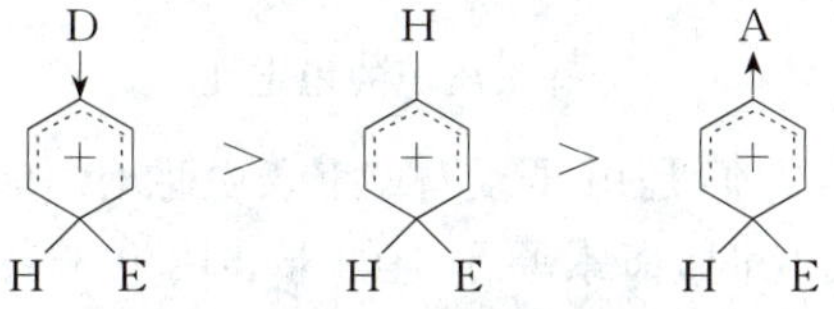

D—⌬⁺(H,E) > ⌬⁺(H,E) > A—⌬⁺(H,E)

←―――芳基正离子的稳定性

芳基正离子可以用共振式表示:

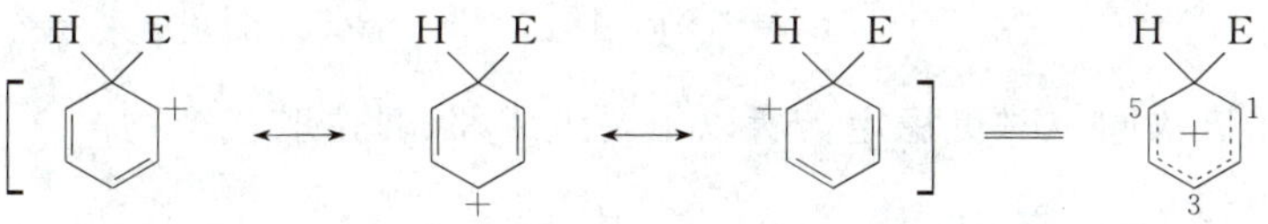

[共振结构式] = 编号为 1,3,5 的共振叠加结构

其中正电荷主要分布在 1,3,5 三个碳原子上,将三个共振结构叠加,得到芳基正离子上的电荷分布为

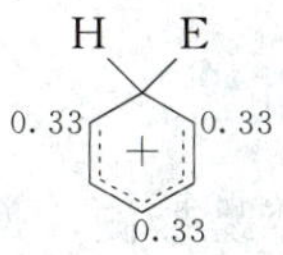

[芳基正离子电荷分布示意: 0.33, 0.33, 0.33]

更精确的计算为

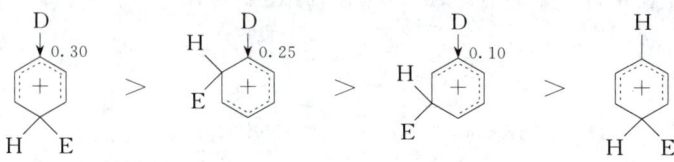

苯环上有第一类取代基时,在取代反应中无论亲电试剂进攻环上哪一个位置,由于取代基是电子给体,供给电子使碳原子上的正电荷分散,从而提高芳基正离子的稳定性,因此,反应速率都比苯快。由于芳基正离子中正电荷主要分布在进攻基团的邻、对位上,当亲电试剂进攻原有取代基的邻、对位时,原有取代基的给予电子作用使芳基正离子稳定性升高更为明显。结果是进攻邻、对位的反应速率大于间位。因此,主要生成邻、对位取代产物。

苯环上有第三类取代基时,由于原有取代基是吸电子的电子受体,使芳基正离子的稳定性下降,特别是在正电荷较集中的邻、对位,使电荷更加集中,芳基正离子的稳定性降低更多,结果是亲电试剂进攻邻、对位的反应速率比间位更慢,因此主要生成间位取代产物。

第二类取代基为卤素原子,它们是电子受体,使亲电取代中生成的芳基正离子的稳定性降低,但在亲电试剂进攻邻位或对位时,卤素原子上的未共用电子对可以使碳原子上的正电荷更加分散,而进攻间位却没有这种作用:

因此,芳基正离子比进攻间位时更稳定。所以主要生成邻、对位取代产物。

8.4.3 二取代苯的取代反应

在苯环上已有两个取代基的情况下,可以在分别考虑两个取代基的定位作用的基础上来推测取代反应中第三个取代基的位置。

8.4.3.1 两个取代基的定位作用相符合

在这种情况下,新取代基的位置比较容易推测。例如,对硝基甲苯继续硝化生成 2,4 -二硝基甲苯：

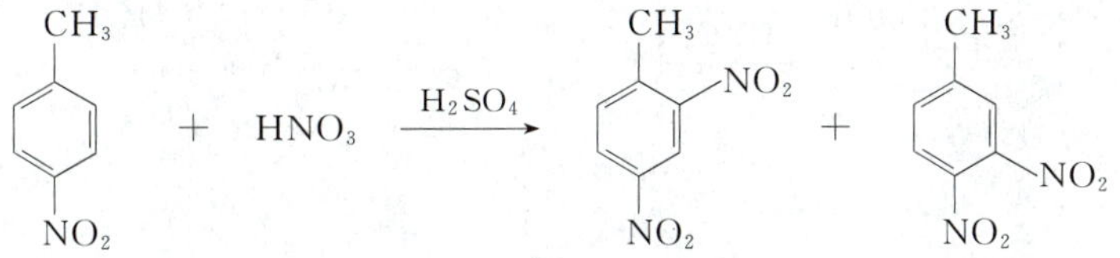

99%　　1%

间二氯苯硝化主要生成 1,3-二氯-4-硝基苯，由于两个氯原子的位阻，2 位硝化产物很少。

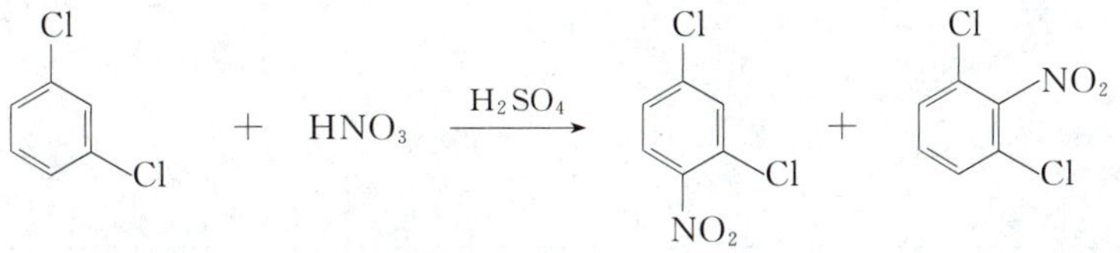

96%　　4%

8.4.3.2 两个取代基的定位相矛盾

在两个取代基的定位作用相矛盾的情况下，可以把取代基分为三类：强活化取代基（OR 等）、弱活化与弱钝化取代基（R，X）和钝化取代基。

如化合物中只有一个强活化取代基，新取代基的位置主要由它决定。例如：

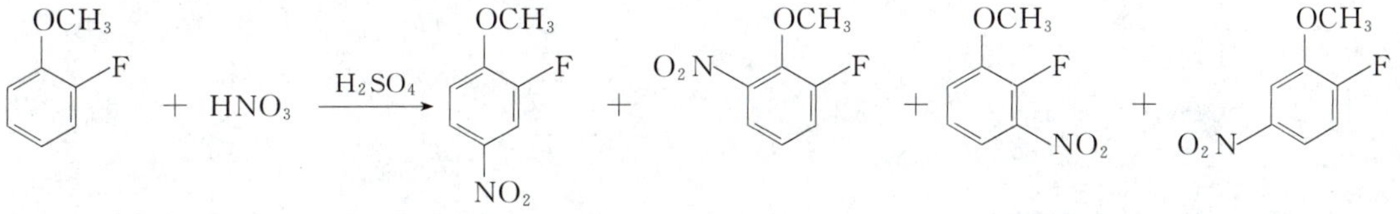

31%　　66%　　<3%　　<3%

如化合物中有一个弱活化或弱钝化取代基和一个钝化取代基，新取代基的位置主要决定于前一个取代基。例如：

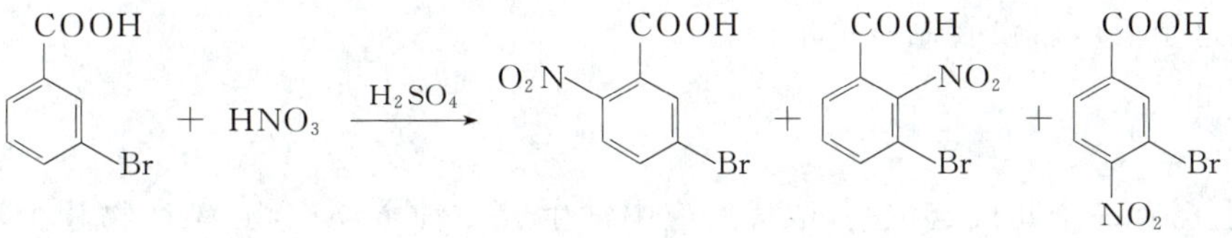

87%　　13%　　0

在反应中硝基导入羧基的邻位而不是对位的原因尚不清楚。

如两个取代基属于同一类型，则各种取代产物都可能生成。例如：

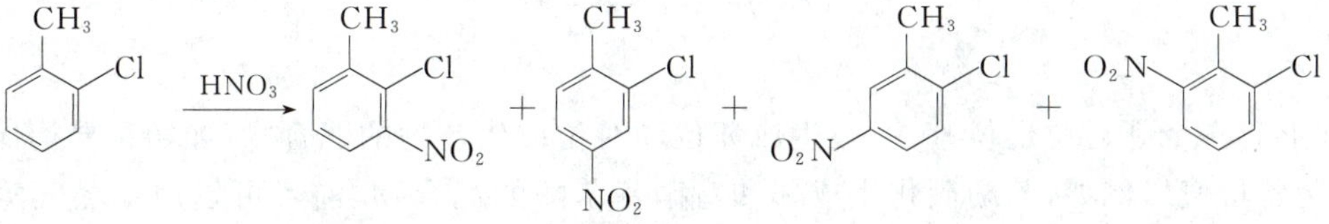

19%　　17%　　43%　　21%

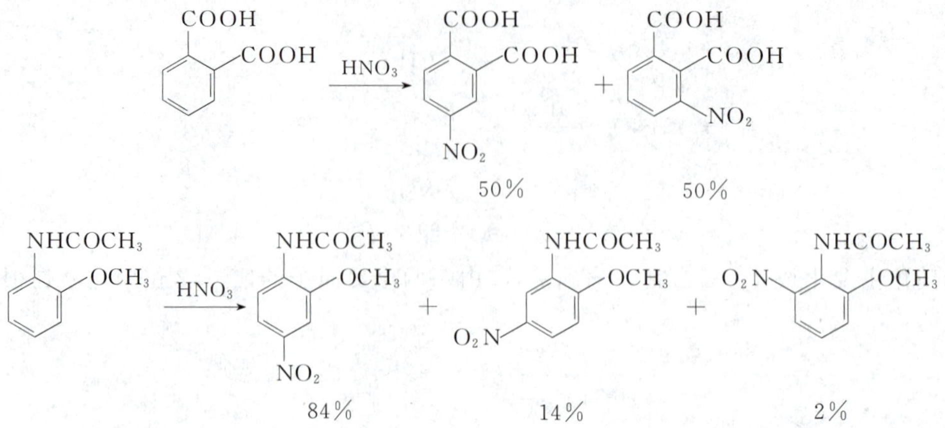

[反应式: 邻苯二甲酸经 HNO₃ 硝化生成两种硝基产物，各 50%]

[反应式: 邻甲氧基乙酰苯胺经 HNO₃ 硝化生成三种产物，分别为 84%、14%、2%]

问题 8.4 用箭头表示下列化合物在硝化反应中硝基所占的位置（主要产物）：

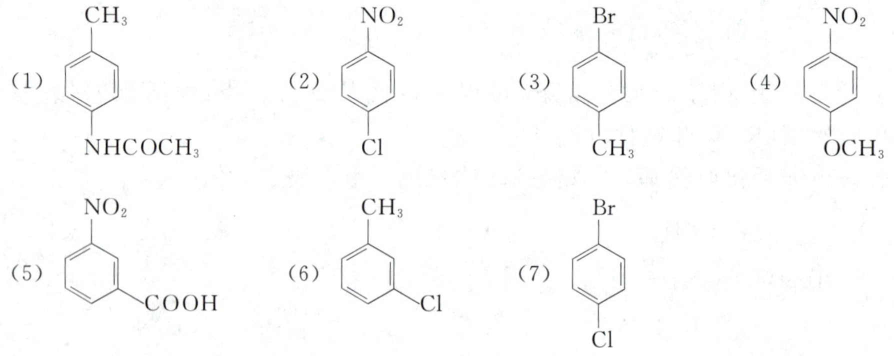

(1) 对甲基乙酰苯胺 (CH₃—C₆H₄—NHCOCH₃)

(2) 对硝基氯苯 (NO₂—C₆H₄—Cl)

(3) 对溴甲苯 (Br—C₆H₄—CH₃)

(4) 对硝基苯甲醚 (NO₂—C₆H₄—OCH₃)

(5) 间硝基苯甲酸 (NO₂—C₆H₄—COOH)

(6) 间氯甲苯 (CH₃—C₆H₄—Cl)

(7) 对溴氯苯 (Br—C₆H₄—Cl)

8.4.4 定位规律的应用

有机合成的目的一般是制备一个纯粹的化合物，如反应中生成几种异构体的混合物，又不能有效地分离，这个反应就没有制备价值。

8.4.4.1 取代基的性质

如苯环上已有一个间位定位基，取代反应中常生成一种主要产物，副产物较少，容易用重结晶或别的方法除去。例如：

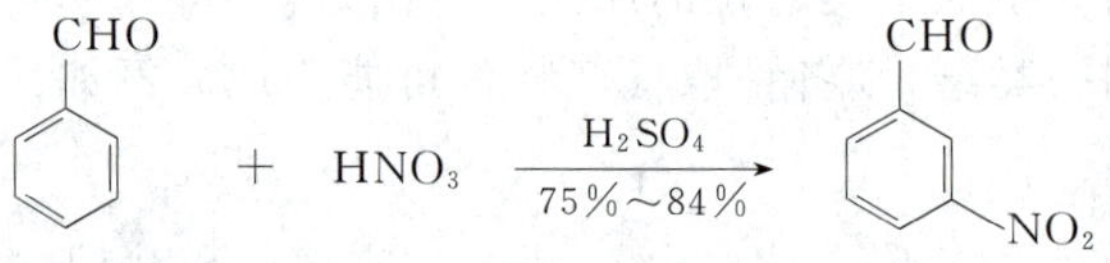

[反应式: 苯甲醛 + HNO₃ —H₂SO₄→ 间硝基苯甲醛, 75%～84%]

苯环上有一个邻对位定位基，一般生成邻位和对位取代产物的混合物，如两种异构体容易分离，也有制备价值。例如，苯酚硝化生成邻和对硝基苯酚的混合物，前者可以用水蒸气蒸馏的方法分出。

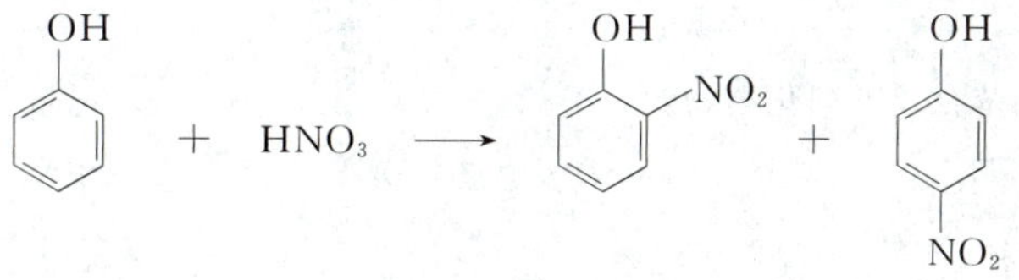

$$\text{PhOH} + \text{HNO}_3 \longrightarrow \text{o-O}_2\text{N-C}_6\text{H}_4\text{-OH} + \text{p-O}_2\text{N-C}_6\text{H}_4\text{-OH}$$

对位异构体往往有较高的熔点，可以用重结晶的方法提纯。例如：

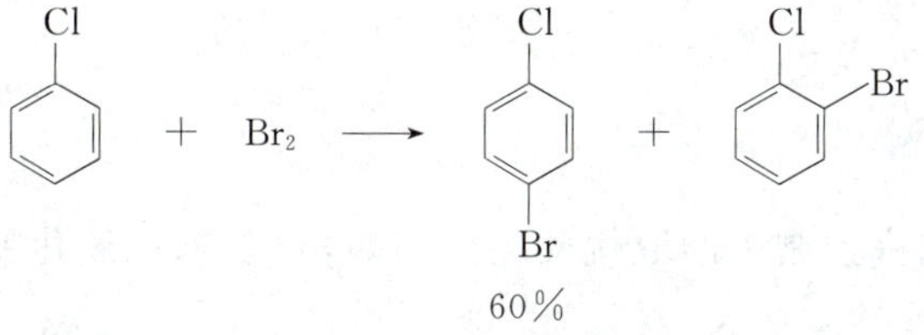

$$\text{PhCl} + \text{Br}_2 \longrightarrow \text{p-Br-C}_6\text{H}_4\text{-Cl (60\%)} + \text{o-Br-C}_6\text{H}_4\text{-Cl}$$

对位产物的熔点为 68 ℃，而邻位产物则为 -12 ℃，容易通过重结晶得到纯粹的对氯溴苯。

8.4.4.2 Friedel–Crafts 反应

苯环上强钝化取代基能阻止 Friedel–Crafts 反应的进行。例如，硝基苯可用作 Friedel–Crafts 反应中的溶剂。因此，从苯制备间硝基苯乙酮应先酰化，后硝化。

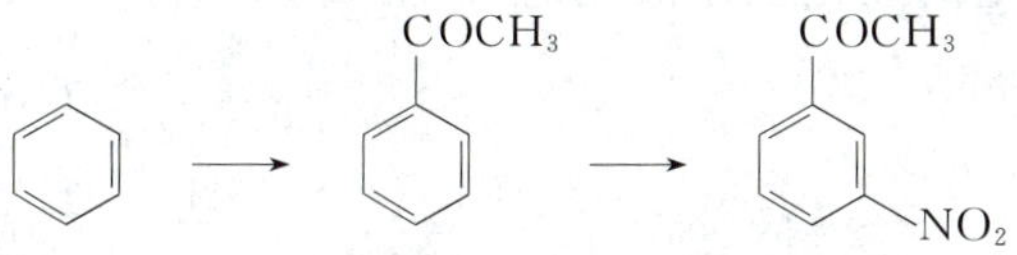

$$\text{C}_6\text{H}_6 \longrightarrow \text{C}_6\text{H}_5\text{COCH}_3 \longrightarrow \text{m-O}_2\text{N-C}_6\text{H}_4\text{-COCH}_3$$

在 Friedel–Crafts 酰化反应中，酰氯与氯化铝生成体积很大的配合物，由于在邻位受到苯环上原有取代基的阻碍，酰化产物以对位为主。

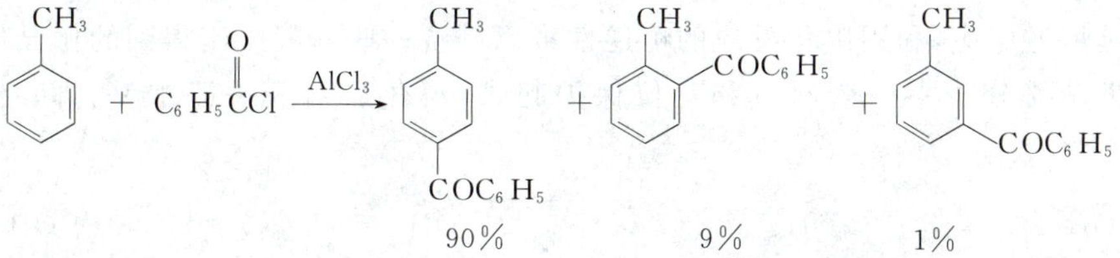

$$\text{PhCH}_3 + \text{C}_6\text{H}_5\text{COCl} \xrightarrow{\text{AlCl}_3} \text{p-CH}_3\text{-C}_6\text{H}_4\text{-COC}_6\text{H}_5 (90\%) + \text{o-} (9\%) + \text{m-} (1\%)$$

Friedel–Crafts 烃化反应往往生成不容易分离的混合物。例如：

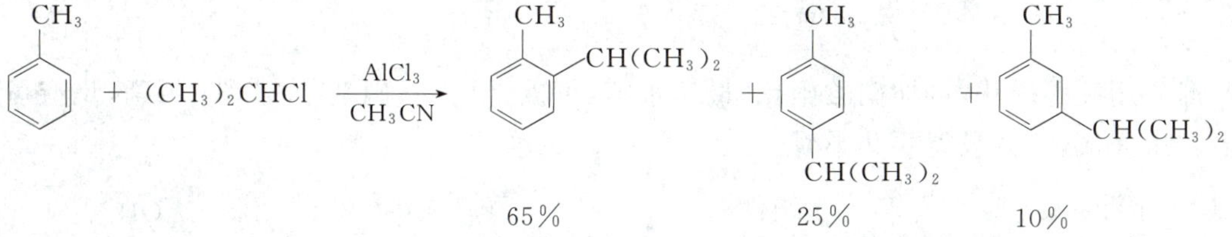

$$\text{PhCH}_3 + (\text{CH}_3)_2\text{CHCl} \xrightarrow[\text{CH}_3\text{CN}]{\text{AlCl}_3} \text{o-CH}_3\text{-C}_6\text{H}_4\text{-CH(CH}_3)_2 (65\%) + \text{p-} (25\%) + \text{m-} (10\%)$$

问题 8.5 如何从苯或取代苯合成下列化合物？

(1) 对溴硝基苯 (2) 2,4-二硝基苯甲醚 (3) 对氯苯乙酮 (4) 间氯苯乙酮 (5) 对叔丁基硝基苯 (6) 4-叔丁基-2-硝基甲苯

8.4.4.3 速率控制和平衡控制

定位规律只适用于速率控制下的取代反应。例如，叔丁苯在氯化铁催化下与叔丁基氯反应生成对二叔丁基苯：

$$\text{C}_6\text{H}_5\text{CMe}_3 + \text{Me}_3\text{CCl} \xrightarrow[80\%]{\text{FeCl}_3} \text{对-(Me}_3\text{C)}_2\text{C}_6\text{H}_4$$

与定位规律相符合，但用过量的氯化铝作催化剂，则生成1,3,5-三叔丁基苯：

$$\text{C}_6\text{H}_5\text{CMe}_3 + 2\,\text{Me}_3\text{CCl} \xrightarrow[60\%\sim66\%]{\text{AlCl}_3} 1,3,5\text{-(Me}_3\text{C)}_3\text{C}_6\text{H}_3$$

这是因为在过量强酸催化下，烃化和去烃基反应达成平衡，邻、对位烃化快，去烃基也快，间位烃化慢，去烃基也慢，最后都变成间位烃化产物。

磺化也是可逆反应，利用磺化反应的可逆性可以制备一些一般难于得到的化合物。例如，先导入磺酸基把苯酚分子中一个邻位和对位保护起来，溴化后再脱去磺酸基，即可以得到邻溴苯酚：

$$\text{C}_6\text{H}_5\text{OH} \xrightarrow{\text{H}_2\text{SO}_4} 2,4\text{-(SO}_3\text{H)}_2\text{C}_6\text{H}_3\text{OH} \xrightarrow{\text{Br}_2} \text{Br-}2,4\text{-(SO}_3\text{H)}_2\text{C}_6\text{H}_2\text{OH} \xrightarrow[\triangle]{\text{H}_2\text{O}} \text{邻-BrC}_6\text{H}_4\text{OH}\ (40\%\sim43\%)$$

间苯二酚先用硫酸磺化，再加硝酸硝化，最后水解，可以得到2-硝基苯-1,3-二酚，反应可以在同一容器中完成，一共只需要几小时。

$$1,3\text{-(HO)}_2\text{C}_6\text{H}_4 \xrightarrow{\text{H}_2\text{SO}_4} (\text{HO}_3\text{S})_2(\text{HO})_2\text{C}_6\text{H}_2 \xrightarrow{\text{HNO}_3} (\text{HO}_3\text{S})_2(\text{HO})_2(\text{NO}_2)\text{C}_6\text{H} \xrightarrow[\triangle]{\text{H}_2\text{O}} 2\text{-NO}_2\text{-1,3-(HO)}_2\text{C}_6\text{H}_3$$

§8.5 烷基苯的反应

烷基苯的反应可以在苯环或烷基上进行,苯环上的取代反应由于烷基的影响,反应速率比苯快,烷基上的反应由于苯环的影响,容易在与苯环直接相连的碳原子即 α-碳原子上进行。

8.5.1 侧链卤化

甲苯在光照下与氯的反应在侧链上进行:

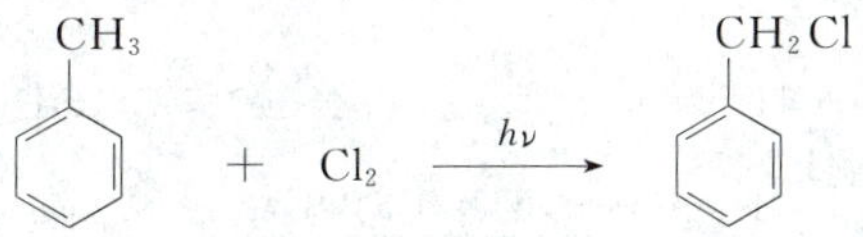

$$C_6H_5CH_3 + Cl_2 \xrightarrow{h\nu} C_6H_5CH_2Cl$$

侧链氯化为自由基反应,其活性中间体为苄基自由基:

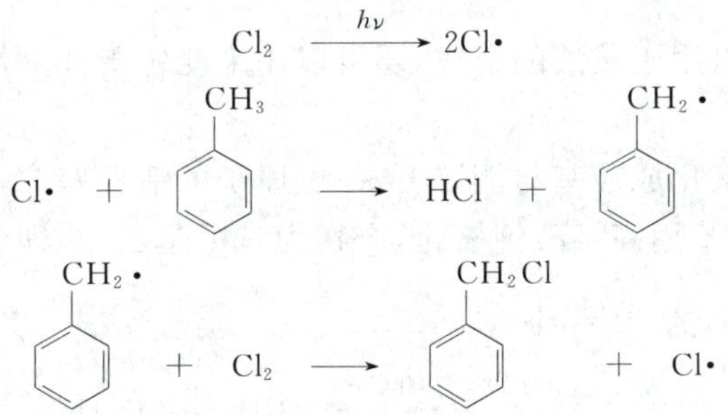

$$Cl_2 \xrightarrow{h\nu} 2Cl\cdot$$

$$Cl\cdot + C_6H_5CH_3 \longrightarrow HCl + C_6H_5CH_2\cdot$$

$$C_6H_5CH_2\cdot + Cl_2 \longrightarrow C_6H_5CH_2Cl + Cl\cdot$$

苄基自由基的共振式为

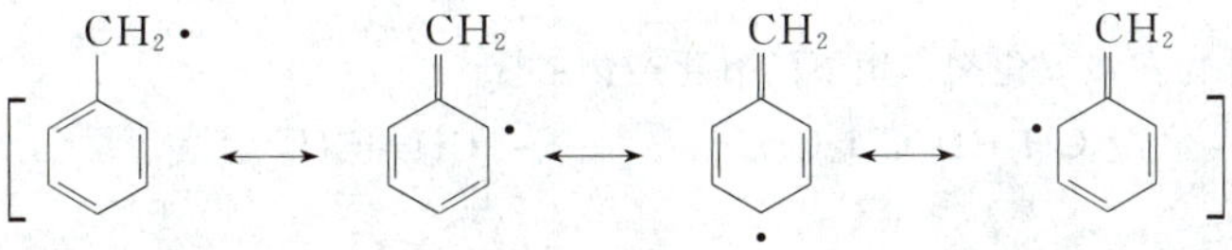

$$[C_6H_5CH_2\cdot \longleftrightarrow \cdots \longleftrightarrow \cdots \longleftrightarrow \cdots]$$

未配对电子的电子云一部分往苯环中分散,因此,苄基自由基比甲基自由基稳定。苄氯可以继续氯化,生成苯基二氯甲烷和苯基三氯甲烷:

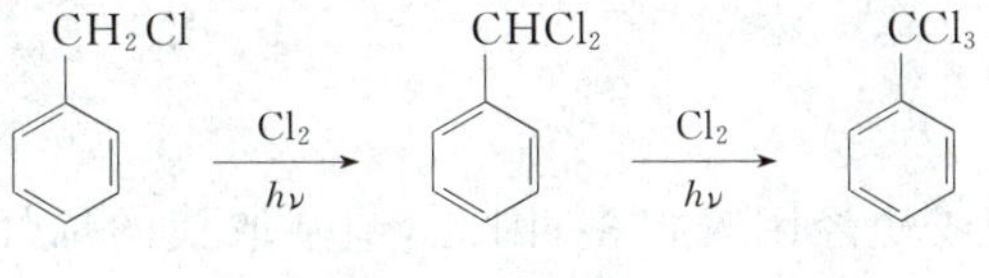

$$C_6H_5CH_2Cl \xrightarrow[h\nu]{Cl_2} C_6H_5CHCl_2 \xrightarrow[h\nu]{Cl_2} C_6H_5CCl_3$$

控制氯气的用量可以使反应停留在生成苄氯的阶段。

其他烷基苯的自由基卤化也在侧链上与苯环相连的碳原子(α-碳原子)上进行。例如:

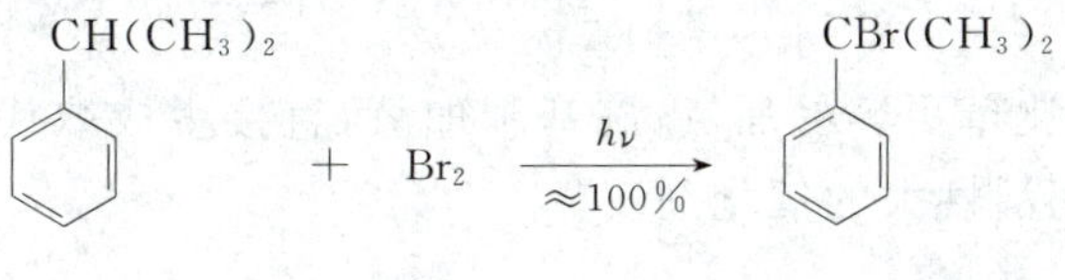

$$C_6H_5CH(CH_3)_2 + Br_2 \xrightarrow[\approx 100\%]{h\nu} C_6H_5CBr(CH_3)_2$$

自由基溴化反应可以用 N-溴代丁二酰亚胺作试剂：

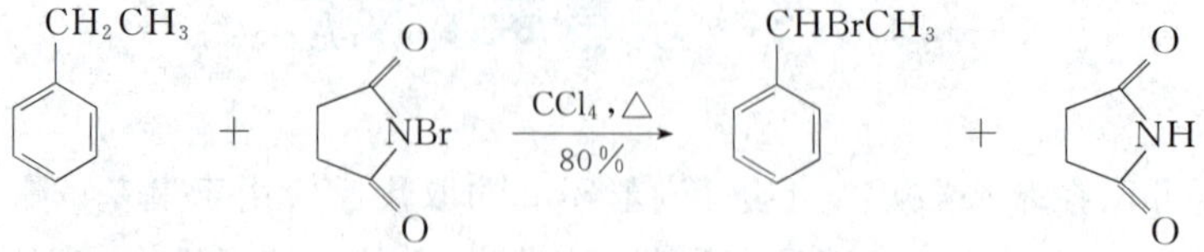

$$\text{PhCH}_2\text{CH}_3 + \text{NBS} \xrightarrow[80\%]{\text{CCl}_4, \triangle} \text{PhCHBrCH}_3 + \text{succinimide}$$

8.5.2 氧化

苯环对氧化剂很稳定，因此烷基苯在铬酸、硝酸或高锰酸钾等强氧化剂作用下，烷基氧化成羧基：

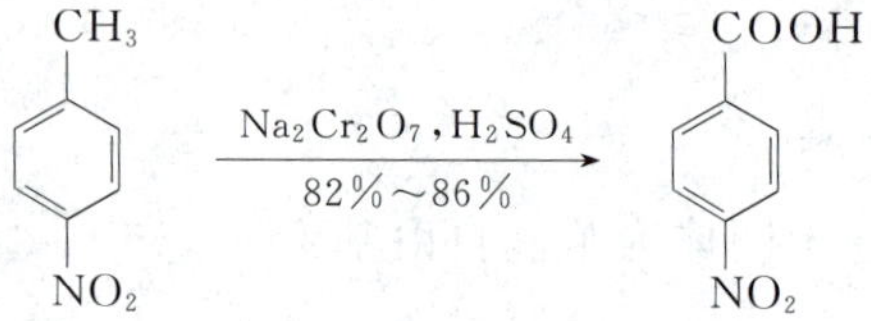

$$\text{4-O}_2\text{N-C}_6\text{H}_4\text{-CH}_3 \xrightarrow[82\%\sim86\%]{\text{Na}_2\text{Cr}_2\text{O}_7, \text{H}_2\text{SO}_4} \text{4-O}_2\text{N-C}_6\text{H}_4\text{-COOH}$$

烷基苯的氧化不但可以用于羧酸的合成，还可以用来测定苯环上烷基的数目，因为一个烷基只氧化成一个羧基。

烷基苯中的烷基容易氧化成羧基与侧链上 α-氢原子的活性有关，如没有 α-氢原子，侧链也不容易氧化。例如，叔丁基苯用高锰酸钾氧化，产物为三甲基乙酸，即苯环被氧化。

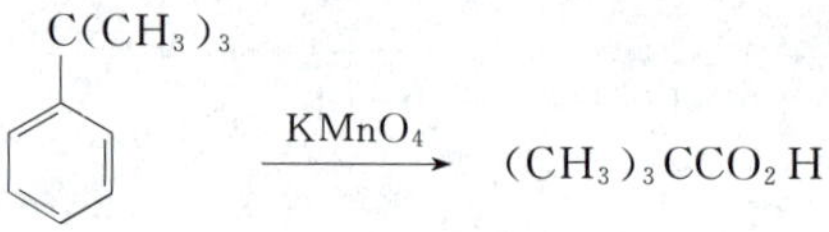

$$\text{C}_6\text{H}_5\text{C}(\text{CH}_3)_3 \xrightarrow{\text{KMnO}_4} (\text{CH}_3)_3\text{CCO}_2\text{H}$$

问题 8.6 写出下列化合物在强氧化剂作用下的氧化产物：

(1) 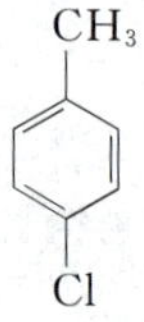 4-氯甲苯 (2) 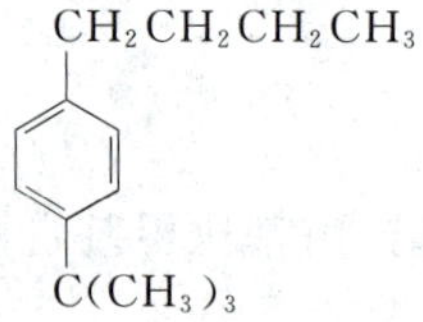 1-丙基-4-叔丁基苯 (3) 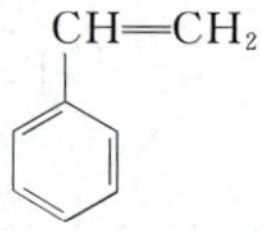 苯乙烯

8.5.3 催化加氢

苯环的催化加氢比烯烃或炔烃困难得多，因此，苯基取代的烯烃或炔烃容易加氢生成烷基苯。例如：

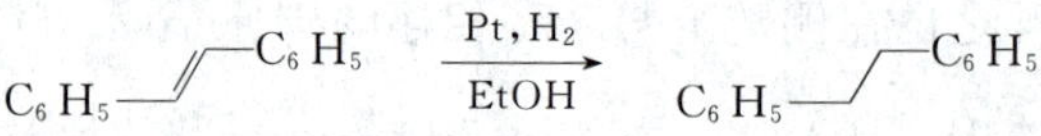

$$\text{C}_6\text{H}_5\text{CH=CHC}_6\text{H}_5 \xrightarrow[\text{EtOH}]{\text{Pt}, \text{H}_2} \text{C}_6\text{H}_5\text{CH}_2\text{CH}_2\text{C}_6\text{H}_5$$

由于环己-1,3-二烯比苯更容易加氢，烷基苯加氢，直接生成取代的环己烷，但反应要在较高温度或压力下进行，或用活性大的催化剂。

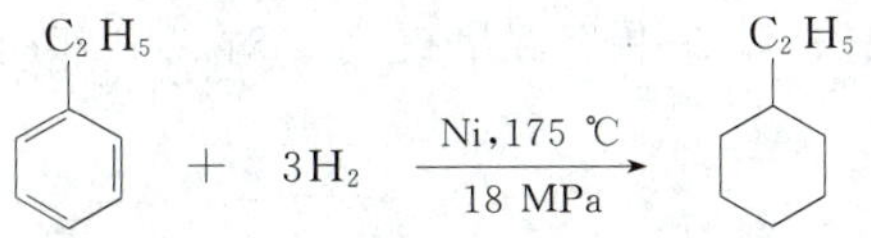

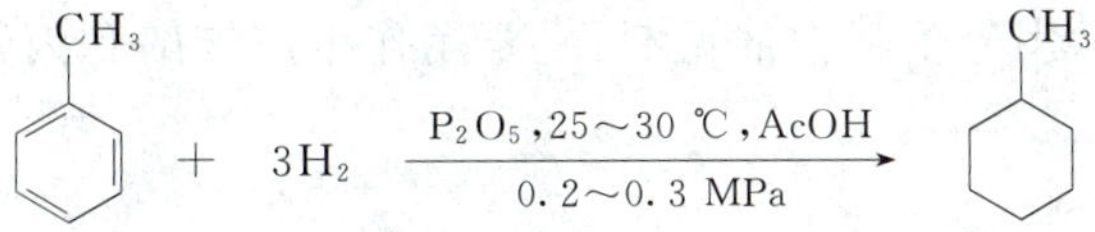

§8.6 单环芳烃的来源和用途

8.6.1 苯

石油的低沸点馏分($C_6 \sim C_8$)在 430~530 ℃和 0.8~5 MPa 下通过铂催化剂,使其中的烷烃或环烷烃分子结构进行重新调整,经成环、脱氢等反应变成芳烃,这种操作叫作铂重整,铂重整是工业用苯的重要来源。用液体烃裂解生产乙烯时也生成一定量的芳烃,其中包括苯。此外,还从分馏煤焦油所得的轻油中回收苯。当甲苯过剩时,也可由甲苯在催化剂存在下脱甲基生产苯。

苯的主要用途是用于乙苯、异丙苯和环己烷的合成,一部分用来合成苯胺、马来酐、氯苯等。

苯的毒性较大,各国对空气中苯的允许浓度的规定相差很大,最低的为 3.2 mg·m^{-3}(每天工作 8 h),高的由 50 mg·m^{-3} 到 1 000 mg·m^{-3} 都有。使用苯时必须注意安全。

8.6.2 甲苯

工业来源与苯相同,但甲苯也用于苯的生产。甲苯用于二异氰酸甲苯的生产。少量甲苯用于硝基甲苯等产物的合成。

8.6.3 乙苯

乙苯的主要用途是脱氢生产苯乙烯。工业上由苯用乙烯乙基化得到,采用高的 C_6H_6/CH_2=CH_2 比以减少多乙基苯的生成,得到的多乙基苯可再加入原料中,通过转移烃化转变成乙苯,乙苯的产率可以达到 98%。

最新的方法是用改性的 H-ZSM-5 分子筛作催化剂,在气相中(400~450 ℃,1.5~3 MPa)反应,这样可以避免 $AlCl_3$ 等催化剂的缺点。

8.6.4 二甲苯

铂重整得到的 C_8 芳烃中主要成分为间二甲苯,但工业上有用的是邻和对二甲苯。因此间二甲苯要在催化剂存在下再转化成三种二甲苯的混合物。邻二甲苯可以直接用分馏的方法得到,混合二甲苯可以由甲苯的转移烃化(transalkylation)生产:

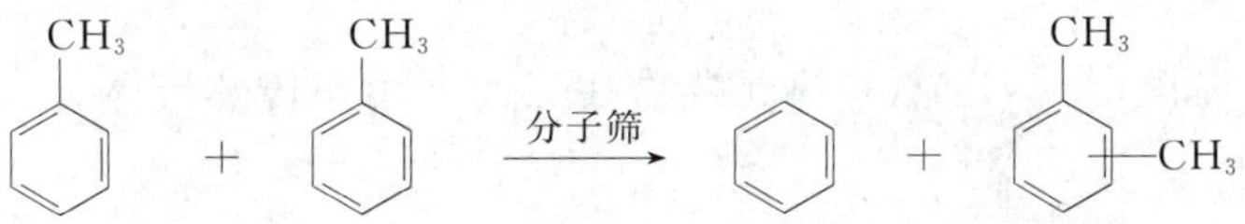

选用适当的工艺条件,可以使产物中的对二甲苯含量提高。对二甲苯用作生产涤纶的原料。

8.6.5 异丙苯

由苯用丙烯烃化得到,用分子筛作催化剂,主要用作生产苯酚和丙酮的原料。

8.6.6 对乙基甲苯

由甲苯用乙烯烃化生产,主要用于脱氢制甲基苯乙烯,后者生成的聚合物在有些方面优于聚苯乙烯。用于聚合的甲基苯乙烯,间位和对位异构体的含量约为 65% 和 35%。如用乙醇作烃化剂,对甲基苯乙烯的含量可提高到 90%。

8.6.7 洗涤剂用烷基苯

苯用长链($C_{10} \sim C_{15}$)烯烃烷基化(用 HF,HF·BF_3 或 $AlCl_3$ 作催化剂)得到的烷基苯,经磺化和中和后得到长链烷基苯的磺酸钠,用作洗涤剂。

8.6.8 苯乙烯

由乙苯的催化脱氢生产,另一种方法是用乙苯和丙烯一起氧化。乙苯先氧化生成过氧化物,后者使丙烯氧化成环氧丙烷,同时生成 1-苯乙醇,1-苯乙醇脱水生成苯乙烯。这样,可以同时得到苯乙烯和环氧丙烷。

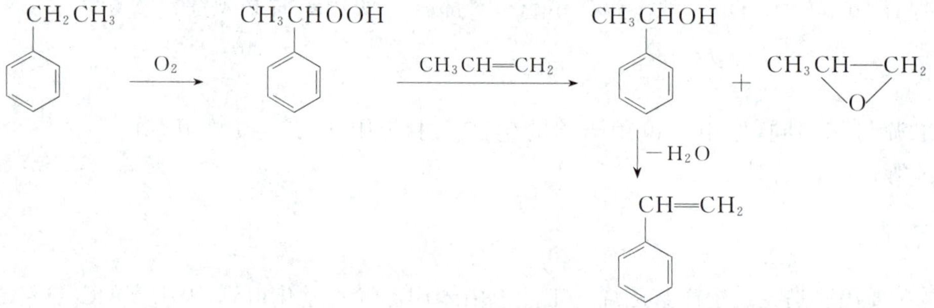

苯乙烯用于聚苯乙烯、丁苯橡胶等重要化工原料的合成。

8.6.9 联苯

联苯分子中含有两个直接相连的苯基,其碳原子的编号方法如下:

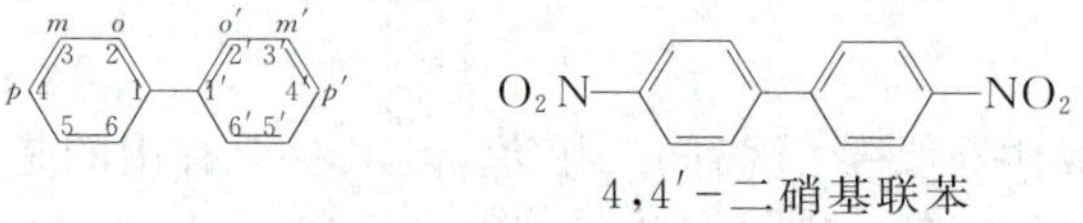

4,4′-二硝基联苯

工业上由苯的热解生产联苯,联苯为无色晶体,熔点为 70.5 ℃,它的反应与单环芳烃相似,苯基为邻对位定位基。

联苯或联苯与二苯醚[$(C_6H_5)_2O$]的混合物在工业上用作传热流体。

§8.7 稠环芳烃

在稠环芳烃中两个苯环共用两个碳原子。例如：

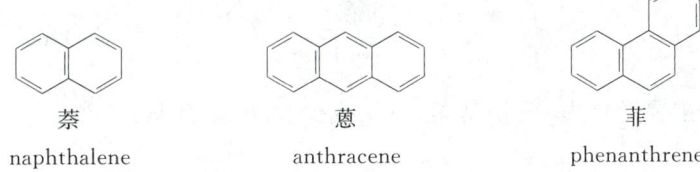

| 萘 | 蒽 | 菲 |
| naphthalene | anthracene | phenanthrene |

8.7.1 萘

萘为无色晶体，熔点：80.55 ℃，沸点：218 ℃，容易升华。

萘分子中碳原子和氢原子都在同一平面内，碳-碳键的键长不全相等，但与苯相近：

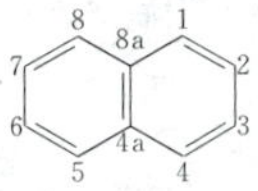

C(1)—C(2)　　136.5 pm
C(1)—C(8a)　142.4 pm
C(2)—C(3)　　140.4 pm
C(8a)—C(4a)　139.3 pm

萘的共振式为

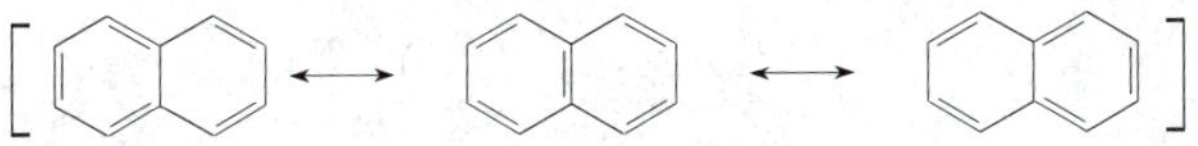

其经验共振能约为 251.2 kJ·mol^{-1}。

萘一般用下面两种方法表示：

前一种方法是共振式的简写，后一种方法表示萘分子中 10 个碳原子上的 p 轨道互相重叠组成分子轨道。

萘分子中 1，4，5，8 四个位置是等同的，叫作 α 位；2，3，6，7 四个位置也是等同的，叫作 β 位。萘的一元取代物有两种，二元取代物当两个取代基相同时有 10 种，不同时有 14 种。

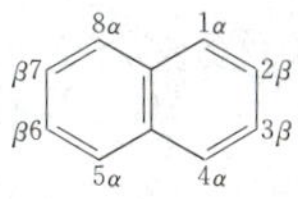

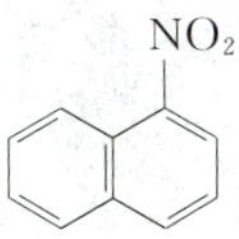

α-硝基萘 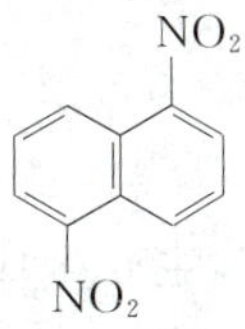　　　1,5-二硝基萘

萘的反应与苯相似，但有自己的特点。

萘的亲电取代反应比苯容易进行。萘的氯化反应可以用苯作溶剂，产物为 α-氯萘。

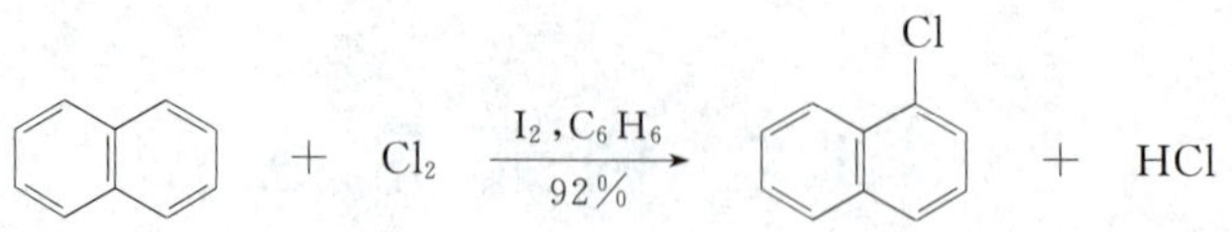

$$\text{萘} + Cl_2 \xrightarrow[92\%]{I_2, C_6H_6} \text{1-氯萘} + HCl$$

萘的溴化不加催化剂即可进行，产物为 α-溴萘：

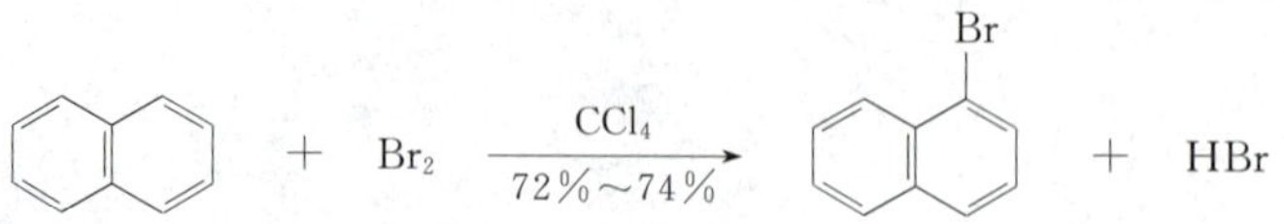

$$\text{萘} + Br_2 \xrightarrow[72\%\sim74\%]{CCl_4} \text{1-溴萘} + HBr$$

萘用混酸硝化，主要产物为 α-硝基萘，只生成少量 β-硝基萘：

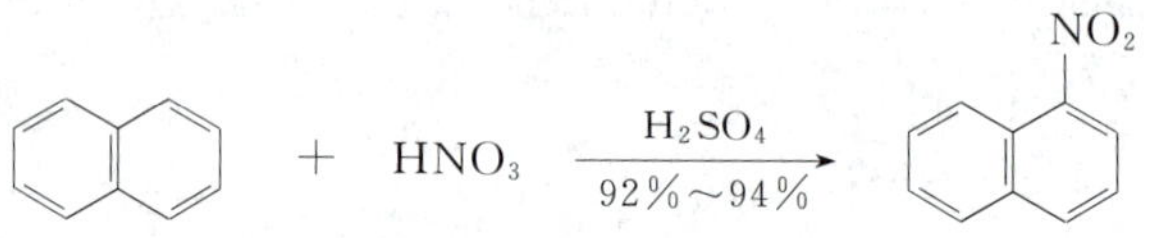

$$\text{萘} + HNO_3 \xrightarrow[92\%\sim94\%]{H_2SO_4} \text{1-硝基萘}$$

萘与浓硫酸在较低温度下反应，主要产物为 α-萘磺酸，在 150 ℃ 以上生成 β-萘磺酸。在 150～170 ℃，α-萘磺酸、β-萘磺酸和未反应的萘迅速达成平衡：

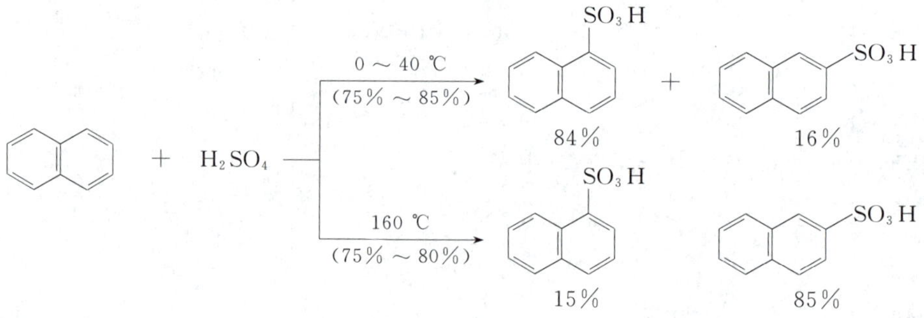

$$\text{萘} + H_2SO_4 \begin{cases} \xrightarrow[(75\%\sim85\%)]{0\sim40\ ℃} \text{1-}SO_3H\ (84\%) + \text{2-}SO_3H\ (16\%) \\ \xrightarrow[(75\%\sim80\%)]{160\ ℃} \text{1-}SO_3H\ (15\%) + \text{2-}SO_3H\ (85\%) \end{cases}$$

括号中为磺化产物的总产率。

萘的 α 位比 β 位活泼，生成 α-萘磺酸的速率较快，但 α-萘磺酸中磺酸基与 8 位上的氢原子非常接近，其稳定性低于 β-萘磺酸，因此 α-萘磺酸更容易分解。磺化反应是可逆的，在较低温度下逆反应不显著，产物由速率控制，故以 α-萘磺酸为主；温度升高，产物由平衡位置控制，以比较稳定的 β-萘磺酸为主。

在萘的 Friedel-Crafts 酰化反应中常生成 α- 和 β-酰化产物的混合物：

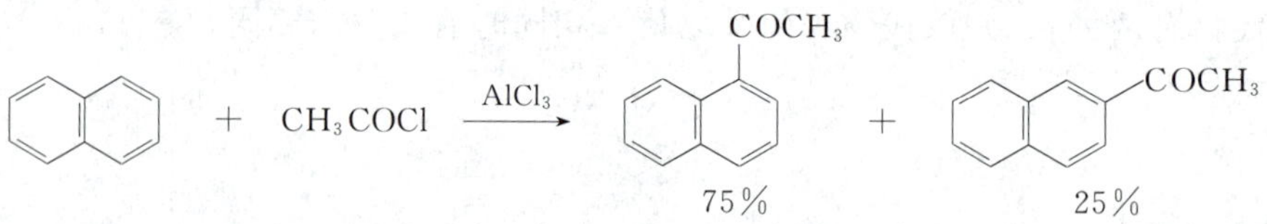

$$\text{萘} + CH_3COCl \xrightarrow{AlCl_3} \text{1-}COCH_3\ (75\%) + \text{2-}COCH_3\ (25\%)$$

如用硝基甲烷为溶剂，主要生成 β-酰化产物：

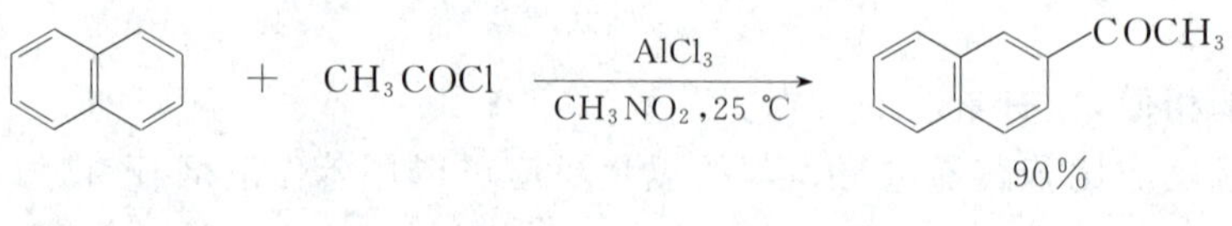

$$\text{萘} + CH_3COCl \xrightarrow[CH_3NO_2, 25\ ℃]{AlCl_3} \text{2-}COCH_3\ (90\%)$$

萘在不同条件下加氢可以得到四氢化萘或十氢化萘:

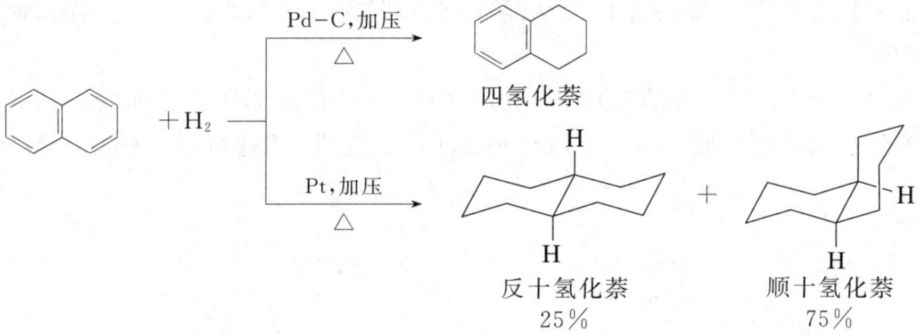

四氢化萘和十氢化萘为高沸点液体,可用作溶剂。

萘容易氧化成萘-1,4-醌:

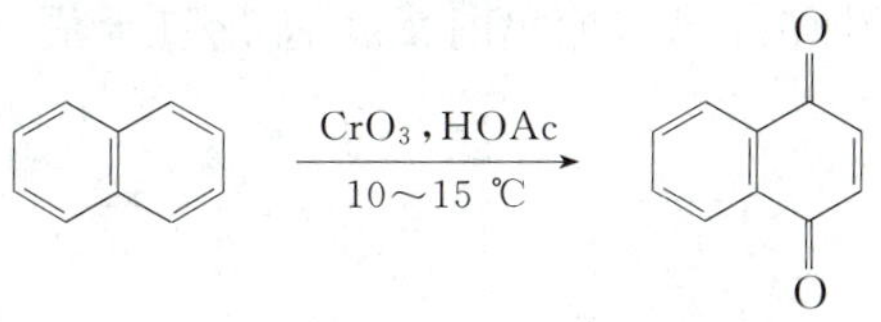

萘在更剧烈的条件下氧化,一个环开环生成邻苯二甲酸酐:

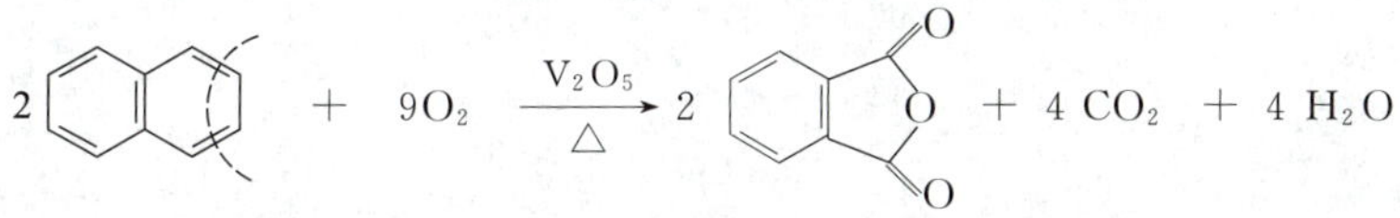

$$2\ \text{萘} + 9 O_2 \xrightarrow[\triangle]{V_2O_5} 2\ \text{邻苯二甲酸酐} + 4 CO_2 + 4 H_2O$$

萘是煤焦油中含量最多的化合物,在工业上用作合成染料中间体的原料。

8.7.2 蒽和菲

蒽和菲都是由三个苯环稠合成的,蒽分子中三个苯环排成一条直线,而在菲分子中则不在一条直线上:

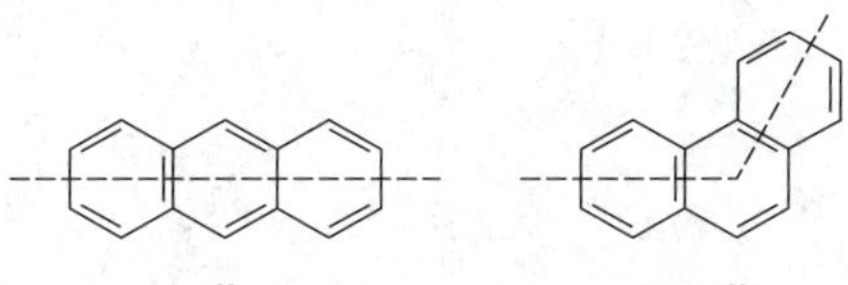

蒽的经验共振能为 352 kJ·mol^{-1},而菲则为 381 kJ·mol^{-1},因此菲比蒽更稳定。它们的生成热分别为 +207 kJ·mol^{-1} 和 +231 kJ·mol^{-1}。

蒽环和菲环的编号方法分别为

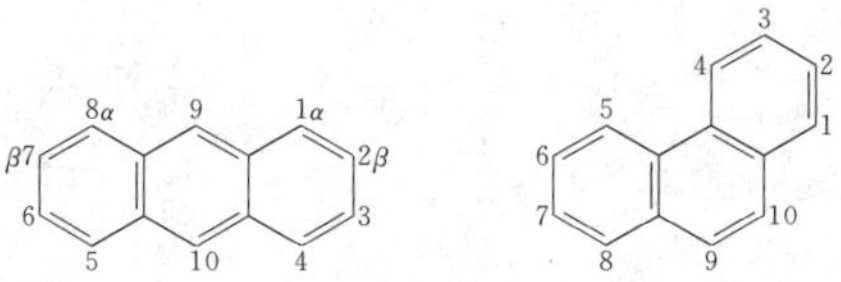

蒽和菲都存在于煤焦油中，蒽为无色晶体，熔点：216.2～216.4 ℃，沸点：340 ℃，在紫外光照射下发射强烈蓝色荧光。菲为无色片状晶体，熔点：101 ℃，沸点：340 ℃，易溶于苯和乙醚，溶液发射蓝色荧光。

蒽容易在 9,10 位上发生加成反应，菲也是这样，但没有蒽那样容易加成。

蒽和菲催化加氢分别生成 9,10-二氢蒽和 9,10-二氢菲，蒽还可以用钠加乙醇还原成 9,10-二氢蒽。

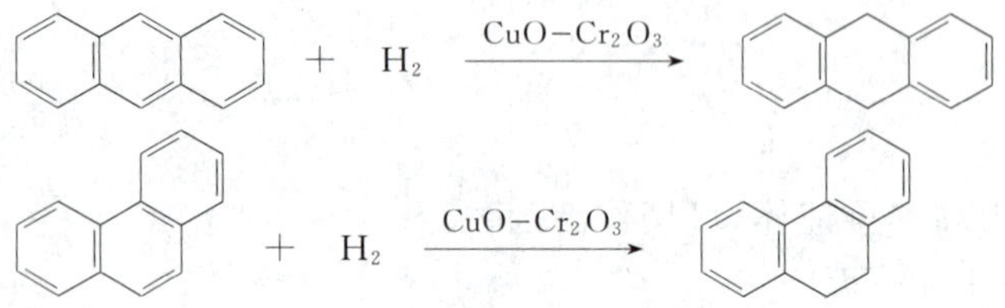

蒽与氯或溴在低温下生成加成产物，加热时放出卤化氢生成 9-氯蒽或 9-溴蒽。菲与卤素的反应与蒽相似。

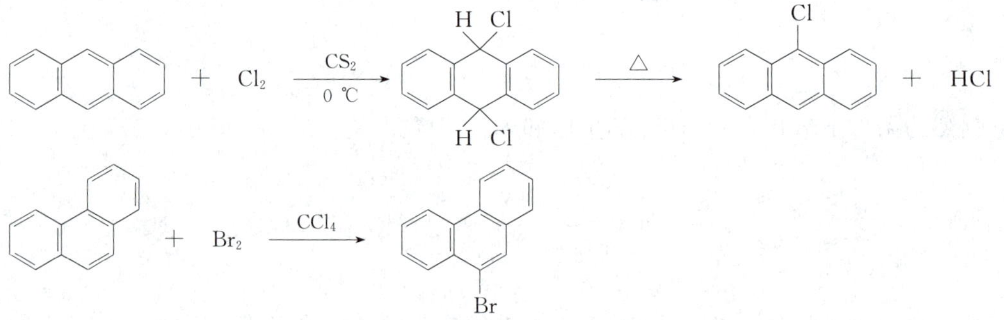

蒽和菲都容易氧化成醌。

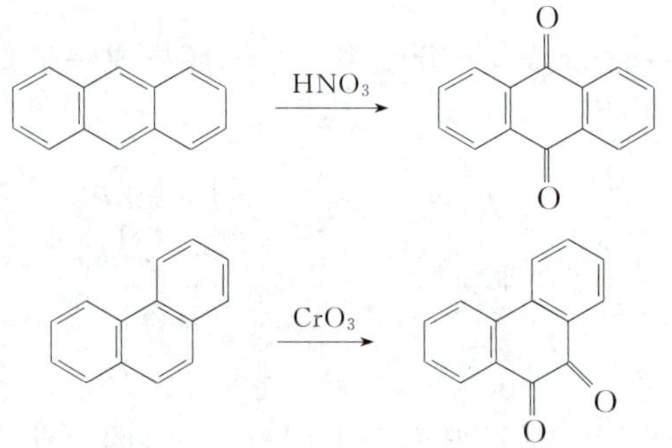

蒽与马来酐在 9,10 位上发生 Diels-Alder 反应：

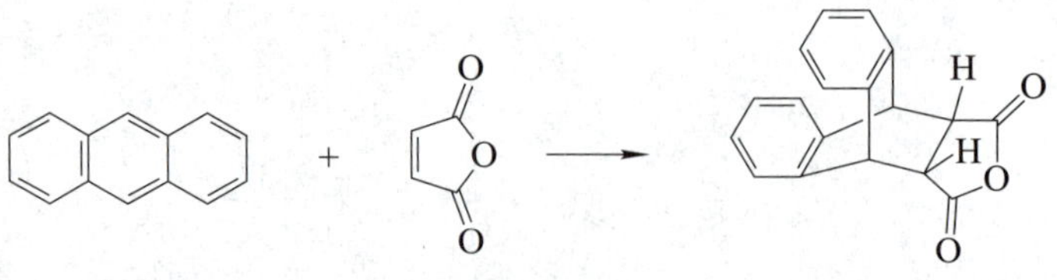

苯环排列成一条直线的稠环芳烃随着苯环数目的增加，颜色逐渐加深，并四苯(naphthacene)为橙色，并五苯(pentacene)为蓝色，并六苯(hexacene)和并七苯(heptacene)分别为蓝绿色和墨绿色。

并四苯以上都非常容易氧化，并七苯已经难以得到分析纯的样品，并八苯以上尚未合成出来，但它们的氧化产物则是已知的。并四苯和并五苯已用于光电器件中。

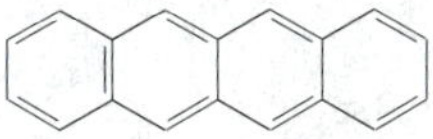

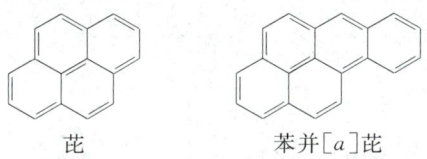

并四苯 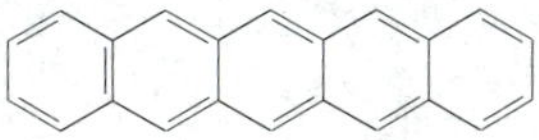　　　　　　　并五苯

8.7.3　芘

芘(pyrene)少量存在于煤焦油中。苯并[a]芘(benzo[a]pyrene)存在于沥青中，含量约为 30 mg·kg^{-1}，最初是从 2 t 沥青中分离鉴定的。化石燃料不完全燃烧时也产生苯并[a]芘，香烟燃烧产生的烟雾中和汽车尾气中可以检测出苯并[a]芘。苯并[a]芘在生物体内氧化成环氧化物，后者能使细胞中的脱氧核糖核酸烃化，从而干扰细胞的正常增殖，因此有强烈的致癌作用。

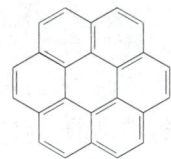

芘　　　　苯并[a]芘

8.7.4　蔻

蔻(coronene)分子中 6 个苯环呈环状排列，像花环或花冠一样。

蔻分子中所有的环都是六元环，所有的碳原子都在同一平面内。

由联多苯类化合物脱氢得到了化合物 $C_{78}H_{26}$。

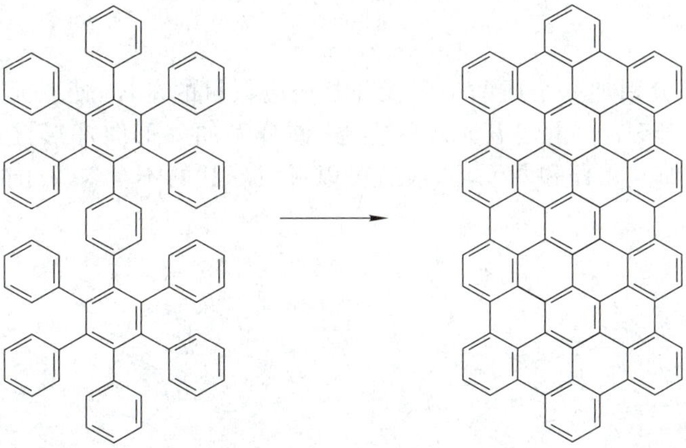

分子中所有的环都是六元环，所有的碳原子都在同一平面内。

含 222 个碳原子的 superacene 也已合成出来,它是黑色固体,不溶于常用的有机溶剂。分子中所有的碳原子也在同一平面内。

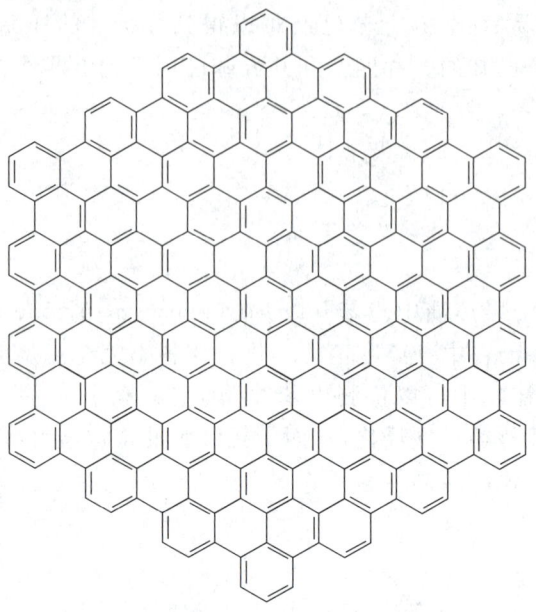

石墨中碳原子排列在许多个六边形所组成的平面上,两个平面之间的距离为 34 pm,一般把这个距离作为苯分子的厚度。

8.7.5 [5]-circulene

蔻又称为[6]-circulene,是指分子中间的环为六元环,它的每一个边,都与苯环稠合。[5]-circulene 和[7]-circulene 都已合成出来。[5]-circulene 由于几何原因,其中的碳原子不可能排在同一平面内,分子为碗形,五元环在碗底,周围的苯环有扭曲:

[5]-circulene,$C_{20}H_{10}$

在[5]-circulene 周围分别加一个或两个五元环及相应数目的苯环,使五元环每一边都与苯环稠合,则得到 $C_{30}H_{12}$ 和 $C_{36}H_{12}$。由于五元环的存在,使分子的外形向球形接近。这两个化合物已合成出来。再继续添加五元环和六元环,最后可以形成球状的不含氢原子的富勒烯 C_{60}。

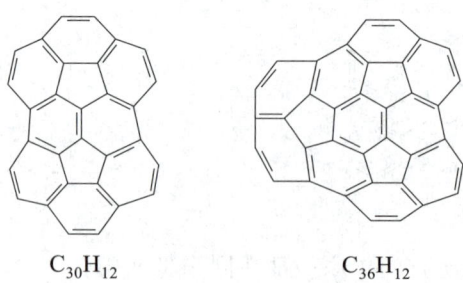

$C_{30}H_{12}$ $C_{36}H_{12}$

8.7.6 富勒烯

Smalley R E,Curl R E 和 Kroto H W 在氦气气流中用激光激发石墨,然后将产物输入质谱仪中,在质谱图中检测出一系列碳原子簇,其中丰度最大的峰为 C_{60}。Smalley 等认为 C_{60} 中碳原子排列成球状的三十二面体,其中 12 个面为五边形,20 个面为六边形:

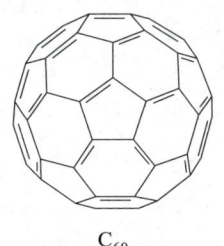
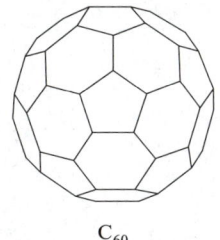

C_{60} C_{60} C_{60}

每个碳原子与相邻的三个碳原子以 σ 键相连,每个碳原子上的 sp^2 杂化轨道在球面上重叠形成 π 键。这一结构已由 C_{60} 的衍生物的 X 射线衍射研究证实,六元环－六元环稠合处的键长为 139 pm,六元环－五元环稠合处的键长为 143 pm。

Krätschmer W 和 Huffman D 等在 1990 年发展了 C_{60} 的实用制法,即在氦气或氩气中使石墨电极在 5~10 kPa 下放电,生成的烟灰状产物用苯提取,得到芥末色的 C_{60} 和颜色更深的 C_{70} 的混合物(约 5∶1),C_{60} 再用层析法提纯。

C_{70} 的结构与 C_{60} 相似,其中有 12 个五元环和 25 个六元环。

建筑学家 Fuller Buckminster 以设计建筑物上的多面体圆顶而闻名,由于 C_{60},C_{70} 等的形状与这些多面体相似,故称为富勒烯(fullerene),而 C_{60} 称为 buckminsterfullerene。

化学文摘(Chemical Abstract)上 C_{60} 的名称是[5,6]fullerene-C_{60}-I_h,5,6 是指由五元环和六元环稠合而成,I_h 则表示 C_{60} 的对称群。

C_{60} 分子中一个碳原子与球上正对面的碳原子之间的距离为 0.7 nm,因此球中间还可以容纳一个原子,如将含 La 的石墨蒸发可以得到中间有一个 La 原子的 C_{60},表示作 La@C_{60},用类似的方法还可以得到中间有其他金属或惰性气体原子的 C_{60}。富勒烯是亲电子的,容易从碱金属取得电子,生成 K_3C_{60} 这样的"盐",后者的晶格由 C_{60} 球和 K^+ 组成,在 18 K 下为超导体。

C_{60} 分子中两个六元环共有的双键容易发生加成反应。例如,与呋喃等共轭二烯发生 Diels-Alder 反应。C_{60} 的化学发展非常快,已合成出各种各样含 C_{60} 结构的化合物。

用类似 C_{60} 的制备方法还可以得到碳纳米管(nanotubes)。一种碳纳米管中部为圆柱形,完全由六元环组成,像卷成圆筒的石墨,两端为五元环和六元环组成的半圆形球帽,可以设法打开碳纳米管的一端,在管中导入其他原子,如铅。

C_{60} 的发现开辟了全新的研究领域,并且在微电子器件等多种技术中有广泛的应用前景,各专业的研究工作者已经并正在发挥自己的聪明才智。Smalley,Curl 和 Kroto 三人共同获得 1996 年诺贝尔化学奖。

§8.8 卤代芳烃

卤代芳烃是指卤原子与芳环直接相连的化合物,它们的制法和性质都与卤代烷不同。

8.8.1 结构和物理性质

氯苯的偶极矩比氯代环己烷小:

氯代环己烷　　　　　氯苯
$7.34×10^{-30}$ C·m　　$5.84×10^{-30}$ C·m

这是因为在氯代环己烷分子中碳原子为 sp^3 杂化,而在氯苯分子中碳原子为 sp^2 杂化,杂化轨道的 s 成分较大,吸引电子的能力较强,缩小了碳与氯之间电负性的差别;此外,氯原子上的 p 电子与苯环中的 π 电子共轭,使氯原子上部分负电荷分布到苯环中,也使偶极矩减小。

氯苯分子中 C—Cl 键键长比氯代烷中的小,而键解离能则比氯代烷大:

	CH_3CH_2Cl	C_6H_5Cl
C—Cl 键键长/pm	179	172
C—Cl 键的解离能/(kJ·mol^{-1})	335	402

氯苯的结构可以用共振式表示:

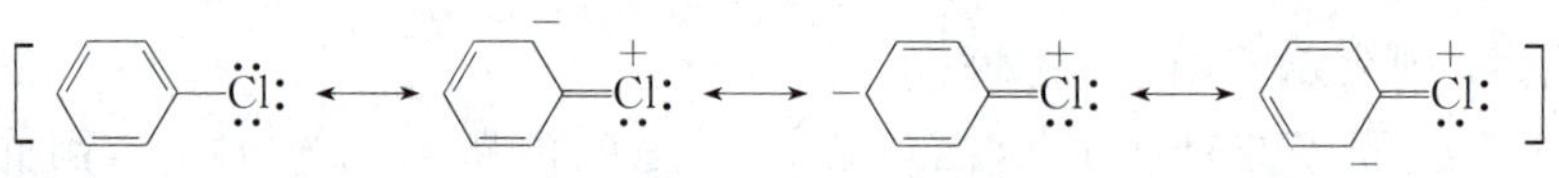

因此,碳-氯键具有部分双键的性质。

对二氯苯的偶极矩为零,因为两个 C—Cl 键的偶极矩大小相等,方向相反,它们的矢量和为零。

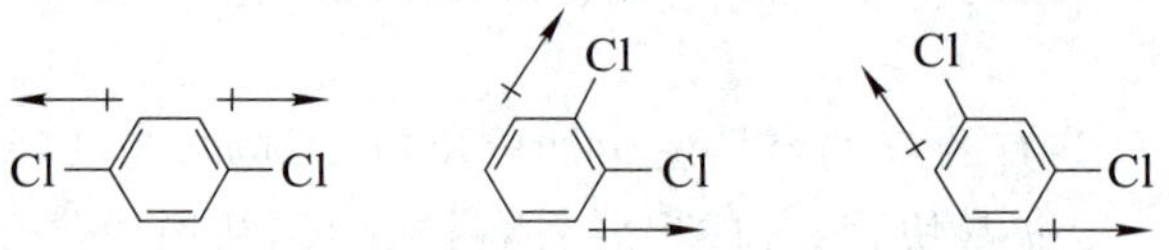

邻二氯苯和间二氯苯的偶极矩都不等于零,实验测定的偶极矩与根据矢量加法计算出来的数值相近。

8.8.2 卤代芳烃的反应

卤代芳烃分子中的卤原子可以被亲核试剂或金属原子取代。

8.8.2.1 与亲核试剂的反应

卤代芳烃与卤代烷不同,不容易发生亲核取代反应。卤代芳烃中碳-卤键不易解离,芳基正离子又极不稳定,使 S_N1 反应不能进行。亲核试剂从卤原子背面进攻受到芳环的阻碍,也不能发生 S_N2 反应,因此,在室温下卤代芳烃与氢氧化钠溶液和硝酸银溶液都不发生反应。

但卤代芳烃在比较剧烈的实验条件下仍能发生亲核取代反应。例如,氯苯在 370 ℃ 和加压下与氢氧化钠水溶液反应,酸化后得到苯酚,这个反应曾用于工业生产:

$$\text{C}_6\text{H}_5\text{Cl} \xrightarrow[\text{② } H_3O^+]{\text{① } NaOH, H_2O, 370\ ℃} \text{C}_6\text{H}_5\text{OH}$$

氯苯在液氨中与氨基钾反应,生成苯胺:

$$\text{C}_6\text{H}_5\text{Cl} \xrightarrow[52\%]{KNH_2, NH_3(l), -33\ ℃} \text{C}_6\text{H}_5\text{NH}_2$$

这些都是芳环上的亲核取代反应,其机理与饱和碳原子上的亲核取代反应不同。

8.8.2.2 与金属的反应

溴代芳烃在乙醚溶液中与金属镁生成 Grignard 试剂:

$$\text{C}_6\text{H}_5\text{Br} + \text{Mg} \xrightarrow[35\ ℃]{Et_2O} \text{C}_6\text{H}_5\text{MgBr} \quad 95\%$$

氯代芳烃在乙醚溶液中不能生成 Grignard 试剂:

$$m\text{-BrC}_6\text{H}_4\text{Cl} + \text{Mg} \xrightarrow{Et_2O} m\text{-ClC}_6\text{H}_4\text{MgBr}$$

但在四氢呋喃溶液中却能生成 Grignard 试剂:

$$\text{C}_6\text{H}_5\text{Cl} + \text{Mg} \xrightarrow{THF} \text{C}_6\text{H}_5\text{MgCl}$$

氯代芳烃和溴代芳烃都能与金属锂反应生成芳基锂:

$$\text{C}_6\text{H}_5\text{Cl} + 2\text{Li} \xrightarrow{Et_2O} \text{C}_6\text{H}_5\text{Li} + \text{LiCl}$$

芳基锂还可以由卤代芳烃与烷基锂的金属转移作用(transmetallation)得到。

$$\text{C}_6\text{H}_5\text{Br} + n\text{-C}_4\text{H}_9\text{Li} \xrightarrow{Et_2O} \text{C}_6\text{H}_5\text{Li} + n\text{-C}_4\text{H}_9\text{Br}$$

$$o\text{-BrC}_6\text{H}_4\text{Br} + n\text{-C}_4\text{H}_9\text{Li} \longrightarrow o\text{-BrC}_6\text{H}_4\text{Li} + n\text{-C}_4\text{H}_9\text{Br}$$

8.8.3 污染环境的多卤代芳烃

有些多卤代芳烃曾经作为工业产品生产和应用,后来发现它们稳定性高,降解很慢,造成环境污染,在许多国家已禁止生产和使用。

8.8.3.1 DDT

DDT 是 2,2-二(对氯苯基)-1,1,1-三氯乙烷的商品名,是 1874 年由氯苯与三氯乙醛缩合得到的:

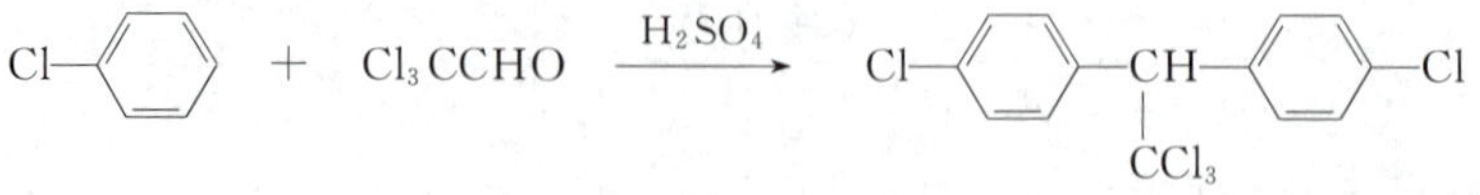

$$Cl-C_6H_4-H + Cl_3CCHO \xrightarrow{H_2SO_4} Cl-C_6H_4-CH(CCl_3)-C_6H_4-Cl$$
(DDT)

1930—1935 年在瑞士被用来杀灭苍蝇、虱子、蚊子等害虫。在第二次世界大战期间,美国人将它溶解在氟里昂中制成气雾剂(bug bombs)在军队中使用,以后又作为廉价农药使用。DDT 的主要降解产物为 DDE:

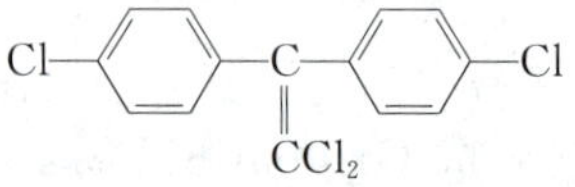

$$Cl-C_6H_4-C(CCl_2)=C_6H_4-Cl$$
(DDE)

DDT 和 DDE 都是油溶性化合物,容易富集在动物的脂肪中,通过昆虫、鱼、鸟食物链富集在鸟的身体中,抑制钙的代谢,结果使鸟的卵壳变薄,在孵化时破裂,导致一些鸟的数目急剧减少。它们也通过食物富集在人体中,可能危害健康。因此,许多国家已禁止生产和使用。在有的贫困地区还暂时允许用来杀灭蚊虫,防止疟疾蔓延。同时禁止生产和使用的还有一些多氯杀虫剂如氯丹(chlordane)、艾氏剂(aldrin)等。

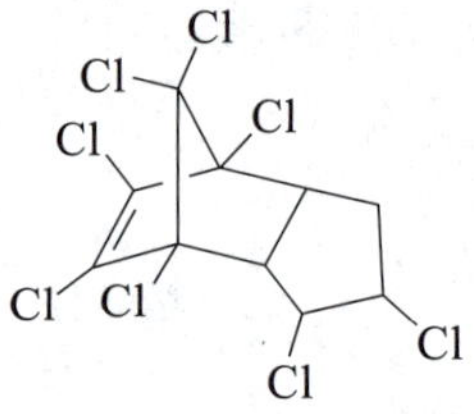

chlordane 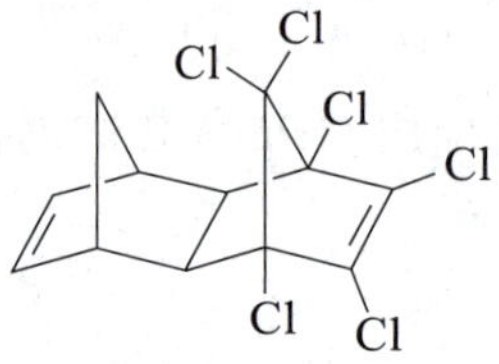   aldrin

8.8.3.2 多氯联苯

含 2~10 个氯原子的多氯联苯蒸气压低,介电常数高,化学稳定性和热稳定性高,广泛用作变压器和电容器中的冷却-绝缘液体,用作传热液体,用作聚苯乙烯的增塑剂,以及制造杯子、包装袋、瓶子等,产量很大。厌氧细菌能将多氯联苯中的氯逐一转变为氢,而一氯联苯才可以被需氧细菌降解,因此多氯联苯的生物降解速率很慢。它的油溶性又使它能通过食物链富集,由于大量使用,从雨水、鱼、鸟、北极熊和人体中都可检测出来。1968 年在日本一个生产食用油的工厂中,由于含有多氯联苯的传热剂污染了产品,导致 1 000 多人中毒。现在在一些国家已禁止生产和使用多氯联苯。

8.8.3.3 含氯除草剂

多氯化合物 2,4-D(2,4-二氯苯氧乙酸)和 2,4,5-T(2,4,5-三氯苯氧乙酸)是广泛使用的

除草剂:

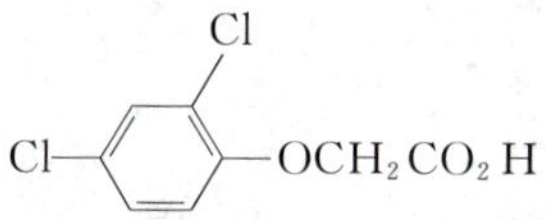

$$\text{2,4-D} \qquad \text{2,4,5-T}$$

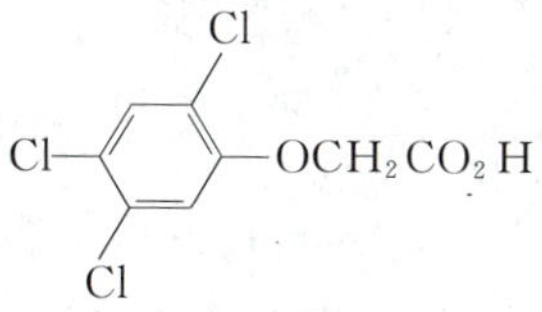

合成中所使用的原料是从多氯代苯合成的。例如:

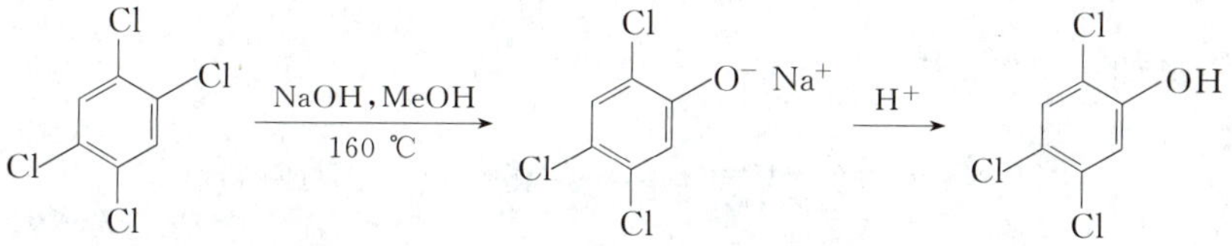

$$\text{多氯代苯} \xrightarrow[160\ ℃]{\text{NaOH,MeOH}} \text{钠盐} \xrightarrow{\text{H}^+} \text{2,4,5-三氯苯酚}$$

产品中常有 TCDD(2,3,7,8-tetrachlorodibzenzo-p-dioxin)生成:

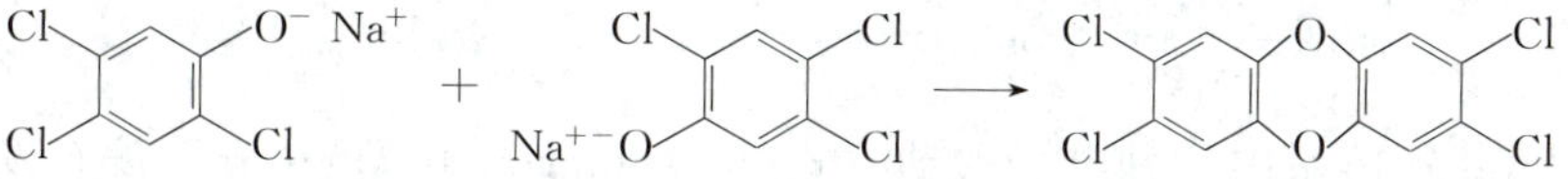

1976 年,意大利一家生产 2,4,5-三氯苯酚的工厂发生爆炸,散布在空气中的 TCDD 使许多家畜和野生动物死亡,许多儿童患皮疹。

TCDD 在 25 ℃下的蒸气压只有 2.3×10^{-5} Pa,熔点:305 ℃,在水中的溶解度为 0.2 $\mu g \cdot L^{-1}$,在 700 ℃下仍是稳定的,生物降解的速率很慢。对小白鼠的半致死量(LD_{50})为 0.6 $\mu g \cdot kg^{-1}$,毒性比氰化钠更大。含有有机氯的垃圾在焚烧过程中也产生 TCDD。

在越南战争中,美军大量使用 2,4-D 和 2,4,5-T 等作为落叶剂,其中所含的 TCDD 造成严重的环境污染,几十年后,仍有肢体残疾的婴儿诞生。

§8.9 阅读材料

8.9.1 共振式

8.9.1.1 从经典结构式到共振式

1860 年以后有了有机化合物的结构理论,开始用结构式来表示有机化合物的结构,同时形成了一个基本的原则:一个化合物,一个结构(one substance-one structure)。

20 世纪 20 年代以后开始发现有时只用一个结构式还不能满意地表示化合物的性质。Arndt F 在研究 γ-吡喃酮(γ-pyrone)的反应时,认为其结构应处于两个经典结构式的中间阶段(intermediate stage):

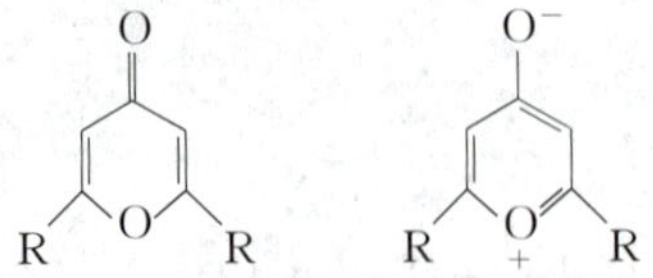

因为它没有酮的典型反应（如不生成肟），很容易与酸生成固体的盐。

在研究有机化合物分子内两个基团之间的相互影响时，认识到有两种不同的方式。一种是诱导。例如：

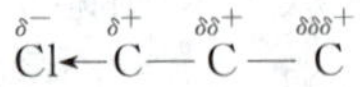

$$\overset{\delta^-}{Cl} \leftarrow \overset{\delta^+}{C} — \overset{\delta\delta^+}{C} — \overset{\delta\delta\delta^+}{C}$$

另一种是共轭。例如：

$$R_2\ddot{N} — C = C — C = O \longrightarrow R_2\overset{+}{N} = C — C = C — \overset{-}{O}$$

芳胺特别容易在对位溴化，是由于氨基在反应过程中，能使对位的电子云密度增加：

Ingold C K 认为，共轭体系中这种电子移动方式（mesomeric effect）在分子没有发生反应时也是存在的。

这就是说，在共轭体系中 p 电子和 π 电子之间的相互作用，如水往低处流一样，使体系中的 π 电子云重新分配，到达一个更稳定的状态，即"中介状态"（mesomeric state），这时 π 电子云的分布是在非偶极结构和偶极结构之间：

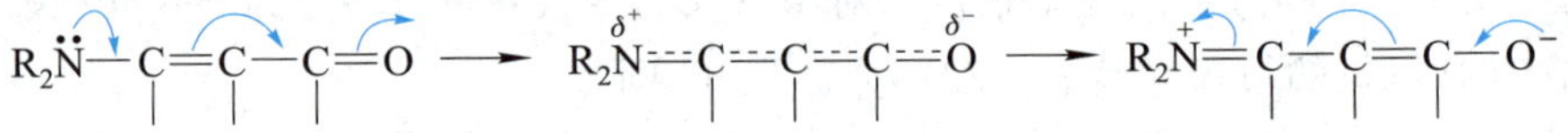

$$R_2\ddot{N} — C = C — C = O \longrightarrow R_2N \cdots \overset{\delta^+}{C} \cdots C \cdots \overset{\delta^-}{C} \cdots O \longrightarrow R_2\overset{+}{N} = C — C = C — \overset{-}{O}$$

中介状态

mesomeric 来源于希腊文字根，汉语译为中介。

苯胺的偶极矩为 4.94×10^{-30} C·m，硝基苯的偶极矩为 14.27×10^{-30} C·m，对硝基苯胺的偶极矩为 20.34×10^{-30} C·m，大于苯胺和硝基苯偶极矩之和，说明非偶极结构式不能表示分子中电子云的分布，偶极结构式的偶极矩应当更大一些，也不能表示分子中电子云的分布，真实分子中电子云的分布应在两个结构式之间。

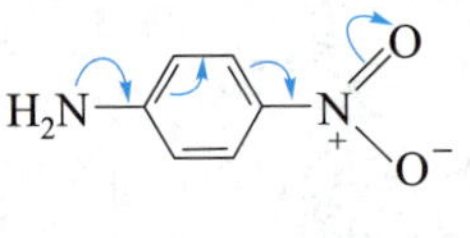

非偶极结构式 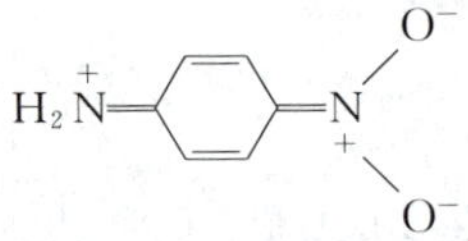   偶极结构式

Pauling L 用量子化学中的价键法来计算苯分子的能量，提出苯的共振式：

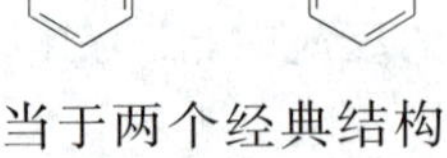

它的意义是，苯分子中电子云的分布相当于两个经典结构式的叠加，即电子云平均分布在六个碳

原子之间；苯分子比经典结构式更稳定。

　　Hückel E 在 20 世纪 30 年代初,用分子轨道法来处理苯的结构,得到的结果是,苯分子中碳原子上的 p 轨道在侧面重叠,得到包含六个碳原子在内的三个 π 轨道（成键轨道）,这些轨道填满电子后,其总能量低于三个烯键 π 轨道的能量。1925 年,Armit J W 和 Robinson R 已经用一个圆圈来表示苯环中芳香 6 电子组：

分子轨道法用量子化学计算说明了为什么 6 个 p 电子能组成芳香 6 电子组。

　　价键法和分子轨道法是量子化学中两种近似计算法,它们的结果是一致的,都说明了苯分子中 π 电子云的平均分布和苯分子的特殊稳定性。由此可见,共振式中的经典结构式是源于计算中的假定,不是实际存在的分子。如果有环己三烯分子,它的 p 电子会相互作用,生成更稳定的芳香 6 电子组,不可能像经典结构式所表示的,以三个独立的烯键存在。也就是说：如果把经典结构式看作电子结构式,则共轭体系内 p 电子或 π 电子之间的相互作用是不可避免的,结果是电子云的分布与经典结构式不同,只用一个经典结构式并不能代表真实存在的分子。例如,碳酸根的共振式为

$$\left[\begin{matrix}\text{O}^-\\|\\\text{O}^-\!\!-\!\!\text{C}\!\!=\!\!\text{O}\end{matrix}\right.\longleftrightarrow\begin{matrix}\text{O}\\\|\\{}^-\text{O}\!\!-\!\!\text{C}\!\!-\!\!\text{O}^-\end{matrix}\longleftrightarrow\left.\begin{matrix}\text{O}^-\\|\\\text{O}\!\!=\!\!\text{C}\!\!-\!\!\text{O}^-\end{matrix}\right]\text{或}\left[\begin{matrix}\text{O}\\\vdots\\\text{O}\!\!\cdots\!\!\text{C}\!\!\cdots\!\!\text{O}\end{matrix}\right]^{2-}$$

实际存在的碳酸根中三个 C—O 键的键长完全相同,而一个经典结构式则表示一个 C—O 键的键长比另两个短,这样的碳酸根是不存在的。

8.9.1.2　对共振式的误解

　　Pauling 关于共振论的论文,特别是他的专著 "The Nature of the Chemical Bond" 在学术界产生了广泛、深入的影响。他的学说在有机化学教科书中广为流传,在有机化学论文中广泛采用。但是也引起了许多误解和争论,特别是 20 世纪 50 年代在苏联的大讨论引起了学术界的关注。

　　在 20 世纪的一些文献中认为经典结构式代表真实的分子,并且将共振式中的双箭头与平衡符号等同,这都是误解,经过反复讨论,已得到澄清。

　　首先,共振这个词容易产生误解。在物理学中,共振是一种自然现象,两个或几个共振的物体是实际存在的。共振式这个名词容易使人误认为共振式中的经典结构式也是实际存在的分子。如果共振式中的经典结构式是真实存在的分子,符号"⟷"很自然地与"⇌"等同了,Kekulé 当年就是用下列平衡：

来表示苯的结构。共振式中的经典结构式不代表真实存在的分子,共振也不是自然现象。

　　如果用分子轨道法来处理有机分子的结构,这些误解就不存在了。例如,吡啶环中由于电负性比碳原子大的氮原子的存在,使 2,4,6 三个位置上的电子云密度减小,这可以用核磁共振观测

出来。吡啶的共振式为

从共振式可以看出环上 2,4,6 位上的电子云密度比 3,5 位低。用分子轨道法计算出来的电子云密度为

$$\begin{array}{c} 0.87 \\ 1.01 \\ 0.84 \\ 1.43 \end{array}$$

与共振式一致。由于分子轨道法需要数学计算,而共振式中的经典结构式可以很容易地由电子对的移动写出来,所以有机化学家更愿意用共振式。

8.9.1.3 共振式的应用

共振式在有机化学中被广泛应用,不过由于写起来太麻烦,一般是在要用它来说明某一个问题时用。例如,在讨论苯胺的反应时仍用经典结构式,在说明它的偶极矩的取向时用共振式:

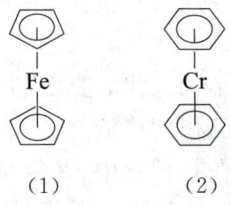

$$4.94 \times 10^{-30} \text{ C·m}$$

二茂铁的结构是用分子轨道法处理的(即 Fe 上的 d 轨道与五元环上的芳香 6 电子组的轨道重叠),一般用(1)式表示:

$$\begin{array}{cc} \text{Fe} & \text{Cr} \\ (1) & (2) \end{array}$$

二苯合铬则用(2)式表示,(1)式和(2)式既不是经典结构式也不是共振式。

环丁二烯具有长方形结构,并有反芳香性。^{13}C NMR 研究表明化合物(3)和(4)之间在 $-185\ ℃$ 下仍存在动态平衡,(3)和(4)都是独立存在的分子:

$$(3)\ a,b \rightleftharpoons (4)\ a,b$$

a, R＝t-C_4H_9
b, R＝t-C_4D_9

还没有更好的表示方法表示环丁二烯的结构,因此仍用经典结构式。

8.9.2 磺化反应

磺化反应是可逆的,因此,磺化生成的几种产物的比例与温度有密切关系。例如,甲苯用100%硫酸磺化,在 0 ℃下,邻、对位产物之比接近 1∶1,而在 100 ℃下,对位异构体占优势:

	邻	间	对
0 ℃	43%	4%	53%
100 ℃	13%	8%	79%

因此,在较高温度下产物的比例为热力学控制,而在低温下则为动力学控制。

苯酚用 98%硫酸磺化,在 20 ℃下邻位取代产物和对位取代产物约为 1∶1,而在 100 ℃下,则对位取代产物占优势。

	邻	对
20 ℃	49%	51%
100 ℃	10%	90%

将两种异构体与硫酸一起加热,也得到对位异构体占优势的混合物。实验说明在 0 ℃下苯酚用 92%～98%硫酸磺化,反应差不多是不可逆的。

萘用氯磺酸磺化生成 100% α-萘磺酸;萘用 98%硫酸磺化,则得到 α-萘磺酸和 β-萘磺酸的混合物:

	α	β
5 ℃	84%	16%
160 ℃	10%	90%

磺酸基还容易被其他取代基置换。例如:

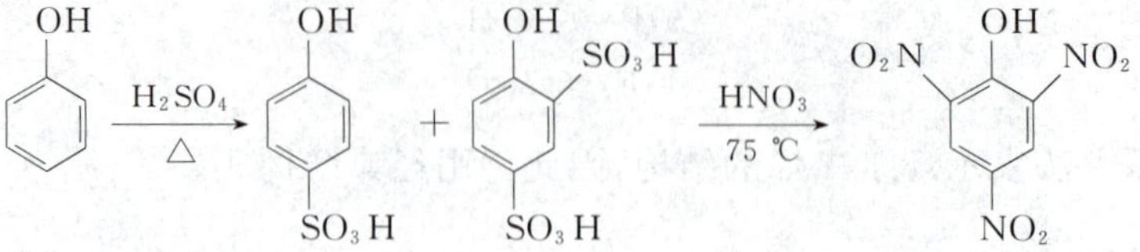

8.9.3 环己三烯的氢化热

1986 年合成了[4]-phenylene，分子中四个亚苯基（phenylene）互相连接，中间的一个苯环与三个四元环稠合：

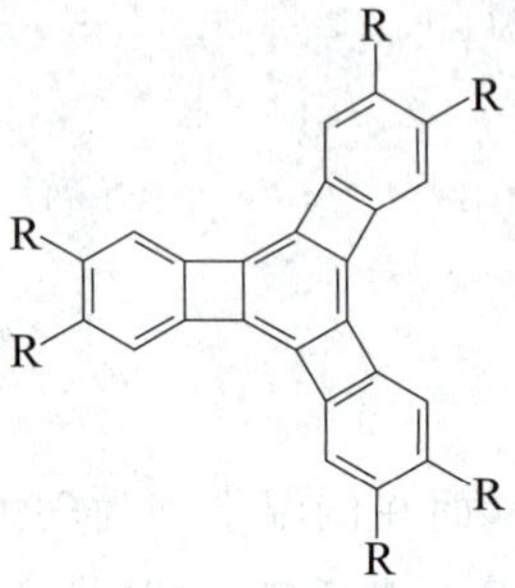

(1) R=H
(2) R=SiMe₃

[4]-phenylene

实验证明[4]-phenylene 分子中位于中心的苯环反应活性特别高。例如，它在非常温和的条件下就可以加氢转变成为环己烷环，也容易发生环氧化和环丙烷化反应：

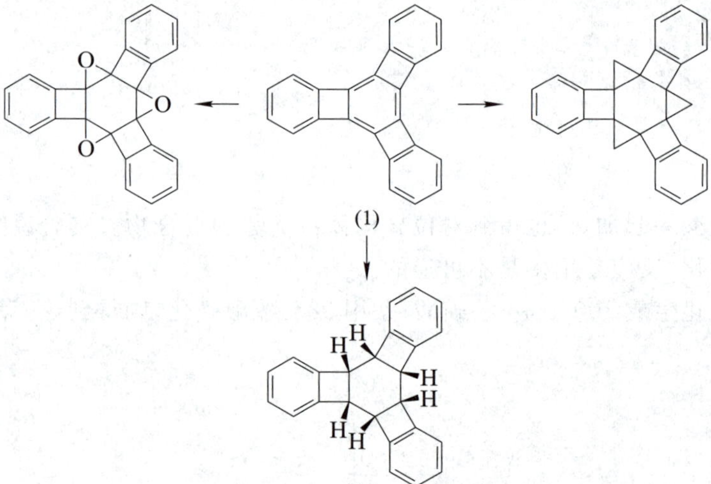

多种物理测试结果都说明中间的一个苯环实际上是定域的环己三烯环。例如，由 X 射线衍射法测定的键长为

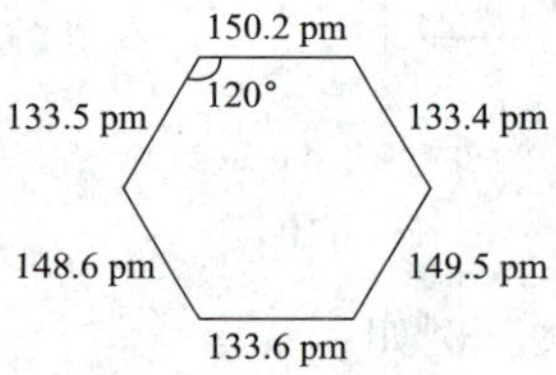

(1)转化成(3)的氢化热经测定为 299.8 kJ·mol⁻¹(71.6 kcal·mol⁻¹),与环己烯氢化热的 3 倍 358.5 kJ·mol⁻¹ 相比少 58.7 kJ·mol⁻¹(14.0 kcal·mol⁻¹)。这是由于(3)分子中的环己烷环为平面结构(X 射线衍射结果),不是椅型的环己烷环。用理论方法计算环己烷环这一构象变化可引起的能量差为 47.7 kJ·mol⁻¹(11.4 kcal·mol⁻¹),与实验结果非常接近。

(1)和(2)分子中的环己三烯环之所以能够保持定域结构是由于 σ 张力和 π 张力的存在。

参考文献

8.9.4 芳环上的溴化反应

芳环上的溴化以前被认为是不可逆反应。2001 年,韩国化学家证明它是可逆的:

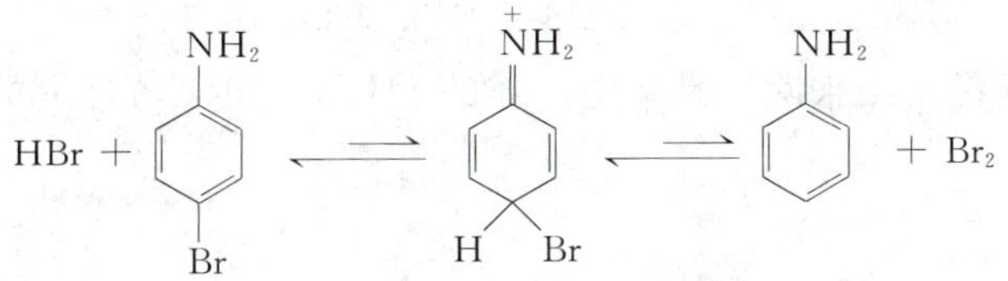

以 2,4-二溴-6-甲基苯-1,3-二胺为例:在反应混合物中加入亚硫酸钠或苯胺(或苯酚)等截留平衡中的溴,可以使溴化物脱溴:

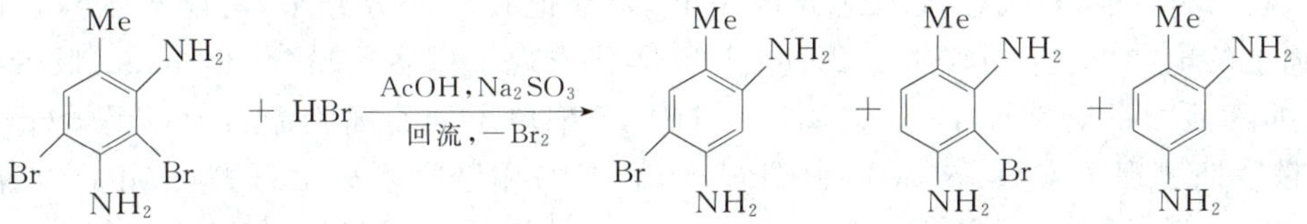

这样,就可以把溴用作芳环上氢原子的保护基团,导入其他基团后再脱去。例如:

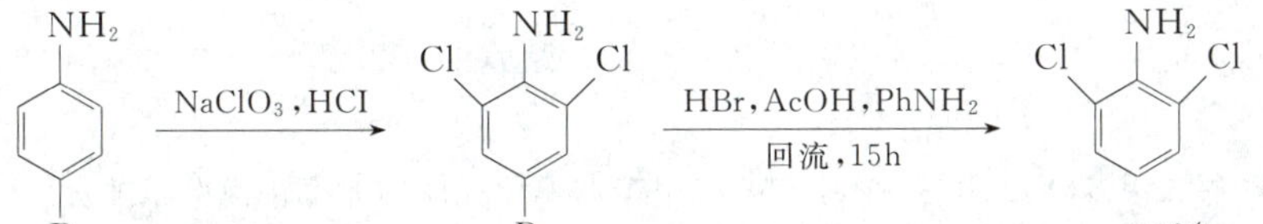

芳环上的碘化反应已有许多文献报道。例如:

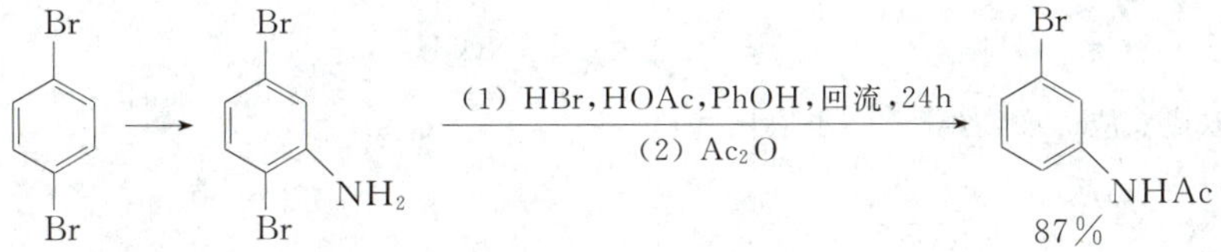

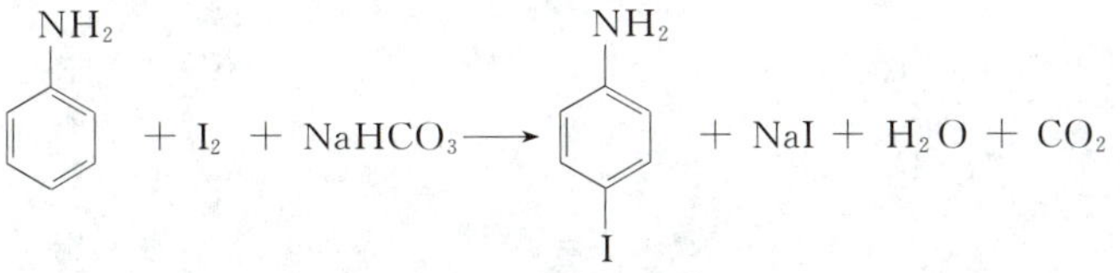

75%～84%

Org. Syn. Coll. Vol.2, p.347

$$\text{o-dimethoxybenzene} + I_2 + CF_3CO_2Ag \longrightarrow \text{4-iodo-1,2-dimethoxybenzene} + CF_3CO_2H + AgI$$

85%~91%

Org. Syn. Coll. Vol. 2, p.547

$$2\ \text{thiophene} + 2\ I_2 + HgO \longrightarrow \text{2-iodothiophene} + HgI_2 + H_2O$$

72%~75%

Org. Syn. Coll. Vol.2, p.357

其中所加入的辅助试剂都是用来除去碘化中生成的 HI 的。可见芳环上的碘化也可能是可逆反应。

参考文献

8.9.5 石墨烯

石墨具有层状结构,每一层中碳原子排列在互相连接的六边形的交点上,各层之间由范德华力连在一起。1947年,有人经过理论分析提出:如果把石墨层分开来,可能显示异常的电学性质,如平面上的电导率提高 100 倍。20 世纪 60 年代出现了用赛珞玢(cellophane)胶带从石墨晶体剥离出非常薄的石墨膜的方法。1997年,IUPAC 把单层的石墨膜命名为石墨烯(graphene)。2004年,俄罗斯物理学家 Geim A K 和 Novoselov K S 用胶带剥离出石墨膜,并重复操作,膜越来越薄,最后得到石墨烯,并从电子层面上研究了它的性质。石墨烯是迄今为止最薄、同时又是最坚硬的材料,导电、导热性能超强,几乎完全透明。很多人认为石墨烯可能将取代硅成为未来电子元件材料。2010年,Geim A K 和 Novoselov K S 被授予诺贝尔物理学奖。

参考文献

习 题

1. 将苯、甲苯、邻二甲苯、间二甲苯和 1,3,5-三甲苯按溴化反应的速率快慢次序排列。

2. 富烯(1)显示有芳香性,若结构为(2)时,芳香性是增加还是减小?说明理由。

(1) ![环戊二烯亚甲基]   (2) ![环戊二烯=CHN(CH_3)_2] =CHN(CH$_3$)$_2$

3. 写出下列取代反应的产物(导入一个取代基)。

(1) 2-氯苯甲腈 $\xrightarrow{\text{HNO}_3(96\%)}{0\sim4\ ℃,2\ h,81\%}$

(2) 2-三氟甲基-4-硝基苯胺 $\xrightarrow{\text{Br}_2,\text{HOAc}}$

(3) 1-叔丁基-3-异丙基苯 $\xrightarrow{\text{HNO}_3,\text{HOAc}}$

(4) 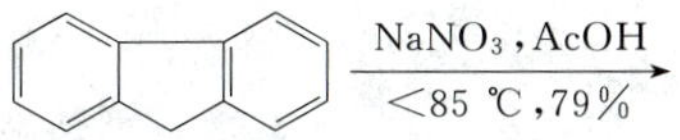 ![fluorene] $\xrightarrow{\text{NaNO}_3,\text{AcOH}}_{<85\ ℃,79\%}$

4. 写出下列反应的产物。

(1) 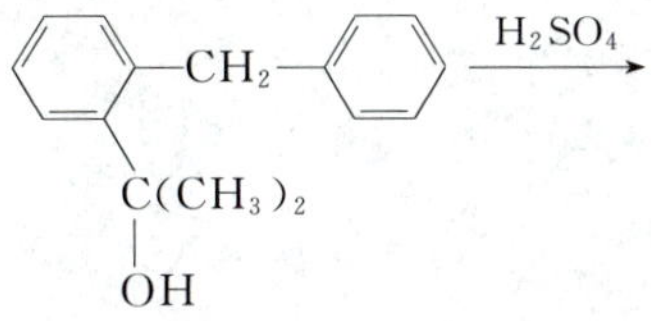 ![邻位CH₂Ph和C(CH₃)₂OH取代苯] $\xrightarrow{\text{H}_2\text{SO}_4}$

(2) 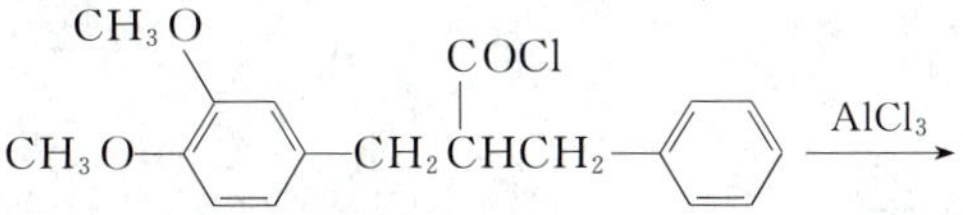 ![3,4-二甲氧基苯基-CH₂CH(COCl)CH₂-苯基] $\xrightarrow{\text{AlCl}_3}$

(3) C₆H₅—N(CH₃)₂ $\xrightarrow[5\sim10\ ℃,2.5\ \text{h},60\%]{\text{HNO}_3,\text{H}_2\text{SO}_4}$

(4) ![2,5-二氯硝基苯] $\xrightarrow[70\sim85℃,6\text{h},95\%]{\text{NaOH},\text{CH}_3\text{OH}}$

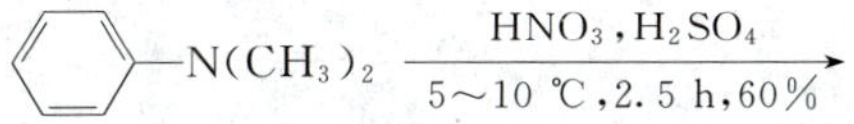

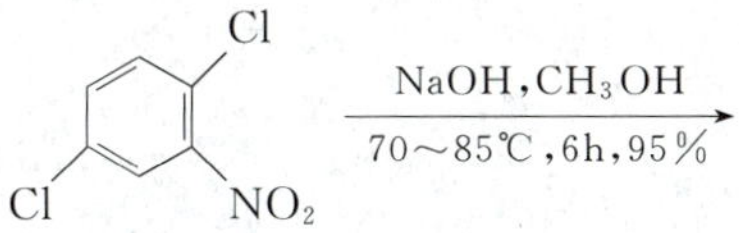

(5) ![2-萘基-CH(Ph)-COOH] $\xrightarrow{\text{PCl}_5}$ $\xrightarrow[70\%]{\text{AlCl}_3}$

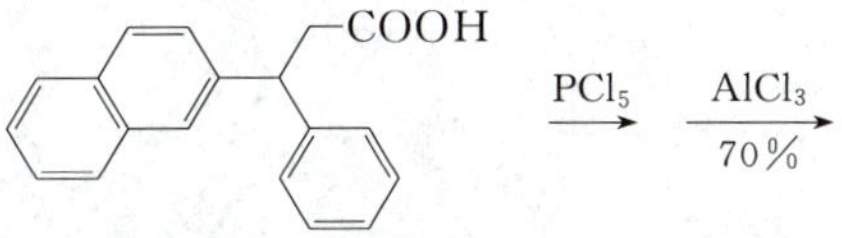

5. 写出合理的反应机理。

(1) 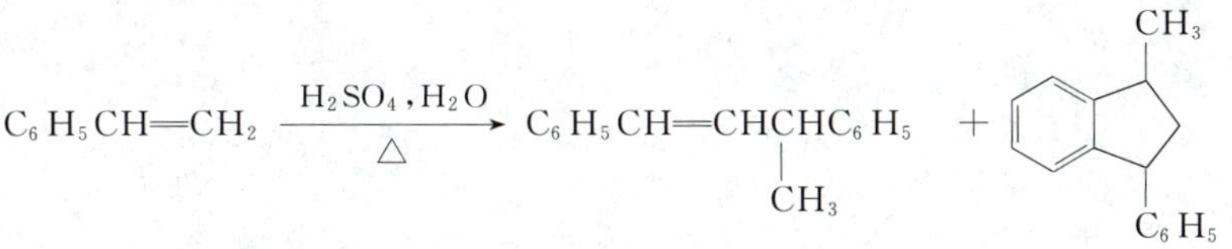 $C_6H_5CH=CH_2 \xrightarrow[\triangle]{\text{H}_2\text{SO}_4,\text{H}_2\text{O}} C_6H_5CH=CHCHC_6H_5\ +\ $![1-甲基-3-苯基茚满]
     $\hspace{10em} |$
     $\hspace{10em} CH_3$

(2) CH_3O—⟨⟩—$CH_3 \xrightarrow[55\sim65\ ℃,22\%]{\text{BrCCl}_3,h\nu} CH_3O$—⟨⟩—$CH_2Br\ +\ CHCl_3$

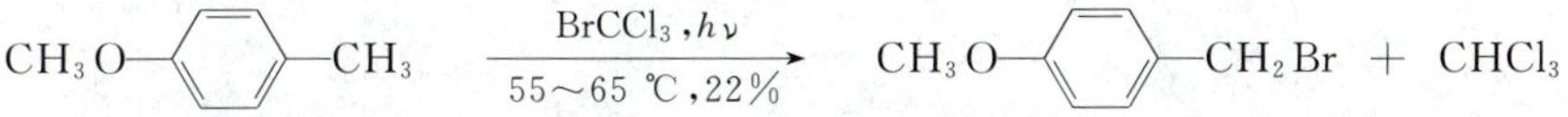

(3) ![(CH₃)₂CBr-CBr(CH₃)₂] $\xrightarrow{\text{C}_6\text{H}_6,\text{CO},\text{AlCl}_3}$![2,2,3,3-四甲基茚-1-酮]

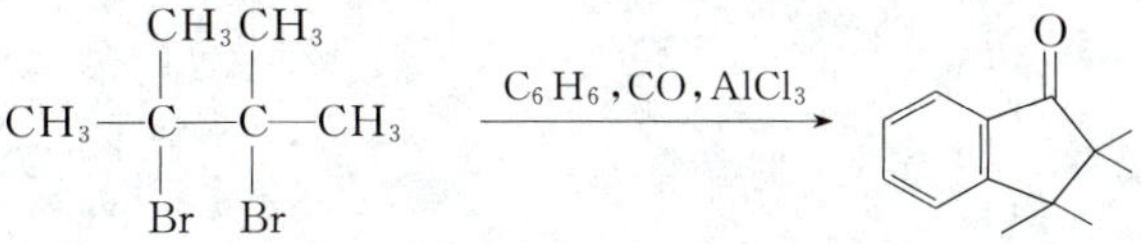

(4) 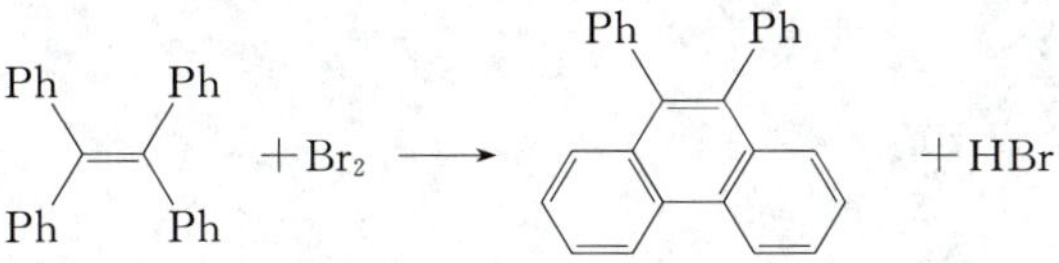 ![四苯乙烯] $+Br_2 \longrightarrow$![9,10-二苯菲] $+HBr$

6. 如何实现下列转变?

(1) 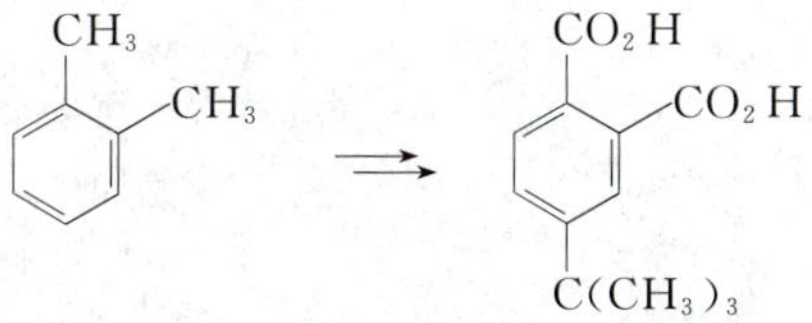 ![邻二甲苯] $\Longrightarrow$![4-叔丁基邻苯二甲酸]

(2) ![1,3-dimethoxybenzene] ⟹ ![2,4-dimethoxy-5-tert-butyl-nitrobenzene with O$_2$N, OCH$_3$, OCH$_3$, C(CH$_3$)$_3$]

(3) ![benzene] ⟹ Cl—C$_6$H$_4$—CO—C$_6$H$_4$—NO$_2$

(4) ![benzene] ⟹ C$_6$H$_5$—CH$_2$CH$_2$CH=CH$_2$

第九章 核磁共振谱、红外光谱和质谱

§9.1 核磁共振谱

9.1.1 核磁共振谱的基本原理

质子同电子一样,是有自旋的,也有量子数分别为 $+\frac{1}{2}$ 和 $-\frac{1}{2}$ 的两种自旋态,这两种自旋态的能量相等,质子处于这两种自旋态的概率也相等。

质子可以看作一个旋转着的带电质点,它有一定的磁矩,其方向与旋转轴重合。在外加磁场的磁感应强度(B_0)中,两种自旋态的能量不再相等,磁矩与 B_0 同向平行的自旋态的能级低于磁矩与 B_0 反向平行的自旋态(见图 9.1)。这两种自旋态的能量差 ΔE 与外加磁场的磁感应强度成正比:

$$\Delta E = \gamma \frac{h}{2\pi} B_0$$

式中,γ 为质子的特征常数,h 为普朗克常量,B_0 为外加磁场的磁感应强度。磁感应强度的单位为 T(telsla)。

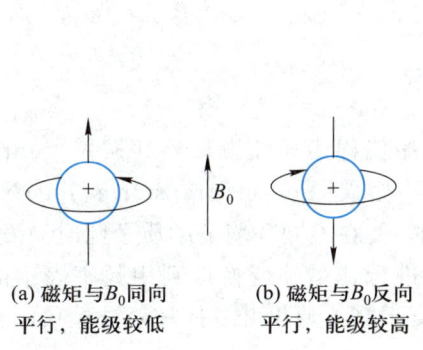

图 9.1 在外加磁场 B_0 内,质子的两种自旋态

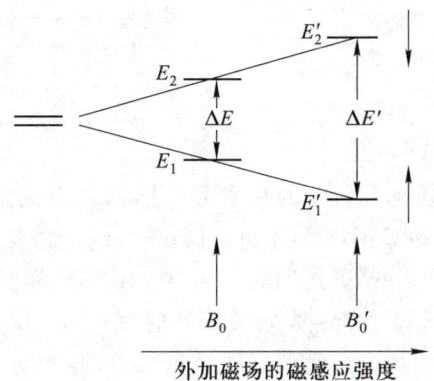

图 9.2 在外加磁场内,质子的两种自旋态处于不同的能级,其能量差 ΔE 与外加磁场的磁感应强度成正比

以上关系可以用图 9.2 表示。不过即使在很强的外加磁场中,ΔE 的数值也很小。当 B_0 达到 7.05 T,^{1}H 核两个自旋能级之间的能量差为 $\Delta E = 0.120$ J·mol^{-1} 或 300 MHz,相当于电磁波波谱中射频(无线电频)区的能量。

在外加磁场影响下,处于两个能级的质子数 N_h(高能级)和 N_l(低能级)可以用下面的公式计算:

$$\Delta E = -2.303\ RT\ \lg \frac{N_h}{N_l}$$

在 25 ℃ 下,磁感应强度为 7.05 T 时,$\frac{N_h}{N_l} = \frac{1.000\ 000}{1.000\ 048}$,即当 N_h 为一百万个质子时,N_l 只比 N_h 多 48 个质子。

图 9.3 为核磁共振仪示意图,其核心部件是一个强度很大的永久磁铁或电磁铁。测试样品放在磁铁两极之间能绕轴旋转的细长样品管内,样品为液体或溶液,样品管周围为射频线圈。在磁感应强度 B_0 作用下,质子的磁矩与 B_0 同向平行或反向平行排列,处于较低能级的质子的数目略多于处于较高能级的质子。用射频照射并连续改变其频率进行扫描,当频率与两种自旋态的能量差 ΔE 相匹配时,就发生共振(resonance),B_0 为 7.05 T 时,^{1}H 发生共振的射频频率约为 300 MHz(兆赫),射频的能量被样品吸收,使一部分质子的自旋反转,由较低的能级跃迁到较高的能级。吸收的能量由射频接收器检测,信号经放大后记录在核磁共振谱图上,其外形为一个吸收峰。

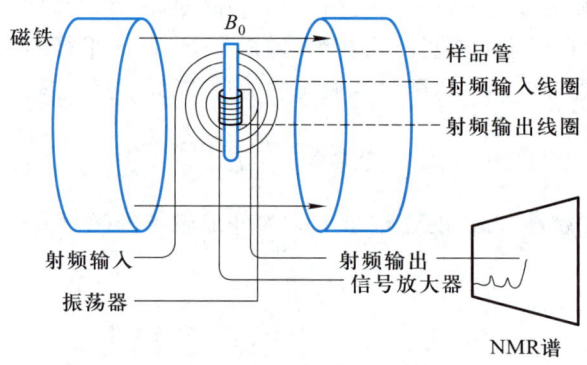

图 9.3　核磁共振仪示意图

连续改变射频的频率进行扫描以得到谱图的核磁共振仪称为连续波核磁共振仪〔continuous wave(CW)NMR spectrometer〕。傅里叶变换核磁共振仪〔Fourier transform(FT)NMR spectrometer〕则是用时间短(约 10^{-5} s)强度大的射频照射,使在不同环境下的质子同时激发,然后自由弛豫(relax),记录下的时域(time domain)经电脑进行傅里叶变换得到用频率表示的谱图。这种方法的优点是样品量减少,测量时间缩短,灵敏度提高。傅里叶变换核磁共振仪已普遍应用。

9.1.2　化学位移

有机化合物中的质子与独立的质子不同,它的周围还有电子,在电子的影响下,有机化合物中质子的核磁共振信号的位置与独立的质子不同。

H⁺　　　　　H—C—

独立质子　　有机化合物分子中的质子

假定核磁共振仪所用的射频固定在 300 MHz,慢慢改变外加磁场的强度,如在磁感应强度接近 7.05 T(B_0)时,独立质子的自旋反转,产生核磁共振信号(见图 9.4),而有机化合物中的一些质子要在磁感应强度比 B_0 略大时才发生自旋反转,即核磁共振信号在高磁场出现。

原子核(如质子)由于化学环境所引起的核磁共振信号位置的变化称为化学位移(chemical shift)。

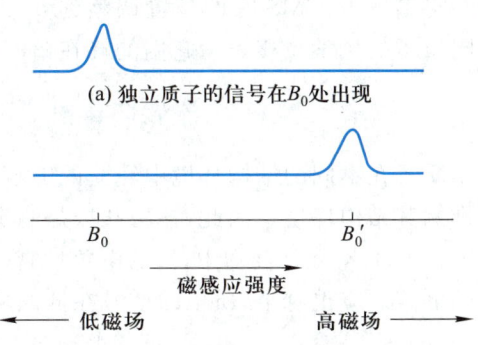

图 9.4　质子在不同环境下的核磁共振信号

9.1.2.1　屏蔽效应(shielding effect)

有机化合物中的质子与独立质子相比较,其核磁共振信号在高磁场出现,是由于分子中的电子对质子有屏蔽作用。电子在外加磁场中产生感应磁场,其方向与外加磁场相反,见图 9.5。

由于感应磁场的存在,实际上作用于质子的磁感应强度比外加磁场的磁感应强度 B_0 小百万分之几。因此,外加磁场的磁感应强度还要略为增加,以补偿感应磁场的影响,才能使 C—H 键上的质子能级跃迁,产生核磁共振信号。

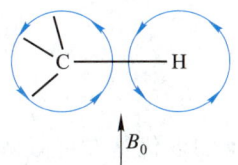

图 9.5　碳-氢键上的电子在外加磁场中产生感应磁场,其方向与 B_0 相反

9.1.2.2　化学位移的测定

有机化合物中质子所经受的屏蔽效应可以用它对标准物质的化学位移来进行比较。常用的标准物质为四甲基硅烷[$(CH_3)_4Si$],简写作 TMS。TMS 中质子所经受的屏蔽效应大于绝大多数有机化合物中的质子。如在样品中加入少量 TMS,则样品中所有质子的信号都在 TMS 的信号的左边出现。核磁共振仪经调试后,可以使 TMS 的信号正好在谱图记录纸上的零线处,样品中质子信号对于 TMS 都在低磁场,即在零点的左边。

苯分子中只有一种氢,在 ^1H NMR 谱中只有一个峰。在 60 MHz 的核磁共振仪中,峰的位置在 TMS 左边 436 Hz 处出现,而在 300 MHz 的核磁共振仪中则在 TMS 左边 2 181 Hz 处出现。为了使不同仪器测定的化学位移的数值一致,规定化学位移的计算方法为

$$\text{化学位移}(\delta) = \frac{\nu_{\text{样品}} - \nu_{\text{TMS}}}{\nu_{\text{仪}}} \times 10^6$$

式中,$\nu_{\text{样品}}$ 为样品的共振频率;ν_{TMS} 为 TMS 的共振频率;$\nu_{\text{仪}}$ 为核磁共振仪所用频率。例如,苯分子中质子的化学位移为

$$\delta = \frac{436 \text{ Hz} - 0 \text{ Hz}}{60 \times 10^6 \text{ Hz}} \times 10^6 = \frac{2\,181 \text{ Hz} - 0 \text{ Hz}}{300 \times 10^6 \text{ Hz}} \times 10^6 = 7.27$$

现在将谱图上 TMS 峰的位置调整到 0，放在谱图的最右边，其他的峰的位置直接用 δ 值表示。不同质子的化学位移表示它们的峰在谱图上的位置。

9.1.2.3 结构对化学位移的影响

质子在不同的结构环境中经受的屏蔽效应不同，其化学位移也不同，根据质子的化学位移可以推测其结构环境。因此，核磁共振是测定有机化合物结构的有效手段。

在 CH_3X 型化合物中，X 的电负性越大，甲基碳原子上的电子云密度越小，甲基上质子所经受的屏蔽效应也越小，质子的信号在低磁场出现。例如：

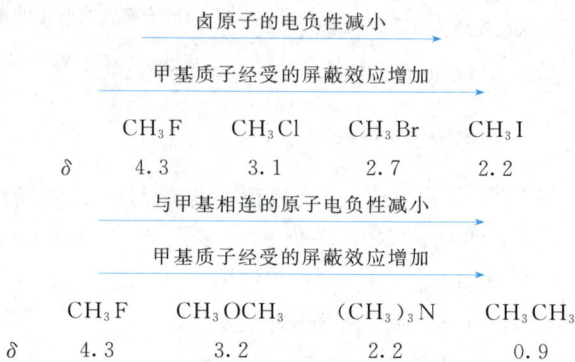

吸电子的取代基对屏蔽效应的影响是有加和性的。例如：

	$CHCl_3$	CH_2Cl_2	CH_3Cl
δ	7.3	5.3	3.1

烯烃中双键碳原子上的质子和芳烃中芳环上的质子所经受的屏蔽效应比烷烃中的质子小得多：

	苯	乙烯	H_3CCH_3
δ	7.3	5.3	0.9

其原因之一是由于 π 电子在外加磁场中所产生的感应磁场是有方向性的，如图 9.6 所示，π 电子所产生的感应磁场，同 σ 电子一样，其方向与外加磁场相反，由于磁力线是闭合的，双键或芳环上的质子正好在感应磁场与外加磁场方向一致的区域，这样就使质子所经受的屏蔽效应减小。

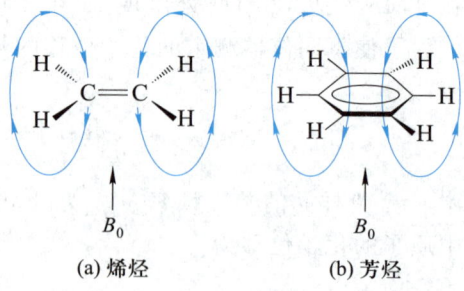

图 9.6 π 电子所产生的感应磁场

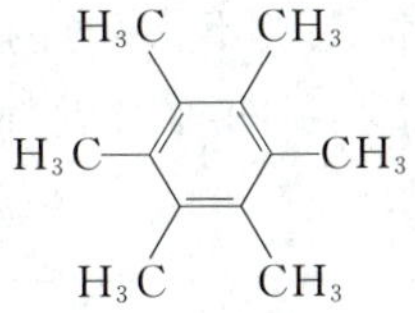

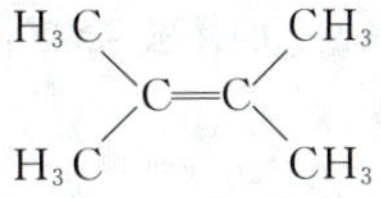

§9.1 核磁共振谱

$$\text{(六甲基苯)} \quad \delta = 2.2 \qquad \text{(2,3-二甲基-2-丁烯)} \quad \delta = 1.7$$

与双键或芳环直接相连的甲基上的质子在 π 电子感应磁场的影响下，所经受的屏蔽效应也有所减小。

在芳环上方的质子位于 π 电子产生的感应磁场与外加磁场方向相反的区域，它所经受的屏蔽效应相应增加。例如：

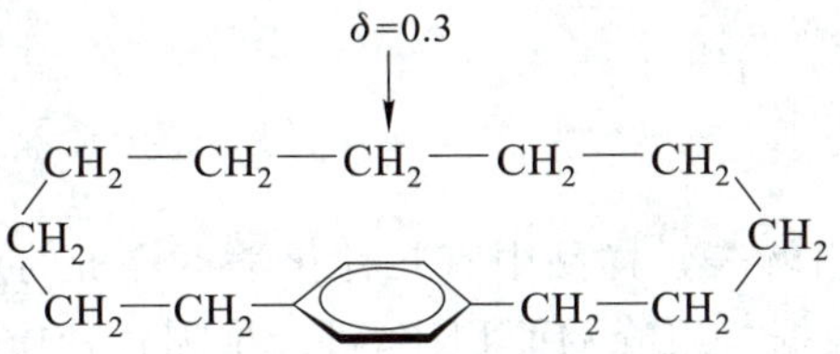

$$\delta = 0.3 \text{（环上方CH}_2\text{）}$$

在同一类型的化合物中甲基（CH_3）所经受的屏蔽效应大于甲叉基（CH_2），而甲叉基又大于甲爪基（CH），但差别较小，甲基和甲爪基的化学位移只相差 0.7 左右。羧酸中 O—H 键上的质子所经受的屏蔽效应最小，其化学位移可达 12。

9.1.2.4 等价质子和不等价质子

化学位移不同的质子称为化学不等价（chemically nonequivalent）质子。判断两个质子是否化学等价的方法是将它们分别用一个试验基团取代，如两个质子被取代后得到同一结构，则它们是等价的。例如，将丙烷分子中两个甲基上的两个质子分别用氯原子取代，都得到 1-氯丙烷，因此，丙烷分子中六个甲基质子都是等价的。将丙烷分子中甲叉基上的两个质子分别用氯原子取代，都得到 2-氯丙烷，因此，这两个质子也是等价的。在丙烷的 ^{1}H NMR 谱图中只有两组峰，一组是属于六个甲基质子的，另一组是属于两个甲叉基质子的。

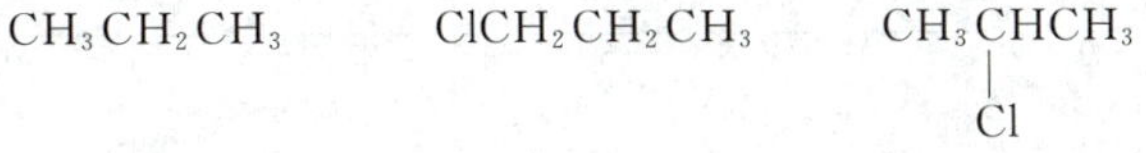

$$CH_3CH_2CH_3 \qquad ClCH_2CH_2CH_3 \qquad CH_3CHCH_3$$
$$\qquad\qquad\qquad\qquad\qquad\qquad\qquad\qquad\qquad | $$
$$\qquad\qquad\qquad\qquad\qquad\qquad\qquad\qquad\qquad Cl$$
$$\text{丙烷} \qquad\qquad \text{1-氯丙烷} \qquad\qquad \text{2-氯丙烷}$$

2-溴丙烯分子中双键碳原子上的两个氢原子是不等价的，因为将它们分别用氯原子取代，得到两种非对映异构体：

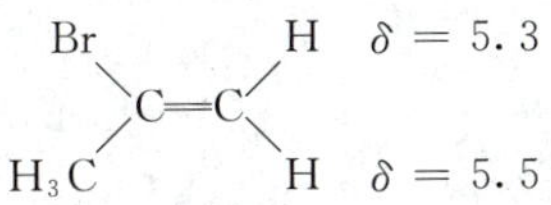

2-溴丙烯 ($\delta = 5.3$, $\delta = 5.5$)   (Z)-2-溴-1-氯丙烯 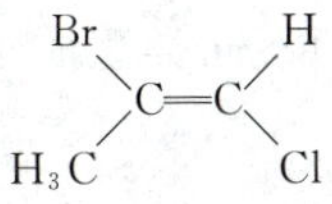   (E)-2-溴-1-氯丙烯

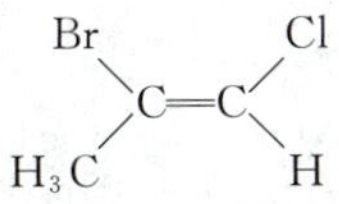

由于两个质子的结构环境相似,它们的化学位移差别不大,有时偶然具有相同的化学位移。

如分子中两个质子分别用试验基团取代后得到两种对映体,它们在非手性溶剂中具有相同的化学位移。

问题 9.1 下列化合物的 ^{1}H NMR 谱图中各有几组峰?

(1) 1-溴丁烷　　　　　　　　(2) 丁烷
(3) 1,4-二溴丁烷　　　　　　(4) 2,2-二溴丁烷
(5) 2,2,3,3-四溴丁烷　　　　(6) 1,1,4-三溴丁烷
(7) 溴乙烯　　　　　　　　　(8) 1,1-二溴乙烯
(9) 顺-1,2-二溴乙烯　　　　 (10) 反-1,2-二溴乙烯
(11) 烯丙基溴　　　　　　　 (12) 2-甲基丁-2-烯

9.1.2.5　积分曲线

在 ^{1}H NMR 谱图中有几组峰表示样品中有几种化学不等价的质子,每一组峰的强度即其面积,则与质子的数目成正比,根据各组峰的面积比,可以推测各种质子的数目比。

峰的面积用电子积分器测定,得到的结果在谱图上用积分曲线表示。积分曲线为阶梯形线,各个阶梯的高度比表示不同化学位移的质子数之比。

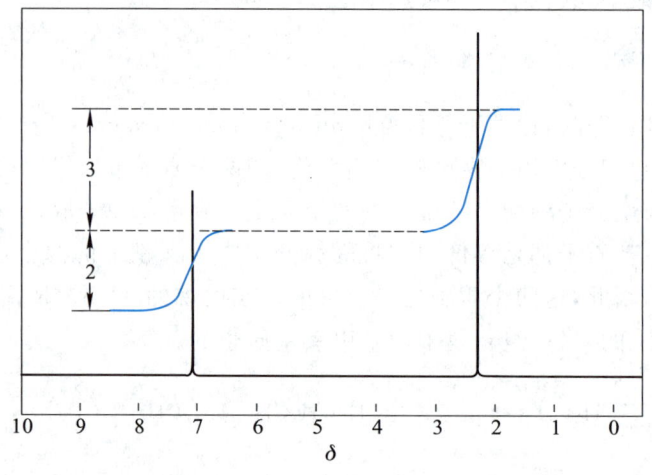

图 9.7　对二甲苯的 ^{1}H NMR 谱图

图 9.7 为对二甲苯的 ^{1}H NMR 谱图,其中积分曲线所给出的两个峰的面积比为 3∶2,即为甲基质子和苯环上的质子的数目比(6∶4=3∶2)。现在的核磁共振仪所出的谱图中每个峰的化学位移和相对面积都用数字标出。

表 9.1 为不同类型质子的化学位移。

表 9.1 不同类型质子的化学位移

质子类型	化学位移*	质子类型	化学位移*
H—C—R	0.9～1.8	H—C—NR$_2$	2.2～2.9
H—C—C=C	1.6～2.6	H—C—Cl	3.1～4.1
H—C—C=O	2.1～2.5	H—C—Br	2.7～4.1
H—C≡C—	2.5	H—C—O	3.3～3.7
H—C—Ar	2.3～2.8	H—NR	1～3**
H—C=C	4.5～6.5	H—OR	0.5～5**
H—Ar	6.5～8.5	H—OAr	6～8**
H—C(=O)	9～10	H—O—C(=O)	10～13**

* 以 TMS 为标准,分子中其他的基团可能使信号在表中列出的区域以外出现;

** 与氧和氮相连的质子的化学位移与温度和溶液浓度有关。

9.1.3 自旋裂分

在 1,1-二氯乙烷的 ^{1}H NMR 谱图中(见图 9.8)甲爪基和甲基上质子所产生的峰都不是单峰,而是四重峰和双峰。这是由于受邻近质子的自旋的影响产生的。

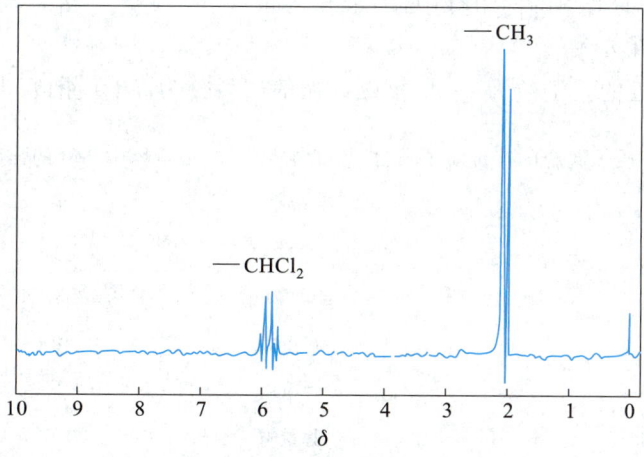

图 9.8 1,1-二氯乙烷的 ^{1}H NMR 谱

用 H_a 表示 1,1-二氯乙烷中甲基上的质子，H_b 表示甲叉基上的质子。假定在没有 H_b 的情况下，H_a 在外加磁场的磁感应强度为 B 时发生自旋反转。H_b 的磁矩可以与外加磁场同向平行或反向平行，出现这两种情况的机会相等。由于样品中 1,1-二氯乙烷分子的数目很大，甲叉基上 H_b 的自旋相当于这两种情况的都有，其数目之比为 1∶1。当 H_b 的磁矩与外加磁场同向平行时，H_a 周围的磁感应强度略大于外加磁场，因此，在扫描时，外加磁场的磁感应强度略小于 B 时，H_a 即发生自旋反转，在谱图上得到一个峰。当 H_b 的磁矩与外加磁场反向平行时，H_a 周围的磁感应强度略小于外加磁场，在扫描时，外加磁场的磁感应强度略大于 B 时，H_a 发生自旋反转，在谱图上得到另一个峰。这两个峰的面积比约为 1∶1。H_a 的化学位移按两个峰的中点计算。

假定在没有 H_a 时，H_b 在外加磁场的磁感应强度为 B' 时发生自旋反转。H_a 的磁矩同样可以与外加磁场同向平行或反向平行。三个 H_a 的自旋有四种组合方式：① 三个 H_a 的磁矩都与外加磁场同向平行；② 两个 H_a 的磁矩与外加磁场同向平行，一个反向平行；③ 一个 H_a 的磁矩与外加磁场同向平行，两个反向平行；④ 三个 H_a 的磁矩都与外加磁场反向平行。甲基上 H_a 的自旋相当于这四种情况的都有，其数目之比为 1∶3∶3∶1。在①和②的情况下，H_b 周围的磁感应强度略大于外加磁场，在③和④的情况下，H_b 周围的磁感应强度略小于外加磁场，因此，在扫描时，外加磁场的磁感应强度略小于 B' 时出现两个峰，略大于 B' 时又出现两个峰，这四个峰的面积比约等于 1∶3∶3∶1。

分子中位置相近的质子之间自旋的相互影响称为自旋-自旋偶合（spin-spin coupling），自旋偶合使核磁共振信号分裂为多重峰，称为自旋裂分（spin-spin splitting）。相邻两个峰之间的距离称为偶合常数（coupling constant），用字母 J 表示，其单位为赫（Hz）。偶合常数的大小与核磁共振仪所用的频率无关。在 1,1-二氯乙烷的谱图的两组峰中，两个峰之间的距离都是 7 Hz，如图 9.9。

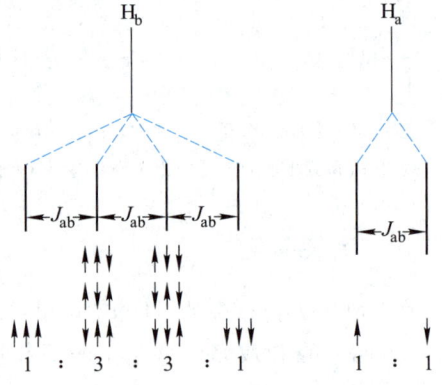

图 9.9 1,1-二氯乙烷核磁共振谱图的两组峰的偶合常数示意图

与某一个质子邻近的质子数为 n 时，核磁共振信号裂分为 $n+1$ 重峰，其强度如下：

与某一质子偶合的等价质子数目	峰裂数	多重峰中各峰的强度比
1	双峰(d)	1∶1
2	三重峰(t)	1∶2∶1
3	四重峰(q)	1∶3∶3∶1
4	五重峰	1∶4∶6∶4∶1
5	六重峰	1∶5∶10∶10∶5∶1
6	七重峰	1∶6∶15∶20∶15∶6∶1

两个质子之间相隔三个共价键时，自旋偶合最强，这种偶合称为三键偶合。

化学环境相同的质子彼此不产生自旋裂分。例如，乙烷的 ^{1}H NMR 谱图中只有一个单峰，因为两个甲基的化学环境相同。对二甲苯分子中苯环上的质子也不产生自旋裂分,见图 9.7。两个质子 H_a 和 H_b 化学位移之差 $(\Delta\nu)$ 与偶合常数 (J_{ab}) 之比 $(\Delta\nu/J_{ab})$ 大于 6 以上时,可以用上面叙述的简化方法分析它们的信号的自旋裂分。当 $(\Delta\nu/J_{ab})$ 小于 6 时,出现复杂的多重峰。

图 9.10 为溴乙烷的 ^{1}H NMR 谱图,其中甲叉基上的质子的信号为四重峰,而甲基上的质子则为三重峰。

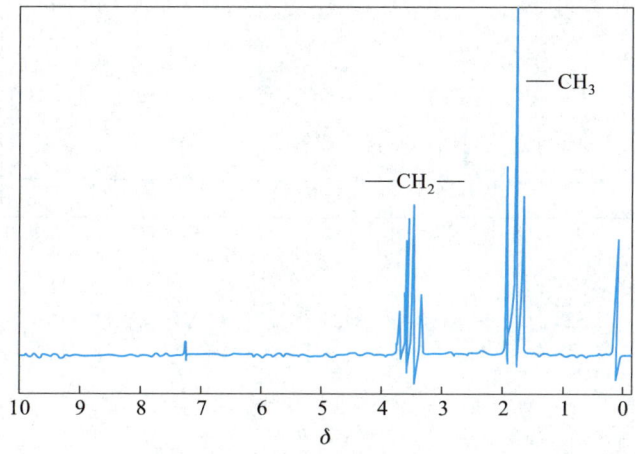

图 9.10 溴乙烷的 ^{1}H NMR 谱图

图 9.11 为异丙基碘的 ^{1}H NMR 谱图,其中甲基上的质子的信号被甲爪基上的质子裂分成双峰,而甲爪基上的质子受六个等价的甲基质子的影响,裂分成七重峰。

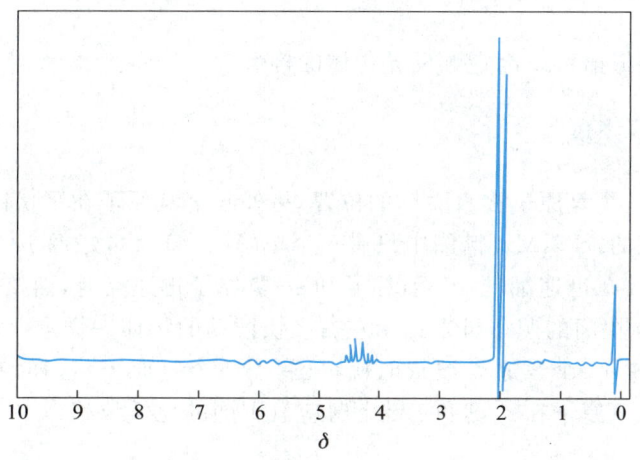

图 9.11 异丙基碘的 ^{1}H NMR 谱图

图 9.12 为 2,3,4-三氯苯甲醚的 ^{1}H NMR 谱图,$\delta=3.9$ 的单峰是甲基质子的信号,$\delta=6.7$ 处的双峰是 6 位质子的信号,它被 5 位质子裂分成双峰,$\delta=7.25$ 处的双峰则是 5 位质子的信号,这种由两个双峰组成的一组峰在对位取代苯的谱图中经常出现。

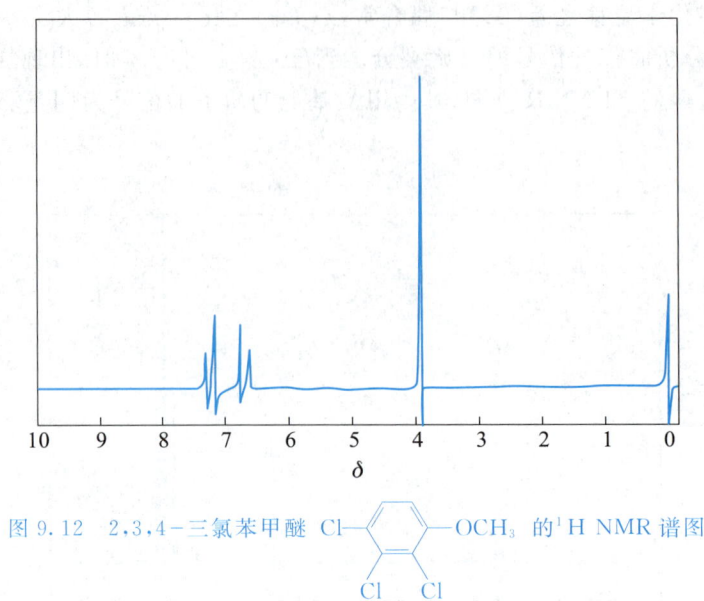

图 9.12 2,3,4-三氯苯甲醚 的 ^{1}H NMR 谱图

碳-碳双键上在顺位的两个氢原子的偶合常数与在反位时不同：

$J = 5 \sim 14$ Hz $J = 12 \sim 18$ Hz

因此，利用质子核磁共振谱可以测定顺反异构体的构型。

9.1.4 核磁共振与构象

在环己烷分子中 6 个氢原子在直立键的位置，另外 6 个氢原子在平伏键的位置，它们所在的环境不同，但在环己烷的 ^{1}H NMR 谱图中只有一个单峰（$\delta = 1.4$），好像 12 个氢原子是完全等同的。这是因为环己烷环在迅速翻转，a-氢原子和 e-氢原子迅速互变，而核磁共振是一种慢的检测工具，就像用 1/10 s 快门的照相机来拍摄左右飞快摆动的物体一样。

环己烷-d_{11} 分子中 11 个氢原子被氘取代，只剩下一个氢原子，这样，在 ^{1}H NMR 谱图中就只有一个氢原子的峰，氢原子在 a 键和 e 键上时应有不同的化学位移：

如果在很低的温度下进行实验，由于环的翻转速率很慢，氘核对质子的偶合常数又很小，可以得到两个尖锐的单峰，相当于 a-质子和 e-质子的共振吸收。如在较高的温度下进行实验，则只得到一个较宽的单峰,其化学位移为 a —质子和 e —质子的化学位移的平均值。在中间的温度下得到很宽的峰,见图 9.13。

问题 9.2　下列化合物的 ^{1}H NMR 谱图中都只有一个单峰,试推测它们的结构。
(1) C_8H_{18},$\delta_H = 0.9$
(2) C_5H_{10},$\delta_H = 1.5$
(3) C_8H_8,$\delta_H = 5.8$
(4) C_4H_9Br,$\delta_H = 1.8$
(5) $C_2H_4Cl_2$,$\delta_H = 3.7$
(6) $C_2H_3Cl_3$,$\delta_H = 2.7$
(7) $C_5H_8Cl_4$,$\delta_H = 3.7$

问题 9.3　推测 C_4H_9Cl 的几种异构体的结构。
(1) ^{1}H NMR 谱图中有几组峰,其中在 $\delta_H = 3.4$ 处有双峰。
(2) 有几组峰,其中在 $\delta_H = 3.5$ 处有三重峰。
(3) 有几组峰,在 $\delta_H = 1.0$ 处有三重峰,在 $\delta_H = 1.5$ 处有双峰,各相当于 3 个质子。

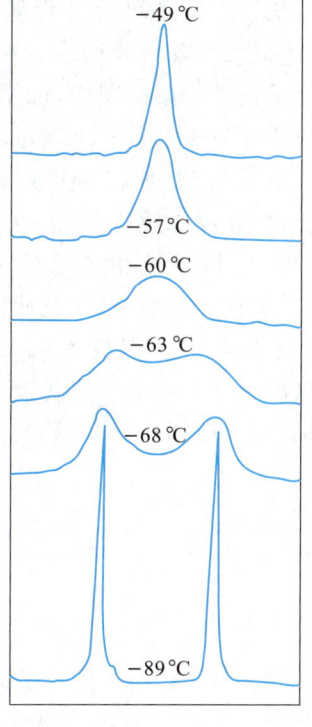

图 9.13　环己烷-d_{11} 在不同温度下的 ^{1}H NMR 谱图

9.1.5　^{13}C 核磁共振谱

碳元素占优势的同位素为 ^{12}C,它的核自旋为零,没有核磁共振信号。^{13}C 的核自旋为 ±1/2,同 ^{1}H 一样可以作为核磁共振研究的对象。当外加磁场的磁感应强度(B_0)为 7.05 T 时,^{13}C 核两个自旋能级之间的能量差约为 75 MHz。但 ^{13}C 的天然丰度仅为 ^{12}C 的 1.108%,而 ^{13}C 的核磁共振信号的强度仅为 ^{1}H 的 1.59%,这样就使 ^{13}C 的信号淹没在本底噪声之中,无法分辨。解决这个问题的方法是多次扫描,叠加所得谱图,使噪声互相抵消,每次扫描约需 5 min,多次扫描,时间很长。傅里叶变换核磁共振仪可以在短时间内进行许多次扫描,成功地解决了这一困难。一种原子核经射频激发到高能级后,经过一段时间(弛豫时间,relaxation time)后又回到低能级,恢复原子核在两个能级的正常分布。不同化学环境下的 ^{13}C 核弛豫时间不同,季碳原子和羰基碳原子的弛豫时间较长,两次扫描之间的时间短,^{13}C 核在每次扫描后,来不及恢复正常的分布,这样就使谱图中相应的峰的面积比其他弛豫时间较长的 ^{13}C 核小。因此,^{13}C NMR 谱中根据峰的面积不能判断不同化学环境中 ^{13}C 核的相对数目。

根据质子核磁共振谱可以推测质子在碳架上的位置,而从 ^{13}C NMR 则可以得到碳架本身的信息,因此,^{13}C NMR 和 ^{1}H NMR 在有机化合物结构测定中是相辅相成的。

9.1.5.1　质子去偶

由于 ^{13}C 的天然丰度很低,两个 ^{13}C 核同时存在于某一个有机化合物分子中的概率仅为 $(0.01108)^2 = 0.00012$,两个 ^{13}C 位于分子中相邻位置上的概率更小。因此,在 ^{13}C NMR 中不需要考虑^{13}C核之间的自旋偶合。但^{13}C与分子中的^{1}H核之间有自旋偶合。例如，^{13}C标记的CH_3I的质子核磁共振谱图中，除了$^{12}CH_3I$的单峰外，还有$^{13}CH_3I$分子中质子的双峰，见图9.14。

由图9.14可见，碘甲烷分子中的质子与^{13}C核偶合，裂分成二重峰，并且J值很大。^{13}C NMR谱中，与^{13}C核直接相连的质子和临近的质子都能使^{13}C的信号分裂，这样就使信号出现重叠，难于分辨。采用质子去偶技术（proton spin decoupling）可以解决这个问题。图9.15为经过质子去偶和计算机处理得到的丁-2-醇的^{13}C核磁共振谱图。

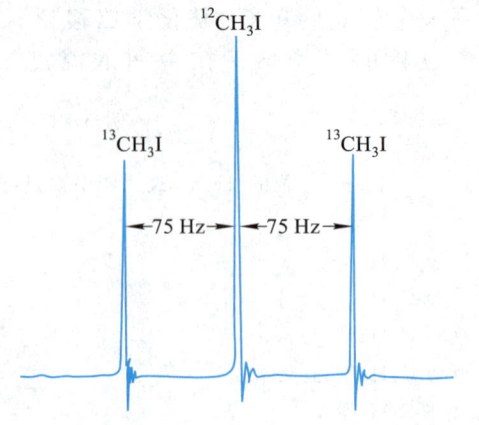

图9.14　用^{13}C标记的碘甲烷的^{1}H NMR谱图

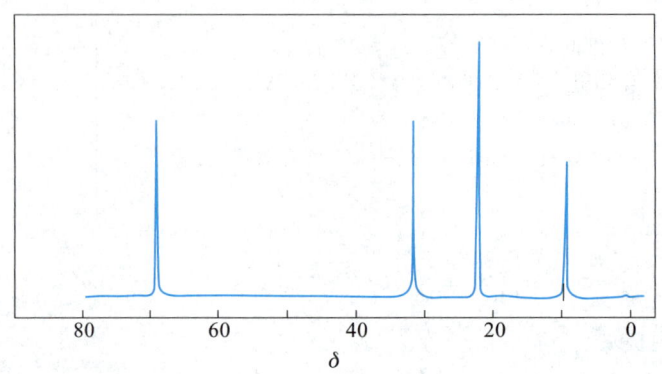

图9.15　丁-2-醇的质子去偶^{13}C NMR谱图

由图9.15可见，在质子去偶^{13}C NMR谱图中^{13}C核的信号都是单峰，不等价的^{13}C核都有单独的信号。^{13}C化学位移的范围一般为200以上，而在质子核磁共振谱中则为12。因此，化学环境的微小变化也可以在化学位移上反映出来。

图9.16和图9.17分别为1-顺-3-顺-5-三甲基环己烷和1-顺-3-反-5-三甲基环己烷的质子去偶^{13}C NMR谱图。

(1) 1-顺-3-顺-5-三甲基环己烷

(2) 1-顺-3-反-5-三甲基环己烷

这两个化合物中，^{13}C的化学位移分别为

δ	C(1)	C(2)	C(3)	C(4)	C(5)	C(6)	CH_3
(1)	32.70	44.20	32.70	44.20	32.70	44.20	22.85
(2)	26.45	45.00	26.45	40.95	28.60	40.95	23.05(1,3),18.90(5)

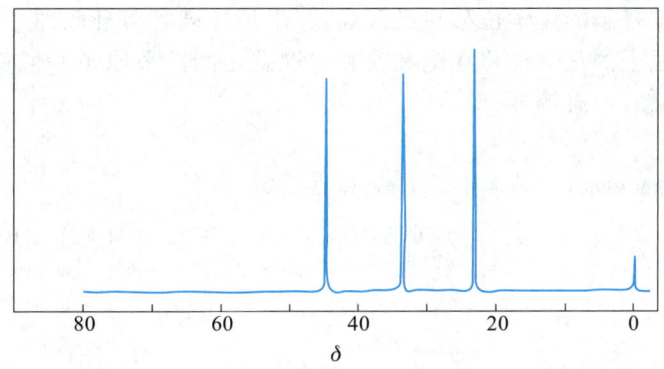

图 9.16 1-顺-3-顺-5-三甲基环己烷的质子去偶 ^{13}C NMR 谱图

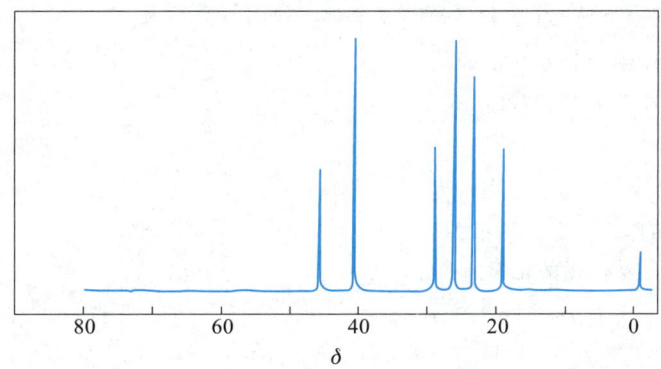

图 9.17 1-顺-3-反-5-三甲基环己烷的质子去偶 ^{13}C NMR 谱图

由此可见,在 e 键位置和在 a 键位置的甲基碳原子具有不同的化学位移,前者在 20～23,后者在 18～19。

在 ^{13}C NMR 谱图中,信号强度与碳原子数目之间没有定量关系,因此,图中没有积分曲线。

9.1.5.2 ^{13}C 的化学位移

^{13}C NMR 谱图中化学位移是以四甲基硅烷中的碳核为标准,某一信号在高场方向与标准信号的距离来计算的。一些 ^{13}C 的化学位移值见表 9.2。

表 9.2 一些 ^{13}C 的化学位移

化合物类型	δ	化合物类型	δ
R—CH$_3$	0～35	\>C=C<	100～150
R$_2$CH$_2$	15～40		
R$_3$CH	25～50	苯环	110～175
RCH$_2$NH$_2$	50～65		
—C≡C—	65～90	\>C=O	190～220

由表 9.2 可见：羰基碳的化学位移在最低场，其次是烯键和芳环碳原子，饱和碳原子的信号在高场一边，炔键碳原子的化学位移在饱和碳和烯键碳之间。杂原子一般使与它相连的碳原子的化学位移向低场移动，但有例外。

问题 9.4 己-3-醇用硫酸脱水后生成 4 种互为异构体的己烯：

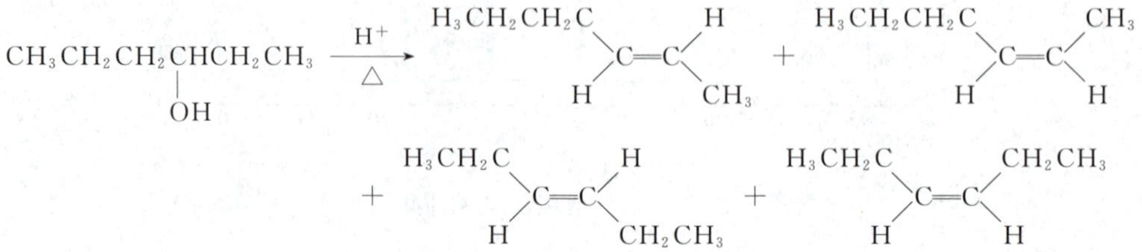

$$CH_3CH_2CH_2CHCH_2CH_3 \xrightarrow[\triangle]{H^+}$$
$$\underset{OH}{}$$

产物经薄层色谱分离后得到 4 个组分，其质子去偶 ^{13}C NMR 谱分别为

(1) 12.3,13.5,23.0,29.3,123.7,130.6
(2) 13.4,17.5,23.1,35.1,124.7,131.5
(3) 14.3,20.6,131.0
(4) 13.9,25.8,131.2

试确定(1)~(4)的结构。

提示：(Z)-和(E)-丁-2-烯的化学位移分别为

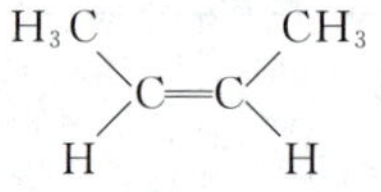

10.9 123.4 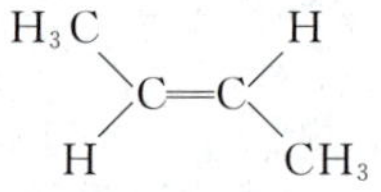   16.4 124.8

问题 9.5 (R)-2-氯丁烷经自由基氯化反应后，得到 5 种二氯化物，分离后测定旋光性及 ^{13}C NMR 谱，结果为

	(1)	(2)	(3)	(4)	(5)
旋光性：	旋光	旋光	旋光	不旋光	不旋光
质子去偶 ^{13}C NMR 谱：	4	4	2	4	2
（单数峰）					

试确定各化合物的结构[(1)和(2)要在其他方法配合下才能分别确定其结构]。

9.1.5.3 DEPT ^{13}C 谱

化合物中碳原子数目较多时，质子去偶 ^{13}C NMR 中谱线相应增多，有时不容易确定它们的归属。DEPT(distortionless enhancement by polarization) ^{13}C NMR 是采用特别的技术来分辨 CH_3、CH_2 和 CH，而季碳原子则不产生信号。一种方法是先扫描出 CH_3（信号为正），再扫描出 CH_2（信号为负，峰向下），最后扫描出 CH（信号为正）；另一种方法是同时扫描出 CH_3、CH_2 和 CH，这时谱图上 CH_2 峰向下。再结合去偶 ^{13}C NMR 谱，以确定各峰的归属。例如，化合物 $CH_3\underset{\underset{O}{\parallel}}{C}-O-CH_2CH_2CH(CH_3)_2$ 的质子去偶 ^{13}C NMR 谱中有 6 组峰分别位于：$\delta = 170,62,37,25,$

22 和 20。DEPT ^{13}C NMR 谱中,$\delta=62,37$ 处的两组峰向下,$\delta=25,22,20$ 处的三组峰向上,$\delta=170$ 处没有谱线。根据表 9.2 就可以确定各组峰的归属:

$$\underset{\delta\quad\ 22\qquad 170\qquad\ 62\quad\ \ 37\qquad 25\quad\ 20}{CH_3-\overset{O}{\underset{\|}{C}}-O-CH_2-CH_2-CH(CH_3)_2}$$

问题 9.6 确定下列化合物的结构。

(1) $C_5H_{11}Br$

$^{13}C\ \delta$	51.55	43.22	24.46	21.00	13.40
DEPT	CH	CH_2	CH_2	CH_3	CH_3

(2) $C_5H_{11}Br$

$^{13}C\ \delta$	49.02	33.15	28.72
DEPT	CH_2	—	CH_3

(3) C_5H_{10}

$^{13}C\ \delta$	147.70	108.33	30.56	22.47	12.23
DEPT	—	CH_2	CH_2	CH_3	CH_3

(4) C_6H_{12}

$^{13}C\ \delta$	137.81	115.26	43.35	28.12	22.26
DEPT	CH	CH_2	CH_2	CH	CH_3

§9.2 红外光谱

9.2.1 红外光谱的一般特征

图 9.18 为己烷的红外光谱图。图中横坐标为频率(ν)[通常用波数(σ)表示]①或波长(λ),纵坐标为吸光度(A)或透射率(T)。有机化合物的红外光谱图由一些吸收峰组成。样品的状态对吸收峰的位置有很大的影响。因此,在谱图上对样品的状态应加以说明。有机化合物的红外光谱一般在液态、固态或溶液中测定。固体样品或是与 KBr 粉末混合后压成薄片,或是分散在石蜡油中。

一般红外光谱仪所用的频率为 4 000~625 cm^{-1}。谱图中的吸收峰是由于键的振动(包括伸缩振动和弯曲振动)所产生的。各种键的振动所产生的峰在一定频率范围内出现。表 9.3 为一些基团的吸收峰的频率和相对强度。

X—H,X≡Y,X=Y 等键(即有机化学中重要的官能团)的伸缩引起的吸收峰在比较狭窄的范围内出现,彼此之间极少重叠。根据未知物红外光谱图中有无某种官能团的吸收峰,可以

---

① 波数为 1 cm 中的波周的数目,如 1 600 cm^{-1},1 $cm^{-1}=2.997\ 9\times10^{10}$ Hz

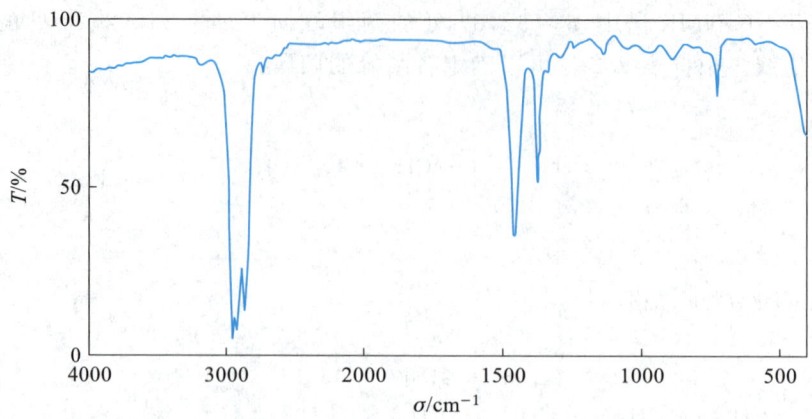

图 9.18 己烷($CH_3CH_2CH_2CH_2CH_2CH_3$)的红外光谱

推测化合物中所含有的官能团。例如,醛、酮分子中的羰基在 1750~1690 cm^{-1} 处有一强的吸收峰,如未知物的红外光谱图中这一范围内没有吸收峰,可以肯定它不是羰基化合物。如有吸收峰,它可能含有羰基。因此,3700~1500 cm^{-1} 称为官能团区。在频率为 1400~650 cm^{-1} 的吸收峰是由于键的弯曲所产生的,吸收峰的位置和强度随化合物而异,每一个化合物都有它自己的特点,因此叫作指纹区。在未知物的红外光谱图中如指纹区与某一标准样品相同,就可以断定它和标准样品是同一化合物,因此可以用于有机化合物的鉴定。

表 9.3 一些基团的特征频率

基团	σ/cm^{-1}	强度*
A. 烷基		
C—H(伸缩)	2962~2853	(m,s)
—CH(CH$_3$)$_2$	1385~1380	(s)
及	1370~1365	(s)
—C(CH$_3$)$_3$	1395~1385	(m)
及	~1365	(s)
B. 烯烃基		
C—H(伸缩)	3095~3010	(m)
C=C(伸缩)	1680~1620	(v)
R—CH=CH$_2$ ⎱ C—H 面外弯曲	1000~985	(s)
及	920~905	
R$_2$C=CH$_2$	900~880	(s)
(Z)-RCH=CHR	730~675	(s)
(E)-R—CH=CHR	975~960	(s)
C. 炔烃基		
≡C—H(伸缩)	≈3300	(s)
C≡C(伸缩)	2260~2100	(v)
D. 芳烃基		
Ar—H(伸缩)	≈3030	(v)
芳环取代类型(C—H 面外弯曲)		

续表

基团	σ/cm^{-1}	强度*
一取代	710～690	(v,s)
	及 770～730	(v,s)
邻二取代	770～735	(s)
间二取代	725～680	(s)
	及 810～750	(s)
对二取代	840～790	(s)
E. 醇、酚和羧酸		
OH（醇、酚）	3 600～3 200	(宽,s)
OH（羧酸）	3 600～2 500	(宽,s)
F. 醛、酮、酯和羧酸		
C=O（伸缩）	1 750～1 690	(s)
G. 胺		
N—H（伸缩）	3 500～3 300	(m)
H. 腈		
C≡N	2 600～2 200	(m)

* s=强，m=中，v=不定，≈=约

9.2.2 红外光谱的基本原理

分子是由各种原子以化学键互相连接而生成的。可以用不同质量的小球代表原子，以不同硬度的弹簧代表各种化学键，它们以一定的次序互相连接，就成为分子的近似机械模型。这样就可以根据力学定理来处理分子的振动。

9.2.2.1 双原子分子的振动

双原子分子是最简单的分子，它们的机械模型是以力常数为 k 的弹簧连接起来的质量为 m_1、m_2 的两个小球（见图 9.19）。

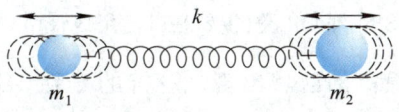

图 9.19 双原子分子的振动

双原子分子的伸缩振动可以近似地看作简谐运动，其振动频率如以波数表示为

$$\sigma = \frac{1}{2\pi c}\sqrt{k\left(\frac{1}{m_1}+\frac{1}{m_2}\right)}$$

式中，c 是光速，k 为键的力常数，m_1、m_2 为原子的质量。将 m_1、m_2 换算成原子的相对原子质量 A_1、A_2，并将 π、c 的值代入，得到：

$$\sigma = 1\,303\sqrt{k\left(\frac{1}{A_1}+\frac{1}{A_2}\right)}$$

分子的振动是量子化的，它具有一定的振动能级，其能量为

$$E = \left(\nu + \frac{1}{2}\right)hc\nu_0$$

式中，$\nu = 0, 1, 2, \cdots$，ν_0 为基本频率。两个能级之间的能量差 $\Delta E = hc\nu_0$。双原子分子的振动能级示意图见图 9.20。

红外光谱中的吸收峰是由于分子吸收一定频率的红外光，发生振动能级的跃迁而产生的。但并不是所有的能级跃迁都能在红外光谱中产生吸收峰。只有符合一定选择规律的跃迁，才能吸收红外光产生吸收峰。首先，跃迁只能在两个相邻的能级之间发生，这时吸收的红外光的频率（ν）等于分子振动的基本频率 ν_0：

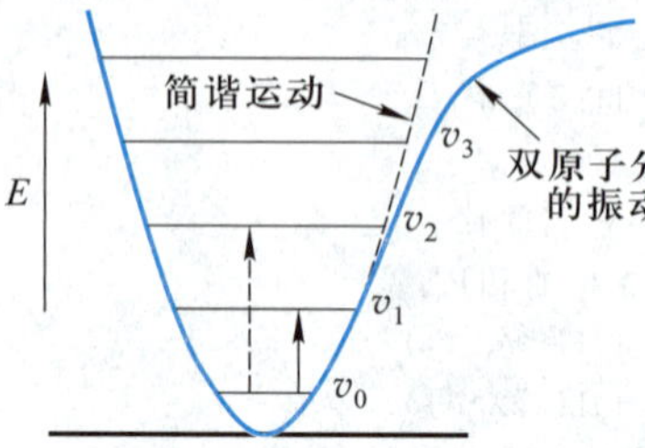

$$hc\nu = \Delta E = hc\nu_0, \quad \nu = \nu_0$$

图 9.20 双原子分子的振动能级

其次，分子振动时，偶极矩的大小或方向必须有一定的变化。

由于真实分子的振动不是严格的简谐运动，光谱中观察到的情况要比上面所叙述的复杂些。

9.2.2.2 质量和力常数的影响

有机化合物中个别的化学键可以近似地看作双原子分子，这样就可以利用双原子分子的振动公式来理解化学键的振动。从公式

$$\sigma = 1\,303\sqrt{k\left(\frac{1}{A_1} + \frac{1}{A_2}\right)}$$

可以看出，$\left(\dfrac{1}{A_1} + \dfrac{1}{A_2}\right)$ 或 k 的值越大，σ 的数值也越大，即吸收峰的频率越高。

组成 O—H，N—H，C—H 等键的原子中有一个是相对原子质量较小的氢，它们的 $\left(\dfrac{1}{A_1} + \dfrac{1}{A_2}\right)$ 值比别的单键如 C—C，C—N，C—O 等都大得多 $\left(\dfrac{1}{A_H} = 1, \dfrac{1}{A_O} = \dfrac{1}{16} = 0.062, \dfrac{1}{A_N} = \dfrac{1}{14} = 0.071, \dfrac{1}{A_C} = \dfrac{1}{12} = 0.083\right)$，而单键的 k 在 $4 \sim 6$ N·cm^{-1}，变化不大。因此，在红外光谱图中 X—H 键的吸收峰在频率最高的区域出现。三键的 k 在 $12 \sim 18$ N·cm^{-1}，双键的 k 在 $8 \sim 12$ N·cm^{-1}，比单键大，因此，它们的吸收峰的频率大于单键，在 X—H 键之后出现。

9.2.2.3 振动的偶合

在有机化合物分子中，同一个原子上有几个化学键，因此，还必须考虑键与键之间振动的相互影响。在 C—C—H 中，由于 C—H 键的振动频率（约 2 900 cm^{-1}）比 C—C 键（约 1 000 cm^{-1}）大得多，它们的伸缩振动基本是独立进行的，彼此之间几乎没有影响。在 H—C—H 中，两个 C—H 键的振动频率相等，它们的振动不再是互相独立的，而是协调一致的（即互相偶合），或是非对称伸缩，或是对称伸缩，其频率也相应改变（见图 9.21）。

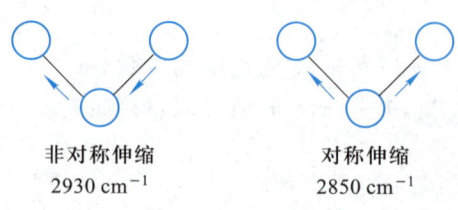

图 9.21 CH$_2$ 的伸缩振动

由于 X—H，X≡Y 和 X═Y 键的振动频率比构成分子骨架的 C—C 键高得多，它们的振动与 C—C 键的振动基本是独立的，彼此之间影响很小。因此，官能团的振动，在比较狭窄的频率范围内出现，受具体分子环境的影响很小。

分子的骨架一般由 C—C 键组成，它们的振动互相影响。C—C，C—O，C—N 等单键的振动频率比较接近，也可以互相影响。因此，它们的吸收峰的频率受具体的分子环境的影响较大，即在指纹区内。

9.2.2.4 弯曲振动

在甲叉基等由几个键组成的体系中，除了伸缩振动以外，还有弯曲振动（见图 9.22）。＋号表示原子向纸面前方运动，－号表示向纸面后方运动。弯曲振动引起键角的变化，它们的力常数较小（$k < 1 \text{ N·cm}^{-1}$），因此，它们所产生的吸收峰在光谱图中频率低的区域。

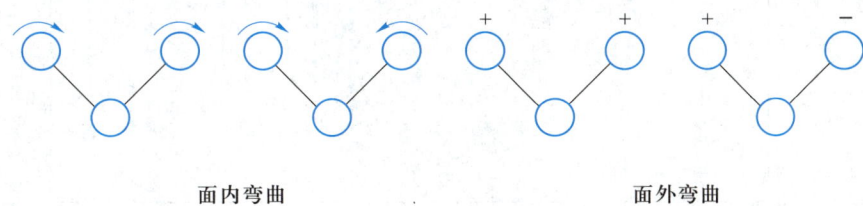

面内弯曲　　　　　　　　面外弯曲

图 9.22　CH_2 的弯曲振动

9.2.3　红外光谱的解析

下面举两个简单的例子来说明解析红外光谱图的一般方法。

9.2.3.1　推测化合物 C_6H_{12} 的结构

化合物 C_6H_{12} 的红外光谱图见图 9.23。

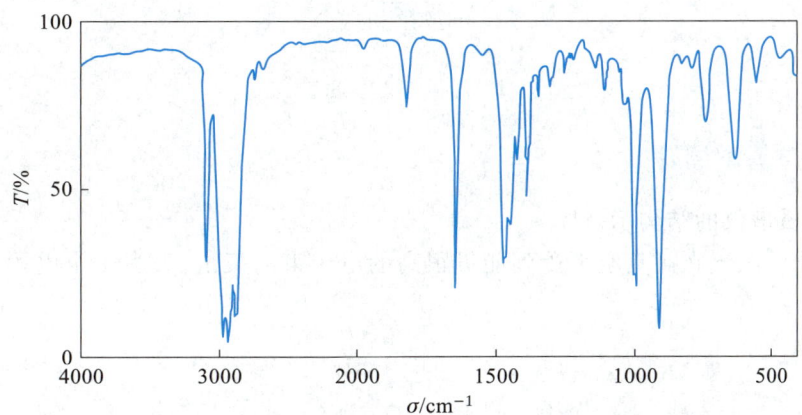

图 9.23　化合物 C_6H_{12} 的红外光谱图

化合物 $C_6H_{12}=C_nH_{2n}$，有 1 个不饱和度，可能是烯烃或单环环烷烃。红外光谱图中 3 095 cm^{-1} 处有吸收峰，说明化合物可能为烯烃，1 640 cm^{-1} 处的吸收峰在 C=C 键伸缩振动的频率范围内，1 000 cm^{-1} 和 900 cm^{-1} 处的吸收峰是双键碳原子的 C—H 吸收峰，对照表 9.2，化合物可能为己-1-烯。

9.2.3.2 推测化合物 $C_{10}H_{14}$ 的结构

化合物 $C_{10}H_{14}$ 的红外光谱图见图 9.24。

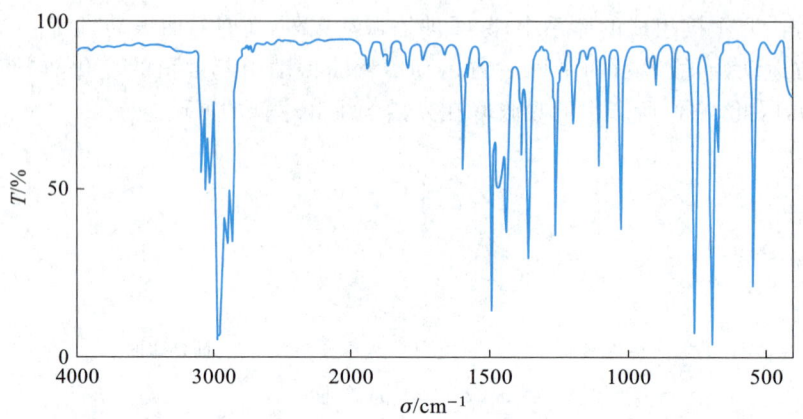

图 9.24 化合物 $C_{10}H_{14}$ 的红外光谱图

化合物 $C_{10}H_{14}=C_nH_{2n-6}$，有 4 个不饱和度，提示分子中可能含有苯环，3 000 cm^{-1} 以上有吸收峰，1 600 cm^{-1} 和 1 500 cm^{-1} 处有吸收峰，都说明分子中有苯环，800~650 cm^{-1} 的两个强吸收峰提示化合物为一取代苯，1 400~1 360 cm^{-1} 的两个吸收峰提示化合物中可能含有 —C(CH$_3$)$_3$ 基，因此，化合物可能为叔丁基苯。

§9.3 质 谱

9.3.1 质谱的基本原理

图 9.25 为质谱仪的结构示意图。

有机化合物的蒸气在高真空下受到能量很高的电子束的轰击，失去 1 个电子变成分子离子（molecular ion）：

$$A:B + e^- \longrightarrow A\cdot B^+ + 2e^-$$
$$\text{分子}\quad \text{电子}\quad \text{分子离子}\quad \text{电子}$$

分子离子实际上是正离子自由基，由于电子的质量很小，分子离子的质量等于化合物的相对分子质量。

§9.3 质 谱

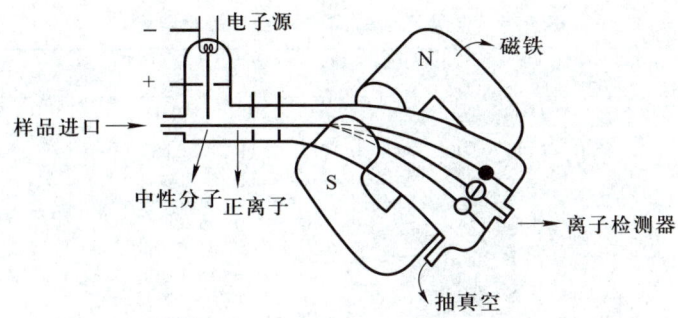

图 9.25　质谱仪结构示意图

电子束的能量约 10 eV(965 kJ·mol^{-1})就可以使分子变成分子离子,而在质谱仪中使用的电子束的能量远高于这个数值,如为 70 eV,多余的能量传给分子离子,处于激发态的分子离子迅速裂解成各种带正电荷的和不带电荷的碎片。产生的正离子流先受到电场的加速,然后在强磁场的作用下,沿着弧形轨道前进。质荷比 m/z 大的正离子,其轨道的弯曲程度小;质荷比小的正离子,其轨道的弯曲程度大。这样,不同质荷比的正离子就被分离开来,正如白光通过棱晶分成各种单色光一样。

进行扫描时,可以改变磁场的强度,使不同质荷比的正离子依次到达收集器,通过电子放大器放大成电流以后,用记录装置记录下来。不带电荷或带负电荷的质点不能到达收集器。

现代的质谱仪带有计算机,可以把所得结果直接打印出来,如图 9.26 所示。图中横坐标为质荷比(m/z),由于大多数碎片只带单位电荷,因此,m/z 等于碎片的质量。纵坐标为相对丰度,以丰度最大碎片的丰度为 100%,每一条直线代表某一质荷比的碎片的相对丰度。这种谱图又叫作柱状图(bar graph)。在己烷的质谱图中分子离子峰的质荷比为 86,即己烷的相对分子质量,丰度为 100% 的峰称为基峰(B,base peak),己烷基峰的质荷比为 57。

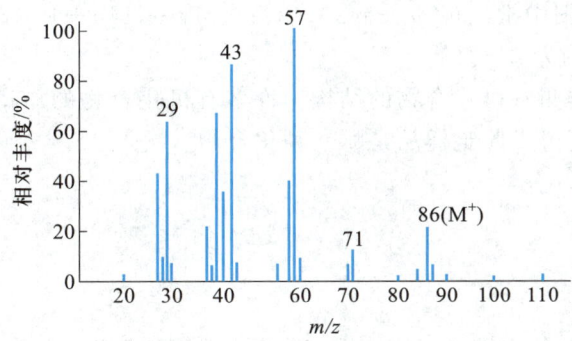

图 9.26　己烷的质谱图

质谱图中在分子离子的右边还有质荷比大于分子离子、丰度较小的峰 $M+1$,$M+2$ 等。这是由于有同位素存在所引起的,叫作同位素峰。

有机化合物中常见元素的同位素及其相对丰度见表 9.4。

表 9.4　常见元素的同位素及其相对丰度

元　素			相对丰度/%			
碳	^{12}C	100	^{13}C	1.08		
氢	^{1}H	100	^{2}H	0.016		
氮	^{14}N	100	^{15}N	0.38		
氧	^{16}O	100	^{17}O	0.04	^{18}O	0.20
氟	^{19}F	100				
硫	^{32}S	100	^{33}S	0.78	^{34}S	4.40
氯	^{35}Cl	100	^{37}Cl	32.5		
溴	^{79}Br	100	^{81}Br	98.0		
碘	^{127}I	100				

在碳原子中除了相对原子质量为 12 的 ^{12}C 外,还有 ^{13}C,它的含量只有 ^{12}C 的 1.08%,如果某一个己烷分子含有 1 个 ^{13}C 原子,它的分子离子峰就是 $M+1=87$。因此,在解析质谱图时,碳的相对原子质量应为 12 而不是相对原子质量表上的 12.01,氢的是 1 而不是 1.007 8。

如以分子离子峰的丰度为 100%,算出 $M+1$ 峰对于 M^+ 峰的相对丰度,再除以 1.1,得到的数字与分子中碳原子数相近。例如,C_5H_{12} 中 $M+1$ 峰的丰度为 M^+ 峰的 5.99%,除以 1.1 后约为 5,即为分子中的碳原子数。

各类有机化合物的分子离子裂解成大小不同的碎片是有一定规律的。例如,己烷的分子离子的裂解方式为

$$CH_3-CH_2-CH_2-CH_2-CH_2 \overset{\frown}{-} CH_3]^+ \longrightarrow CH_3-CH_2-CH_2-CH_2-CH_2^+ + \cdot CH_3$$
$$86 \hspace{6cm} 71$$

$$CH_3-CH_2-CH_2 \overset{\frown}{-} CH_2-CH_2^+ \longrightarrow CH_3-CH_2-CH_2^+ + CH_2=CH_2$$
$$\hspace{7cm} 43$$

因此,在直链烷烃的质谱图中常出现 $m/z=29,43,57,71,\cdots,14n+1$ 等碎片,其中丰度最大的常为 $m/z=43$ 或 57,最小的为 $M-15$。

根据裂解碎片可以推测有机化合物的结构。许多有机化合物的质谱已经测定,将未知样品的谱图与标准谱图对照还可以鉴定样品是哪一种化合物。

9.3.2　烃类的质谱特征

9.3.2.1　烷烃和环烷烃

直链烷烃的 M^+ 峰较弱,支链烷烃则很弱,环烷烃的 M^+ 峰强度中等。

支链烷烃的质谱图中也有 $m/z=29,43,57,71,\cdots,14n+1$ 等一系列碎片。由于碳链容易在碳链分支处断裂,相应碎片的丰度也较大。例如:

$$\underset{\underset{CH_3}{|}}{CH_3}-\underset{\underset{CH_3}{|}}{CH}-CH-CH_3]^+ \longrightarrow CH_3CH^+ + \cdot CHCH_3$$
$$\hspace{3.5cm} \underset{CH_3}{|} \hspace{1cm} \underset{CH_3}{|}$$

单环环烷烃的质谱图中常有 $m/z=27,41,55,69,\cdots,14n-1$ 等碎片。

9.3.2.2 烯烃和炔烃

烯烃的分子离子峰强度中等，炔烃的分子离子峰较弱，末端炔烃常没有分子离子峰。

烯烃的裂解碎片中有 $m/z = 27, 41, 55, 69, \cdots, 14n-1$ 等碎片。此外还有重排所产生的碎片：

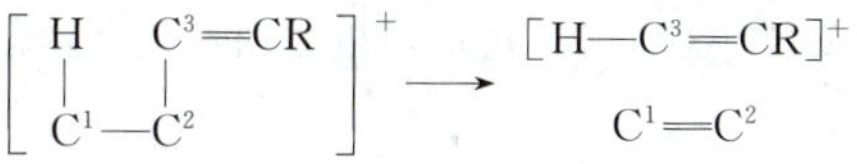

$$\left[\begin{array}{cc} H & C^3\!=\!CR \\ | & | \\ C^1 & \!-\!C^2 \end{array}\right]^+ \longrightarrow \begin{array}{c} [H\!-\!C^3\!=\!CR]^+ \\ C^1\!=\!C^2 \end{array}$$

9.3.2.3 芳烃

芳烃的分子离子峰强度较大，常为基峰。常有 $m/z = 39, 50 \sim 53, 63 \sim 65, 75 \sim 78$ 等碎片。

9.3.3 卤代烃的质谱特征

碘代烃、多氯代烃和多溴代烃常没有分子离子峰，氟代烃有分子离子峰。

氯代烃和溴代烃的质谱图中常有丰度较大的 $M+2$ 峰。

自然界中的氯丰度最大的同位素是 ^{35}Cl，^{37}Cl 的丰度为 ^{35}Cl 的 32.5%。因此，一氯化物 $M+2$ 峰的丰度约为 M^+ 峰的 1/3。含氯的碎片峰也有同位素峰，计算相对分子质量时，氯的相对原子质量应取 35 而不是相对原子质量表中的 35.453。

自然界中的溴丰度最大的同位素为 ^{79}Br，^{81}Br 的丰度约为 ^{79}Br 的 98.0%。因此，一溴化物的质谱图中 $M+2$ 峰的丰度差不多与 M^+ 峰相等，计算相对分子质量时溴的相对原子质量应取 79 而不是相对原子质量表中的 79.904。

含两个及以上氯或溴原子的化合物的质谱图中 $M+4, M+6$ 等峰也有一定的丰度。

卤代烃最重要的两种裂解方式为

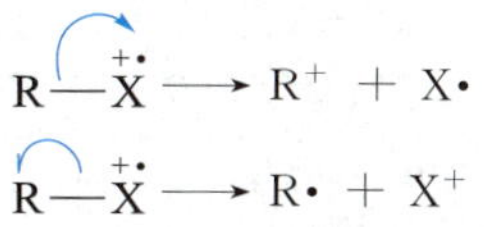

$$R\!-\!\overset{+\cdot}{X} \longrightarrow R^+ + X\cdot$$
$$R\!-\!\overset{+\cdot}{X} \longrightarrow R\cdot + X^+$$

鱼钩箭头表示一个电子的转移。后一种裂解方式只在溴化物和碘化物中较为重要。

在氟化物和氯化物中还有另一种裂解方式：

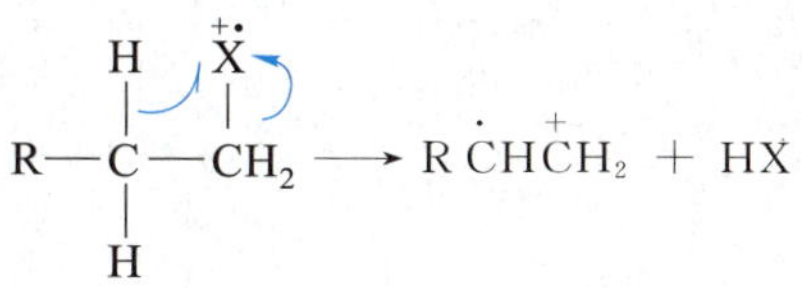

$$R\!-\!\underset{\underset{H}{|}}{\overset{\overset{H}{|}}{C}}\!-\!CH_2\overset{+\cdot}{X} \longrightarrow R\overset{+}{C}HCH_2 + HX$$

1. 根据 ^{1}H NMR 谱图推测下列化合物的结构。
(1) C_9H_{10}，δ_H：1.2(t,3H), 2.6(q,2H), 7.1(b,5H)。[b 表示宽峰]
(2) $C_{10}H_{14}$，δ_H：1.3(s,9H), 7.3~7.5(m,5H)。[m 表示多重峰]

(3) C_6H_{14}, δ_H: 0.8(d,12H), 1.4(h,2H)。[h 表示七重峰]

(4) $C_2H_6Cl_4$, δ_H: 3.9(d,4H), 4.6(t,2H)。

(5) $C_3H_6Cl_2$, δ_H: 2.2(s,3H), 4.1(d,2H), 5.1(t,1H)。

(6) $C_{14}H_{14}$, δ_H: 2.9(s,4H), 7.1(b,10H)。

2. 推测下列化合物的结构。

(1) m/z: 134(M^+), 119(B), 105; δ_H: 1.1(t,6H), 2.5(q,4H), 7.0(s,4H)。

(2) 2-溴-2,3-二甲基丁烷与$(CH_3)_3CO^-K^+$反应后生成两种化合物：A，δ_H: 1.66(s)；B，δ_H: 1.1(d,6H)，1.7(s,3H)，2.3(h,1H)，5.7(d,2H)。

(3) m/z: 166(M^+), 168($M+2$), 170($M+4$), 131, 133, 135, 83, 85, 87; δ_H: 6.0(s)。

(4) $C_6H_4BrNO_2$, m/z: 201(M^+), 203($M+2$); δ_H: 7.6(d,2H), 8.1(d,2H)。

参考答案

第十章 醇和酚

醇(alcohol)和酚(phenol)分子中都含有羟基(OH, hydroxyl group)。根据羟基的数目分为一元醇(monohydric alcohol)、二元醇(dihydric alcohol, diol, glycol)等和一元酚、二元酚等。

醇分子中羟基与饱和碳原子相连，根据后者是伯、仲或叔碳原子，分别称为伯醇(primary alcohol)、仲醇(secondary alcohol)或叔醇(tertiary alcohol)。

$$RCH_2OH \qquad R^1R^2CHOH \qquad R^1R^2R^3COH$$
$$\text{伯醇} \qquad\qquad \text{仲醇} \qquad\qquad \text{叔醇}$$

多元醇(polyhydric alcohol)分子中，羟基一般在不同的碳原子上，两个或三个羟基在同一碳原子上的化合物不稳定，容易失水生成醛、酮或羧酸：

$$RCH(OH)_2 \underset{+H_2O}{\overset{-H_2O}{\rightleftharpoons}} RCH\!\!=\!\!O \quad \text{醛}$$

$$R^1R^2C(OH)_2 \underset{+H_2O}{\overset{-H_2O}{\rightleftharpoons}} R^1R^2C\!\!=\!\!O \quad \text{酮}$$

$$RC(OH)_3 \underset{+H_2O}{\overset{-H_2O}{\rightleftharpoons}} RCOOH \quad \text{羧酸}$$

羟基连在双键碳原子上的醇称为烯醇(enol)。烯醇与醛或酮形成动态平衡：

$$RCH\!\!=\!\!CH\!-\!OH \rightleftharpoons RCH_2CH\!\!=\!\!O$$

$$R^1CH\!\!=\!\!C(R^2)\!-\!OH \rightleftharpoons R^1CH_2COR^2$$

在一般情况下平衡偏向右边。

酚的羟基与芳环直接相连，一元酚的通式用 ArOH 表示。

§10.1 醇的结构、命名和物理性质

10.1.1 醇的结构

甲醇分子中的键长、键角为

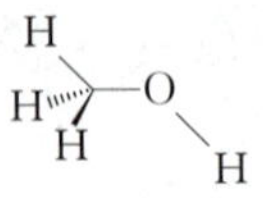

C—H	109.5 pm	∠COH 108.9°
C—O	143 pm	∠HCH 109°
O—H	96 pm	∠HCO 110°

因此，可以认为在醇分子中氧原子为 sp^3 杂化。

醇的偶极矩与水相近。

6.0×10^{-30} C·m （H—O—H） 5.7×10^{-30} C·m （H_3C—O—H）

10.1.2 醇的命名

一元醇的系统命名法，是根据主链上碳原子的数目称为某醇，再根据主链上羟基的位置，从离羟基最近的一端开始编号。在醇字前面用阿拉伯数字表明，这样得到母体名称，再于母体名称的前面加上取代基的名称和位置。例如：

$CH_3CH_2CH_2CH_2OH$
丁-1-醇
butan-1-ol

$CH_3CH_2CH_2CHCH_3$ | OH
戊-2-醇
pentan-2-ol

$CH_3CH_2CHCH_2CH_3$ | OH
戊-3-醇
pentan-3-ol

$\overset{7}{C}H_3\overset{6}{C}H\overset{5}{C}H_2\overset{4}{C}H_2\overset{3}{C}H\overset{2}{C}H_2\overset{1}{C}H_3$
   | |
   CH_3 OH
6-甲基庚-3-醇
6-methylheptan-3-ol

$C_6H_5\underset{OH}{\overset{CH_3}{\underset{|}{\overset{|}{C}}}}CH_3$
2-苯基丙-2-醇
2-phenylpropan-2-ol

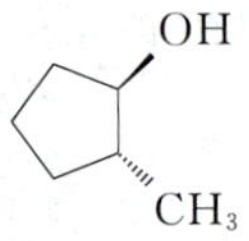

反-2-甲基环戊醇
trans-2-methylcyclopentanol

不饱和醇的命名同样根据主链上碳原子的数目称为某烯醇或某炔醇，再从离羟基最近的一端开始编号。羟基的位置用阿拉伯数字表示，放在醇字前面，表示重键位置的数字放在烯字或炔字的前面，这样得到母体的名称，再于母体名称的前面加上取代基的名称和位置。例如：

$\overset{6}{C}H_3\overset{5}{C}=\overset{4}{C}H\overset{3}{C}H_2\overset{2}{C}H\overset{1}{C}H_3$
   | |
   CH_3 OH
5-甲基己-4-烯-2-醇
5-methylhex-4-en-2-ol

$CH_3C\equiv CCH_2OH$
丁-2-炔-1-醇
2-butynol (but-2-yn-1-ol)

多元醇称为二醇、三醇等。例如：

$$\underset{\underset{\text{pentane-2,3-diol}}{戊-2,3-二醇}}{\text{CH}_3\text{CHCHCH}_2\text{CH}_3} \atop \text{OH OH}$$

反环己-1,2-二醇
trans-cyclohexane-1,2-diol

问题 10.1 写出下列化合物的构造异构体并命名。
 (1) $C_5H_{12}O$ (2) C_4H_8O

问题 10.2 上题中哪些化合物有立体异构体？写出它们的构型和名称。

问题 10.3 (1) 命名下列化合物：

$(CH_3)_2CHCH_2CH_2CH_2OH$ $(C_6H_5)_3COH$

$(CH_3)_2CHCH_2CHCH_2OH$ $(C_6H_5)C(CH_2CH=CH_2)_2$
           $|$ $|$
          CH_3 OH

(2) 写出下列化合物的构造或构型：

3-甲基戊-2-醇，环己-2-烯-1-醇，(E)-庚-4-烯-2-醇，叔戊醇

10.1.3 醇的物理性质

低级一元醇的性质在很大程度上取决于羟基的极性和生成氢键的能力。它们有较高的沸点，在水中有较大的溶解度。一些一元醇的物理常数见表 10.1。

表 10.1 一些一元醇的物理常数

化合物名称	英文名称	熔点/℃	沸点/℃	相对密度*	水溶性**/%（质量分数）
甲醇	methyl alcohol	-97.7	64.7	0.786 6	∞
乙醇	ethyl alcohol	-114.1	78.3	0.785 0	∞
丙醇	n-propyl alcohol	-126.4	97.2	0.799 8	∞
异丙醇	iso-propyl alcohol	-88.0	82.3	0.781 3	∞
丁醇	n-butyl alcohol	-88.6	117.7	0.806 0	7.5
仲丁醇	sec-butyl alcohol	-114.7	99.6	0.802 6	12.5
异丁醇	iso-butyl alcohol	-108	107.7	0.797 8	10
叔丁醇	tert-butyl alcohol	25.8	82.4	0.781 2	∞
戊醇	n-pentyl alcohol	-78.2	138	0.814 4	2.2
己醇	n-hexyl alcohol	-46.7	158	0.813 6	0.7
1-十二醇	n-dodecyl alcohol	26	259	—	不溶
1-十八醇	n-octadecyl alcohol	59	332		不溶
烯丙醇	allyl alcohol	-129	97.1	0.842 1	∞
苄醇	benzyl alcohol	-15.3	205.5	1.041 3	0.08
环戊醇	cyclopentanol		139		微溶
环己醇	cyclohexanol	25.2	161.1	0.968 4	3.8

  * 温度为 25 ℃，烯丙醇为 30 ℃；
  ** 温度为 25 ℃，仲丁醇和苄醇为 20 ℃。

10.1.3.1 沸点

一元醇的沸点比相应的烃高得多。例如,甲醇的沸点比甲烷高 229 ℃,乙醇的沸点比乙烷高 167 ℃;随着相对分子质量的加大,沸点差距越来越小,十六醇的沸点只比十六烷高 57 ℃。含同数碳原子的一元醇中,含直链的醇的沸点比含支链的醇高,含同一碳架的一元烷醇,伯醇的沸点最高,仲醇次之,叔醇最低。

同水一样,醇分子中氢氧键是高度极化的,一个分子中羟基上带部分正电荷的氢(氢键的给予体)可以与另一分子中带部分负电荷的氧(氢键的接受体)互相吸引生成氢键,因此醇在液态下是缔合的:

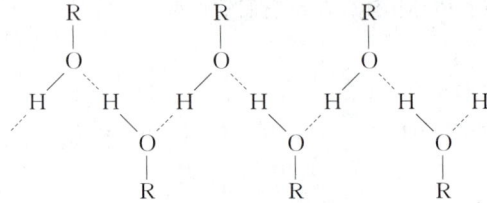

在醇的蒸气中氢键完全断裂,要使醇变成蒸气,必须供给能量使氢键断裂(在 O—H⋯O 中,氢键的键能为 30 kJ·mol^{-1}),因此醇的沸点比相应的烷烃高得多。

烃基的存在对缔合作用有阻碍作用,这是因为它能遮住羟基,使其他分子不容易接近。这种阻碍作用与烃基的大小及形状有关,烃基越大,阻碍作用也越大。因此,直链伯醇的沸点随着相对分子质量的增加与相应的烷烃越来越近,这可从图 10.1 看出。

10.1.3.2 溶解度

含三个碳原子以下的烷醇和叔丁醇在 25 ℃下可以与水混溶。丁醇在水中的溶解度仅为 8% 左右,含六个碳原子以上的伯醇的溶解度在 1% 以下。高级烷醇和烷烃一样几乎完全不溶于水。

溶解度与物质分子间的吸引力有关。以烷烃和水为例,要使烷烃溶解于水,必须使烷烃分子在许多水分子中间占据一个位置,要做到这一点,就要使某些水分子彼此分开,把位置让出来给烷烃。但水分子和水分子之间能形成氢键,有很强的吸引力,而水分子和烷烃分子之间只有微弱的色散力。所以即使用搅拌的方法把烷烃分散在水中,也会被"挤"出来,聚集成为另一相。

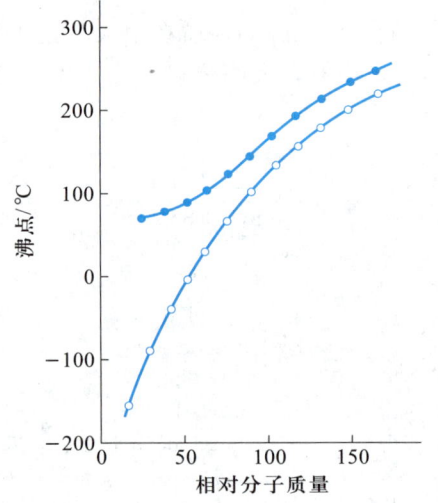

图 10.1 直链伯醇的沸点(●)与直链烷烃的沸点(○)

把水分散在烷烃中时,水分子也会互相吸引而从烷烃中分出,自成一相。因此烷烃在水中或水在烷烃中都基本不溶解。但烷烃、芳烃、卤代烃等,由于同类分子和不同类分子之间的吸引力都相近,所以能以任何比例互相混溶。

醇分子和醇分子之间能生成氢键,醇分子和水分子之间也能生成氢键:

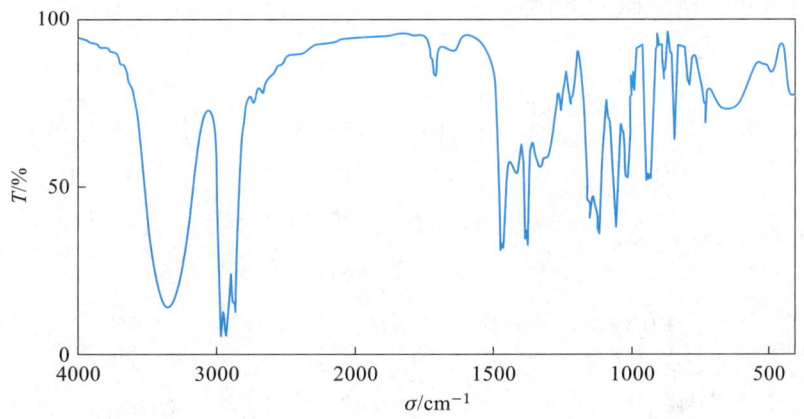

这样就使醇有可能在水分子中间取得位置。因此低级醇能以任何比例与水混溶。醇分子中的烃基增大时,醇羟基生成氢键的能力减小,醇在水中的溶解度也随着降低。高级醇与烷烃极其相似,不溶于水,但能溶于烃类溶剂,如石油醚中。

十六烷醇在水中的溶解度为$(4.1×10^{-6})$%(质量分数),但仍显示羟基的性质,它在水面上形成单分子层,羟基部分靠近水,烷基长链在空气一边。

10.1.3.3 相对密度

烷醇的相对密度大于烷烃,但小于1。芳香醇的相对密度大于1。

10.1.3.4 醇的红外光谱、质子核磁共振谱和质谱

氢键和烷基结构对醇分子中O—H键伸缩吸收峰的位置有显著影响:分子间缔合在$3400\sim3200\ cm^{-1}$产生宽峰,分子内氢键在$3500\sim3450\ cm^{-1}$有尖峰,并不受稀释的影响,缔合的O—H键在$3650\sim3590\ cm^{-1}$有尖峰,稀释样品能使其位置移动。图10.2为己-2-醇的红外光谱。

图 10.2 己-2-醇的红外光谱

羟基质子的δ_H在0.5~4.5,具体位置决定于溶剂、浓度和温度,由于分子间氢键不断迅速交换,一般为宽的单峰。如溶剂与样品不生成氢键,稀释溶液能使信号向高场移动,加酸则使信号向低场移动,加氘水交换,信号消失。在质子交换受阻条件下,如样品经仔细提纯,样品能生成分子内氢键,溶剂(如二甲亚砜)能与样品生成氢键,则可观察出伯醇和仲醇中α-碳原子上的质子对羟基质子所产生的自旋裂分。

羟基的位置可以根据它对相邻质子所产生的去屏蔽效应推算出来，O—C—H 的 δ_H 为 3.3～4.0，图10.3 为乙醇的质子核磁共振谱。

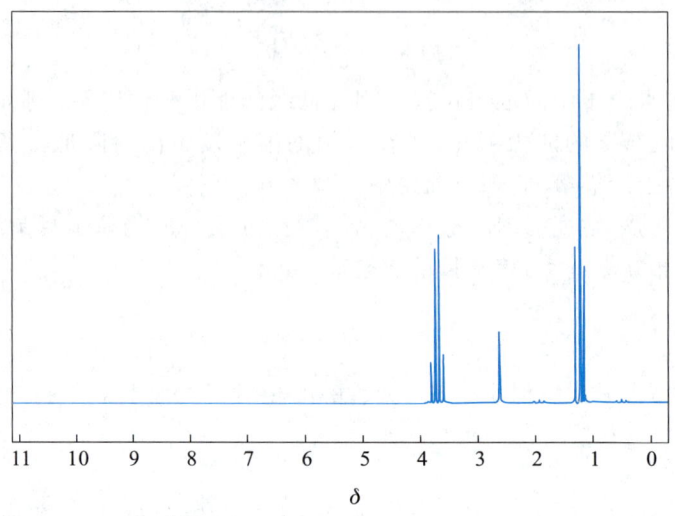

图 10.3 乙醇的 ^{1}H NMR 谱

在电子轰击质谱图中醇的分子离子峰丰度很小，伯醇和支链多的醇常常观察不到分子离子峰，这时质荷比最高的峰常常为 $M-18$ 或 $M-15$。

醇的裂解方式可举例说明如下：

§10.2 一元醇的反应

一元醇的反应主要在羟基和羟基所在的碳原子上发生。

10.2.1 酸碱反应

一元醇有微弱的酸性,羟基上氧原子上的孤电子对能接受质子,又有一定的碱性。

10.2.1.1 酸性

醇分子中含有极化的 O—H 键,解离时生成烷氧基负离子和质子:

$$R-O-H \xrightleftharpoons{K_a} RO^- + H^+$$

一些醇的 pK_a 见表 10.2。

表 10.2 一些醇的 pK_a

醇	pK_a	醇	pK_a
H_2O	15.7	F_3CCH_2OH	12.4
CH_3OH	15.5	$F_3CCH_2CH_2OH$	14.6
CH_3CH_2OH	15.9	$F_3CCH_2CH_2CH_2OH$	15.4
$(CH_3)_2CHOH$	≈18	Cl_3CCH_2OH	12.24
$(CH_3)_3COH$	19.2		

由表 10.2 可见:甲醇、乙醇的 pK_a 与水相近。不同类型的醇酸性大小次序为

$$叔醇 < 仲醇 < 伯醇$$

这是因为在溶液中醇的共轭碱烷氧基负离子是溶剂化的,溶剂化使烷氧基负离子的稳定性增加。伯醇的共轭碱被多个水分子包围,通过溶剂化使负电荷分散,稳定性增加。在叔醇中由于 α 位上烷基的空间障碍,只有较少的溶剂分子能与带负电荷的氧原子接近,即溶剂化作用较小。相比之下,叔醇的共轭碱稳定性较小,平衡位置比伯醇更偏向于未解离的醇一边,因此,酸性较伯醇小。

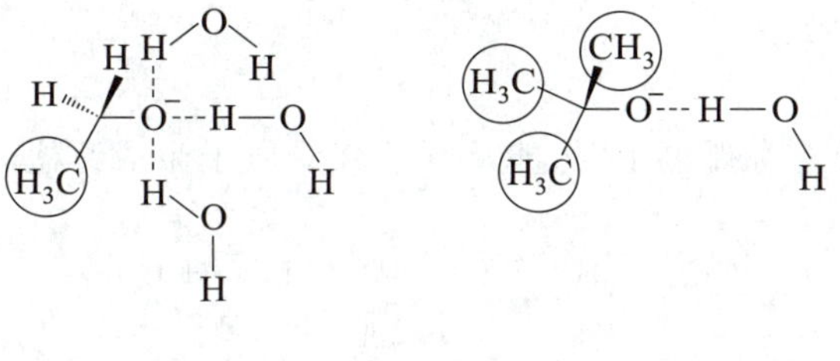

醇的酸性很弱,但解离平衡的存在足以使它与氘水之间的同位素交换迅速进行:

$$ROH + D_2O \rightleftharpoons ROD + HOD(很快)$$

醇分子中烷基上的氢原子被电负性大的原子取代,其酸性增强。例如,2,2,2-三氯乙醇的酸性比乙醇强。一般认为这是 C—Cl 键的极化程度较大,碳原子上带部分正电荷,氯原子上带部分负电荷,烷氧基负离子中带负电荷的氧原子与偶极带负电荷的一端距离较远,与带正电荷的一端距离较近,电荷之间的静电吸引力超过排斥力,结果使烷氧基负离子的稳定性增加,氯代醇的酸

性增强。氯原子的这种作用称为诱导效应(inductive effect)。静电吸引力还可以通过空间或溶剂分子直接传递,这种效应称为场效应,这两种效应很难分开,现在把它们统称为场效应(field effect)。卤素原子与带负电荷的氧原子之间的碳链加长,场效应迅速减弱。取代醇的酸性随卤素原子数目的增加而增强。

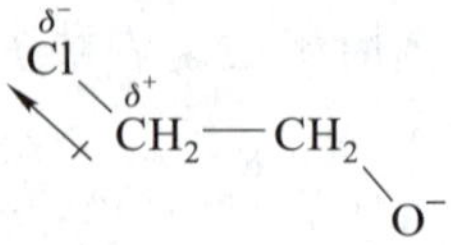

$$\overset{\delta^-}{Cl} \underset{\times}{\overset{\delta^+}{\diagdown}} CH_2 - CH_2 - O^-$$

10.2.1.2 醇金属

醇的酸性很弱,只能与钠、钾、镁、铝等活性金属作用生成醇金属:

$$2\ ROH + 2\ Na \longrightarrow 2\ RO^-Na^+ + H_2 \uparrow$$
$$\quad\ \text{醇} \qquad\qquad\qquad \text{醇钠}$$

不同类型的醇生成醇金属的速率为伯醇＞仲醇＞叔醇。叔醇与金属钠的反应速率迟缓,要同金属钾反应才能使它们完全变成醇金属。金属钠与水作用速率很快,反应热不能迅速扩散,会使放出的氢气着火和爆炸,因此实验室中废弃的金属钠常先用异丙醇分解然后加水。氢化钠也可用来使醇变成醇钠:

$$CH_3OH + Na^+H^- \longrightarrow CH_3O^-Na^+ + H_2 \uparrow$$

醇金属的碱性强弱次序为 $R_3CO^- > R_2CHO^- > RCH_2O^-$。

醇金属既是强碱又是亲核试剂。甲醇钠和乙醇钠是常用的试剂。叔丁醇钾碱性强而亲核性相对较弱,能溶于 THF,常用于卤代烃的脱氢卤反应。

醇金属遇水迅速水解:

$$C_2H_5O^-Na^+ + H_2O \rightleftharpoons C_2H_5OH + Na^+OH^-$$

10.2.1.3 碱性

醇分子中羟基氧原子上有孤电子对,能从强酸接受质子生成锌盐。醇的碱性与水相近。

$$C_2H_5\ddot{O}H + HI \rightleftharpoons C_2H_5\overset{+}{\underset{H}{\ddot{O}}}H\ I^-$$

醇还能够与 Lewis 酸生成锌盐:

$$C_2H_5\ddot{O}H + BF_3 \rightleftharpoons C_2H_5\underset{BF_3}{\ddot{O}H}$$

醇在亲核取代反应中可以作为亲核试剂,但亲核能力较弱。

$$(CH_3)_3CBr + C_2H_5OH \xrightarrow{55\ ℃} (CH_3)_3COC_2H_5 + (CH_3)_2C=CH_2 + HBr$$

10.2.2 转变成卤代烃

醇与氢卤酸作用生成卤代烃：

$$ROH + HX \longrightarrow RX + H_2O$$

反应活性次序为叔醇＞仲醇＞伯醇，$HI > HBr \gg HF$。

叔丁醇与盐酸在室温下一起振荡，即可转变为叔丁基氯，这是叔丁基氯水解成叔丁醇的逆反应：

$$(CH_3)_3COH + HCl \rightleftharpoons (CH_3)_3CCl + H_2O$$

由于叔丁醇能溶于盐酸，而叔丁基氯则不溶解，因此，反应中生成的叔丁基氯成油状物分出。与叔丁基氯的水解一样，叔丁醇与盐酸的反应也是 S_N1 反应：

$$(CH_3)_3COH + HCl \rightleftharpoons (CH_3)_3C\overset{+}{\underset{H}{O}}H + Cl^-$$

$$(CH_3)_3C\overset{+}{\underset{H}{O}}H \longrightarrow (CH_3)_3C^+ + H_2O$$

$$(CH_3)_3C^+ + Cl^- \longrightarrow (CH_3)_3CCl$$

伯醇与氢卤酸的反应必须加热，或在其他条件协同作用下才能进行。例如，用 $HBr-H_2SO_4$、$HI-H_3PO_4$ 或浓盐酸加无水氯化锌作试剂：

$$CH_3(CH_2)_5CH_2OH + HBr \xrightarrow{120\ ℃} CH_3(CH_2)_5CH_2Br + H_2O$$

$$CH_3CH_2CH_2CH_2OH + HBr \xrightarrow[\triangle]{H_2SO_4} CH_3CH_2CH_2CH_2Br$$
$$95\%$$

$$CH_3CH_2CH_2CH_2OH \xrightarrow[NaBr-H_2SO_4]{\triangle} CH_3CH_2CH_2CH_2Br$$
$$70\% \sim 83\%$$

$$(CH_3)_2CHCH_2OH \xrightarrow[KI-H_3PO_4]{\triangle} (CH_3)_2CHCH_2I$$
$$88\%$$

反应机理为 S_N2，硫酸、磷酸或氯化锌的作用是将羟基转变成离去倾向更大的基团，促进取代反应的进行。

$$RCH_2OH + H_2SO_4 \rightleftharpoons RCH_2\overset{+}{\underset{H}{O}}H + HSO_4^-$$

$$Br^- + \underset{\underset{H}{|}}{\overset{R}{\underset{|}{CH_2}}}-\overset{+}{O}H_2 \longrightarrow RCH_2Br + H_2O$$

$$RCH_2OH + ZnCl_2 \rightleftharpoons RCH_2\underset{\underset{H}{|}}{O:ZnCl_2}$$

$$H^+Cl^- + \underset{\underset{H}{|}}{\overset{R}{\underset{|}{CH_2}}}-O:ZnCl_2 \longrightarrow RCH_2Cl + H_2O + ZnCl_2$$

将干燥的卤化氢气体通入仲醇就可以将它转变为卤代烃：

$$CH_3CHCH_2CH_3 + HBr \xrightarrow{73\%} CH_3CHCH_2CH_3 + H_2O$$
$$\quad\ \ |\qquad\qquad\qquad\qquad\qquad\qquad\quad |$$
$$\quad OH\qquad\qquad\qquad\qquad\qquad\qquad Br$$

$$\text{环戊醇-OH} + HBr \xrightarrow{\triangle} \text{环戊基-Br} + H_2O$$

反应机理可能为 S_N2 或 S_N1，有时可能发生重排。例如：

$$(CH_3)_2CHCHCH_3 \xrightleftharpoons{H^+} (CH_3)_2CHCHCH_3 \xrightleftharpoons{-H_2O} (CH_3)_2\overset{+}{C}CHCH_3$$
$$\qquad\quad |\qquad\qquad\qquad\qquad\qquad |\qquad\qquad\qquad\qquad |$$
$$\qquad\ OH\qquad\qquad\qquad\qquad\ \ \ {}^+OH_2\qquad\qquad\qquad\qquad H$$

$$\rightleftharpoons (CH_3)_2\overset{+}{C}CH_2CH_3 \xrightarrow{HBr} (CH_3)_2CCH_2CH_3$$
$$\qquad\qquad\qquad\qquad\qquad\qquad\qquad\qquad\quad |$$
$$\qquad\qquad\qquad\qquad\qquad\qquad\qquad\qquad Br$$
$$\qquad\qquad\qquad\qquad\qquad\qquad\qquad\qquad 64\%$$

戊-2-醇和戊-3-醇与溴化氢反应都生成 2-溴戊烷和 3-溴戊烷的混合物：

$$CH_3CH_2CH_2CHCH_3 \xrightarrow{HBr} CH_3CH_2CH_2CHCH_3 + CH_3CH_2CHCH_2CH_3$$
$$\qquad\qquad\quad |\qquad\qquad\qquad\qquad\qquad\qquad |\qquad\qquad\qquad\qquad |$$
$$\qquad\qquad\ OH\qquad\qquad\qquad\qquad\qquad\qquad Br\qquad\qquad\qquad\qquad Br$$
$$\qquad\qquad\qquad\qquad\qquad\qquad\qquad\qquad 86\%\qquad\qquad\qquad\qquad 14\%$$

$$CH_3CH_2CHCH_2CH_3 \xrightarrow{HBr} CH_3CH_2CHCH_2CH_3 + CH_3CH_2CH_2CHCH_3$$
$$\qquad\qquad\quad |\qquad\qquad\qquad\qquad\qquad\qquad |\qquad\qquad\qquad\qquad |$$
$$\qquad\qquad\ OH\qquad\qquad\qquad\qquad\qquad\qquad Br\qquad\qquad\qquad\qquad Br$$
$$\qquad\qquad\qquad\qquad\qquad\qquad\qquad\qquad 80\%\qquad\qquad\qquad\qquad 20\%$$

说明碳正离子在重排前后的稳定性相近时，重排速率同它与溴离子结合的速率也相近。

$$CH_3CH_2CH_2CHCH_3 \rightleftharpoons CH_3CH_2CH_2\overset{+}{C}HCH_3 \xrightarrow{Br^-} CH_3CH_2CH_2CHCH_3$$
$$\qquad\quad\ \ |\qquad\qquad\qquad\qquad\qquad\qquad\qquad\qquad\qquad\qquad\qquad\quad |$$
$$\qquad\ \ {}^+OH_2\qquad\qquad\qquad\qquad\qquad\qquad\qquad\qquad\qquad\qquad\qquad Br$$

$$\updownarrow$$

$$CH_3CH_2CHCH_2CH_3 \rightleftharpoons CH_3CH_2\overset{+}{C}HCH_2CH_3 \xrightarrow{Br^-} CH_3CH_2CHCH_2CH_3$$
$$\qquad\quad\ \ |\qquad\qquad\qquad\qquad\qquad\qquad\qquad\qquad\qquad\qquad\qquad\quad |$$
$$\qquad\ \ {}^+OH_2\qquad\qquad\qquad\qquad\qquad\qquad\qquad\qquad\qquad\qquad\qquad Br$$

在羟基所在的碳原子上有环烷基时，重排生成扩环产物。例如：

环丁基-C(CH_3)_2-OH $\xrightarrow{H^+}$ 环丁基-C(CH_3)_2-${}^+OH_2$ $\rightarrow$ 环丁基-${}^+C$(CH_3)_2

$\rightarrow$ 环戊基${}^+$(CH_3)_2 $\xrightarrow{Cl^-}$ 环戊基-Cl(CH_3)_2

重排后分子的张力减小,因此,叔碳正离子可以重排成仲碳正离子。在 S_N2 反应中没有重排发生。

氟代烷一般不直接由醇制备,而是利用卤素交换反应由相应的氯代烷合成。

醇还可以用其他方法转变为卤代烃。醇与氯化亚砜一起加热可以得到氯代烃:

$$CH_3(CH_2)_5CHCH_3 \xrightarrow[81\%]{SOCl_2, K_2CO_3} CH_3(CH_2)_5CHCH_3$$
$$\quad\quad\quad\quad |\quad\quad\quad\quad\quad\quad\quad\quad\quad\quad\quad\quad\quad\quad\quad |$$
$$\quad\quad\quad\quad OH\quad\quad\quad\quad\quad\quad\quad\quad\quad\quad\quad\quad\quad\quad Cl$$

二噁烷、DMF 常用作溶剂,吡啶和无水氯化锌可用作催化剂。这是一种较温和的制备伯和仲氯代烃的方法。制备仲氯代烃时,重排产物比用氢卤酸时少。

伯和仲溴代烃可以由醇与三溴化磷(或红磷加溴)制备,反应中先生成亚磷酸酯,后者与溴离子发生 S_N2 反应生成溴代烃。例如:

$$3\ C_2H_5OH + PBr_3 \longrightarrow 3\ C_2H_5Br + H_3PO_3$$
$$82\%\sim90\%$$

$$3\ (CH_3)_2CHOH + PBr_3 \longrightarrow 3\ (CH_3)_2CHBr + H_3PO_3$$
$$69\%\sim73\%$$

$$3\ RCH_2OH + PBr_3 \longrightarrow (RCH_2O)_3P + 3HBr$$

$$RCH_2OP(OCH_2R)_2 + HBr \longrightarrow RCH_2\overset{+}{O}P(OCH_2R)_2 + Br^-$$
$$\quad\quad\quad\quad\quad\quad\quad\quad\quad\quad\quad\quad\quad\quad\quad |$$
$$\quad\quad\quad\quad\quad\quad\quad\quad\quad\quad\quad\quad\quad\quad\quad H$$

$$Br^- + \underset{\underset{H}{|}}{\overset{\overset{R}{|}}{CH_2}}\!-\!\overset{+}{O}P(OCH_2R)_2 \longrightarrow RCH_2Br + HOP(OCH_2R)_2$$

碘代烷可以由醇与碘和红磷一起加热制备:

$$6\ CH_3OH + 3\ I_2 + 2\ P \longrightarrow 6\ CH_3I + 2\ H_3PO_3$$

10.2.3 转变为烯烃

醇与强酸如硫酸、硫酸氢钾、对甲苯磺酸(TsOH)和磷酸等一起加热,脱水生成烯烃。醇脱水生成烯烃的相对速率为叔醇＞仲醇＞伯醇。伯醇与浓硫酸要加热到 170～180 ℃ 才能转变为烯烃。叔醇与 20% 硫酸在 80～90 ℃ 下加热,或与草酸或碘一起加热即可变成烯烃。例如:

$$C_2H_5OH \xrightarrow[170\ ℃]{H_2SO_4} CH_2\!=\!CH_2 + H_2O$$

$$\text{环己醇} \xrightarrow[165\sim170\ ℃]{H_3PO_4} \text{环己烯} + H_2O$$
$$79\%\sim84\%$$

$$(CH_3)_3COH \xrightarrow[\triangle]{H_2SO_4} (CH_3)_2C\!=\!CH_2 + H_2O$$
$$82\%$$

反应机理为 E1:

$$(CH_3)_3C-\ddot{O}H + H_2SO_4 \underset{}{\overset{快}{\rightleftharpoons}} (CH_3)_3C\overset{+}{O}H_2 + {}^-OSO_2OH$$

$$(CH_3)_3C-\overset{+}{O}H_2 \underset{}{\overset{慢}{\rightleftharpoons}} (CH_3)_3C^+ + H_2O$$

$$(CH_3)_2\overset{+}{C}-CH_2-H + {}^-OSO_2OH \overset{快}{\longrightarrow} (CH_3)_2C=CH_2 + H_2SO_4$$

醇分子中如有两种或三种 β-氢原子,脱水时生成几种烯烃的混合物,主要产物为双键碳原子上烷基较多的烯烃。例如：

$$CH_3CH_2\underset{OH}{\overset{CH_3}{\underset{|}{C}}}CH_3 \xrightarrow[80\ ℃]{H_2SO_4} \underset{90\%}{CH_3CH=C(CH_3)_2} + \underset{10\%}{CH_3CH_2\overset{CH_3}{\underset{|}{C}}=CH_2}$$

（2-甲基环己醇）$\xrightarrow[\triangle]{H_3PO_4}$ （1-甲基环己烯）84% + （3-甲基环己烯）16%

在脱水反应中还可能生成重排产物:

$$(CH_3)_3CCHCH_3 \underset{OH}{|} \xrightarrow[80\%]{H_3PO_4,\triangle} \underset{3\%}{(CH_3)_3CCH=CH_2} + \underset{64\%}{(CH_3)_2C=C(CH_3)_2} + \underset{33\%}{CH_2=C\overset{H_3C\ \ CH_3}{\underset{|}{\underset{|}{C}}}CH-CH_3}$$

醇也可以用金属氧化物作催化剂在气相中加热脱水。由于副产物少,可能是由醇制备烯烃的最好方法。例如:

$$CH_3(CH_2)_9CH_2CH_2OH \xrightarrow[\triangle]{Al_2O_3} CH_3(CH_2)_9CH=CH_2$$

10.2.4 氧化成醛或酮

将醇氧化成醛或酮是有机化学中研究得较多的一种官能团转变,在反应机理的讨论和新试剂的开发方面都进行了大量工作。

实验室中广泛应用的氧化剂是铬酸,常用的溶剂有水、稀乙酸和含水丙酮。仲醇能顺利氧化成酮。例如:

（环己醇）$\xrightarrow[\triangle]{Na_2Cr_2O_7,H_2SO_4,H_2O}$ （环己酮）85%

$$CH_3(CH_2)_5\underset{OH}{\underset{|}{CH}}CH_3 \xrightarrow[2\ h]{Na_2Cr_2O_7,H_2SO_4,H_2O} \underset{\underset{94\%}{O}}{CH_3(CH_2)_5\overset{}{\underset{\|}{C}}CH_3}$$

这是因为酮一般不容易继续氧化。为了减少酮的继续氧化,可以用丙酮或乙醚作溶剂,加计算量的铬酸。

§10.2 一元醇的反应

伯醇也可以用铬酸氧化成醛,但醛容易继续氧化成羧酸,对于低相对分子质量的醇可以利用醛的沸点比醇低这一特点,使反应中生成的醛不断蒸馏出来,以免被继续氧化。例如:

$$CH_3CH_2CH_2CH_2OH \xrightarrow{Na_2Cr_2O_7, H_2SO_4, H_2O} CH_3CH_2CH_2CHO$$
$$52\%$$

$$FCH_2CH_2CH_2OH \xrightarrow{Na_2Cr_2O_7, H_2SO_4, H_2O} FCH_2CH_2CHO$$
$$74\%$$

由于这种方法只适用于沸点在 100 ℃ 以下的醛,并且产率较低,在合成中的用途是有限的。

近年来开发了多种选择性高的氧化剂,其中用途较广的是氯铬酸吡啶盐(PCC),它是将吡啶(C_5H_5N)加到三氧化铬的盐酸溶液中得到的:

$$C_5H_5N + CrO_3 + HCl \longrightarrow C_5H_5\overset{+}{N}H\ ClCrO_3^-$$
$$\text{PCC}$$

PCC 为橙红色晶体,能溶于二氯甲烷和氯仿,容易储存,使用安全,在室温下就可以将醇氧化成醛。例如:

$$CH_3(CH_2)_5CH_2CH_2OH \xrightarrow[CH_2Cl_2]{PCC} CH_3(CH_2)_5CH_2CHO$$
$$94\%$$

醇氧化成羰基化合物要以质子的形式失去两个氢:

$$RCH_2OH \longrightarrow RCHO + 2\,H^+ + 2\,e^-$$

多余的电子由氧化剂接受:

$$3\,e^- + Cr^{6+} \longrightarrow Cr^{3+}$$

将上面两个反应方程式乘以适当的因子,然后相加就得到平衡的反应方程式:

$$3\,RCH_2OH + 2\,Cr^{6+} \longrightarrow 3\,RCHO + 6\,H^+ + 2\,Cr^{3+}$$

伯醇用高锰酸钾氧化生成羧酸。例如:

$$\underset{\underset{CH_3}{|}}{CH_3CH_2CH(CH_2)_4CH_2OH} \xrightarrow{KMnO_4, H_2SO_4} \underset{\underset{CH_3}{|}}{CH_3CH_2CH(CH_2)_4\overset{O}{\overset{\|}{C}}OH}$$
$$66\%$$

$$\underset{\underset{CH_2CH_3}{|}}{CH_3CH_2CH_2CH_2CHCH_2OH} \xrightarrow[\text{② } H_3O^+]{\text{① } KMnO_4, OH^-} \underset{\underset{CH_2CH_3}{|}}{CH_3CH_2CH_2CH_2CH\overset{O}{\overset{\|}{C}}OH}$$
$$74\%$$

§10.3 一元醇的制法

10.3.1 羰基化合物的还原

醛、酮、羧酸和羧酸酯分子中都含有羰基,它们能还原成伯醇或仲醇:

$$\underset{\text{羧酸}}{RCOOH} \xrightarrow{[H]} \underset{\text{伯醇}}{RCH_2OH}$$

$$\underset{\text{羧酸酯}}{RCOOR'} \xrightarrow{[H]} \underset{\text{伯醇}}{RCH_2OH} + R'OH$$

$$\underset{\text{醛}}{RCHO} \xrightarrow{[H]} \underset{\text{伯醇}}{RCH_2OH}$$

$$\underset{\text{酮}}{RCOR'} \xrightarrow{[H]} \underset{\text{仲醇}}{RCH(OH)R'}$$

式中,[H]表示还原剂。

10.3.1.1 醛、酮的还原

醛、酮可以用硼氢化钠或氢化铝锂还原成醇。用硼氢化钠作还原剂时,反应在甲醇或乙醇溶液中进行。例如:

$$4\,RCH{=}O + NaBH_4 + 4\,CH_3OH \longrightarrow 4\,RCH_2OH + NaOCH_3 + B(OCH_3)_3$$

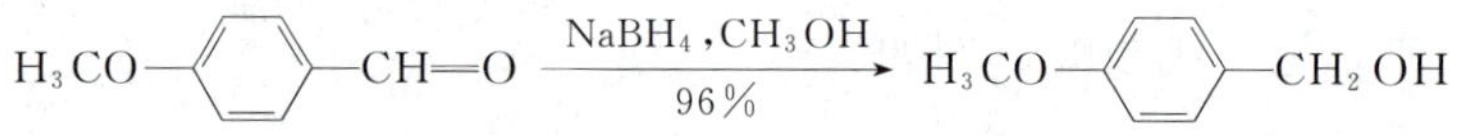

$$H_3CO{-}C_6H_4{-}CHO \xrightarrow[96\%]{NaBH_4,\,CH_3OH} H_3CO{-}C_6H_4{-}CH_2OH$$

$$(CH_3)_3CCH_2COCH_3 \xrightarrow[85\%]{NaBH_4,\,EtOH} (CH_3)_3CCH_2CH(OH)CH_3$$

醛、酮分子中的硝基和孤立双键不受影响:

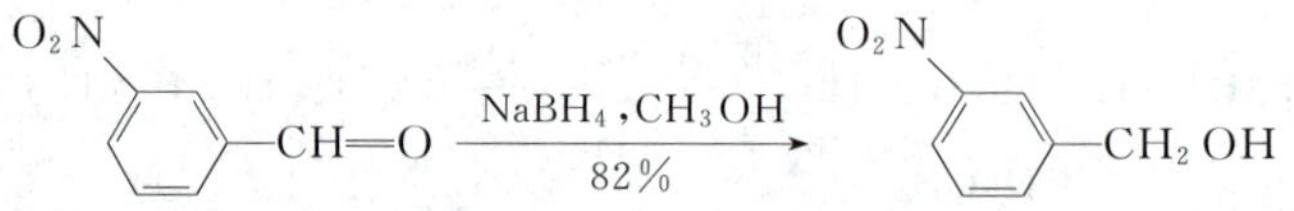

$$O_2N{-}C_6H_4{-}CHO \xrightarrow[82\%]{NaBH_4,\,CH_3OH} O_2N{-}C_6H_4{-}CH_2OH$$

用氢化铝锂作还原剂时,反应要在无水溶剂,如无水乙醚中进行。例如:

$$4\,RCH{=}O + LiAlH_4 \longrightarrow Li^+\,Al(OCH_2R)_4^- \xrightarrow{H_2O} 4\,RCH_2OH$$

$$CH_3(CH_2)_5CH=O \xrightarrow[\text{② } H_2O]{\text{① } LiAlH_4, Et_2O} CH_3(CH_2)_5CH_2OH$$

$$(C_6H_5)_2CHCCH_3 \xrightarrow[\text{② } H_2O]{\text{① } LiAlH_4, Et_2O} (C_6H_5)_2CHCHCH_3 \underset{84\%}{\overset{OH}{|}}$$

$$(CH_3)_2C=CHCH_2CH_2CCH_3 \xrightarrow[\text{② } H_2O]{\text{① } LiAlH_4, Et_2O} (CH_3)_2C=CHCH_2CH_2CHCH_3 \underset{90\%}{\overset{OH}{|}}$$

醛、酮催化加氢也生成醇：

$$CH_3O-\!\!\!\!\!\bigcirc\!\!\!\!\!-CH=O \xrightarrow[\text{EtOH}]{H_2, Pt} CH_3O-\!\!\!\!\!\bigcirc\!\!\!\!\!-CH_2OH \quad 92\%$$

$$\text{环戊酮} \xrightarrow[\text{EtOH}]{H_2, Pt} \text{环戊醇} \quad 93\% \sim 95\%$$

10.3.1.2 羧酸和羧酸酯的还原

羧酸很难还原，只有用还原能力最强的氢化铝锂才能得到伯醇，氢化铝锂的用量较多：

$$\triangle\!-CO_2H \xrightarrow[\text{② } H_2O]{\text{① } LiAlH_4, Et_2O} \triangle\!-CH_2OH \quad 78\%$$

硼氢化钠不能使羧酸还原。

羧酸酯也可以用氢化铝锂还原成醇：

$$C_6H_5COOC_2H_5 \xrightarrow[\text{② } H_2O]{\text{① } LiAlH_4, Et_2O} C_6H_5CH_2OH + C_2H_5OH \quad 90\%$$

10.3.2 用 Grignard 试剂合成醇

Grignard 试剂与羰基化合物迅速发生放热反应，生成新的碳-碳键，加成产物水解后得到醇：

$$\underset{\overset{\delta^-}{R}-\overset{\delta^+}{MgX}}{\overset{}{>}\!C\!=\!O} \longrightarrow -\overset{|}{\underset{R}{C}}-OMgX \xrightarrow{H_3O^+} -\overset{|}{\underset{R}{C}}-OH + Mg^{2+} + X^- + H_2O$$

用不同的羰基化合物作 Grignard 试剂的底物，可以得到不同类型的醇，醛、酮分子中与羰基相连的烃基在产物中仍与羰基所在的碳原子相连。

10.3.2.1 与甲醛反应

Grignard 试剂与甲醛反应，产物为伯醇，相当于在 Grignard 试剂的烃基上增加一个碳原子。

$$RMgX + \underset{\underset{H}{|}}{\overset{\overset{O}{\|}}{HCH}} \xrightarrow{Et_2O} R\underset{\underset{H}{|}}{\overset{\overset{H}{|}}{-C-}}OMgX \xrightarrow{H_3O^+} RCH_2OH$$

$$\text{C}_6\text{H}_{11}\text{MgX} + HCH=O \xrightarrow[\text{② } H_3O^+]{\text{① } Et_2O} \text{C}_6\text{H}_{11}CH_2OH \quad 64\%\sim69\%$$

10.3.2.2 与其他醛反应

Grignard 试剂与其他醛反应，产物为仲醇，相当于在醛的羰基上增加一个烃基，即 Grignard 试剂中的烃基：

$$RMgX + R'CH=O \xrightarrow{Et_2O} R'\underset{\underset{R}{|}}{\overset{\overset{H}{|}}{-C-}}OMgX \xrightarrow{H_3O^+} R'\underset{\underset{R}{|}}{-CHOH}$$

$$CH_3(CH_2)_4CH_2MgBr + CH_3CH=O \xrightarrow[\text{② } H_3O^+]{\text{① } Et_2O} CH_3(CH_2)_4CH_2\underset{\underset{OH}{|}}{CHCH_3} \quad 84\%$$

10.3.2.3 与酮反应

Grignard 试剂与酮反应，产物为叔醇，相当于在酮的羰基碳原子上连接 Grignard 试剂中的烃基：

$$RMgX + R'\overset{\overset{O}{\|}}{C}R'' \xrightarrow{Et_2O} R'\underset{\underset{OMgX}{|}}{\overset{\overset{R}{|}}{-C-}}R'' \xrightarrow{H_3O^+} R'\underset{\underset{OH}{|}}{\overset{\overset{R}{|}}{-C-}}R''$$

$$(CH_3)_2CHMgBr + CH_3\overset{\overset{O}{\|}}{C}CH_3 \xrightarrow[\text{② } H_3O^+]{\text{① } Et_2O} (CH_3)_2CH\underset{\underset{OH}{|}}{C}(CH_3)_2 \quad 54\%$$

10.3.2.4 与羧酸酯反应

Grignard 试剂与羧酸酯反应，如羧酸酯为甲酸酯，产物为仲醇，相当于在甲酸酯的羰基碳原子上连接两个相同的烃基，即 Grignard 试剂中的烃基：

$$RMgX + H\overset{\overset{O}{\|}}{C}-OR' \xrightarrow{Et_2O} R\underset{\underset{OMgX}{|}}{-CH-}R \xrightarrow{H_3O^+} R\underset{\underset{OH}{|}}{CH}R$$

甲酸酯先加 1 mol Grignard 试剂生成醛，后者再加 1 mol Grignard 试剂生成仲醇，由于醛的反应活性比酯高,生成后立即继续反应,即便只加 1 mol Grignard 试剂,也不能停留在生成醛的阶段。

$$RMgX + HC(=O)-OR' \longrightarrow \left[H-\underset{R}{\underset{|}{C}}(OMgX)(OR') \right] \longrightarrow RCH=O \xrightarrow{RMgX}$$

$$\underset{OMgX}{RCHR} \xrightarrow{H_3O^+} \underset{OH}{RCHR}$$

$$CH_3(CH_2)_2CH_2MgBr + HCOOC_2H_5 \xrightarrow[\text{② } H_3O^+]{\text{① } Et_2O} (CH_3CH_2CH_2CH_2)_2CHOH$$
$$83\% \sim 85\%$$

其他的羧酸酯生成叔醇:

$$RMgX + R'C(=O)-OR'' \xrightarrow{Et_2O} \underset{OMgX}{R'-\underset{|}{\overset{R}{C}}-R} \xrightarrow{H_3O^+} \underset{OH}{R'-\underset{|}{\overset{R}{C}}-R}$$

$$C_6H_5MgBr + C_6H_5COOC_2H_5 \xrightarrow[\text{② } H_3O^+]{\text{① } Et_2O} \underset{OH}{C_6H_5-\underset{|}{\overset{C_6H_5}{C}}C_6H_5}$$
$$91\%$$

碳酸酯也生成叔醇,相当于将三分子 Grignard 试剂中的烃基连在一个碳原子上。

$$RMgX + CH_3OC(=O)OCH_3 \xrightarrow[\text{② } H_3O^+]{\text{① } Et_2O} \underset{OH}{R-\underset{|}{\overset{R}{C}}-R}$$

$$3\ EtMgBr + CH_3OC(=O)OCH_3 \xrightarrow[\text{② } H_3O^+]{\text{① } Et_2O} \underset{OH}{Et-\underset{|}{\overset{Et}{C}}-Et}$$
$$85\%$$

10.3.2.5 与环氧乙烷反应

除与羰基化合物反应外,Grignard 试剂还可以与环氧乙烷反应生成伯醇,相当于在 Grignard 试剂的烃基上一次增加两个碳原子。

$$RMgX + \underset{H_2C-CH_2}{\overset{O}{\triangle}} \xrightarrow{Et_2O} RCH_2CH_2OMgX \xrightarrow{H_3O^+} RCH_2CH_2OH$$

$$n\text{-}C_4H_9MgBr + \underset{H_2C-CH_2}{\overset{O}{\triangle}} \xrightarrow[\text{② } H_3O^+]{\text{① } Et_2O} n\text{-}C_4H_9CH_2CH_2OH$$
$$60\% \sim 62\%$$

10.3.2.6 有机锂化合物与羰基化合物的反应

比 Grignard 试剂活性更高的有机锂化合物也可用于醇的合成。

$$RLi + \underset{}{\diagup}C=O \longrightarrow R-\underset{|}{C}-OLi \xrightarrow{H_3O^+} R-\underset{|}{C}-OH$$

$$CH_2=CHLi + C_6H_5CHO \xrightarrow[②\ H_3O^+]{①\ Et_2O} \underset{\underset{OH}{|}}{C_6H_5CHCH=CH_2}$$

76%

10.3.2.7 炔醇的合成

炔烃分子中三键上的氢被钠或镁取代生成的有机金属化合物与羰基化合物反应得到相应的炔醇。例如：

$$HC\equiv CNa + \text{环己酮} \xrightarrow[②\ H_3O^+]{①\ Et_2O} \text{环己基-C}\equiv CH\text{-OH}$$

65%~75%

$$CH_3(CH_2)_3C\equiv CMgBr + HCHO \xrightarrow[②\ H_3O^+]{①\ Et_2O} CH_3(CH_2)_3C\equiv CCH_2OH$$

82%

10.3.2.8 逆合成分析

在考虑如何由适当的原料合成目标分子(target molecule)时,常用逆合成分析(retrosynthetic analysis)法。这就是从目标分子出发,把它分割成两部分或几部分,找出可能的前体(precusor),这些前体可以通过可靠的反应重新组合成目标分子。如果前体中的一种或几种结构仍然较复杂,可以当成新的目标分子,继续进行逆合成分析,推测可能的前体,直到所有前体都是市售商品为止。

逆合成分析的表示方法是用一个空心箭头,由目标分子指向前体:

$$\text{目标分子} \Longrightarrow \text{前体}$$

以醇的合成为例,要判断从哪一种 Grignard 试剂和哪一种底物合成指定的醇,要围绕醇分子中羟基所在的碳原子进行分析,这个碳原子就是底物中的羰基碳原子。再假定与这个碳原子相连的一个烃基带着价电子脱离,这样就显示出一个碳负离子和接受它的羰基底物:

$$\underset{OH}{\underset{|}{R^1-\underset{\underset{R^3}{|}}{\overset{R^2}{C}}-}}$$

$$\underset{OH}{\underset{|}{R^1-\underset{\underset{R^3}{|}}{\overset{R^2}{C}}-}} \Longrightarrow R^1{}^- \quad \underset{O}{\underset{\|}{\overset{R^2}{\underset{R^3}{C}}}}$$

Grignard 试剂在合成上相当于碳负离子,因此,可供选择的合成方法为

$$R^1MgX + R^2-\overset{\overset{O}{\|}}{C}-R^3 \xrightarrow[\text{② }H_3O^+]{\text{① }Et_2O} R^1-\underset{\underset{OH}{|}}{\overset{\overset{R^2}{|}}{C}}-R^3$$

如目标分子为伯醇,根据逆合成分析,Grignard 试剂作用的底物应为甲醛：

$$R-\underset{\underset{H}{|}}{\overset{\overset{H}{|}}{C}}-OH \Longrightarrow R^- \quad \overset{H}{\underset{H}{\overset{|}{C}}}=O$$

例如：

$$(CH_3)_2CHCH_2CH_2\!\!+\!\!CH_2OH \Longrightarrow (CH_3)_2CHCH_2CH_2^- \quad CH_2\!\!=\!\!O$$

$$(CH_3)_2CHCH_2CH_2MgBr + H_2C\!\!=\!\!O \xrightarrow[\text{② }H_3O^+]{\text{① }Et_2O} (CH_3)_2CHCH_2CH_2CH_2OH$$

如底物不限于羰基化合物,则可以考虑碳链在 β- 和 γ-碳原子之间断裂：

$$(CH_3)_2CHCH_2\!\!+\!\!CH_2CH_2OH \Longrightarrow (CH_3)_2CHCH_2^- \quad H_2C\overset{O}{\underset{}{\diagdown\!\!\diagup}}CH_2$$

$$(CH_3)_2CHCH_2MgBr + H_2C\overset{O}{\underset{}{\diagdown\!\!\diagup}}CH_2 \xrightarrow[\text{② }H_3O^+]{\text{① }Et_2O} (CH_3)_2CHCH_2CH_2CH_2OH$$

如目标分子为仲醇,则有几种不同的选择：

$$R^1-CH\!\!=\!\!O \Longleftarrow R^1-\underset{\underset{H}{|}}{\overset{\overset{R^2}{|}}{C}}-OH \Longrightarrow R^{2-} \quad R^1CH\!\!=\!\!O$$

$$CH_3^-\ O\!\!=\!\!CHCH_2CH_3 \Longleftarrow CH_3CHCH_2CH_2CH_3 \Longrightarrow CH_3CH\!\!=\!\!O\ ^-CH_2CH_2CH_3$$
$$\underset{OH}{|}$$

$$CH_3MgI + CH_3CH_2CH_2CH\!\!=\!\!O \xrightarrow[\text{② }H_3O^+]{\text{① }Et_2O} CH_3\underset{\underset{OH}{|}}{CH}CH_2CH_2CH_3$$

$$CH_3CH_2CH_2CH_2MgBr + CH_3CH\!\!=\!\!O \xrightarrow[\text{② }H_3O^+]{\text{① }Et_2O} CH_3\underset{\underset{OH}{|}}{CH}CH_2CH_2CH_3$$

如果仲醇分子中与羟基所在碳原子相连的两个烃基相同,则可以考虑用甲酸酯作 Grignard 试剂的底物。

$$R-\underset{\underset{OH}{|}}{\overset{\overset{R}{|}}{C}}-H \Longrightarrow 2\ R^- \quad \overset{\overset{O}{\|}}{HC}-OEt$$

如目标分子为叔醇,可供选择的途径更多:

$$R^1-\underset{\underset{O}{\|}}{\overset{R^2}{\overset{|}{C}}}-R^3 \Longleftarrow R^1-\underset{\underset{OH}{|}}{\overset{R^2}{\overset{|}{C}}}-R^3 \Longrightarrow R^1-\underset{\underset{O}{\|}}{\overset{R^2}{\overset{|}{C}}}\quad R^3-$$

$$\Downarrow$$

$$R^2- \quad R^1-\underset{\underset{O}{\|}}{\overset{}{C}}-R^3$$

如叔醇中与羟基所在的碳原子相连的烃基有两个是相同的,可以考虑用羧酸酯作底物;三个烃基都相同,可以考虑用碳酸酯作底物。

$$R-\underset{\underset{OH}{|}}{\overset{R}{\overset{|}{C}}}-R' \Longrightarrow 2R- \quad R'\underset{\underset{}{\|}}{\overset{O}{\overset{\|}{C}}}-OEt$$

$$R-\underset{\underset{OH}{|}}{\overset{R}{\overset{|}{C}}}-R \Longrightarrow 3R- \quad EtO-\underset{\underset{}{\|}}{\overset{O}{\overset{\|}{C}}}-OEt$$

这些不同途径之间的差别不大,具体选择应根据原料是否容易得到决定。

问题 10.4 下列化合物应如何合成?

(1) $C_6H_5CHCH_2CH_3$
　　　　|
　　　　OH

(2) $C_6H_5C(CH_3)_2$
　　　　　|
　　　　　OH

(3) $CH_3CH_2\underset{\underset{OH}{|}}{\overset{CH_3}{\overset{|}{C}}}CH_3$

(4) $CH_3(CH_2)_4\underset{\underset{OH}{|}}{\overset{CH_3}{\overset{|}{C}}}(CH_2)_4CH_3$

(5) $CH_3CH_2CHCH_2CH(CH_3)_2$
　　　　　|
　　　　　OH

(6) $(C_6H_5)_3CCH_2OH$

(7) $CH_3CH_2\underset{\underset{OH}{|}}{\overset{CH_3}{\overset{|}{C}}}C\equiv CH$

(8) $C_6H_5\underset{\underset{OH}{|}}{\overset{CH_3}{\overset{|}{C}}}CH_3$

10.3.3 烯烃的水合

烯烃在酸催化下加水生成醇,除了直接水合外,在实验室中常用间接水合的方法制备醇。

烯烃与乙酸汞等汞盐在水溶液中反应生成有机汞化合物,后者用硼氢化钠还原生成醇,其结构与酸催化下的水合反应相同:

$$CH_3CH=CH_2 + Hg(OAc)_2 + H_2O \xrightarrow[25\,^\circ C]{H_2O-THF} CH_3\underset{OH}{\underset{|}{C}}HCH_2HgOAc + HOAc$$

$$CH_3\underset{OH}{\underset{|}{C}}HCH_2HgOAc \xrightarrow[OH^-]{NaBH_4} CH_3\underset{OH}{\underset{|}{C}}HCH_3 + Hg$$

前一步称为羟汞化反应(oxymercuration),后一步则称为脱汞(demercuration)。这种间接水合,实验操作简单,只要将烯烃加入乙酸汞的含水四氢呋喃溶液中,约 1 h 后,羟汞化反应即已完成,再加入硼氢化钠的碱溶液,除去生成的金属汞,即可从溶液中回收醇。反应的区域选择性很高,并不发生重排。例如:

$$CH_3CH_2CH_2CH_2CH=CH_2 \xrightarrow[\text{② } NaBH_4, OH^-]{\text{① } Hg(OAc)_2, THF, H_2O} CH_3CH_2CH_2CH_2\underset{OH}{\underset{|}{C}}HCH_3$$
94%

$$(CH_3)_3CCH=CH_2 \xrightarrow[\text{② } NaBH_4, OH^-]{\text{① } Hg(OAc)_2, THF, H_2O} (CH_3)_3C\underset{OH}{\underset{|}{C}}HCH_3$$
94%

羟汞化为反式加成反应:

$$(H_3C)_3C-\!\!\!\!\!\!\bigcirc\!\!\!\!=\!\!\!\!\!\! + Hg(OAc)_2 + H_2O \xrightarrow{THF} (H_3C)_3C-\!\!\!\!\!\!\bigcirc\!\!\!\!\!\!\overset{HgOAc}{\underset{OH}{\overset{|}{}}}H$$

反应机理与其他亲电加成反应相似:

$$R-CH=CH_2 + Hg-OAc \rightleftharpoons \underset{RCH-CH_2}{\overset{OAc}{\underset{|}{Hg^+}}} + {}^-OAc \quad \downarrow H_2O$$

$$RCHCH_2HgOAc + HOAc$$
$$|$$
$$OH$$

10.3.4 卤代烃的水解

低级伯卤代烷与氢氧化钠水溶液一起回流,水解生成伯醇:

$$HO^- + CH_2-Cl \xrightarrow{100\,^\circ C} HOCH_2CH_2CH(CH_3)_2 + Cl^-$$
$$|$$
$$CH_2CH(CH_3)_2$$

β 位有烷基侧链的卤代烷和仲卤代烷在强碱作用下主要生成消除产物。为了抑制 E2 反应,可以使卤代烷先与乙酸钠等弱碱作用,生成的乙酸酯再用水解或还原的方法转变成醇。

$$RX + CH_3CO_2^-Na^+ \longrightarrow CH_3CO_2R$$

$$CH_3CO_2R + H_2O \longrightarrow CH_3CO_2H + ROH$$

叔卤代烷与碳酸钠水溶液一起摇动即可水解生成醇,碳酸钠的作用是用来中和反应中生成的酸。由于反应的活性中间体是碳正离子,它有时会发生重排。

在一般情况下,醇比卤代烃容易得到,通常是由醇合成卤代烃,所以由卤代烃合成醇只在特殊情况下采用。例如,烯丙基氯和苄氯容易由相应的烃得到,可以由它们制备烯丙醇和苄醇。

$$CH_2=CHCH_2Cl + H_2O \xrightarrow{Na_2CO_3} CH_2=CHCH_2OH + HCl$$

$$C_6H_5CH_2Cl + H_2O \xrightarrow{Na_2CO_3} C_6H_5CH_2OH + HCl$$

问题 10.5 如何由下列原料合成 1-苯乙醇[$C_6H_5CH(OH)CH_3$]?
(1) 溴苯　(2) 苯甲醛　(3) 苯乙酮　(4) 苯乙烯

问题 10.6 如何由下列原料合成 2-苯乙醇($C_6H_5CH_2CH_2OH$)?
(1) 溴苯　(2) 苯乙烯　(3) 苯乙炔　(4) 苯乙酸乙酯

---

§ 10.4　二　元　醇

二元醇根据两个羟基的相对位置分为 1,2-二醇、1,3-二醇、1,4-二醇等。

　　　HOCH$_2$CH$_2$OH　　　HOCH$_2$CH$_2$CH$_2$OH　　　HOCH$_2$CH$_2$CH$_2$CH$_2$OH
　　　乙二醇(甘醇)　　　　丙-1,3-二醇　　　　　　　丁-1,4-二醇

本节只讨论 1,2-二醇。

10.4.1　1,2-二醇的物理性质

1,2-二醇为易溶于水的高沸点液体或固体。例如,乙二醇为黏稠液体,沸点:197.6 ℃,它能通过氢键形成缔合物:

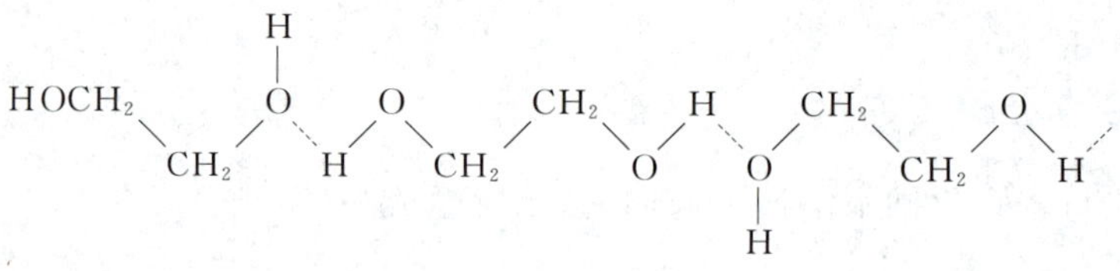

因此沸点高,黏度大。

问题 10.7 环己-1,2-二醇、环己-1,3-二醇和环己-1,4-二醇各有几种立体异构体?

10.4.2 1,2-二醇的反应

10.4.2.1 氧化

1,2-二醇用高碘酸氧化,两个羟基之间的碳-碳单键断裂,生成两分子羰基化合物,可用于二醇结构的测定:

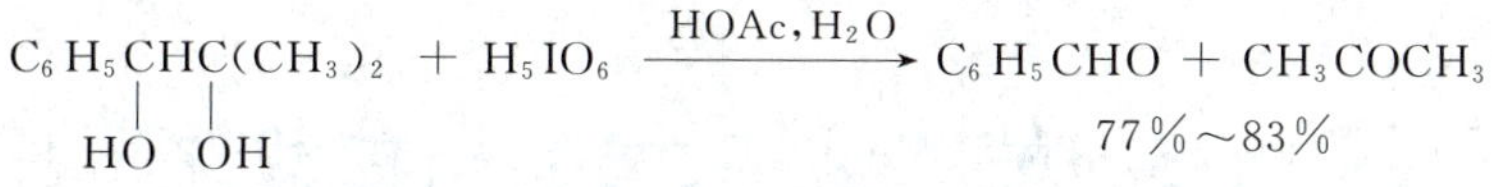

$$C_6H_5CH(OH)C(OH)(CH_3)_2 + H_5IO_6 \xrightarrow{HOAc, H_2O} C_6H_5CHO + CH_3COCH_3$$
$$77\% \sim 83\%$$

氧化反应可能是通过环状高碘酸酯进行的。

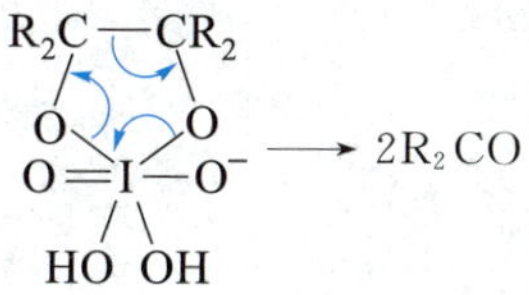

$$2R_2CO$$

一些二醇不能用高碘酸氧化。例如:

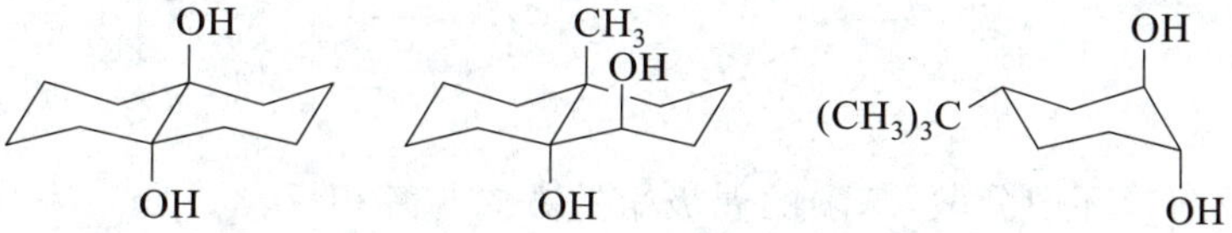

问题 10.8 写出下列化合物用高碘酸氧化生成的产物。

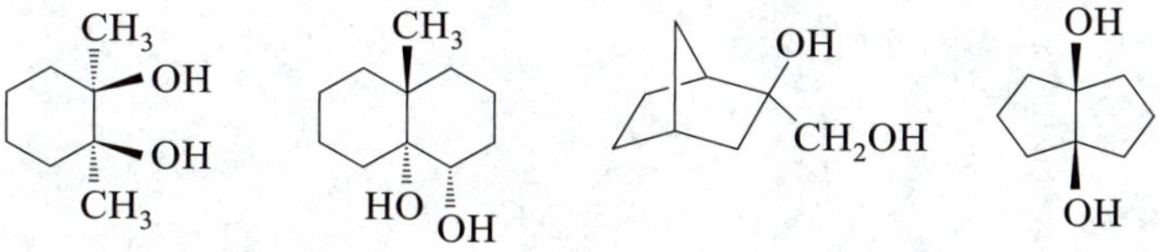

10.4.2.2 聚合和成环

1,2-二醇与其他双官能团化合物反应能生成聚合物。例如,在工业上由乙二醇与对苯二甲酸生产涤纶。

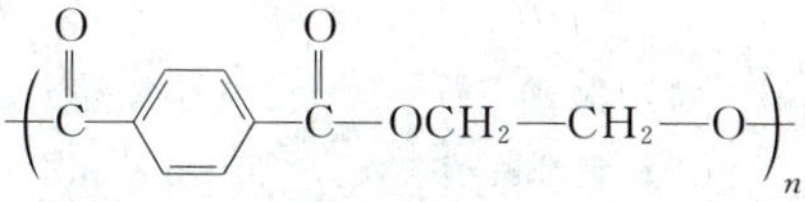

$$\{-OC-C_6H_4-CO-OCH_2-CH_2-O-\}_n$$

涤纶

1,2-二醇和其他二醇还容易生成环状化合物:

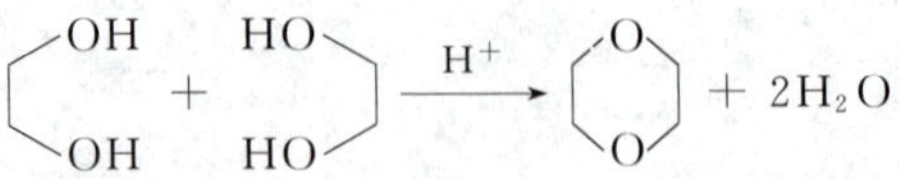

$$\text{HO}\diagdown\text{OH} + \text{HO}\diagdown\text{OH} \xrightarrow{H^+} \text{二恶烷} + 2H_2O$$

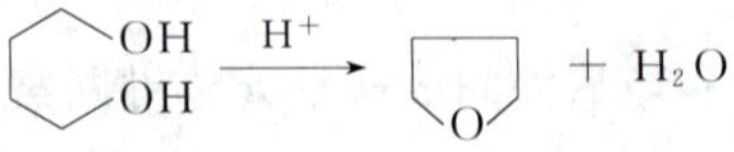

$$\diagdown\text{OH}\text{OH} \xrightarrow{H^+} \text{四氢呋喃} + H_2O$$

§10.5 酚的结构、命名和物理性质

10.5.1 酚的结构

酚的结构可用共振式表示：

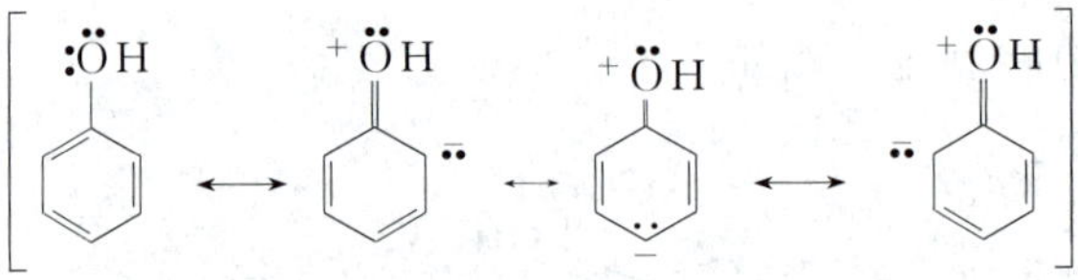

$$\left[\text{Ph–}\ddot{\text{O}}\text{H}: \leftrightarrow \cdots \leftrightarrow \cdots \leftrightarrow \cdots \right]$$

由于羟基上的电子向苯环中分散，苯酚的偶极矩的方向与醇相反：

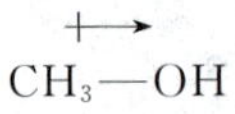

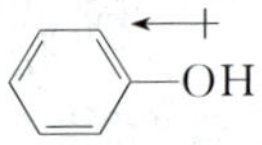

$$\text{CH}_3\text{—OH} \qquad\qquad \text{C}_6\text{H}_5\text{—OH}$$
$$\text{甲醇} \qquad\qquad\qquad \text{苯酚}$$
$$\mu = 5.7 \times 10^{-30}\ \text{C·m} \qquad \mu = 5.3 \times 10^{-30}\ \text{C·m}$$

10.5.2 酚的命名

酚的命名是在酚字前面加上芳环的名称，以此作为母体，再加上其他取代基的名称和位置。例如：

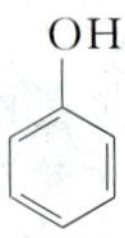

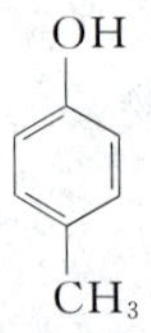

苯酚	对甲苯酚	邻硝基苯酚	α-萘酚
phenol	4-methylphenol *p*-cresol	*o*-nitrophenol	α-naphthol

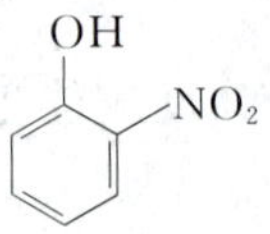

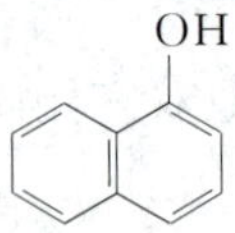

多元酚称为二酚、三酚等。例如：

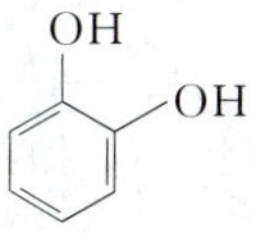

邻苯二酚
benzene-1,2-diol
catechol

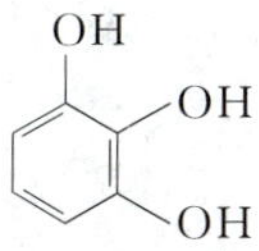

苯-1,2,3-三酚
benzene-1,2,3-triol

10.5.3 酚的物理性质

酚含有羟基,能在分子间生成氢键,因此,它的熔点和沸点都比相对分子质量相近的芳烃或芳基卤化物高。酚的相对密度都大于1。表10.3列出一些酚的物理常数。

表 10.3　一些酚的物理常数

化合物名称	英文名称	熔点/℃	沸点/℃	溶解度/[g·(100 mL H_2O)$^{-1}$]
苯酚	phenol	43	181.8	8.2
邻甲苯酚	o-cresol	30.9	191	2.5
间甲苯酚	m-cresol	11.3	203	0.5
对甲苯酚	p-cresol	34.8	202	1.8
1-萘酚	1-naphthol	96	279	
2-萘酚	2-naphthol	122	285	0.1
邻苯二酚	catechol	105	246	45.1
间苯二酚	resorcinol	110	276	147.3
对苯二酚	hydroquinone	170	285	6

大多数酚为结晶固体,少数烷基酚为高沸点液体。酚类一般没有颜色,但往往由于含有氧化产物而带红色。酚类能溶于乙醇、乙醚、苯等有机溶剂,苯酚及其低级同系物能溶于水。

酚的红外光谱具有芳环和羟基的特点。O—H键的伸缩振动在 3 600 cm^{-1},C—O键的伸缩振动在 1 250~1 200 cm^{-1}。

酚羟基质子的化学位移为 δ_H = 4~12。

酚的质谱图中有强的分子离子峰,有时 $M-1$ 峰的丰度比分子离子峰大。

§ 10.6　一元酚的反应

酚的羟基不容易被取代,在羟基的活化下,苯环容易发生亲电取代反应。

10.6.1　酸碱反应

苯酚能溶于碳酸钠溶液而不溶于碳酸氢钠溶液,其 pK_a 为 10.00,是一个比乙酸还要弱的酸,但其酸性比醇强得多,这是因为苯酚的共轭碱,苯氧基负离子中的负电荷可以分散到苯环中去,使其稳定性增加,酸碱平衡的位置比醇更偏向于共轭碱的一边。

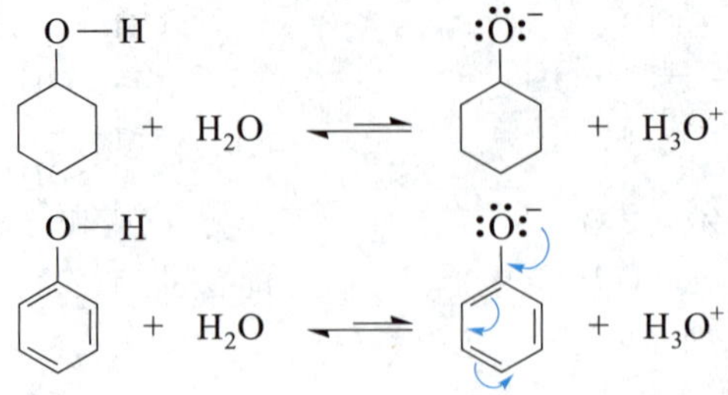

$$\text{C}_6\text{H}_{11}\text{OH} + \text{H}_2\text{O} \rightleftharpoons \text{C}_6\text{H}_{11}\text{O}^- + \text{H}_3\text{O}^+$$

$$\text{C}_6\text{H}_5\text{OH} + \text{H}_2\text{O} \rightleftharpoons \text{C}_6\text{H}_5\text{O}^- + \text{H}_3\text{O}^+$$

苯氧基负离子的结构可用共振式表示：

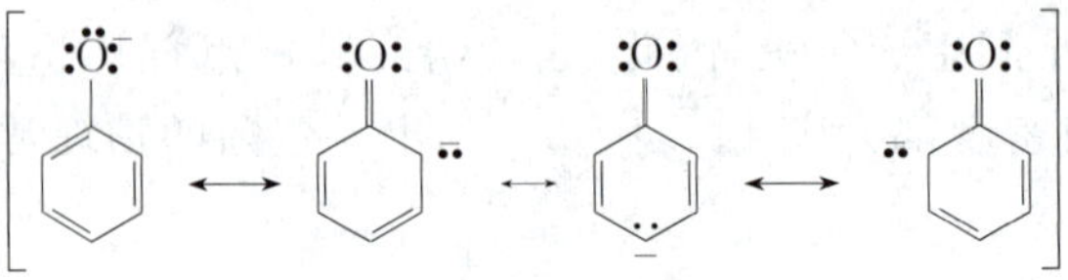

简写作：

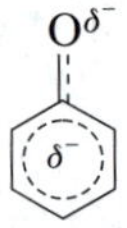

一些取代苯酚的 pK_a 见表 10.4。

表 10.4　一些取代苯酚的 pK_a (25 ℃)

取代基	邻	间	对
H	10.00	10.00	10.00
CH$_3$	10.29	10.09	10.26
F	8.81	9.28	9.81
Cl	8.48	9.02	9.38
Br	8.42	8.87	9.26
I	8.46	8.88	9.20
CH$_3$O	9.98	9.65	10.21
NO$_2$	7.22	8.39	7.15

吸电子的取代基如卤素和硝基使酚的酸性增强，硝基在邻、对位时，苯氧基负离子的负电荷可以分散到硝基上去，使其酸性比间位异构体强：

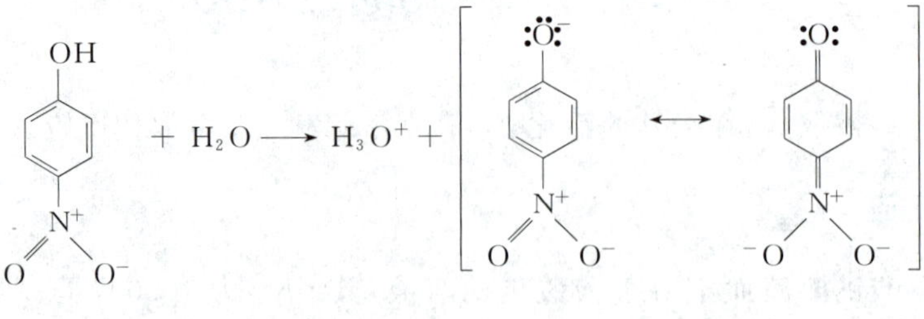

多硝基苯酚的酸性更强，2,4-二硝基苯酚和 2,4,6-三硝基苯酚的 pK_a 分别为 4.09 和 0.25，后者是一种相当强的酸，其习惯名为苦味酸 (picric acid)。

酚的邻位上如有体积很大的取代基，由于苯氧基负离子的溶剂化受到阻碍，其酸性特别弱。例如，2,4,6-三新戊基苯酚在液氨中与金属钠也不发生反应。

问题 10.9 对氯苯酚和环己醇应如何分离？

10.6.2 芳环上的亲电取代反应

10.6.2.1 卤化

苯酚在非极性溶剂中，较低温度下与溴作用主要生成对溴苯酚，不加催化剂反应即可进行：

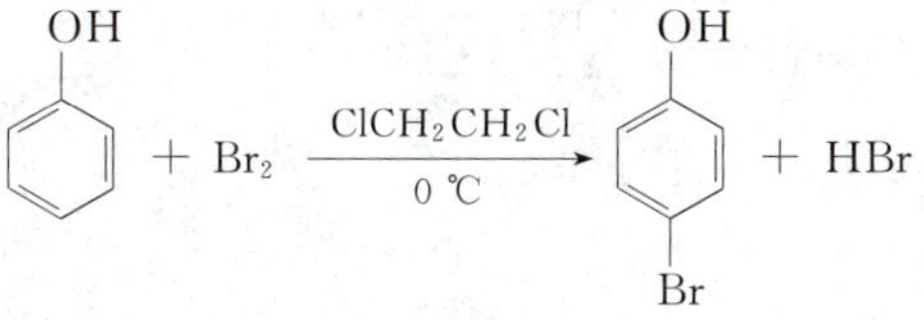

苯酚在水溶液中与溴立即生成 2,4,4,6-四溴环己-2,5-二烯酮的白色沉淀，后者用亚硫酸氢钠溶液洗涤，转变为 2,4,6-三溴苯酚：

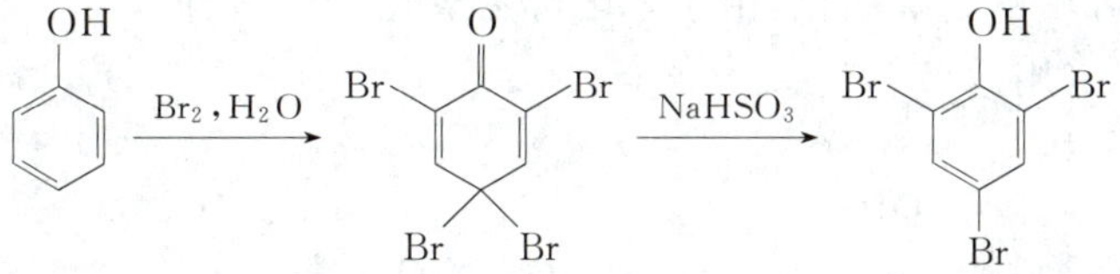

2,4,6-三溴苯酚

这一反应可用于苯酚的定性检验，水溶液中有 $10\ \mu g \cdot L^{-1}$ 的苯酚即显正反应。

苯酚在水溶液中的溴化是通过苯氧基负离子进行的，它的浓度虽然很低，但反应活性高，溴化的速率比苯酚在非极性溶剂中快得多。

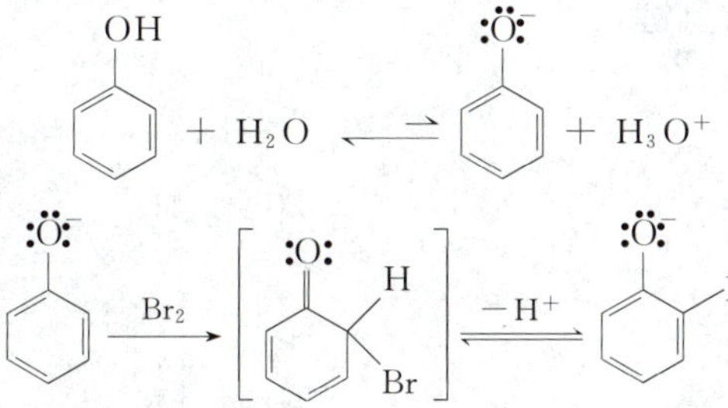

在苯环中导入溴原子以后，酸性增强，相应的苯氧基负离子的平衡浓度增加，继续溴化的速率比未取代的苯氧基负离子更快，因此，容易进一步溴化，直到生成环己二烯酮衍生物为止。

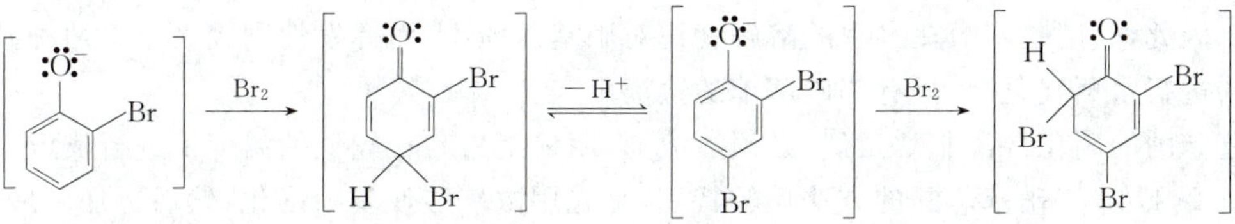

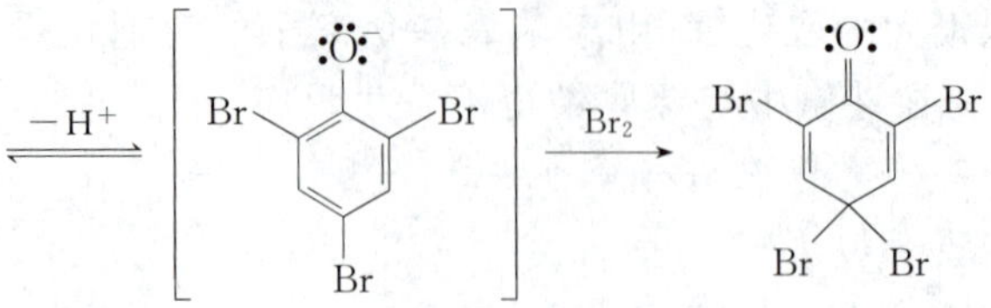

在苯酚的水溶液中加入氢溴酸，抑制苯氧基负离子的生成，可以使溴化反应停留在生成二溴化物的阶段。

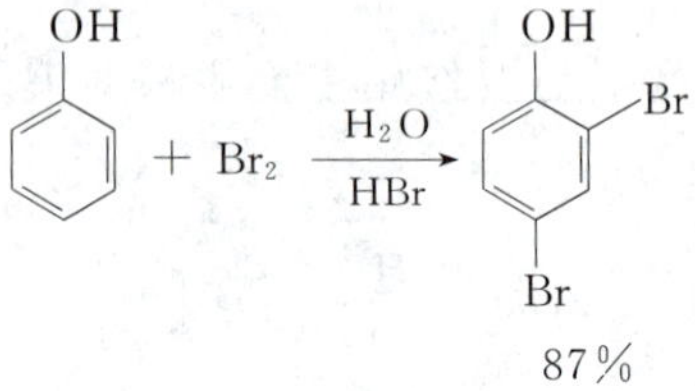

10.6.2.2 硝化

苯酚在室温下即可用稀硝酸硝化，由于苯酚容易氧化，产率较低，但由于邻、对位异构体容易分离提纯，在合成上仍有用途。

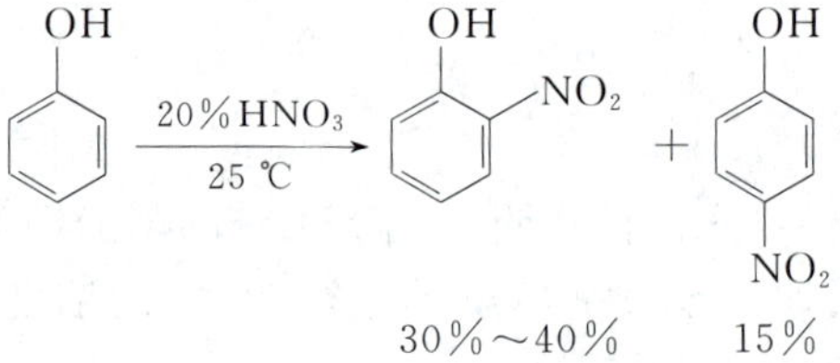

邻硝基苯酚能生成分子内氢键：

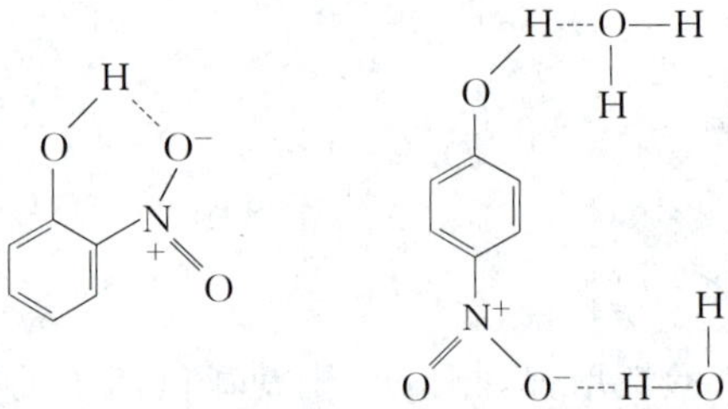

由于羟基上的氢已接受硝基上的电子，不能再与水分子生成氢键，而对硝基苯酚则能与水生成氢键。因此，邻硝基苯酚在水中的溶解度比对硝基苯酚小，而挥发性则较大。将两种硝基苯酚的混合物进行水蒸气蒸馏，只有邻硝基苯酚蒸馏出来。

烷基苯酚的硝化常常非常猛烈，必须加溶剂，用稀硝酸和在较低的温度下进行反应。

制备 2,4,6-三硝基苯酚的方法比较特别，是先用浓硫酸使苯酚磺化，然后再加硝酸硝化：

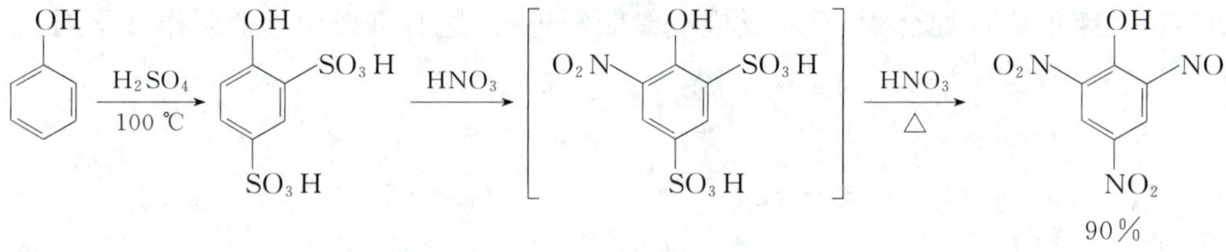

§ 10.6 一元酚的反应

在较高温下磺酸基被硝基置换。

2,4,6-三硝基苯酚为黄色晶体,熔点:127 ℃,在 300 ℃以上爆炸。它与稠环芳烃及其衍生物生成配合物,后者经重结晶,再加碱分解,可释出纯粹的芳烃。

10.6.2.3 磺化

苯酚在室温下用浓硫酸磺化生成邻和对羟基苯磺酸的混合物。在 100 ℃下用稀硫酸磺化,主要产物为对羟基苯磺酸。

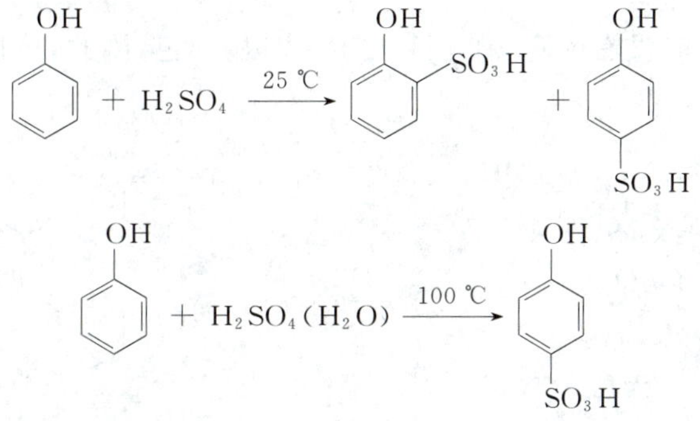

10.6.2.4 Friedel-Crafts 反应

酚的烃化反应研究得较多,工业上利用烃化反应合成各种烃基取代的酚。例如:

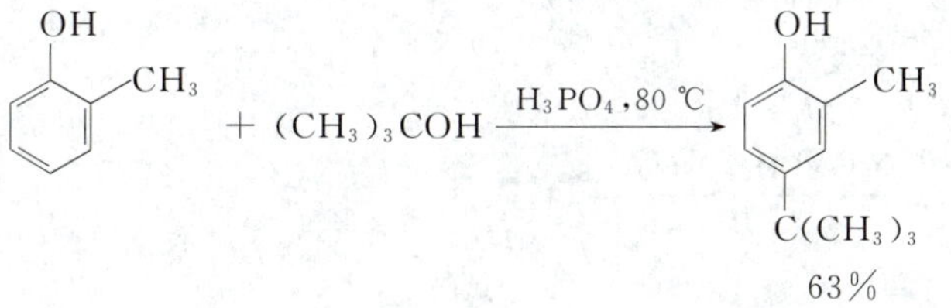

酰化反应也可以进行:

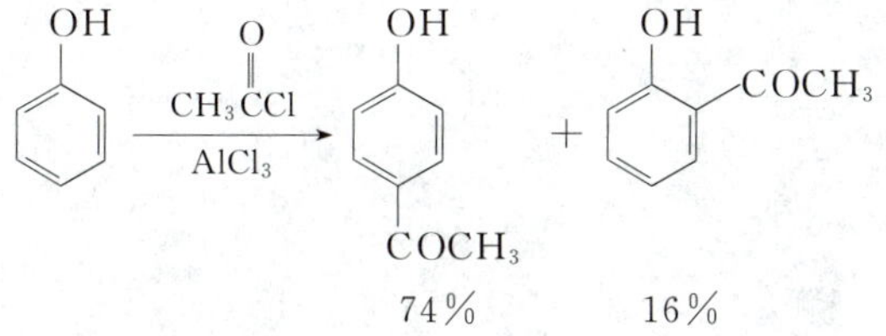

但由于酚与氯化铝能生成配合物，有时反应不能顺利进行，这时可采用其他酸作催化剂：

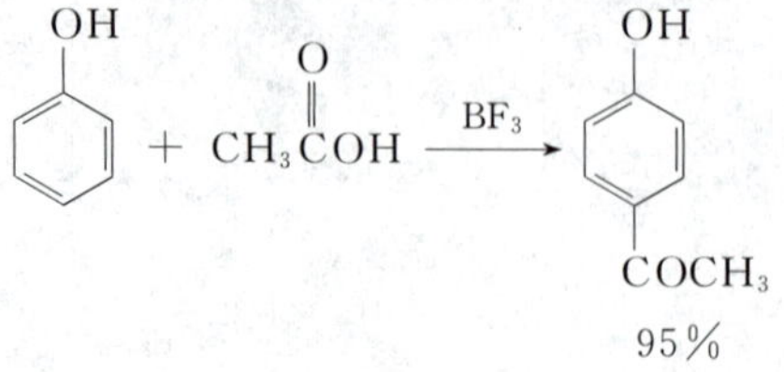

$$\text{C}_6\text{H}_5\text{OH} + \text{CH}_3\text{COOH} \xrightarrow{\text{BF}_3} \text{对-HOC}_6\text{H}_4\text{COCH}_3 \quad (95\%)$$

苯酚与邻苯二甲酸酐在浓硫酸催化下生成酚酞：

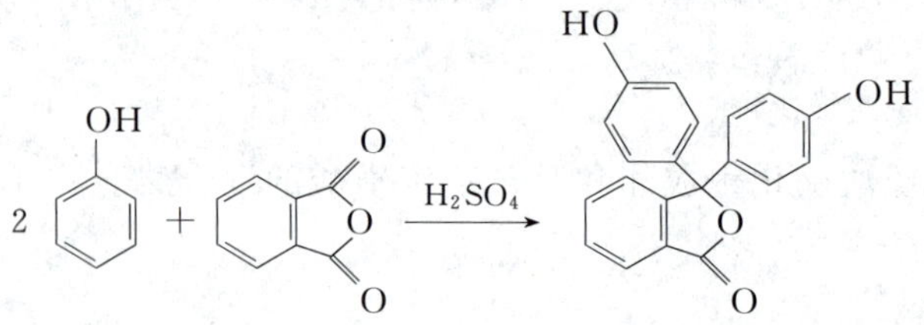

$$2\ \text{C}_6\text{H}_5\text{OH} + \text{邻苯二甲酸酐} \xrightarrow{\text{H}_2\text{SO}_4} \text{酚酞}$$

酚酞溶液在 pH 小于 8.5 时没有颜色，在 pH 大于 9 时显红色，因此，可用作指示剂。

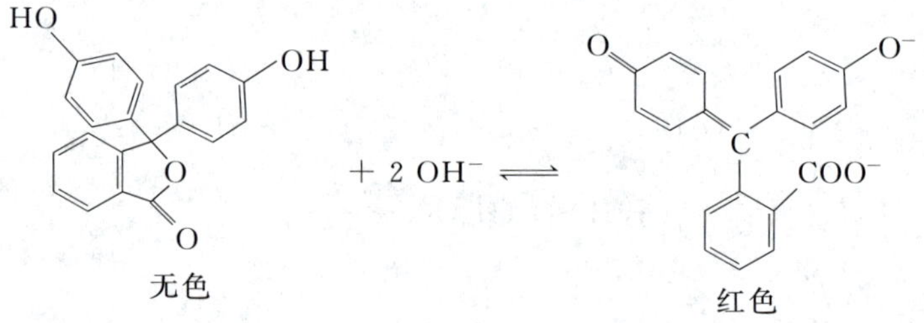

酚酞（无色） + 2 OH⁻ ⇌ 红色式 (红色)

问题 10.10 写出下列反应的产物。

(1) 2,6-二甲基-4-苄基苯酚 $\xrightarrow{\text{Br}_2,\text{CHCl}_3, 0\ ^\circ\text{C}}$

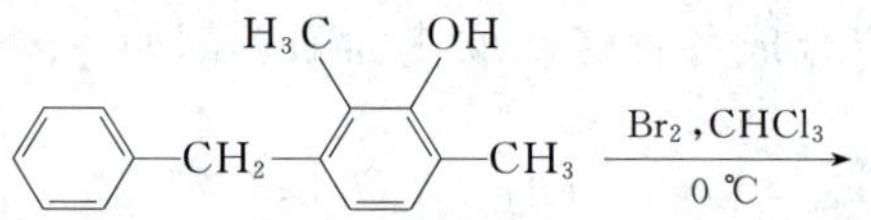

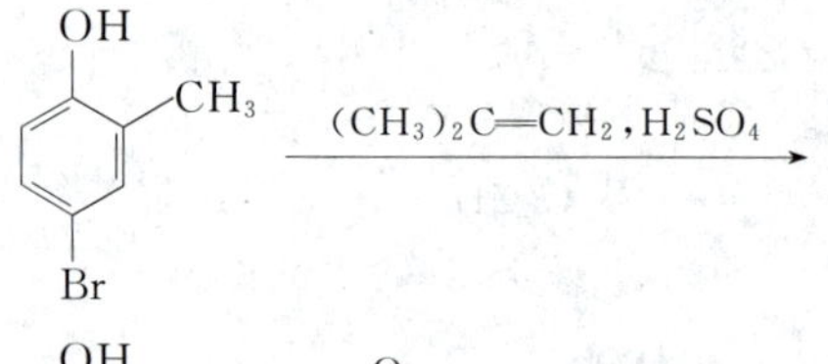

(2) 4-溴-2-甲基苯酚 $\xrightarrow{(\text{CH}_3)_2\text{C}=\text{CH}_2, \text{H}_2\text{SO}_4}$

(3) 对甲苯酚 $\xrightarrow{\text{CH}_3\text{CH}_2\text{COCl}, \text{AlCl}_3}$

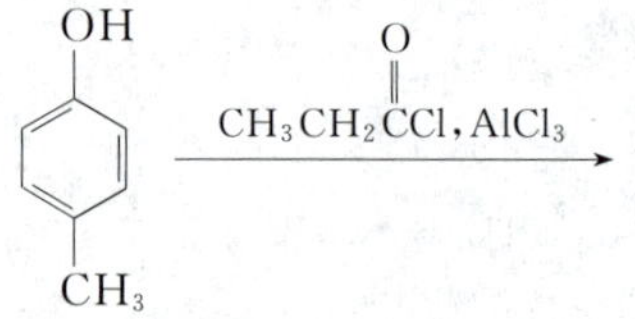

(4) 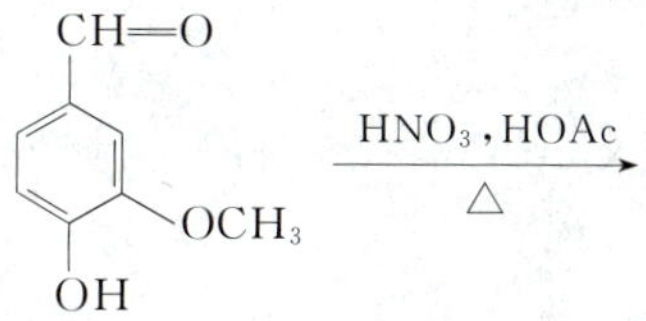 构造式: 4-羟基-3-甲氧基苯甲醛 $\xrightarrow[\triangle]{HNO_3, HOAc}$

10.6.3 氧化

酚的氧化是一个很复杂的反应,可以用不同的氧化剂得到多种类型的氧化产物。

苯酚用铬酸氧化,生成黄色的对苯醌:

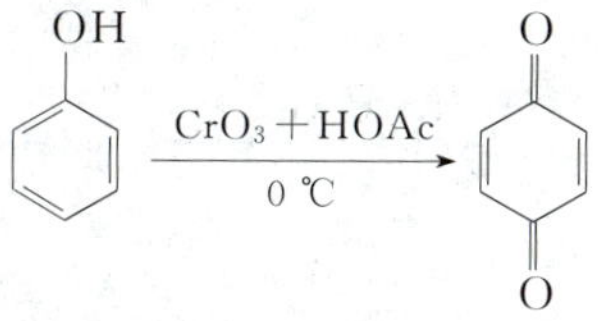

苯酚 $\xrightarrow[0\ ℃]{CrO_3 + HOAc}$ 对苯醌

羟基对位的取代基可能在氧化反应中脱去:

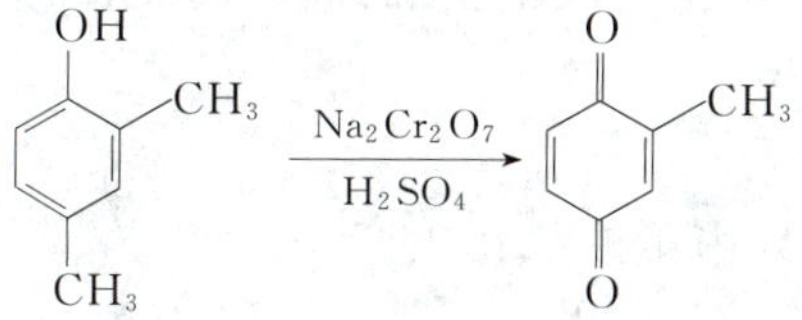

2,4-二甲基苯酚 $\xrightarrow[H_2SO_4]{Na_2Cr_2O_7}$ 2-甲基-1,4-苯醌

§ 10.7 二元酚和多元酚

10.7.1 邻苯二酚

邻苯二酚工业上由邻氯苯酚水解生产:

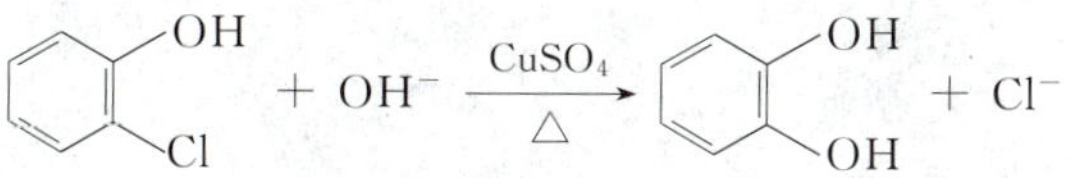

邻氯苯酚 $+ OH^- \xrightarrow[\triangle]{CuSO_4}$ 邻苯二酚 $+ Cl^-$

邻苯二酚为结晶固体,易溶于水,在乙醚溶液中用氧化银氧化,生成邻苯醌:

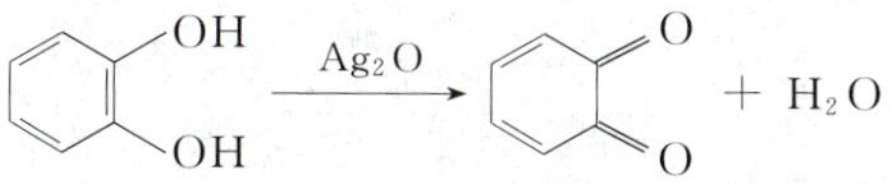

邻苯二酚 $\xrightarrow{Ag_2O}$ 邻苯醌 $+ H_2O$

邻苯醌为红色晶体,对水敏感,因此要加无水硫酸钠以吸收氧化反应中生成的水。

10.7.2 间苯二酚

间苯二酚工业上由苯-1,3-二磺酸的碱熔得到:

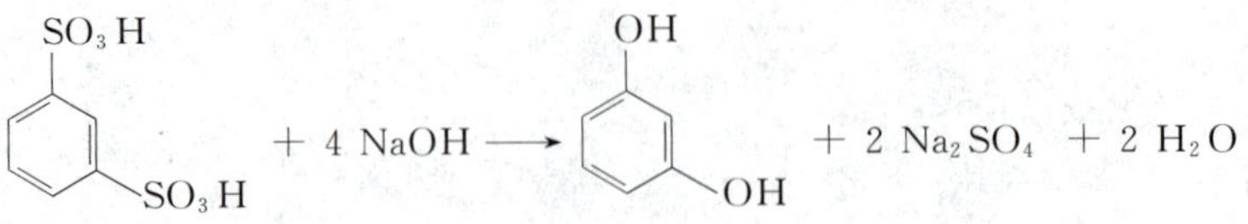

$$\underset{\text{SO}_3\text{H}}{\underset{|}{\text{C}_6\text{H}_4}}\text{SO}_3\text{H} + 4\text{ NaOH} \longrightarrow \underset{\text{OH}}{\underset{|}{\text{C}_6\text{H}_4}}\text{OH} + 2\text{ Na}_2\text{SO}_4 + 2\text{ H}_2\text{O}$$

间苯二酚为结晶固体，催化加氢或还原时生成环己-1,3-二酮：

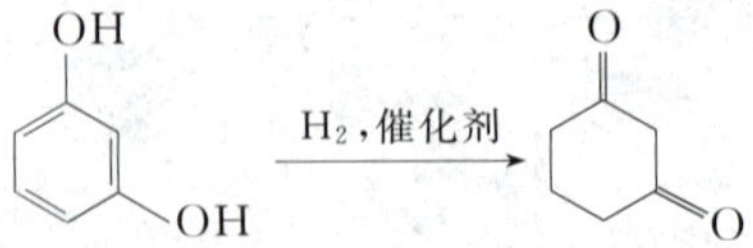

$$\text{间苯二酚} \xrightarrow{\text{H}_2, \text{催化剂}} \text{环己-1,3-二酮}$$

间苯二酚与邻苯二甲酸酐缩合，生成荧光黄：

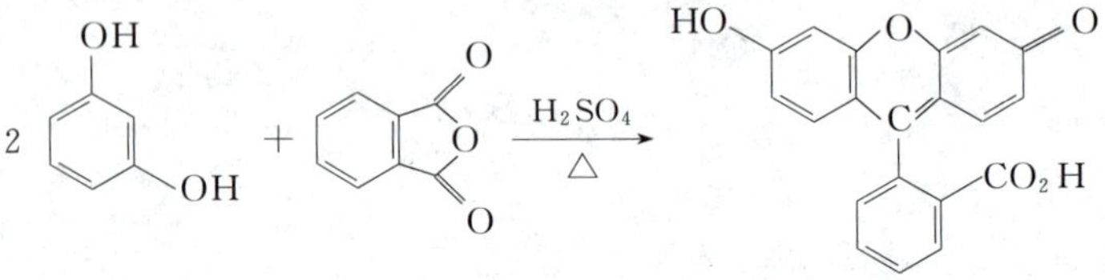

$$2\text{ 间苯二酚} + \text{邻苯二甲酸酐} \xrightarrow[\triangle]{\text{H}_2\text{SO}_4} \text{荧光黄}$$

荧光黄为红色固体，不溶于水，溶于碱溶液中呈红棕色，高度稀释后发黄绿色荧光。

10.7.3 对苯二酚

对苯二酚工业上由 1,4-二异丙苯的氧化生产：

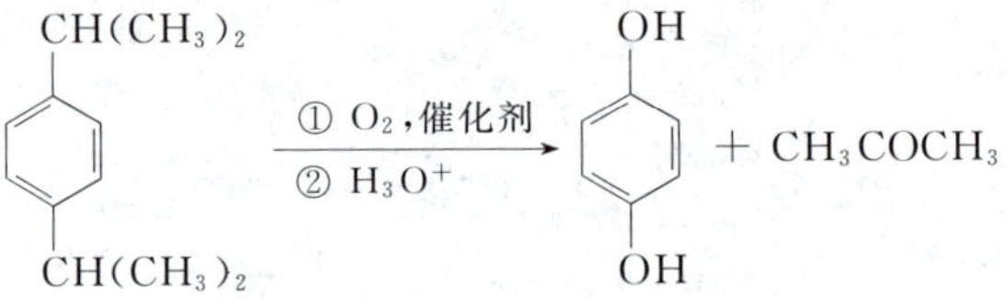

$$1,4\text{-二异丙苯} \xrightarrow[\text{② H}_3\text{O}^+]{\text{① O}_2, \text{催化剂}} \text{对苯二酚} + \text{CH}_3\text{COCH}_3$$

苯酚用过氧化氢氧化，生成对苯二酚和邻苯二酚的混合物：

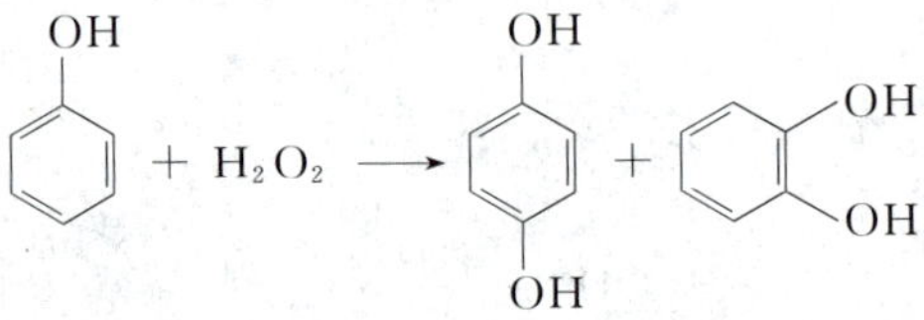

$$\text{苯酚} + \text{H}_2\text{O}_2 \longrightarrow \text{对苯二酚} + \text{邻苯二酚}$$

对苯二酚为结晶固体，容易氧化成对苯醌：

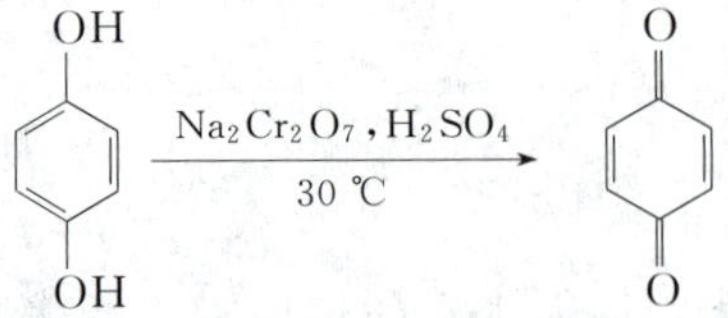

$$\text{对苯二酚} \xrightarrow[30\ ^\circ\text{C}]{\text{Na}_2\text{Cr}_2\text{O}_7, \text{H}_2\text{SO}_4} \text{对苯醌}$$

$$76\% \sim 81\%$$

等物质的量的对苯二酚和对苯醌生成分子间配合物——醌氢醌。醌氢醌为暗绿色晶体，熔点：171 ℃，能溶于热水，在水溶液中大部分醌氢醌解离为对苯二酚和对苯醌。

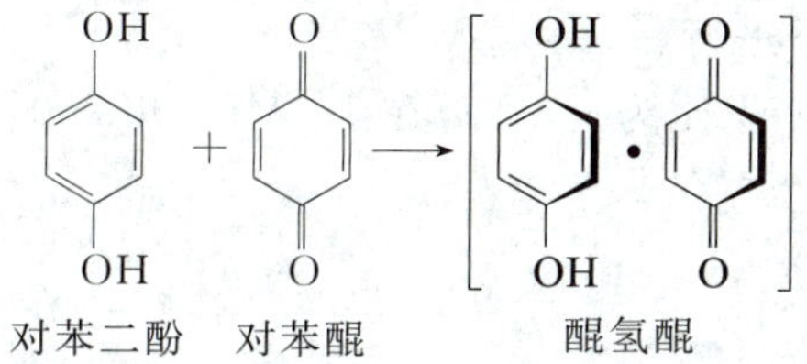

$$\underset{\text{对苯二酚}}{\text{HO-C}_6\text{H}_4\text{-OH}} + \underset{\text{对苯醌}}{\text{O=C}_6\text{H}_4\text{=O}} \longrightarrow \underset{\text{醌氢醌}}{[\text{HO-C}_6\text{H}_4\text{-OH} \cdot \text{O=C}_6\text{H}_4\text{=O}]}$$

在醌氢醌晶体中一层对苯二酚分子和一层对苯醌分子相间平行排列,是一种传荷配合物(charge transfer complex),传荷配合物常有很深的颜色。

传荷配合物由一个富电子的给予体(如对苯二酚)和一个缺电子的接受体(如对苯醌)组成。苯环上有 $OH, OCH_3, N(CH_3)_2, CH_3$ 等取代基的化合物可作为给予体,苯环上有几个硝基的化合物可作为接受体生成传荷配合物。苦味酸与多环芳烃也能生成传荷配合物。

10.7.4 苯-1,2,3-三酚

苯-1,2,3-三酚由没食子酸去羧得到:

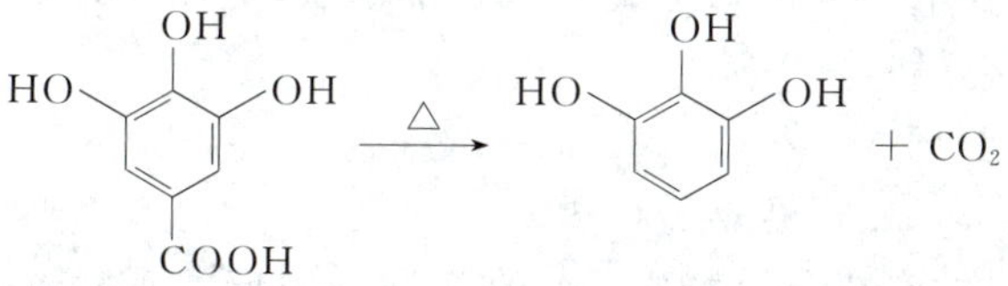

$$\text{HO-C}_6\text{H}_2(\text{OH})_2\text{-COOH} \xrightarrow{\Delta} \text{HO-C}_6\text{H}_3(\text{OH})_2 + CO_2$$

在工业上也由间苯二酚的氧化生产:

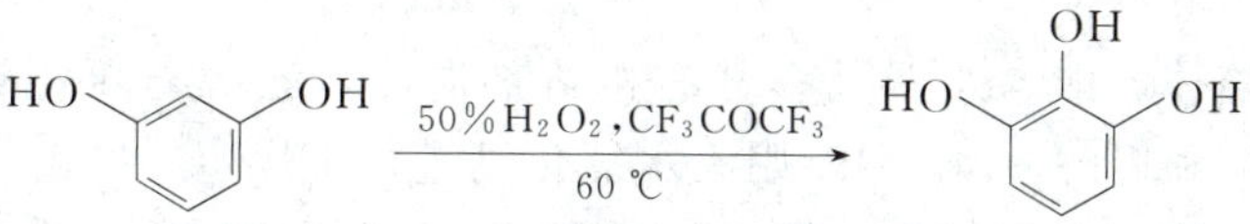

$$\text{HO-C}_6\text{H}_4\text{-OH} \xrightarrow[60\ ^\circ\text{C}]{50\% H_2O_2, CF_3COCF_3} \text{HO-C}_6\text{H}_3(\text{OH})_2$$

苯-1,2,3-三酚为结晶固体,熔点:133 ℃,在气体分析中用来吸收氧气。

§10.8 醇和酚的来源和用途

10.8.1 甲醇

甲醇在工业上由一氧化碳和氢气生产。

将水煤气和二分之一体积的氢气,在 20 MPa 和 300~400 ℃下通过催化剂($ZnO\text{-}Cr_2O_3$)即生成甲醇:

$$CO + 2H_2 \xrightarrow[ZnO\text{-}Cr_2O_3]{20\ \text{MPa}, 300\sim400\ ^\circ\text{C}} \underset{\text{甲醇}}{CH_3OH}$$

适当控制反应条件,甲醇的产率几乎可以达到 100%,纯度则为 99% 左右。改变催化剂及一氧化碳和氢气的比例,除甲醇外还可以得到其他的醇。改用含 Cu, Zn 和 Cr 氧化物的催化剂可

以使反应在 5 MPa 和 250 ℃下进行。

将甲烷和氧气的混合物(体积比为 9∶1),在 10 MPa 和 200 ℃下通过铜管时,也可以得到甲醇:

$$CH_4 + \frac{1}{2}O_2 \xrightarrow[Cu]{10\ MPa, 200\ ℃} CH_3OH$$

甲醇为无色易燃液体,能与水和大多数有机溶剂混溶。甲醇与水不生成恒沸混合物,因此甲醇和水的混合物可以用分馏的方法分开。用金属镁与甲醇作用,可以除去其中所含的微量水,得到无水甲醇:

$$2CH_3OH + Mg \xrightarrow{-H_2} (CH_3O)_2Mg \xrightarrow{H_2O} 2CH_3OH + MgO$$

甲醇和氯化钙能生成配合物 $CaCl_2 \cdot 4CH_3OH$,因此不能用氯化钙干燥。甲醇有毒,饮用后使眼睛失明,致死剂量为 25~100 mL。

甲醇最重要的用途是作为生产甲醛的原料。甲醇在贵金属催化剂存在下与一氧化碳反应得到乙酸,在酸性催化剂存在下与异丁烯生成甲基叔丁基醚,可以用来提高汽油的辛烷值。此外,甲醇还可以代替汽油用作燃料。

10.8.2 乙醇

乙醇是人类利用最早的有机化合物之一。在工业上由糖类发酵或乙烯加水制备。

95.57%(质量分数)乙醇与 4.43%水可组成恒沸混合物,沸点:78.15 ℃,直接蒸馏不能将水完全去掉。

乙醇为无色易燃液体。能与水及大多数有机溶剂混溶。乙醇与氯化钙生成配合物 $CaCl_2 \cdot 3C_2H_5OH$。因此,乙醇和甲醇一样,不能用无水氯化钙进行干燥。

无水乙醇可以加在汽油中用作汽车燃料,由于乙醇可以用植物原料生产,因此是一种有发展潜力的可再生能源。

大量乙醇以饮料的形式生产和消费。血液中乙醇的正常含量为 0.001%,喝酒后约 1.5 h,乙醇含量达到最大值。一般人当血液中乙醇含量达到 0.1%,即处于强烈兴奋状态,达到 0.2%就沉醉,超过 0.3%就会引起酒精中毒。

10.8.3 异丙醇和丙醇

异丙醇在工业上由丙烯的水合反应生产。它的主要用途是作为生产丙酮的原料,其次是用作溶剂和代替乙醇用于洗净剂和消毒。

丙醇在工业上由丙醛加氢得到,用作溶剂或合成原料。

10.8.4 高级一元烷醇

C_6~C_{10} 醇酯化后用作增塑剂,C_{12}~C_{18} 醇用于生产表面活性剂。

10.8.5 环己醇

由环己烷的氧化或苯酚的加氢来生产,用作生产尼龙-6 的原料。

10.8.6　乙二醇

工业上由环氧乙烷的水解生产，主要用作合成涤纶及其他高聚物的原料，也用作汽车散热器的抗冻剂。

10.8.7　丙三醇

常称为甘油，可以由油脂水解得到，是肥皂工业的副产品。它还可以用丙烯作原料合成。甘油为无色有甜味的黏稠液体，熔点：20 ℃，沸点：290 ℃（分解），能与水混溶。甘油的三硝酸酯是炸药的一种重要成分。甘油除了用来制造硝化甘油外，还可作合成树脂的原料，并广泛用在化妆品、药剂、食品等工业中。

10.8.8　苯酚

苯酚及其同系物存在于煤焦油中，可以用氢氧化钠溶液从各个馏分（主要是中油）中提取出来。在工业上合成苯酚的方法有下列几种：

10.8.8.1　异丙苯氧化

异丙苯用空气氧化生成过氧化物，过氧化物在稀硫酸存在下分解，生成苯酚和丙酮：

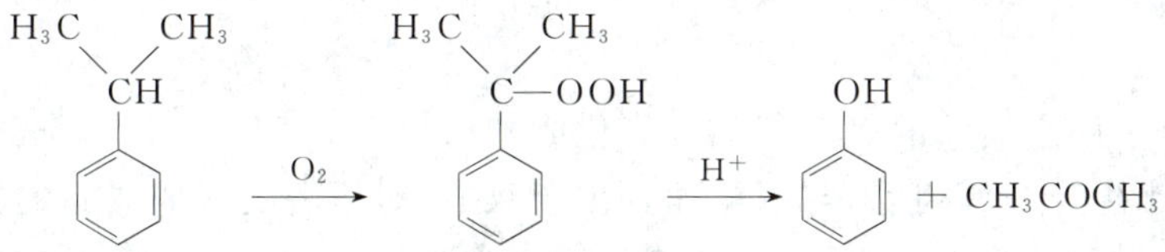
H3C CH3
CH
O2
H3C CH3
C—OOH
H+
OH
+ CH3COCH3

异丙苯　　过氧化物　　苯酚　　丙酮

苯酚和丙酮都是重要的工业原料，因此，这个方法在经济上是比较适当的，但设备和技术要求较高。

10.8.8.2　甲苯氧化

甲苯在催化剂存在下氧化成苯甲酸，后者再氧化成苯酚：

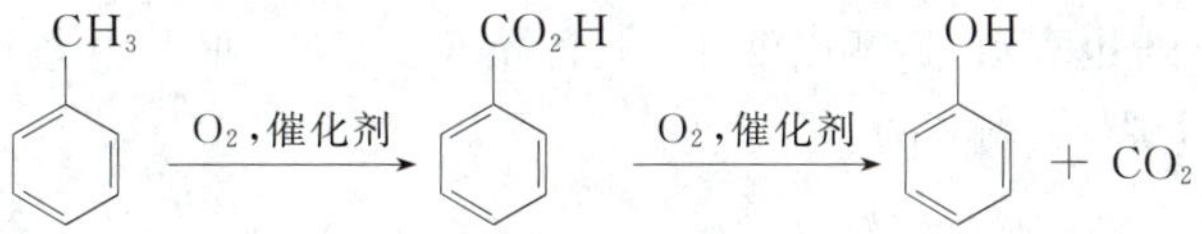
CH3
O2，催化剂
CO2H
O2，催化剂
OH
+ CO2

10.8.8.3　磺化法

把加热至 170 ℃的苯蒸气通入浓硫酸中，一部分苯磺化生成苯磺酸，一部分苯把反应中生成的水带出：

$$\underset{\text{苯}}{C_6H_6} + H_2SO_4 \longrightarrow \underset{\text{苯磺酸}}{C_6H_5SO_3H} + H_2O$$

生成的苯磺酸用亚硫酸钠中和，得到的苯磺酸钠与氢氧化钠一起熔化，生成苯酚钠：

$$C_6H_5SO_3H + Na_2SO_3 \longrightarrow C_6H_5SO_3Na + H_2O + SO_2$$
苯磺酸   苯磺酸钠

$$C_6H_5SO_3Na + NaOH \longrightarrow C_6H_5ONa + Na_2SO_3$$
苯磺酸钠   苯酚钠

在苯酚钠的水溶液中通入二氧化硫,就得到苯酚:

$$C_6H_5ONa + H_2O + SO_2 \longrightarrow C_6H_5OH + Na_2SO_3$$
苯酚钠   苯酚

亚硫酸钠在生产过程中循环使用。这是使用较早的方法,流程复杂,操作麻烦,但对设备要求不高,产率较高。

10.8.8.4 氯苯水解

氯苯在高温(425 ℃)、一定压力和催化剂存在下用过热水蒸气水解,生产苯酚和氯化氢:

$$C_6H_5Cl + H_2O \xrightarrow[\text{催化剂}]{425\ ℃,\text{压力}} C_6H_5OH + HCl$$

苯蒸气、氯化氢和空气在 230 ℃下通过催化剂,可以得到用作原料的氯苯:

$$C_6H_6 + HCl + \frac{1}{2}O_2 \xrightarrow[\text{催化剂}]{230\ ℃} C_6H_5Cl + H_2O$$
苯   氯苯

因此,这个方法等于用空气中的氧使苯间接氧化成苯酚。

苯酚主要用来生产酚醛树脂,与丙酮缩合生产双酚 A,后者是合成树脂的原料。

$$2\ \text{C}_6\text{H}_5\text{—OH} + CH_3COCH_3 \xrightarrow{H^+} HO\text{—C}_6\text{H}_4\text{—C(CH}_3)_2\text{—C}_6\text{H}_4\text{—OH}$$
双酚 A

苯酚加氢生成环己醇,后者用于尼龙-6 的合成。苯酚还用于叔丁基苯酚和其他烃基取代苯酚的合成。

10.8.9 萘-1-酚和萘-2-酚

萘-1-酚和萘-2-酚也存在于煤焦油中,但含量很少。工业上由萘加氢生成四氢萘,再氧化成四氢萘酮,最后去氢生成萘-1-酚。

萘 $\xrightarrow{H_2}$ 四氢萘 $\xrightarrow{O_2}$ 四氢萘酮 $\xrightarrow{-H_2}$ 萘-1-酚

萘-2-酚则先由萘与丙烯得到 2-异丙基萘,然后氧化成萘-2-酚:

萘 $\xrightarrow[\text{AlCl}_3]{CH_3CH=CH_2}$ 2-异丙基萘 $\xrightarrow[H_3O^+]{O_2}$ 萘-2-酚 $+ CH_3COCH_3$（丙酮）

萘-1-酚和萘-2-酚主要用作染料工业中的原料,萘-1-酚也用于杀虫剂的生产。

§10.9 阅 读 材 料

10.9.1 酚醛树脂

1872年,Baeyer A首先研究了酚类和醛在强酸存在下的反应。将苯酚和乙醛或苯甲醛一起加热得到像混凝土一样的固体。当时甲醛还没有工业产品,Baeyer通过一系列反应:$CHI_3 \longrightarrow CH_2I_2 \longrightarrow CH_2O$,制得了甲醛,将它与苯酚和无机酸一起加热,得到树脂状产物,不能分离出可鉴定的纯粹化合物。由于均三甲苯与甲醛和无机酸一起加热,生成二(2,4,6-三甲基苯基)甲烷:

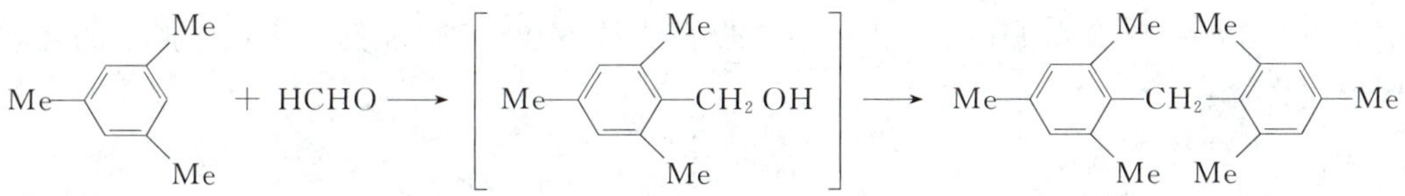

Baeyer推测:苯酚和甲醛反应时,产物中两个苯环也是由亚甲基连接的。

1894年,两位德国化学家分别独立研究了苯酚与甲醛在缓和条件下的反应,分离出两个纯粹的产物:

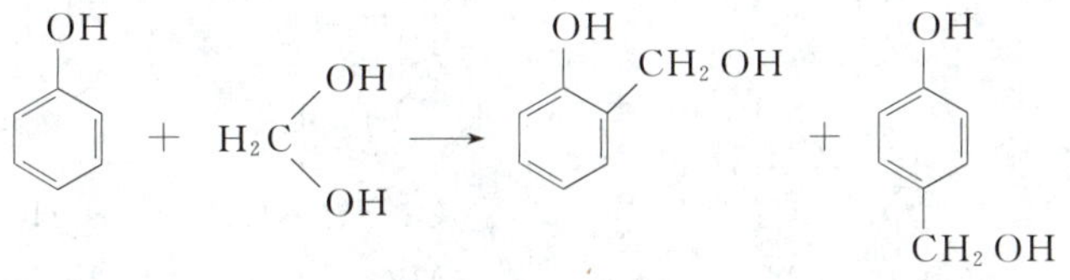

之后有几篇专利研究了苯酚和甲醛生成的产物的应用,但没有得到有商业用途的产品。

比利时化学家Baekeland L于1899年移民到美国,他发明一种摄影器材"Velox",1900年由Eastman G以一百万美元收购。Baekeland富起来以后出资建立了一个实验室,雇用了一些助手进行工业开发。从1902年开始研究苯酚与甲醛的反应,经过艰苦的努力,于1907年取得生产苯酚-甲醛树脂的专利证书,其产品的商品名是Bakelite,以后陆续取得400多项专利,这是第一个大规模生产的合成树脂。

10.9.2 杯芳烃

苯酚-甲醛树脂的发明和应用促进了对酚和醛的反应的进一步研究。

苯酚的两个邻位和一个对位都可以与甲醛反应,苯酚-甲醛树脂经过固化(curing)后,生成高度交联的固体。

20世纪40年代,奥地利化学家Zinke A认为,对位被烃基取代的苯酚只有两个空的邻位,与甲醛反应不会得到交联产物,可能得到结构可以鉴定的化合物,进一步用于苯酚-甲醛树脂固化过程的研究。他将对叔丁基苯酚、甲醛和氢氧化钠一起加热,反应产物经处理后得到一种晶体，熔点在 300 ℃ 以上。以后又以其他对烃基取代苯酚为原料得到能够结晶的高熔点产物。Zinke 把它们的结构写作环状四聚体：

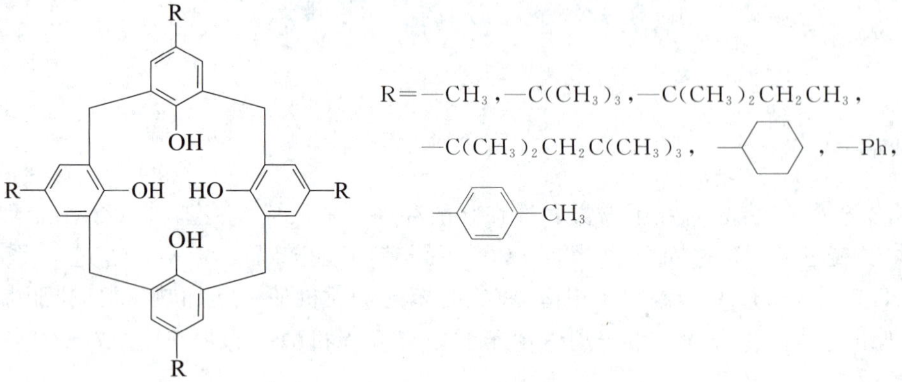

$R = -CH_3, -C(CH_3)_3, -C(CH_3)_2CH_2CH_3,$
$-C(CH_3)_2CH_2C(CH_3)_3,$ —环己基, —Ph, —对甲苯基

1956 年，Hayes B T 和 Hunter R F 用多步合成的方法，得到了具有 Zinke 报道的环状四聚体结构的化合物：

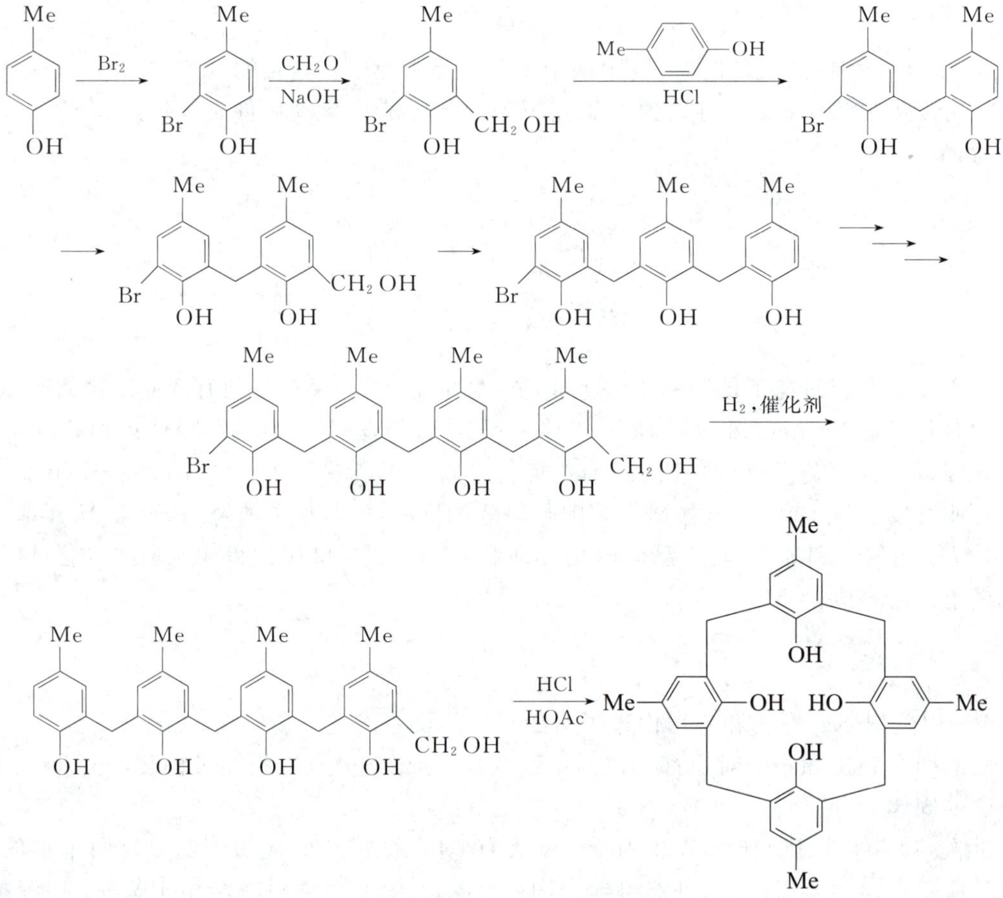

但是他们没有将得到的产物与 Zinke 的产物进行比较。

§10.9 阅读材料

1955年以后，Cornforth J W 在研究酚类羟乙基化产物（即用酚类化合物与环氧乙烷反应使—OH 转变为—OCH$_2$CH$_2$OH）的抗结核作用时，重复了 Zinke 的实验（为了用环状四聚体来作羟乙基化的原料），他选择对叔丁基苯酚和对叔辛基苯酚[R=—C(CH$_3$)$_2$CH$_2$C(CH$_3$)$_3$]作原料，但是在两个反应中都得到两种产物，一个熔点较高，一个熔点较低，元素分析都与环状四聚体相符合，都不能与对硝基苯基重氮盐（NO$_2$—〈 〉—N$_2^+$Cl$^-$）偶联，说明它们不是链状聚合物，酚羟基没有空的邻位。当时英国最优秀的 X 射线结晶学家 Hodgkin D C 进行了晶体 X 射线分析，结果是两个低熔点化合物都是环状四聚体，两个高熔点化合物由于结构太复杂，未能得出明确的结论，但有可能是环状八聚体。不过 Cornforth 仍然认为：高熔点化合物也是环状四聚体，可能是低熔点化合物的立体异构体。

美国 Petrolite 公司是一家生产原油破乳剂（demulsifier）的公司，20世纪50年代生产的破乳剂为

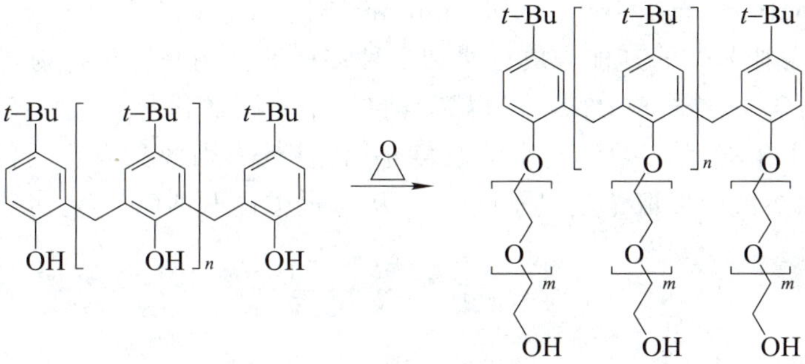

产品是溶解在芳烃中配成溶液出售的。由于从溶液中有淤渣沉淀出来，影响产物的应用，公司的化学家 Munch J 等对工艺流程重新进行了研究。他们在二甲苯中加入对叔丁基苯酚和聚甲醛，搅拌成浆状，加入少量50%的 KOH 溶液，然后回流，并用分水器除去反应中生成的水。他们发现：在反应过程中不断有沉淀析出，分离后用氯仿重结晶，得到高熔点的闪光针状晶体。他们在1976—1977年申报的专利中，认为这就是 Zinke 所报道的环状四聚体，Petrolite 公司生产破乳剂的原料就是环状四聚体，专利中报道的制备环状四聚体的方法也称为"Petrolite procedure"。

美国 St Louis 城的 Washington University 与 Petrolite 公司相距不远，早有工作上的联系。化学系教授 Gutsche C D 从20世纪70年代初期开始生物有机化学方面的研究。他认为 Zinke 的环状四聚体的形状像一个杯子，里面可以容纳反应中的底物，可用于模拟酶的研究：

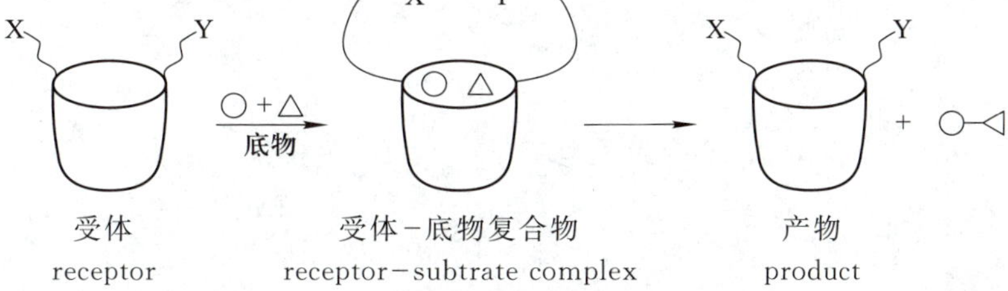

受体　　　　　受体-底物复合物　　　产物
receptor　　　receptor-subtrate complex　　product

Gutsche 首先用 Petrolite procedure 制备了"环状四聚体",粗产物的熔点为 360~375 ℃,用氯仿重结晶两次后,上升至约 400 ℃。其 ^{1}H NMR 和 ^{13}C NMR 谱很简单,与链状聚合物完全不同。用渗透压法测定相对分子质量为 1 330,与环状八聚体相符,质谱图中 648 处有强峰,但 648 以上持续有小峰出现,由此怀疑 648 处不是分子离子峰而是碎片峰。将产物中的羟基转变成 O—SiMe$_3$ 基后质谱图中 1 872 处出现强峰。由此得出结论:产物不是环状四聚体而是环状八聚体,1985 年进一步由单晶 X 射线衍射证实。以后发现:Petrolite 公司申报的专利中,其产品实际上是环状八聚体和环状六聚体的混合物的羟乙基化产物。Zinke 后期工作中报道的产物是环状四聚体,最早报道的是环状八聚体。Cornforth 所报道的高熔点产物也是环状八聚体。

在对原料配比、碱的性质、溶剂和其他反应条件仔细研究以后,Gutsche 陆续报道了由对叔丁基苯酚合成环状四聚体、环状六聚体和环状八聚体的可靠的实验步骤。

由于这类化合物的形状像杯子,Gutsche 由希腊文 calix crater 和芳烃(arene)组成了这一类化合物的名称 calixarene(杯芳烃),由对叔丁基苯酚制备的环状四聚体、环状六聚体和环状八聚体分别称为 $p-t$-butylcalix[4]arene,$p-t$-butylcalix[6]arene 和 $p-t$-butylcalix[8]arene。

以后陆续报道了杯芳烃的其他合成方法和多种多样的结构修饰化合物。

杯芳烃的优点:① 容易合成;② 可以得到空腔大小不同的化合物;③ 容易进行结构修饰;④ 稳定性好,在大多数溶剂中溶解度小,毒性低。因此具有广泛的用途。例如,从核废料的水溶液中提取铯正离子(Cs$^+$),从海水中提取铀(U)等。

参考文献

习 题

1. 推测下列反应的机理。

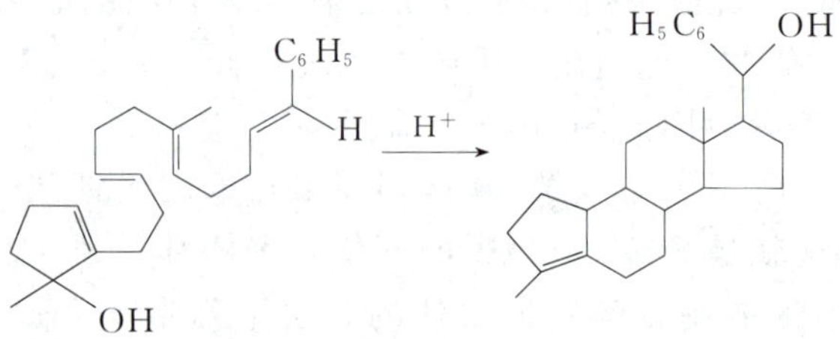

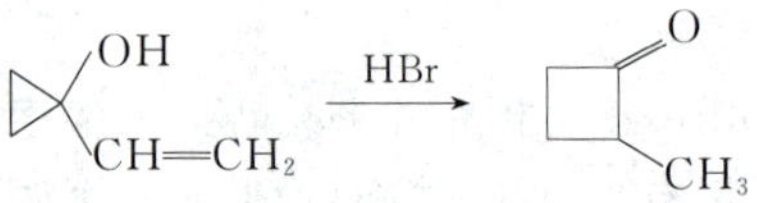

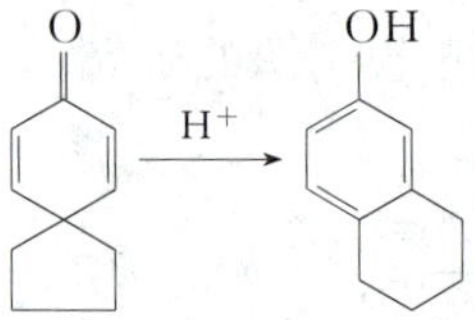

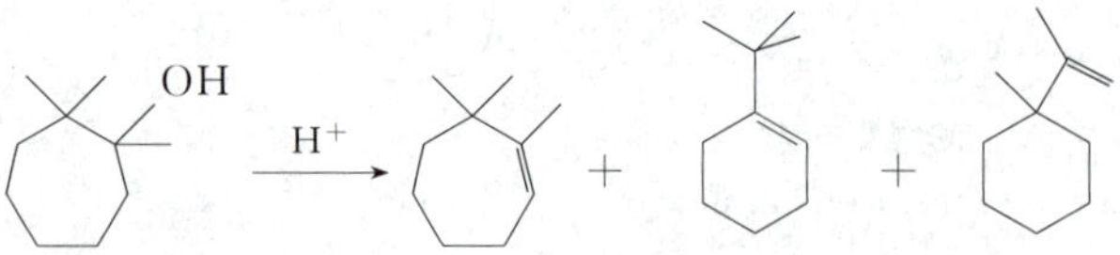

2. 解释为何甲基在不同位置时酸性不同。

$pK_a = 5.80$ （左结构：O_2N取代苯酚，2,6位为CH_3） $pK_a = 6.38$ （右结构：O_2N取代苯酚，3,5位为CH_3）

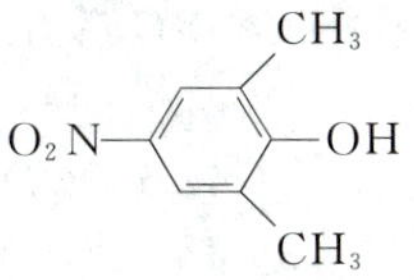

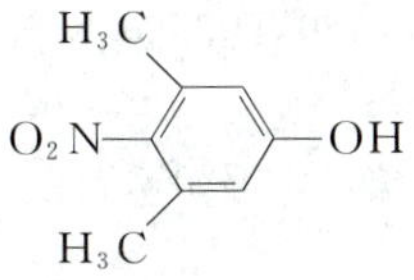

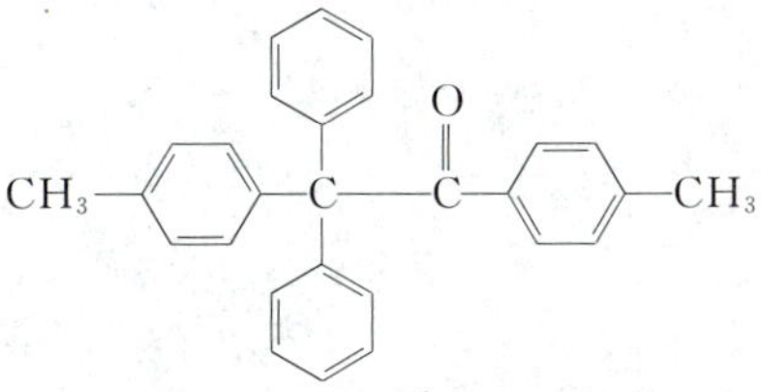

3. 试解释为何化合物 A 占优势。

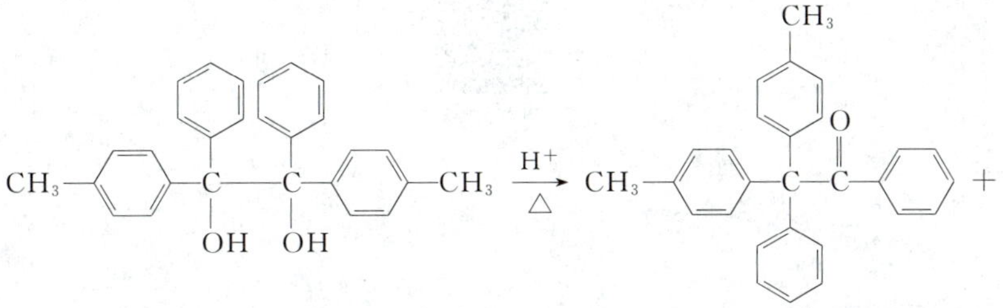

（反应式：二醇在 $H^+/\triangle$ 条件下重排生成 A(94%) 和 B(6%)）

4. 如何完成下列转变？

(1) 环戊基-Br ⟹ 环戊基-CH_2Br

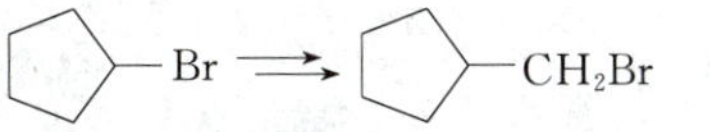

(2) $HC\equiv CH$ ⟹ 顺式-$HOCH_2CH_2CH=CHCH_3$ 型结构

(3) 1-羟甲基环己醇 ⟹ 环己醇

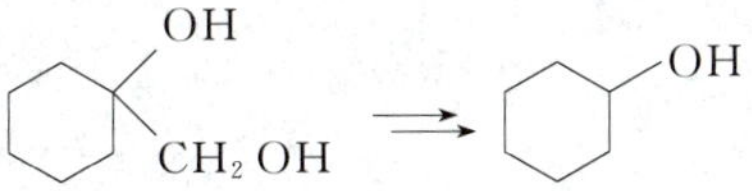

(4) C_6H_6 ⟹ 2,6-二溴苯酚

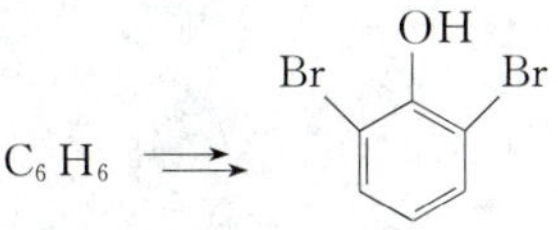

5. 2,4,6-三叔丁基苯酚在乙酸溶液中与溴反应，生成化合物 A($C_{18}H_{29}BrO$)，产率差不多是定量的。A 的红外光谱图中在 $1630\ cm^{-1}$ 和 $1650\ cm^{-1}$ 处有吸收峰，^1H NMR 谱图中有三个单峰，$\delta_H = 1.19,\ 1.26$ 和 6.90，其面积比为 $9:18:2$。试推测 A 的结构。

6. 推测下列化合物的结构。

(1) $C_9H_{12}O$，σ_{max}/cm^{-1}：3 350，3 070，1 600，1 490，1 240，830；δ_H：0.9(t,3H)，1.5(m,2H)，2.4(t,2H)，5.5(b,1H)，6.8(q,4H)。

(2) $C_{10}H_{14}O$，σ_{max}/cm^{-1}：3 350，1 600，1 490，710，690；δ_H：1.1(s,6H)，1.4(s,1H)，2.7(s,2H)，7.2(s,5H)。

(3) $C_{10}H_{14}O$，σ_{max}/cm^{-1}：3 340，1 600，1 490，1 380，1 230，860；δ_H：1.3(b,9H)，4.9(b,1H)，7.0(q,4H)。

(4) $C_9H_{11}BrO$，σ_{max}/cm^{-1}：3 340，1 600，1 500，1 380，830；δ_H：0.9(t,3H)，1.6(q,2H)，2.7(s,1H)，4.4(t,1H)，7.2(q,4H)。

(5) $C_8H_{18}O_2$，σ_{max}/cm^{-1}：3 350，1 390，1 370；δ_H：1.2(s,12H)，1.5(s,4H)，1.9(s,2H)。与高碘酸无反应。

(6) σ_{max}/cm^{-1}:3 600,1 500,1 160,1 010,760,690;δ_H:2.8(s,1H),7.3(s,15H);Ms,m/z:260,183,78。

(7) σ_{max}/cm^{-1}:3 600,3 030,1 600,1 500,1 180,1 020,826;δ_H:5.1(s,1H,加 D_2O 后消失),6.8(q,4H);m/z:174(M+2),172(M,B),93(19.5),75(1),65(31)。

(8) σ_{max}/cm^{-1}:3 200(b),1 500,1 480,1 200(b),820;δ_H:6.6(s,4H),7.5(s,2H,加 D_2O 后消失);m/z:110(M,B)。

参考答案

第十一章 醚

醚(ether)可以看作水分子中两个氢原子被烃基取代而生成的化合物,通式为ROR'。

§11.1 醚的结构、命名和物理性质

11.1.1 醚的结构

二甲醚分子中∠COC=111.7°,大于甲醇中的∠COH:

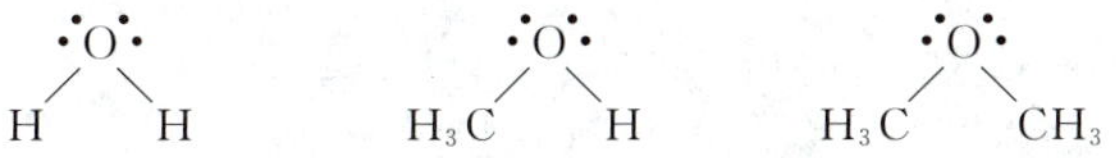

∠HOH=105°   ∠COH=108.9°   ∠COC=111.7°

C—O 键的键长为 141.0 pm,与甲醇中的 C—O 键相近。可以认为醚分子中氧原子为 sp^3 杂化,两个孤电子对也在 sp^3 杂化轨道中。

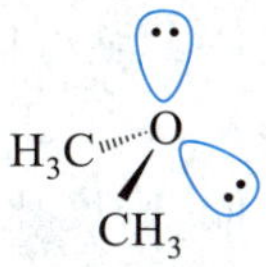

二甲醚

二乙醚和四氢吡喃最稳定的构象为

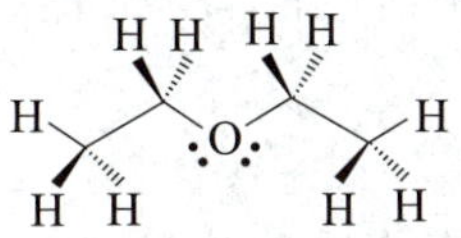

二乙醚 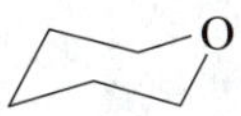   四氢吡喃

因此,醚氧原子对碳链构象的影响相当于一个甲叉基。

甲苯醚分子中∠C(环)OC=121°,C(环)—O 键的键长为 136 pm,比二甲醚中的 C—O 键短。因此,氧原子可以看作 sp^2 杂化,p 轨道上的孤电子对与苯环中的 π 电子组成共轭体系。

11.1.2 命名

醚的系统命名法是将醚看作烷烃、烯烃或芳烃的烷氧基(RO)取代物。例如:

$$\underset{\underset{\text{2-methoxypentane}}{\text{2-甲氧基戊烷}}}{\text{CH}_3\text{CHCH}_2\text{CH}_2\text{CH}_3} \quad \underset{\underset{\text{3-methoxypropene}}{\text{3-甲氧基丙-1-烯}}}{\text{CH}_3\text{OCH}_2\text{CH}=\text{CH}_2} \quad \underset{\underset{\text{1,2-dimethoxyethane}}{\text{1,2-二甲氧基乙烷}}}{\text{CH}_3\text{OCH}_2\text{CH}_2\text{OCH}_3}$$
$$\text{OCH}_3$$

对甲氧基甲苯
4-methoxy toluene ($\text{H}_3\text{CO}-\text{C}_6\text{H}_4-\text{CH}_3$)

结构简单的醚也可按官能团类别命名，即写出两个烃基的名称，按英文字母顺序排列，再加上醚，基字一般可省去，二甲醚、二乙醚中的二字也可省去。

$$\underset{\underset{\text{diethyl ether}}{\text{(二)乙醚}}}{\text{CH}_3\text{CH}_2\text{OCH}_2\text{CH}_3} \quad \underset{\underset{\text{ethyl methyl ether}}{\text{乙甲醚}}}{\text{CH}_3\text{OCH}_2\text{CH}_3} \quad \underset{\underset{\text{methyl phenyl ether}}{\text{甲苯醚}}}{\text{C}_6\text{H}_5\text{OCH}_3}$$

环醚常用习惯名。例如：

环氧乙烷　　　　四氢呋喃　　　　二噁烷
ethylene oxide　　tetrahydrofuran　　1,4-dioxane

11.1.3 物理性质

甲醚为气体，低级烷基醚在室温下为液体。醚可以看成烷烃中一个甲叉基被氧原子置换生成的，醚的沸点也与这一烷烃相近。

醚分子间不能形成氢键，因此沸点比醇低，密度比醇小。但醚氧原子上有孤电子对，能与水分子形成氢键，因此，醚在水中的溶解度比烷烃大。甲醚能与水混溶，乙醚在 100 g 水中的溶解度为 10 g（25 ℃），高级醚不溶于水。乙二醇二甲醚、丙三醇三甲醚、四氢呋喃、二噁烷等能与水混溶。

许多有机化合物能溶于醚，醚在许多反应中活性很低，因此在有机反应中常用作溶剂。

11.1.4 醚的波谱

醚的红外光谱图中在 1 275～1 020 cm^{-1} 有强吸收峰（C—O—C 的伸缩振动），但醇、羧酸、羧酸酯在这一区域也有吸收峰（C—O 的伸缩振动）。

醚的分子离子峰丰度较小，$M+1$ 峰丰度较大，裂解常在取代程度较高的烃基上氧原子的 β 位发生：

$$\text{CH}_3\text{CH}_2-\underset{\underset{\text{CH}_3}{|}}{\text{CH}}-\overset{\cdot+}{\ddot{\text{O}}}-\text{CH}_2\text{CH}_3 \xrightarrow{-\text{C}_2\text{H}_5\cdot} \underset{\underset{\text{CH}_3}{|}}{\text{HC}}=\overset{+}{\text{O}}-\text{CH}_2\text{CH}_3$$

这种裂解碎片常为基峰，在二烷基醚的质谱中常有 $m/z=31,45,59,73,\cdots,14n+3$ 等碎片。裂解也可能在氧原子的 α 位发生：

$$R-O-R'^{\dot{+}} \longrightarrow R\dot{O} + \overset{+}{R'}$$

这种裂解产生 $m/z = 29, 43, 57, 71$ 等碎片。

二烷基醚常有 28, 42, 56, 70 等碎片。

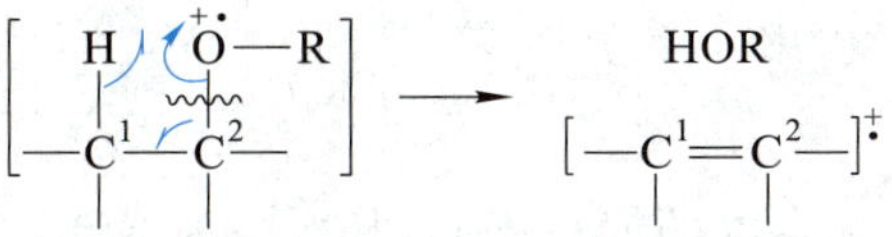

$$\left[\begin{array}{c}H\quad\overset{+}{\overset{\cdot\cdot}{O}}-R\\-\underset{|}{C^1}-\underset{|}{C^2}-\end{array}\right]^{\dot{+}} \longrightarrow \begin{array}{c}HOR\\ [-\underset{|}{C^1}=\underset{|}{C^2}-]^{\dot{+}}\end{array}$$

烷芳混合醚的分子离子峰丰度大，有下面几种裂解方式：

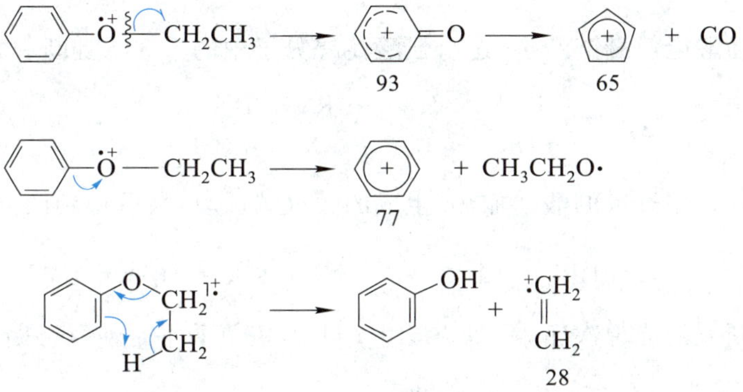

（图示苯氧乙基裂解产生 m/z = 93, 65 + CO）

（图示苯氧乙基裂解产生 m/z = 77 + CH₃CH₂O·）

（图示苯氧乙基裂解产生苯酚 + CH₂=CH₂, m/z = 28）

问题 11.1 一化合物的质谱数据 (m/z) 为 28(6), 29(39.5), 31(100), 43(7), 45(37.5), 59(47), 74(30.5)(M^+)，试推测其结构。

---

§ 11.2 醚 的 反 应

醚是一类相当不活泼的化合物（环氧化合物例外），它的反应与醚氧原子上的孤电子对有关。

11.2.1 碱性

醚氧原子上有孤电子对，可以作为电子给予体，接受强酸中的质子生成𬭩盐：

$$C_2H_5\overset{\cdot\cdot}{\underset{\cdot\cdot}{O}}C_2H_5 + HCl \rightleftharpoons C_2H_5\underset{\underset{H}{|}}{\overset{+}{O}}C_2H_5\ Cl^-$$

熔点：$-52\ ℃$

将乙醚与浓硫酸混合，由于生成𬭩盐，乙醚溶解，同时放出大量的热，同浓硫酸与水混合相似。将溶液倒入冰水中，𬭩盐分解，乙醚层又分离开来。

醚还可以同缺电子的化合物，如氟化硼、氯化铝、Grignard 试剂等生成配合物：

$$ROR + BF_3 \rightleftharpoons R\text{—}\overset{\underset{R}{|}}{\overset{..}{O}}\text{:}BF_3$$

$$ROR + AlCl_3 \rightleftharpoons R\text{—}\overset{\underset{R}{|}}{\overset{..}{O}}\text{:}AlCl_3$$

$$ROR + R'MgX \rightleftharpoons \begin{array}{c} R_2\overset{..}{O}\text{:} \\ R_2\overset{..}{O}\text{:} \end{array} Mg \begin{array}{c} R' \\ X \end{array}$$

各种类型的醚生成锌盐和配合物的能力不同，其次序为 ROR′>ROAr>ArOAr′。

11.2.2 醚链的断裂

在较高温度下强酸能使醚链断裂，这与强酸使醇分子中的 C—O 键断裂相似。

$$ROH + HX \longrightarrow RX + H_2O$$
$$ROR' + HX \longrightarrow RX + R'OH$$

常用的实验条件是用过量的酸并加热，生成的醇继续反应，最后得到两分子卤代烃：

$$ROR' + 2HX \xrightarrow{\triangle} RX + R'X + H_2O$$

氢卤酸使醚链断裂的能力次序为 HI>HBr≫HCl，氢氟酸不是使醚链断裂的有效试剂。

$$\underset{\underset{OCH_3}{|}}{CH_3CHCH_2CH_3} \xrightarrow[\triangle]{HBr} \underset{\underset{Br}{|}}{CH_3CHCH_2CH_3} + CH_3Br$$
$$81\%$$

$$\underset{O}{\bigcirc} \xrightarrow[150\ ^\circ C]{HI} ICH_2CH_2CH_2CH_2I$$
$$65\%$$

常用的试剂为 57% 的氢碘酸，也可以用碘化钾加磷酸代替氢碘酸：

$$(CH_3)_2CHOCH(CH_3)_2 \xrightarrow[\triangle]{KI, H_3PO_4} 2(CH_3)_2CHI$$
$$90\%$$

醚链的裂解为 S_N2 反应：

$$CH_3OCH_2CH_2CH_3 + HI \longrightarrow CH_3\overset{+}{\underset{\underset{H}{|}}{O}}CH_2CH_2CH_3 + I^-$$

$$I^- + CH_3\text{—}\overset{+}{\underset{\underset{H}{|}}{O}}\text{—}CH_2CH_2CH_3 \longrightarrow CH_3I + CH_3CH_2CH_2OH$$

$$CH_3CH_2CH_2OH + HI \longrightarrow CH_3CH_2CH_2I + H_2O$$

氢碘酸的作用是将醚变成锌盐，使离去倾向小的 RO⁻ 可以成为 ROH 离去，并提供亲核性强的 I⁻。反应中生成的醇继续与过量的氢碘酸作用，转变成碘代烷。

芳基醚与氢碘酸一起加热生成碘代烷和酚，氢碘酸不能使酚变成碘代芳烃。例如：

$$\text{2-C}_{10}\text{H}_7\text{OCH}_2\text{CH}_3 \xrightarrow{\text{KI}, \text{H}_3\text{PO}_4} \text{2-C}_{10}\text{H}_7\text{OH} + \text{CH}_3\text{CH}_2\text{I}$$
$$\qquad\qquad\qquad\qquad\qquad\qquad 95\% \qquad\qquad 78\%$$

苯叔丁基醚极易裂解：

$$\text{C}_6\text{H}_5\text{OC}(\text{CH}_3)_3 \xrightarrow[\text{室温}]{\text{HCl}-\text{H}_2\text{O}} \text{C}_6\text{H}_5\text{OH} + (\text{CH}_3)_2\text{C}=\text{CH}_2$$

反应可能是按照 S_N1 机理进行的：

$$\text{C}_6\text{H}_5\overset{+}{\underset{\text{H}}{\text{O}}}\text{C}(\text{CH}_3)_3 \longrightarrow \text{C}_6\text{H}_5\text{OH} + (\text{CH}_3)_3\overset{+}{\text{C}}$$

$$(\text{CH}_3)_2\overset{+}{\text{C}}-\text{CH}_2-\text{H} \longrightarrow (\text{CH}_3)_2\text{C}=\text{CH}_2 + \text{H}^+$$

氢碘酸不能使二芳基醚裂解。

乙烯基醚加酸即可裂解：

$$\text{C}_6\text{H}_5\overset{\text{OCH}_3}{\underset{}{\text{C}}}=\text{CH}_2 + \text{H}_2\text{O} \xrightarrow{\text{H}^+ (\text{pH}=4)} \text{C}_6\text{H}_5\overset{\text{O}}{\underset{}{\text{C}}}\text{CH}_3 + \text{CH}_3\text{OH}$$
$$\qquad\qquad\qquad\qquad\qquad\qquad\qquad \approx 100\%$$

反应机理为

$$\underset{|}{-}\text{C}=\underset{|}{\text{C}}-\text{OR} \xrightarrow[\text{慢}]{\text{H}^+} -\text{CH}-\overset{+}{\underset{|}{\text{C}}}-\text{OR} \xrightarrow{\text{H}_2\text{O}} -\text{CH}-\underset{|}{\overset{\overset{+}{\text{OH}_2}}{\text{C}}}-\text{OR}$$

$$\longrightarrow -\text{CH}-\underset{\text{H}}{\overset{\overset{+}{\text{OH}}}{\underset{|}{\text{C}}}}-\text{OR} \xrightarrow{-\text{ROH}} -\text{CH}-\overset{\text{OH}}{\underset{|}{\overset{+}{\text{C}}}} \xrightarrow{-\text{H}^+} -\text{CH}-\underset{|}{\text{C}}=\text{O}$$

α 位上 OR 基的孤电子对使碳正离子的稳定性大幅度提高，因此，质子加在双键碳原子上，最后一步生成稳定的羰基化合物，也使反应速率加快。

苄基醚在催化加氢的条件下发生氢解（hydrogenolysis），即单键加氢裂解。

$$\text{C}_6\text{H}_5\text{CH}_2\text{OC}_5\text{H}_{11}\text{-}n \xrightarrow{\text{H}_2, \text{Pd/C}} \text{C}_6\text{H}_5\text{CH}_3 + n\text{-C}_5\text{H}_{11}\text{OH}$$
$$\qquad\qquad\qquad\qquad\qquad\qquad \approx 100\%$$

其他醚不发生氢解。

问题 11.2 写出下列反应的产物：

(1) $(\text{CH}_3)_3\text{CCH}_2\text{OCH}_3 + \text{HBr} \longrightarrow$

(2) $s\text{-C}_4\text{H}_9\text{OC}_4\text{H}_9\text{-}t + \text{HI} \longrightarrow$

(3) $\text{CH}_3\text{O}-\text{C}_6\text{H}_4-\text{CH}_2\text{OCH}_2\text{CH}_3 \xrightarrow{\text{H}_2, \text{Pd/C}}$

(4) [结构式: 四氢吡喃-2-基苯基] $\xrightarrow{H_2, Pd/C}$

问题11.3 丁基甲基醚与氢碘酸反应,最初生成的产物为碘甲烷和丁醇,而甲基叔丁基醚则生成甲醇和叔丁基碘。为什么?

11.2.3 自动氧化

烷基醚在空气中放置慢慢生成过氧化物,其过程可能如下所示:

$$CH_3CH_2OC_2H_5 \xrightarrow{O_2} CH_3-\underset{OOH}{CHOC_2H_5} \longrightarrow CH_3\underset{OOH}{CHOH} + C_2H_5OH$$

$$n\, CH_3\underset{OOH}{CHOH} \longrightarrow n\, H_2O + \left[\underset{CH_3}{CHOO-}\right]_n \quad n=1\sim 8$$

过氧化物是不稳定的,在加热时可能发生爆炸。此外,用醚类作溶剂,过氧化物的存在还会引起一些不需要的副反应。因此醚类应尽量避免暴露在空气中。在使用以前,特别是在蒸馏以前,应当检验是否有过氧化物存在,并把它除去。

检验过氧化物的一种简便方法是将少量醚与碘化钾水溶液一起摇动,如有过氧化物存在,I^-氧化成 I_2,可由其特殊的颜色观察到。醚与硫酸亚铁水溶液一起摇动,可以除去其中的过氧化物。

异丙醚特别容易生成过氧化物,乙醚和四氢呋喃也容易生成过氧化物,叔丁基甲基醚则不容易生成过氧化物。

过氧化物的生成是自由基反应:

$$R\cdot + CH_3CH_2OCH_2CH_3 \longrightarrow RH + CH_3\dot{C}HOCH_2CH_3$$

$$CH_3\dot{C}HOCH_2CH_3 + O_2 \longrightarrow CH_3\underset{OO\cdot}{CHOCH_2CH_3}$$

$$CH_3\underset{OO\cdot}{CHOC_2H_5} + C_2H_5OC_2H_5 \longrightarrow CH_3\underset{OOH}{CHOCH_2CH_3} + CH_3\dot{C}HOC_2H_5$$

$$CH_3\underset{OO\cdot}{CHOC_2H_5} + CH_3\dot{C}HOC_2H_5 \longrightarrow C_2H_5O\underset{CH_3}{CHOO}\underset{CH_3}{CHOC_2H_5}$$

醚氧原子上的孤电子对能使 α 位上的自由基或正离子的稳定性增加,它们的结构可用共振式表示:

$$[R\dot{C}H\ddot{O}R' \longleftrightarrow RCH=\dot{O}R']$$
$$[R\overset{+}{C}H\ddot{O}R' \longleftrightarrow RCH=\overset{+}{O}R']$$

因此,醚容易在 α 位氧化。

§11.3 醚 的 制 法

11.3.1 Williamson 合成法

应用醇金属与卤代烃等的亲核取代反应制备醚的方法称为 Williamson(AW) 合成法：

$$RO^- + R'X \longrightarrow ROR' + X^-$$
$$\text{醇金属} \quad \text{卤代烃} \quad \text{混合醚}$$

除卤代烃外，还可以用磺酸酯、硫酸酯等作为亲核试剂 RO^- 的底物。从低级醇合成醚，常用过量醇作溶剂，相对分子质量大的醇则必须另加溶剂，如 DMF,DMSO 等。例如：

$$CH_3CH_2CH_2CH_2ONa + CH_3CH_2I \xrightarrow{71\%} CH_3CH_2CH_2CH_2OCH_2CH_3 + NaI$$

反应机理一般为 S_N2：

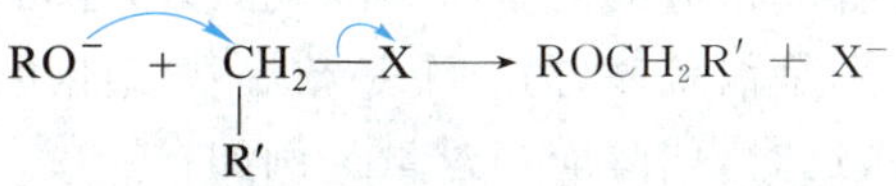

$$RO^- + \underset{\underset{R'}{|}}{CH_2}\!-\!X \longrightarrow ROCH_2R' + X^-$$

仲卤代烷在 S_N2 反应中容易同时发生 E2 反应生成烯烃，因此，在混合醚中有一个仲烷基和一个伯烷基时，最好用仲醇和伯卤代烷作原料。例如：

$$(CH_3)_2CHONa + C_6H_5CH_2Cl \xrightarrow{84\%} (CH_3)_2CHOCH_2C_6H_5 + NaCl$$

叔卤代烷不能用于合成醚。

合成芳基醚应用酚钠与卤代烷反应：

$$C_6H_5ONa + CH_3I \xrightarrow[55\ ℃]{CH_3COCH_3} C_6H_5OCH_3 + NaI$$
$$95\%$$

一般是将酚和卤代烷与一种碱性试剂一起加热：

$$C_6H_5OH + CH_3CH_2CH_2I \xrightarrow[CH_3CH_2OH]{CH_3CH_2ONa} C_6H_5OCH_2CH_2CH_3$$ 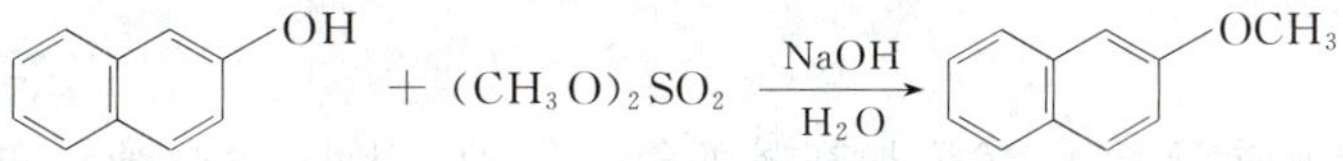
$$74\%$$

2-萘酚 $+ (CH_3O)_2SO_2 \xrightarrow[H_2O]{NaOH}$ 2-甲氧基萘
$$65\% \sim 73\%$$

硫酸二甲酯是一种便宜的甲基化试剂。

卤代烷的 β 位有支链或芳基，非常容易发生消除反应，不能用于醚的合成。

问题 11.4　下列化合物应如何合成？

(1) 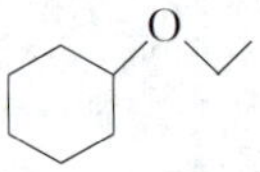 环己基-O-乙基　　(2) $(CH_3)_3CCH_2OCH_3$　　(3) $C_6H_5\underset{\underset{CH_3}{|}}{C}HOCH_3$

11.3.2　醇脱水

在酸性催化剂存在下，两分子醇脱水生成醚，反应必须控制合适温度，温度过高产物为烯烃。

$$2\ C_2H_5OH \xrightarrow[130\sim140\ ℃]{浓\ H_2SO_4} C_2H_5OC_2H_5 + H_2O$$

酸的作用是将一分子醇的羟基转变成更好的离去基团。

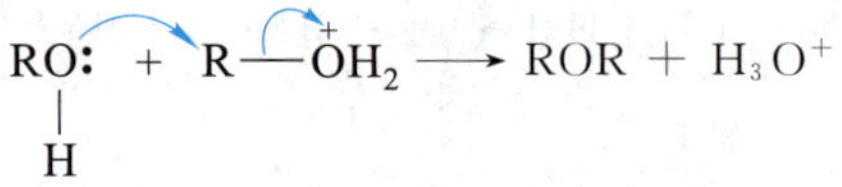

$$\underset{\underset{H}{|}}{RO:} + R\!-\!\overset{+}{O}H_2 \longrightarrow ROR + H_3O^+$$

这个方法通常用来从低级伯醇合成相应的简单醚。除硫酸外，还可以用磷酸和离子交换树脂。

如果分子中的两个烃基一个是伯烷基，另一个是叔烷基或能生成较稳定的碳正离子的烃基，也可以用酸性脱水的方法制备，这时，伯醇应当过量。例如：

$$(CH_3)_3COH + C_2H_5OH \xrightarrow[70\ ℃]{15\%\ H_2SO_4} \underset{95\%}{(CH_3)_3COC_2H_5}$$

问题 11.5　写出以上反应的可能机理。

问题 11.6　下列化合物应如何合成？

(1) $(C_6H_5)_2CHOCH(C_6H_5)_2$　　(2) $(C_6H_5)_3COCH_2CH_2CH(CH_3)_2$

(3) $CH_2\!=\!CHCH_2OCH_2CH\!=\!CH_2$

11.3.3　醇与烯烃的加成

在酸性催化剂存在下醇与烯烃反应生成醚：

$$(CH_3)_2C\!=\!CHCH_3 + CH_3OH \xrightarrow[50\%]{H_2SO_4-H_2O} (CH_3)_2\underset{\underset{OCH_3}{|}}{C}CH_2CH_3$$

酸的作用是使烯烃变成碳正离子，然后加在醇的氧原子上，因此，醇必须过量。由于醇的亲核能力较弱，所用酸的酸根必须是弱的亲核试剂，以免与醇竞争碳正离子。例如：

$$\underset{H_3C}{\overset{H_3C}{>}}C\!=\!CH_2 + CH_3OH \xrightarrow[86\%]{HBF_4} (CH_3)_3COCH_3$$

§ 11.4 环 醚

由于碳正离子会发生重排,有时得到的是重排产物。

$$(CH_3)_3CCH=CH_2 + CH_3OH \xrightarrow{H_2SO_4} (CH_3)_2CCH(CH_3)_2$$
$$\quad\quad\quad\quad\quad\quad\quad\quad\quad\quad\quad\quad\quad\quad |$$
$$\quad\quad\quad\quad\quad\quad\quad\quad\quad\quad\quad\quad\quad\quad OCH_3$$

用醇作溶剂进行烯烃的汞化,然后再还原也可以得到醚:

$$RCH=CH_2 \xrightarrow[\text{② NaBH}_4, OH^-]{\text{① Hg(OAc)}_2, R'OH} RCHCH_3$$
$$\quad\quad\quad\quad\quad\quad\quad\quad\quad\quad\quad\quad |$$
$$\quad\quad\quad\quad\quad\quad\quad\quad\quad\quad\quad\quad OR'$$

反应机理与羟汞化相似,不过是用醇作溶剂及亲核试剂,而不是用水,这类反应总称为溶剂汞化(solvomercuration)。溶剂汞化及还原脱汞后得到的产物的结构符合 Markovnikov 规律:

$$(CH_3)_3CCH=CH_2 + CH_3OH \xrightarrow[\text{② NaBH}_4, OH^-]{\text{① Hg(OAc)}_2} (CH_3)_3CCHCH_3$$
$$\quad\quad\quad\quad\quad\quad\quad\quad\quad\quad\quad\quad\quad\quad\quad\quad\quad\quad |$$
$$\quad\quad\quad\quad\quad\quad\quad\quad\quad\quad\quad\quad\quad\quad\quad\quad\quad\quad OCH_3$$
$$\quad\quad\quad\quad\quad\quad\quad\quad\quad\quad\quad\quad\quad\quad\quad\quad\quad\quad 83\%$$

用溶剂汞化反应制备醚,可以避免碳架的重排。

在溶剂汞化反应中,是醇或水分子中的氧原子连在双键碳原子上而不是乙酸汞中的乙酸根,这是由于乙酸根的亲核性小于醇或水。但在用叔醇和烯烃制备相应的醚时,由于位阻的影响,叔醇的亲核性减弱,在汞化一步是乙酸根而不是叔醇连在双键碳原子上,在这种情况下,可以用三氟乙酸汞代替乙酸汞,因为三氟乙酸根的亲核性极弱,可以保证使叔丁醇与双键碳原子相连。

问题 11.7 下列化合物应如何合成?

(1) $C_6H_5CHCH_3$
         |
         $OCH_2CH_2CH_3$

(2) 环己基—OCH_3

(3) $C_6H_5C(CH_3)_2$
         |
         OCH_2CH_3

(4) $CH_3CH_2C(CH_3)_2$
         |
         $OCH(CH_3)_2$

§ 11.4 环 醚

11.4.1 环氧化合物

环氧乙烷分子中的键长、键角为

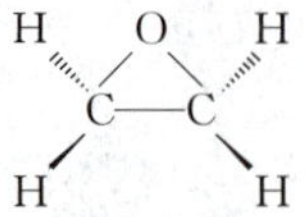

C—C 147 pm	∠COC 59.2°
C—O 147 pm	∠OCC 61.6°
	∠HCH 116°

张力能为 114.1 kJ·mol^{-1}，同环丙烷一样，是张力很大的化合物。

问题 11.8 写出下列化合物可能的立体异构体。

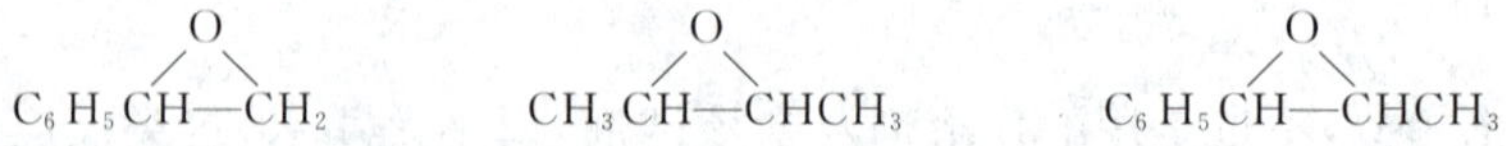

$$C_6H_5CH\text{—}CH_2\text{(O)} \qquad CH_3CH\text{—}CHCH_3\text{(O)} \qquad C_6H_5CH\text{—}CHCH_3\text{(O)}$$

11.4.1.1 环氧化合物的反应

环氧化合物(epoxide)由于环的巨大张力，反应活性远高于开链醚或其他环醚。由于环氧化合物开环后张力缓解，它们在碱性、中性或酸性条件下都可以开环。

环氧乙烷在碱性溶液中与亲核试剂反应，碳－氧键断裂，生成 2－取代乙醇，这是一个放热反应：

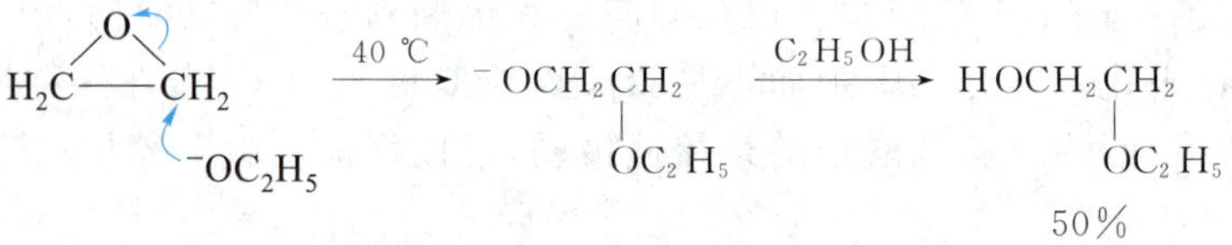

$$H_2C\text{—}CH_2\text{(O)} \xrightarrow[]{40\ ℃,\ ^-OC_2H_5} \ ^-OCH_2CH_2OC_2H_5 \xrightarrow{C_2H_5OH} HOCH_2CH_2OC_2H_5 \quad 50\%$$

反应具有 S_N2 机理的特征，如被亲核试剂进攻的碳原子构型发生转化：

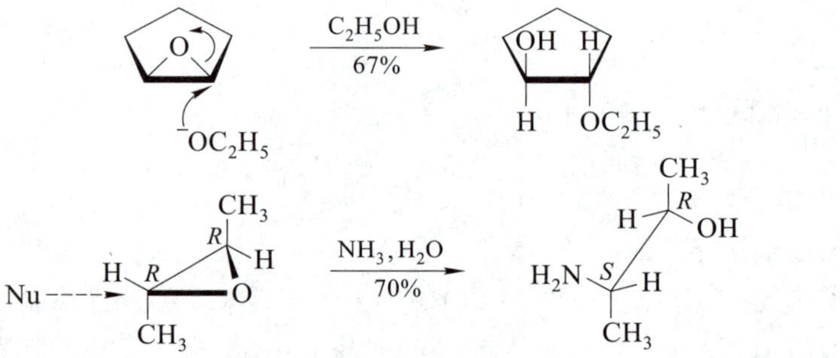

（环戊烷环氧化物 + C_2H_5OH → 反式 2-乙氧基环戊醇，67%）

$$\text{(2}R\text{,3}R\text{)}-2,3-\text{环氧丁烷} \xrightarrow{NH_3,\ H_2O,\ 70\%} \text{(2}R\text{,3}S\text{)}-3-\text{氨基丁}-2-\text{醇}$$

结构不对称的环氧化合物在碱性溶液中开环，亲核试剂进攻位阻较小即取代基较少的碳原子。例如：

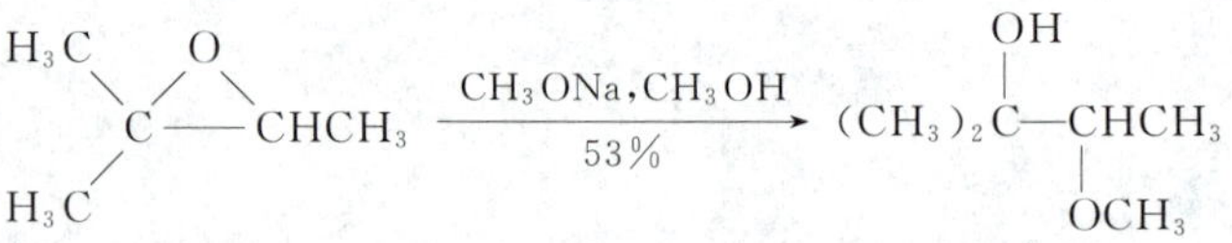

$$(CH_3)_2C\text{—}CHCH_3\text{(O)} \xrightarrow{CH_3ONa,\ CH_3OH} (CH_3)_2C(OH)\text{—}CH(OCH_3)CH_3 \quad 53\%$$

环氧乙烷在酸性溶液中非常容易开环：

§11.4 环 醚

$$\text{H}_2\text{C}\underset{\text{O}}{-}\text{CH}_2 \xrightarrow[10\ ℃]{\text{HBr}} \text{BrCH}_2\text{CH}_2\text{OH} \quad 87\%\sim92\%$$

在酸性溶液中，环氧化合物先生成锌盐，由于环有张力，锌盐具有部分碳正离子的性质：

$$\text{H}_2\text{C}\underset{\text{O}}{-}\text{CH}_2 \xrightleftharpoons{\text{H}^+} \text{H}_2\text{C}\underset{\overset{+}{\text{O}}\text{H}}{-}\text{CH}_2 \xrightarrow{\text{R}\ddot{\text{O}}\text{H}} \left[\begin{array}{c}\overset{\delta^+}{\overset{..}{\text{O}}\text{H}}\\ \text{CH}_2\text{---}\text{CH}_2\\ \delta^+:\overset{..}{\text{O}}\text{R}\\ \text{H}\end{array}\right]^{\neq} \longrightarrow$$

$$\underset{\overset{+}{\text{O}}\text{R}}{\underset{\text{H}}{\text{CH}_2\text{---}\text{CH}_2\text{OH}}} \xrightleftharpoons{-\text{H}^+} \underset{\text{OR}}{\text{CH}_2\text{---}\text{CH}_2\text{OH}}$$

结构不对称的环氧化合物在酸性溶液中，亲核试剂进攻能生成较稳定的碳正离子（即烃基取代基较多）的碳原子：

$$\underset{\text{H}_3\text{C}}{\overset{\text{H}_3\text{C}}{>}}\text{C}\underset{\text{O}}{-}\text{C}\underset{\text{H}}{\overset{\text{CH}_3}{<}} \xrightarrow{\text{CH}_3\text{OH},\text{H}_2\text{SO}_4} (\text{CH}_3)_2\underset{\text{OCH}_3}{\text{C}}\text{---}\underset{}{\text{CHCH}_3}\ \text{OH}$$

$$\text{C}_6\text{H}_5\text{CH}\underset{\text{O}}{-}\text{CH}_2 \xrightarrow[71\%]{\text{HCl},\text{CHCl}_3} \text{C}_6\text{H}_5\underset{\text{Cl}}{\text{CH}}\text{CH}_2\text{OH}$$

在酸性溶液中也得到构型转化产物：

$$\text{（四氢呋喃环氧化物）} \xrightarrow[73\%]{\text{HBr}} \text{（反式-2-溴环戊醇）}$$

$$(2R,3R)\text{-}2,3\text{-环氧丁烷} \xrightarrow[57\%]{\text{CH}_3\text{OH},\text{H}_2\text{SO}_4} (2R,3S)\text{-}3\text{-甲氧基丁-2-醇}$$

环氧化合物用氢化铝锂还原得到醇：

$$\text{CH}_3\text{CH}_2\text{CH}\underset{\text{O}}{-}\text{CH}_2 \xrightarrow{\text{LiAlH}_4} \text{CH}_3\text{CH}_2\text{CH}\underset{\overset{+}{\text{O}}\text{Li}}{-}\text{CH}_2 \longrightarrow \text{CH}_3\underset{\text{OLi}}{\text{CHCH}_3}$$
$$\qquad\qquad\qquad\qquad\qquad\qquad\qquad \text{H}\text{---}\text{AlH}_3$$

$$\xrightarrow{H_3O^+} CH_3CH_2\underset{\underset{99\%}{}}{\overset{OH}{C}}HCH_3$$

Grignard 试剂与环氧化合物反应，水解后也得到醇，产物中碳链增加两个碳原子：

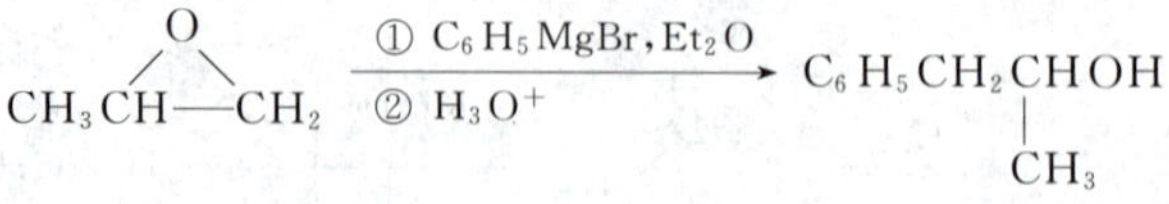

$$CH_3\overset{O}{\overset{|}{CH}}\text{—}CH_2 \xrightarrow[② H_3O^+]{① C_6H_5MgBr, Et_2O} C_6H_5CH_2\underset{\underset{60\%}{}}{\overset{|}{C}HOH}\overset{}{\underset{CH_3}{}}$$

问题 11.9 写出下列反应的产物：

(1)  $(CH_3)_2C\overset{O}{\overset{|}{\text{—}}}CHCH_3 + CH_3ONa \longrightarrow$

(2) [H₃C-环己烷环氧化物] + $OH^- \longrightarrow$

(3) $(CH_3)_3C$-[环己烷环氧亚甲基] + $H_2O \xrightarrow{H^+}$

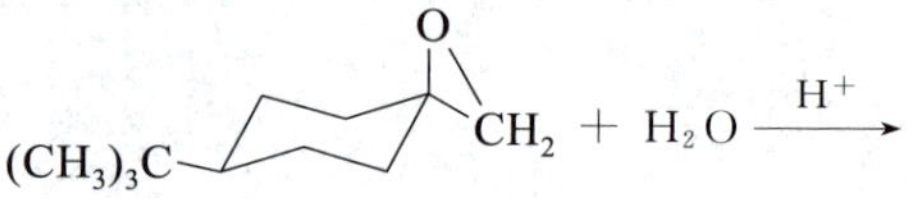

(4) 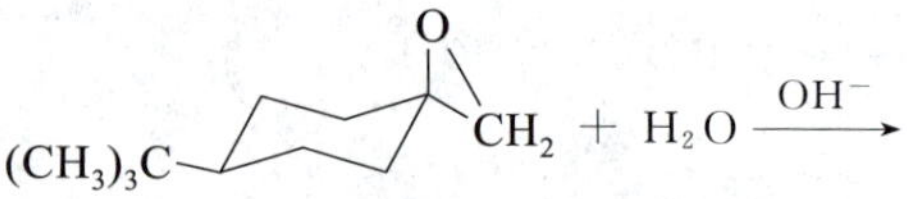 $(CH_3)_3C$-[环己烷环氧亚甲基] + $H_2O \xrightarrow{OH^-}$

(5) 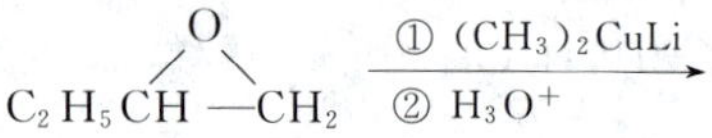 $C_2H_5CH\overset{O}{\overset{|}{\text{—}}}CH_2 \xrightarrow[② H_3O^+]{① (CH_3)_2CuLi}$

[提示：$(CH_3)_2CuLi$ 可看作 CH_3^- 给体。]

(6) 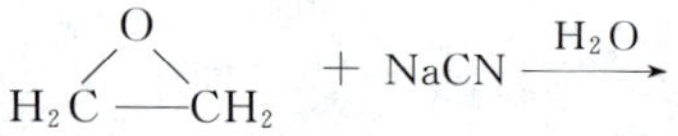 $H_2C\overset{O}{\overset{|}{\text{—}}}CH_2 + NaCN \xrightarrow{H_2O}$

(7) 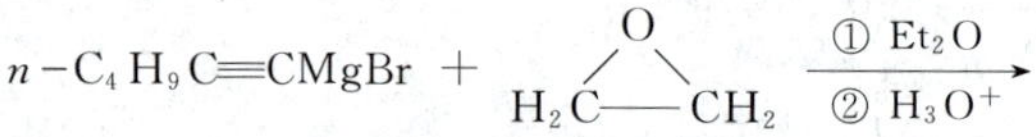 $n\text{-}C_4H_9C\equiv CMgBr + H_2C\overset{O}{\overset{|}{\text{—}}}CH_2 \xrightarrow[② H_3O^+]{① Et_2O}$

11.4.1.2 环氧化合物的制法

烯烃可以用过氧酸氧化成环氧化物。

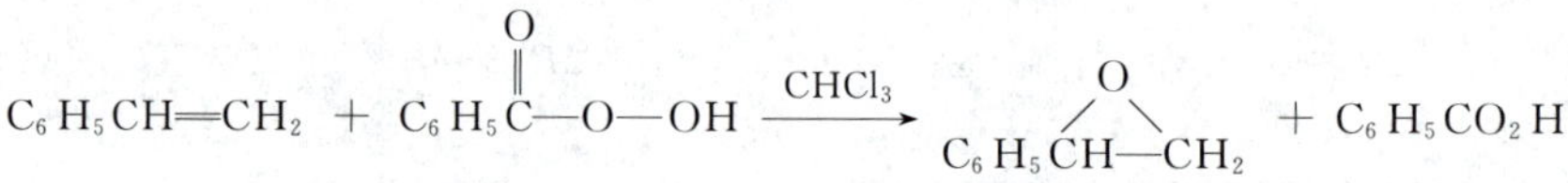

$$C_6H_5CH\text{=}CH_2 + C_6H_5\overset{O}{\overset{\|}{C}}\text{—O—OH} \xrightarrow{CHCl_3} \underset{69\%\sim75\%}{C_6H_5CH\overset{O}{\overset{|}{\text{—}}}CH_2} + C_6H_5CO_2H$$

有顺反异构体的烯烃用过氧酸氧化后，取代基的相对位置不变：

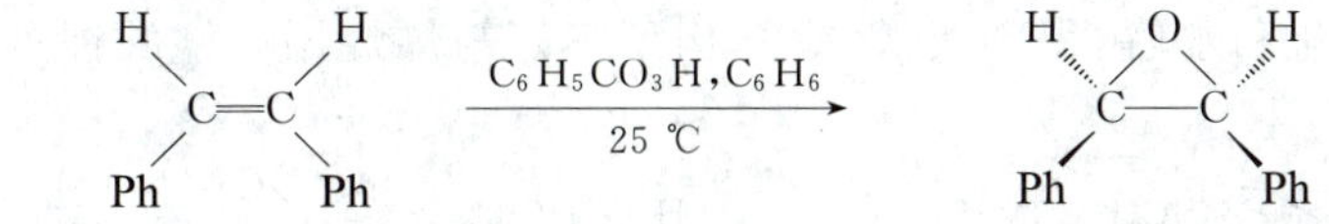

§11.4 环 醚

(Z)-1,2-二苯乙烯 $\xrightarrow{C_6H_5CO_3H, C_6H_6}{25\ ℃}$ 顺-1,2-环氧-1,2-二苯乙烷 52%

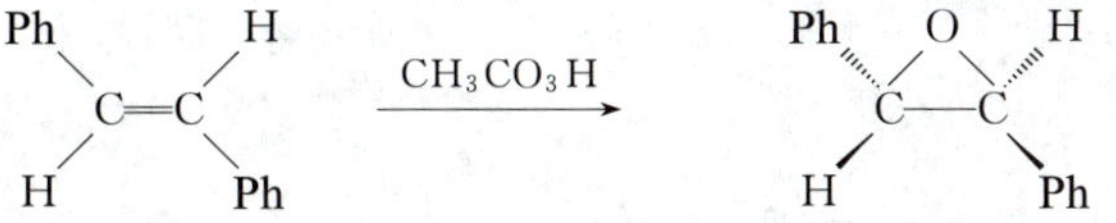

(E)-1,2-二苯乙烯 $\xrightarrow{CH_3CO_3H}$ 反-1,2-环氧-1,2-二苯乙烷 78%～83%

另外一种制备环氧化合物的方法是 β-卤代醇的成环，这是一种分子内的 S_N2 反应：

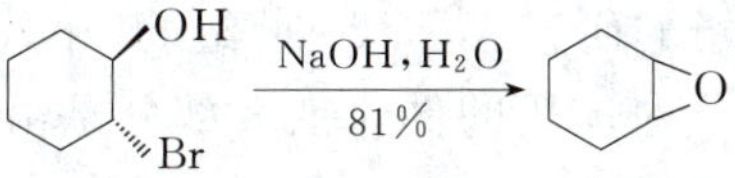

反-2-氯环己醇 $\xrightarrow{NaOH, H_2O}{81\%}$ 环氧环己烷

正如环己烷的环氧化合物开环时最初两个羟基可能都在直立链的位置，反-2-氯环己醇可能要先经过构象转化使氯和羟基都在直立键的位置，然后再成环。

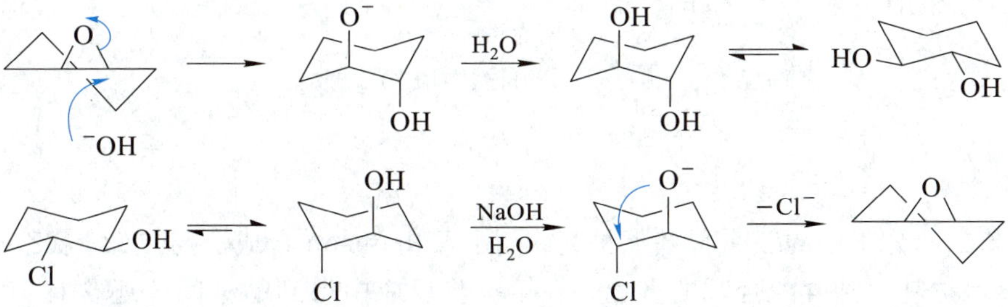

像烯烃用过氧酸氧化时构型不变一样，烯烃先加次卤酸，然后再成环生成环氧化物，其构型也保持不变。因为第一步为反式加成，第二步卤素所在碳原子发生构型转化，其结果等于构型不变：

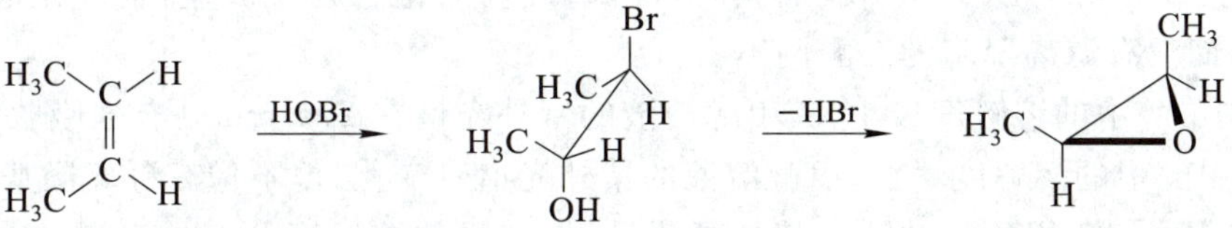

(Z)-丁-2-烯 $\xrightarrow{HOBr}$ 3-溴丁-2-醇 $\xrightarrow{-HBr}$ 顺-2,3-环氧丁烷

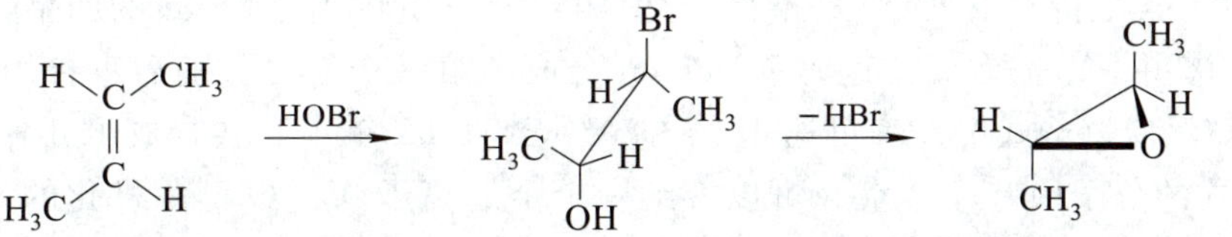

(E)-丁-2-烯 $\xrightarrow{HOBr}$ 3-溴丁-2-醇 $\xrightarrow{-HBr}$ 反-2,3-环氧丁烷

从烯烃经过酸环氧化和水解，得到反式二醇，构型正好与烯烃用高锰酸钾等氧化时相反。

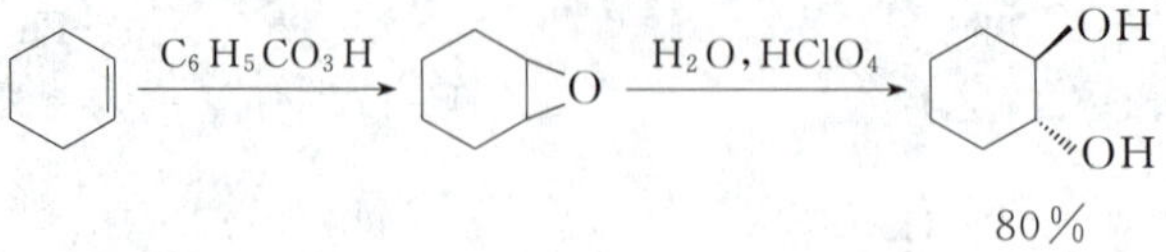

11.4.2 冠醚

冠醚是 20 世纪 60 年代发现的一类大环多醚，其特点是能与钾、钠等金属离子配位。

11.4.2.1 冠醚的发现

Pedersen C J 是美国杜邦公司的研究人员，20 世纪 60 年代初，他进行的研究工作是寻找用于烯烃聚合的新的含钒催化剂。当时应用的催化剂大部分是由 VCl_3，$VOCl_2$ 等无机物与烷基铝作用得到的。Pedersen 计划用钒的配合物来制备催化剂，先要通过下列反应合成所需配体：

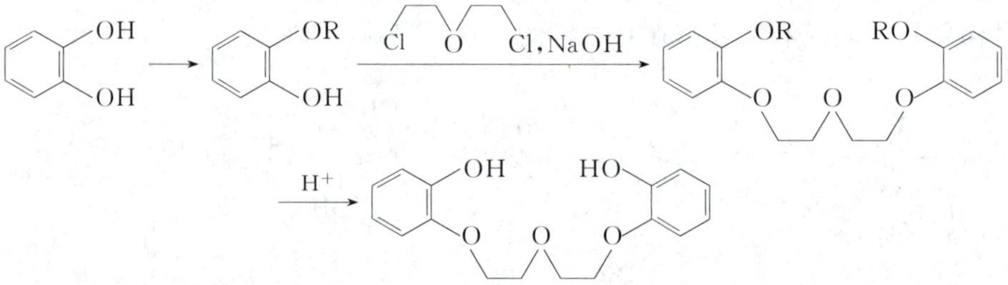

即首先把邻苯二酚分子中的一个羟基保护起来，用 Williamson 合成法与二(2-氯乙基)醚生成多醚，然后去掉保护基得到含酚羟基的多醚。在第一步反应中得到的中间体还含有 10% 左右未发生反应的邻苯二酚，未经提纯就用来进行下一步反应，最后没有得到所需要的化合物，只分离出少量(产率 0.4%)光亮的纤维状晶体。

当时(1962 年)Pedersen 使用紫外光谱法对产物进行鉴定。邻苯二酚及其一醚和二醚的紫外光谱相似，在 275 nm 处有强吸收，加碱后有游离羟基的化合物变成盐，紫外光谱有显著变化(见图 11.1)，而没有游离羟基的二醚则不变。

未知物在甲醇中的溶解度较小，其甲醇溶液的紫外光谱在 275 nm 处有强吸收，加氢氧化钠后，未知物在甲醇中的溶解度增加，甲醇溶液的紫外光谱有变化，但不像有游离羟基的化合物(见图 11.2)。如用能溶于甲醇的钠盐代替氢氧化钠，未知物的溶解度和紫外光谱的变化与加氢氧化钠相同，说明未知物能与钠离子生成配合物，光谱的变化也是由于生成了配合物。

未知物的元素分析与下列(1)式相符合，但相对分子质量则是(1)式的两倍，即其结构应为(2)式，即为二苯并-18-冠-6。这是 Pedersen 合成的第一个冠醚。随后直接用邻苯二酚与二(2-氯乙基)醚反应，(2)式的产率可达 45%～80%，到 1962 年年底共合成了 8 种冠醚。从分子模型可见(2)式的分子中有一个空腔可以容纳一个金属离子，C—O 键是极化的，氧原子上带部分负电荷，几个醚氧原子与金属离子之间的静电引力，使金属离子能够稳定地保持在空腔中。实验证明：冠醚对其他碱金属和碱土金属离子和铵离子也有配位作用。

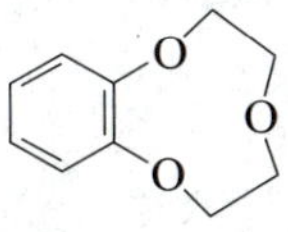

§ 11.4 环　醚

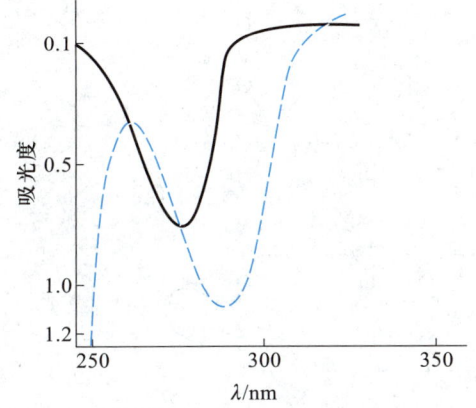

(1) 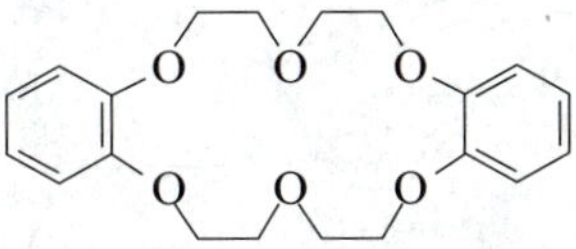　　　　　(2)
二苯并-18-冠-6

图 11.1　邻苯二酚及其一醚和二醚的紫外光谱

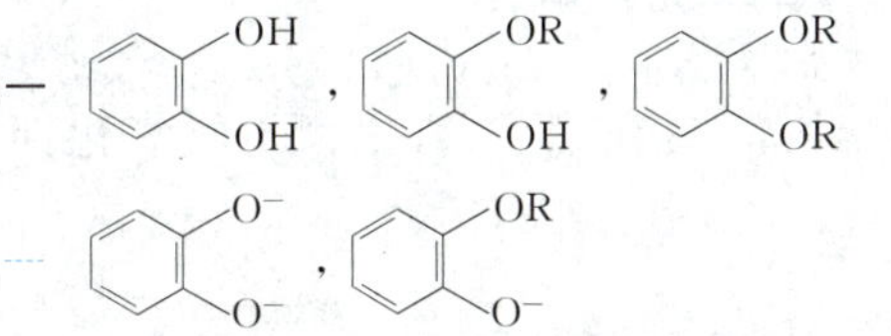

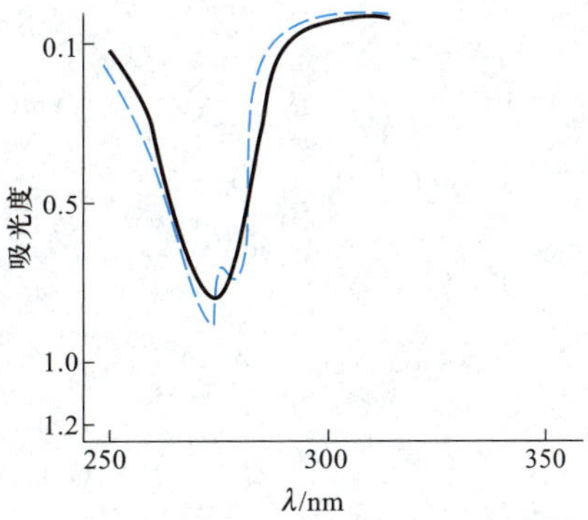

图 11.2　二苯并-18-冠-6 的紫外光谱
── 甲醇溶液
---- 甲醇溶液加氢氧化钠或钠盐

一些天然的抗生素如缬氨霉素等,也能与金属离子配位,1967 年发表了关于这些天然离子载体模型的论文,它们也是有空腔的大环。

Pedersen 认识到他所合成的化合物是一类人工离子载体,便加快了工作进度,到 1968 年底已合成出 60 种环中含有 4～20 个氧原子的大环多醚,即冠醚,其中许多对金属离子有配位作用。

1967 年,Pedersen 的工作发表以后,引起了广泛的注意,几十年中合成了上千种新化合物,从各个角度研究了它们的性质,特别是美国化学家 Cram C J 和法国化学家 Lehn J M 做了重要工作。Lehn 首先合成了穴醚:

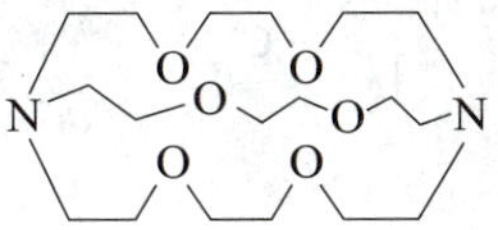

穴醚

1987 年,Cram,Lehn 和 Pedersen 共同获得诺贝尔化学奖。

11.4.2.2　冠醚的命名、合成和性质

冠醚的系统命名较复杂,使用不便。由于最简单的冠醚的构象外形与西方的王冠相似:

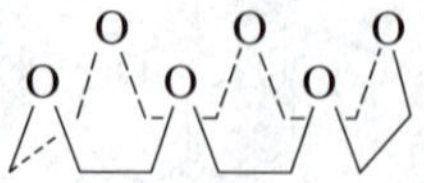

1,4,7,10,13,16-六氧杂环十八烷

因此,Pedersen 把这类大环多醚称为冠醚(crown ether)。它们的习惯名带有冠字,其前面的阿拉伯数字表示醚环内原子的总数,后面的数字则表示氧原子的数目。

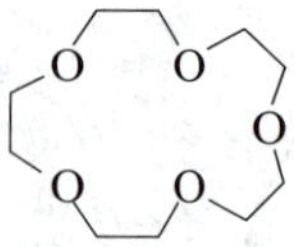

15-冠-5
液体

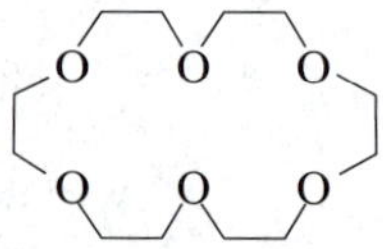

18-冠-6
熔点:39~40 ℃

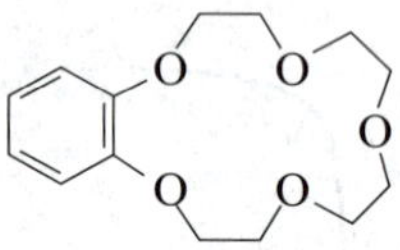

苯并-15-冠-5
熔点:79~79.5 ℃

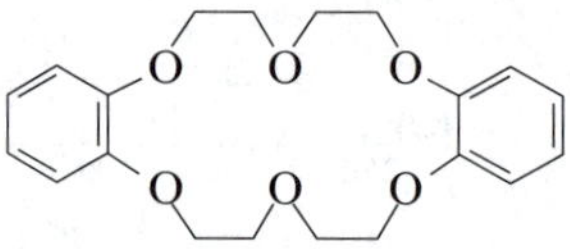

二苯并-18-冠-6
熔点:162~164 ℃

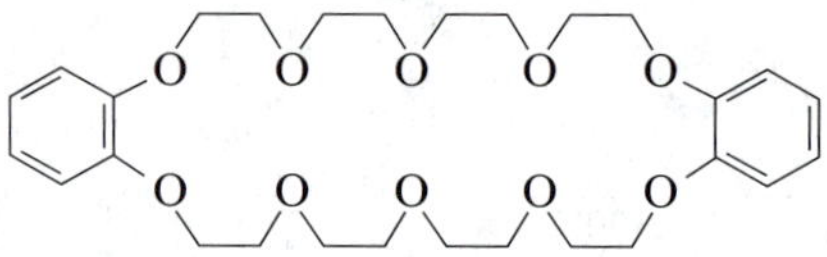

二苯并-30-冠-10
熔点:106~107.5 ℃

冠醚主要用 Williamson 合成法制备。例如,将三甘醇和相应的二氯化物与氢氧化钾一起加热,可以得到 18-冠-6:

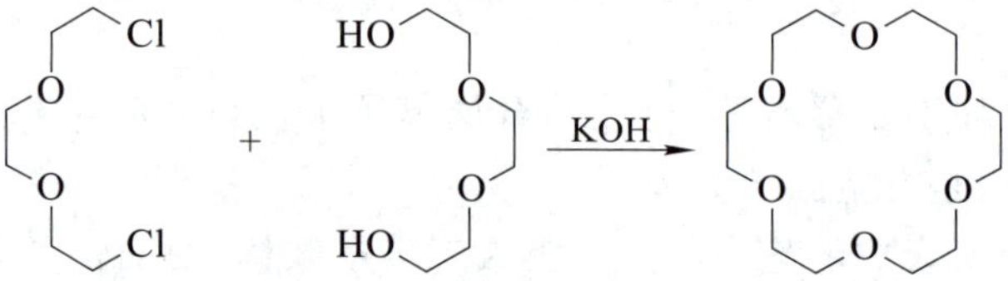

它是由三甘醇与二氯化物经过两次 S_N2 反应生成的,第一次 S_N2 反应后,钾离子与产物中的 6 个氧原子配位,使长链两端的氯原子和羟基互相靠近,经过第二次 S_N2 反应生成大环化合物:

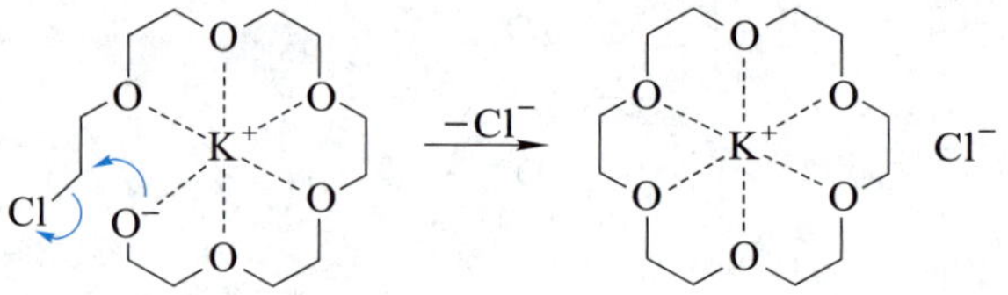

因此,K^+ 在反应中起模板作用。

冠醚最显著的性质是能与金属盐,特别是碱金属盐生成配合物。例如,18-冠-6 能与高锰酸钾生成配合物:

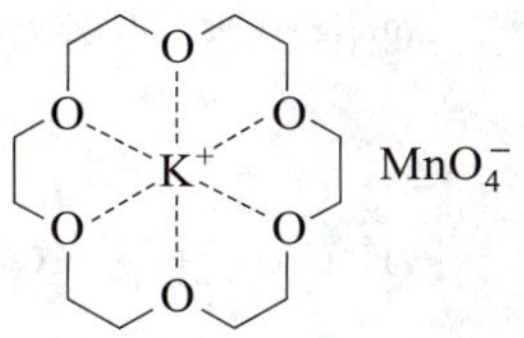

$$\text{[18-crown-6·K}^+\text{]} \quad \text{MnO}_4^-$$

后者溶于苯而显紫红色,这样就可以把不溶于非极性溶剂的 $KMnO_4$ 带入溶液中。

冠醚分子中空腔大小不同可以容纳不同的碱金属离子。

冠醚有一定毒性,必须避免吸入其蒸气或与皮肤接触。

§11.5 醚的来源和用途

11.5.1 二甲醚

二甲醚可以由甲醇在气相中脱水合成:

$$2\,CH_3OH \xrightarrow{Al_2O_3,\,300\sim400\,^\circ\!C,\,1.5\,MPa} CH_3OCH_3 + H_2O$$

或由合成气直接合成:

$$H_2 + CO \xrightarrow{\text{催化剂}} CH_3OCH_3$$

二甲醚在常压下为气体,沸点 $-23.65\,^\circ\!C$,加压后变为液体,性能与液化石油气相似。它是重要的清洁燃料,可供汽车使用,有很大的发展潜力。二甲醚的水溶液可以溶解许多本来不溶于水的油漆材料,可以代替氯氟烃用于气雾剂、喷漆的生产或作为环保型制冷剂;还可以作为化工原料,如羰基化后生成乙酸甲酯。因此,二甲醚可能成为大量生产的化合物。

11.5.2 乙醚

乙醚是用途最广的醚,工业上生产乙醚主要是由乙烯在气相中和磷酸存在下加水生产乙醇时产生的副产物而得到,改变工艺条件可以调节乙醚的产量,使其与需求相适应;也可以由乙醇在氧化铝催化下脱水得到,产率在 95% 以上。乙醚的挥发性大,着火点低,在操作中又容易产生静电,因此,燃烧和蒸气爆炸的危险性大,必须采取必要的安全措施。乙醚主要用作溶剂。

11.5.3 丁醚和异丙醚

丁醚由丁醇脱水生产,是一种低水溶性提取剂。

异丙醚由丙烯在硫酸催化下加水得到,用作溶剂,由于容易生成过氧化物,其应用受到限制。

11.5.4 环氧乙烷

在工业上由乙烯在银催化剂存在下用空气氧化制备:

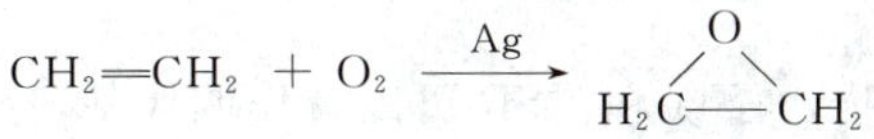

$$CH_2\!=\!CH_2 + O_2 \xrightarrow{Ag} \underset{H_2C-CH_2}{\overset{O}{\triangle}}$$

环氧乙烷为无色气体,沸点:13.5 ℃,能溶于水、乙醇和乙醚,在工业上用作生产乙二醇的原料,也用作熏蒸杀菌剂。

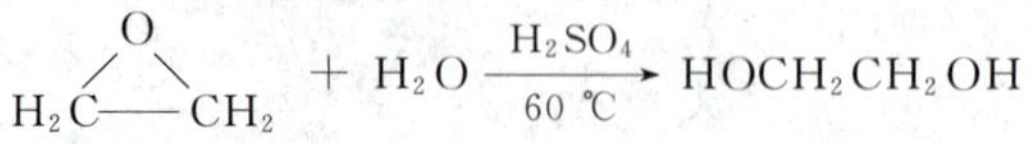

$$\underset{H_2C-CH_2}{\overset{O}{\triangle}} + H_2O \xrightarrow[60\ ℃]{H_2SO_4} HOCH_2CH_2OH$$

11.5.5 四氢呋喃和二噁烷

四氢呋喃容易由丁-1,4-二醇在酸催化下脱水得到:

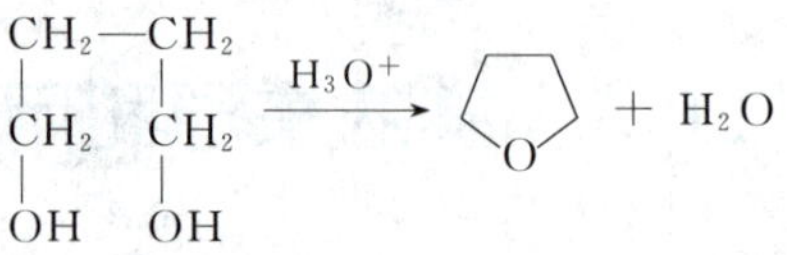

$$\underset{\underset{OH\quad OH}{|\quad\ \ |}}{\overset{CH_2-CH_2}{\underset{CH_2\ \ CH_2}{|\quad\ \ |}}} \xrightarrow{H_3O^+} \bigcirc\!\!\!\!O + H_2O$$

四氢呋喃为无色液体,沸点:65 ℃。

二噁烷在工业上由乙二醇与磷酸一起加热得到:

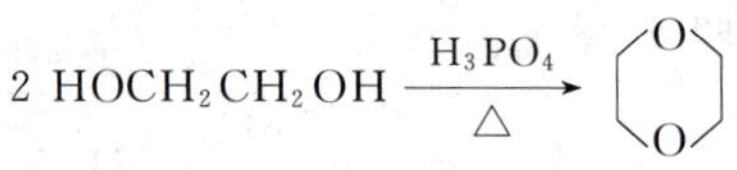

$$2\ HOCH_2CH_2OH \xrightarrow[\triangle]{H_3PO_4} \underset{O}{\overset{O}{\bigcirc}}$$

环氧乙烷二聚也生成二噁烷:

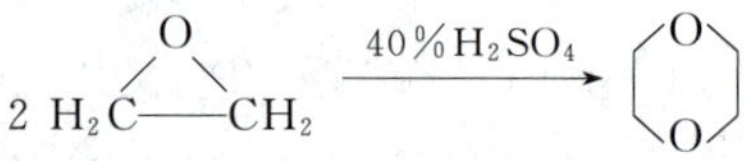

$$2\ \underset{H_2C-CH_2}{\overset{O}{\triangle}} \xrightarrow{40\%H_2SO_4} \underset{O}{\overset{O}{\bigcirc}}$$

二噁烷为无色液体,沸点与水相近(101 ℃),它和四氢呋喃都能与水、乙醇和乙醚混溶,是实验室中常用的溶剂。

§11.6 硫醇、硫酚和硫醚

硫和氧在元素周期表的同一族内,也存在一系列相当于各类含氧化合物的含硫化合物:

ROH	ArOH	ROR
醇	酚	醚
RSH	ArSH	RSR
硫醇	硫酚	硫醚
thiols	thiophenols	thioethers
CH_3SH	C_6H_5SH	CH_3SCH_3
甲硫醇	苯硫酚	甲硫醚
methanethiol	benzenethiol	dimethyl sulfide

它们可以看作含氧化合物中氧原子被硫原子置换而生成的,命名时在相应的含氧化合物中表示类名的字前面加上硫字。

对于结构比较复杂的化合物,—SH 和 —SR 可以看作取代基,分别称为巯基和烷硫基。例如:

$$\begin{array}{cc} \text{CH}_3\text{CHCH}_2\text{OH} & \text{CH}_3\text{CHCH}_2\text{CH}_2\text{CH}_3 \\ | & | \\ \text{SH} & \text{SCH}_3 \end{array}$$

2-巯基丙-1-醇   2-甲硫基己烷

2-sulfanylpropan-1-ol   2-(methylsulfanyl)hexane

11.6.1 硫醇和硫酚

甲硫醇分子中 C—S 键和 S—H 键的键长分别为 182 pm 和 133.5 pm，大于甲醇分子中 C—O 键和 O—H 键的键长，∠CSH=96°，小于甲醇中∠COH 的键角。

硫原子的电负性比氧原子小，因此，硫醇的偶极矩也比相应的醇小：

$$\begin{array}{cc} \text{C}_2\text{H}_5\text{OH} & \text{C}_2\text{H}_5\text{SH} \\ \mu=5.67\times 10^{-30}\,\text{C}\cdot\text{m} & \mu=5.07\times 10^{-30}\,\text{C}\cdot\text{m} \end{array}$$

11.6.1.1 硫醇和硫酚的物理性质

一些硫醇和硫酚的熔点和沸点见表 11.1。

表 11.1 一些硫醇和硫酚的熔点和沸点

化合物名称	英 文 名 称	熔点/℃	沸点/℃
甲硫醇	methanethiol	−123.1	5.9
乙硫醇	ethanethiol	−144.4	37
丙-1-硫醇	propane-1-thiol	−113.3	67～68
丁-1-硫醇	butane-1-thiol	−115.7	98.5
苯硫酚	benzenethiol	70.5	169

除甲硫醇在室温为气体外，其他硫醇和硫酚为液态或固体。

硫醇的沸点比相近相对分子质量的烷烃高，比相对分子质量相近的醇低，说明硫醇中缔合作用很小。沸点比烷烃高是由于硫醇分子间有偶极和偶极的吸引力。硫酚的沸点也比相应的酚低。

硫醇在水中的溶解度比相应的醇小得多。例如，乙硫醇在常温下 100 mL 水中仅能溶解 1.5 g。这是因为硫难于生成氢键。

硫醇和硫酚都有强烈而讨厌的气味。在空气中有 0.19 μg·L^{-1} 乙硫醇就可以嗅出它的气味。随着相对分子质量的增加，硫醇的臭味也逐渐变弱。含 9 个以上碳原子的硫醇具有令人愉快的气味。

美洲臭鼬分泌物的主要成分为(E)-丁-2-烯-1-硫醇。

硫醇和硫酚中 S—H 键的伸缩振动吸收峰在 2 600～2 500 cm^{-1}。

11.6.1.2 硫醇和硫酚的反应

硫醇和硫酚的化学性质主要是官能团—SH 的反应。硫醇中的—SH 基在比较剧烈的条件下才能被卤素取代，失去硫化氢变成烯烃的反应也在较高的温度(400 ℃以上)才能进行。

硫化氢的酸性比水强,它的烃基取代物硫醇和硫酚的酸性也比相应的含氧化合物强:

	H_2S	C_2H_5SH	C_6H_5SH
pK_a	7.00	10.6	7.8
	H_2O	C_2H_5OH	C_6H_5OH
pK_a	15.7	15.7	10.00

可能是由于 S—H 键比 O—H 键弱,更容易解离。

$$RSH + H_2O \rightleftharpoons RS^- + H_3O^+$$

硫醇能溶于氢氧化钠的乙醇溶液而生成比较稳定的盐,通入二氧化碳又重新变成硫醇。硫酚的酸性则比碳酸强,可以用酚酞作指示剂来滴定。

硫醇和硫酚的重金属盐如铅盐、铜盐、镉盐、银盐等,都不溶于水。汞盐的生成是硫醇和硫酚最显著的性质。

$$2\,C_6H_5SH + HgCl_2 \longrightarrow (C_6H_5S)_2Hg + 2\,HCl$$

石油中常含有少量硫醇。它的存在不但使汽油有讨厌的气味,并且它的燃烧产物二氧化硫和三氧化硫还有腐蚀性。除去石油中所含硫醇的一种方法是使它们变成能溶于水而不挥发的盐。

弱氧化剂能使硫醇或硫酚氧化成二硫化物(disulfides):

$$2\,RSH \xrightarrow{[O]} RSSR + H_2O$$

例如,乙硫醇在碱性溶液中用碘即可氧化成二乙基二硫:

$$2\,CH_3CH_2SH + I_2 + 2\,NaOH \longrightarrow 2\,CH_3CH_2SSCH_2CH_3 + 2\,NaI + 2\,H_2O$$

硫醇用强氧化剂(高锰酸钾、硝酸、高碘酸等)氧化,则生成磺酸:

$$RSH \longrightarrow \left[RSOH \longrightarrow R\overset{O}{\underset{}{S}}OH \right] \longrightarrow R\overset{O}{\underset{O}{S}}OH$$

次磺酸　　　亚磺酸　　　磺酸

硫醇和硫酚在催化加氢的条件下失去硫原子生成相应的烃:

$$RSH + H_2 \xrightarrow[\triangle]{MoS_2} RH + H_2S$$

石油炼制中脱硫在硫化钼(Ⅳ)或硫化钨(Ⅳ)催化和较高温度与压力下进行。

11.6.1.3　硫醇和硫酚的制法

卤代烷与氢硫化钠或氢硫化钾发生 S_N2 反应生成硫醇。例如:

$$CH_3(CH_2)_{16}CH_2I + Na^+SH^- \xrightarrow{C_2H_5OH} CH_3(CH_2)_{16}CH_2SH + NaI$$

生成的硫醇与用作原料的氢硫化钠反应,生成硫醇盐:

$$RSH + Na^+SH^- \longrightarrow Na^+RS^- + H_2S$$

硫醇盐中的烷基硫负离子亲核性很强,容易与卤代烷反应生成硫醚:

$$RS^- + RX \longrightarrow RSR + X^-$$

为了提高硫醇的产率必须使用过量的氢硫化钠。

卤代烷与硫脲反应,生成 S-烷基异硫脲盐,后者容易水解成硫醇和尿素:

$$CH_3(CH_2)_{10}CH_2Br + H_2NCNH_2 \longrightarrow CH_3(CH_2)_{10}CH_2SC-NH_2$$
$$\overset{\|}{S} \qquad\qquad \overset{\|}{^+NH_2} Br^-$$

$$CH_3(CH_2)_{10}CH_2-S-C-NH_2 + H_2O \xrightarrow{NaOH} CH_3(CH_2)_{10}CH_2SH + H_2NCONH_2$$
$$\overset{\|}{^+NH_2} Br^-$$

磺酰氯用氢化铝锂或锌加硫酸还原,生成硫醇或硫酚,由于芳基磺酰氯容易得到,因此,这个方法常用于硫酚的制备。

$$C_6H_5SO_2Cl \xrightarrow[91\%]{Zn, H_2SO_4} C_6H_5SH$$

11.6.2 硫醚

硫醚相当于含硫化合物中的醚,它们的沸点比相应的醚高,并不溶于水。

$$C_2H_5SC_2H_5 \qquad\qquad C_6H_5SC_6H_5$$
沸点:92 ℃   沸点:298 ℃

低级的硫醚有不愉快的气味。

11.6.2.1 硫醚的反应

硫醚分子中的硫原子有较强的亲核性,可以发生亲核取代反应,还可以接受氧原子,生成亚砜和砜。

二烷基硫醚有弱碱性,能与浓硫酸生成盐:

$$RSR + H_2SO_4 \rightleftharpoons R_2\overset{+}{S}H + HSO_4^-$$

硫醚与卤代烷生成卤化三烷基锍。例如:

$$(CH_3)_2S + CH_3I \longrightarrow (CH_3)_3\overset{+}{S}I^-$$
碘化三甲基锍
trimethylsulfonium iodide

硫醚氧化生成亚砜,亚砜继续氧化生成砜:

$$CH_3SCH_3 \xrightarrow{H_2O_2} CH_3\overset{O}{\underset{}{S}}CH_3 \xrightarrow{RCO_3H} CH_3\overset{O}{\underset{O}{S}}CH_3$$

二甲亚砜
dimethyl sulfoxide (DMSO)

二甲砜
dimethyl sulfone

用高碘酸作氧化剂可以使硫醚的氧化停留在生成亚砜的阶段。

$$C_6H_5SCH_3 + NaIO_4 \xrightarrow{H_2O} C_6H_5\overset{O}{\underset{}{S}}CH_3$$
$$90\%$$

硫醚催化加氢生成烷烃：

$$RSR' + 2H_2 \xrightarrow{Ni} RH + R'H + H_2S$$

11.6.2.2 硫醚的制法

硫醇在碱性溶液中与卤代烷等烃化剂反应，生成硫醚，这与醚的 Williamson 合成法相似。

$$RS^- + R'X \longrightarrow RSR' + X^-$$

在过氧化物引发下硫醇与烯烃发生自由基加成反应，产物为硫醚。例如：

$$C_2H_5SH + n\text{-}C_6H_{13}CH=CH_2 \longrightarrow n\text{-}C_8H_{17}SC_2H_5$$

习 题

1. 将下列化合物按其沸点升高次序排列：

$$\begin{array}{ccccc}
CH_2OH & CH_2OH & CH_2OCH_3 & CH_2OCH_3 & CH_2OCH_3 \\
| & | & | & | & | \\
CHOH & CHOCH_3 & CHOCH_3 & CHOH & CHOCH_3 \\
| & | & | & | & | \\
CH_2OH & CH_2OH & CH_2OH & CH_2OCH_3 & CH_2OCH_3 \\
(1) & (2) & (3) & (4) & (5)
\end{array}$$

2. 试解释下列反应中，为什么甲基化主要发生在对位。

$$HO-\underset{CHO}{\underset{|}{C_6H_3}}-OH \xrightarrow[K_2CO_3, 90\%]{(CH_3)_2SO_4 (1\ mol)} CH_3O-\underset{CHO}{\underset{|}{C_6H_3}}-OH$$

3. 写出下列反应的产物：

(1) $\underset{OCH_3}{\underset{|}{C_6H_4}}-OH + ClCH_2CH(OH)CH_2OH \xrightarrow[92\sim98\ ℃, 8\ h, 60\%]{NaOH, H_2O}$

(2) $(C_6H_5)_2CHOH + ClCH_2CH_2OH \xrightarrow[75\sim80\ ℃, 20\ h, 87\%]{H_2SO_4}$

(3) [结构式] $\xrightarrow{\text{CH}_2\text{Cl}_2,\text{NaOH},\text{DMSO}}_{110\sim115\ ℃,1\ h,80\%\sim85\%}$

(4) [结构式] $\xrightarrow{\text{H}_3\text{PO}_4,\text{KI}(过量)}_{100\sim120\ ℃,4\ h,70\%}$

4. 推测下列反应的可能机理。

(1) [结构式] $\xrightarrow{\triangle}$ HBr [结构式]

(2) [结构式] HOC-CH=CH_2 + HOBr ⟶ $(\text{CH}_3)_2\text{C}—\text{CHCH}_2\text{Br}$

(3) $\text{H}_3\text{CHC}—\text{C}(\text{CH}_3)_2$ $\xrightarrow{(\text{CH}_3)_3\text{CO}^-\text{K}^+}_{(\text{CH}_3)_3\text{COH}}$ $\text{CH}_2=\text{CH}—\text{C}(\text{CH}_3)_2$ + $\text{CH}_3\text{CHC}=\text{CH}_2$
                                                                                                          OH   OCH$_3$

(4) [结构式] $\xrightarrow{\text{NaOH}}$ $\xrightarrow{\text{HBr}}$ [结构式] + [结构式]

(5) [结构式] $\xrightarrow{\text{Cl, AlCl}_3,\text{CS}_2}_{回流,4\ h,85\%}$ [结构式]

5. 下列化合物应如何合成？

(1) $(\text{CH}_3)_3\text{COC}(\text{CH}_3)_3$（对酸性试剂非常敏感）

(2) $(\text{CH}_3)_2\text{CHCOCH}_2\text{OCH}_3$（由 3-甲基丁-1-烯）

(3) [结构式]（由苯）

参考答案

6. 推测下列化合物的结构。

(1) $\text{C}_{12}\text{H}_{18}\text{O}_2$, δ_H:1.2(t,6H),3.4(q,4H),4.4(s,4H),7.2(s,4H),用高锰酸钾氧化生成对苯二甲酸。

(2) $\text{C}_6\text{H}_{14}\text{O}$; δ_H:1.2(d,12H),3.6(m,2H)。

(3) $\text{C}_{14}\text{H}_{14}\text{O}$, $\sigma_{\max}/\text{cm}^{-1}$:3070,1100; δ_H:4.5(s,4H),7.3(s,10H)。

(4) $\text{C}_9\text{H}_{10}\text{O}$, $\sigma_{\max}/\text{cm}^{-1}$:3070,1500,1120,750; δ_H:2.8(t,2H),3.9(t,2H),4.7(s,2H),7.1(m,4H)(提示：化合物为邻位二取代苯)。

(5) $\text{C}_8\text{H}_{10}\text{O}$, $\sigma_{\max}/\text{cm}^{-1}$:1600,1500,1380,1260,1030,810; δ_H:2.3(s,3H),3.8(s,3H),7.0(q,4H)。

(6) $\text{C}_8\text{H}_{10}\text{O}$, $\sigma_{\max}/\text{cm}^{-1}$:1600,1500,1260,1040; δ_H:1.3(t,3H),3.9(q,2H),7.0(m,5H)。

第十二章 醛 酮

醛(aldehydes)和酮(ketones)都含有羰基(carbonyl group)，$\diagdown$C=O，在醛分子中羰基与一个氢原子和一个烃基相连(在甲醛中羰基与两个氢原子相连)，其通式为 RCH=O,简写作 RCHO，—CHO 叫作醛基。在酮分子中羰基与两个烃基相连,其通式为 $\mathrm{RCR'}\ \overset{O}{\|}$,其羰基又称为酮基。饱和一元醛、酮的通式为 $C_nH_{2n}O$,含有一个不饱和度。

§12.1 一元醛、酮的结构、命名和物理性质

12.1.1 醛和酮的结构

甲醛、乙醛和丙酮分子中的键长、键角如下：

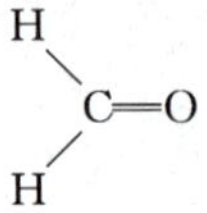

	键长		键角	
甲醛	C=O	120.3 pm	∠HCO	121.8°
	C—H	110.1 pm	∠HCH	111.5°
乙醛	C=O	120.7 pm	∠HCO	120.7°
	C—C	151.5 pm	∠CCH	114.3°
	C(1)—H	111.4 pm	∠HCH	108.9°
	C(2)—H	107.3 pm		
丙酮	C=O	121.4 pm	∠CCO	122°
	C—C	152.0 pm	∠CCC	116°
	C—H	110.3 pm	∠HCH	108.4°

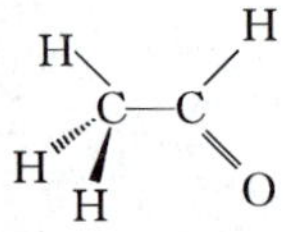

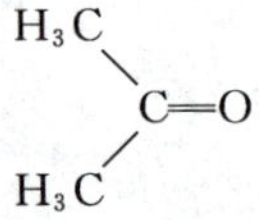

甲醛分子中的∠HCO 和丙酮分子中的∠CCO 接近 120°,可以认为羰基碳原子为 sp^2 杂化,碳原子和氧原子上的 p 轨道在侧面互相重叠生成 π 键,氧原子上还有两个孤电子对,见图 12.1。

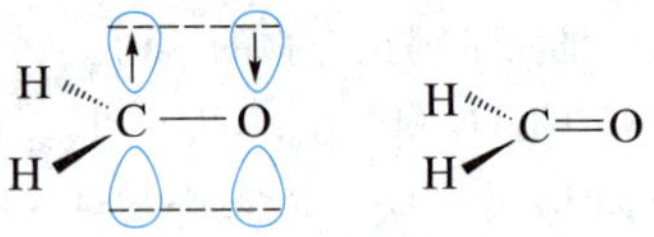

图 12.1 甲醛的结构

甲醛、乙醛和丙酮的偶极矩都比较大：

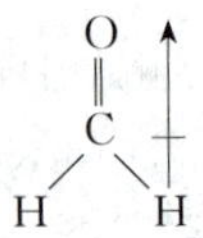

7.57×10^{-30} C·m 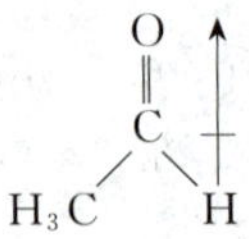 $\qquad$ 9.07×10^{-30} C·m 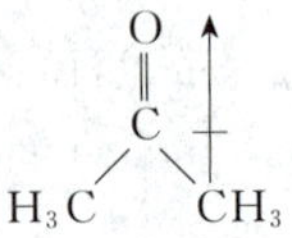 $\qquad$ 9.50×10^{-30} C·m

C—O 单键的偶极矩（根据醚类的偶极矩算出）为 4.0×10^{-30} C·m，可见羰基中的 π 键也是极化的。如假定 π 键完全极化：

$$\diagup\!\!\!\!C\!\!=\!\!\ddot{\underset{..}{O}}: \longrightarrow \diagup\!\!\!\!\overset{+}{C}\!\!-\!\!\overset{-}{\underset{..}{\ddot{O}}}:$$

则偶极矩应在 20.0×10^{-30} C·m 左右。因此，π 键只是部分极化，羰基的结构可用共振式表示：

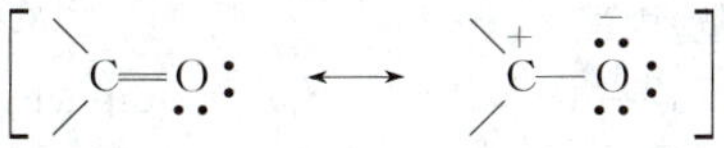

$$\left[\diagup\!\!\!\!C\!\!=\!\!\ddot{\underset{..}{O}}: \longleftrightarrow \diagup\!\!\!\!\overset{+}{C}\!\!-\!\!\overset{-}{\underset{..}{\ddot{O}}}:\right]$$

丁醛和丁-2-酮的燃烧热分别为

$$\text{CH}_3\text{CH}_2\text{CH}_2\text{CH}\!=\!\text{O} + 5\tfrac{1}{2}\text{O}_2 \longrightarrow 4\,\text{CO}_2 + 4\,\text{H}_2\text{O} \quad \Delta H^{\ominus} = -2\,479 \text{ kJ·mol}^{-1}$$
丁醛

$$\text{CH}_3\text{CH}_2\overset{\overset{\text{O}}{\|}}{\text{C}}\text{CH}_3 + 5\tfrac{1}{2}\text{O}_2 \longrightarrow 4\,\text{CO}_2 + 4\,\text{H}_2\text{O} \quad \Delta H^{\ominus} = -2\,441 \text{ kJ·mol}^{-1}$$
丁-2-酮

可见酮比醛更稳定，即羰基碳原子上烷基取代基多的化合物较稳定。

12.1.2 命名

在脂肪族一元醛、酮的系统命名法中，要选择含羰基的最长碳链作为主链，从醛基所在的一端或靠近酮基的一端开始编号，在酮的名称中要注明羰基的位置。例如：

CH$_3$CH$_2$CH$_2$CHO　　　　CH$_3$CHCH$_2$CHO　　　　CH$_2$=CHCHO
　　　　　　　　　　　　　　　　　|
　　　　　　　　　　　　　　　　CH$_3$

丁醛　　　　　　　　　　3-甲基丁醛　　　　　　　　丙烯醛
butanal　　　　　　　3-methyl butanal　　　　　　2-propenal

　　　　　　　　　　　　　　　　　CH$_2$CH$_3$
　　　　　　　　　　　　　　　　　|
CH$_3$CH$_2$CH$_2$COCH$_3$　　　CH$_3$CH$_2$CHCH$_2$COCH$_3$

戊-2-酮　　　　　　　　　　　4-乙基己-2-酮
pentan-2-one　　　　　　　4-ethyl hexan-2-one

脂环酮的羰基在环内，称为环某酮，如羰基在环外，则将环当作取代基。例如：

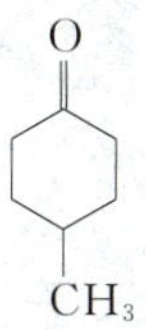

4-甲基环己酮　　　　　　　　3,3-二甲基环己基甲醛
4-methylcyclohexanone　　　3,3-dimethylcyclohexanecarbaldehyde

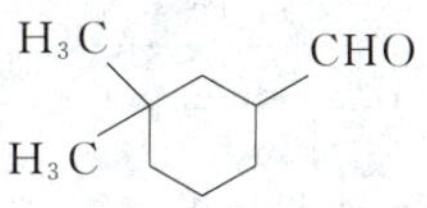

芳香族醛、酮的命名是将芳环当作取代基。例如：

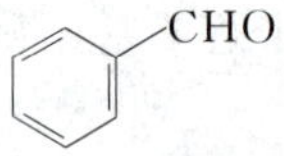

$\underset{\text{苯(基)甲醛}\atop\text{benzenecarbaldehyde}}{\text{C}_6\text{H}_5\text{CHO}}$ $\underset{\text{苯(基)乙酮}\atop\text{1-phenylethanone}}{\text{C}_6\text{H}_5\text{COCH}_3}$ $\underset{\text{苯(基)乙醛}\atop\text{phenylethanal}}{\text{C}_6\text{H}_5\text{CH}_2\text{CHO}}$

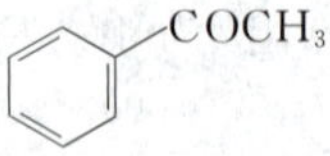

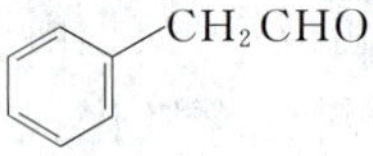

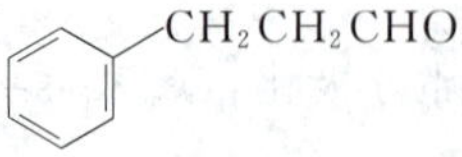

$\underset{\text{3-苯(基)丙醛}\atop\text{3-phenylpropanal}}{\text{C}_6\text{H}_5\text{CH}_2\text{CH}_2\text{CHO}}$ $\underset{\text{二苯(基)甲酮}\atop\text{diphenylmethanone}}{\text{C}_6\text{H}_5\text{COC}_6\text{H}_5}$

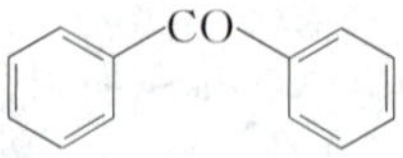

一般都把基字略去。

酮的官能团类别命名法是在酮字前边加上与羰基相连的两个烃基的名称。例如：

$\underset{\text{二乙(基)酮}\atop\text{diethyl ketone}}{\text{CH}_3\text{CH}_2\text{COCH}_2\text{CH}_3}$ $\underset{\text{乙(基)甲(基)酮}\atop\text{ethyl methyl ketone}}{\text{CH}_3\text{COCH}_2\text{CH}_3}$

—CH=O，—COCH$_3$，—COR 分别称为甲酰基(formyl)，乙酰基(acetyl)和酰基(acyl)。

问题 12.1 写出下列化合物的名称：

(1) $CH_3(CH_2)_7CHO$（存在于玫瑰油中，合成产品用作香料）

(2) $CH_3(CH_2)_4COCH_3$（存在于香油中，合成产品用作香料）

(3) $C_6H_5CH_2CH_2COCH_3$（有素馨花香，是一种合成香料）

(4) $CH_3CHCH_2C=O$ （是麝香的主要成分）
     $\quad\quad\quad|\quad\quad\quad\;|$
     $\quad\quad\quad\overline{\quad(CH_2)_{14}\quad}$

12.1.3 一元醛、酮的物理性质

12.1.3.1 沸点和溶解度

醛、酮分子之间不能生成氢键，因此，其沸点比相应的醇低得多，但由于醛、酮的偶极矩较大，偶极间的静电吸引力使它们的沸点比相对分子质量相当的烃或醚高。一些一元醛、酮的物理常数见表12.1。

表 12.1 一些一元醛、酮的物理常数

化合物名称	英文名称	熔点/℃	沸点/℃	溶解度/[g·(100 g H$_2$O)$^{-1}$]
甲醛	formaldehyde	−92	−21	很大
乙醛	acetaldehyde	−123.5	20.2	∞
丙醛	propionaldehyde	−81	49.5	20
丁醛	butanaldehyde	−99	75.7	4
戊醛	pentanal	−92	103.4	小

续表

化合物名称	英 文 名 称	熔点/℃	沸点/℃	溶解度/[g·(100 g H$_2$O)$^{-1}$]
苯甲醛	benzaldehyde	-26	178	0.3
丙酮	acetone	-94.8	56.2	∞
丁-2-酮	butan-2-one	-86.9	79.6	37
丙烯醛	acrolein	-88	52.5	∞
环戊酮	cyclopentanone	-51.3	130.7	43.3
环己酮	cyclohexanone	-45	155	—
环十二酮	cyclododecanone	60	—	—
苯乙酮	acetophenone	21	202	不溶
二苯甲酮	benzophenone			
(α)		48.1	305.9	不溶
(β)		26	305.9	不溶

甲醛在室温下为气体,其他醛、酮为液体或固体。

醛、酮分子中羰基上的氧原子可以作为受体,与水生成氢键,因此,低级醛、酮在水中有一定的溶解度。甲醛、乙醛和丙酮能与水混溶。其他醛、酮在水中的溶解度随相对分子质量增加而减小,大多数微溶或不溶于水,但易溶于一般的有机溶剂。

脂肪族醛、酮的相对密度小于1,芳香族醛、酮的相对密度大于1。

12.1.3.2 醛、酮的波谱

红外光谱图中羰基吸收峰的位置为

RCHO	1740~1720 cm^{-1}	RCOR	1725~1700 cm^{-1}
ArCHO	1715~1695 cm^{-1}	ArCOR	1700~1680 cm^{-1}
RCH=CHCHO	1705~1680 cm^{-1}	ArCOAr	1670~1660 cm^{-1}
		RCOCH=CHR	1685~1665 cm^{-1}

醛基上 C—H 键的吸收峰位于 2880~2665 cm^{-1}。

图 12.2 为丁醛的红外光谱。

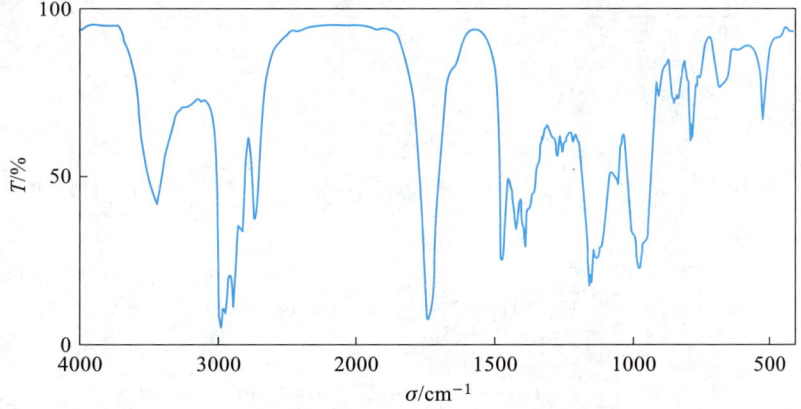

图 12.2 丁醛的红外光谱

图 12.3 为己-2-酮的红外光谱。

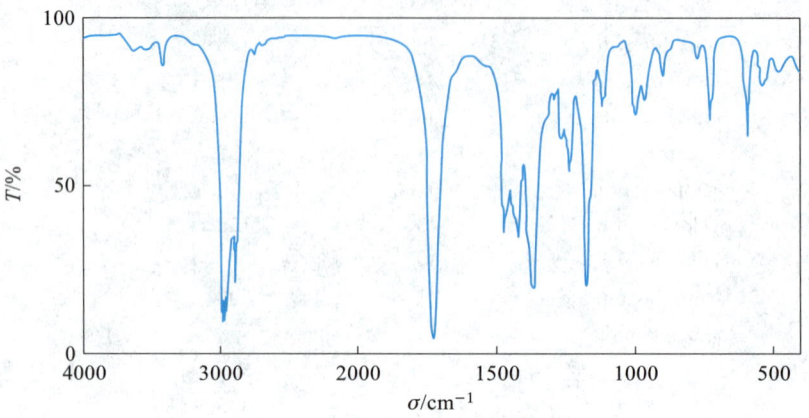

图 12.3　己-2-酮的红外光谱

质子核磁共振谱中醛基质子的化学位移为 9~10。与羰基相连的甲基或甲叉基上质子的化学位移为 2.0~2.5。

图 12.4 为乙醛的 ^{1}H NMR 谱。

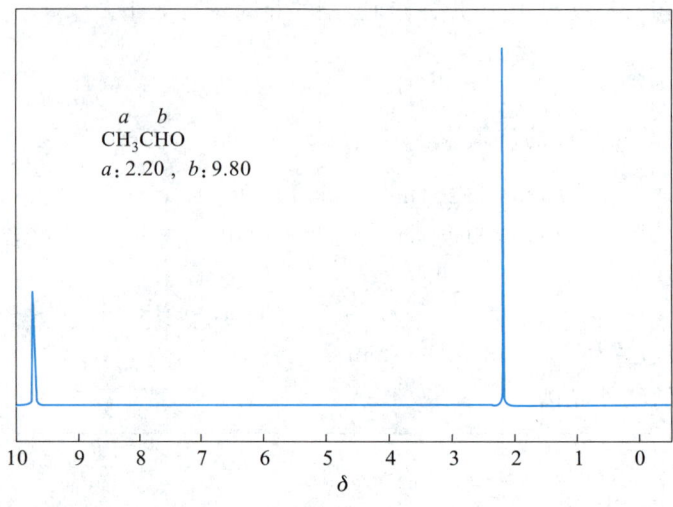

图 12.4　乙醛的 ^{1}H NMR 谱

质谱中脂肪醛的分子离子峰丰度中等,芳香醛的分子离子峰和 $M-1$ 峰丰度都很大。醛的裂解方式为

$$R\!-\!CH\!=\!\overset{+}{O}: \longrightarrow R\cdot + HC\!\equiv\!\overset{+}{O}$$
$$\phantom{R\!-\!CH\!=\!\overset{+}{O}: \longrightarrow R\cdot +\ }29$$
$$R\!-\!CH\!=\!\overset{+}{O}: \longrightarrow R^+ + HC\!\equiv\!O\cdot$$
$$\phantom{R\!-\!CH\!=\!\overset{+}{O}: \longrightarrow R^+ +\ }29$$

$$\left[\begin{array}{c}\text{O} \\ \text{H} \\ \text{HC} \\\end{array}\begin{array}{c}\text{H} \\ \text{C} \\ \text{C}\end{array}\right]^{\dot{+}} \longrightarrow \left[\begin{array}{c}\text{O} \\ \text{H} \\ \text{C} \\ \text{H}\end{array}\begin{array}{c}\text{H} \\ \text{C}\end{array}\right]^{\dot{+}} + \begin{array}{c}\text{C}=\text{C}\end{array}$$

44(α位无取代基)

芳酮分子离子峰丰度很大。裂解方式为

$$[R^1COR^2]^{\dot{+}} \longrightarrow R^1C\equiv\overset{+}{O} + R^2\cdot \qquad R^2 > R^1$$
43,57,71 等

$$[RCOC_6H_5]^{\dot{+}} \longrightarrow R\cdot + C_6H_5C\equiv\overset{+}{O} \longrightarrow C_6H_5^+ + CO$$
105   77

$$\left[\begin{array}{c}\text{O} \\ \text{R} \\ \text{C} \\ \text{C}\end{array}\begin{array}{c}\text{H} \\ \text{C} \\ \text{C}\end{array}\right]^{\dot{+}} \longrightarrow \left[\begin{array}{c}\text{O} \\ \text{H} \\ \text{C} \\ \text{R}\end{array}\begin{array}{c}\text{H} \\ \text{C}\end{array}\right]^{\dot{+}} + \begin{array}{c}\text{C}=\text{C}\end{array}$$

R=CH$_3$,58
R=C$_2$H$_5$,72

§12.2 醛、酮与氧亲核试剂的加成反应

醛、酮分子中的羰基是极化的,碳原子上带部分正电荷,因此,醛、酮的多数反应是与亲核试剂加成。根据亲核试剂加在羰基碳原子上的一端是氧、硫、氮或碳原子,可以分为氧亲核试剂(oxygen nucleophiles)、硫亲核试剂、氮亲核试剂或碳亲核试剂等。本节主要讨论醛、酮与氧亲核试剂的加成反应。

12.2.1 加水

醛、酮在水溶液中生成水合物(hydrates):

$$R^1-\overset{O}{\underset{}{\overset{\|}{C}}}-R^2 + H_2O \rightleftharpoons R^1-\underset{R^2}{\overset{OH}{\underset{|}{C}}}-OH$$

这是一个平衡反应,平衡位置决定于醛、酮的结构。对于多数醛、酮,平衡偏向左边,因此,在一般条件下 1,1-二醇(gem-diols)是不稳定的,它们容易脱水而生成醛、酮,但有些 1,1-二醇是很稳定的化合物。

12.2.1.1 结构对平衡位置的影响

一些醛、酮与其水合物的平衡常数见表 12.2。

表 12.2 一些醛、酮与其水合物的平衡常数

$$R^1R^2C=O + H_2O \rightleftharpoons R^1R^2C(OH)_2 \quad K[H_2O]=\frac{[R^1R^2C(OH)_2]}{[R^1R^2C=O]}$$

化合物	$K[H_2O]$	化合物	$K[H_2O]$
HCHO	2×10^3	H_3C-CO-C_6H_5	6.6×10^{-6}
CH_3CHO	1.3	C_6H_5-CO-C_6H_5	1.2×10^{-7}
CH_3CH_2CHO	0.71	$ClCH_2CHO$	37
$(CH_3)_2CHCHO$	0.44	Cl_3CCHO	2.8×10^4
$(CH_3)_3CCHO$	0.24	H_3C-CO-CH_2Cl	2.9
C_6H_5CHO	8.3×10^{-3}	$ClCH_2$-CO-CH_2Cl	10
CH_3COCH_3	2×10^{-3}	F_3C-CO-CF_3	很大

羰基是极化的，碳原子带部分正电荷，羰基上如有一个甲基，由于甲基是给电子取代基，使羰基上的正电荷分散，化合物的稳定性也相应提高，与甲基使碳正离子稳定性提高相似。因此，甲醛、乙醛和丙酮的稳定性次序为

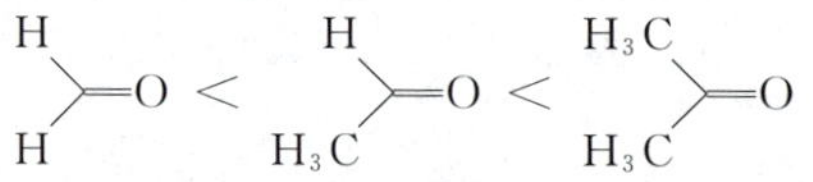

$$HCHO < CH_3CHO < (CH_3)_2C=O$$

羰基化合物越稳定，水合平衡的位置越偏向左边，即羰基化合物的一边。甲醛在水溶液中完全变成水合物，乙醛约有 56% 变成水合物，而丙酮水溶液中水合物的含量极少。

羰基碳原子为 sp^2 杂化，∠CCO 接近 120°，而在水合物中则为 sp^3 杂化，∠CCO 接近 109°，羰基碳原子上，四个基团挤在一起，取代基的体积越大，位阻越大，水合物越不稳定，因此，水合物稳定性的次序为

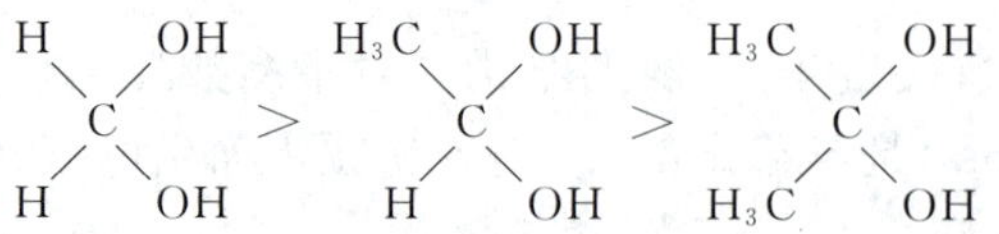

$$CH_2(OH)_2 > CH_3CH(OH)_2 > (CH_3)_2C(OH)_2$$

取代基电性的影响和位阻的影响，方向是一致的。在脂肪醛的同系列中，烷基的体积越大，水合平衡越偏向醛的一边。

羰基上的烃基如为芳基，由于芳环能分散 α 位上的正电荷，它的体积也比较大，在两种因素

的共同影响下,使水合平衡中水合物的含量极低,二苯甲酮只有千万分之一左右转变为水合物。

如结构因素使水合物的稳定性相对提高,则使水合平衡偏向右边。例如,三氯乙醛生成水合晶体。因为氯原子是吸电子的取代基,C—Cl 偶极和 C—O 偶极之间的排斥力使羰基化合物的稳定性降低,水合平衡的位置相应地偏向右边。

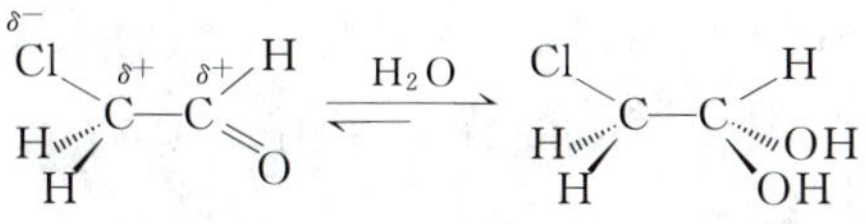

氯乙醛

环丙酮分子的张力很大 $[1/2\times(120°-60°)=30°]$,转变成水合物后张力有所降低 $[1/2\times(109.5°-60°)=24.8°]$,因此,环丙酮在室温下不稳定,容易生成水合物。

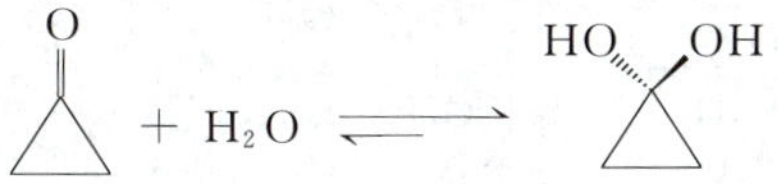

环丙酮　　　　水合环丙酮

茚三酮分子中,三个带正电荷的羰基碳原子连接在一起,由于正电荷的互相排斥,分子的势能升高,因此,茚三酮是一个不稳定的化合物。中间的羰基变成水合物以后,电荷间的斥力减小,还能够生成分子内氢键,因此,水合平衡偏水合物一边,水合茚三酮是氨基酸和蛋白质分析中常用的试剂。

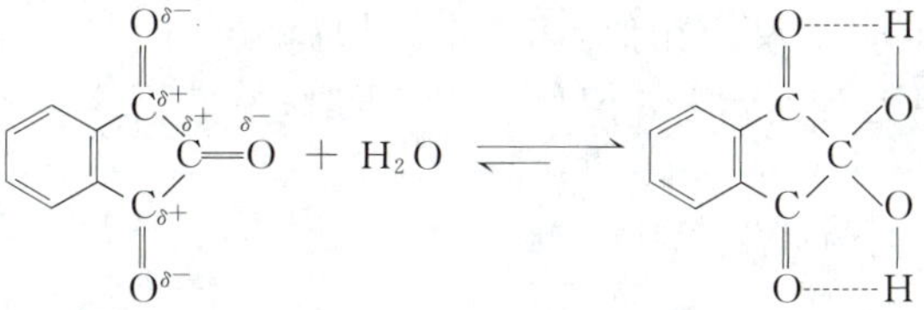

12.2.1.2 酸和碱的催化作用

丙酮水溶液中,水合物的含量很低,在这种情况下可以用同位素交换的方法来研究水合平衡。在普通水中 ^{16}O 占 99.76%, ^{18}O 只占 0.2%。现在已能得到 ^{18}O 含量远远超过自然组成的水,这种 ^{18}O 同位素富集的水用 $H_2^{18}O$ 表示。将丙酮与 $H_2^{18}O$ 混合,通过水合及其逆反应,可以将丙酮中的 ^{16}O 用 ^{18}O 交换:

$$CH_3\overset{^{16}O}{\overset{\|}{C}}CH_3 + H_2^{18}O \rightleftharpoons CH_3\underset{^{18}OH}{\overset{^{16}OH}{C}}CH_3 \rightleftharpoons CH_3\overset{^{18}O}{\overset{\|}{C}}CH_3 + H_2^{16}O$$

在一定的时间间隔取样,用质谱法测定丙酮中 ^{18}O 的含量可以知道交换的速率。当 pH=7 时,交换进行得很慢,如溶液中含有微量的酸或碱,则很快发生交换,以致用普通的方法不能测量其速率。

在碱溶液中进攻试剂是 OH^-,由于它的碱性和亲核性都比水强,因此,与羰基化合物的反应速率比水快得多：

$$HO^- + \underset{CH_3}{\overset{CH_3}{C}}=O \rightleftharpoons HO-\underset{CH_3}{\overset{CH_3}{C}}-O^-$$

$$HO-\underset{CH_3}{\overset{CH_3}{C}}-O^- + HO-H \rightleftharpoons HO-\underset{CH_3}{\overset{CH_3}{C}}-OH + {}^-OH$$

但碱的存在不能改变平衡的位置，它对正反应和逆反应都有催化作用，只能加快达成平衡的速率。

在酸存在下羰基氧原子先很快接受一个质子：

$$CH_3-\overset{O}{\overset{\|}{C}}-CH_3 + H^+ \rightleftharpoons \left[CH_3-\overset{\overset{+}{O}H}{\overset{|}{C}}-CH_3 \leftrightarrow CH_3-\overset{OH}{\overset{|}{\underset{+}{C}}}-CH_3 \right]$$

质子化的醛、酮是碳正离子，更容易与亲核试剂反应，加水生成水合物：

$$H_2\ddot{O} + {}^+\underset{CH_3}{\overset{CH_3}{C}}-OH \rightleftharpoons H_2\overset{+}{O}-\underset{CH_3}{\overset{CH_3}{C}}-OH \rightleftharpoons H^+ + HO-\underset{CH_3}{\overset{CH_3}{C}}-OH$$

这与 S_N1 反应中碳正离子与水的反应相似，速率很快，逆反应中，水合物也是先很快接受一个质子，然后消除一分子水，这与 E1 反应相似，速率也很快。

甲醛在 pH＝7 时即迅速加水，但在 pH＝4 和 11 时，速率更快。

问题 12.2 比较下列各组化合物的水合物的稳定性。

(1) $CH_3\overset{O}{\overset{\|}{C}}CH_2CH_2Br$, $CH_3\overset{O}{\overset{\|}{C}}CH_2Br$

(2) $CH_3COCOCOCH_3$, $CH_3COCOCH_3$, $CH_3COCH_2CH_3$

(3) $O_2N-\underset{}{\bigcirc}-CHO$, $CH_3O-\underset{}{\bigcirc}-CHO$

(4) 环戊酮 , 环丙酮

12.2.2 加醇

12.2.2.1 半缩醛(hemiacetal)和半缩酮

醇与水相似，也能与羰基发生加成反应。醛、酮加一分子醇生成半缩醛或半缩酮：

$$\underset{}{\overset{O}{\overset{\|}{RCR}}} + R'OH \rightleftharpoons \underset{OR'}{\overset{OH}{\overset{|}{RCR}}}$$

这是一个平衡反应,平衡位置一般偏向左边。但三氯乙醛、三溴乙醛等却能生成稳定的半缩醛。提纯甲醛的一种方法,是使它与一个高沸点的醇或二醇生成半缩醛,然后再加热分解,这样得到的甲醛不含水和甲酸。乙醛与乙醇生成相应的半缩醛,在平衡混合物中,后者占 97%。

酸和碱对半缩醛的生成有催化作用。

问题 12.3 写出在酸和碱催化下半缩醛生成的过程。

问题 12.4 补充下列平衡:

(1) 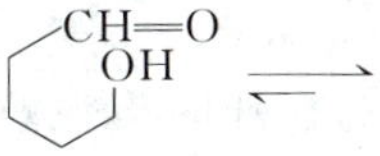 环己基 CH=O, OH ⇌

(2) 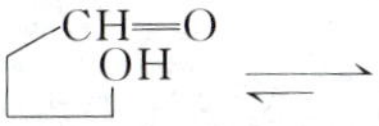 环戊基 CH=O, OH ⇌

(3) CHO-CHOH-CHOH-CHOH-CHOH-CH₂OH ⇌

(4) 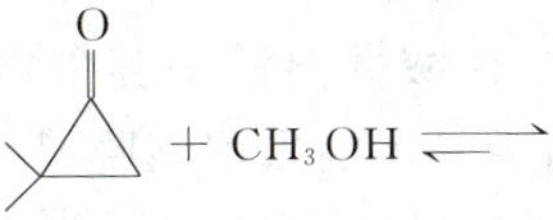 环丙基酮 + CH₃OH ⇌

12.2.2.2 缩醛(acetal)和缩酮(ketal)

在酸催化下半缩醛(或半缩酮)继续与醇反应生成缩醛(或缩酮):

$$CH_3CH(\ddot{O}H)(\ddot{O}CH_3) \underset{快}{\overset{H^+}{\rightleftharpoons}} CH_3CH(\overset{+}{O}H_2)(\ddot{O}CH_3) \underset{慢}{\overset{-H_2O}{\rightleftharpoons}} [CH_3\overset{+}{C}H-\ddot{O}CH_3 \longleftrightarrow CH_3CH=\overset{+}{O}CH_3]$$

$$\underset{快}{\overset{CH_3OH}{\rightleftharpoons}} CH_3CH(\overset{+}{H}OCH_3)(\ddot{O}CH_3) \underset{快}{\overset{-H^+}{\rightleftharpoons}} CH_3CH(OCH_3)_2$$

因此,缩醛或缩酮的生成是先加成,后取代。反应中脱水是最慢的一步,并只能在酸催化下进行,因为质子加在 OH 上,使它更容易离去。

简单的醛与过量的醇在酸性催化剂存在下即可变成缩醛。相对分子质量大的醛要加苯蒸馏,把生成的水带出,使平衡向右移动。

$$CH_3CHO + 2\ C_2H_5OH \xrightarrow[25\ ℃,1\sim 2\ d]{CaCl_2(无水)} CH_3CH(OC_2H_5)_2 + 2\ H_2O$$

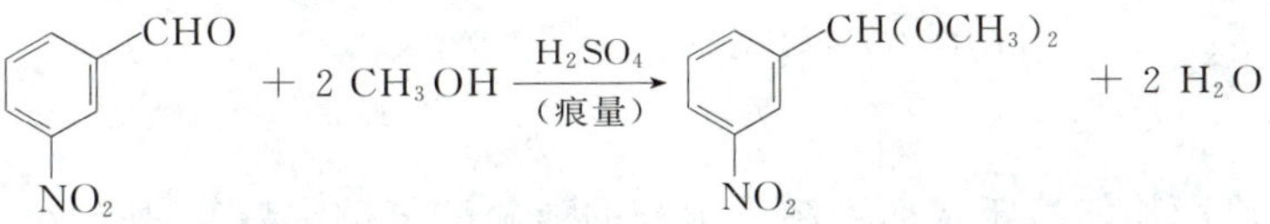

间硝基苯甲醛 $+ 2\ CH_3OH \xrightarrow[(痕量)]{H_2SO_4}$ 间硝基苯基$CH(OCH_3)_2 + 2\ H_2O$

76%~85%

酮与简单的醇不容易得到缩酮。例如,丙酮与乙醇反应达成平衡后,只有 2% 缩酮,但与 1,2-

二醇能顺利地生成环状缩酮。

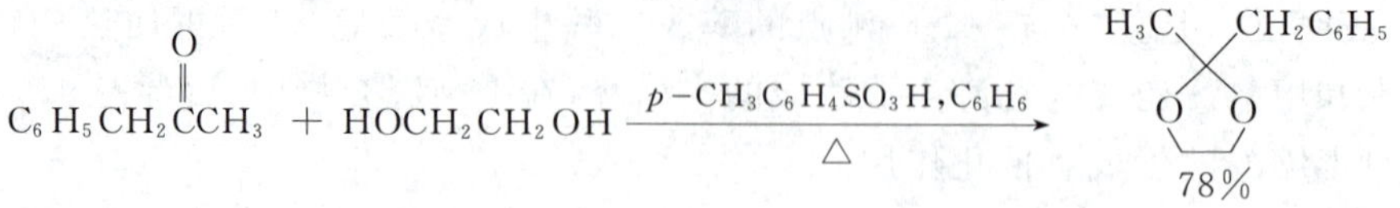

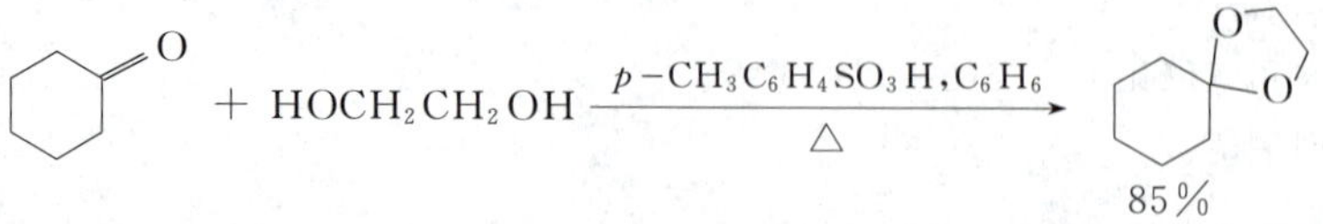

$$C_6H_5COCH_3 + HOCH_2CH_2OH \xrightarrow[\triangle]{p-CH_3C_6H_4SO_3H, C_6H_6} \underset{78\%}{\text{(2-甲基-2-苯基-1,3-二氧戊环)}}$$

$$\text{环己酮} + HOCH_2CH_2OH \xrightarrow[\triangle]{p-CH_3C_6H_4SO_3H, C_6H_6} \underset{85\%}{\text{(1,4-二氧杂螺[4.5]癸烷)}}$$

缩醛和缩酮为醚类化合物,暴露在空气中容易生成易爆炸的过氧化物,操作时应注意安全。

12.2.2.3 羰基的保护

缩醛和缩酮对碱稳定,在酸性溶液中容易水解成醛、酮,在有机合成中可以用来保护羰基。例如,从 3-溴丙醛合成丙烯醛不能采用碱脱溴化氢的方法,因为丙烯醛在碱性条件下聚合。如先变成缩醛,用碱脱去溴化氢后再水解,即可得到丙烯醛。

$$CH_2BrCH_2CHO \xrightarrow{C_2H_5OH, H^+} CH_2BrCH_2CH(OC_2H_5)_2 \xrightarrow{OH^-}$$

$$CH_2=CHCH(OC_2H_5)_2 \xrightarrow{H_3O^+} CH_2=CHCHO$$

12.2.3 加硫醇

硫醇的亲核性比醇强,能迅速与醛或酮反应生成硫缩醛(thioacetal)或硫缩酮(thioketal):

$$RCH=O + EtSH \xrightarrow{H^+} RCH(SEt)_2$$

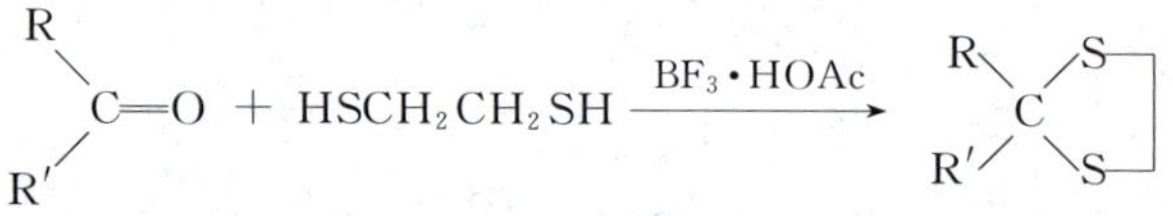

$$\underset{R'}{\overset{R}{>}}C=O + HSCH_2CH_2SH \xrightarrow{BF_3 \cdot HOAc} \underset{R'}{\overset{R}{>}}C\underset{S}{\overset{S}{<}}\!\!\!\Big]$$

硫缩醛和硫缩酮不容易水解,难以用作保护基,不过它们与 Raney 镍(上面吸附着氢)迅速反应,生成烃,结果将羰基氧原子用氢取代。

12.2.4 加亚硫酸氢钠

过量的饱和(40%)亚硫酸氢钠水溶液与醛或酮一起摇动,有白色晶体析出,这是由一分子醛或酮与一分子亚硫酸氢钠生成的加成产物:

$$R_2C=O + NaHSO_3 \rightleftharpoons R_2C\underset{SO_3Na}{\overset{OH}{<}}$$

反应是可逆的,加成产物能溶于水而不溶于饱和的亚硫酸氢钠水溶液,所以要用过量的饱和亚硫酸氢钠水溶液。酸和碱能从平衡中除去亚硫酸氢钠,因此加成产物可以用酸(如稀盐酸)或碱(如碳酸钠溶液)分解以回收原来的醛、酮:

$$R_2C\underset{SO_3Na}{\overset{OH}{|}} + H_3O^+ \longrightarrow R_2C=O + SO_2 + 2H_2O + Na^+$$

$$R_2C\underset{SO_3Na}{\overset{OH}{|}} + OH^- \longrightarrow R_2C=O + H_2O + Na^+ + SO_3^{2-}$$

醛、脂肪族甲基酮和低级环酮（环内碳原子在 8 个以下）都能与亚硫酸氢钠生成加成产物，其他酮（包括芳香族甲基酮）实际上不发生反应。

由于亚硫酸氢钠加成产物容易分离，也容易变回原来的醛、酮，因此，常用于醛、酮的分离、提纯。

在醛、酮与亚硫酸氢钠的加成反应中，进攻试剂是亚硫酸根负离子，它的浓度虽然很低，但亲核性极强，并能不断得到补充，反应中也不需要另加催化剂，由于硫原子的亲核性比氧强，产物中生成的是 C—S 键。

$$^-O-\underset{\underset{O^-}{|}}{\overset{\overset{O}{\|}}{S}}: + \underset{R}{\overset{R}{|}}C=O \rightleftharpoons R_2C\underset{SO_3^-}{\overset{O^-}{|}} \xrightarrow{H_2O} R_2C\underset{SO_3^-}{\overset{OH}{|}}$$

§12.3　醛、酮与氮亲核试剂的加成反应

12.3.1　羟胺

三氯乙醛与羟胺（NH_2OH）反应，先生成加成产物，后者在室温下慢慢脱水，变成含碳-氮双键的化合物肟（oxime），因此，肟的生成是先加成后消除：

$$Cl_3CCHO + H_2NOH \longrightarrow Cl_3CC\underset{OH}{\overset{H}{|}}NHOH \xrightarrow{-H_2O} Cl_3CCH=NOH$$

一般的醛、酮与羟胺一起加热，都只能得到肟，由醛和酮生成的肟分别叫作醛肟（aldoxime）和酮肟（ketoxime）。

$$CH_3CH=O + H_2NOH \longrightarrow CH_3CH=NOH$$
熔点：47 ℃

$$(CH_3)_2C=O + H_2NOH \longrightarrow (CH_3)_2C=NOH$$
熔点：60 ℃

肟一般为结晶固体，有一定的熔点，容易分离和纯化，常常用来鉴定醛、酮（即断定化合物究竟是哪一种醛、酮）。肟与稀盐酸一起加热，水解生成原来的醛、酮，因此，也可以通过肟来提纯醛、酮。

$$R_2C=NOH \xrightarrow{HCl, H_2O} R_2C=O + H_2NOH$$

醛生成肟的速率比酮快，一些空间障碍大的酮如 2,4,6-三甲基苯乙酮不能生成肟，二苯甲

酮也不容易生成肟。

12.3.2 苯肼和氨基脲

醛、酮与苯肼和氨基脲分别生成苯腙(phenylhydrazone)和缩氨脲(semicarbazone)：

$$R_2C=O + H_2NNHC_6H_5 \xrightarrow{-H_2O} R_2C=NNHC_6H_5$$

$$R_2C=O + H_2NNHCONH_2 \xrightarrow{-H_2O} R_2C=NNHCONH_2$$

$$\underset{O}{C_6H_5\overset{\|}{C}CH_3} + C_6H_5NHNH_2 \longrightarrow \underset{87\%\sim91\%}{C_6H_5\overset{NNHC_6H_5}{\overset{\|}{C}}CH_3}$$

反应机理与加羟胺相似。由于苯肼和氨基脲的碱性和亲核性较弱，反应要在酸性溶液中进行，这时羰基接受一个质子，对亲核试剂的反应活性增强。由于苯肼和氨基脲的碱性弱，在酸性溶液中，未质子化的碱的浓度仍能保证加成反应的顺利进行。

苯腙和缩氨脲也用于醛、酮的鉴定。

脂肪族醛、酮的苯腙为低熔点固体甚至是液体，因此，常用 2,4-二硝基苯肼来鉴定醛、酮。

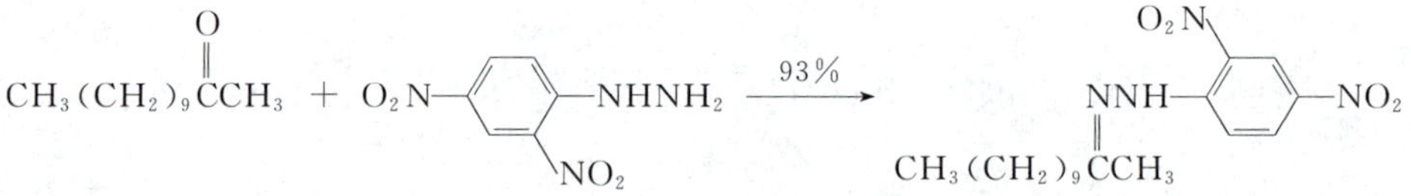

$$CH_3(CH_2)_9\overset{O}{\overset{\|}{C}}CH_3 + O_2N-\underset{NO_2}{\underset{|}{\bigcirc}}-NHNH_2 \xrightarrow{93\%} \underset{CH_3(CH_2)_9\overset{\|}{C}CH_3}{NNH-\underset{NO_2}{\underset{|}{\bigcirc}}-NO_2}$$

2,4-二硝基苯肼不溶于水，容易重结晶，其缺点是有些醛、酮的 2,4-二硝基苯肼熔点相差不大，不利于鉴定。例如，丙烯醛、甲醛和乙醛的 2,4-二硝基苯肼的熔点分别为 165 ℃，166 ℃ 和 168 ℃。缩氨脲主要用于低相对分子质量水溶性酮的鉴定。

问题 12.5 一未知样品可能为 6-甲基环己-2-烯-1-酮或 2-甲基环己-2-烯-1-酮：

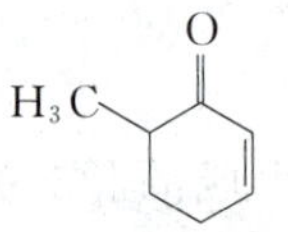

69～71 ℃(2.4 kPa) 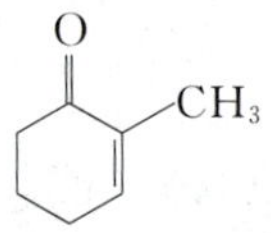   69～70 ℃(2.1 kPa)

用什么方法能确定是哪一种化合物？（所需物理常数从有关手册查找。）

12.3.3 伯胺

醛、酮与伯胺(RNH_2)生成亚胺(imine，含 $\diagdown C=NH$ 结构的化合物)：

$$R_2C=O + R'NH_2 \rightleftharpoons R_2C=NR' + H_2O$$

R 和 R′都是脂肪族烃基的亚胺不稳定，R 或 R′中有一个为芳基的亚胺为稳定的晶体，由于平衡偏向右边，制备也很容易。这类化合物叫作 Schiff 碱：

$$C_6H_5CH{=}O + H_2NC_6H_5 \longrightarrow C_6H_5CH{=}NC_6H_5$$
$$84\% \sim 87\%$$

Schiff 碱生成的机理也是先加成后消除：

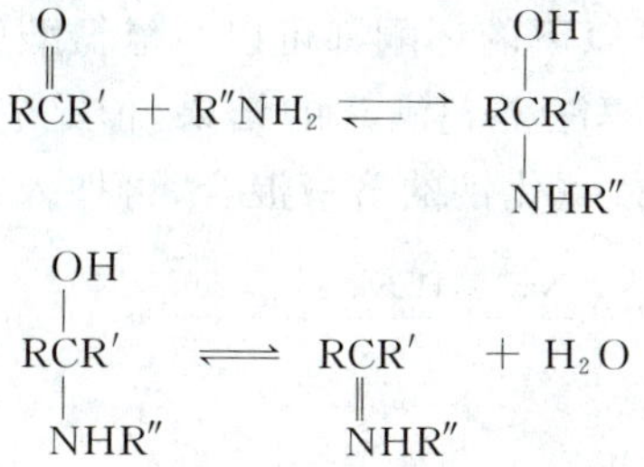

$$\underset{\text{RCR}'}{\overset{O}{\|}} + R''NH_2 \rightleftharpoons \underset{\underset{NHR''}{|}}{\overset{\overset{OH}{|}}{RCR'}}$$

$$\underset{\underset{NHR''}{|}}{\overset{\overset{OH}{|}}{RCR'}} \rightleftharpoons \underset{\overset{\|}{NHR''}}{RCR'} + H_2O$$

醛、酮与氨衍生物的反应可以用通式表示如下：

$$R_2C{=}O + H_2NB \longrightarrow R_2C{=}NB$$

式中，B=—OH，—NHC$_6$H$_5$，—NHCONH$_2$ 或 —Ar 等。

12.3.4 氨

三氯乙醛与氨生成醛亚胺（aldimine）的白色晶体：

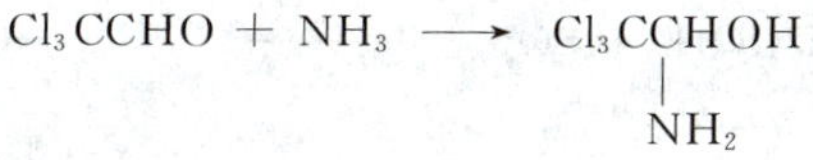

$$Cl_3CCHO + NH_3 \longrightarrow \underset{\underset{NH_2}{|}}{Cl_3CCHOH}$$

其他醛、酮与氨生成复杂的产物，如甲醛与氨生成环六亚甲基四胺（urotropine）：

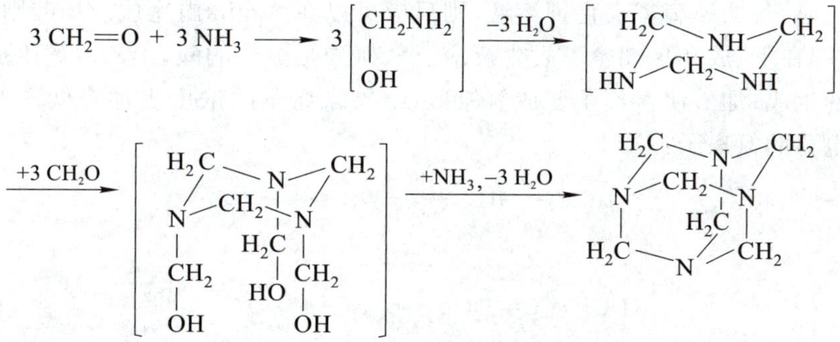

$$3\,CH_2{=}O + 3\,NH_3 \longrightarrow 3\left[\underset{\underset{OH}{|}}{CH_2NH_2}\right] \xrightarrow{-3\,H_2O} \left[\begin{array}{c}H_2C{-}NH{-}CH_2\\ HN{-}CH_2{-}NH\end{array}\right]$$

$$\xrightarrow{+3\,CH_2O} \left[\text{中间体}\right] \xrightarrow{+NH_3,\,-3\,H_2O} \text{环六亚甲基四胺}$$

环六亚甲基四胺的结构相当于金刚烷分子中四个甲爪基（—CH—）用氮原子置换。

§ 12.4 醛、酮与碳亲核试剂的加成反应

12.4.1 氢氰酸

醛、酮与氢氰酸生成氰醇（cyanohydrin），氰醇是有用的合成中间体：

$$R_2C=O + HCN \rightleftharpoons R_2C\begin{smallmatrix}OH\\CN\end{smallmatrix}$$

醛、脂肪族甲基酮和含八个碳原子以下的环酮都可以与氢氰酸发生加成反应。

用无水的液体氢氰酸制备氰醇能得到满意的结果，但是它的挥发性大，有剧毒，使用不便。在实验室中，常将醛、酮与氰化钾或氰化钠的溶液混合，再加入无机酸：

$$(CH_3)_2CO \xrightarrow[71\%\sim78\%]{NaCN, H_2SO_4, 10\sim20\ ℃} (CH_3)_2C(OH)CN$$

即使采用这样的实验方法，仍必须在通风橱内小心进行操作。

醛、酮与亚硫酸氢钠所生成的加成产物与氰化钠作用生成氰醇。用这种方法合成氰醇可以避免使用挥发性大的氢氰酸。

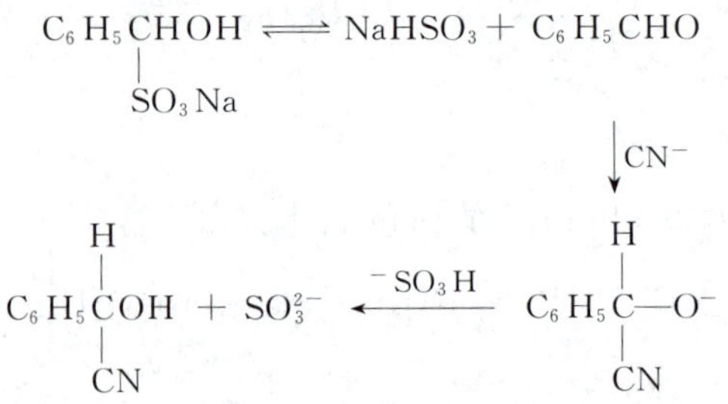

$$C_6H_5CH(OH)(SO_3Na) \rightleftharpoons NaHSO_3 + C_6H_5CHO$$

$$\downarrow CN^-$$

$$C_6H_5C(H)(OH)CN + SO_3^{2-} \xleftarrow{-SO_3H} C_6H_5C(H)(O^-)CN$$

碱对醛、酮与氢氰酸的加成反应有极大的影响。例如，丙酮与氢氰酸作用，在 3～4 h 内只有一半原料发生反应，若加一滴氢氧化钾溶液，则反应可以在 2 min 内完成。加酸则使反应速率减慢，在大量的酸存在下，放几星期也不发生反应。氢氰酸是极弱的酸，不易解离生成氰离子，加碱能促进氰离子的生成；加酸使氰离子变成氢氰酸，结果氰离子的浓度更加降低。因此，进攻试剂实际上是带负电荷的氰离子：

$$HCN + OH^- \underset{快}{\rightleftharpoons} NC^- + H_2O$$

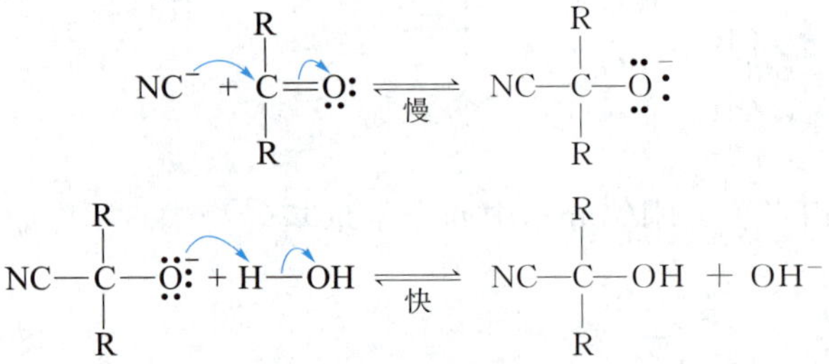

$$NC^- + \underset{R}{\overset{R}{C}}=O \underset{慢}{\rightleftharpoons} NC-\underset{R}{\overset{R}{C}}-O^-$$

$$NC-\underset{R}{\overset{R}{C}}-O^- + H-OH \underset{快}{\rightleftharpoons} NC-\underset{R}{\overset{R}{C}}-OH + OH^-$$

第一步和第三步是质子转移反应，速率极快。因此，第二步，即氰离子与羰基的加成，是决定反应速率的步骤。

加碱能使平衡迅速地建立起来。制备氰醇如反应后不将碱完全除去，则蒸馏时，会使挥发性大的氢氰酸蒸馏出来，使平衡向左移动，结果使氰醇完全分解。

一些醛、酮与氢氰酸加成反应的平衡常数见表 12.3。

§ 12.4 醛、酮与碳亲核试剂的加成反应

表 12.3　一些醛、酮与氢氰酸加成反应的平衡常数

化　合　物	K
CH_3CHO	很大
$p-NO_2C_6H_4CHO$	1 420
C_6H_5CHO	210
$p-CH_3OC_6H_4CHO$	32
$CH_3COCH(CH_3)_2$	38
$C_6H_5COCH_3$	0.8
$C_6H_5COC_6H_5$	很小

苯乙酮的平衡常数小于 1，因此，氰醇的产量很低。对于 ArCOAr 型的芳香酮，平衡常数远小于 1，反应不能进行。

问题 12.6　写出下列反应的产物：

$$CH_3CHO + CH_3C(CN)(OH)C_2H_5 \xrightarrow{Na_2CO_3}$$

12.4.2　Grignard 试剂

醛、酮与 Grignard 试剂作用后用酸或氯化铵水溶液水解生成醇，在反应中 Grignard 试剂作为碳负离子的给予体与羰基加成：

$$R_2C=O + R'MgX \longrightarrow R_2C\begin{smallmatrix}R'\\OMgX\end{smallmatrix}$$

$$R_2R'COMgX + H_3O^+ \longrightarrow R_2R'COH$$

Grignard 试剂与酮加成后生成叔醇的 MgX 盐，叔醇容易脱水变成烯烃，如反应混合物用稀盐酸分解，生成的醇立即脱水。例如：

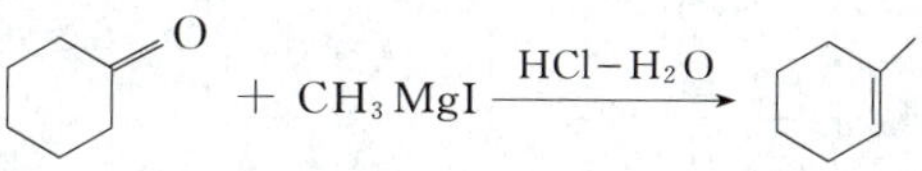

环己酮 $+ CH_3MgI \xrightarrow{HCl-H_2O}$ 1-甲基环己烯

用弱酸性的氯化铵溶液分解就没有这个缺点，也可以用酸性的磷酸盐缓冲溶液水解，将 pH 控制在 5 左右。

由于 Grignard 试剂的亲核能力非常强，它与绝大多数醛、酮的加成反应是不可逆的。Grignard 试剂与醛、酮的加成反应可以生成不同类型的醇，后者可以转变为其他化合物，因此在合成上有重要的用途。

仲醇和叔醇可以用不同的 Grignard 试剂和羰基化合物制备。例如：

$$CH_3MgI + CH_3CH_2\underset{\underset{O}{\|}}{C}CH_2CH_2CH_3 \longrightarrow CH_3CH_2\underset{\underset{CH_3}{|}}{\overset{\overset{OH}{|}}{C}}CH_2CH_2CH_3$$

$$CH_3CH_2MgBr + CH_3COCH_2CH_3 \longrightarrow CH_3CH_2\underset{\underset{CH_3}{|}}{\overset{\overset{OH}{|}}{C}}CH_2CH_3$$

$$CH_3CH_2CH_2MgBr + CH_3COCH_3 \longrightarrow CH_3CH_2\underset{\underset{CH_3}{|}}{\overset{\overset{OH}{|}}{C}}CH_2CH_3$$

究竟采用哪一种方法要取决于原料的价格、是否容易得到,以及操作是否方便。

酮分子中与羰基相连的两个烃基及 Grignard 试剂中烃基的体积都很大时,加成产物的产率降低或不发生加成反应。例如:

$$(CH_3)_2CHCOCH(CH_3)_2 + C_2H_5MgBr \xrightarrow{\approx 80\%} (CH_3)_2CH\underset{\underset{OH}{|}}{\overset{\overset{C_2H_5}{|}}{C}}CH(CH_3)_2$$

$$(CH_3)_2CHCOCH(CH_3)_2 + CH_3CH_2CH_2MgBr \xrightarrow{\approx 30\%} (CH_3)_2CH\underset{\underset{OH}{|}}{\overset{\overset{CH_2CH_2CH_3}{|}}{C}}CH(CH_3)_2$$

$$(CH_3)_2CHCOCH(CH_3)_2 + (CH_3)_2CHMgBr \longrightarrow (CH_3)_2CH\underset{\underset{OH}{|}}{\overset{}{C}H}CH(CH_3)_2 + CH_3CH=CH_2$$

用有机锂化合物仍能得到加成产物。例如:

$$(CH_3)_2CH\underset{\underset{O}{\|}}{C}CH(CH_3)_2 + (CH_3)_3CLi \xrightarrow[81\%]{Et_2O,-60\ ℃} [(CH_3)_3C]_3COH + [(CH_3)_3C]_2CHOH$$

问题 12.7 写出下列反应的产物:

(1) 环己酮 $+ HC\equiv C^-Na^+ \xrightarrow{① NH_3(l),-33\ ℃}{② H_3O^+}$

(2) $C_6H_5COCH_3 + HC\equiv CMgBr \xrightarrow{① Et_2O}{② H_3O^+}$

(3) 环氧乙烷 $+ C_2H_5C\equiv CMgBr \xrightarrow{① Et_2O,-15\ ℃}{② H_3O^+}$

12.4.3 羰基亲核加成反应小结

醛、酮分子中的羰基是极化的,碳原子上带部分正电荷,容易接受亲核试剂的进攻,因此,羰基的亲核加成是醛、酮的典型反应。

醛、酮的亲核加成反应由于亲核试剂性质的不同而有几种类型：

1. **简单加成** 亲核试剂中带负电荷的部分加在羰基碳原子上，另一部分加在氧原子上：

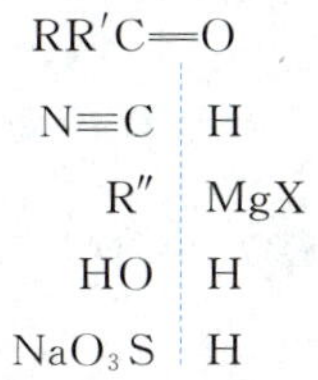

$$RR'C=O$$

$$\begin{array}{cc} N\equiv C & H \\ R'' & MgX \\ HO & H \\ NaO_3S & H \end{array}$$

2. **先加成后取代** 只能在酸催化下进行：

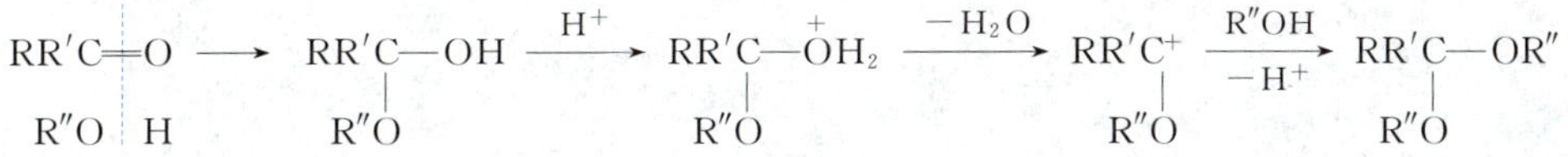

$$RR'C=O \xrightarrow{R''OH} RR'C(OR'')(OH) \xrightarrow{H^+} RR'C(OR'')(\overset{+}{O}H_2) \xrightarrow{-H_2O} RR'\overset{+}{C}(OR'') \xrightarrow[-H^+]{R''OH} RR'C(OR'')_2$$

3. **先加成后消除** 在酸或碱催化下进行：

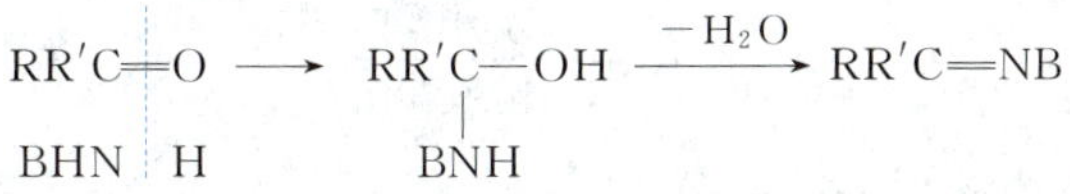

$$RR'C=O \xrightarrow{BHNH} RR'C(OH)(BNH) \xrightarrow{-H_2O} RR'C=NB$$

以上除加有机金属化合物外，均为平衡反应。

§12.5 醛、酮的酮-烯醇平衡及有关反应

醛、酮分子中与羰基直接相连的碳原子称为 α -碳原子，醛、酮的一些反应与 α -碳原子上的氢原子有关。

12.5.1 酮-烯醇平衡

醛、酮的 α -氢原子有一定的酸性。例如，丙酮、环己酮和苯乙酮分子中 α -氢原子的 pK_a 值分别为 20.0，17.0 和 16.0。

丙酮解离后生成丙酮的共轭碱和质子：

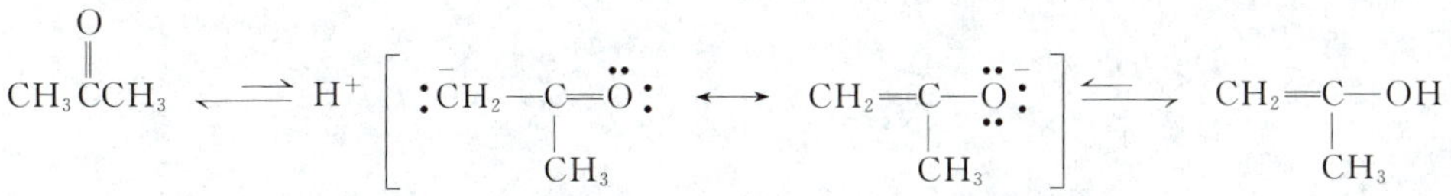

$$CH_3\underset{\underset{O}{\|}}{C}CH_3 \rightleftharpoons H^+ \left[:\bar{C}H_2-\underset{\underset{CH_3}{|}}{C}=\ddot{O}: \leftrightarrow CH_2=\underset{\underset{CH_3}{|}}{C}-\ddot{\underset{..}{O}}:^- \right] \rightleftharpoons CH_2=\underset{\underset{CH_3}{|}}{C}-OH$$

在共轭碱中，负电荷分布在 α -碳原子和氧原子上，质子与共轭碱重新结合，如加在 α -碳原子上就得到酮，加在氧上就得到烯醇，酮和烯醇互为异构体，它们可以通过共轭碱互变，这种异构现象称为互变异构(tautomerism)。

酮和烯醇在酸或碱催化下，迅速形成动态平衡：

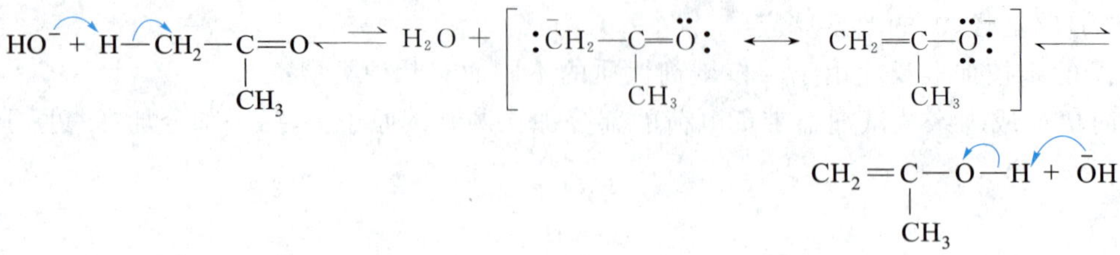

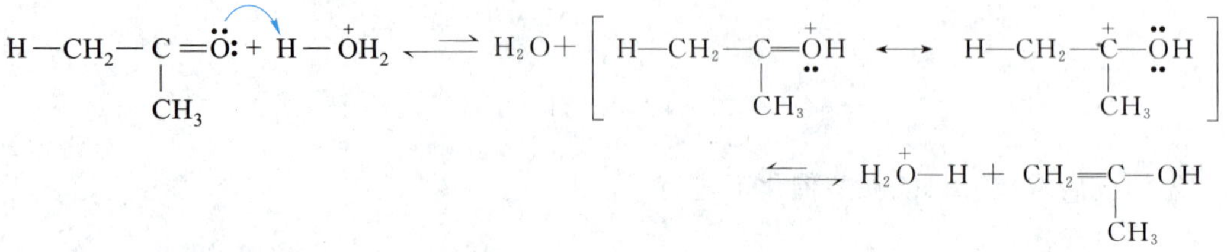

$$HO^- + H-CH_2-\underset{CH_3}{C}=O \rightleftharpoons H_2O + \left[:\overset{-}{C}H_2-\underset{CH_3}{C}=\overset{..}{\underset{..}{O}}: \longleftrightarrow CH_2=\underset{CH_3}{C}-\overset{..}{\underset{..}{O}}:^- \right] \rightleftharpoons$$

$$CH_2=\underset{CH_3}{C}-O-H + \overset{-}{O}H$$

$$H-CH_2-\underset{CH_3}{C}=\overset{..}{\underset{..}{O}}: + H-\overset{+}{O}H_2 \rightleftharpoons H_2O + \left[H-CH_2-\underset{CH_3}{\overset{+}{C}}-\overset{..}{\underset{..}{O}}H \longleftrightarrow H-CH_2-\underset{CH_3}{C}=\overset{+}{\underset{..}{O}}H \right]$$

$$\rightleftharpoons H_2\overset{+}{O}-H + CH_2=\underset{CH_3}{C}-OH$$

12.5.1.1 结构对酮–烯醇平衡的影响

酮–烯醇平衡常数的定义为

$$K = \frac{[烯醇]}{[醛或酮]}$$

一些醛、酮的酮–烯醇平衡常数见表12.4。

表12.4 一些醛、酮的酮–烯醇平衡常数

化 合 物	K
CH_3COCH_3	$\leqslant 10^{-6}$
CH_3CHO	$< 10^{-7}$
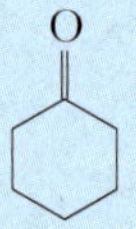 环己酮	4×10^{-6}
$C_6H_5COCH_3$	4×10^{-4}
$CH_3COCOCH_3$	3.2
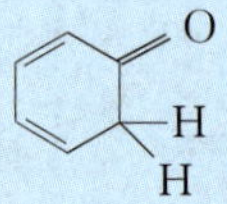 2,4-环己二烯酮	(10^{14})

结构简单的一元醛、酮，酮式的能量比烯醇式低 46~59 kJ·mol^{-1}，酮–烯醇平衡远远偏向酮式一边，在平衡混合物中烯醇的含量极少。因此，在合成反应中有时本应得到烯醇，而实际上却得到醛或酮。例如，乙烯醚水解得到乙醛：

$$CH_2=CH-OR \xrightarrow{H_3O^+} CH_2=CH-OH \rightleftharpoons CH_3CHO$$

如果在仔细隔绝酸和碱的条件下使乙二醇高温脱水,并将产物迅速冷却,则可得到乙烯醇。因为在没有催化剂存在时,酮-烯醇互变的速率很慢。

$$\underset{\text{乙二醇}}{HOCH_2CH_2OH} \xrightarrow[\text{减压}]{900\ ℃} \underset{\text{乙烯醇}}{CH_2=CH-OH} + H_2O$$

酮-烯醇平衡的存在可由醛、酮 α-氢原子的同位素交换得到证明。在酸或碱存在下醛、酮与氘水迅速进行同位素交换。例如,将醛、酮与氘水和催化剂一起摇动,然后,用质谱或核磁共振谱进行分析,可以证实 α-氢原子已被氘置换。

烯醇在平衡混合物中的含量虽然很少,但它是醛、酮反应中的重要中间体,它与试剂作用后,平衡向右移动,一部分醛、酮又迅速变成烯醇。因此,可以不断得到补充,直到醛、酮全部作用完为止。

苯酚可以看作环己二烯酮的烯醇,由于芳环的稳定性高,使平衡偏向烯醇一边。

12.5.1.2 烯醇盐

烯醇分子中羟基上的氢原子被金属置换生成烯醇盐(enolate)。

在水溶液中,由于水的酸性比丙酮强,用氢氧化钠只能将极少量的丙酮转变成烯醇盐。

$$CH_3COCH_3 + OH^- \rightleftharpoons CH_2=\underset{\underset{CH_3}{|}}{C}-O^- + H_2O$$

醛、酮与强碱作用,可以完全变成烯醇盐。例如,丙酮与二异丙基氨基锂$[(i-C_3H_7)_2N^-Li^+]$作用,完全变成烯醇锂:

$$\underset{\underset{CH_3}{|}}{CH_3\overset{\|}{C}=O} + (i-C_3H_7)_2\overset{-}{N}\overset{+}{Li} \xrightleftharpoons[\text{LDA}]{\text{THF}} CH_2=\underset{\underset{CH_3}{|}}{C}-\overset{-}{O}\overset{+}{Li} + (i-C_3H_7)_2NH$$

pK_a 20   ≈40

烯醇盐在合成工作中有重要用途,它既可在 α-碳原子上发生反应,又可以在氧原子上发生反应,是一种两可离子(ambident ion):

$$(CH_3)_2CH\overset{O}{\overset{\|}{C}}CH(CH_3)_2 \xrightarrow[20\ ℃]{K^+H^-,\text{THF}} (CH_3)_2CHC=C(CH_3)_2 \text{ 带}\overset{..}{\overset{-}{\text{O}}}\text{:}K^+ \xrightarrow[-78\ ℃]{CH_3I} (CH_3)_2CH\overset{O}{\overset{\|}{C}}C(CH_3)_3$$
$$98\%$$

氢化钾也是一种强碱,它与弱酸反应放出氢气,使后者完全变成盐。

12.5.2 外消旋化

旋光的 2-甲基-1-苯基丁-1-酮在二噁烷-氘水溶液中,NaOD 催化下,α-氢原子被置换,同时发生外消旋化,实验证明两个反应的速率相等。因此,它们都是通过酮-烯醇平衡进行的:

$$(+)-C_6H_5\overset{O}{\underset{CH_3}{\text{C}}}\text{CHCH}_2\text{C}_2\text{H}_5 \underset{}{\overset{\overline{OD}}{\rightleftharpoons}} C_6H_5\overset{O^-}{\underset{CH_3}{\text{C}}}=\text{CC}_2\text{H}_5 \underset{}{\overset{HOD}{\rightleftharpoons}} (-)-C_6H_5\overset{O}{\underset{CH_3}{\text{C}}}\text{CHCH}_2\text{C}_2\text{H}_5$$

$$\updownarrow D_2O$$

$$C_6H_5\overset{O}{\underset{CH_3}{\text{C}}}\text{CCDC}_2\text{H}_5$$

在烯醇负离子中有一个对称面,没有手性,它接受一个质子重新转变为酮式时,生成两种对映异构体的机会相等,因此旋光度不断降低,最后得到不旋光的外消旋体。

如不对称碳原子在羰基的 β 位,烯醇负离子仍有手性,酮-烯醇互变平衡不会引起外消旋化。例如:

$$\text{CH}_3\text{CH}_2\overset{*}{\underset{CH_3}{\text{C}}}\text{HCH}_2\text{COCH}_3 \rightleftharpoons \text{CH}_3\text{CH}_2\overset{*}{\underset{CH_3}{\text{C}}}\text{HCH}=\overset{OH}{\text{C}}\text{CH}_3$$

问题 12.8 下列化合物中哪些在碱性溶液中会发生外消旋化?
(1) (R)-2-甲基丁醛   (2) (S)-3-甲基庚-2-酮
(3) (S)-3-甲基环己酮   (4) (R)-1,2,3-三苯基丙-1-酮

12.5.3 卤化

醛、酮的卤化在 α 位进行,酸碱对反应有催化作用。例如,在溴化反应中,加溴后没有明显的反应迹象,一段时间以后,反应迅猛进行,并很快完成。这是因为在第一阶段中,卤化是在没有催化剂存在的条件下进行的,因此,速率很慢。开始反应后生成的溴化氢对继续溴化起催化作用,使反应很快完成,这种现象称为自动催化(autocatalysis)。自动催化反应一般都有一个诱导期(induction period)。

醛、酮在酸性催化下氯化、溴化和碘化可以得到一卤化物。例如:

$$\text{环己酮} + Cl_2 \xrightarrow[61\%\sim66\%]{H_2O} \text{2-氯环己酮} + HCl$$

$$(CH_3)_2\text{CHCCH}_3 + Br_2 \xrightarrow[70\%]{CH_3OH} (CH_3)_2\text{CHCCH}_2Br + HBr$$

12.5.3.1 酸的催化作用

酸催化下卤化反应的速率只与酮的浓度和酸的浓度有关:

$$\text{反应速率} = k[\text{酮}][\text{H}^+]$$

与卤素的浓度大小无关。并且,氯化、溴化和碘化的速率相等。醛、酮在酸催化下与氘水的同位素交换速率同卤化速率相等,说明两种反应都是通过烯醇进行的,生成烯醇是决定反应速率的步骤:

$$\text{RCCH}_3 + \text{H}^+ \underset{}{\overset{\text{快}}{\rightleftharpoons}} \overset{+}{\text{RCCH}_3}$$

$$\overset{+}{\text{RCCH}_3} \underset{}{\overset{\text{慢}}{\rightleftharpoons}} \text{RC}=\text{CH}_2 + \text{H}^+$$

$$\text{RC}=\text{CH}_2 + \text{X}-\text{X} \underset{}{\overset{\text{快}}{\rightleftharpoons}} \overset{+}{\text{RCCH}_2\text{X}} + \text{X}^-$$

$$\overset{+}{\text{RCCH}_2\text{X}} \underset{}{\overset{\text{快}}{\rightleftharpoons}} \text{RCCH}_2\text{X} + \text{H}^+$$

因此,醛、酮的卤化实际上是卤素与碳-碳双键的亲电加成。卤素是吸电子的取代基,在醛、酮的 α 位导入卤原子,使 $\text{C}=\text{O}$ 键上的电子云向碳原子的方向移动,氧原子上的电子云密度相应减小。实验证明,在 α 位每导入一个卤素原子,氧原子的碱性降低 $10^2 \sim 10^3$ 倍,即羰基氧原子接受质子的能力降低 $10^2 \sim 10^3$ 倍,而羰基氧原子接受一个质子是醛、酮在酸性溶液中变成烯醇的必要条件,因此,α-卤代醛、酮比未取代的醛、酮更不容易变成烯醇。在酸性催化的条件下未取代的醛、酮卤化速率较快,反应可以停留在生成一卤代物的阶段。

12.5.3.2 碱的催化作用

醛、酮在碱催化下的卤化反应是通过烯醇盐进行的。例如:

$$(\text{CH}_3)_3\text{CC}-\text{CH}_2-\text{H} + {}^-\text{OH} \rightleftharpoons (\text{CH}_3)_3\text{C}-\overset{\overset{\displaystyle\bar{\text{O}}:}{\|}}{\text{C}}=\text{CH}_2 + \text{H}_2\text{O}$$

$$(\text{CH}_3)_3\text{CC}=\text{CH}_2 + \text{X}-\text{X} \rightleftharpoons (\text{CH}_3)_3\text{CCCH}_2\text{X} + \text{X}^-$$

由于卤原子是吸电子取代基,α-卤代醛、酮中 α-氢原子的酸性增强,α-二卤代醛、酮中 α-氢原子的酸性更强。酸性强的化合物在碱性溶液中更容易变成烯醇盐。因此,α-卤代醛、酮在碱性溶液中卤化的速率比未取代的醛、酮快,α-二卤代醛、酮更快。醛、酮在碱性溶液中卤化,反应难以停留在生成一卤代物的阶段,容易得到一个 α-碳原子上的氢原子全部被卤素取代的产物:

$$(\text{CH}_3)_3\text{CC}-\text{CHX} + {}^-\text{OH} \rightleftharpoons (\text{CH}_3)_3\text{C}-\text{C}=\text{CHX} + \text{H}_2\text{O}$$

$$(CH_3)_3C\overset{\ddot{O}:}{C}=CHX + X-X \rightleftharpoons (CH_3)_3C\overset{\overset{\ddot{O}:}{\|}}{C}-CHX_2 + X^-$$

$$(CH_3)_3C\overset{\overset{\ddot{O}}{\|}}{C}-CX_2-H + \bar{O}H \rightleftharpoons (CH_3)_3C\overset{\ddot{O}:^-}{\underset{|}{C}}-CX_2 + H_2O$$

$$(CH_3)_3C\overset{\ddot{O}:}{C}=CX_2 + X-X \rightleftharpoons (CH_3)_3C\overset{\overset{\ddot{O}:}{\|}}{C}-CX_3 + X^-$$

由此可见，要制备醛、酮的一卤代物，应当在酸性溶液中，用等物质的量的卤素进行卤化。

12.5.3.3 卤仿反应

乙醛和甲基酮与次卤酸盐反应（相当于在碱性溶液中卤化），甲基上的三个氢原子都被卤素取代，所生成的α-三卤代醛、酮在溶液中的碱作用下，碳-碳键断裂，生成卤仿和相应的羧酸盐。例如：

$$CH_3COCH_3 + 3NaOI \xrightarrow{\triangle} CH_3CO\overset{O}{\underset{\|}{}}Na + CHI_3 + 2NaOH$$

因此称为卤仿反应（haloform reaction）。

卤仿反应可以用来从甲基酮合成含少一个碳原子的羧酸，这时一般使用便宜的次氯酸钠。例如：

$$(CH_3)_3CCOCH_3 + 3NaOCl \xrightarrow[74\%]{\triangle} (CH_3)_3CCOONa + CHCl_3 + 2NaOH$$

也可以用来合成卤仿，如从丙酮合成碘仿。

碘仿是不溶于水的黄色固体，有特殊的气味，反应中如有碘仿生成很容易看出。因此，用次碘酸盐（碘加氢氧化钠）来进行卤仿反应可以检验乙醛和甲基酮的存在。乙醇在次氯酸盐存在下能氧化成乙醛，因此也可以发生卤仿反应，含 CH_3CHOH- 结构单位的仲醇也可以发生卤仿反应。

问题 12.9 下列化合物中哪些可以发生卤仿反应？

CH_3CH_2CHO　　$CH_3CH(OH)CH_2CH_2CH_3$　　$CH_3CH_2CH_2OH$　　$CH_3CH_2COCH_3$

$C_6H_5COCH_3$　　$CH_3COCH_2CH_2COCH_3$　　$C_6H_5CHOHCH_3$　　$C_6H_5CH_2CH_2OH$

12.5.4 羟醛缩合

在稀碱溶液中，两分子有α-氢原子的醛互相结合生成β-羟基醛的反应称为羟醛缩合（aldol condensation）：

$$2RCH_2CH=O \xrightarrow{OH^-} RCH_2CH\underset{R}{\overset{OH}{\underset{|}{-}}}CHCH=O$$

例如：

$$2\ CH_3CH=O \xrightarrow[4\sim 5\ ℃]{NaOH, H_2O} CH_3\underset{OH}{\underset{|}{C}H}CH_2CH=O$$
$$50\%$$

$$2\ CH_3CH_2CH_2CH=O \xrightarrow[6\sim 8\ ℃]{KOH, H_2O} CH_3CH_2CH_2\underset{OH}{\underset{|}{C}H}\underset{CH_2CH_3}{\underset{|}{C}H}CH=O$$
$$75\%$$

在羟醛缩合中，一分子醛的羰基碳原子和另一分子醛的 α-碳原子之间生成新的碳-碳单键。

在羟醛缩合中，一分子醛在碱作用下转变成烯醇盐，烯醇盐的负离子具有碳负离子的性质，它与另一分子醛的羰基进行亲核加成，生成羟基醛：

$$HO^- + H-\underset{R}{\underset{|}{C}H}-CH=\ddot{\underset{..}{O}}: \rightleftharpoons H_2O + \left[:\underset{R}{\underset{|}{C}H}-CH=\ddot{\underset{..}{O}}: \longleftrightarrow \underset{R}{\underset{|}{C}H}=CH-\ddot{\underset{..}{O}}:^- \right]\ \text{快}$$

$$RCH_2\overset{\ddot{O}:}{\overset{\|}{C}}H + :\bar{C}H-CH=\ddot{O}: \underset{R}{\underset{|}{\rightleftharpoons}}\ \text{慢}\ RCH_2\underset{}{\underset{|}{C}H}-\underset{R}{\underset{|}{C}H}CH=\ddot{\underset{..}{O}}:$$

$$RCH_2\underset{}{\underset{|}{C}H}-\underset{R}{\underset{|}{C}H}CH=\ddot{\underset{..}{O}}: + H_2O \rightleftharpoons\ \text{快}\ RCH_2\underset{}{\underset{|}{C}H}\underset{R}{\underset{|}{C}H}CH=O$$

β-羟基醛在加热时容易脱水变成 α,β-不饱和醛：

$$RCH_2\underset{OH}{\underset{|}{C}H}\underset{R}{\underset{|}{C}H}CH=O \xrightarrow{\triangle} RCH_2CH=\underset{R}{\underset{|}{C}}CH=O$$

随着醛的相对分子质量的加大，生成 β-羟基醛的速率越来越慢，需要提高温度或碱的浓度，这样就使羟基醛脱水，因此，最后产物为 α,β-不饱和醛。如果目的是制备 α,β-不饱和醛，则在较高温度下进行缩合。例如：

$$2\ CH_3CH_2CH_2CH=O \xrightarrow[80\sim 100\ ℃]{NaOH, H_2O} CH_3CH_2CH_2CH=\underset{CHO}{\underset{|}{C}}CH_2CH_3$$
$$86\%$$

庚醛以上的醛在碱性溶液中缩合只能得到 α,β-不饱和醛。

β-羟基醛的脱水可能是通过其共轭碱进行的：

$$RCH_2\underset{R}{\underset{|}{C}H}\underset{OH}{\underset{|}{C}H}CH=O + OH^- \rightleftharpoons RCH_2\underset{R}{\underset{|}{C}H}\underset{OH}{\underset{|}{C}}\bar{C}CH=O + H_2O$$

$$RCH_2CH-\underset{R}{\overset{OH}{C}}CH=O \rightleftharpoons RCH_2CH=\underset{R}{C}CH=O + OH^-$$

稀酸也能使醛变成羟醛,这时与羰基发生加成反应的是醛的烯醇式。例如:

$$H-CH_2\overset{H}{\underset{}{C}}\ddot{\ddot{O}}: + H^+ \rightleftharpoons H-CH_2\overset{H}{\underset{}{C}}\overset{+}{\ddot{O}}H$$

$$H-CH_2\overset{H}{\underset{}{C}}\overset{+}{\ddot{O}}H \rightleftharpoons H^+ + CH_2=\overset{H}{\underset{}{C}}\ddot{\ddot{O}}H$$

$$CH_3\overset{\overset{+}{:\ddot{O}}H}{\underset{}{C}}H + CH_2=\overset{H}{\underset{}{C}}-\ddot{O}-H \rightleftharpoons CH_3\overset{:\ddot{O}H}{\underset{}{C}}HCH_2CH=\overset{+}{\ddot{O}}H$$

$$CH_3\overset{:\ddot{O}H}{\underset{}{C}}HCH_2CH=\overset{+}{\ddot{O}}H \rightleftharpoons H^+ + CH_3\overset{:\ddot{O}H}{\underset{}{C}}HCH_2CH=\ddot{\ddot{O}}:$$

酸的作用是增强碳-氧双键的极化,使它更快地变成烯醇式和更容易发生加成反应。在酸性溶液中羟醛容易脱水生成 α,β-不饱和醛。例如:

$$CH_3\overset{OH}{\underset{}{C}}HCH_2CH=O + H^+ \rightleftharpoons CH_3\overset{\overset{+}{O}H_2}{\underset{}{C}}HCH_2CH=O$$

$$CH_3\overset{\overset{+}{O}H_2}{\underset{}{C}}HCH_2CH=O \rightleftharpoons CH_3\overset{+}{C}HCH_2CH=O + H_2O$$

$$CH_3\overset{+}{C}H-\overset{H}{\underset{}{C}}HCH=O \rightleftharpoons CH_3CH=CHCH=O$$

问题 12.10 写出下列化合物的羟醛缩合产物。
(1) 丙醛   (2) 3-甲基丁醛
(3) $O=HCCH_2CH_2CH_2CH=O$

12.5.4.1 酮的缩合

丙酮在碱性催化剂存在下,虽然也可以发生缩合反应生成双丙酮醇,但平衡偏向左边,在 20 ℃下,平衡混合物中只含有 5% 左右的缩合产物。

$$(CH_3)_2C=O + CH_3COCH_3 \xrightarrow{Ba(OH)_2} (CH_3)_2\underset{OH}{\overset{}{C}}CH_2COCH_3$$

如将催化剂放在沙氏提取器的提取室中,丙酮蒸气冷凝后,聚集在提取室中,在催化剂存在下发生缩合反应,隔一定的时间后,反应混合物流入烧瓶中,与催化剂脱离接触,未反应的丙酮继续循环,在提取室中发生缩合反应,而双丙酮醇由于沸点高仍留在烧瓶内,逐渐积累起来,这样可以使大部分丙酮转变为双丙酮醇。

在酸性催化剂,如酸型离子交换树脂存在下,丙酮缩合生成的双丙酮醇迅速脱水生成 α,β-不饱和酮,使平衡向右移动,缩合可以进行到底。

$$2\,(CH_3)_2C=O \xrightarrow[79\%]{H^+} (CH_3)_2C=CHCOCH_3$$

将醛、酮与叔丁醇铝一起加热也得到 α,β-不饱和醛、酮。例如:

$$2\,C_6H_5\overset{O}{\underset{\|}{C}}CH_3 \xrightarrow[\text{二甲苯},100\,^\circ\!C]{Al[OC(CH_3)_3]_3} C_6H_5\underset{\underset{77\%}{CH_3}}{\overset{|}{C}}=CHCOC_6H_5$$

二羰基化合物发生分子内的缩合反应,生成环状化合物,可用于含 5~7 元环的化合物的合成。例如:

$$CH_3CO(CH_2)_4COCH_3 \xrightarrow[100\,^\circ\!C]{NaOH,H_2O}$$ 3-甲基-2-环己烯酮

12.5.4.2 交错羟醛缩合(crossed aldol condensation)

两种醛的混合物发生羟醛缩合反应生成四种羟醛的复杂混合物,因此无制备价值。如用有 α-氢原子的醛或酮产生烯醇负离子,用没有 α-氢原子的醛提供羰基,则可以得到许多有用的产物。例如:

$$H_2C=O + (CH_3)_2CHCH_2CH=O \xrightarrow[52\%]{K_2CO_3} (CH_3)_2CHCHCH=O \atop \underset{CH_2OH}{|}$$

芳醛没有 α-氢原子,常用来与其他有 α-氢原子的醛、酮缩合,产物极易脱水,得到的是 α,β-不饱和醛、酮。例如:

$$C_6H_5CH=O + CH_3CH=O \xrightarrow[50\,^\circ\!C]{NaOH,H_2O} \underset{90\%}{C_6H_5CH=CHCHO}$$

$$CH_3O-\!\!\!\left\langle\!\!\!\bigcirc\!\!\!\right\rangle\!\!\!-CH=O + CH_3\overset{O}{\underset{\|}{C}}CH_3 \xrightarrow[30\,^\circ\!C]{NaOH,H_2O} CH_3O-\!\!\!\left\langle\!\!\!\bigcirc\!\!\!\right\rangle\!\!\!-CH=CH\overset{O}{\underset{\|}{C}}CH_3 \atop 83\%$$

$$C_6H_5CH=O + CH_3\overset{O}{\underset{\|}{C}}C_6H_5 \xrightarrow[20\,^\circ\!C]{NaOH,H_2O} \underset{85\%}{C_6H_5CH=CH\overset{O}{\underset{\|}{C}}C_6H_5}$$

先用强碱使醛、酮完全转变成烯醇盐,然后再与另一种醛、酮发生加成反应,可以使羟醛缩合向预定的方向进行。例如:

$$CH_3CH_2CH_2COCH_3 + LDA \xrightarrow[-78\ ℃]{THF} CH_3CH_2CH_2C(O^-Li^+)=CH_2$$

$$CH_3CH_2CH_2CH=O + CH_3CH_2CH_2C(O^-Li^+)=CH_2 \longrightarrow CH_3CH_2CH_2\underset{OH}{CH}CH_2\underset{O}{C}CH_2CH_2CH_3$$
$$65\%$$

问题 12.11 下列化合物可以从什么原料合成?

(1) 八氢萘酮结构 （octalone）

(2) $CH_3COCH_2\underset{OH}{CH}CH_2CH_3$

(3) $CH_3\underset{OH}{CH}CH_2COCH_2CH_3$

(4) 2-(2-甲基丙亚基)环己酮 $=C(CH_3)_3$

(5) $CH_3CH_2CO\underset{OH}{C}\underset{CH_3}{C}HCH_2CH_3$

(6) $(CH_3)_2\underset{HO}{C}H\underset{CH_3}{C}\underset{CH_3}{C}HCHO$

12.5.4.3 羟醛缩合在合成上的应用

羟醛缩合是生成碳-碳单键的一种重要方法,产物中的官能团又可以进行其他反应,生成多种有用的产物。例如,在工业上利用丁酮与甲醛的反应来合成甲基异丙基酮:

$$CH_3CH_2CCH_3 \xrightarrow{CH_2O} CH_3\underset{CH_2OH}{CH}COCH_3 \xrightarrow{-H_2O} CH_3\underset{CH_2}{C}COCH_3 \xrightarrow{H_2} CH_3\underset{CH_3}{CH}COCH_3$$
$$\|\ \|\ O\quad\quad\quad\quad\quad\quad\quad\quad\quad O\quad\quad\quad\quad\quad\quad\quad O$$

由丁醛合成 2-乙基己-1,3-二醇,这是一种驱虫剂。

$$2\ CH_3CH_2CH_2CH=O \longrightarrow CH_3CH_2CH_2\underset{\underset{CH_2CH_3}{|}}{\overset{\overset{OH}{|}}{C}H}CHCH=O \xrightarrow{H_2,Ni} CH_3CH_2CH_2\underset{\underset{CH_2CH_3}{|}}{\overset{\overset{OH}{|}}{C}H}CHCH_2OH$$

从所需产物的结构,应用逆合成分析法,可以推测所需羰基化合物的结构。例如:

$$CH_3\underset{CH_3}{CH}CH_2\overset{O}{C}CH_3 \Longrightarrow CH_3\underset{CH_3}{C}=CH\overset{O}{C}CH_3 \Longrightarrow CH_3\underset{CH_3}{C}=O + CH_3\overset{O}{C}CH_3$$

§12.6 醛、酮的还原和氧化

醛还原生成伯醇,氧化生成含同数碳原子的羧酸。酮还原生成仲醇。酮不容易氧化,在剧烈的条件下氧化发生碳链的断裂。

12.6.1 醛、酮的还原

实验室中常用的使羰基还原的试剂是金属氢化物(metal hydride)及其配合物(complex hydride),它们都能提供氢负离子(H^-, hydride ion),氢负离子是非常强的亲核试剂,它与羰基的加成是不可逆的。

乙硼烷 硼氢化钠 氢化锂 氢化铝锂
diborane sodium borohydride lithium hydride lithium aluminum hydride

用硼氢化钠还原的反应常在甲醇、乙醇或甲醇-水溶液中进行,反应中关键的一步是试剂向羰基碳原子转移一个氢负离子,最初生成的产物是硼酸盐,反应完成后再加水共热水解成醇。因此,生成的醇分子中氧原子上的氢是水提供的,理论上一分子硼氢化钠可以还原四分子醛、酮:

$$RCH=O \xrightarrow{NaBH_4} (RCH_2O)_4\overline{B}Na^+ \xrightarrow{H_2O} 4\ RCH_2OH$$

$$n\text{-}C_3H_7CHO \xrightarrow[85\%]{NaBH_4, H_2O} n\text{-}C_3H_7CH_2OH$$

$$MeCOEt \xrightarrow[87\%]{NaBH_4, MeOH-H_2O} MeCHEt\\ \phantom{MeCOEt \xrightarrow[87\%]{NaBH_4, MeOH-H_2O} Me}|\\ \phantom{MeCOEt \xrightarrow[87\%]{NaBH_4, MeOH-H_2O} M}OH$$

与硼氢化钠不同,氢化铝锂与水、醇等溶剂剧烈反应,放出氢气,同时生成金属氢氧化物。因此,还原反应要在无水溶剂中进行,常用的溶剂为无水乙醚(25 ℃下,每 100 g 溶剂溶解 35～40 g)和无水四氢呋喃(25 ℃下,每 100 g 溶剂溶解 13 g),有时反应还要在惰性气体中进行,用注射器加入 $LiAlH_4$ 溶液。由于铝盐形成胶体,在后处理中要加稀酸或稀碱溶解。

$$n\text{-}C_6H_{13}CHO \xrightarrow[86\%]{LiAlH_4, Et_2O, 回流} n\text{-}C_6H_{13}CH_2OH$$

$$MeCOEt \xrightarrow[80\%]{LiAlH_4, Et_2O, 回流} MeCHEt\\ \phantom{MeCOEt \xrightarrow[80\%]{LiAlH_4, Et_2O, 回流} Me}|\\ \phantom{MeCOEt \xrightarrow[80\%]{LiAlH_4, Et_2O, 回流} M}OH$$

氢化铝锂一般是用聚乙烯塑料袋包装放在密封的金属罐中。不能放在有磨口塞的玻璃瓶中,因为瓶颈上如粘有 $LiAlH_4$ 颗粒,与瓶塞摩擦有时会起火。结块时也不能放在陶瓷研钵中研磨以防着火甚至爆炸。

12.6.2 氧化

醛非常容易氧化成含同数碳原子的羧酸。酮不易氧化,在剧烈的条件下氧化,碳链发生断裂。

弱氧化剂就可以使醛氧化。将醛和 Tollens 试剂(硝酸银的氨水溶液)共热,醛氧化成相应的酸,银离子被还原为金属银,沉淀在试管壁上形成银镜(银镜反应)。

$$RCHO + 2 Ag(NH_3)_2OH \longrightarrow RCOONH_4 + 2 Ag + 3 NH_3 + H_2O$$

在同样的条件下,酮不发生反应,因此利用这个反应可以区别醛和酮。

芳香醛在空气中还可以发生自动氧化反应。例如,将几滴苯甲醛放在玻璃板上,在空气中暴露几小时后,就变成苯甲酸的晶体。光对苯甲醛的自动氧化有催化作用(因此苯甲醛应满盛在棕色瓶中储存)。微量的金属离子(Fe,Co,Ni,Mn 等)即使在不见光时也能使反应加快。亚硫酸盐、对苯二酚等抗氧化剂则能阻止自动氧化反应的进行。

自动氧化为自由基反应:

$$C_6H_5CH=\ddot{O}: + R\cdot \longrightarrow C_6H_5\dot{C}=\ddot{O}: + RH$$

$$C_6H_5\dot{C}=\ddot{O}: + O_2 \longrightarrow C_6H_5\overset{:\ddot{O}:}{C}-OO\cdot$$

$$C_6H_5\overset{:\ddot{O}:}{C}-OO\cdot + C_6H_5CH=\ddot{O}: \longrightarrow C_6H_5\overset{:\ddot{O}:}{C}OOH + C_6H_5\dot{C}=\ddot{O}:$$

$$C_6H_5\overset{:\ddot{O}:}{C}OOH + C_6H_5CH=\ddot{O}: \longrightarrow C_6H_5\overset{OH}{\underset{O-O-CC_6H_5}{C-H}}$$

$$C_6H_5\overset{OH}{\underset{O-O-CC_6H_5}{C-H}} \longrightarrow C_6H_5\overset{O}{C}OH + C_6H_5\overset{O}{C}OH$$

在较高温度(≈100 ℃)下,氧的浓度很低时,有一氧化碳放出,说明反应是通过自由基进行的。

$$C_6H_5\dot{C}O \longrightarrow C_6H_5\cdot + CO$$

醛用高锰酸钾或重铬酸钠氧化生成羧酸。

$$R\overset{O}{C}-H \longrightarrow R\overset{O}{C}OH$$

$$CH_3(CH_2)_5\overset{O}{CH} \xrightarrow[20\ ℃]{KMnO_4,H_2SO_4,H_2O} CH_3(CH_2)_5\overset{O}{C}OH$$
$$76\%\sim 78\%$$

氧化银是一种温和的氧化剂,可以使醛氧化成酸,而其他官能团可不受影响。例如:

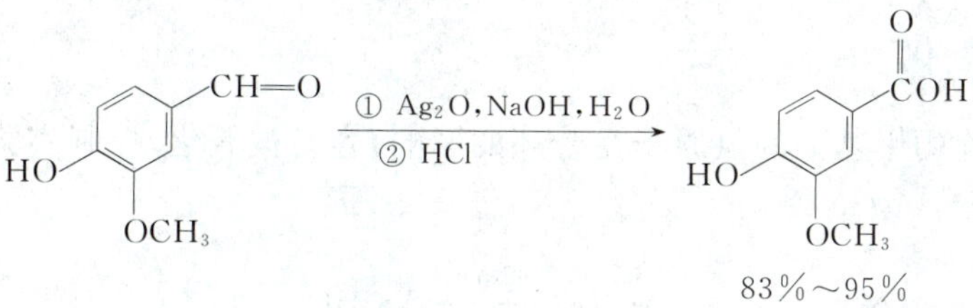

$$\underset{\underset{OCH_3}{\overset{OH}{\bigcirc}}}{CH=O} \xrightarrow[\text{② HCl}]{\text{① } Ag_2O, NaOH, H_2O} \underset{\underset{OCH_3}{\overset{OH}{\bigcirc}}}{COOH} \quad 83\% \sim 95\%$$

酮在强氧化剂的长时间作用下,碳链可以从羰基的两边断裂,生成几种碳原子数目较原来少的羧酸:

$$RCH_2COCH_2R' \xrightarrow{HNO_3} RCOOH + RCH_2COOH + R'COOH + R'CH_2COOH$$

因此没有制备价值。环酮氧化生成二元羧酸,如环酮的结构对称,则只得到一种产物,因此可用于制备。例如:

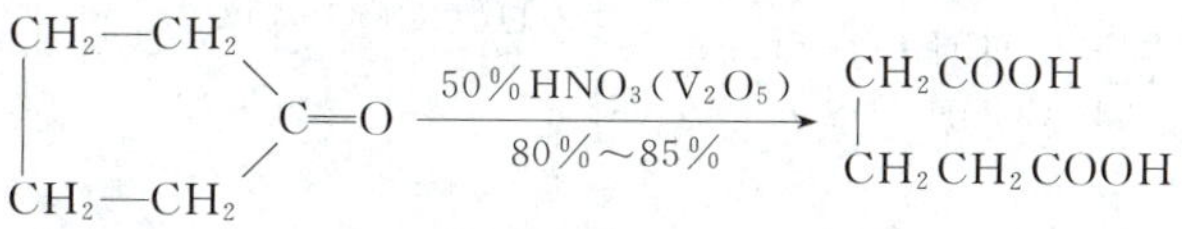

$$\begin{matrix} CH_2-CH_2 \\ | \quad\quad\quad C=O \\ CH_2-CH_2 \end{matrix} \xrightarrow[80\% \sim 85\%]{50\% HNO_3 (V_2O_5)} \begin{matrix} CH_2COOH \\ | \\ CH_2CH_2COOH \end{matrix}$$

§ 12.7 一元醛、酮的制法

12.7.1 醇的氧化和脱氢

伯醇和仲醇用三氧化铬等氧化剂氧化生成醛或酮。

将醇的蒸气通过加热的催化剂(铜粉、银粉、亚铬酸铜等),可以使它们脱氢生成醛或酮。例如:

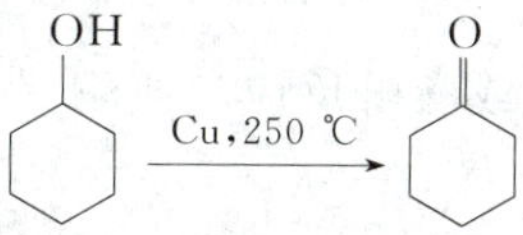

$$\underset{\bigcirc}{OH} \xrightarrow{Cu, 250\ ℃} \underset{\bigcirc}{O}$$

$$CH_3CHCH_2CH_3 \xrightarrow{Zn-Cu, 400 \sim 500\ ℃} CH_3COCH_2CH_3$$
$$\quad\ |\ $$
$$\quad OH$$

将醇的蒸气和空气混合后通过加热的催化剂(铜、银等),醇即氧化生成醛或酮。反应可能是先脱氢,生成的氢与氧化合而放出大量热,足以使反应继续进行。例如:

$$CH_3OH + \frac{1}{2}O_2 \xrightarrow{Ag, 250\ ℃} CH_2O + H_2O$$

$$CH_3CHOHCH_3 + \frac{1}{2}O_2 \xrightarrow[98\%]{ZnO, 380\ ℃} CH_3COCH_3 + H_2O$$

工业上常用催化脱氢和氧化的方法来制备低级醛、酮。

芳醇不容易得到,芳醇和相应的芳醛或芳酮的挥发性都比较小。因此,氧化和脱氢一般用来制备脂肪族醛、酮,不适用于芳香族醛、酮。

12.7.2 芳烃的氧化

与芳环直接相连的甲基上的氢原子受芳环的影响,容易被氧化,控制实验条件可以使反应停留在生成芳醛的阶段:

$$ArCH_3 \xrightarrow{[O]} ArCHO$$

可以用二氧化锰及硫酸作氧化剂。例如:

$$C_6H_5CH_3 \xrightarrow[40\%]{MnO_2 + 65\%H_2SO_4} C_6H_5CHO$$

由于醛比烃更容易被氧化,因此,氧化剂不能过量,要分批加入,还要迅速搅拌并用过量的硫酸,也可以用铬酸及乙酐作氧化剂:

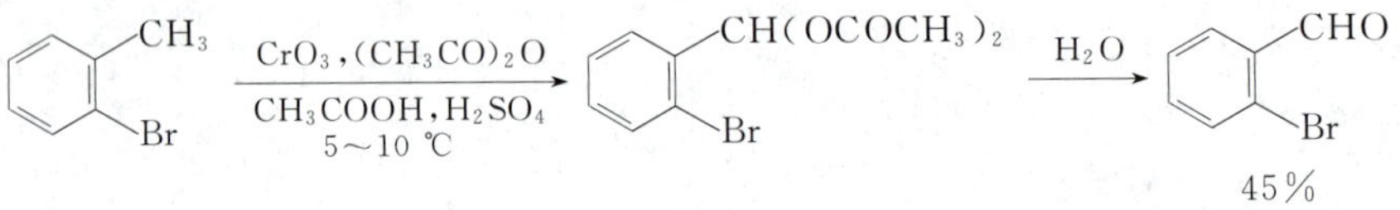

$$\text{o-BrC}_6H_4CH_3 \xrightarrow[5\sim10\ ℃]{CrO_3,(CH_3CO)_2O \atop CH_3COOH,H_2SO_4} \text{o-BrC}_6H_4CH(OCOCH_3)_2 \xrightarrow{H_2O} \text{o-BrC}_6H_4CHO \quad 45\%$$

氧化过程中生成的二乙酸酯不易继续氧化,分离后水解即得醛。

烃类的氧化也用于芳酮的合成。例如:

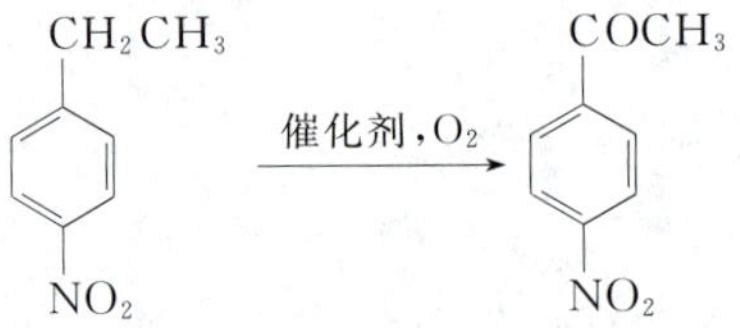

$$\text{p-O}_2N\text{C}_6H_4CH_2CH_3 \xrightarrow{催化剂,O_2} \text{p-O}_2N\text{C}_6H_4COCH_3$$

12.7.3 Friedel–Crafts 酰化反应

芳烃在无水氯化铝存在下与酰氯或酸酐反应生成酮:

$$ArH + RCOCl \xrightarrow{AlCl_3} ArCOR + HCl$$

芳烃为液体,可以用过量芳烃作为溶剂。此外还可以用二硫化碳、硝基苯、对称四氯乙烷等作溶剂。反应时生成的芳酮不能继续酰化,因此反应停止在一酰化物的阶段,也不发生重排。

§12.8 醛、酮的来源和用途

12.8.1 甲醛

甲醛在工业上由甲醇的催化氧化制备,即将甲醇蒸气和空气的混合物在 600~630 ℃下通过银催化剂,生成的甲醛和未作用的甲醇用水吸收,从溶液中蒸去一部分甲醇后,即得甲醛的水溶液,其中含甲醛 40%、甲醇 8%~10%,这种水溶液叫作"福尔马林"。若将含甲醇蒸气 5%~10%(体积分数)的空气通过氧化铁-氧化钼催化剂,得到的甲醛几乎不含甲醇。

甲醛也可以由烷烃的氧化得到。例如,100 kg 丁烷在催化剂存在下氧化,可以得到 33 kg 甲醛、31 kg 乙醛、20 kg 甲醇、4 kg 丙酮和 12 kg 其他氧化产物。

甲醛在常温下为气体,对眼、鼻和喉的黏膜有强烈的刺激作用。甲醛虽然容易液化,但液体甲醛即使在低温下也容易聚合,因此甲醛通常是以水溶液(含甲醛 37%~50%)、醇溶液或聚合物的形式储存和运输的。

多聚甲醛为甲醛的链状聚合物[$HO(CH_2O)_nH$],工业上是在减压下浓缩甲醛的水溶液,直到多聚甲醛凝结出来为止。多聚甲醛为白色固体,其中甲醛含量为 91%~98%,聚合度(n)从 8 到 100,多聚甲醛在加热时解聚成甲醛气体和水蒸气,在水、醇、酚等极性溶剂中,可以通过解聚而溶解。

高纯度的甲醛在催化剂[如三苯膦(C_6H_5)$_3$P]存在下,可以聚合成相对分子质量很大(聚合度为 500~5000)的链状聚合物,这是性质优良的塑料。

在 60%~65% 甲醛水溶液中加少量酸(如硫酸、磺酸型离子交换树脂)蒸馏,馏出物用有机溶剂提取,可以得到甲醛的环状聚合物——三聚甲醛:

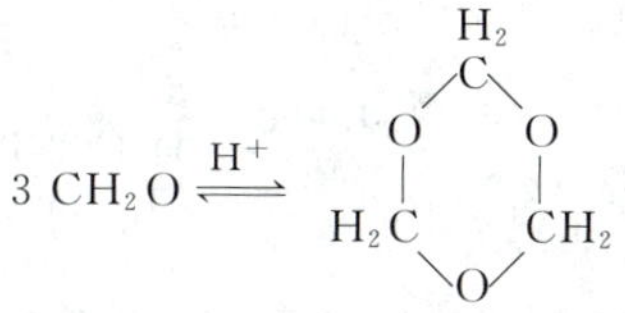

$$3\ CH_2O \xrightleftharpoons{H^+} \text{三聚甲醛}$$

三聚甲醛为白色晶体,熔点:62 ℃,沸点:112 ℃,蒸馏时不分解也不解聚。它能溶于水及有机溶剂,在强酸存在下可以解聚而生成甲醛。

甲醛的主要用途是作为酚醛树脂和氨基塑料的原料。

12.8.2 乙醛

在工业上由乙烯合成,乙烯在含有氯化钯和氯化铜的稀盐酸溶液中氧化生成乙醛:

$$CH_2=CH_2 + \frac{1}{2}O_2 \xrightarrow{PdCl_2, CuCl_2} CH_3CHO$$

乙烯和氯化钯生成配合物,配合物水解时生成乙醛和钯:

$$CH_2=CH_2 + PdCl_2 + H_2O \longrightarrow CH_3CHO + Pd + 2HCl$$

氯化铜使钯重新氧化成为氯化钯,本身还原成氯化亚铜:

$$2\ CuCl_2 + Pd \longrightarrow 2\ CuCl + PdCl_2$$

空气中的氧再使氯化亚铜氧化成氯化铜,结果等于用空气中的氧将乙烯氧化成乙醛。氯化钯和氯化铜的腐蚀性很强,要用特殊的材料制造设备。此外,乙醛还由乙醇的氧化生产。三聚乙醛是一种有香味的液体,沸点:124 ℃,难溶于水,加稀酸蒸馏时解聚而生成乙醛,是储存乙醛的一种方便形态。四聚乙醛为白色固体,熔点:246 ℃,不溶于水。四聚乙醛燃烧时没有烟,可以用作固体无烟燃料。

乙醛主要用来合成乙酸、乙酐、丁醇（经羟醛缩合变成丁烯醛后加氢）、季戊四醇等。

12.8.3 丙醛、丁醛和其他脂肪醛

含 3～13 个碳原子的脂肪醛在工业上可以用烯烃作原料用氧化合成法制备。这就是在催化剂（羰基钴）存在下使烯烃与一氧化碳和氢作用。例如：

$$CH_2=CH_2 + CO + H_2 \xrightarrow{催化剂} CH_3CH_2CHO$$

$$CH_3CH=CH_2 + CO + H_2 \xrightarrow{催化剂} CH_3CH_2CH_2CHO + CH_3CHCH_3$$
$$\phantom{CH_3CH=CH_2 + CO + H_2 \xrightarrow{催化剂} CH_3CH_2CH_2CHO + CH_3}|$$
$$\phantom{CH_3CH=CH_2 + CO + H_2 \xrightarrow{催化剂} CH_3CH_2CH_2CHO + CH_3}CHO$$
$$\phantom{CH_3CH=CH_2 + CO + H_2 \xrightarrow{催化剂} }76\%\sim81\% \qquad 24\%\sim19\%$$

生成的醛可以继续加氢变成相应的醇。这是工业上合成醇的一种重要方法。

12.8.4 丙酮

丙酮可以由异丙醇的脱氢得到。由异丙苯氧化制苯酚，同时生成丙酮。烷烃氧化也得到少量丙酮，丙酮还可以由丙烯氧化得到：

$$CH_3CH=CH_2 + \frac{1}{2}O_2 \xrightarrow{PdCl_2, CuCl_2} CH_3COCH_3 + CH_3CH_2CHO$$
$$\phantom{CH_3CH=CH_2 + \frac{1}{2}O_2 \xrightarrow{PdCl_2, CuCl_2} }92\% \qquad 2\%\sim4\%$$

丙酮在工业上用作合成甲基丙烯酸甲酯和双酚 A 的原料，此外还用作溶剂。

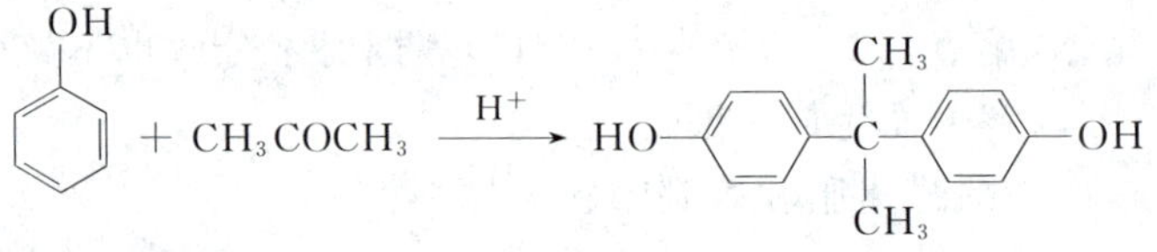

$$\text{C}_6\text{H}_5\text{OH} + CH_3COCH_3 \xrightarrow{H^+} HO-C_6H_4-C(CH_3)_2-C_6H_4-OH$$

双酚 A

12.8.5 环己酮

环己酮由苯酚加氢或环己烷的氧化生产，在工业上用作合成己内酰胺和己二酸的原料及用作溶剂。

§12.9　α,β-不饱和醛、酮和醌

12.9.1　α,β-不饱和醛、酮

不饱和醛、酮分子中，碳-碳双键位于 α- 和 β- 碳原子之间的称为 α,β- 不饱和醛、酮，位于 β- 和 γ- 碳原子之间的，则称为 β,γ- 不饱和醛、酮。

α,β- 不饱和醛、酮分子中，碳-碳双键与羰基组成共轭体系，比 β,γ- 不饱和醛、酮更稳定。

例如，丁-3-烯醛异构化为丁-2-烯醛为放热反应：

$$CH_2=CHCH_2CH=O \longrightarrow CH_3CH=CHCH=O$$
$$\Delta H^{\ominus} = -25 \text{ kJ}\cdot\text{mol}^{-1}$$

在碱或酸催化下，丁-3-烯醛容易转变为丁-2-烯醛。在碱溶液中，丁-3-烯醛转变为它的共轭碱，在共轭碱中负电荷分布在氧原子及 α- 和 γ- 碳原子上，共轭碱从水中接受一个质子时，如质子加在 α- 碳原子上，就生成丁-3-烯醛，加在 γ- 碳原子上，生成丁-2-烯醛，加在氧原子上生成烯醇。丁-3-烯醛、烯醇和丁-2-烯醛形成平衡混合物。由于丁-2-烯醛最稳定，它在平衡混合物中占 99.9% 以上，丁-3-烯醛差不多完全转变成丁-2-烯醛。

$$CH_2=CH-CH_2-CH=\ddot{O}: + {}^-OH \rightleftharpoons H_2O + [CH_2=CH-\overset{-}{C}H-CH=\ddot{O}: \longleftrightarrow$$

$$CH_2=CH-CH-CH=\ddot{\overset{..}{O}}: \longleftrightarrow :\overset{-}{C}H_2-CH=CH-CH=\ddot{O}:] \rightleftharpoons CH_3CH=CHCH=\ddot{O}: + {}^-OH$$

在酸性溶液中丁-3-烯醛通过烯醇转变成丁-2-烯醛：

$$CH_2=CHCH_2CH=\ddot{O}: \xrightarrow{H^+} [CH_2=CH-CH_2-CH=\overset{+}{\underset{..}{O}}H \longleftrightarrow CH_2=CH-CH_2-\overset{+}{C}H-\ddot{O}H]$$

$$\xrightarrow{-H^+} CH_2=CH-CH=CH-\ddot{O}H \xrightarrow{H^+} [CH_3-\overset{+}{C}H-CH=CH-\ddot{O}H \longleftrightarrow$$

$$CH_3CH=\overset{+}{C}H-\ddot{O}H \longleftrightarrow CH_3CH=CH-CH=\overset{+}{O}H] \xrightarrow{-H^+} CH_3CH=CH-CH=O$$

α,β-不饱和醛、酮与共轭二烯烃相似，在加成反应中既能生成 1,2-加成产物，又能生成 1,4-加成产物。

12.9.1.1 加氢氰酸

α,β-不饱和醛、酮与氢氰酸一般只生成 1,4-加成产物。例如：

$$C_6H_5CH=CHCC_6H_5 \xrightarrow[\text{EtOH}]{\text{KCN, HOAc}} \underset{\underset{CN}{|}}{C_6H_5CHCH_2\overset{O}{\overset{\|}{C}}C_6H_5}$$
$$93\% \sim 96\%$$

在反应中氰离子进攻 β-碳原子，生成的碳负离子由于羰基的影响，稳定性提高，使加成反应得以进行：

$$\underset{{}^-CN}{C_6H_5CH=CHCC_6H_5} \overset{\text{慢}}{\rightleftharpoons} \left[\underset{\underset{CN}{|}}{C_6H_5CH-\overset{\ddot{O}:}{\overset{\|}{C}}HCC_6H_5} \longleftrightarrow \underset{\underset{CN}{|}}{C_6H_5CH-CH=\overset{:\ddot{O}:^-}{C}C_6H_5} \right]$$

$$\xrightarrow{H^+} \underset{\underset{CN}{|}}{C_6H_5CHCH_2\overset{O}{\overset{\|}{C}}C_6H_5}$$

简单的烯烃与氢氰酸不发生加成反应,因为生成的活性中间体碳负离子非常不稳定。

$$RCH=CHR' \xrightarrow{:\bar{C}N} \not\longrightarrow RCH-\bar{C}HR'$$
$$\quad\quad\quad\quad\quad\quad\quad\quad CN$$

α,β-不饱和醛、酮与其他弱碱性的亲核试剂也容易发生1,4-加成反应:

$$CH_3-\overset{O}{C}-CH=CHC_6H_5 + HN\diagdown \xrightarrow{85\%} CH_3\overset{O}{C}CH_2\overset{C_6H_5}{\underset{}{C}H}-N\diagdown$$

$$CH_2=CH-CH=O + HCl \xrightarrow{-15\ ℃} ClCH_2CH_2CH=O$$

$$CH_2=CH-CH=O$$
$$\updownarrow H^+$$
$$\underset{(\text{不稳定})}{CH_2=CH-\overset{Cl}{\underset{}{C}H}-OH} \xrightleftharpoons[-Cl^-]{Cl^-} [CH_2=CH-\overset{+}{C}H-OH \longleftrightarrow \overset{+}{C}H_2-CH=CH-OH]$$
$$\quad\quad\quad\quad\quad\quad\quad\quad\quad\quad\quad\quad\quad\quad\quad\quad\quad\quad\quad\quad\quad\downarrow Cl^-$$
$$ClCH_2CH_2CH=O \longleftarrow ClCH_2CH=CH-OH$$

12.9.1.2 Michael(A)反应

烯醇负离子与α,β-不饱和羰基化合物的1,4-加成称为Michael加成。例如:

<chemical reaction showing 2-methyl-1,3-cyclohexanedione + CH₂=CHCOCH₃ → KOH/85% → Michael addition product>

Michael加成产物在较高温度下可以分解成原来的原料。

12.9.1.3 与二烃基铜锂的反应

二烃基铜锂与α,β-不饱和醛、酮的反应为1,4-加成,这是这类试剂的一个突出的特点。

$$R_2C=CHCR' + LiCuR''_2 \xrightarrow[② H_2O]{① Et_2O} R_2C\underset{R''}{\overset{}{C}}H_2\overset{O}{C}R'$$

$$(CH_3)_2C=CHCOCH_3 + (CH_2=CH)_2CuLi \xrightarrow[② H_2O]{① Et_2O} CH_2=CH-\underset{\underset{CH_3}{|}}{\overset{\overset{CH_3}{|}}{C}}-CH_2COCH_3$$
$$\quad\quad\quad\quad\quad\quad\quad\quad\quad\quad\quad\quad\quad\quad\quad\quad\quad\quad\quad\quad\quad\quad\quad\quad 72\%$$

<chemical reaction: 3-methylcyclohex-2-enone + LiCu(CH₃)₂ → ① Et₂O ② H₂O → 3,3-dimethylcyclohexanone, 98%>

在少量($x=5\%$)亚铜盐催化下,Grignard试剂与α,β-不饱和醛、酮也生成1,4-加成产物:

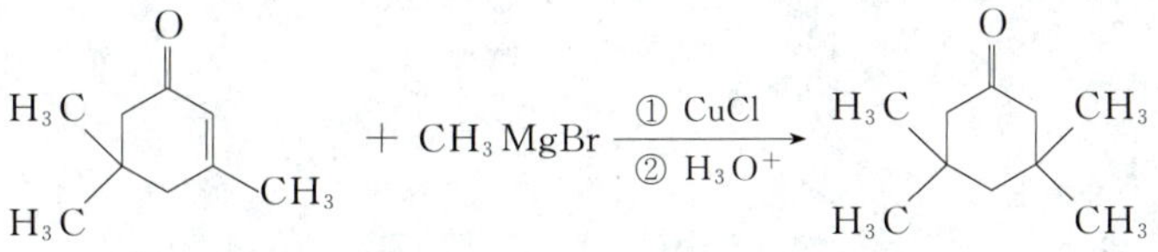

3,5,5-三甲基环己-2-烯-1-酮 + CH₃MgBr →(① CuCl ② H₃O⁺)→ 3,3,5,5-四甲基环己酮 82%

12.9.1.4 与烃基锂的反应

烃基锂与α,β-不饱和醛、酮发生1,2-加成反应:

$(CH_3)_2C=CHCCH_3$ + C_6H_5Li →(① Et₂O ② H₂O)→ $(CH_3)_2C=CHC(OH)(C_6H_5)(CH_3)$ 67%

1,3-二苯基丙-2-烯-1-酮 →(① C₆H₅Li ② H₂O)→ 1,1,3-三苯基丙-2-烯-1-醇 75%

12.9.1.5 还原

α,β-不饱和醛、酮用氢化铝锂还原生成α,β-不饱和醇:

$CH_3CH=CHCHO$ + $LiAlH_4$ →(82%)→ $CH_3CH=CHCH_2OH$

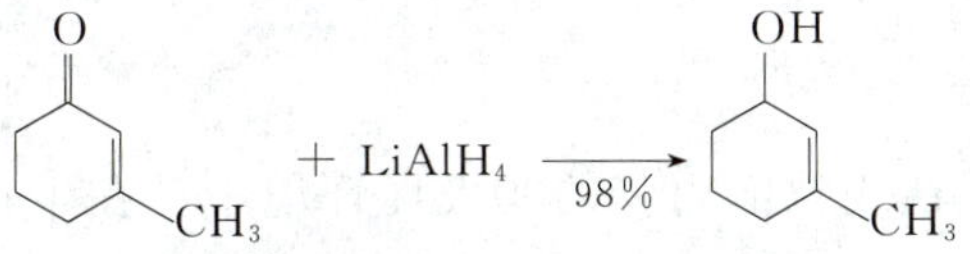

3-甲基环己-2-烯-1-酮 + LiAlH₄ →(98%)→ 3-甲基环己-2-烯-1-醇

催化加氢生成饱和醛、酮:

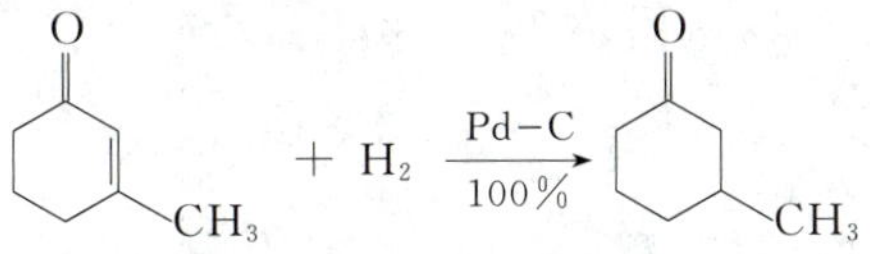

3-甲基环己-2-烯-1-酮 + H₂ →(Pd-C 100%)→ 3-甲基环己酮

12.9.2 醌

醌(quinone)是一类特殊的环酮,它们可以由芳香族化合物制备,但醌环并没有芳香族化合物的特性。醌的名称如下:

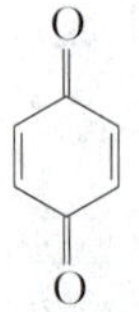

1,4-苯醌	1,2-苯醌	1,4-萘醌	1,2-萘醌
1,4-benzoquinone	1,2-benzoquinone	1,4-naphthaquinone	1,2-naphthaquinone
熔点:115.7 ℃	熔点:60~70 ℃(分解)	熔点:128.5 ℃	熔点:146 ℃

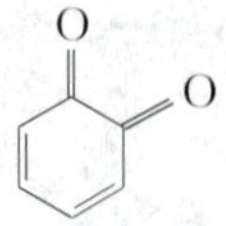

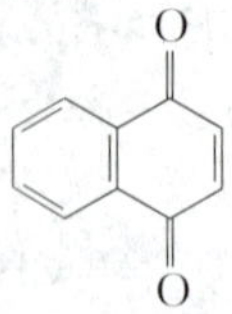

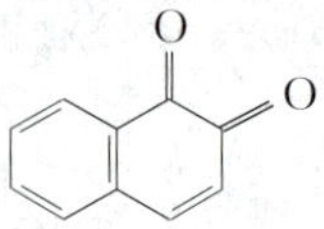

醌为结晶固体,一般有颜色,1,4-苯醌为黄色,1,2-苯醌为红色。根据 X 射线晶体分析,1,4-苯醌中碳-碳键的长度为 149 pm 及 132 pm,与碳-碳单键(154 pm)及碳-碳双键(134 pm)的长度非常接近,说明苯醌中没有芳环。苯醌的反应与 α,β-不饱和酮相似。

12.9.2.1 醌的反应

(1) 还原 苯醌是一个氧化剂,还原时生成对苯二酚,对苯二酚也容易氧化成苯醌,苯醌和对苯二酚组成一个可逆的电化学氧化还原体系:

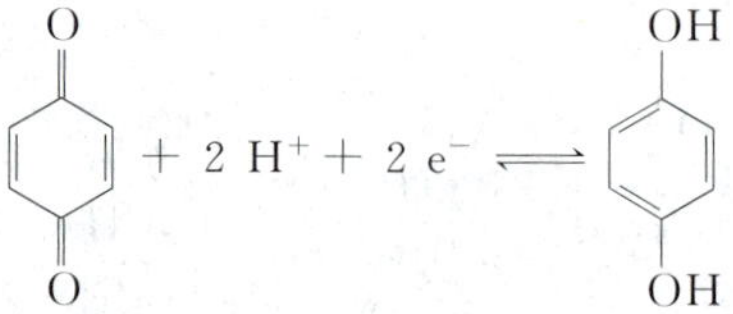

$$\text{苯醌} + 2\text{H}^+ + 2\text{e}^- \rightleftharpoons \text{对苯二酚}$$

这种可逆的还原氧化反应在生物体内有重要作用。辅酶 Q(coenzyme Q)广泛存在于植物、动物和微生物体中,因此又称为泛醌(ubiquinone,源于拉丁文 ubique,各处):

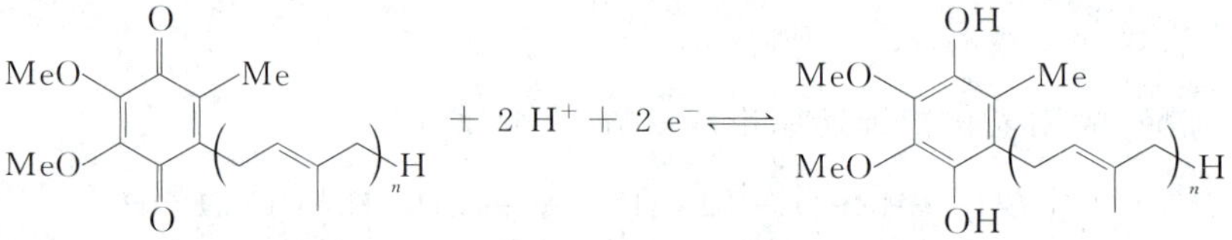

$$\text{辅酶Q(氧化态)} + 2\text{H}^+ + 2\text{e}^- \rightleftharpoons \text{辅酶Q(还原态)}$$

$n = 6 \sim 10$

辅酶 Q 中的长链使它能固定在线粒体内膜的非极性环境中。在生化反应链中它从上一步接受两个电子,变成还原态,再把电子传给下一步,最后把氧还原成水。

维生素 K_2 是萘醌的衍生物:

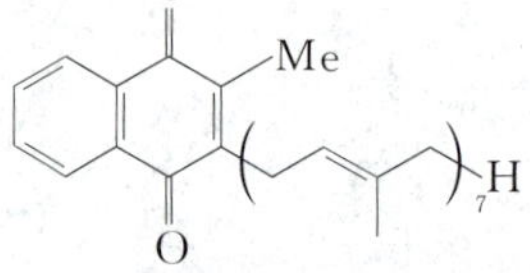

维生素 K_2 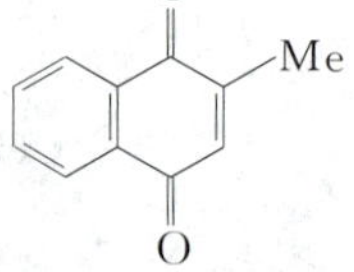　　　　　2-甲基-1,4-萘醌

2-甲基-1,4-萘醌由 2-甲基萘用三氧化铬氧化得到,它也具有维生素 K 的活性。

(2) 加成反应 对苯醌与羟胺作用生成一肟或二肟:

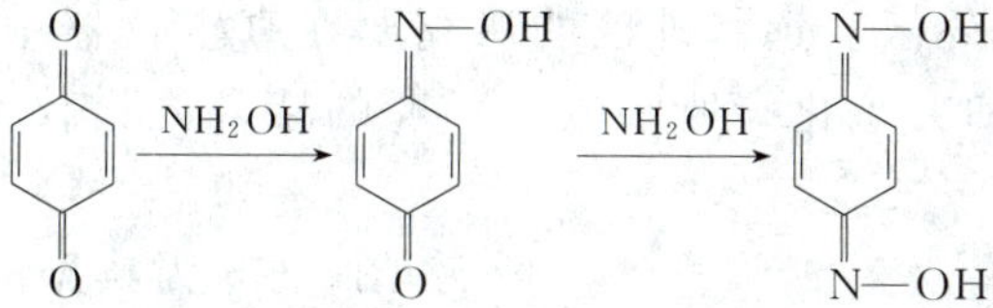

反应必须在酸性溶液中进行,因为在碱性溶液中苯醌可以使羟胺氧化。对苯醌一肟与苯酚发生亚硝化反应所得的对亚硝基苯酚为同一化合物,说明这两种结构可以彼此互变:

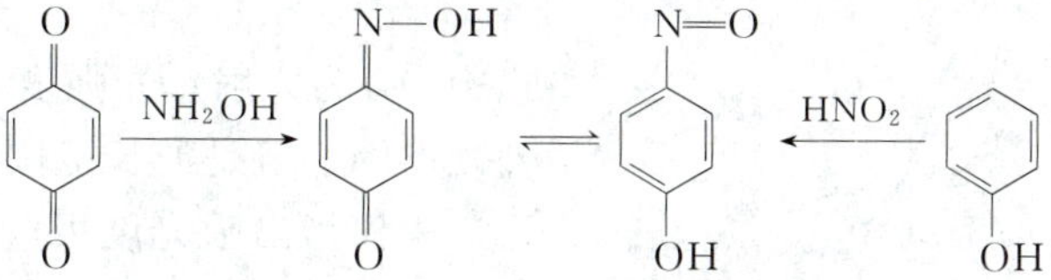

对苯醌与氢氰酸发生加成反应生成2-氰基苯-1,4-二酚:

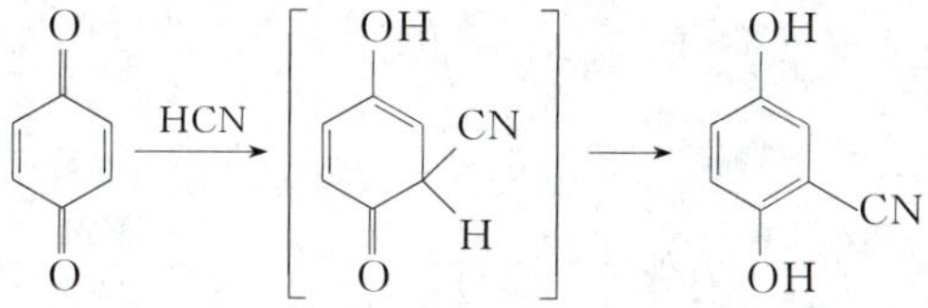

12.9.2.2 醌的制法

醌类一般由芳香族化合物的氧化制备。1,4-苯醌由苯胺氧化制备:

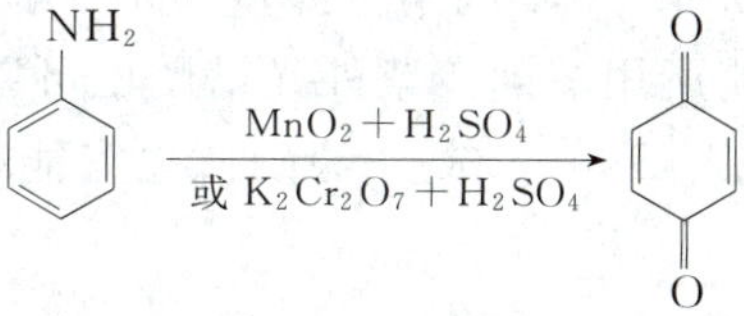

蒽氧化生成蒽醌:

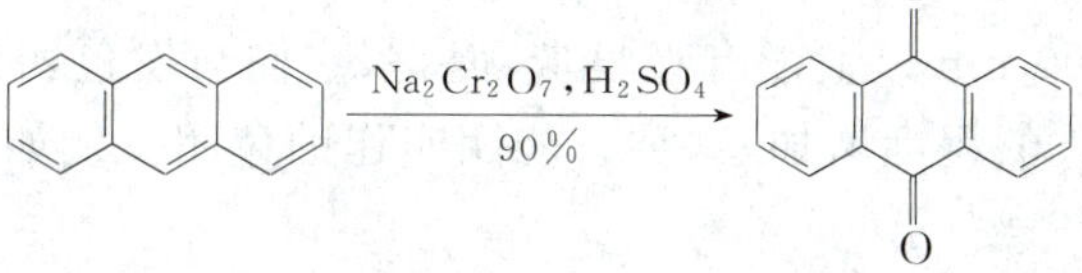

蒽醌的反应相当于二芳基酮,与苯醌和萘醌不同。

§ 12.10 紫外光谱

12.10.1 紫外光谱的一般特性

紫外光的波长范围为 $10 \sim 400$ nm(1 nm $= 1 \times 10^{-9}$ m),其中 $200 \sim 400$ nm 称为近紫外

区,10～200 nm 称为远紫外区。远紫外区的研究要在真空仪器中进行,因为波长很短的紫外光会被空气中的氧、氮和二氧化碳所吸收。一般的紫外光谱仪是用来研究近紫外区的吸收的。

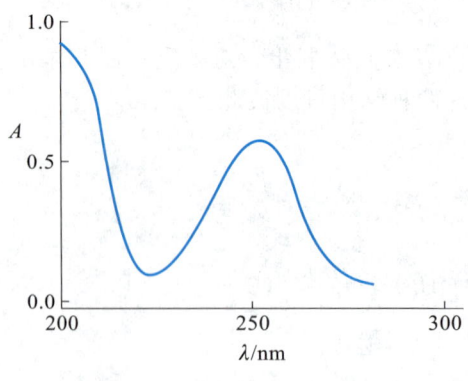

图 12.5 对甲苯乙酮的紫外光谱图

图 12.5 为典型的紫外光谱图,其中横坐标为波长(λ),纵坐标为吸光度 A,其定义为

$$A = \lg \frac{I_0}{I}$$

式中,I_0 为入射单光强度,I 为透射单光强度。紫外光谱图一般是波长范围很宽的吸收带。在文献报道中仅指出吸光度极大处的波长 λ_{max} 及其摩尔吸收系数 κ(单位为 $L \cdot cm^{-1} \cdot mol^{-1}$)。例如,对甲苯乙酮,$\lambda_{max}^{CH_3OH}$ 252 nm,$\kappa = 12\,300\ L \cdot cm^{-1} \cdot mol^{-1}$。$\kappa$ 的定义为

$$\lg \frac{I_0}{I} = \kappa c l$$

$$A = \lg \frac{I_0}{I} = \kappa c l$$

$$\kappa = \frac{A}{cl}$$

其中 c 为溶液的浓度(单位为 $mol \cdot L^{-1}$),l 为溶液厚度(单位为 cm)。溶液对吸收带的位置有影响,在报道紫外光谱数据时应指明所用溶剂。紫外光谱图也可以用 κ 或 $\lg \kappa$ 为纵坐标。

能够吸收可见光及(或)紫外光(800～200 nm)的孤立官能团叫作发色团。简单的发色团为有重键的结构单位:

$$\diagdown C=C \diagup \quad , \quad -C \equiv C- \quad , \quad -C \equiv N \quad , \quad \diagdown C=O \quad , \quad -N=N-$$

有些官能团在波长 200 nm 以上没有吸收带,但是,它们与发色团连接在一起时能使吸收带向长波方向移动,并使吸收的程度增加,这种官能团叫作助色团。例如:

$$C_6H_5- \qquad \lambda_{max}\ 252\ nm, \kappa = 200\ L \cdot cm^{-1} \cdot mol^{-1}$$

$$C_6H_5-OH \qquad \lambda_{max}^{H_2O}\ 270\ nm, \kappa = 1\,450\ L \cdot cm^{-1} \cdot mol^{-1}$$

$$C_6H_5-NH_2 \qquad \lambda_{max}^{H_2O}\ 280\ nm, \kappa = 1\,430\ L \cdot cm^{-1} \cdot mol^{-1}$$

根据化合物的紫外光谱可以推测它所含的发色团。例如,化合物(1)的紫外光谱与化合物(2)相同,由此可以推测它们含有取代类型相同的发色团(3)。

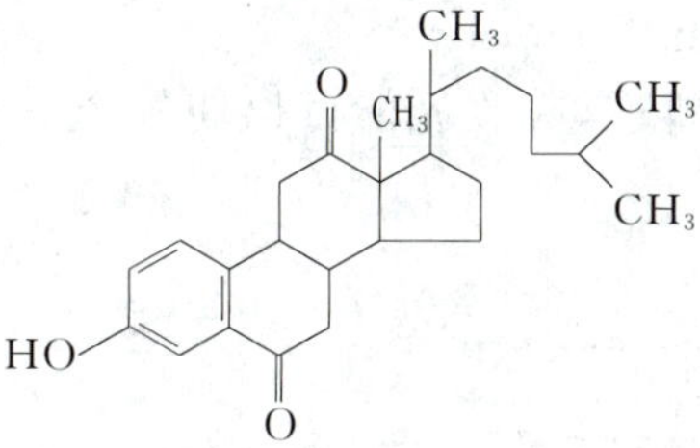

(1) 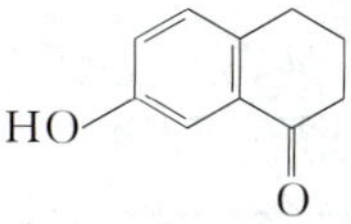   (2) 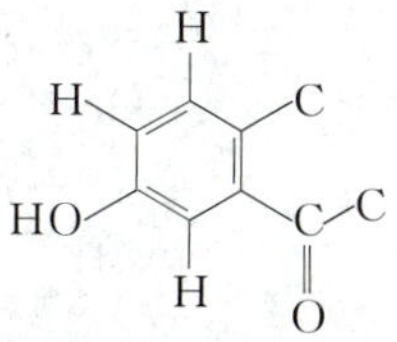   (3)

4-甲基环己-1,3-二酮在环己烷溶液中只有 β-二羰基化合物的强度很低的吸收带,在乙醇溶液中的吸收带为 $\lambda_{max}^{C_2H_5OH}$ 255 nm (κ 12 600 L·cm^{-1}·mol^{-1}),在碱性溶液中的吸收带为 λ_{max} 280 nm (κ 20 000 L·cm^{-1}·mol^{-1}),说明发生了下列变化:

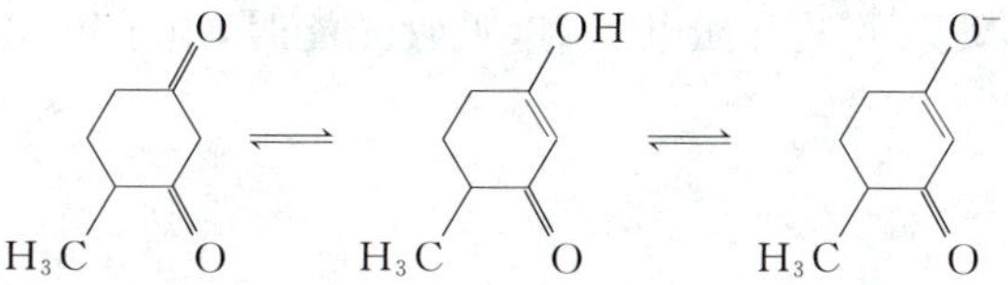

12.10.2 紫外光谱的基本原理

有机化合物紫外光谱图中的吸收带是由于分子吸收光能,使电子跃迁到较高能级而产生的。吸收的紫外光的能量等于电子的两个能级之间的能量差($h\nu = \Delta E$)。由于电子发生能级的跃迁时,振动和转动能级也同时发生变化,紫外光谱图由吸收带组成。

12.10.2.1 跃迁的分类

烷烃分子中所有的键都是 σ 键。在基态下,电子在成键轨道中。吸收光能可以使一个电子从成键轨道跃迁到反键轨道($\sigma \to \sigma^*$):

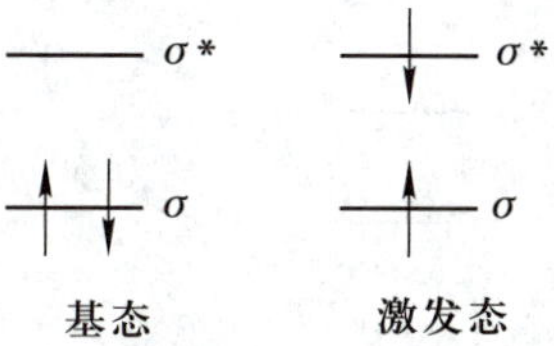

基态   激发态

两个轨道的能量差很大,相应的光的波长较短,在远紫外区。因此,烷烃在近紫外区及可见光区没有吸收带,在测定紫外光谱时可以用作溶剂。

在甲醇分子中,羟基的氧原子上有孤电子对,它们是非成键电子,能级比成键电子高,吸收光能可以使非成键电子跃迁至反键轨道($n \to \sigma^*$):

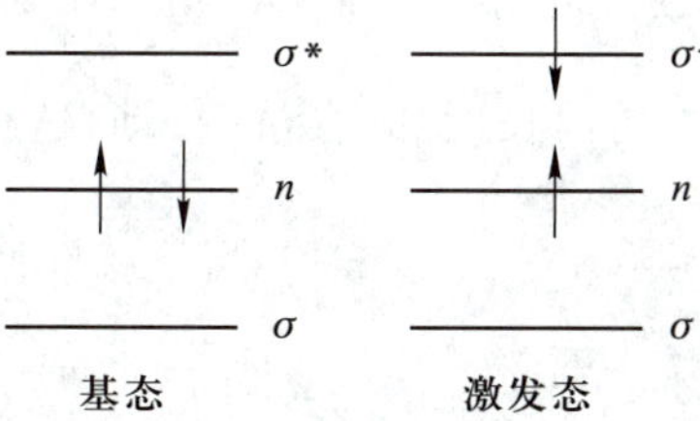

基态   激发态

甲醇的吸收带也在远紫外区，λ_{max} 183 nm，$\kappa=500$ L·cm^{-1}·mol^{-1}。

在乙烯分子中除了 σ 轨道外，还有能级较高的 π 轨道，吸收光能可以使一个 π 电子跃迁到 π^*（$\pi \rightarrow \pi^*$）：

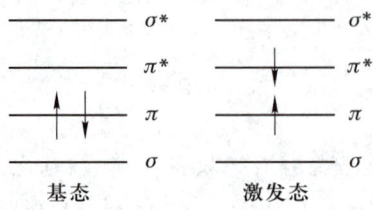

乙烯的吸收带也在远紫外区，λ_{max} 165 nm，$\kappa=15\,000$ L·cm^{-1}·mol^{-1}（蒸气）。

在丙酮分子中羰基的氧原子上有孤电子对，吸收光能时，电子可能发生五种跃迁：

(1) $\sigma \rightarrow \sigma^*$

(2) $\sigma \rightarrow \pi^*$

(3) $n \rightarrow \sigma^*$

(4) $\pi \rightarrow \pi^*$ λ_{max} 188 nm，$\kappa=900$ L·cm^{-1}·mol^{-1}

(5) $n \rightarrow \pi^*$ λ_{max} 279 nm，$\kappa=15$ L·cm^{-1}·mol^{-1}

其中只有 $n \rightarrow \pi^*$ 跃迁产生的吸收带在 200 nm 以上。在化合物的紫外光谱图中，如 275～295 nm 处有弱的吸收带，可以断定它是醛或酮。

12.10.2.2 共轭的影响

共轭二烯烃如丁二烯分子中最高占据轨道（HOMO）中的电子可以跃迁到最低未占轨道（LUMO）中，由于两个轨道的能量差比孤立双键的 π^* 和 π 两个轨道的能量差小，共轭二烯烃的吸收带在近紫外区：

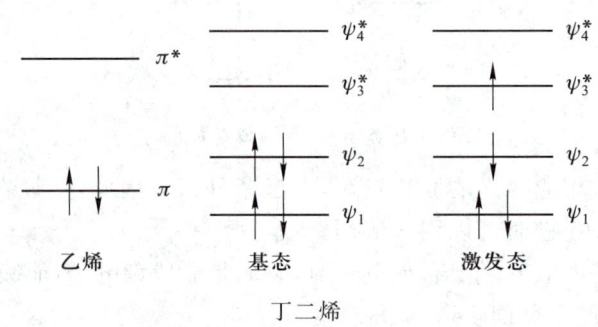

丁二烯

$\lambda_{max}^{己烷}$ 252 nm，$\kappa=12\,300$ L·cm^{-1}·mol^{-1}

共轭双键的数目（n）增加，吸收带更向波长增加的方向移动，这种现象叫作红移，见图 12.6。

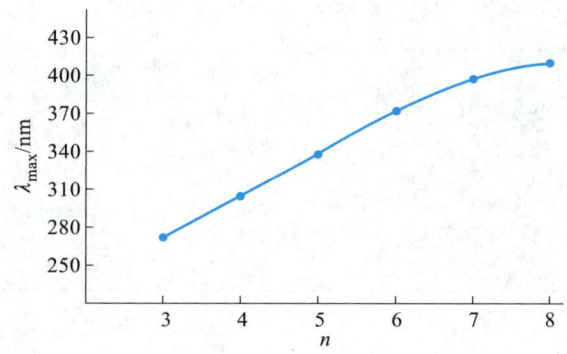

图 12.6　$CH_3(CH=CH)_nCH_3$ 的 λ_{max} 与 n 的关系

β-胡萝卜素的 λ_{max} 为 497 nm。

β-胡萝卜素

在 α,β-不饱和醛、酮中，由于碳-碳双键与碳-氧双键组成共轭体系，其吸收带也有红移。

丙烯醛的 λ_{max} 为 218 nm，与丁二烯的 λ_{max}（217 nm）相近，在 $CH_3(CH=CH)_nCHO$ 系列中，$n=1\sim7$ 的 λ_{max} 的数值分别为 220 nm，270 nm，312 nm，343 nm，370 nm，393 nm 和 415 nm。

从分子模型可以看出，在 (E)-1,2-二苯乙烯分子中两个苯环和烯键可以在同一平面内，在 (Z)-1,2-二苯乙烯分子中两个苯环必须旋转一定的角度：

(E)	(Z)
苯环和烯键都在纸平面上	苯环平面与纸面成一定角度

偏离烯键原子所在的平面，才能容纳在有限的空间里。苯环与烯键都在同一平面内，p 电子云的对称轴互相平行，可以最大限度地互相重叠，形成稳定的共轭体系；苯环偏离烯键所在的平面，p 电子云互相重叠的程度要小些。因此，它们的紫外光谱有明显的区别，反式异构体的波长 λ_{max} 大于顺式异构体，κ_{max} 的值也比较大。其他一些顺反异构体的紫外光谱也有这种现象（见表 12.5），因此，紫外光谱可用于顺反异构体构型的测定。

表 12.5　顺反异构体的紫外光谱特征

化 合 物		λ_{max}/nm	$\kappa_{max}/(L\cdot cm^{-1}\cdot mol^{-1})$
1,2-二苯乙烯	(E)	295.5	29 000
	(Z)	280.0	10 500

续表

化 合 物		λ_{max}/nm	$\kappa_{max}/(L \cdot cm^{-1} \cdot mol^{-1})$
1-苯基丁-1,3-二烯	(E)	280.0	28 300
	(Z)	265.0	14 000
肉桂酸	(E)	295.0	27 000
	(Z)	280.0	13 500
丁烯二酸二甲酯	(E)	214.0	34 000
	(Z)	198.0	26 000

§12.11 阅读材料

12.11.1 醛、酮的酮-烯醇互变

对于简单的醛、酮,酮式比烯醇式更稳定:

$$RCH_2-\overset{O}{\underset{\|}{C}}-R' \rightleftharpoons RCH=\overset{OH}{\underset{|}{C}}-R'$$

因为在酮式中有关的三个共价键:C—H,C—C 和 C=O,其键能的总和约为 1 500 kJ·mol^{-1}。而在烯醇式中有关的三个键:O—H,C=C 和 C—O,其键能的总和约为 1 452 kJ·mol^{-1},两者相差约 48 kJ·mol^{-1}。在一般反应中常常是得到热力学稳定性较高的酮式。

在有的反应条件下,生成烯醇式的速率较快,烯醇式转变成酮式的速率又比较慢,则可以得到纯粹的烯醇式。例如:

$$HOCH_2CH_2OH \xrightarrow[\text{减压}]{900\ ℃} H_2C=CHOH + H_2O$$

生成的乙烯醇在 Pyrex 玻璃瓶中室温下的半衰期约为 30 min,可以用微波光谱法测定它的键长和键角,结果为

$$\begin{array}{c} H(1) \quad\quad H(3) \\ \diagdown\quad\quad\diagup \\ C=C \\ \diagup\quad\quad\diagdown \\ H(2)\quad\quad O \\ \quad\quad\quad\diagdown \\ \quad\quad\quad H(4) \end{array}$$

C(1)—H(1) 107.8 pm　C(1)—H(2) 109.0 pm　C(1)—C(2) 133.2 pm
C(2)—H(3) 107.9 pm　C(2)—O　137.3 pm　　O—H　95.6 pm
∠H(1)C(1)C(2) 119°32′　∠H(2)C(1)C(2) 121°1′　∠C(1)C(2)O 126°　∠C(2)OH(4) 108°52′

分子中的 C—O 键比饱和醇中的 C—O 键(143 pm)短,说明它有部分双键性质,O—H 的构象为顺式。

戊-2-酮在气相中光解生成丙酮的烯醇式:

§12.11 阅读材料

$$\text{(CH}_3\text{COCH}_2\text{CH}_2\text{CH}_3\text{)} \xrightarrow{h\nu} \text{(CH}_2=\text{C(OH)CH}_3\text{)} + H_2C=CH_2$$

烯醇式用 N_2 稀释,在包有铝箔的玻璃容器中室温下半衰期约为 3 min,在容器壁上转变为酮式。

1940 年以后,Fuson R C 等合成了一系列含位阻大的烃基的烯醇。例如：

$$\underset{\text{CH}_3}{\text{Mes}-\overset{\text{O}}{\underset{\Vert}{\text{C}}}-\text{Mes}} \xrightarrow[\text{EtOH}]{\text{Pt, H}_2} \underset{\text{CH}_3}{\text{Mes}-\overset{\text{OH}}{\underset{}{\text{C}}}=\text{Mes}}$$

$$\text{Mes} = \text{2,4,6-三甲苯基}$$

由于 2,4,6-三甲苯基中的两个邻位甲基的阻碍,催化加氢时氢原子难于加在与羰基相邻的碳原子上,而是加在羰基的氧原子上。生成的烯醇是稳定的,要在 HCl 的甲醇溶液中回流才能转变为酮式,酮式则要在乙醇钠的乙醇溶液中回流才能转变为烯醇式：

$$\underset{\text{CH}_3}{\text{Mes}-\text{C}=\text{Mes}}\text{(OH)} \underset{\text{EtONa,EtOH,回流}}{\overset{\text{HCl,MeOH,回流}}{\rightleftharpoons}} \underset{\text{CH}_3}{\text{Mes}-\text{HC}-\text{C(O)}-\text{Mes}}$$

熔点：126~127 ℃   熔点：73.5~74.5 ℃

α-碳原子受到相邻的 2,4,6-三甲苯基中的两个邻位甲基的屏蔽,在它上面加一个质子或移取质子都受到阻碍,因此,由烯醇式变成酮式,或由酮式转变烯醇式速率都很慢,需要加酸或加碱回流。

1,2-二(2,4,6-三甲苯基)乙二醇的频哪醇重排产物不是酮而是烯醇：

$$\text{Mes}-\underset{\text{OH}}{\overset{\text{H}}{\text{C}}}-\underset{\text{OH}}{\overset{\text{H}}{\text{C}}}-\text{Mes} \xrightarrow[\triangle]{50\% H_2SO_4} \left[\text{Mes}-\text{CH}-\overset{\text{H}}{\underset{\text{OH}}{\text{C}}}-\text{Mes} \longrightarrow \text{Mes}-\overset{+}{\text{C}}-\text{CH}-\text{OH} \right] \xrightarrow{-H^+} (\text{Mes})_2\text{C}=\text{CHOH}$$

熔点：128~129 ℃

说明在强酸中烯醇式转变成酮式的速率也非常慢,而下列化合物用多种方法都未能转变成酮式。

$$\text{(结构：(Me)}_2\text{C(OH)}=\text{C(Mes)}_2\text{)}$$

五氟丙酮的烯醇磷酸酯与浓硫酸一起加热蒸馏得到纯粹的烯醇,由于它能在分子间形成氢键使其沸点比酮式约高 40 ℃：

$$\underset{\underset{O}{\overset{|}{P(OMe)_2}}}{\overset{F_2C=CF_3}{O}} \xrightarrow[\text{蒸馏}]{H_2SO_4(\text{浓})} \underset{OH}{\overset{F_2C=CF_3}{|}}$$

CF_2 基团中两个氟原子的强烈吸电子性，使碳原子上的电荷密度显著降低，不利于与质子成键，因此，烯醇式转变成酮式的速率很慢。

五氟丙烯醇（烯醇式）在 N-甲基吡咯烷酮（NMD）中室温下放三昼夜，或五氟丙酮（酮式）在吡啶溶液中加热到 100 ℃，都慢慢转变为五氟丙酮的羟醛缩合产物，而将纯粹的酮式和烯醇式混合，立即得到羟醛缩合产物，说明烯醇式转变为酮式或酮式转变为烯醇式的速率都很慢。

$$\underset{OH}{\overset{F_2C=CF_3}{|}} \xrightarrow[3d,\text{室温}]{NMD} \underset{OH}{\overset{CHF_2}{\underset{|}{F_3C-C-CF_2COCF_3}}} \xleftarrow[100\ ℃]{\text{吡啶}} CHF_2COCF_3$$

$$\underset{O}{\overset{CHF_2}{\underset{\|}{F_3C-C}}} + \underset{H-O}{\overset{F_2C=C-CF_3}{|}} \longrightarrow \underset{OH}{\overset{CHF_2}{\underset{|}{F_3C-C-CF_2COCF_3}}}$$

醛、酮分子中其他取代基的存在，特别是 β 位上的羰基对酮-烯醇平衡位置也有显著影响。戊-1,3-二酮的酮-烯醇平衡混合物中烯醇式的含量高达 80%：

$$\underset{20\%}{\overset{H_2}{\underset{O\ \ \ \ \ O}{Me-\overset{\|}{C}-\overset{C}{C}-\overset{\|}{C}-Me}}} \rightleftharpoons \underset{80\%}{\overset{H}{\underset{O\cdots H\cdots O}{Me-\overset{\|}{C}=\overset{C}{C}-\overset{\|}{C}=Me}}}$$

烯醇中的碳-碳双键与另外一个羰基组成共轭体系，羟基与羰基氧原子之间生成分子内氢键，都使烯醇式的稳定性提高。

用电子衍射法测定的键长和键角为

C—O　　　131.5 pm　　　C(2)—C(3)　　　141.6 pm　　　C(3)—C(4)　　　141.6 pm
∠C(2)C(3)C(4)　118°　　　∠C(1)C(2)C(3)　120°

$PhCOCH_2COMe$ 的酮-烯醇平衡混合物中，烯醇占 89.2%。

12.11.2　酚类的酮-烯醇互变

苯酚的烯醇式和酮式之间的能量差约为 96 kJ·mol^{-1}（23 kcal·mol^{-1}），酮-烯醇平衡偏向烯醇一边：

苯酚完全以烯醇式存在,酮式不能用实验方法检测出来。

萘酚的烯醇式和酮式之间的能量差就没有像苯酚那样大:

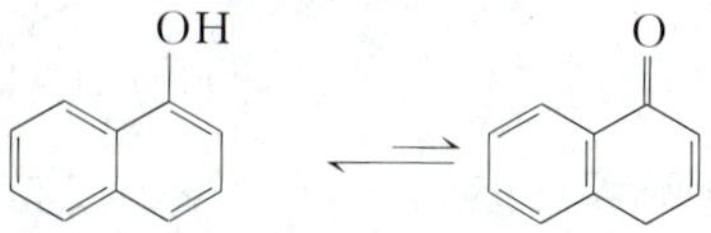

$$\Delta H = 52 \text{ kJ} \cdot \text{mol}^{-1}$$

9-羟基蒽的能量同蒽酮(anthrone)相近,在溶液中生成平衡混合物,其中蒽酮占优势,并可以分离得到纯品:

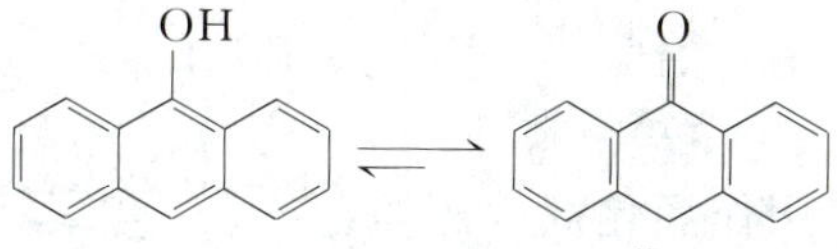

$$\Delta H = -59 \text{ kJ} \cdot \text{mol}^{-1}(-14 \text{ kcal} \cdot \text{mol}^{-1})$$

蒽酮

将蒽酮固体熔化后,慢慢冷却,结晶出来的是蒽酮,如迅速冷却,则得到的固体中含有 9-羟基蒽。将蒽酮溶解于碱,然后用稀酸酸化,得到的是 9-羟基蒽。在紫外光照射下 9-羟基蒽发荧光,而蒽酮没有这种性质。9-羟基蒽在储存时慢慢转变成蒽酮。

并四苯和并五苯的羟基化合物中,羟基在中间的环上的化合物还没有得到,能得到的是相应的酮:

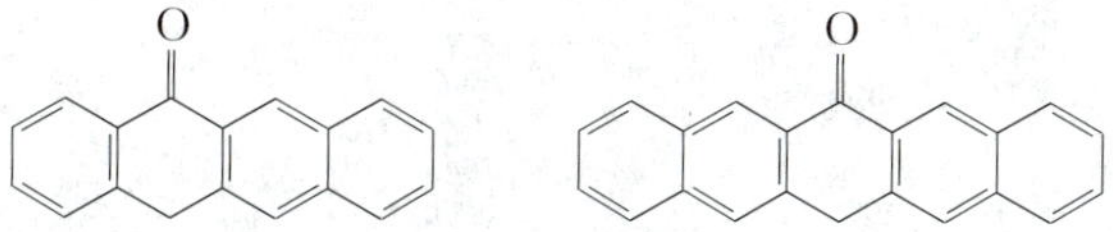

它们在沸腾的 NaOH 水溶液中也不溶解,而苯并蒽酮(benzanthrone)及其相应的酚都已分离出来,酚能从苯中重结晶,但在苯溶液中迅速转变成酮。

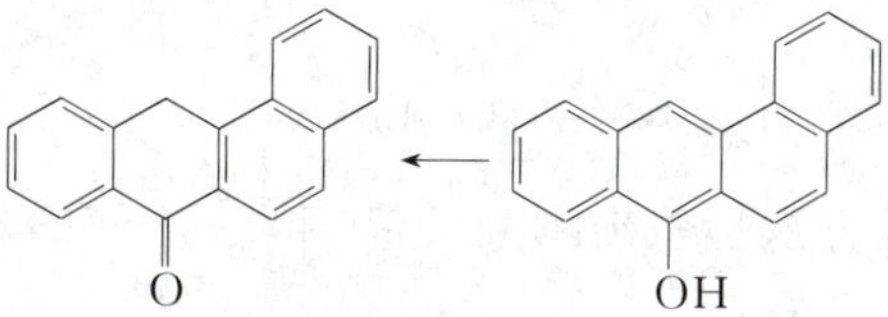

苯并蒽酮

这些现象与芳环的共振能有关。苯环的共振能大,酮式破坏了苯环的共轭体系,因此烯醇式是实际存在的形式。稠环芳烃的共振能并不是随着苯环数目的增加而直线上升的,烯醇式和酮式的能量差越来越小,甚至反转。

强 Lewis 酸能使酮式固定下来,从而可以用 ^{1}H NMR 或 IR 检验出来:

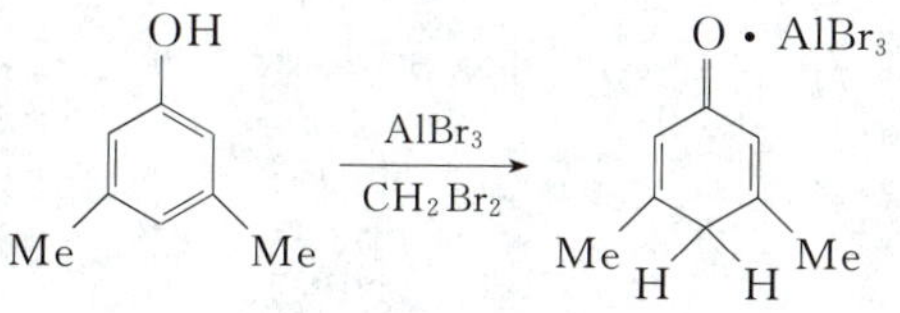

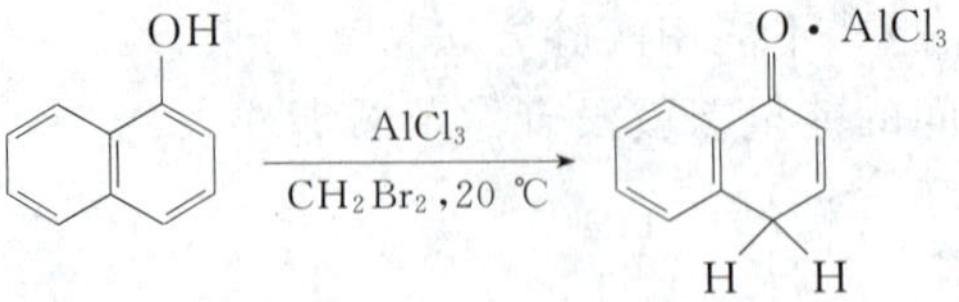

这些配合物的结构可以用共振式表示：

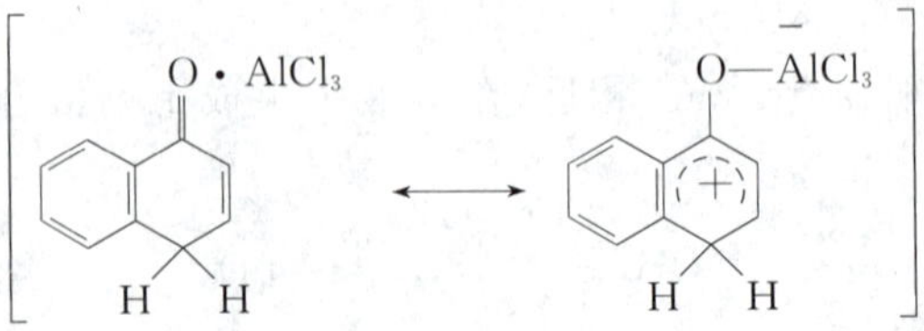

它们具有偶极离子的性质，可以用作烃化剂。例如：

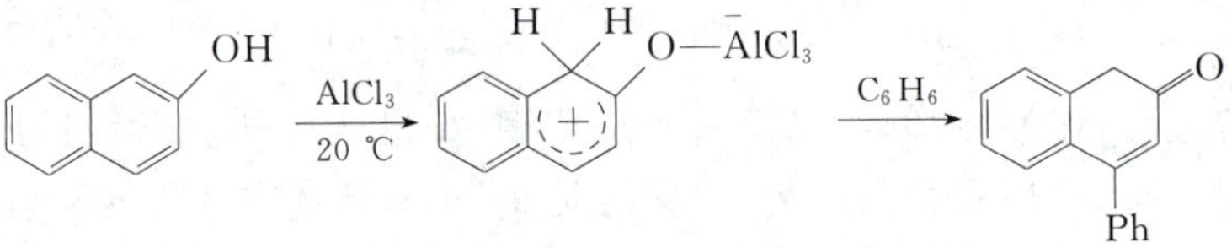

2,6-二叔丁基苯酚与溴在低温下反应，可以得到溴化物的酮式：

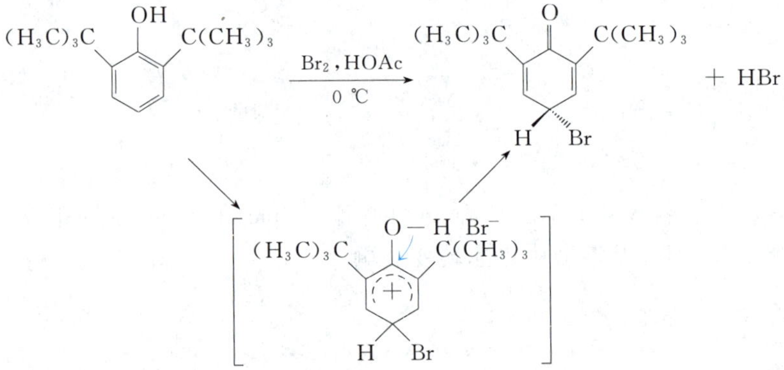

苯系多元酚也不能用实验方法检验出酮式。苯-1,3,5-三酚从制备方法上看应该是得到酮式，但实际上却是烯醇式：

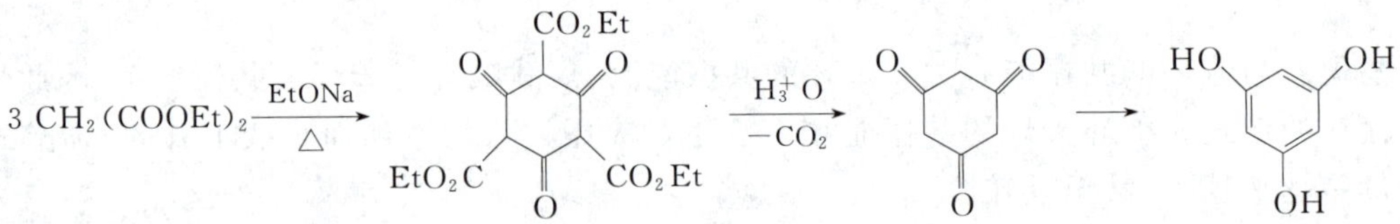

$$3\ CH_2(COOEt)_2 \xrightarrow[\triangle]{EtONa} \cdots \xrightarrow[-CO_2]{H_3^+O} \cdots$$

多元酚有的反应看起来是经过酮式进行的。例如：

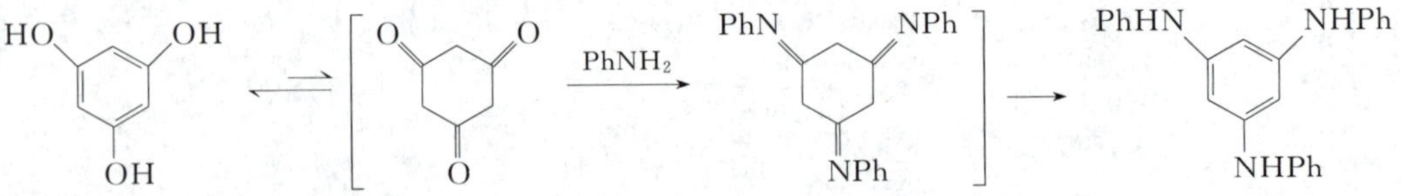

习　题

1. 完成反应式,并写出下列合成的中间产物及试剂。

(1) $CH_3COCH_3 + C_6H_5OH \xrightarrow[35\sim45\ ℃,7\ h,83\%]{H_2SO_4(70\%)}$

(2) $PhCH=CHCHO + PhCH_2OH \xrightarrow[80\ ℃,2.7\ kPa]{Al(OCH_2Ph)_3}$

(3) $C_6H_5\overset{O}{\overset{\|}{C}}\overset{O}{\overset{\|}{C}}C_6H_5 \xrightarrow[100\sim110\ ℃,6\ h,80\%]{NaOH,H_2O}$

(4) $CH_3\overset{O}{\overset{\|}{C}}CH_2CH_2\overset{O}{\overset{\|}{C}}CH_3 \xrightarrow[3\ h,80\%]{H^+,\triangle}$

(5) $C_6H_5-CHO + CH_3(CH_2)_5CHO \xrightarrow[20\sim25\ ℃,5\sim6\ h,83\%]{KOH,EtOH,TEBA}$

(6) $C_6H_5CHO + CH_3CH_2COCH_3 \xrightarrow[0\sim20\ ℃,2\ h,85\%]{HCl(g)}$

(7) $C_6H_5CH_2\overset{O}{\overset{\|}{C}}CH_2C_6H_5 \xrightarrow[回流,15\ min,91\%\sim96\%]{C_6H_5\overset{O}{\overset{\|}{C}}-\overset{O}{\overset{\|}{C}}C_6H_5,KOH,EtOH}$

(8) $CH_3CH=CHCHO \xrightarrow[20\ ℃,1\ h,81\%]{CH_3MgCl}$

(9)

(10)

2. 推测下列反应的可能机理。

(1) $CH_3OH \xrightarrow[40\ ℃,3\ h,78\%]{CH_2O,HCl,CaCl_2} CH_3OCH_2Cl$

(2)

(3)

(4) $CH_3CHO \xrightarrow[40\sim43\ ℃,3\ h,80\%]{CH_3OH,Cl_2} ClCH_2CH(OCH_3)_2$

(5) $C_2H_5-\underset{\underset{C_2H_5}{|}}{\overset{\overset{OH}{|}}{C}}-CN \xrightarrow{NH_3, H_2O} C_2H_5-\underset{\underset{C_2H_5}{|}}{\overset{\overset{NH_2}{|}}{C}}-CN$

(6) [1,3-dioxane derivative] $\xrightarrow[80\%]{HCl(37\%)}$ [ketone]

(7) [epoxy cyclohexanone] $\xrightarrow[O(CH_2CH_2OH)_2, \triangle]{H_2NNH_2, KOH}$ [cyclohexenol]

(8) $CH_2=\underset{\underset{CH_3}{|}}{C}-CHO \xrightarrow[-10\sim 40℃, 6\sim 8h, 70\%\sim 80\%]{CH_2O, Ca(OH)_2, H_2O} CH_3-\underset{\underset{CH_2OH}{|}}{\overset{\overset{CH_2OH}{|}}{C}}-CH_2OH$

(9) [cyclopentadiene] + $CH_2=\underset{\underset{}{|}}{\overset{\overset{Cl}{|}}{C}}-CN \xrightarrow[② KOH, H_2O]{① \triangle}$ [norbornanone]

(10) [4-chlorobenzaldehyde] + [methyl acrylate] $\xrightarrow{DABCO, CH_3OH \atop 20℃, 8h, 79\%}$ [Baylis-Hillman product]

(11) [3-ethoxy-2-cyclohexenone] $\xrightarrow[② H_3O^+]{① LiAlH_4}$ [2-cyclohexenone]

(12) [2-formylcyclohexanone] $\xrightarrow[② H_2O]{① LiAlH_4}$ [diol] + [hydroxymethyl cyclohexanol] + [cyclohexenyl methanol]

3. 用五个碳以下简单化合物及简单芳香化合物合成下列化合物。

(1) $CH_3O-\langle \rangle -CH_2COCH_3$

(2) $(CH_3)_3C-\langle \rangle -CH_2\underset{\underset{CH_3}{|}}{C}HCHO$

(3) $CH_3CH_2\underset{\underset{CH_2OH}{|}}{C}H CH_2 CH_3$ (OH 在 CH 上)

(4) [spiro compound]

(5) [1-methyl-7-isopropylnaphthalene]

(6) [bornyl alcohol derivative]

4. 推测下列化合物的结构。

(1) C_4H_8O, 含有羰基, δ_H: 1.0(t,3H), 1.5(m,2H), 2.4(m,2H), 9.9(t,1H)。

(2) $C_7H_{14}O$, σ_{max}/cm^{-1}: 1750, 1380; δ_H: 1.0(s,9H), 2.1(s,3H), 2.3(s,2H)。

(3) $C_6H_{10}O_2$, σ_{max}/cm^{-1}: 1 700, 1 380; δ_H: 2.2(s,6H), 2.7(s,4H)。

(4) $C_6H_{12}O_3$, σ_{max}/cm^{-1}: 1 700, 1 380; δ_H: 2.2(s,3H), 2.7(d,2H), 3.4(s,6H), 4.75(t,1H)。

(5) $C_9H_{10}O$, σ_{max}/cm^{-1}: 1 700, 1 600, 1 500, 1 380, 740, 690; δ_H: 2.1(s,3H), 3.6(s,2H), 7.2(s,5H)。

(6) C_9H_9ClO, σ_{max}/cm^{-1}: 1 695, 1 600, 1 500, 830; δ_H: 1.2(t,3H), 3.0(q,2H), 7.7(q,4H)。

参考答案

第十三章 羧 酸

羧酸（carboxylic acid）的官能团是羧基（carboxyl group，$-\overset{\overset{O}{\|}}{C}-O-H$），简写作—COOH 或—$CO_2H$。根据羧酸分子中所含羧基的数目可分为一元羧酸（monocarboxylic acid）、二元羧酸（dicarboxylic acid）等。

饱和一元羧酸的通式为 $C_nH_{2n}O_2$，含有一个不饱和度。

§13.1 一元羧酸的结构和命名

一元羧酸的通式为 RCOOH，其中 R 为氢或烃基。

13.1.1 一元羧酸的结构

两分子羧酸容易通过氢键缔合成二缔合体：

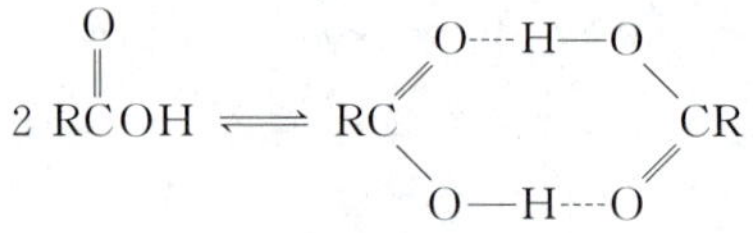

$$2\ RCOOH \rightleftharpoons RC\underset{O-H\cdots O}{\overset{O\cdots H-O}{\diagup\diagdown}}CR$$

$$\Delta H^{\ominus} = -58.6\ kJ\cdot mol^{-1}\ (R=H)$$

在固态、液态和中等压力的气态下一元羧酸主要以二缔合体的形式存在，在稀溶液中或高温蒸气中二缔合体解离。

一元羧酸二缔合体用物理方法测定的键长、键角平均值为

C=O	123 pm	∠OCO	122°~123°
C—O	136 pm		
O—H⋯O	260~270 pm		

在甲酸（$H\overset{\overset{O}{\|}}{C}OH$）分子中，所有的原子在同一平面内。

可以认为羧基碳原子为 sp^2 杂化。

羧酸在水溶液中解离成羧酸根负离子：

$$R\overset{\overset{O}{\|}}{C}-OH + H_2O \rightleftharpoons RCO_2^- + H_3O^+$$

羧酸根中两个 C—O 键是等同的,其键长在 126 pm 左右(用羧酸盐测定)。因此,在羧酸根中羧基碳原子和两个氧原子上的 p 电子是共轭的,可用共振式表示:

$$\left[R-C\begin{matrix}\ddot{\ddot{O}}:\\ :\ddot{\ddot{O}}:^-\end{matrix} \longleftrightarrow R-C\begin{matrix}:\ddot{\ddot{O}}:^-\\ :\ddot{\ddot{O}}:\end{matrix} \right] \quad 或 \quad R-C\begin{matrix}O^{\delta-}\\ O^{\delta-}\end{matrix}$$

羧酸根中的负电荷平均分配在两个氧原子上。

羧酸分子中羟基氧原子上的孤电子对也与羰基上的 π 电子共轭,其结构可用共振式表示:

$$\left[R-C\begin{matrix}\ddot{\ddot{O}}:\\ :\ddot{O}H\end{matrix} \longleftrightarrow R-\overset{+}{C}\begin{matrix}:\ddot{\ddot{O}}:^-\\ :\ddot{O}H\end{matrix} \longleftrightarrow R-C\begin{matrix}:\ddot{\ddot{O}}:^-\\ \overset{+}{O}-H\end{matrix} \right]$$

几个经典结构式中正、负电荷分离的能量较高,在共振杂化体中的贡献较小。羧酸分子中碳-氧双键的键长与醛、酮分子中的碳-氧双键相近。

13.1.2 一元羧酸的命名

在系统命名法中含碳链的羧酸是以含羧基的最长碳链为主链,从羧基碳原子开始进行编号,根据主链上碳原子的数目称为某酸,以此作为母体,然后在母体名称的前面加上取代基的名称和位置。例如:

$$HCOH \qquad CH_3COH \qquad (CH_3)_3CCOH$$
$$\text{甲酸} \qquad \text{乙酸} \qquad 2,2-\text{二甲基丙酸}$$
methanoic acid ethanoic acid 2,2-dimethylpropanoic acid

含碳环的羧酸则是将环作为取代基命名。例如:

环己-2-烯基-1-甲酸　　　苯甲酸
cyclohex-2-ene-1-carboxylic acid　　benzoic acid

许多羧酸存于天然产物中,因此,还有历史上流传下来的反映其来源的习惯名。例如,甲酸、乙酸和苯甲酸又分别称为蚁酸、醋酸和安息香酸。

问题 13.1 写出分子式为 $C_6H_{12}O_2$ 的各种羧酸的名称,并用系统命名法命名。
问题 13.2 在问题 13.1 中,哪些化合物有对映异构体?

§13.2 一元羧酸的物理性质

13.2.1 一元羧酸的熔点和沸点

一些一元羧酸的物理性质见表13.1。

表 13.1 一元羧酸的物理性质

化合物名称	英 文 名 称	熔点/℃	沸点/℃	溶解度 g·(100 g H$_2$O)$^{-1}$	pK_a (25 ℃)
甲酸(蚁酸)	methanoic (formic) acid	8.4	100.7	∞	3.76
乙酸(醋酸)	ethanoic (acetic) acid	16.6	117.9	∞	4.75
丙 酸	propanoic (propionic) acid	−20.8	141	∞	4.87
丁 酸	butanoic (butyric) acid	−4.3	163.5	∞	4.81
2-甲基丙酸(异丁酸)	2-methylpropanoic (iso-butyric) acid	−46.1	153.2	22.8	4.84
戊 酸	pentanoic (valeric) acid	−33.8	186	~5	4.82
十二酸(月桂酸)	dodecanoic (lauric) acid	43.2		不溶	5.30
十六酸(棕榈酸,软脂酸)	hexadecanoic (palmitic) acid	63		不溶	6.46
十八酸(硬脂酸)	octadecanoic (stearic) acid	72		不溶	
苯甲酸(安息香酸)	benzoic acid	122.4	249	0.34	4.19
苯乙酸	phenyl acetic acid	77	265.5		4.28

直链饱和一元羧酸的沸点比相对分子质量相近的醇高。例如,甲酸和乙醇的相对分子质量都是46,沸点分别为100.7 ℃和78.3 ℃;乙酸和丙醇的相对分子质量都是60,沸点分别为117.9 ℃和97.2 ℃。这是由于羧酸的极性比醇大,并且以牢固的二缔合体存在。有支链的一元羧酸的沸点比含同数碳原子的直链羧酸低。

饱和一元羧酸在水中的溶解度随着相对分子质量的增加而减小,C$_4$以下的羧酸可与水混溶,从十二酸起,完全不溶于水。芳香族羧酸在水中的溶解度不大,有许多可以从水中重结晶。一元羧酸一般能溶于有机溶剂中。

13.2.2 一元羧酸的红外光谱

一元羧酸在液态或固态下是缔合的,红外光谱图中O—H键的伸缩振动表现为一强而宽的峰,其中心在3 000 cm^{-1}附近,由于与C—H键的伸缩振动相叠加,在2 700~2 000 cm^{-1}常有肩峰。羧酸中羰基的伸缩振动在1 720~1 690 cm^{-1}。C—O键的伸缩振动在1 315~1 280 cm^{-1},为一宽峰。3-氯丙酸的红外光谱图见图13.1。

羧酸盐的红外光谱图中在1 650~1 550 cm^{-1}处有强峰,在1 440~1 360 cm^{-1}处有较弱的峰,

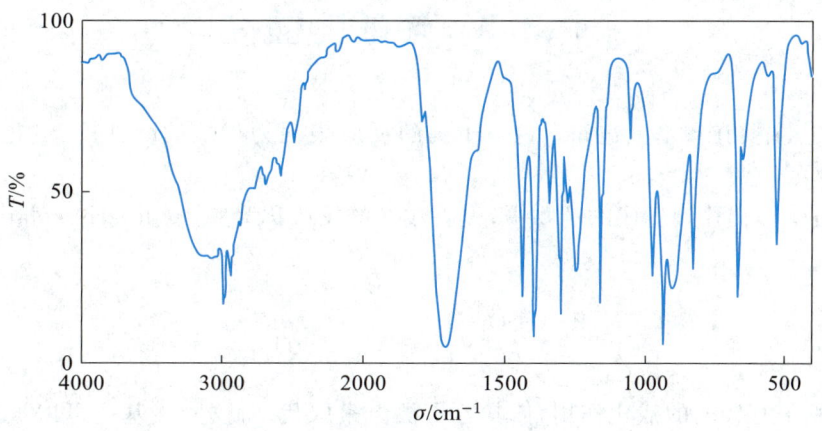

图 13.1 3-氯丙酸的红外光谱图

分别为—CO_2^- 的不对称和对称伸缩振动频率。

13.2.3 一元羧酸的核磁共振谱

羧基质子的信号一般为宽峰，δ 在 10～13 处。羧酸与 D_2O 发生交换反应，—COOH 转变为—COOD，因此，羧酸加 D_2O 后，羧基质子的信号消失。羧酸分子中 α-碳原子上的质子，其 δ 在 2.0～2.5 处。

13.2.4 一元羧酸的质谱

一元羧酸分子中的羧基在饱和碳原子上时，分子离子峰的丰度较小，如在芳环上，则有强的分子离子峰。

一元羧酸最重要的裂解方式为

如 α 位上有烷基，则碎片峰的 m/z 相应提高。

如苯环上羧基邻位有甲基或羟基等，则裂解方式为

一般常用羧酸的甲酯进行质谱分析，因为它的挥发性较大。

§13.3 羧酸的酸性

羧酸的反应主要在羧基上进行。O—H 键的反应表现为羧酸的酸性；在酰化（acylation）反应中，酰基（$\text{RC}\overset{\text{O}}{\underset{\|}{-}}$）转移到生成的产物中；失去羧基的反应称为脱羧（decarboxylation）：

$$R\underset{c\ b\ a}{-\overset{\overset{O}{\|}}{C}-O-H} \qquad \begin{matrix} a & 酸性 \\ b & 酰化 \\ c & 脱羧 \end{matrix}$$

羧基对 α-氢原子有较弱的活化作用，使其容易被卤素取代。此外，羧基还可以被还原成醛基或羟甲基。

本节先讨论羧酸的酸性。

羧酸最显著的反应是有酸性，能与氢氧化钠、碳酸钠、碳酸氢钠等碱性化合物反应而生成盐。

13.3.1 羧酸的解离

羧酸的水溶液中存在着下列解离平衡：

$$\text{RCO}_2\text{H} + \text{H}_2\text{O} \rightleftharpoons \text{RCO}_2^- + \text{H}_3\text{O}^+$$

平衡常数用 K_a 表示：

$$K_a = \frac{[\text{RCO}_2^-][\text{H}_3\text{O}^+]}{[\text{RCO}_2\text{H}]}$$

K_a 或 pK_a 的数值反映羧酸酸性的强弱，K_a 越大或 pK_a 越小，酸性越强。一些一元羧酸的 pK_a 见表 13.1。

饱和一元羧酸与盐酸、硫酸等强酸相比为弱酸。在 0.1 mol·L^{-1} 乙酸水溶液中，只有约 1.3% 乙酸分子解离。但羧酸的酸性却比相应的醇强得多。

羧酸解离生成的羧酸根负离子中，羧基碳原子上的 p 轨道与两个氧原子上的 p 轨道重叠，负电荷分散在两个氧原子上；而在醇解离产生的烷氧基负离子中，负电荷集中在一个氧原子上，由于共轭羧酸根比烷氧基负离子更稳定，羧酸解离平衡的位置与醇比较更偏向右边。因此，羧酸的酸性比相应的醇强。

$$\text{RCO}_2\text{H} + \text{H}_2\text{O} \rightleftharpoons \text{RC}\overset{\overset{O}{\|}}{-}\text{O}^- + \text{H}_3\text{O}^+$$

$$\text{RCH}_2\text{OH} + \text{H}_2\text{O} \rightleftharpoons \text{RCH}_2\text{O}^- + \text{H}_3\text{O}^+$$

反应的平衡常数 K 与反应的吉布斯自由能变化 $\Delta G^\ominus$ 有关：

$$\Delta G^\ominus = -RT\ln K$$

在乙酸和乙醇的解离平衡中，$\Delta G^\ominus$ 的值分别为

§13.3 羧酸的酸性

$$CH_3CO_2H + H_2O \rightleftharpoons CH_3CO_2^- + H_3O^+$$

$$\Delta G^\ominus = 27.2 \text{ kJ·mol}^{-1}$$

$$CH_3CH_2OH + H_2O \rightleftharpoons CH_3CH_2O^- + H_3O^+$$

$$\Delta G^\ominus = 141.0 \text{ kJ·mol}^{-1}$$

因此,乙酸的 K_a 远大于乙醇。

氯原子的电负性比碳原子大,C—Cl 键上的 σ 电子偏向氯原子一边。在氯乙酸根中,氯原子吸引电子的影响传递到羧酸根上,使 C(2)—C(1) 键上的 σ 电子偏向 C(2),其结果是使羧酸根上的部分负电荷,分散到 Cl 和 C(1) 上。电荷的分散使氯乙酸根比乙酸根更稳定,在氯乙酸的解离平衡中,平衡位置与乙酸相比移向右边。因此,氯乙酸的酸性比乙酸强。

一卤代乙酸酸性强度的次序为

$$FCH_2CO_2H > ClCH_2CO_2H > BrCH_2CO_2H > ICH_2CO_2H > CH_3CO_2H$$

| pK_a | 2.66 | 2.86 | 2.90 | 3.18 | 4.75 |

与卤原子电负性大小次序一致。卤代乙酸的酸性随卤原子数目的增加而增强:

$$FCH_2CO_2H < F_2CHCO_2H < F_3CCO_2H$$

| pK_a | 2.66 | 1.24 | 0.23 |

$$ClCH_2CO_2H < Cl_2CHCO_2H < Cl_3CCO_2H$$

| pK_a | 2.86 | 1.29 | 0.65 |

卤原子与羧基之间的碳链加长,其影响迅速减弱,相应的卤代酸的酸性也随之减弱:

$$CH_3\underset{Cl}{C}HCO_2H > \underset{Cl}{C}H_2CH_2CO_2H > \underset{H}{C}H_2CH_2CO_2H$$

| pK_a | 2.80 | 4.08 | 4.87 |

$$CH_3CH_2\underset{Cl}{C}HCO_2H > CH_3\underset{Cl}{C}HCH_2CO_2H > \underset{Cl}{C}H_2CH_2CH_2CO_2H > \underset{H}{C}H_2CH_2CH_2CO_2H$$

| pK_a | 2.84 | 4.06 | 4.52 | 4.81 |

卤原子的吸电子作用除了从分子内传递到羧酸根外,还可以通过电场直接传递到羧酸根上。实验证明:卤素对酸性的影响与分子的立体结构有关。例如,在下面的两个化合物中,(2)的酸性更强:

(1) pK_a = 6.07

(2) pK_a = 5.67

说明 Cl—C 键的极性对羧酸根的影响通过电场直接传递,可能比从分子内传递更重要。因此,把这种极性效应统称为场效应。符号仍保留 I(inductive effect)。卤原子的场效应为 $-I$,羧酸根(COO^-)的场效应为 $+I$。

乙酸比丙酸强可能与溶剂效应有关,如在气相中比较,则丙酸略强于乙酸。

苯甲酸的酸性稍强于乙酸,这是由于在苯甲酸分子中,羧基与 sp^2 杂化的碳原子相连,而在乙酸中则与 sp^3 杂化的碳原子相连,s 成分大的碳原子吸引电子的能力较强。

卤代苯甲酸的酸性比苯甲酸强。

问题 13.3 将下列化合物按酸性强弱次序排列。

(1) $CF_3CH_2CH_2CO_2H, CF_3CH_2CO_2H, CF_3CH_2CH_2CH_2CO_2H$

(2) 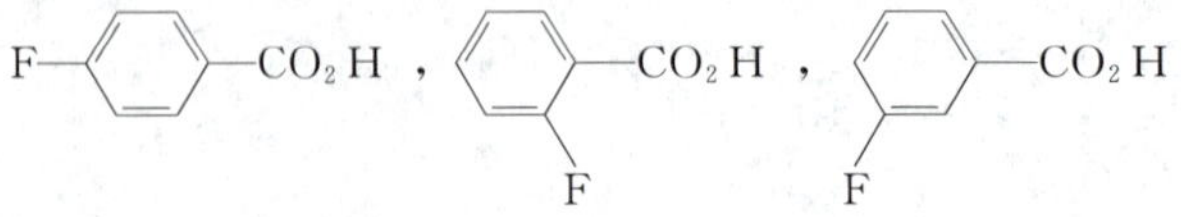 4-F-C₆H₄-CO₂H, 2-F-C₆H₄-CO₂H, 3-F-C₆H₄-CO₂H

(3) 2-F-C₆H₄-CO₂H, 2-OCH₃-C₆H₄-CO₂H, 2-I-C₆H₄-CO₂H, 2-Cl-C₆H₄-CO₂H

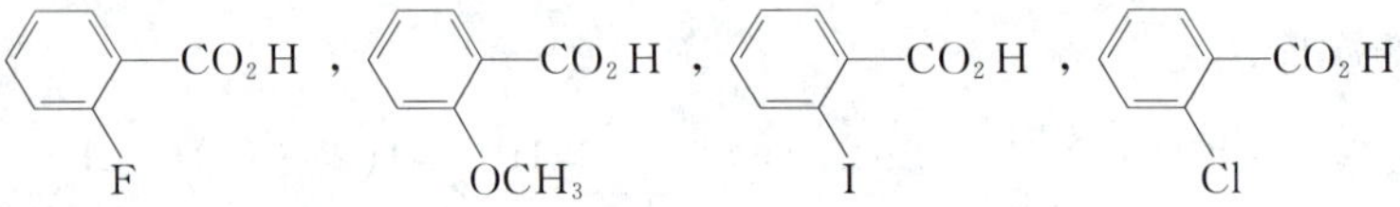

(4) $CH_3CH_2CO_2H, CH_2=CHCO_2H, CH\equiv CCO_2H$

(5) 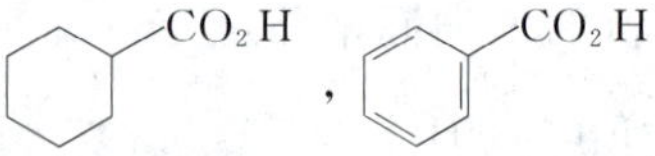 环己基-CO₂H , 苯基-CO₂H

(6) 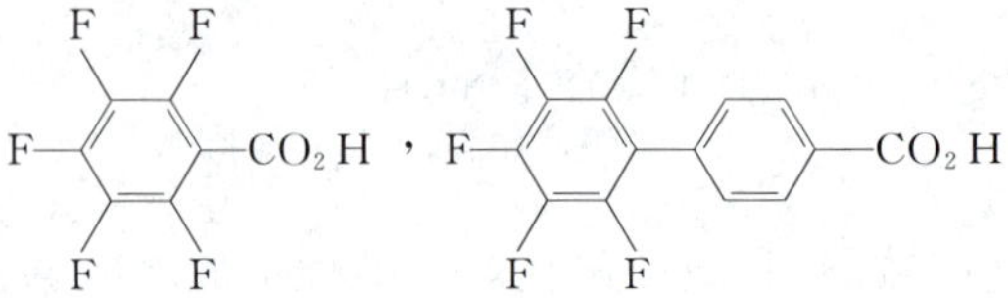 五氟苯-CO₂H , 四氟苯基-C₆H₄-CO₂H

13.3.2 羧酸盐

羧酸与氢氧化钠等碱性试剂反应生成羧酸盐:

$$RCOOH + OH^- \longrightarrow RCO_2^- + H_2O$$

较强的酸　　强碱　　　弱碱　　弱酸

相对分子质量不太大的羧酸的钠盐和钾盐能溶于水。例如,癸酸在 20 ℃下每 100 mL 水中可溶解 0.015 g,在氢氧化钠溶液中完全转变为癸酸钠而溶于水,用盐酸等强酸中和后,癸酸又沉淀出来。

在仅含 C,H,O 三种元素的化合物中,羧酸的酸性最强。饱和一元羧酸的酸性比苯酚强,苯酚不溶于碳酸氢钠水溶液,而羧酸则能溶解于其中。

含十二个碳原子以上的饱和一元羧酸的钠盐或钾盐,如硬脂酸钠(肥皂),其分子的一端为亲水的极性基团($-CO_2^- Na^+$),另一端为疏水的长链烷基,它们在极稀的水溶液中(10^{-4} mol/L 以下),集中在水层表面。因此,尽管羧酸盐的浓度很低,却能使水的表面张力显著降低。羧酸盐的浓度增加,其分子在水面排列成单分子层,极性基团的一端在水中,长链则伸向空气中。当羧酸盐的浓度进一步增加,由于水面已经饱和,故堆积成胶束(见图 13.2)。这种体系是不稳定的,在搅拌时产生大量泡沫,这样能使表面积增加。

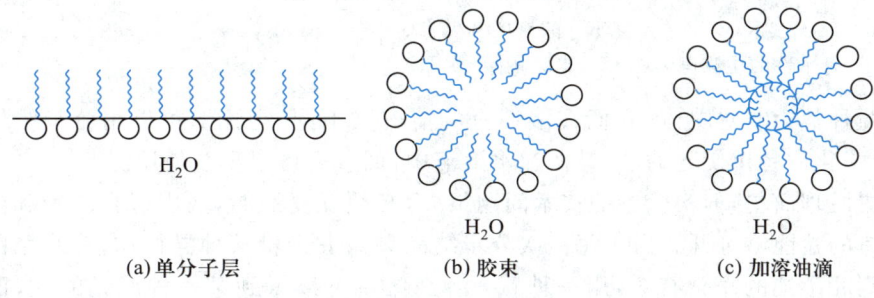

(a) 单分子层　　　　(b) 胶束　　　　(c) 加溶油滴

图 13.2　羧酸盐溶于水中示意图

〰〰◯ = $CH_3(CH_2)_nCO_2^- Na^+$

附着在衣物上的不溶于水的油迹,能够分散成小滴"溶解"在硬脂酸盐形成的胶束内部,成为加溶油滴,这样就可以用水冲洗下来。

硬脂酸的钙盐不溶于水,因此,肥皂在硬水中失去去污作用而变为浮渣。1-十二烷基磺酸钠等合成洗涤剂则没有这种缺点,其去污作用的原理与肥皂相同。

$$\text{CH}_3(\text{CH}_2)_{11}\text{OSO}_2\text{O}^- \text{ Na}^+$$

羧酸盐中的羧酸根负离子有亲核性,能与伯卤代烷等发生 S_N2 反应而生成羧酸酯。例如:

$$CH_3CH_2CH_2CH_2Br + CH_3CO_2^- Na^+ \xrightarrow[95\ ℃]{DMF} CH_3CH_2CH_2CH_2OCCH_3 \atop 95\%\sim98\%$$

13.3.3　羧酸酸性的应用

利用羧酸的酸性可以将它从混合物中与中性或碱性的化合物分离开来。利用酸性强弱的差异,也可以将羧酸与酚分离开来。例如,某混合物中含有对甲基苯酚、间硝基苯甲酸和邻二甲苯,可以先溶解于乙醚,再用碳酸氢钠的水溶液提取几次,这时,羧酸溶解于碱性的水溶液中,水层分离酸化后,即得到间硝基苯甲酸。乙醚层再用氢氧化钠水溶液提取,酚溶解于水溶液中,分离酸化后即得到对甲基苯酚。乙醚层依次用氢氧化钠溶液和水洗涤,干燥后蒸去乙醚,再进行蒸馏,即得到邻二甲苯。

$$\begin{bmatrix} p\text{-CH}_3\text{C}_6\text{H}_4\text{OH} \\ m\text{-O}_2\text{NC}_6\text{H}_4\text{CO}_2\text{H} \\ o\text{-(CH}_3)_2\text{C}_6\text{H}_4 \end{bmatrix} \xrightarrow{\text{Et}_2\text{O}} \xrightarrow{\text{NaHCO}_3, \text{H}_2\text{O}} \begin{matrix} \text{水层} \xrightarrow{\text{H}_3\text{O}^+} m\text{-O}_2\text{NC}_6\text{H}_4\text{CO}_2\text{H} \\ \text{醚层} \to \begin{bmatrix} p\text{-CH}_3\text{C}_6\text{H}_4\text{OH} \\ o\text{-(CH}_3)_2\text{C}_6\text{H}_4 \end{bmatrix} \to \end{matrix}$$

$$\xrightarrow{\text{NaOH}, \text{H}_2\text{O}} \begin{matrix} \text{水层} \xrightarrow{\text{H}_3\text{O}^+} p\text{-CH}_3\text{C}_6\text{H}_4\text{OH} \\ \text{醚层} \xrightarrow{\text{洗涤}} \xrightarrow{\text{干燥}} \xrightarrow{\text{蒸馏}} o\text{-(CH}_3)_2\text{C}_6\text{H}_4 \end{matrix}$$

羧酸的酸性也可以用于外消旋体的拆分。常用的方法是利用天然产物中有手性的生物碱，如奎宁、马钱子碱、番木鳖碱等与羧酸生成盐。例如：

$$\begin{matrix}(R)-酸\\(S)-酸\end{matrix} + (R)-碱 \longrightarrow \begin{matrix}(R)-酸\cdot(R)-碱\\(S)-酸\cdot(R)-碱\end{matrix} \xrightarrow{分步结晶} \begin{bmatrix}(R)-酸\cdot(R)-碱 \xrightarrow{H_3O^+} (R)-酸\\(S)-酸\cdot(R)-碱 \xrightarrow{H_3O^+} (S)-酸\end{bmatrix}$$

外消旋体　　　有手性的生物碱　　　　非对映体　　　　　　　　　　　　　　　　　　　　　对映体

由于生成的两种盐为非对映体，它们在溶剂里的溶解度不同，理论上可以用分步结晶的方法分开，纯的盐经酸化后释出旋光的酸，碱留在水溶液中，回收后可以重复使用。

这种方法原理简单，但实验中的技术问题很多，必须反复试验，找出适当的碱和溶剂使两种互为非对映体的盐能够分开。由于每一次分步结晶只除去少量某种异构体，分步结晶必须重复多次才能得到光学纯的盐。有时，用一种碱-溶剂体系可以得到某一种旋光的酸，而用另一种碱-溶剂体系则可以得到前者的对映体。

§13.4　酰化反应

本节简述羧酸直接转变为酯、酰胺、酰氯和酸酐的反应。

13.4.1　酯化

羧酸与醇在酸性催化剂存在下生成酯：

$$\underset{}{RC}\overset{O}{\underset{\|}{}}OH + H-OR' \underset{}{\overset{H^+}{\rightleftharpoons}} \underset{}{RC}\overset{O}{\underset{\|}{}}OR' + H_2O$$

一般用硫酸、氯化氢或对甲苯磺酸作催化剂。如不加催化剂，反应速率很慢，但升高温度能加速反应的进行。甲酸等较强的羧酸在酯化时不需加无机酸作催化剂。

酯化(esterification)反应的速率决定于醇和羧酸的结构。对于同一羧酸，伯醇的酯化速率大于仲醇，仲醇则远大于叔醇。同一类型的醇，相对分子质量加大，酯化速率减慢。羧酸的 α 位如有支链，其酯化速率减慢。芳香酸的酯化速率小于直链羧酸。

酯化是可逆反应，在达成平衡时，只有部分羧酸转变成酯，其转化百分数与平衡常数 K 有关。例如，等物质的量的乙酸和乙醇发生酯化反应，达成平衡时只有 65% 的乙酸变成乙酸乙酯：

$$CH_3\overset{O}{\underset{\|}{C}}OH + C_2H_5OH \rightleftharpoons CH_3\overset{O}{\underset{\|}{C}}OC_2H_5 + H_2O$$

$$K = \frac{[CH_3CO_2C_2H_5][H_2O]}{[CH_3CO_2H][C_2H_5OH]} = 3.38$$

如乙醇的物质的量为乙酸的 10 倍，达成平衡后，有 97% 的乙酸转变为乙酸乙酯。因此，在酯化操作中，常使较便宜的原料(醇或酸)过量。

在酯化反应中为了提高原料的转化率，可以除去反应中生成的水，使平衡向右移动，采用的方法与羧酸、醇和生成的酯，以及它们与水形成的恒沸混合物的沸点有关。

如酯的挥发性很大,其沸点比所用的醇低(甲酸甲酯、甲酸乙酯和乙酸乙酯),是在酯化过程中将生成的酯和一部分醇一起蒸出。例如,在工业上由乙酸和乙醇制备乙酸乙酯是将乙酸乙酯(83.2%)、乙醇(9%)和水(7.8%)的三元恒沸混合物用分馏柱分出。

如酯的挥发性中等,其沸点比水高(甲酸和乙酸的丙酯、丁酯及戊酯,丙酸、丁酸和戊酸的甲酯和乙酯),则是把反应中生成的水蒸出。由于酯、醇和水能形成恒沸混合物,一部分酯随水蒸出,大部分留在剩余物中。

如酯的沸点很高,则是将醇和水蒸出,这时,常加入苯、甲苯、二甲苯等帮助把水带出,蒸气冷凝后,分出水层,有机层中的醇和苯或甲苯又送回反应器中继续参加反应。

酯化常数<1 时,要用其他方法来制备酯。

13.4.2　生成酰胺和腈

羧酸和氨在较低温度下生成铵盐:

$$CH_3CH_2CH_2\overset{O}{\overset{\|}{C}}OH + NH_3 \xrightarrow{25\ ℃} CH_3CH_2CH_2\overset{O}{\overset{\|}{C}}O^-\ NH_4^+$$

铵盐在较高温度下脱水生成酰胺(amide):

$$CH_3CH_2CH_2\overset{O}{\overset{\|}{C}}O^-\ NH_4^+ \xrightarrow{185\ ℃} CH_3CH_2CH_2\overset{O}{\overset{\|}{C}}NH_2 + H_2O$$

如在 185 ℃下将氨气通入丁酸,丁酰胺的产率可达 85%。

将等物质的量的羧酸与尿素一起加热,也得到酰胺:

$$R\overset{O}{\overset{\|}{C}}OH + H_2NCNH_2 \xrightarrow{\triangle} R\overset{O}{\overset{\|}{C}}NH_2 + NH_3 + CO_2$$

将酰胺与脱水剂一起加热,可得到腈(nitrile),常用的脱水剂为磷酸的酐,P_4O_{10}(即五氧化二磷):

$$(CH_3)_2CH\overset{O}{\overset{\|}{C}}NH_2 \xrightarrow[69\%\sim 86\%]{P_4O_{10},200\ ℃} (CH_3)_2CHC\equiv N$$

$$C_6H_5\overset{O}{\overset{\|}{C}}NH_2 \xrightarrow[74\%]{P_4O_{10},200\ ℃} C_6H_5C\equiv N$$

羧酸与伯胺(RNH_2)或仲胺(R_2NH)反应,则得到 N-烃基或 N,N-二烃基酰胺:

$$R\overset{O}{\overset{\|}{C}}OH + R'_2NH \longrightarrow R\overset{O}{\overset{\|}{C}}O^-\ R'_2NH_2^+ \xrightarrow{\triangle} R\overset{O}{\overset{\|}{C}}NR'_2$$

例如:

$$C_6H_5\overset{O}{\overset{\|}{C}}OH + C_6H_5NH_2 \xrightarrow[80\%\sim 84\%]{225\ ℃} C_6H_5\overset{O}{\overset{\|}{C}}NHC_6H_5 + H_2O$$

13.4.3 生成酰氯

将羧酸与三氯化磷、五氯化磷或亚硫酰氯一起加热,则生成酰氯(acyl chloride):

$$3\ RCOOH + PCl_3 \longrightarrow 3\ RCOCl + P(OH)_3$$

$$RCOOH + PCl_5 \longrightarrow RCOCl + POCl_3 + HCl$$

$$RCOOH + SOCl_2 \longrightarrow RCOCl + SO_2 + HCl$$

例如:

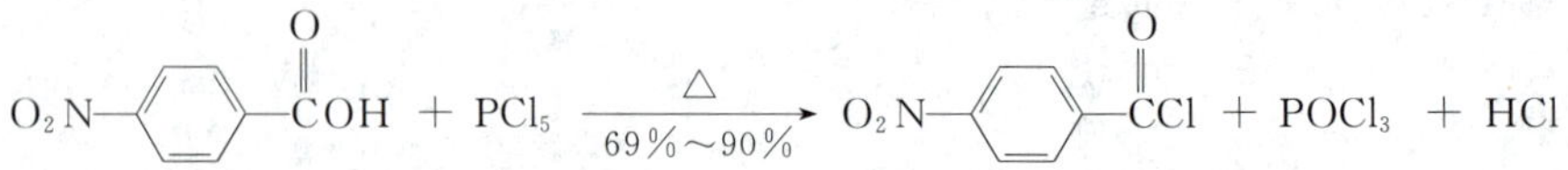

$$O_2N-C_6H_4-COOH + PCl_5 \xrightarrow[69\%\sim 90\%]{\triangle} O_2N-C_6H_4-COCl + POCl_3 + HCl$$

$$CH_3CH_2CH_2COOH + SOCl_2 \xrightarrow[85\%]{\triangle} CH_3CH_2CH_2COCl + SO_2 + HCl$$

13.4.4 生成酐

羧酸与强脱水剂一起加热生成酐(anhydride)。例如:

$$2\ CF_3COOH \xrightarrow[74\%]{P_4O_{10}} CF_3C(O)-O-C(O)CF_3 + H_2O$$

但这个反应在制备上的用途不大。

§13.5 一元羧酸的其他反应

13.5.1 脱羧

羧酸失去羧基的反应称为脱羧(decarboxylation)。饱和一元羧酸在加热时放出二氧化碳,生成复杂的烃类混合物,因此没有制备价值。

羧酸盐在脱羧反应中生成的产物与金属的性质及脱羧的条件有关。

羧酸的碱金属盐电解时,在阳极上生成烃。例如,将羧酸溶解在含有甲醇钠[约为羧酸的2%(摩尔分数)]的甲醇中,然后用两个铂电极进行电解,乙酸在这种条件下生成乙烷,产率很高:

$$CH_3COOH \xrightarrow[93\%]{电解} CH_3CH_3$$

其他一元饱和羧酸电解生成的烃,产率和纯度都较低:

$$2\ CH_3(CH_2)_{12}COOH \xrightarrow[60\%]{电解} CH_3(CH_2)_{24}CH_3$$

十四酸　　　　　　　　二十六烷

这个反应称为 Kolbe(H)反应。

Kolbe(H)反应可能是自由基反应,羧酸根负离子在阳极上失去一个电子,转变为相应的自由基,后者脱去二氧化碳成为烃基自由基,两个烃基自由基再偶联而生成烃:

$$RCOO^- \xrightarrow{阳极} RCOO\cdot + e^-$$
$$RCOO\cdot \longrightarrow R\cdot + CO_2$$
$$2\ R\cdot \longrightarrow R{-}R$$

13.5.2　还原

羧酸中的羰基在羟基的影响下,其活性降低,在一般情况下不发生醛、酮中羰基所特有的加成反应。醛、酮中的羰基容易被还原,而羧酸只能用还原能力特别强的试剂还原。

羧酸与氢化铝锂在乙醚中迅速反应,生成伯醇,产率较高:

$$C_{17}H_{35}COOH \xrightarrow[②H_2O]{①LiAlH_4,Et_2O} \underset{91\%}{C_{17}H_{35}CH_2OH}$$

硼氢化钠不能使羧基还原成羟甲基。

13.5.3　α-氢原子的反应

醛、酮分子中的 α-氢原子容易被溴取代,反应是通过烯醇进行的。羧酸的烯醇含量极少,难以直接溴化,但在羧酸中加入少量三氯化磷,然后用溴处理,则可得到 α-溴代酸。例如:

$$CH_3(CH_2)_3CH_2COOH + Br_2 \xrightarrow[83\%\sim 89\%]{PCl_3,\triangle} CH_3(CH_2)_3\underset{Br}{CH}COOH + HBr$$

$$C_6H_5CH_2COOH + Br_2 \xrightarrow[80\ ℃]{PCl_3,C_6H_6} \underset{60\%\sim 62\%}{C_6H_5\underset{Br}{CH}COOH}$$

这种方法称为 Hell(C)-Volhard(J)-Zelinsky(N)反应。

三氯化磷的作用是使小部分羧酸转变成酰氯:

$$3\ RCH_2COOH + PCl_3 \longrightarrow 3\ RCH_2COCl + P(OH)_3$$

酰氯与其烯醇达成平衡：

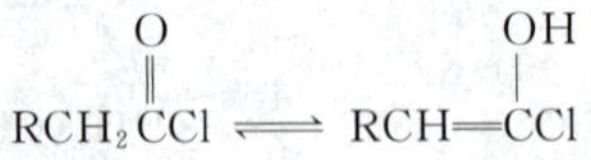

$$RCH_2CCl\ \rightleftharpoons\ RCH{=}CCl$$
（O）　　　　　（OH）

烯醇迅速加溴，生成 α-溴代酸的酰氯：

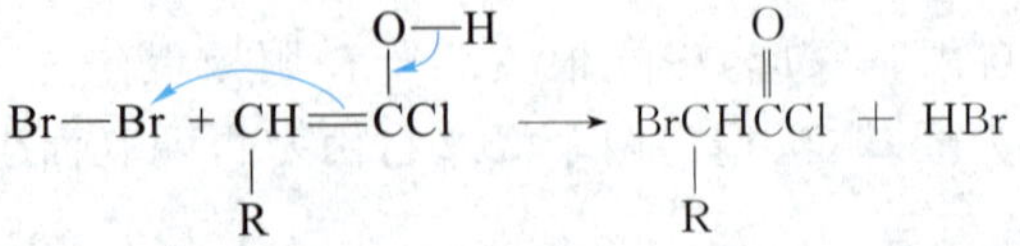

$$Br-Br + CH{=}CCl \longrightarrow BrCHCCl + HBr$$

α-溴代酸酰氯与未取代的羧酸发生交换反应，生成 α-溴代酸和未取代羧酸的酰氯：

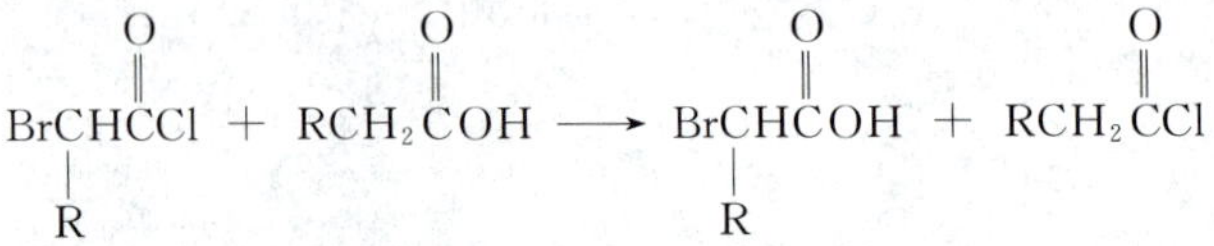

$$BrCHCCl + RCH_2COH \longrightarrow BrCHCOH + RCH_2CCl$$

后者继续与溴反应，因此，只需要加少量三氯化磷就可以使羧酸的溴化顺利进行。也可以加入少量红磷代替三氯化磷，在这种情况下，红磷与溴生成三溴化磷，后者的作用与三氯化磷相同。

问题 13.4 如何将 3-甲基丁酸转变成下列化合物？
（1）3-甲基丁酸乙酯　　　（2）3-甲基丁腈
（3）3-甲基丁酰胺　　　　（4）3-甲基丁-1-醇
（5）3-甲基丁酰氯　　　　（6）2-溴-3-甲基丁酸

问题 13.5 写出下列反应的产物：

(1) 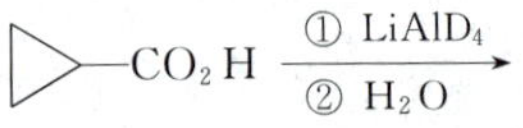 ▷—CO_2H $\xrightarrow{① LiAlH_4\ \ ② H_2O}$

(2) ⬡—CO_2H $\xrightarrow{Br_2,\ P}$

(3) $EtOCCH_2CH_2COH$ $\xrightarrow[\text{解离}]{NaOMe, MeOH}$

(4) $EtOC(CH_2)_4COAg + Br_2 \longrightarrow$

---

§13.6　一元羧酸的制法

13.6.1　氧化法

羧酸可以由伯醇氧化得到，常用的氧化剂有重铬酸钾加硫酸、三氧化铬加乙酸、高锰酸钾、硝酸等。羧酸不易继续氧化，又比较容易分离提纯，因此，在实验操作上比利用氧化反应由醇制备醛、酮更简单。例如：

$$Cl_3C(CH_2)_3CH_2OH \xrightarrow[93\%]{KMnO_4,\ H_2O} Cl_3C(CH_2)_3CO_2H$$

醛容易氧化成相应的羧酸，常用的试剂为高锰酸钾：

$$n\text{-}C_6H_{13}CHO \xrightarrow[H_2O, 20\,^\circ C]{KMnO_4, H_2SO_4} n\text{-}C_6H_{13}\overset{\overset{O}{\|}}{C}OH$$
$$76\% \sim 78\%$$

这种方法只在醛容易得到时采用。

芳烃支链的氧化常用于芳香族羧酸的合成。例如：

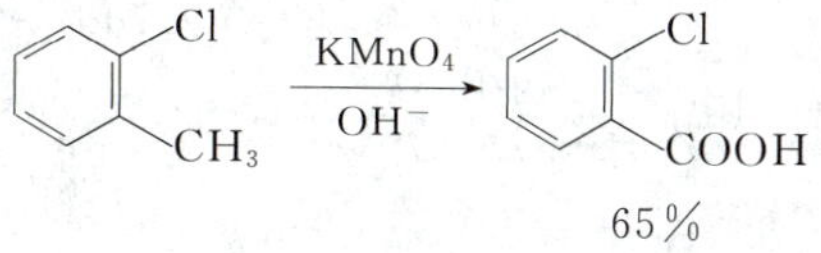

<化学反应：邻氯甲苯 $\xrightarrow[OH^-]{KMnO_4}$ 邻氯苯甲酸（65%）>

13.6.2 水解法

腈在酸性或碱性溶液中水解成羧酸：

$$C_6H_5CH_2CN \xrightarrow[\triangle]{H_2O, H_2SO_4} C_6H_5CH_2COOH$$
$$78\%$$

由于腈容易由伯卤代烷与氰化钾的 S_N2 反应得到，仲卤代烷与氰化钾反应也可以得到腈，因此，腈常常用作合成羧酸的原料。由卤代烷通过腈合成羧酸是使碳链加长的一种方法。例如：

$$C_6H_5CH_2Cl \xrightarrow[92\%]{NaCN, DMSO} C_6H_5CH_2CN \longrightarrow C_6H_5CH_2COOH$$

油脂是直链羧酸的酯，油脂的水解可以得到中级或高级的直链羧酸。例如：

$$\begin{array}{l}CH_2OCOC_{13}H_{27}\text{-}n\\|\\CHOCOC_{13}H_{27}\text{-}n\\|\\CH_2OCOC_{13}H_{27}\text{-}n\end{array} \xrightarrow[\text{② HCl}]{\text{① NaOH}} n\text{-}C_{13}H_{27}COOH$$
$$89\% \sim 95\%$$

三个氯原子位于同一碳原子上的多氯代烃水解，也生成羧酸。例如：

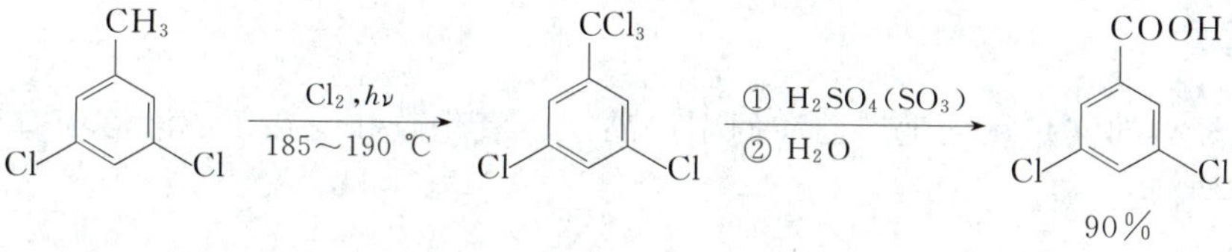

<化学反应：3,5-二氯甲苯 $\xrightarrow[185\sim190\,^\circ C]{Cl_2, h\nu}$ 3,5-二氯-1-三氯甲基苯 $\xrightarrow[\text{② }H_2O]{\text{① }H_2SO_4(SO_3)}$ 3,5-二氯苯甲酸（90%）>

13.6.3 Grignard 试剂与二氧化碳反应

Grignard 试剂与二氧化碳的加成产物水解后生成羧酸：

$$RMgX + O=C=O \longrightarrow R\overset{\overset{O}{\|}}{C}OMgX \xrightarrow{H_2O} RCOOH$$

$$ArMgX + O=C=O \longrightarrow Ar\overset{\overset{O}{\|}}{C}OMgX \xrightarrow{H_2O} ArCOOH$$

在反应中保持低温,以免生成的羧酸盐继续与 Grignard 试剂作用转变成叔醇。较好的方法是将 Grignard 试剂倒在干冰上。

因为 Grignard 试剂是从卤代烃得到的,这个方法同腈的水解一样,也是以卤代烃为原料使碳链加长。仲和叔卤代烃都可以通过 Grignard 试剂转变成羧酸。例如:

$$CH_3CH_2CHCH_3 \xrightarrow[\text{② } CO_2, \text{(3) } H_2O]{\text{① Mg, Et}_2O} CH_3CH_2CHCH_3$$
$$\underset{Cl}{|} \qquad\qquad\qquad \underset{COOH}{|}$$
$$76\% \sim 86\%$$

$$(CH_3)_3CCl \xrightarrow[\text{② } CO_2, \text{(3) } H_2O]{\text{① Mg, Et}_2O} (CH_3)_3CCOOH$$
$$69\%$$

问题 13.6 如何实现下列转变?

(1) $C_6H_5Br \longrightarrow C_6H_5CO_2H$

(2) $p\text{-}O_2NC_6H_4CH_2Cl \longrightarrow p\text{-}O_2NC_6H_4CH_2CO_2H$

(3) $(CH_3)_3CCH_2Br \longrightarrow (CH_3)_3CCH_2COOH$

(4) $CH_3\overset{O}{\overset{\|}{C}}CH_2CH_2Br \longrightarrow CH_3\overset{O}{\overset{\|}{C}}CH_2CH_2CH_2CO_2H$

§13.7 一元羧酸的来源和用途

甲酸、乙酸、丁酸、异戊酸以游离酸的形式少量存在于天然产物中。含 1~6 个碳原子的低级一元羧酸和更高级的含偶数碳原子的一元羧酸以酯的形式存在于动物脂肪、植物油和鱼油中。脂肪和油至今仍是 $C_6 \sim C_{24}$ 一元羧酸的工业来源。因此,通常把含 6~24 个碳原子的饱和与不饱和的、直链或有支链的一元羧酸称为脂肪酸(fatty acid)。

13.7.1 甲酸

甲酸是由烃类的液相氧化生产乙酸的副产品。一氧化碳和氨在甲醇溶液中有甲醇钠的存在下加热,生成甲酰胺:

$$CO + NH_3 \xrightarrow[80 \sim 100\ ^\circ C, 10 \sim 30\ \text{MPa}]{CH_3OH, CH_3ONa} HCONH_2$$

甲酰胺用硫酸水解生成甲酸:

$$2\ HCONH_2 + 2\ H_2O + H_2SO_4 \longrightarrow 2\ HCOOH + (NH_4)_2SO_4$$

甲酰胺也能由甲酸甲酯得到,甲酸甲酯则由甲醇与一氧化碳生产得到:

$$CH_3OH + CO \xrightarrow[\triangle]{CH_3ONa} HCO_2CH_3$$

$$HCO_2CH_3 + NH_3 \xrightarrow{80\sim100\ ℃} HCONH_2 + CH_3OH$$

生产甲酸的另一种方法是使一氧化碳与粉末状的氢氧化钠一起加热，以制备甲酸钠：

$$CO + NaOH \xrightarrow{120\sim130\ ℃,\ 0.6\sim0.8\ MPa} HCOONa$$

将干燥的甲酸钠加入含有硫酸的甲酸中，再减压蒸馏，可以得到100%的甲酸。

无水甲酸为无色有刺激性的液体，刺激性很强，酸性也比其他一元羧酸强。

甲酸分子中的羧基直接与氢相连而不是与烃基相连，它具有一些特殊的性质。

在铂、钯等贵金属催化剂存在下，甲酸在室温下即分解而放出二氧化碳：

$$HCOOH \xrightarrow{Pt,\ Pd} CO_2 + H_2$$

甲酸与浓硫酸等脱水剂一起加热，则分解成一氧化碳和水：

$$HCOH \xrightarrow[\triangle]{H_2SO_4} CO + H_2O$$

这样得到的一氧化碳纯度很高，因此，在实验室中常用这种方法来获得少量纯粹的一氧化碳。

甲酸能还原 Tollens 试剂，从硝酸汞中析出金属汞和使高锰酸钾溶液褪色，这些反应可用于甲酸的检验。

甲酸是价格较便宜、腐蚀性较小的挥发性酸，在工业上某些用途中用来代替无机酸。在饲料和谷物的储存中可用甲酸来抑制霉菌的生长。

13.7.2 乙酸

工业上用几种方法来生产乙酸。

（1）乙醛氧化：

$$CH_3CHO \xrightarrow{O_2,\ Mn(OAc)_2} CH_3COOH$$

（2）丁烷或轻油的液相氧化，催化剂为 Co, Cr, V 或 Mn 的乙酸盐：

$$C_4H_{10} \xrightarrow[95\sim100\ ℃,\ 1\sim5.5\ MPa]{O_2/催化剂} CH_3CO_2H$$

（3）甲醇的羰基化（carbonylation），反应在铑催化剂存在下进行：

$$CH_3OH + CO \xrightarrow[3.3\sim6.6\ MPa,\ 150\sim200\ ℃]{铑催化剂} CH_3COH$$

乙酸为重要的工业原料，广泛用于有机合成中，其主要用途是用来生成乙酸乙烯酯、纤维素乙酸酯。乙酸乙酯可用作溶剂。

13.7.3 其他脂肪酸

丙酸在工业上由丙醛或丙烷的氧化生产，用作合成原料，如用于纤维素丙酸酯和除草剂的合成,此外还用于谷物的储存。丙酸钠和丙酸钙在面包和其他食品中用作防霉剂。

高级脂肪酸由油脂水解得到,用于洗涤剂和表面活性剂的生产。

13.7.4　α,β-不饱和羧酸

丙烯酸为无色液体,熔点:13.5 ℃,沸点:141 ℃,工业上由丙烯的催化氧化生产:

$$CH_2=CHCH_3 + O_2 \xrightarrow{\text{催化剂}} CH_2=CHCHO + H_2O$$

$$CH_2=CHCHO + \frac{1}{2}O_2 \xrightarrow{\text{催化剂}} CH_2=CHCOH$$

或由丙烯腈的水解生产:

$$CH_2=CHCN + 2H_2O \xrightarrow{85\% H_2SO_4} CH_2=CHCOOH + NH_3$$

丙烯腈则由丙烯的氨氧化生产:

$$CH_2=CHCH_3 + NH_3 + \frac{3}{2}O_2 \xrightarrow{\text{催化剂}} CH_2=CHCN + 3H_2O$$

乙烯、丙烷或丁烷与氢氰酸在高温下(750~1 000 ℃)反应(不需要催化剂)也得到丙烯腈。

丙烯酸及其衍生物都容易聚合,是高分子工业中的重要原料。丙烯腈主要用作合成纤维的原料。

甲基丙烯酸甲酯为无色液体,沸点:100~101 ℃。工业上由丙酮与氢氰酸合成:

$$(CH_3)_2C=O \xrightarrow{HCN} (CH_3)_2C(OH)CN \xrightarrow{H_2SO_4} (CH_3)_2C(OSO_3H)CN \xrightarrow{CH_3OH} CH_2=C(CH_3)-COOCH_3$$

用作生产有机玻璃的原料。

§13.8　二元羧酸

低级的直链二元羧酸广泛存在于自然界中。草酸(oxalic acid)的钾盐存在于大黄等植物中,琥珀酸(succinic acid)存在于琥珀、真菌和地衣中,戊二酸(glutaric acid)和己二酸(adipic acid)存在于甜菜中。

13.8.1　二元羧酸的物理性质和反应

二元羧酸都是结晶固体。饱和二元羧酸的熔点比相对分子质量相近的一元羧酸高得多。由于二元羧酸中碳链两端都有羧基,分子间的吸引力大为增加,因此,熔点也相应升高。

二元羧酸分子中有两个羧基,每一个羧基的反应都与一元羧酸相似。此外,二元羧酸还有一些反应与两个羧基的相对位置有关。

无水草酸在加热时先脱羧生成甲酸,后者继续分解,生成一氧化碳和水:

$$HO_2CCOOH \xrightarrow{166\sim180\ ℃} HCOOH + CO_2$$

丙二酸、一烃基取代丙二酸和二烃基取代丙二酸加热到熔点以上时脱羧生成乙酸或取代乙酸:

$$HO_2CCH_2COOH \xrightarrow{140\sim160\ ℃} CH_3COOH + CO_2$$

反应可能是通过环状过渡态进行的:

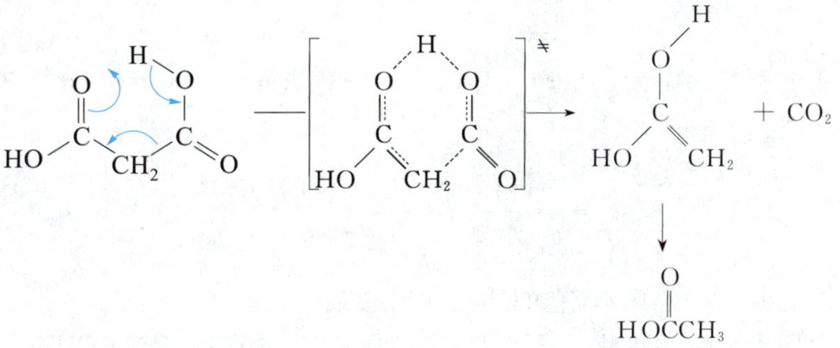

丁二酸和戊二酸在单独加热或与乙酐一起加热时,脱水生成含五元环和六元环的环酐:

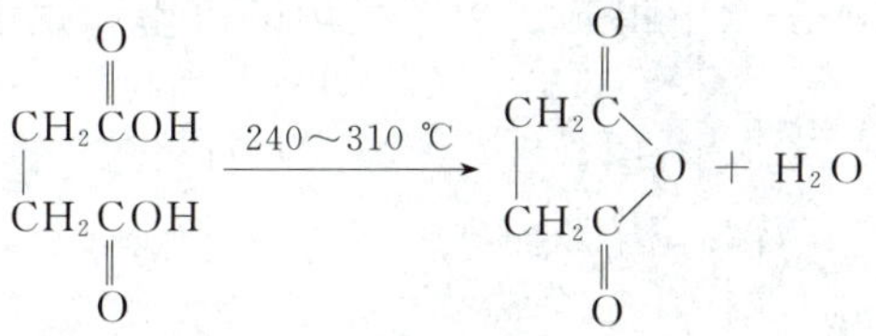

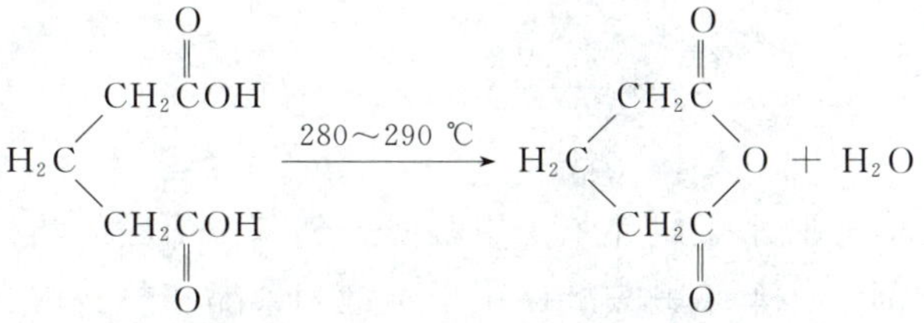

己二酸在单独加热或与乙酐共热时,生成聚酐:

$$2n\ HO_2C(CH_2)_4CO_2H \xrightarrow{300\sim320\ ℃} HO\left[\overset{O}{\underset{}{C}}(CH_2)_4\overset{O}{\underset{}{C}}-O-\overset{O}{\underset{}{C}}(CH_2)_4\overset{O}{\underset{}{C}}-O\right]_n H$$

聚己二酐在减压下蒸馏可以得到不稳定的环酐,后者在储存或加热时转变成聚酐。

庚二酸以上的二元酸在加热时都生成聚酐。

顺丁烯二酸和反丁烯二酸的习惯名为马来酸(maleic acid)和富马酸(fumaric acid)。马来酸加热到熔点以上,或在酸或硫脲催化下,都能转变为富马酸。

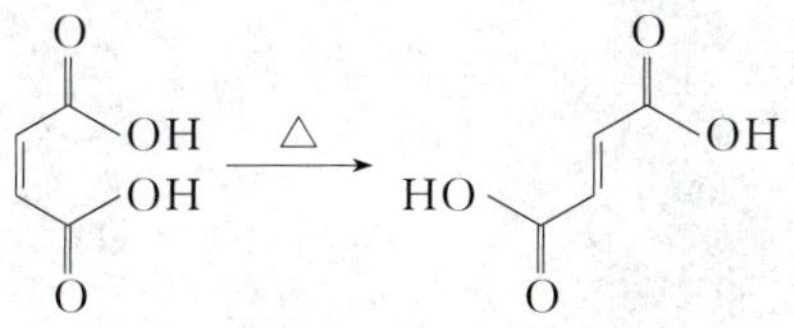

富马酸加热到熔点以上，脱水生成马来酐(maleic anhydride)：

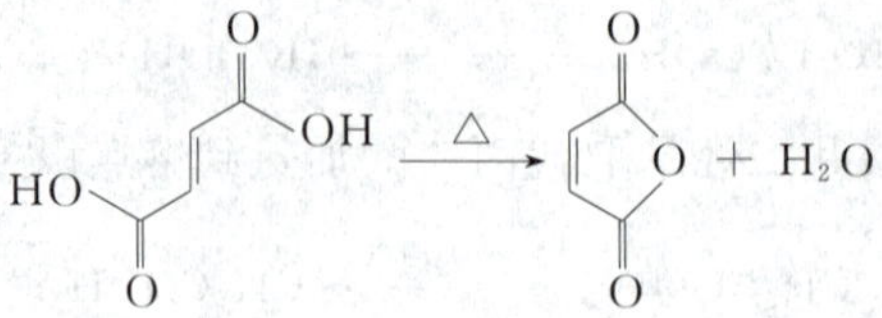

$$\text{HOOC-CH=CH-COOH} \xrightarrow{\Delta} \text{马来酐} + H_2O$$

13.8.2　二元羧酸的用途

己二酸在工业上由环己烷大量生产。环己烷经催化氧化后，生成环己醇和环己酮的混合物，后者再氧化成己二酸：

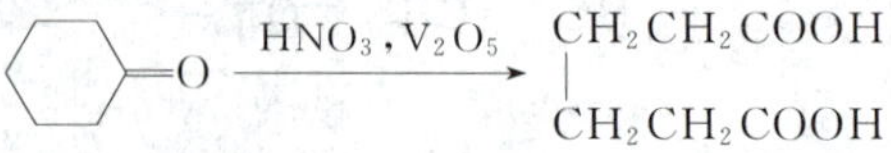

$$\text{环己酮} \xrightarrow{HNO_3, V_2O_5} \begin{array}{l} CH_2CH_2COOH \\ | \\ CH_2CH_2COOH \end{array}$$

己二酸是合成尼龙-66的原料，它的酯用作增塑剂。

十二碳二酸由环十二烷的氧化生产，环十二烷则由三分子丁二烯成环聚合生成的环十二碳三烯加氢得到。十二碳二酸用于聚酰胺的合成。

邻苯二甲酸由邻苯二甲酸酐水解得到。邻苯二甲酸酐由邻二甲苯或萘的氧化生产：

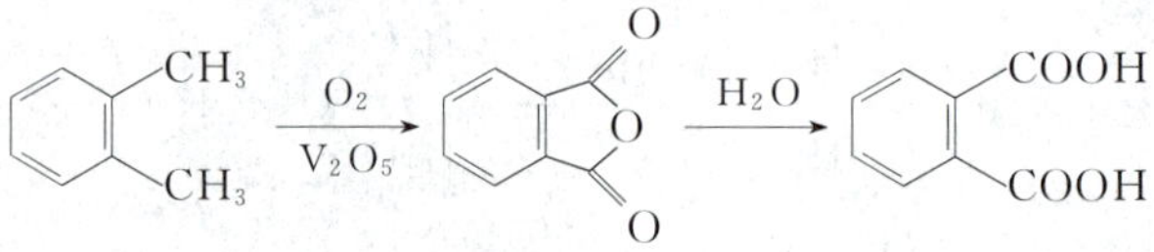

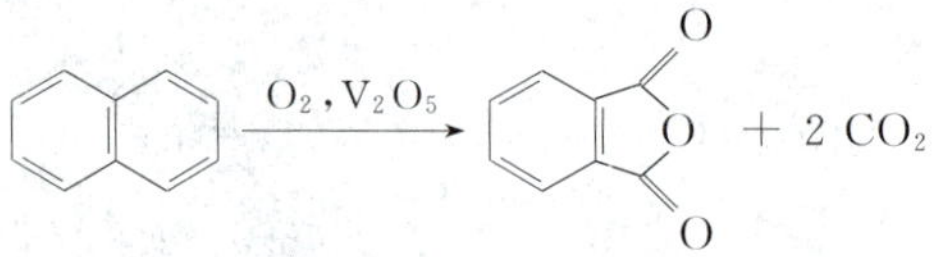

$$\text{邻二甲苯} \xrightarrow[V_2O_5]{O_2} \text{邻苯二甲酸酐} \xrightarrow{H_2O} \text{邻苯二甲酸}$$

$$\text{萘} \xrightarrow{O_2, V_2O_5} \text{邻苯二甲酸酐} + 2CO_2$$

邻苯二甲酸在熔化时即脱水生成邻苯二甲酸酐。邻苯二甲酸的酯(二丁酯、二-2-乙基己醇酯、二辛酯等)用作增塑剂。邻苯二甲酸酐还用于不饱和聚酯和醇酸树脂的合成。

对苯二甲酸由对二甲苯的氧化生产。它和其甲酯几乎完全用于涤纶的合成。

工业上由苯、丁烷或丁烯的氧化生产马来酐：

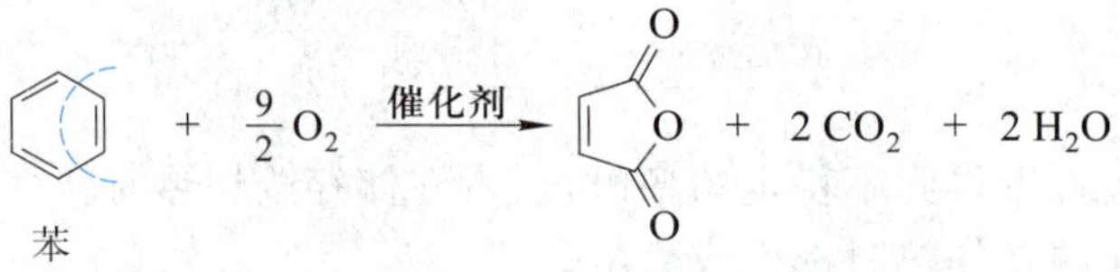

$$\text{苯} + \frac{9}{2}O_2 \xrightarrow{\text{催化剂}} \text{马来酐} + 2CO_2 + 2H_2O$$

马来酐水解生成马来酸：

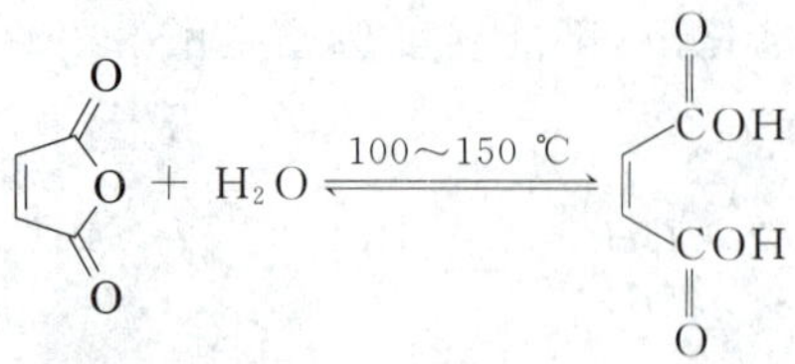

$$\text{马来酐} + H_2O \xrightleftharpoons{100\sim150\ ℃} \text{马来酸}$$

马来酸和富马酸都是合成树脂的原料。

习 题

1. 如何实现下列转变？

(1) 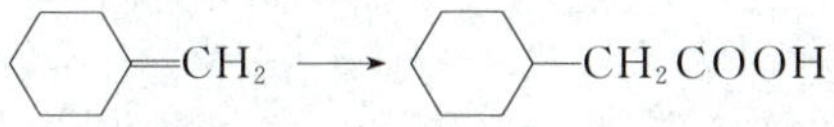 环己基=CH₂ ⟶ 环己基-CH₂COOH

(2) CH₃CH₂CH₂COOH ⟶ CH₃CH₂COOH

(3) CH₃CH₂COOH ⟶ CH₃CH₂CH₂COOH

(4) 双环[2.2.1]烯烃(甲基取代) ⟶ 环丁烷二甲酸衍生物

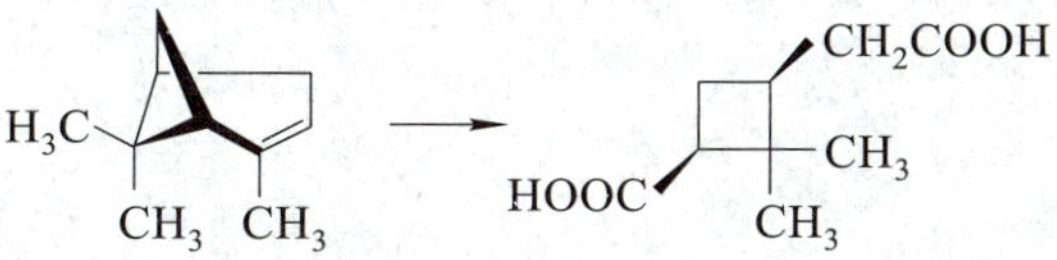

2. 推测下列反应的可能机理。

(1) $(CH_3)_3COH + HCO_2H(99\%) \xrightarrow[② H_2O]{① H_2SO_4} (CH_3)_3CCOOH$ 68%

(2) 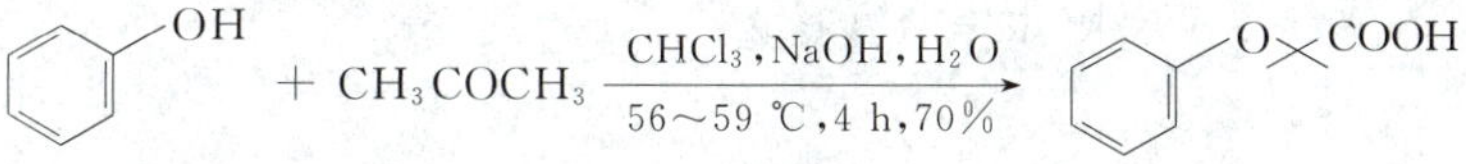 苯酚 + CH_3COCH_3 $\xrightarrow[56\sim59\ ℃,4\ h,70\%]{CHCl_3,NaOH,H_2O}$ PhO-C(CH₃)₂-COOH

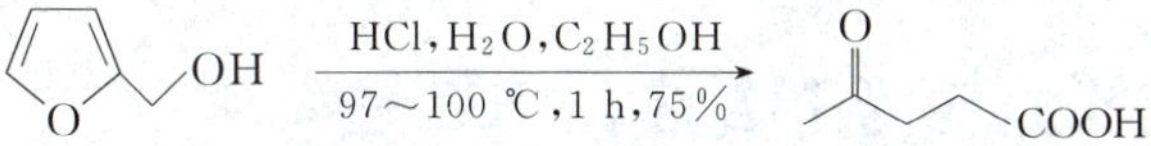

(3) 糠醇 $\xrightarrow{HCl,H_2O,C_2H_5OH}_{97\sim100\ ℃,1\ h,75\%}$ CH₃COCH₂CH₂COOH

(4) 双环[2.2.2]辛烷-COOH $\xrightarrow{Br_2,PBr_3}_{57\%}$ 溴代双环辛烷-COOH

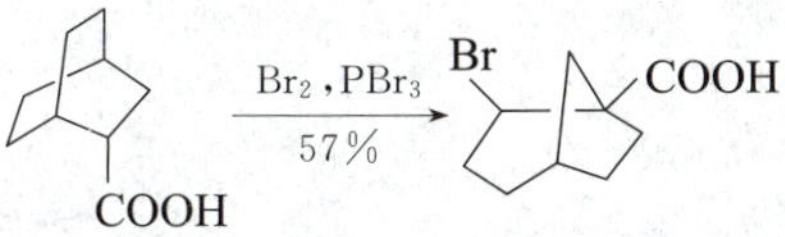

3. 用五个碳以下简单化合物及简单芳香族化合物合成下列化合物。

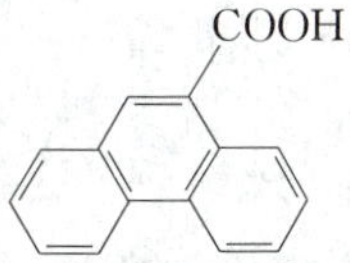

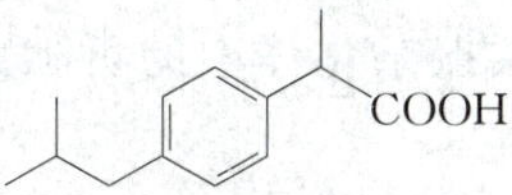

(1) $(CH_3)_3CCH_2COOH$

(2) Ph-CH(COOH)CH₂COCH₃

(3) 2,5-二氯-4-硝基苯甲酸

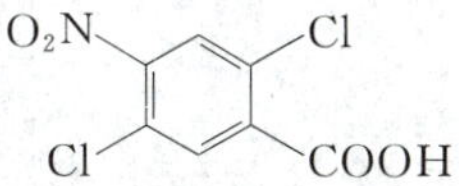

(4) 菲-9-甲酸

(5) 4-异丁基-α-甲基苯乙酸(布洛芬)

(6) 环戊烷-1,2,3,4-四甲酸 (HOOC, COOH, HOOC, COOH 构型如图)

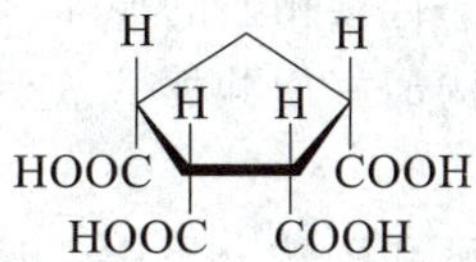

4. 推测下列化合物的结构。

(1) $C_3H_4O_4$, δ_H: 3.2, 12.1。

(2) $C_5H_8O_2$, δ_H: 2.0(s,3H), 2.2(s,3H), 5.8(s,1H), 9.1(s,1H)。

(3) $C_{15}H_{14}O_2$, δ_H: 3.0(d,2H), 4.5(t,1H), 7.3(s,10H), 10.0(b,1H)。

(4) $C_9H_{10}O_3$, σ_{max}/cm^{-1}: 3 400—2 500(b), 1 700, 1 600, 860; δ_H: 1.6(t,3H), 4.3(q,2H), 7.1(d,2H), 8.2(d,2H), 10.0(b,1H)。

5. 2,5-二甲基-1,1-环戊烷二甲酸有两种顺反异构体 A 和 B，A 在加热时脱酸生成两种可以用重结晶法分离的化合物 C 和 D，B 脱羧时生成一个能拆分成对映体的化合物 E。试推测 A~E 的结构。

第十四章 羧酸衍生物

羧酸分子中羧基的一部分换成其他原子团而生成的化合物,并能水解成羧酸的,称为羧酸的官能团衍生物。本章讨论的羧酸衍生物为酯、酰氯、酐、酰胺和腈,除腈以外,都含有酰基
$(\text{RC}\overset{O}{-})$。

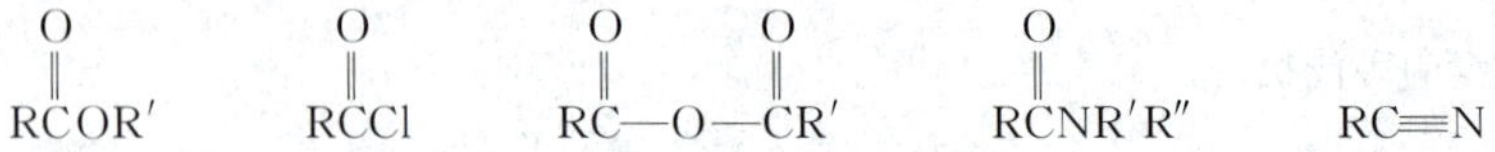

$$\underset{\text{酯}}{\text{RCOR}'} \quad \underset{\text{酰氯}}{\text{RCCl}} \quad \underset{\text{酐}}{\text{RC-O-CR}'} \quad \underset{\text{酰胺}}{\text{RCNR}'\text{R}''} \quad \underset{\text{腈}}{\text{RC}\equiv\text{N}}$$

$$R', R'' = H \text{ 或烃基}$$

§14.1 羧酸衍生物的结构和命名

14.1.1 羧酸衍生物的结构

酯、酰氯、酐和酰胺分子中都含有羰基,可用通式表示为

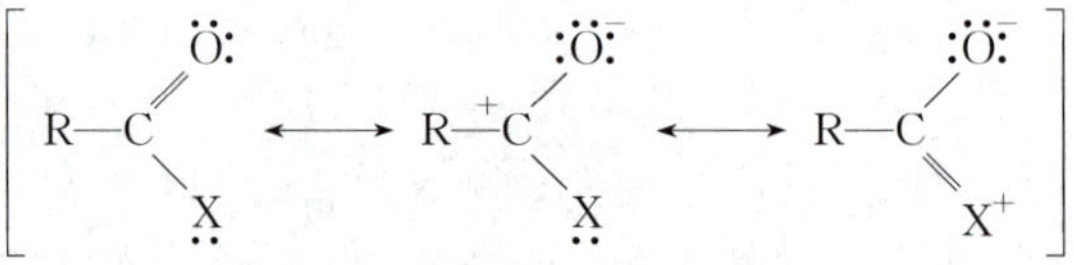

$$\left[R-\overset{\overset{..}{O}:}{\underset{X:}{C}} \longleftrightarrow R-\overset{\overset{..}{O}:^{-}}{\underset{X:}{\overset{+}{C}}} \longleftrightarrow R-\overset{\overset{..}{O}:^{-}}{\underset{X^{+}}{C}} \right]$$

X 中与羰基碳原子直接相连的原子(O,N,Cl)上都有孤电子对,它与羰基上的 π 电子共轭,因此,羧酸衍生物的结构最好用共振式表示。电荷分离的经典结构式在共振杂化体中的贡献大小,与 X 的性质有关。

在酯、酰氯、酐和酰胺分子中,与羰基碳原子直接相连的三个原子和碳原子在同一平面内。

氯原子的电负性大,正电荷在氯原子上的经典结构式不稳定,在共振杂化体中的贡献很小。乙酰氯分子中键长、键角的数值为

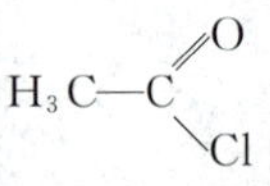

C—C	149.4 pm	∠CCO 127.08°
C=O	119.2 pm	∠OCCl 120.26°
C—Cl	178.9 pm	

C—Cl 键的键长与氯甲烷分子中的 C—Cl 键相近。

氧原子与碳原子的 p 轨道匹配性比氯原子好,酯的电荷分离的经典结构式在共振杂化体中

§ 14.1 羧酸衍生物的结构和命名

的贡献相应地大于酰氯,而与羧酸相近。甲酸甲酯和乙酸甲酯分子中键长、键角的数值为

$$\text{H-C(=O)-O-CH}_3$$

H—C(sp²)	110.1 pm	∠OCO	125°52′
C=O	120.0 pm	∠COC	114°47′
C(sp²)—O	133.4 pm		
C(sp³)—O	143.7 pm		

$$\text{H}_3\text{C-C(=O)-O-CH}_3$$

C—C	152 pm	∠OCO	124°
C=O	120 pm	∠COC	113°
C(sp²)—O	136 pm		
C(sp³)—O	146 pm		

酐分子中两个羰基竞争中间氧原子上的孤电子对,其共振杂化体可表示为

$$\left[\begin{array}{c} :\ddot{O}:^- \quad :\ddot{O}: \\ \underset{R}{C^+}\underset{\ddot{O}}{}\underset{R}{C} \end{array} \longleftrightarrow \begin{array}{c} :\ddot{O}: \quad :\ddot{O}: \\ \underset{R}{C}\underset{\ddot{O}}{}\underset{R}{C} \end{array} \longleftrightarrow \begin{array}{c} :\ddot{O}: \quad :\ddot{O}:^- \\ \underset{R}{C}\underset{\ddot{O}}{}\underset{R}{C^+} \end{array} \right]$$

电荷分离的经典结构式在共振杂化体中的贡献比酯小。乙酐分子中键长、键角的数值为

$$\text{H}_3\text{C-C(=O)-O-C(=O)-CH}_3$$

C—C	105 pm	∠CCO	108°
C=O	118 pm	∠OCO	122°
C—O	140 pm	∠COC	116°

两个羰基所在平面之间的夹角为 50°左右。

氮原子的电负性小于氧原子,因此,在酰胺分子中电荷分离的经典结构式在共振杂化体中的贡献较大,C—N 键明显地具有部分双键的性质。甲酰胺分子中所有的原子在同一平面内,其键长、键角的数值为

$$\text{H-C(=O)-N(H)(H')}$$

H—C	110.2 pm	∠HCO	122.97°
C=O	119.3 pm	∠OCN	123.86°
C—N	137.6 pm	∠CNH	117.15°
N—H	101.4 pm	∠CNH′	120.62°
N—H′	100.2 pm		

C—N 键的键长小于胺(RNH_2)分子中的 C—N 键(147 pm),与氮原子直接相连的三个原子在同一平面内,与氨的角锥结构不同。围绕 C—N 键旋转的能垒为 75.4 kJ·mol^{-1},与 C—N 键具有部分双键性质相一致。

$$\text{H-C(=O)-N(H)(H')} \rightleftharpoons \text{H-C(=O)-N(H')(H)}$$

腈分子中—C≡N 基上的碳原子为 sp 杂化,腈的结构与炔烃相似。乙腈分子中键长、键角的数值为

H₃C—C≡N   C—C 146 pm   ∠CCN 180°
           C—N 116 pm

14.1.2 羧酸衍生物的命名

酰氯和酰胺是根据分子中所含的酰基命名。酰卤包括酰氟、酰氯、酰溴和酰碘，但常用的是酰氯：

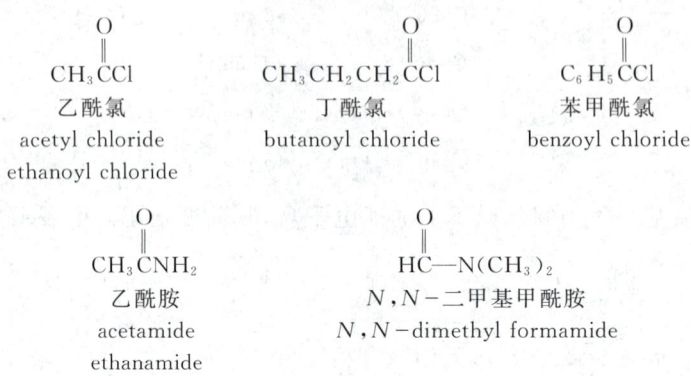

酸酐和腈是根据它们水解所得酸命名的。例如：

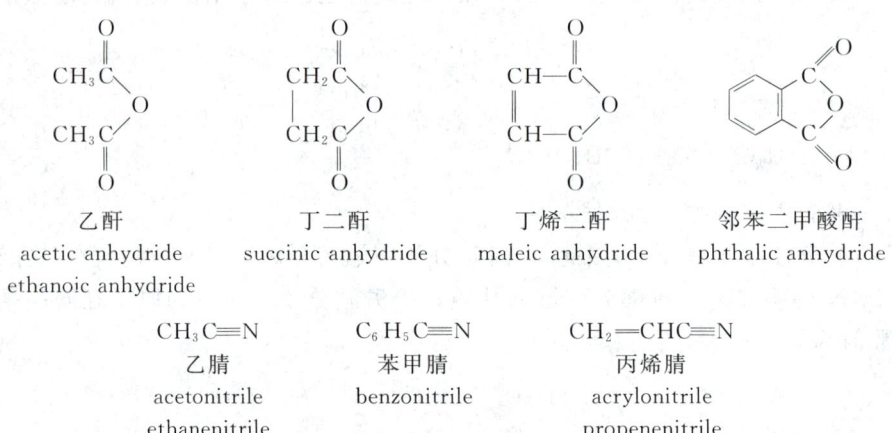

酯是根据水解所得的酸和醇命名的。例如：

$$\underset{\substack{\text{甲酸乙酯}\\ \text{ethyl formate}}}{\text{HCOC}_2\text{H}_5} \quad \underset{\substack{\text{乙酸甲酯}\\ \text{methyl acetate}}}{\text{CH}_3\overset{\text{O}}{\text{C}}\text{OCH}_3} \quad \underset{\substack{\text{苯甲酸异丙酯}\\ i\text{-propyl benzoate}}}{\text{C}_6\text{H}_5\overset{\text{O}}{\text{C}}\text{OCH}(\text{CH}_3)_2}$$

问题 14.1 写出下列各化合物的名称。

(1) 环己基-COCH₃   (2) CH₃CH₂C(O)NHCH₃

(3) (CH₃CH₂CH₂CO)₂O   (4) C₆H₅CH₂C(O)Cl

(5) $C_6H_5CH_2CH_2C\equiv N$　　　(6) 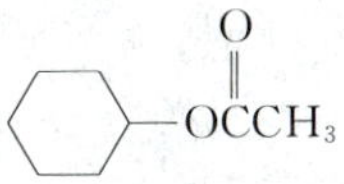 环己基-O-C(=O)CH₃

问题 14.2　写出下列化合物的结构式。
(1) 丁酸丙酯　　　　　　　(2) N-甲基苯甲酰胺
(3) N,N-二乙基乙酰胺　　(4) 乙酸苯酯
(5) 苯甲酸苄酯　　　　　　(6) 对苯二甲酰氯

---

§14.2　羧酸衍生物的物理性质

14.2.1　熔点、沸点和溶解度

最简单的酰氯为乙酰氯,沸点:52 ℃;甲酰氯在 −60 ℃以上是不稳定的,立即分解为一氧化碳和氯化氢,但甲酰氟是已知化合物,沸点: −26 ℃;苯甲酰氯的沸点:197 ℃。

酰氯的沸点比相应的羧酸低,与相对分子质量相近的醛、酮差不多。酰氯不溶于水,低级酰氯遇水猛烈水解,水解产物能溶于水,表面上像酰氯溶解。酰氯的相对密度大于 1。

甲酸的酐是未知化合物,乙酐的沸点:140 ℃,比乙酸高,苯甲酸酐和邻苯二甲酸酐为固体,熔点:42 ℃和 131 ℃,丁二酸酐也是固体,熔点:119 ℃。

一些酯的物理常数见表 14.1。

表 14.1　一些酯的物理常数

化合物名称	英 文 名 称	熔点/℃	沸点/℃
甲酸甲酯	methyl formate	−99	31.5
乙酸甲酯	methyl acetate	−98.7	59.1
乙酸乙酯	ethyl acetate	−83.6	77.1
苯甲酸乙酯	ethyl benzoate	−34.7	212.4
丙二酸二乙酯	diethyl malonate	−51.5	199.3
对苯二甲酸二甲酯	dimethyl terephthalate	140	

酯的沸点比相应的酸和醇都低,而与含同数碳原子的醛、酮差不多。酯在水中的溶解度较小,但能溶于一般的有机溶剂。挥发性的酯具有芬芳的气味,许多花果的香气就是由酯引起的。有些酯可用作食用香料。例如,乙酸异戊酯、戊酸异戊酯和丁酸丁酯分别具有与香蕉、苹果和菠萝相似的香气。

酰胺可以通过氮原子上的氢原子缔合:

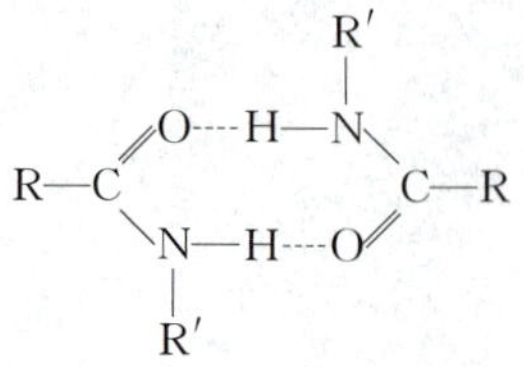

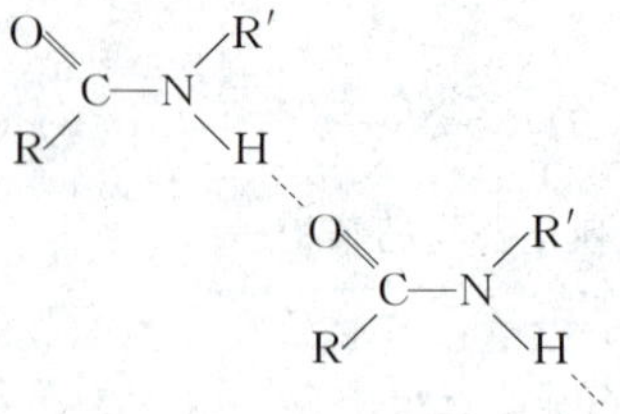

高度缔合使酰胺的沸点高于相应的酸。除甲酰胺外,其他 RCNH$_2$ 型酰胺在室温下都是固体。氮原子上的氢原子被烃基取代,使缔合程度减小,沸点降低。例如,N,N-二甲基甲酰胺(沸点:153 ℃)、N-甲基甲酰胺(沸点:180~185 ℃)的沸点都比甲酰胺(210.5 ℃分解)低。N,N-二甲基甲酰胺虽然不能通过氢键缔合,但能通过偶极缔合:

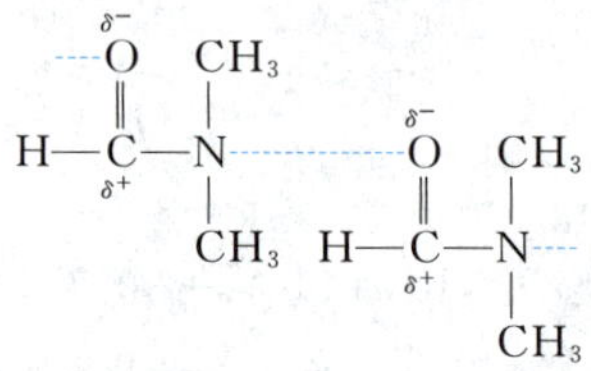

它的沸点也相当高。酰胺还能与溶剂分子缔合,低级的酰胺能溶于水,甲酰胺、N-甲基甲酰胺和 N,N-二甲基甲酰胺都能与水混溶。随着相对分子质量的增加,酰胺在水中的溶解度迅速降低,N,N-二甲基乙酰胺不溶于冷水,而苯甲酰胺只溶于热水。

二元酸生成的酰亚胺都是结晶固体。

腈一般为液体。腈分子中的氰基是高度极化的,因此,腈具有较高的偶极矩和沸点:

$$\text{CH}_3-\text{C}\equiv\text{N} \qquad \text{C}_6\text{H}_5-\text{C}\equiv\text{N}$$

13.4×10^{-30} C·m(气态)　　　14.6×10^{-30} C·m(气态)
沸点:81.6 ℃　　　　　　　　　沸点:190.7 ℃

乙腈能与水混溶,是一种良好的溶剂。

14.2.2　红外光谱

酰氯、酸酐、酯和酰胺分子中羰基的伸缩振动频率见表 14.2。

表 14.2　酰氯、酸酐、酯和酰胺分子中羰基的伸缩振动频率

化　合　物	σ(C=O 的伸缩振动)/cm^{-1}
RCCl (=O)	1 815~1 795
ArCCl (=O)	1 785~1 765
RCOCR (=O, =O)	1 825~1 815(强),1 755~1 745(弱)
RCOCR(共轭)	1 780~1 770(强),1 725~1 715(弱)

续表

化 合 物	σ(C=O 的伸缩振动)/cm^{-1}
RCOOR'	1 740
ArCOOR'	1 740~1 715
RCONH$_2$	1 655~1 630
RCONHR'	1 680~1 630
RCONR'$_2$	1 680~1 630

RCONH$_2$ 型酰胺的 N—H 伸缩振动频率在 3 400 cm^{-1} 和 3 300 cm^{-1}，RCONHR' 型酰胺则在 3 400 cm^{-1}。

脂肪族腈的 C≡N 伸缩振动频率在 2 260~2 240 cm^{-1}，芳香族腈则在 2 240~2 220 cm^{-1}。

14.2.3 核磁共振谱

羧酸衍生物中 α-碳原子上质子的化学位移见表 14.3。

表 14.3 羧酸衍生物中 α-碳原子上质子的化学位移

Y	CH$_3$Y	RCH$_2$Y	CH—CR$_2$—Y
—CHO	2.20	2.40	1.08
—COOH	2.10	2.36	1.16
—COOCH$_3$	2.03	2.13	1.12
—COCl	2.67		
—CONH$_2$	2.08	2.23	1.13
—CN	2.00	2.28	1.14

由表 14.3 可见：羧酸衍生物中 α-质子的化学位移与醛、酮的 α-质子相近。

14.2.4 质谱

脂肪族一元羧酸酯的分子离子峰较弱，芳香族一元羧酸酯则很强，有时 $M+1$ 峰比分子离子峰强，与羰基相连的单键最容易断裂。

$$\text{R}-\overset{\overset{\text{O}}{\|}}{\text{C}}\!\!-\!\text{OR}' \qquad \text{产生 R}^+, m/z = M-59, \cdots, 43, 29, 15 \text{ 等}$$

$$\text{R}'\text{O}-\overset{+}{\text{C}}\!\!=\!\!\text{O}, m/z = M-15, M-29, \cdots, 59 \text{ 等}$$

$$\text{R}-\overset{\overset{\text{O}}{\|}}{\text{C}}\!\!-\!\text{OR}' \qquad \text{产生 RC}\overset{+}{=}\text{O}, m/z = M-31, \cdots, 57, 43 \text{ 等}$$

$$\overset{+}{\text{OR}}', m/z = M-43, M-57, \cdots, 45, 31 \text{ 等}$$

脂肪族羧酸酯还可能有重排峰：

[McLafferty rearrangement scheme for esters]

如 α 位无支链，则羧酸甲酯有 $m/z = 74$ 峰，乙酯有 $m/z = 88$ 峰。如为乙酸酯，则有 $m/z = 60$ 峰，如为更高级的羧酸酯，m/z 值更大。

[Second McLafferty rearrangement scheme]

芳香族羧酸酯在羰基的邻位上如有适当的取代基，可能有重排峰。

[Aromatic ester rearrangement scheme]

X = CH$_2$, O, NR 等

酰胺的质谱图中一般有分子离子峰，芳香族酰胺的分子离子峰很强。分子中氮原子数为奇数时，分子离子峰的 m/z 为奇数。酰胺的重要裂解方式为

$$\left[\text{R}-\overset{\overset{\text{O}}{\|}}{\text{C}}\!\!-\!\text{NH}_2\right]^{\dot{+}} \longrightarrow \left[\overset{\overset{\text{O}}{\|}}{\text{C}}\!\!-\!\text{NH}_2\right]^{\dot{+}}$$
$$m/z = 44$$

$$\left[\text{R}-\overset{\overset{\text{O}}{\|}}{\text{C}}\!\!-\!\text{NR}_2\right]^{\dot{+}} \longrightarrow [\text{R}-\text{C}\!\equiv\!\text{O}]^{\dot{+}}$$

酰胺常有重排峰：

[McLafferty rearrangement scheme for amides, giving product with $m/z = 59$]

$m/z = 59$
(α 位无支链)

脂肪族腈的质谱图中常没有分子离子峰,加大样品用量可观察到 $M+1$ 峰。腈常有 $M-1$ 峰。4~10 个碳原子的直链腈,其基峰常为 $m/z=41$。

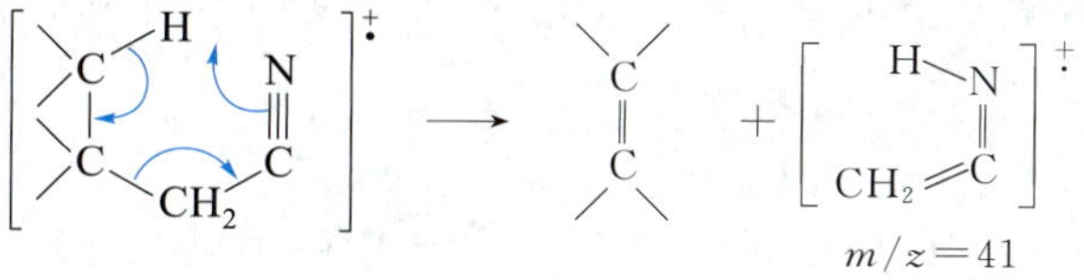

$$\left[\begin{matrix} C-H \\ | \\ C-CH_2 \end{matrix} C\equiv N\right]^{+\cdot} \longrightarrow \begin{matrix} C \\ \| \\ C \end{matrix} + \left[\begin{matrix} H-N \\ \| \\ CH_2-C \end{matrix}\right]^{+\cdot}$$
$$m/z=41$$

§14.3 酯的水解

相对分子质量低的酯在没有催化剂存在时也能缓慢水解。升高温度或在酸、碱存在下,水解速率加快。

酯的水解是酯化的逆反应,在中性或酸性溶液中,酯、水、羧酸和醇形成动态平衡:

$$\underset{}{RCOR'} + H_2O \underset{}{\overset{H^+}{\rightleftharpoons}} \underset{}{RCOH} + R'OH$$

在酯化反应中,是除去反应中生成的水,使平衡向生成酯的方向移动;而酯在中性或酸性溶液中的水解,则是在大量水存在下反应,使平衡向生成羧酸和醇的方向移动。例如:

$$C_6H_5\underset{Cl}{CH}COCH_2CH_3 + H_2O \xrightarrow[\triangle]{HCl} C_6H_5\underset{Cl}{CH}COOH + CH_3CH_2OH$$
$$80\% \sim 82\%$$

在油脂中通入过热水蒸气,油脂即水解而生成脂肪酸和甘油。

在碱性溶液中水解时,碱与生成的羧酸作用使其转变为盐而从平衡中除去,使水解进行到底。由于酯的碱性水解是不可逆反应,速率又比较快,是一般采用的方法。许多世纪以来,一直用油脂的碱性水解生产肥皂,因此,酯的碱性水解常称为皂化(saponification)。

14.3.1 碱性水解

在酯的碱性水解反应中,碱逐渐消耗,实际上它不是催化剂而是参加反应的试剂。在乙酸乙酯与氢氧化钠的反应中,反应速率与乙酸乙酯的浓度及氢氧负离子的浓度都成正比,即

$$皂化速率 = k_2[CH_3COOEt][OH^-]$$

说明皂化可能为双分子反应,酯和氢氧负离子都参加了过渡态。

在水解反应中酯分子可能在两个地方发生键的断裂:

$$R-\overset{O}{\underset{}{C}}\vdots O-R' \qquad R-\overset{O}{\underset{}{C}}-O\vdots R'$$
酰氧断裂(Ac)　　　烷氧断裂(Al)

酯分子中酰基和氧原子之间键的断裂,称为酰氧断裂,简写作 Ac;烷基和氧原子之间键的断裂称为烷氧断裂,简写作 Al。

将丙酸乙酯分子中烷氧基上的氧用 ^{18}O 标记,然后在碱性溶液中水解,得到的是 ^{18}O 变丰的乙醇,而不是丙酸:

$$CH_3CH_2\overset{O}{\underset{}{C}}{}^{18}OCH_2CH_3 + NaOH \longrightarrow CH_3CH_2\overset{O}{\underset{}{C}}ONa + CH_3CH_2{}^{18}OH$$

将乙酸戊酯在用 ^{18}O 标记的水中加碱水解,得到的则是 ^{18}O 含量正常的戊醇:

$$CH_3\overset{O}{\underset{}{C}}OC_5H_{11}\text{-}n + H^{18}O^- \longrightarrow CH_3\overset{O}{\underset{}{C}}{}^{-18}O^- + n\text{-}C_5H_{11}OH$$

这些事实说明酯的碱性水解一般为酰氧断裂。

旋光的乙酸-1-苯乙醇酯水解后生成旋光的 1-苯乙醇,其光学纯度与用作原料的酯相近:

$$H_3CC\overset{O}{\underset{}{O}}-\overset{H}{\underset{CH_3}{C}}-C_6H_5 + KOH \xrightarrow[80\%]{EtOH-H_2O} CH_3\overset{O}{\underset{}{C}}OK + HO-\overset{H}{\underset{CH_3}{C}}-C_6H_5$$

(R)-(+)-乙酸-1-苯乙醇酯   (R)-(+)-1-苯乙醇

由于不对称碳原子的构型在反应中保持不变,可以认为与它直接相连的键在反应中未发生断裂,即水解为酰氧断裂。

氢氧负离子进攻酯分子,引起酰氧断裂又可以照不同的途径进行。第一种途径与 S_N2 反应相似,即氢氧负离子的接近和烷氧负离子的离去是同步进行的,在过渡状态中,羟基和烷氧基都与羰基碳原子相连:

$$HO^- + \overset{R}{\underset{O}{C}}-OR' \longrightarrow \left[HO\overset{\delta^-}{\cdots}\overset{R}{\underset{O}{C}}\overset{\delta^-}{\cdots}OR' \right]^{\neq} \longrightarrow HO-\overset{R}{\underset{O}{C}} + {}^-OR'$$

过渡状态

$$\downarrow$$
$$RCO_2^- + R'OH$$

第二种途径是氢氧负离子进攻酯分子中的羰基碳原子,生成加成产物,与醛、酮的亲核加成相似,加成产物再脱去烷氧负离子:

$$HO^- + \overset{R}{\underset{O}{C}}-OR' \longrightarrow \left[HO-\overset{R}{\underset{O^-}{C}}-OR' \right] \longrightarrow HO-\overset{R}{\underset{O}{C}} + {}^-OR'$$

活性中间体

$$\downarrow$$
$$RCO_2^- + R'OH$$

加成产物是反应的活性中间体。

羰基氧原子用 ^{18}O 标记的一些羧酸酯在碱溶液中部分水解,回收未水解的酯,测定其中 ^{18}O 的丰度,发现比用作原料的酯低,即酯分子中的 ^{18}O 在水解过程中与反应介质中的 ^{16}O 发生了同

§ 14.3 酯 的 水 解

位素交换。

如果水解反应与 S_N2 相似,则到达过渡状态后,烷氧负离子离去生成水解产物,氢氧负离子离去,则得到用作原料的酯,不会发生 ^{18}O 的交换。

如在水解反应中生成活性中间体,后者在能线图中位于谷底,有一定的寿命,在未进一步变化以前,如发生质子转移,则有可能使回收的脂中 ^{18}O 的丰度降低,如下式所示:

$$HO^- + \underset{^{18}O}{\overset{R}{\underset{\|}{C}}}-OR' \rightleftharpoons \left[HO-\underset{^{18}O^-}{\overset{R}{\underset{|}{C}}}-OR' \right] \xrightarrow{\text{水解}} HO-\underset{^{18}O}{\overset{R}{\underset{\|}{C}}} + {}^-OR'$$

$$\updownarrow \text{交换}$$

$$H^{18}O^- + O=\overset{R}{\underset{|}{C}}-OR' \rightleftharpoons \left[{}^-O-\underset{^{18}OH}{\overset{R}{\underset{|}{C}}}-OR' \right] \longrightarrow O=\overset{R}{\underset{|}{C}} + {}^-OR'$$
$$\text{活性中间体} \qquad \qquad {}^{18}OH$$

关键在于生成的活性中间体的稳定性。如活性中间体比较稳定,它的寿命较长,在未分解成水解物或原料以前,有时间发生质子转移,则回收的酯中 ^{18}O 丰度降低。如活性中间体不稳定,它的寿命很短,生成后立即分解成水解产物或原料,来不及发生质子转移,则回收的酯中 ^{18}O 丰度不变。

用 ^{18}O 标记的苯甲酸乙酯、异丙酯和叔丁酯在碱性溶液中部分水解后,回收的酯中 ^{18}O 的丰度都会不同程度地降低。测定出来的水解速率常数 (k_H) 和交换速率常数 (k_E) 之比 (k_H/k_E) 分别为 0.6,3.7 和 7.6。因此,酰氧断裂可能是按照第二种途径进行的,即氢氧负离子进攻酯分子中的羰基碳原子,生成活性中间体,同时羰基碳原子由 sp^2 杂化变成 sp^3 杂化,即由平面构型转变为四面体构型。

酯的碱性水解双分子酰氧断裂机理 ($B_{Ac}2$) 可总结如下:

$$RCOR' + {}^-OH \underset{}{\overset{\text{慢}}{\rightleftharpoons}} R-\underset{OR'}{\overset{O^-}{\underset{|}{\overset{|}{C}}}}-OH$$

$$R-\underset{OR'}{\overset{O^-}{\underset{|}{\overset{|}{C}}}}-OH \underset{}{\overset{\text{快}}{\rightleftharpoons}} R-\overset{O}{\underset{\|}{C}}-OH + {}^-OR'$$

$$R\overset{O}{\underset{\|}{C}}OH + {}^-OR' \xrightarrow{\text{快}} RCO_2^- + R'OH$$

由于羧酸的酸性比醇强得多,反应中生成的羧酸迅速与烷氧负离子进行质子交换,转变成稳定的羧酸根负离子和醇,移动平衡,使反应进行到底。氢氧负离子与羰基加成生成四面体构型的中间体是整个反应中最慢的一步,即为速率决定步骤。

$B_{Ac}2$ 机理中关键的一步是由平面形的羰基转变成带负电荷的四面体形的中间体,四面体构型的碳原子周围有四个基团,比平面形更拥挤。因此,酯分子中与羰基直接相连的基团中有吸电子的基团,使中间体更稳定,使反应速率加快;而体积大的基团则使中间体不稳定,使反应速率减慢。例如,以下反应的相对反应速率为

$$RCO_2C_2H_5 + {}^-OH \xrightarrow{H_2O, 25\ ℃} RCO_2^- + C_2H_5OH$$

R	CH_3	CH_2Cl	$CHCl_2$	CH_3CO	CCl_3
相对反应速率	1	290	6130	7200	23150

R	CH_3	CH_2CH_3	$CH(CH_3)_2$	$C(CH_3)_3$
相对反应速率	1	0.601	0.146	0.0084

$$CH_3CO_2R + {}^-OH \xrightarrow{H_2O, 25\ ℃} CH_3CO_2^- + ROH$$

R	CH_3	CH_2CH_3	$CH(CH_3)_2$	$C(CH_3)_3$	2,4,6-三甲苯基
相对反应速率	1	0.79	0.37	0.03	~0

14.3.2 酸催化下的水解

酯在酸催化下的水解是酯化的逆反应:

$$\underset{\text{RCOR'}}{\overset{O}{\|}} + H_2O \underset{}{\overset{H^+}{\rightleftharpoons}} \underset{\text{RCOH}}{\overset{O}{\|}} + R'OH$$

根据微观可逆原理,它们的机理相同。

酸性双分子酰氧断裂($A_{Ac}2$) 烷氧基氧原子用 ^{18}O 标记的苯甲酸甲酯在酸催化下水解,生成的苯甲酸中 ^{18}O 的丰度正常,说明水解是酰氧断裂:

$$\underset{C_6H_5C—{}^{18}OCH_3}{\overset{O}{\|}} + H_2O \overset{H^+}{\rightleftharpoons} \underset{C_6H_5COH}{\overset{O}{\|}} + H^{18}OCH_3$$

苯甲酸与用 ^{18}O 标记的甲醇在氯化氢催化下酯化,生成的水中 ^{18}O 的丰度正常,说明酯化也是酰氧断裂。

一般的一元羧酸与伯醇或仲醇生成的酯在酸催化下的水解可能为 $A_{Ac}2$ 机理:

$$\underset{R-C-OR'}{\overset{O}{\|}} + H^+ \underset{\text{快}}{\overset{\text{快}}{\rightleftharpoons}} \underset{R-C-OR'}{\overset{+OH}{\|}}$$

$$\underset{R-C-OR'}{\overset{+OH}{\|}} + H_2O \underset{\text{快}}{\overset{\text{慢}}{\rightleftharpoons}} \underset{R-\underset{+OH_2}{\overset{OH}{C}}-OR'}{}$$

$$\underset{+OH_2}{\overset{OH}{R-C-OR'}} \underset{快}{\overset{快}{\rightleftharpoons}} \underset{OH}{\overset{OH}{R-C-OR'}} + H^+$$

中间产物

$$\underset{OH}{\overset{OH}{R-C-OR'}} + H^+ \underset{快}{\overset{快}{\rightleftharpoons}} \underset{OHH}{\overset{OH}{R-C-\overset{+}{O}R'}}$$

$$\underset{OHH}{\overset{OH}{R-C-\overset{+}{O}R'}} \underset{慢}{\overset{快}{\rightleftharpoons}} \underset{OH}{\overset{+OH}{R-C}} + R'OH$$

$$\underset{OH}{\overset{+OH}{R-C-OH}} \underset{快}{\overset{快}{\rightleftharpoons}} \overset{O}{R-C-OH} + H^+$$

反应的第一步是酯分子中的羰基氧原子接受一个质子,这使羰基碳原子的亲电性大为增强,容易接受亲核性弱的水分子的进攻,在第二步中生成的加水产物在第三步中脱去质子,生成反应的中间产物,后者在烷氧基氧原子上接受质子,然后在第五步中分解成质子化的羧酸和醇。在酯化反应中,则是羰基氧原子接受质子后,接受亲核性弱的醇分子的进攻。反应中最慢的一步是羰基加水或醇,质子转移的各步速率都很快。

羰基氧原子用 ^{18}O 标记的苯甲酸乙酯在稀盐酸中部分水解,回收的酯中 ^{18}O 的丰度减小,与反应中间体具有四面体结构相符:

$$\overset{^{18}O}{RCOR'} + H_2O \overset{H^+}{\rightleftharpoons} \underset{+OH_2}{\overset{^{18}OH}{R-C-OR'}} \rightleftharpoons \underset{OHH}{\overset{^{18}OH}{R-C-\overset{+}{O}R'}} \rightleftharpoons \underset{OH}{\overset{^{18}\overset{+}{O}H}{R-C}} + R'OH$$

$$\updownarrow$$

$$\overset{O}{RCOR'} + H_2^{18}O \overset{-H^+}{\rightleftharpoons} \underset{OH}{\overset{^{18}\overset{+}{O}H_2}{R-C-OR'}} \rightleftharpoons \underset{OHH}{\overset{^{18}OH}{R-C-\overset{+}{O}R'}} \rightleftharpoons \underset{OH}{\overset{^{18}OH}{R-C}} + R'OH$$

位阻对酯的酸性水解或酯化反应的速率影响较大。例如:

$$\overset{O}{CH_3COR} + H_2O \xrightarrow{HCl, 25\ ℃} \overset{O}{CH_3COH} + ROH$$

R	CH_3	CH_2CH_3	$C(CH_3)_3$
相对反应速率	1	0.97	0.53

$$\underset{\text{RCOH}}{\overset{O}{\|}} + C_2H_5OH \xrightarrow{HCl, 14.5\ ℃} \underset{\text{RCOC}_2\text{H}_5}{\overset{O}{\|}} + H_2O$$

R	CH_3	CH_2CH_3	$CH(CH_3)_2$	$C(CH_3)_3$
相对反应速率	1	0.83	0.27	0.025
R	CH_3	CH_2Ph	$CHPh_2$	CPh_3
相对反应速率	1	0.56	0.015	~0

§14.4 羧酸衍生物的互相转变

羧酸和酰氯、酸酐、酯和酰胺可以通过水解、醇解、酸解、胺解等反应互相转变。

14.4.1 酰氯、酸酐、酯和酰胺的水解

酰氯、酸酐、酯和酰胺水解后都生成羧酸：

$$\underset{\text{RCCl}}{\overset{O}{\|}} + H_2O \rightleftharpoons RCO_2H + HCl$$

$$\underset{\text{RCOCR}}{\overset{O\quad O}{\|\quad\|}} + H_2O \rightleftharpoons \underset{\text{RCOH}}{\overset{O}{\|}} + \underset{\text{RCOH}}{\overset{O}{\|}}$$

$$\underset{\text{RCOR'}}{\overset{O}{\|}} + H_2O \rightleftharpoons \underset{\text{RCOH}}{\overset{O}{\|}} + R'OH$$

$$\underset{\text{RCNR}'_2}{\overset{O}{\|}} + H_2O \rightleftharpoons \underset{\text{RCOH}}{\overset{O}{\|}} + HNR'_2$$

乙酰氯遇水激烈水解，乙酰氯的蒸气与空气接触时，被其中所含的水蒸气水解而产生烟雾。随着酰氯相对分子质量的加大，水解速率减慢，可能是由于酰氯在水中的溶解度极小所致。高级酰氯在二噁烷溶液中能迅速水解：

$$n-C_{19}H_{39}\overset{O}{\overset{\|}{C}}Cl + H_2O \xrightarrow{\text{二噁烷}, 25\ ℃} n-C_{19}H_{39}\overset{O}{\overset{\|}{C}}OH + HCl$$

芳香族酰氯水解速率很慢，加热或加碱能使水解迅速进行。

酸酐在没有酸或碱存在下即能迅速水解，因此，其水解速率比酯快，但比酰氯慢。例如，将乙酐滴入水中，它立即沉在水底，加热则水解成乙酸。

$$CH_3\overset{O}{\overset{\|}{C}}O\overset{O}{\overset{\|}{C}}CH_3 + H_2O \longrightarrow 2\,CH_3\overset{O}{\overset{\|}{C}}OH$$

酰氯和酸酐是用羧酸作原料合成的，它们的水解没有应用价值。

酯的水解在酸或碱催化下进行，工业上用过热水蒸气在240～270 ℃，4.8～5.2 MPa下使油脂水解生成脂肪酸和甘油。

羧酸的酯化是酯水解的逆反应,在酸催化下进行,用于酯的制备。

酰胺不容易水解,N-烃基取代和 N,N-二烃基取代酰胺更难水解,一般要与酸或碱一起加热到 100 ℃ 以上才能水解。羧酸与氨或胺反应先生成盐,继续加热可以得到酰胺。

对酰氯、酸酐和酰胺水解反应的机理研究不多,在多数情况下是通过生成四面体中间体进行的。

羧酸衍生物的水解实际上是用它们作酰化剂来使水酰化,因此,它们酰化能力的大小次序为

$$\text{RCX} \qquad \text{RCCl} > \text{RCOCR} > \text{RCOR}' > \text{RCNH}_2 > \text{RCNR}'_2$$
$$\overset{\|}{\text{O}} \qquad \overset{\|}{\text{O}} \quad \overset{\|}{\text{O}}\overset{\|}{\text{O}} \quad \overset{\|}{\text{O}} \quad \overset{\|}{\text{O}} \quad \overset{\|}{\text{O}}$$

水解反应相对速率 10^{11} 10^7 1.0 $<10^{-2}$

即共振杂化体中,电荷分离的经典结构式的贡献越小,X 的离去倾向越大,水解速率越快,这一规律也适用于羧酸衍生物与其他亲核试剂的反应。

醛、酮与羧酸衍生物分子中都含有羰基,但由于羧酸衍生物分子中,羰基碳原子与一个离去基团直接相连,它们的羰基的反应活性小于醛、酮,加水反应的机理虽然都是加成反应,但羧酸衍生物是先加成,后消除,因此都生成水解产物。例如:

$$\underset{\text{O}}{\overset{\|}{\text{R—C—X}}} + {}^-\text{OH} \rightleftharpoons \underset{\text{OH}}{\overset{\text{O}^-}{\text{R—C—X}}}$$

$$\underset{\text{OH}}{\overset{\text{O}^-}{\text{R—C—X}}} \rightleftharpoons \underset{\text{O}}{\overset{\|}{\text{R—C—OH}}} + {}^-\text{X}$$

$$\text{RCOH} + {}^-\text{X} \rightleftharpoons \underset{\text{O}}{\overset{\|}{\text{R—C—O}^-}} + \text{HX}$$

14.4.2 酰氯、酸酐、酯和酰胺的醇解

羧酸衍生物的醇解(alcoholysis)与水解相似,产物为酯:

$$\text{RCCl} + \text{R}'\text{OH} \rightleftharpoons \text{RCOR}' + \text{HCl}$$
$$\text{RCOCR} + \text{R}'\text{OH} \rightleftharpoons \text{RCOR}' + \text{RCOH}$$
$$\text{RCOR}' + \text{R}''\text{OH} \rightleftharpoons \text{RCOR}'' + \text{R}'\text{OH}$$
$$\text{RCNH}_2 + \text{R}'\text{OH} \rightleftharpoons \text{RCOR}' + \text{NH}_3$$

酯与醇反应,生成新的酯和醇,称为酯交换或酯基转移(transesterification)。

酯基转移反应可用于难以合成或不能用直接酯化法合成的酯,如酚酯和烯醇酯的制备。例如:

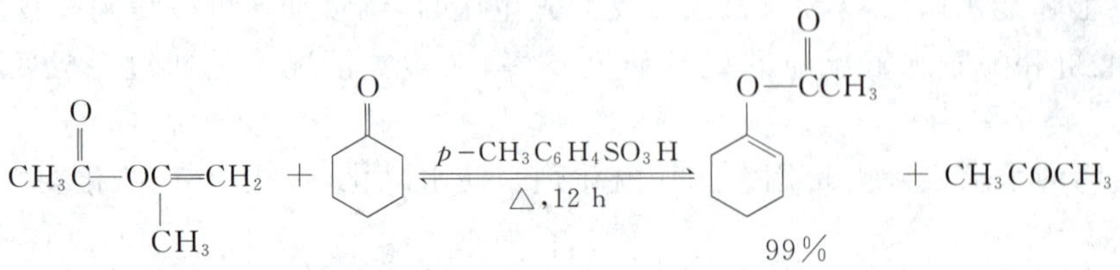

$$CH_3C(O)OC(CH_3)=CH_2 + \text{环己酮} \xrightarrow[\triangle, 12h]{p-CH_3C_6H_4SO_3H} \text{1-乙酰氧基环己烯}(99\%) + CH_3COCH_3$$

酯交换反应也用于工业生产中。例如:

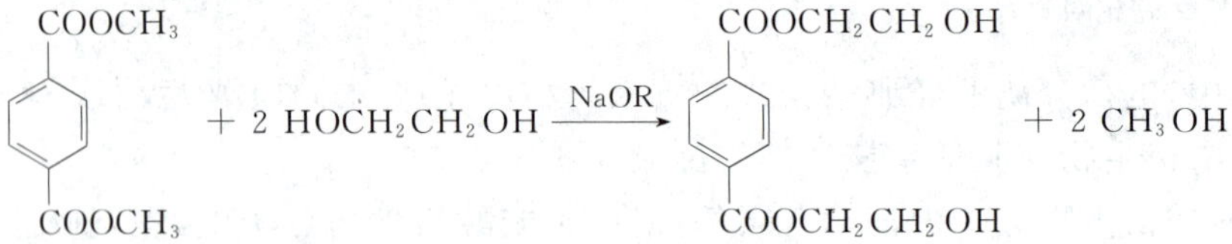

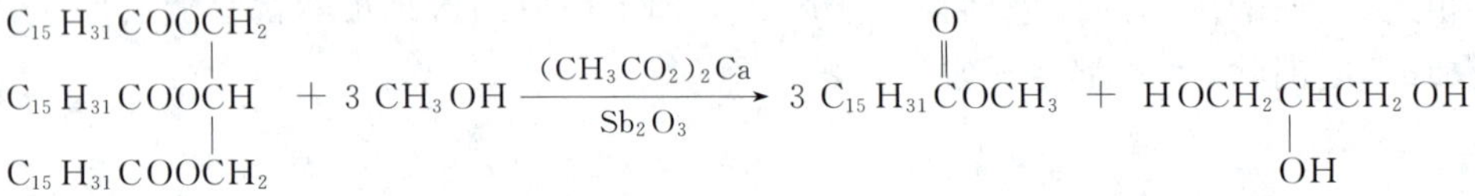

$$p\text{-}C_6H_4(COOCH_3)_2 + 2\,HOCH_2CH_2OH \xrightarrow{NaOR} p\text{-}C_6H_4(COOCH_2CH_2OH)_2 + 2\,CH_3OH$$

$$\begin{array}{c} C_{15}H_{31}COOCH_2 \\ C_{15}H_{31}COOCH \\ C_{15}H_{31}COOCH_2 \end{array} + 3\,CH_3OH \xrightarrow[Sb_2O_3]{(CH_3CO_2)_2Ca} 3\,C_{15}H_{31}COOCH_3 + HOCH_2CHCH_2OH\,|\,OH$$

酯基转移反应与酯的水解相似,在酸或碱存在下进行,蒸出易挥发的产物,使平衡移动,可以将反应进行到底。

长链脂肪酸的甲酯可以用来代替柴油(diesel oil)。从植物性原料得到的脂肪或废弃的动物脂肪是潜在的柴油来源,关键问题是如何降低酯交换反应的成本。

问题 14.3 推测下列反应的机理。

(1) $C_6H_5COC(CH_3)_3 + CH_3CH_2OH \xrightarrow{H^+} C_6H_5COOH + CH_3CH_2OC(CH_3)_3$

(2) $CH_3COC(C_6H_5)_3 + CH_3OH \xrightarrow{H^+} CH_3COOH + CH_3OC(C_6H_5)_3$

(3) 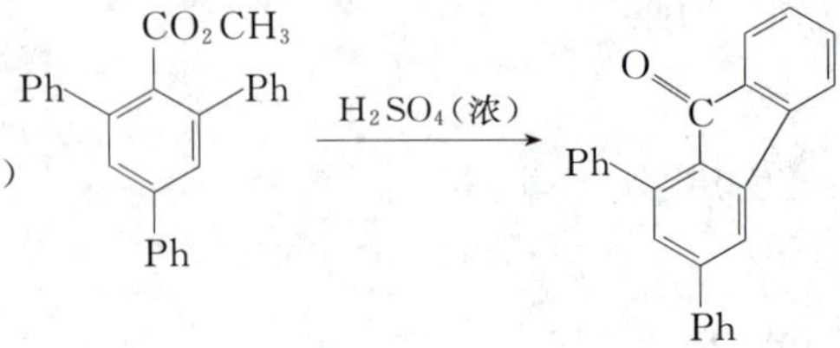 2,4,6-三苯基苯甲酸甲酯 $\xrightarrow{H_2SO_4(\text{浓})}$ 1,3-二苯基芴酮

(4) $C_6H_5COC(CH_3)_3 + H^+ \longrightarrow C_6H_5COOH + (CH_3)_2C=CH_2$

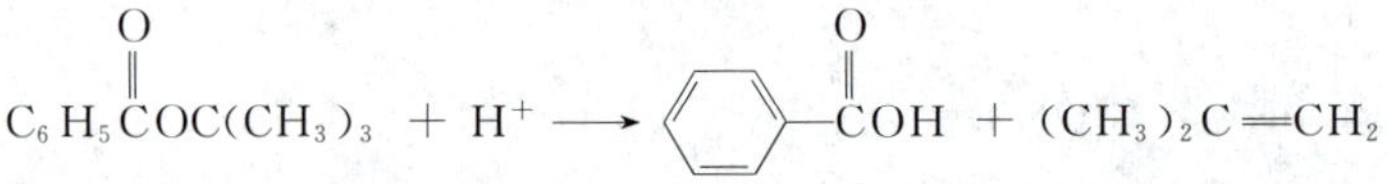

酰氯与醇或酚迅速作用生成相应的酯。在反应中常加入碱性物质,用来除去生成的氯化氢,以免产生不必要的副反应,如与不饱和醇加成或使醇发生取代重排等。酰氯的生产成本很高,只

用作实验室试剂。

$$\text{CH}_3\overset{\text{O}}{\text{C}}\text{Cl} + (\text{CH}_3)_3\text{COH} \xrightarrow[63\%\sim68\%]{\text{Et}_2\text{O},\text{C}_6\text{H}_5\text{N}(\text{CH}_3)_2} \text{CH}_3\overset{\text{O}}{\text{C}}\text{OC}(\text{CH}_3)_3 + \text{C}_6\text{H}_5\overset{+}{\text{NH}}(\text{CH}_3)_2\text{Cl}^-$$

加碱的另一个目的是使醇解速率加快。例如：

$$3,5\text{-}(\text{O}_2\text{N})_2\text{C}_6\text{H}_3\overset{\text{O}}{\text{C}}\text{Cl} + (\text{CH}_3)_2\text{CHCH}_2\text{OH} \xrightarrow[85\%]{\text{C}_5\text{H}_5\text{N}} 3,5\text{-}(\text{O}_2\text{N})_2\text{C}_6\text{H}_3\overset{\text{O}}{\text{C}}\text{OCH}_2\text{CH}(\text{CH}_3)_2 + \text{C}_5\text{H}_5\text{N}\cdot\text{HCl}$$

$$\text{CH}_3\overset{\text{O}}{\text{C}}\text{Cl} + \text{HO-}3,5\text{-}(\text{CH}_3)_2\text{C}_6\text{H}_3 \xrightarrow[76\%]{\text{Et}_2\text{O},\text{C}_5\text{H}_5\text{N}} \text{CH}_3\overset{\text{O}}{\text{C}}\text{O-}3,5\text{-}(\text{CH}_3)_2\text{C}_6\text{H}_3 + \text{C}_5\text{H}_5\text{N}\cdot\text{HCl}$$

酸酐与醇的反应较酰氯温和，酸和碱可以使醇解的速率加快：

$$(\text{CH}_3\overset{\text{O}}{\text{C}})_2\text{O} + \text{HOCH}(\text{CH}_3)\text{CH}_2\text{CH}_3 \xrightarrow[60\%]{\text{H}_2\text{SO}_4} \text{CH}_3\overset{\text{O}}{\text{C}}\text{OCH}(\text{CH}_3)\text{CH}_2\text{CH}_3 + \text{CH}_3\overset{\text{O}}{\text{C}}\text{OH}$$

用酸酐作酰化剂的缺点是两个酰基只有一个有效，因此，只能用工业生产的酐，如乙酐。环酐在不同的条件下与醇反应，可以得到二元酸的单酯或二酯。例如：

$$\text{邻苯二甲酸酐} + n\text{-C}_6\text{H}_{13}\text{CH}(\text{CH}_3)\text{OH} \xrightarrow{115\text{℃}} \text{邻-HOOC-C}_6\text{H}_4\text{-COOCH}(\text{CH}_3)\text{C}_6\text{H}_{13}\text{-}n$$

$$\text{邻苯二甲酸酐} + 2\text{C}_2\text{H}_5\text{OH} \xrightarrow{\text{ArSO}_3\text{H}} \text{邻-C}_6\text{H}_4(\text{COOC}_2\text{H}_5)_2$$

酸酐的醇解在工业上用来生产纤维素酯等产品。

酰胺与醇在酸性催化剂存在下加热到较高温度，也可以转变为酯，但没有合成价值。

$$\text{RCONH}_2 + \text{CH}_3\text{OH} \xrightarrow[160\text{℃}]{\text{BF}_3} \text{RCOOCH}_3 + \text{NH}_3$$

14.4.3 酰氯、酸酐、酯和酰胺的酸解

酰氯、酸酐、酯和酰胺与另一羧酸一起加热，都得到平衡混合物：

$$RCOCl + R'COOH \rightleftharpoons RCOOH + R'COCl$$

$$RCOOCR + R'COOH \rightleftharpoons RCOOCR' + RCOOH$$

$$RCOOCR' + R'COOH \rightleftharpoons R'COOCR' + RCOOH$$

$$RCOOR' + R''COOH \rightleftharpoons RCOOH + R''COOR'$$

$$RCONH_2 + R'COOH \rightleftharpoons RCOOH + R'CONH_2$$

草酸的二酰氯常用作制备其他酰氯的试剂,因为反应中生成的草酸在加热时分解成一氧化碳和二氧化碳,使平衡向右移动。

$$\begin{array}{c} COCl \\ | \\ COCl \end{array} + 2\ RCOOH \xrightarrow{\triangle} RCOOCR + CO + CO_2 + 2\ HCl$$

不过,用得更多的是无机酸的酰氯,如 $SOCl_2$,PCl_3,$POCl_3$ 等,因为它们更便宜:

$$RCOOH + SOCl_2 \xrightarrow{\triangle} RCOCl + SO_2 + HCl$$

在工业上有时用光气(碳酸的酰氯)与羧酸一起加热以制备酸酐:

$$ClCOCl + 2\ RCOOH \xrightarrow{\triangle} RCOOCR + CO_2 + 2\ HCl$$
光气

光气有剧毒,在实验室中如果必须用光气,可以用双光气($ClCOOCCl_3$)代替。

酰氯在吡啶存在下与羧酸一起加热是制备酸酐的一种方法:

$$CH_3(CH_2)_5CCl + CH_3(CH_2)_5COOH \xrightarrow[\triangle]{C_5H_5N} CH_3(CH_2)_5COC(CH_2)_5CH_3 + C_5H_5N \cdot HCl$$
$$78\% \sim 83\%$$

如使酰氯与羧酸盐反应,还可以制备混酐:

$$CH_3CH_2CCl + CH_3CO^-Na^+ \xrightarrow[60\%]{Et_2O} CH_3CH_2COCCH_3 + NaCl$$

酸酐与另一羧酸反应交换一个酰基,生成混酐。例如,乙酐与甲酸混合,生成甲乙酐,后者与醇反应,得到甲酸酯:

$$(CH_3C)_2O + HCOOH \rightleftharpoons CH_3COCH + CH_3COOH$$

§14.4 羧酸衍生物的互相转变

$$CH_3\overset{O}{\overset{\|}{C}}O\overset{O}{\overset{\|}{C}}H + ROH \longrightarrow H\overset{O}{\overset{\|}{C}}OR + CH_3\overset{O}{\overset{\|}{C}}OH$$

三氟乙酐与羧酸反应生成的混酐是良好的酰化剂：

$$(CF_3\overset{O}{\overset{\|}{C}})_2O + R\overset{O}{\overset{\|}{C}}OH \rightleftharpoons CF_3\overset{O}{\overset{\|}{C}}O\overset{O}{\overset{\|}{C}}R + CF_3\overset{O}{\overset{\|}{C}}OH$$

$$CF_3\overset{O}{\overset{\|}{C}}O\overset{O}{\overset{\|}{C}}R + R'OH \longrightarrow R\overset{O}{\overset{\|}{C}}OR' + CF_3\overset{O}{\overset{\|}{C}}OH$$

因此，将羧酸与醇或酚混合，再加三氟乙酐，可以得到酯。例如：

$$\text{2,4,6-(CH}_3)_3\text{C}_6\text{H}_2\text{CO}_2\text{H} + \text{HO-2,4,6-(CH}_3)_3\text{C}_6\text{H}_2 \xrightarrow{(CF_3C)_2O, 25\,℃} \text{2,4,6-(CH}_3)_3\text{C}_6\text{H}_2\text{COO-2,4,6-(CH}_3)_3\text{C}_6\text{H}_2$$

三氟甲基是强吸电子取代基，它能使相邻羰基上氧原子的电子云密度减小，因此，在混酐中与 R 相邻的羰基优先接受质子，活化后与醇反应，CF_3COO^- 是离去倾向很大的基团，有助于酯的生成。

$$R\overset{O}{\overset{\|}{C}}-O-\overset{O}{\overset{\|}{C}}CF_3 \xrightleftharpoons{H^+} R\overset{\overset{+OH}{|}}{C}-O-\overset{O}{\overset{\|}{C}}CF_3 \xrightarrow{R'OH} R\overset{O}{\overset{\|}{C}}OR' + CF_3CO_2H$$

或

$$R\overset{O}{\overset{\|}{C}}\curvearrowleft O-\overset{O}{\overset{\|}{C}}CF_3 \xrightleftharpoons{H^+} CF_3CO_2H + R\overset{+}{C}=O \xrightarrow{R'OH} R\overset{O}{\overset{\|}{C}}OR'$$

强吸电子取代基使 $[CF_3\overset{+}{C}=O \longleftrightarrow CF_3\overset{+}{C}=O]$ 不稳定，更容易生成 $R-\overset{+}{C}=O$。酸酐与羧酸的反应也可以用来制备另一种酸酐。例如：

$$(CH_3\overset{O}{\overset{\|}{C}})_2O + 2\,C_6H_5\overset{O}{\overset{\|}{C}}OH \rightleftharpoons (C_6H_5\overset{O}{\overset{\|}{C}})_2O + 2\,CH_3\overset{O}{\overset{\|}{C}}OH$$
$$72\% \sim 74\%$$

$$\text{3-NO}_2\text{-C}_6\text{H}_3(\text{CO}_2\text{H})_2 + (CH_3\overset{O}{\overset{\|}{C}})_2O \xrightarrow{\Delta} \text{3-nitrophthalic anhydride} + 2\,CH_3\overset{O}{\overset{\|}{C}}OH$$
$$80\% \sim 93\%$$

酯与羧酸反应，生成另一羧酸的酯，这也是一种酯基转移反应，有时可用于制备。例如：

$$CH_2=CH\overset{O}{\overset{\|}{C}}OCH_3 + H\overset{O}{\overset{\|}{C}}OH \xrightleftharpoons{H_2SO_4} CH_2=CH\overset{O}{\overset{\|}{C}}OH + H\overset{O}{\overset{\|}{C}}OCH_3$$
$$74\% \sim 78\%$$

$$RO\overset{O}{\overset{\|}{C}}(CH_2)_n\overset{O}{\overset{\|}{C}}OR + HOOC(CH_2)_nCOOH \longrightarrow 2\,RO\overset{O}{\overset{\|}{C}}(CH_2)_nCOOH$$

将乙酰胺与苯甲酸一起加热,蒸出反应中生成的乙酸,可以得到苯甲酰胺:

$$CH_3CONH_2 + C_6H_5COOH \xrightleftharpoons{\triangle} C_6H_5CONH_2 + CH_3COOH$$

这类反应在合成上的用途很少。

14.4.4 酰氯、酸酐和酰胺的氨解

氨、伯胺和仲胺的酰化是制备酰胺、N-烃基酰胺和 N,N-二烃基酰胺的用途最广的方法。酰氯、酸酐和酯都可以用作酰化剂。

$$RCOCl + 2HNR'_2 \longrightarrow RCONR'_2 + H_2NR'^+_2 Cl^-$$

$$RCOOCR + 2HNR'_2 \longrightarrow RCONR'_2 + RCO^- \; H_2NR'^+_2$$

$$RCOOR'' + HNR'_2 \longrightarrow RCONR'_2 + R''OH$$

酰氯与氨或胺迅速反应,有时猛烈反应,生成酰胺和氯化氢,后者与用作原料的氨或胺结合生成盐。为了提高产率,要加入过量的氨,在制备取代酰胺时,常加入吡啶或无机碱以除去生成的氯化氢。例如:

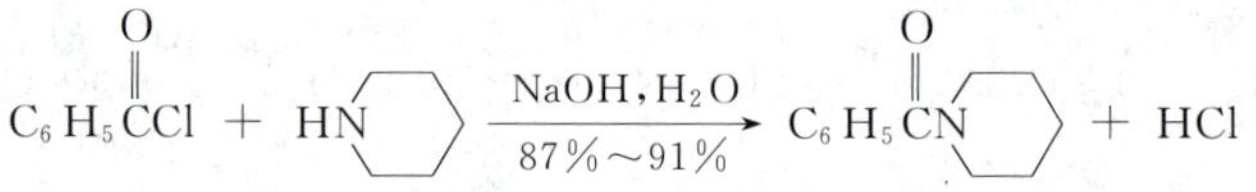

$$C_6H_5COCl + HN\!\!\bigcirc \xrightarrow[87\%\sim91\%]{NaOH,H_2O} C_6H_5CO\text{-}N\!\!\bigcirc + HCl$$

酸酐的反应活性低于酰氯,因此,当酰氯与氨或胺的反应过于猛烈时常用酸酐作酰化剂。例如:

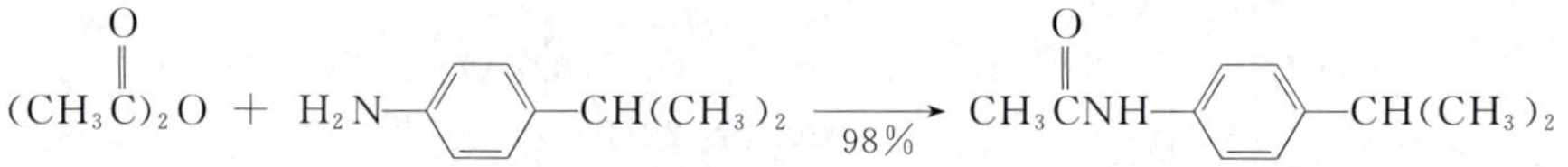

$$(CH_3CO)_2O + H_2N\text{-}\!\!\bigcirc\!\!\text{-}CH(CH_3)_2 \xrightarrow{98\%} CH_3CONH\text{-}\!\!\bigcirc\!\!\text{-}CH(CH_3)_2$$

环酐与氨或胺反应,先开环生成酰胺羧酸,后者容易转变成环状的酰亚胺:

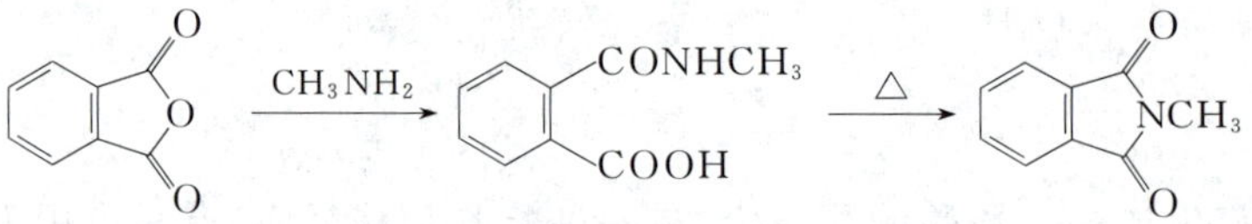

酯与氨或胺的反应较酸酐温和,与亲核性较弱的胺的反应,常在碱性催化剂存在下进行。

$$CH_3\underset{OH}{\text{CH}}COOC_2H_5 + NH_3 \xrightarrow{25\text{℃},24\text{ h}} CH_3\underset{OH}{\text{CH}}CONH_2 + C_2H_5OH$$

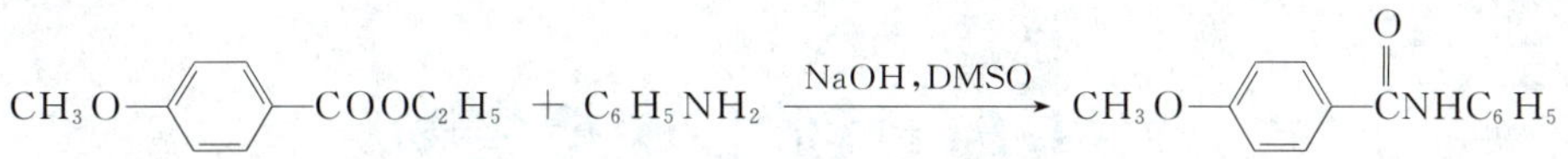

§14.4 羧酸衍生物的互相转变

$$CH_3O-C_6H_4-COOC_2H_5 + C_6H_5NH_2 \xrightarrow{NaOH, DMSO} CH_3O-C_6H_4-CONHC_6H_5$$

酰胺的酰化能力很低，一般不用作酰化剂。

腈在氯化氢存在下与乙醇作用，生成亚氨基酯的盐：

$$CH_3C\equiv N + C_2H_5OH + HCl \longrightarrow CH_3C(OC_2H_5)=\overset{+}{N}H_2 Cl^-$$

后者与过量的无水乙醇继续反应，生成原酸酯：

$$CH_3C(OC_2H_5)=\overset{+}{N}H_2 Cl^- + 2C_2H_5OH \longrightarrow CH_3C(OC_2H_5)_3 + \overset{+}{N}H_4Cl^-$$

如所用的乙醇中有水，则得到酯：

$$CH_3C(OC_2H_5)=\overset{+}{N}H_2 Cl^- + H_2O \longrightarrow CH_3C(OC_2H_5)=O + \overset{+}{N}H_4Cl^-$$

腈与氨和氯化铵一起在高压釜中加热，生成脒盐：

$$CH_3C\equiv N + NH_3 + \overset{+}{N}H_4Cl^- \xrightarrow{125\sim150\ ℃} [CH_3C(NH_2)=\overset{+}{N}H_2 \longleftrightarrow CH_3C(\overset{+}{N}H_2)-NH_2]Cl^-$$

问题 14.4 写出下列反应的产物。

(1) $CH_3COCl + CH_3{}^{18}OH \xrightarrow{C_5H_5N}$

(2) 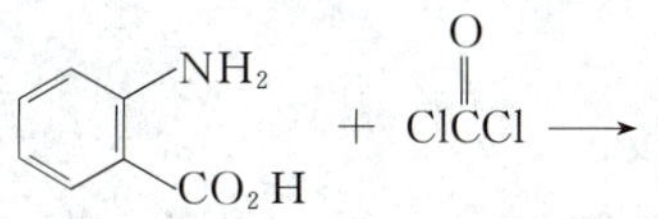 邻氨基苯甲酸 $+ ClCOCl \longrightarrow$

(3) $(CH_3)_2CHCH_2CH_2COOCH_3 \xrightarrow{CH_3OH}$
  $\quad\quad\quad\quad |$
  $\quad\quad\quad NH_2$

(4) $CH_3COCCH_2CH_2CH(CH_3)_2 \xrightarrow[CH_3OH]{H^+}$
  $\quad\quad\quad |$
  $\quad\quad C_2H_5$ （含 CH₃ 支链）
  旋光

§14.5 其他羧酸衍生物

14.5.1 腈

酰胺脱水生成腈,常用的脱水剂有 P_2O_5, $POCl_3$, PCl_5, $SOCl_2$ 等:

$$RCONH_2 \xrightarrow{P_2O_5} RC\equiv N$$

因此,腈也是羧酸衍生物,不过它不含酰基。羧酸的铵盐与脱水剂一起加热可以直接得到腈;羧酸与硫酰胺[sulfamide, $(NH_2)_2SO_2$]一起加热也可以得到腈。

酰胺用 $SOCl_2$ 脱水时,可能是先与酰胺的烯醇式反应,然后再通过消除反应变成腈:

$$RCONH_2 \;(\rightleftharpoons R-\underset{NH}{\overset{OH}{C}}) \xrightarrow{SOCl_2} R-\underset{NH}{\overset{OSOCl}{C}} \xrightarrow{-HCl, SO_2} RC\equiv N$$

腈水解时先生成酰胺,后者继续水解生成羧酸。腈的水解在碱性溶液中或酸催化下进行。例如:

$$C_6H_5CH_2CN + H_2O \xrightarrow{HCl, 50\,^\circ C} C_6H_5CH_2CONH_2$$
$$82\% \sim 86\%$$

$$C_6H_5CH_2CN + 2H_2O \xrightarrow[3\,h]{H_2SO_4, 100\,^\circ C} C_6H_5CH_2CO_2H$$
$$78\%$$

$$CH_3(CH_2)_9CN + 2H_2O \xrightarrow[\text{② } H^+]{\text{① KOH, EtOH, 回流, 77 h}} CH_3(CH_2)_9COOH$$
$$80\%$$

将腈与固体氢氧化钾在叔丁醇溶液中回流也可使其转变为酰胺:

$$CH_3(CH_2)_3CN + KOH \xrightarrow[\triangle]{t\text{-BuOH}} CH_3(CH_2)_3CONH_2$$

腈水解的机理可能为

$$R-C\equiv N + {}^-OH \rightleftharpoons R-\underset{OH}{\overset{}{C}}=N^-$$

$$R-\underset{OH}{\overset{}{C}}=N^- + H_2O \rightleftharpoons R-\underset{OH}{\overset{}{C}}=NH + {}^-OH$$

$$R-\underset{OH}{\overset{}{C}}=NH \rightleftharpoons R-\underset{O}{\overset{}{C}}-NH_2$$

或

$$R-C\equiv N + H^+ \rightleftharpoons R\overset{+}{C}=NH$$

$$R\overset{+}{C}=NH + H_2O \rightleftharpoons R-\underset{\underset{+}{OH_2}}{C}=NH$$

$$R-\underset{\underset{+}{OH_2}}{C}=NH \rightleftharpoons R-\underset{OH}{C}=NH + H^+$$

$$R-\underset{OH}{C}=NH \rightleftharpoons R-\underset{\underset{O}{\|}}{C}NH_2$$

14.5.2 烯酮

烯酮(ketene)是结构与累积二烯烃相似的羰基化合物。乙烯酮可以由乙酸的热解得到：

$$CH_3\overset{\overset{O}{\|}}{C}OH \xrightarrow{\triangle} CH_2=C=O + H_2O$$

因此，烯酮可以看作羧酸的内酐。烯酮是一类高效的酰化剂，特别是乙烯酮，它迅速与水、醇、羧酸和氨反应，分别生成羧酸、酯、酸酐和酰胺：

$$CH_2=C=O + H_2O \longrightarrow CH_3\overset{\overset{O}{\|}}{C}OH$$

$$CH_2=C=O + ROH \longrightarrow CH_3\overset{\overset{O}{\|}}{C}OR$$

$$CH_2=C=O + CH_3\overset{\overset{O}{\|}}{C}OH \longrightarrow CH_3\overset{\overset{O}{\|}}{C}O\overset{\overset{O}{\|}}{C}CH_3$$

$$CH_2=C=O + NH_3 \longrightarrow CH_3\overset{\overset{O}{\|}}{C}NH_2$$

乙烯酮与醛、酮反应生成乙酸烯醇酯。例如：

$$CH_3\overset{\overset{O}{\|}}{C}CH_3 \rightleftharpoons CH_2=\underset{OH}{C}CH_3$$

$$CH_2=\underset{OH}{C}-CH_3 + CH_2=C=O \longrightarrow CH_2=\underset{OCOCH_3}{C}-CH_3$$

以上反应可以用通式表示：

$$CH_2=C=O \xrightarrow{H^+} CH_2=\overset{+}{C}-OH$$

$$CH_2=\overset{+}{C}-OH + Nu^- \longrightarrow CH_2=\underset{Nu}{C}-OH$$

$$CH_2=\overset{\curvearrowleft}{C}-\overset{\curvearrowleft}{O}-H \longrightarrow CH_3-\overset{O}{\underset{Nu}{C}}=O$$

烯酮还具有碳-碳双键的性质。例如,能与卤素和卤化氢发生加成反应:

$$CH_2=C=O + Br_2 \longrightarrow BrCH_2\overset{O}{\underset{\|}{C}}Br$$

$$CH_2=C=O + HBr \longrightarrow CH_3\overset{O}{\underset{\|}{C}}Br$$

乙烯酮为气体,沸点:−56 ℃,有剧毒,工业上用于乙酐的生产。

乙烯酮在−30 ℃下也能慢慢转变成二聚乙烯酮(双烯酮),在室温下则很快二聚:

$$\begin{matrix} CH_2=C=O \\ + \\ CH_2=C=O \end{matrix} \longrightarrow \begin{matrix} CH_2-C=O \\ | \quad | \\ CH_2-C=O \end{matrix}$$

因此,使用乙烯酮进行反应,一般是将发生器里生成的乙烯酮立即通入反应物中。

二聚乙烯酮与乙醇反应,转变成乙酰乙酸乙酯:

$$\begin{matrix} CH_2=C-O \\ | \quad | \\ CH_2-C=O \end{matrix} + C_2H_5OH \longrightarrow CH_3\overset{O}{\underset{\|}{C}}CH_2\overset{O}{\underset{\|}{C}}OC_2H_5$$

问题 14.5 二苯乙烯酮可以由二苯乙酰氯与三乙胺一起加热得到:

$$(C_6H_5)_2CHCCl + (C_2H_5)_3N \xrightarrow{\triangle} (C_6H_5)_2C=C=O$$

试写出它与乙醇、苯酚和氨的反应式。

14.5.3 原酸酯

原酸酯(ortho-ester)是不稳定的原酸[$RC(OH)_3$]的三烷基或三芳基衍生物,其通式为

$$R-\overset{OR^1}{\underset{OR^3}{\overset{|}{\underset{|}{C}}}}-OR^2 \qquad R,R^1,R^2,R^3 = 烷基或芳基$$

腈与醇在氯化氢存在下生成亚氨酸酯盐酸盐,后者继续与无水醇反应,即生成原酸酯。这是合成原酸酯最主要的方法。

$$CH_3C\equiv N + C_2H_5OH + HCl \longrightarrow CH_3\overset{+}{\underset{OC_2H_5}{\overset{|}{C}=NH_2}}Cl^-$$

$$\underset{\underset{OC_2H_5}{|}}{\overset{+}{CH_3C}=NH_2Cl^-} \xrightarrow{C_2H_5OH} \underset{\underset{OC_2H_5}{|}}{\overset{OC_2H_5}{|}}{CH_3C-OC_2H_5} + NH_4Cl$$

原甲酸酯可由氯仿与醇钠得到：

$$HCCl_3 + 3\ C_2H_5ONa \xrightarrow{\triangle} HC(OC_2H_5)_3 + 3\ NaCl$$
$$\text{沸点}:146\ ℃$$

原酸酯是一类反应活性很高的化合物，同缩醛和缩酮一样，对碱稳定，在酸性溶液中极易水解成羧酸酯：

$$RC(OR')_3 + H_2O \xrightarrow{H^+} \overset{O}{\underset{\|}{RCOR'}} + 2\ R'OH$$

由于原酸酯对酸非常敏感，要在碱性或无水条件下储存。

原甲酸酯与醛、酮反应，生成缩醛或缩酮：

$$HC(OC_2H_5)_3 + \overset{O}{\underset{\|}{RCR'}} \xrightarrow{H^+} \overset{O}{\underset{\|}{HCOC_2H_5}} + RR'C(OC_2H_5)_2$$

因此，原甲酸酯常用来合成缩醛或缩酮。

14.5.4 过氧酸和二酰基过氧化物

过氧酸(peroxy acid)和二酰基过氧化物(diacyl peroxide)是过氧化氢的一酰基和二酰基衍生物。

$$H-O-O-H \qquad \overset{O}{\underset{\|}{RC}}-O-O-H \qquad \overset{O}{\underset{\|}{R-C}}-O-O-\overset{O}{\underset{\|}{C-R}}$$
过氧化氢　　　　　　过氧酸　　　　　　　　二酰基过氧化物

$$\overset{O}{\underset{\|}{CH_3C}}-O-O-H \qquad \overset{O}{\underset{\|}{C_6H_5C}}-O-O-H \qquad \overset{O}{\underset{\|}{C_6H_5C}}-O-O-\overset{O}{\underset{\|}{CC_6H_5}}$$
过氧乙酸　　　　　　过氧苯甲酸　　　　　　二苯甲酰过氧化物

过氧酸在固态下有强的分子内氢键，同时分子间也以氢键相连：

固态下　　　　　　　　　溶液中

红外光谱研究说明：在溶液分子内的氢键仍保持不变。

过氧乙酸可以在减压下蒸馏，其熔点为 0 ℃，加热到 110 ℃ 左右即猛烈爆炸，即使在 -20 ℃ 下，仍有爆炸危险。因此，低级的过氧酸常以水溶液的形式使用。过氧酸的链长增加，稳定性也随着增加。过氧月桂酸的熔点为 52 ℃，过氧间氯苯甲酸的熔点为 92 ℃，它们在储存时每年分解的程度小于 1%，是常用的过氧酸。过氧苯甲酸(熔点:41 ℃)使用时也比过氧乙酸安全。

羧酸与过氧化氢缓慢反应，生成过氧酸与水，这是一个平衡反应：

$$\text{RCOOH} + \text{HOOH} \underset{}{\overset{H^+}{\rightleftharpoons}} \text{RC(O)—O—O—H} + \text{HOH}$$

为了使转化速率加快,常加入硫酸、氟化氢或对甲苯磺酸作催化剂,并使用高浓度的过氧化氢。制备无水过氧酸则在非水溶液中反应,并用酸型离子交换树脂作催化剂。

酰氯或酸酐在含水乙醇中与过氧化钠反应也生成过氧酸:

$$\text{RCOCl} + \text{NaOOH} \xrightarrow{C_2H_5OH, H_2O} \text{RCOOH} + \text{NaCl}$$

二苯甲酰过氧化物由苯甲酰氯与过氧化氢制备:

$$2\,C_6H_5COCl + HOOH \xrightarrow{-OH} C_6H_5COOCC_6H_5 + 2HCl$$

二苯甲酰过氧化物分子中含有弱的—O—O—单键,在加热时发生均裂反应,产生自由基:

$$C_6H_5C(O)—O—O—(O)CC_6H_5 \xrightarrow{\triangle} 2\,C_6H_5CO\cdot$$

$$C_6H_5CO\cdot \longrightarrow C_6H_5\cdot + CO_2$$

因此,常用作自由基反应的引发剂。

14.5.5 内酯

羧酸分子中饱和碳原子上的氢原子被羟基取代生成的化合物称为醇酸,醇酸中的羧基与羟基脱水生成的酯称为内酯(lactones)。

丙-3-内酯(β-丙内酯)可以由乙烯酮与甲醛加成得到:

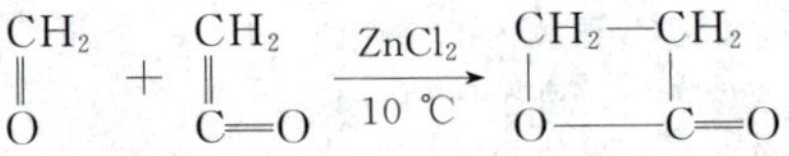

$$\underset{}{\overset{CH_2}{\underset{\|}{O}}} + \underset{}{\overset{CH_2}{\underset{\|}{C=O}}} \xrightarrow[10\ ℃]{ZnCl_2} \underset{88\%}{\text{CH}_2\text{—CH}_2\text{—O—C(=O)}}$$

γ-和δ-内酯容易由相应的醇酸脱水得到,己-6-内酯(ε-己内酯)由环己酮氧化得到。高级醇酸在非常稀的溶液中,分子间成酯的可能性减小时,也能生成大环内酯。例如:

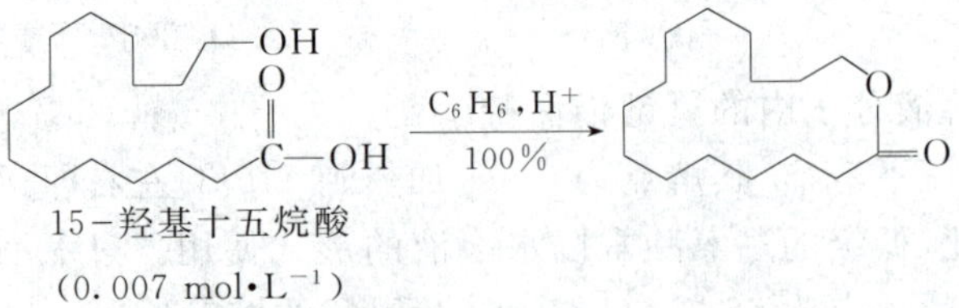

15-羟基十五烷酸 (0.007 mol·L^{-1}) $\xrightarrow[100\%]{C_6H_6, H^+}$ 大环内酯

许多抗生素为大环内酯,因此,近年来对大环内酯的合成进行了较多的研究。

内酯与醇酸形成动态平衡,平衡位置与环的大小及取代基有关:

§ 14.5 其他羧酸衍生物

结构	$x_{醇酸}/\%$	$x_{内酯}/\%$
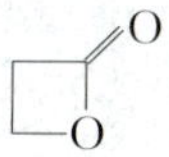 β-丙内酯(四元环)	100	0
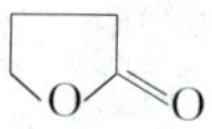 γ-丁内酯(五元环)	27	73
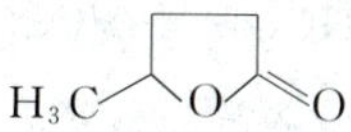 γ-戊内酯	5	95
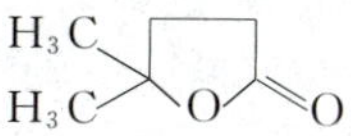 γ,γ-二甲基-γ-丁内酯	2	98
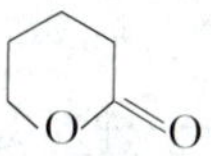 δ-戊内酯(六元环)	91	9
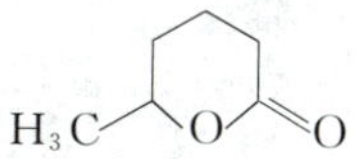 δ-己内酯	79	21
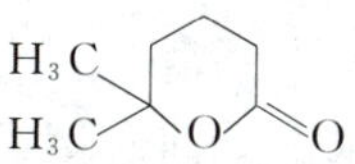 δ,δ-二甲基-δ-戊内酯	75	25
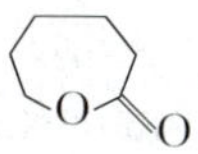 ε-己内酯(七元环)	~100	0

14.5.6 碳酸衍生物

二氧化碳是碳酸的酸酐，它与碳酸在水溶液中形成动态平衡：

$$CO_2 + H_2O \rightleftharpoons HOCOH \text{ (O)}$$

平衡位置偏向左边，碳酸在水溶液中很不稳定，受热即放出二氧化碳。碳酸是一个二元酸，pK_{a1} 和 pK_{a2} 分别为 <6.4 和 10.2。

与羧酸相似，碳酸也可以生成一系列衍生物，其中有的是重要的工业产品如尿素，有的具有很高的反应活性，是有用的试剂。

碳酸可能有两种酰氯：

ClCOH (氯甲酸)   ClCCl (光气)

氯甲酸极不稳定，但它的酯却是稳定的化合物，光气也是稳定的化合物。

氯甲酸酯由光气与醇在 0 ℃ 左右反应得到：

$$ClCCl + ROH \longrightarrow ClCOR + HCl$$

氯甲酸酯为液体，有令人窒息的气味，容易与含活性氢原子的化合物反应，结果是在其中导入烷

氧羰基(ROC(=O)—):

$$\text{EtOH} + \text{ClCOOEt} \longrightarrow \text{EtOCOOEt} + \text{HCl}$$

$$\text{RNH}_2 + \text{ClCOOEt} \longrightarrow \text{RNHCOOEt} + \text{HCl}$$

光气在工业上是用活性炭作催化剂使一氧化碳和氯在 100～200 ℃ 下反应制备：

$$\text{CO} + \text{Cl}_2 \xrightarrow[\triangle]{\text{活性 C}} \text{ClCOCl}$$

光气为无色而能令人窒息的气体，沸点：8.2 ℃，是一种窒息性毒气，能引起肺水肿而导致死亡，但在工业上和实验室中则是一种有用的合成原料。

光气非常容易发生亲核取代反应：

$$\text{ClCOCl} + \text{Nu}^- \longrightarrow \text{ClCONu} + \text{Cl}^-$$

$$\text{ClCONu} + \text{Nu}^- \longrightarrow \text{NuCONu} + \text{Cl}^-$$

光气分子中第一个氯原子被取代后，生成的中间体的活性低于光气本身，从而有可能使反应停留在只有一个氯原子被取代的阶段，这样就可以得到一系列有用的中间体。

光气在工业上主要用于聚碳酸酯和二异氰酸酯的生产。

碳酸是一种二元酸，能够生成一酯和二酯两个系列的酯：

$$\underset{\text{碳酸一酯}}{\text{HOCOR}} \qquad \underset{\text{碳酸二酯}}{\text{ROCOR}}$$

光气和醇在吡啶存在下加热，生成碳酸二酯：

$$\text{ClCOCl} + 2\,\text{ROH} \xrightarrow[\triangle]{\text{C}_5\text{H}_5\text{N}} \text{ROCOR} + 2\,\text{HCl}$$

碳酸二酯主要用于聚碳酸酯的合成。

碳酸可以生成两个系列的酰胺——氨基甲酸和尿素：

$$\underset{\substack{\text{氨基甲酸}\\ \text{carbamic acid}}}{\text{H}_2\text{NCOH}} \qquad \underset{\substack{\text{尿素}\\ \text{urea}}}{\text{H}_2\text{NCNH}_2}$$

氨基甲酸只能以盐或酯的形式存在。

碳酸二酯与氨或胺反应,生成氨基甲酸酯(carbamates, urethanes)或 N-烃基氨基甲酸酯:

$$\text{ROCOR} + \text{NH}_3 \longrightarrow \text{H}_2\text{NCOR} + \text{ROH}$$
(上式中羰基均为 O)

$$\text{ROCOR} + \text{R}'\text{NH}_2 \longrightarrow \text{R}'\text{NHCOR} + \text{ROH}$$

尿素存在于哺乳动物的尿中,是含氮量很高的氮肥,工业上由二氧化碳和氨合成:

$$\text{CO}_2 + 2\text{NH}_3 \longrightarrow \text{H}_2\text{NCO}_2^-\overset{+}{\text{NH}}_4 \xrightarrow[-\text{H}_2\text{O}]{\triangle} \text{H}_2\text{NCNH}_2\ (\text{C=O})$$

尿素为无色晶体,熔点:132.7 ℃,能溶于水和乙醇,不溶于乙醚,能与直链烷烃生成包合物(clathrate)。

氨基腈可以看作氨基甲酸的腈:

$$\underset{\text{氨基甲酸}}{\text{H}_2\text{NCOH}\ (\text{C=O})} \qquad \underset{\text{氨基腈}}{\text{H}_2\text{NC}\equiv\text{N}}$$

碳化钙与氮气于 1 000~1 100 ℃下加热,产物为氰氨化钙,加入 10% 的氯化钙,反应温度可降低至 650~800 ℃。

$$\text{CaC}_2 + \text{N}_2 \xrightarrow{\triangle} \text{CaNC}\equiv\text{N} + \text{C}$$

氰氨化钙可用作肥料,水解则生成氨基腈(cyanamide):

$$\text{CaNC}\equiv\text{N} + 2\text{CH}_3\text{COH}\ (\text{C=O}) \xrightarrow{\triangle} \text{H}_2\text{NC}\equiv\text{N} + (\text{CH}_3\text{COO})_2\text{Ca}$$

氨基腈与氨反应生成胍(guanidine):

$$\text{H}_2\text{NC}\equiv\text{N} + \text{NH}_3 \longrightarrow \text{H}_2\text{NCNH}_2\ (\text{C=NH})$$

胍为容易潮解的晶体,熔点:50 ℃,有强碱性,能与酸生成稳定的盐:

$$\left[\text{H}_2\text{N}\overset{+\text{NH}_2}{\text{C}}\text{NH}_2 \longleftrightarrow \text{H}_2\overset{+}{\text{N}}=\overset{\text{NH}_2}{\text{C}}-\text{NH}_2 \longleftrightarrow \text{H}_2\text{N}-\overset{\text{NH}_2}{\text{C}}=\overset{+}{\text{NH}}_2\right]\text{NO}_3^-$$

经测定胍盐的晶体结构,证明分子中 C—N 键的键长是一样的,因此,胍正离子的结构应用共振式表示,其中三个经典结构式的贡献相同。

§14.6 乙酰乙酸乙酯和丙二酸二乙酯

3-氧亚基丁酸乙酯[俗称乙酰乙酸乙酯($\text{CH}_3\text{COCH}_2\text{CO}_2\text{Et}$)]和丙二酸二乙酯

($EtO_2CCH_2CO_2Et$)分子中两个羰基之间的甲叉基受两个吸电子基团的影响而有很高的反应活性,为活性甲叉基。通过活性甲叉基的烃化和酰化可以转变为多种类型的化合物,因此在有机合成中有重要用途。

14.6.1 乙酰乙酸乙酯

14.6.1.1 乙酰乙酸乙酯的合成

乙酸乙酯在乙醇钠存在下,发生分子间的缩合反应,酸化后得到乙酰乙酸乙酯(ethyl acetoacetate):

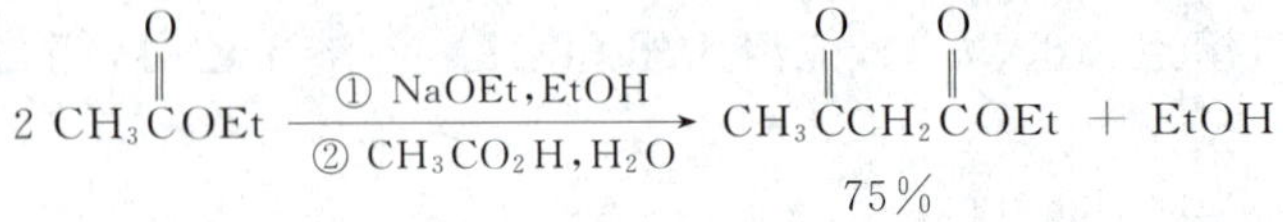

$$2\ CH_3COOEt \xrightarrow[\text{② } CH_3CO_2H, H_2O]{\text{① NaOEt, EtOH}} \underset{75\%}{CH_3COCH_2COOEt} + EtOH$$

其他有两个 α-氢原子的羧酸酯也可以在乙醇钠存在下缩合,酸化后得到 β-酮酸酯:

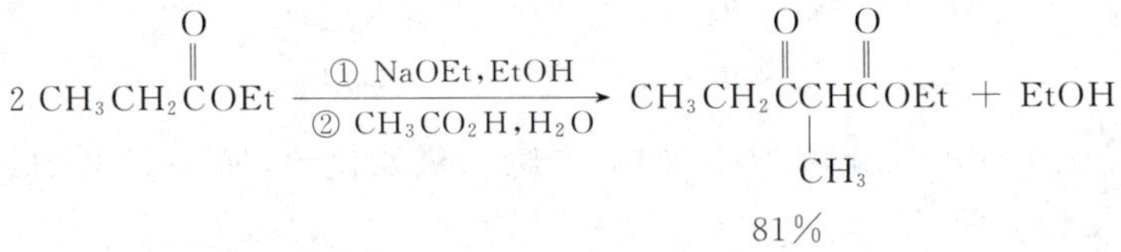

$$2\ CH_3CH_2COOEt \xrightarrow[\text{② } CH_3CO_2H, H_2O]{\text{① NaOEt, EtOH}} \underset{81\%}{CH_3CH_2COCH(CH_3)COOEt} + EtOH$$

这是制备 β-酮酸酯的重要方法,称为 Claisen(L)缩合。

乙酸乙酯分子中的 α-氢原子有微弱酸性,其 pK_a 为 25,在醇钠作用下,能生成烯醇盐,烯醇盐进攻另一分子乙酸乙酯中的羰基,生成乙酰乙酸乙酯。

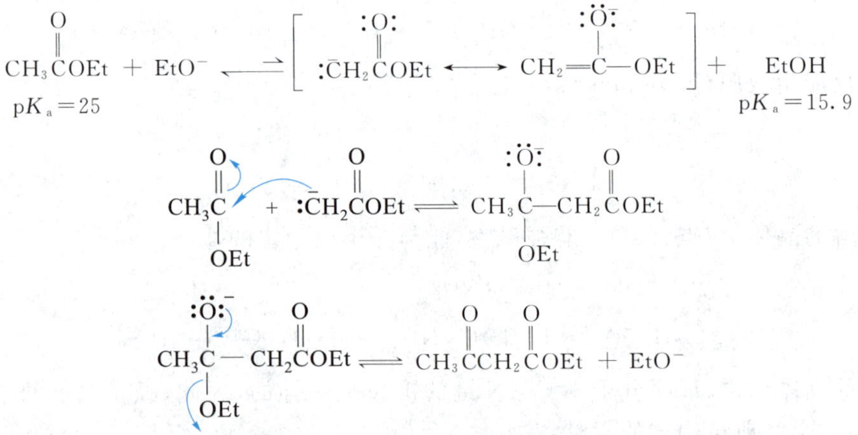

$$CH_3COOEt + EtO^- \rightleftharpoons [:CH_2COOEt \leftrightarrow CH_2=C(O^-)OEt] + EtOH$$
$pK_a=25 \qquad\qquad\qquad\qquad\qquad\qquad\qquad\qquad pK_a=15.9$

（反应机理示意图）

乙酸乙酯的酸性强度比乙醇弱。因此,用乙醇钠作碱性试剂时,只有很小一部分乙酸乙酯变成烯醇盐,即在第一步反应中,平衡偏向左边。由烯醇盐的缩合反应生成的乙酰乙酸乙酯的量也很少。

乙酰乙酸乙酯分子中,活性甲叉基上的氢原子具有较强的酸性($pK_a=11$),乙醇钠能使它差不多完全变成烯醇盐,即下面的平衡中,平衡位置偏向右边:

$$\underset{pK_a \quad 11}{CH_3CCH_2COEt} + EtO^- \rightleftharpoons \underset{15.9}{CH_3C=CHCOEt} + EtOH$$

因此，虽然在上面的平衡反应中只生成少量的乙酰乙酸乙酯，但生成后，几乎完全变成烯醇盐，这样就使平衡向右移动，使缩合反应能够继续进行，直到乙酸乙酯几乎全部缩合为止。这就是说：乙酰乙酸乙酯较强的酸性推动了缩合反应的进行。

生成的乙酰乙酸乙酯烯醇盐用乙酸酸化，即释出乙酰乙酸乙酯：

$$CH_3C=CHCOEt + CH_3CO_2H \longrightarrow CH_3CCH_2COEt + CH_3CO_2^-$$

只有一个 α－氢原子的酯，在乙醇钠存在下，虽然也可以生成烯醇盐，烯醇盐也能与另一分子酯缩合，但得到的 β－酮酸酯没有 α－氢原子，不能变成盐，缺乏使平衡向右移动的推动力，缩合也不能继续进行。如果采用一个很强的碱，使酯生成烯醇盐这一步的平衡位置偏向右边，仍可以得到酮酸酯。例如：

$$\underset{pK_a \sim 25}{(CH_3)_2CHCOEt} + (C_6H_5)_3\bar{C}\;Na^+ \rightleftharpoons \underset{31.5}{(CH_3)_2\bar{C}COEt} + (C_6H_5)_3CH$$

$$(CH_3)_2CHCOEt + (CH_3)_2\bar{C}COEt \longrightarrow (CH_3)_2CHC-\underset{CH_3}{\overset{CH_3}{\underset{|}{C}}}-C-OEt + EtO^-$$

14.6.1.2 乙酰乙酸乙酯的酮－烯醇平衡

乙酰乙酸乙酯中活性甲叉基上的氢原子有酸性，存在着酮－烯醇平衡。例如：

$$\underset{H_3C}{\overset{O}{\underset{\|}{C}}}\underset{H_2}{\overset{O}{\underset{\|}{C}}}OEt \rightleftharpoons \left[H_3C\overset{O}{\underset{\|}{C}}\underset{H}{\overset{\bar{}}{C}}\overset{O}{\underset{\|}{C}}OEt \leftrightarrow H_3C\overset{:\ddot{O}:^-}{\underset{\|}{C}}=\underset{H}{C}\overset{O}{\underset{\|}{C}}OEt \right.$$

$$\left. \leftrightarrow H_3C\overset{O}{\underset{\|}{C}}\underset{H}{C}=\overset{:\ddot{O}:^-}{\underset{}{C}}OEt \right] + H^+$$

酮式和烯醇式的互变在没有催化剂存在时，即使在较高温度下，也进行得很慢，而在酸、碱催化下，则迅速进行。纯粹的酮式和烯醇式可以分别分离开来，它们的沸点分别为

$$\underset{\substack{\text{烯醇式}\\33\,^\circ\!C(266\,Pa)}}{\text{CH}_3\text{-C(OH)=CH-COOEt (分子内氢键)}} \qquad \underset{\substack{\text{酮式}\\41\,^\circ\!C(266\,Pa)}}{\text{CH}_3\text{-CO-CH}_2\text{-COOEt}}$$

烯醇式沸点较低是由于其中含有分子内氢键。

酮-烯醇平衡中烯醇式的含量可以用核磁共振法测定。溶剂对平衡位置有显著的影响,烯醇式的含量在液态下为 8%,在水溶液中为 0.39%,在环己烷的稀溶液中为 51%。溶剂的极性小,烯醇式的含量较高。

烯醇式有顺反异构体:

$$\underset{E}{\text{HO–C(CH}_3\text{)=CH–COOEt}} \qquad \underset{Z}{\text{CH}_3\text{–C(OH)=CH–COOEt (分子内氢键)}}$$

E 型约占 15%,Z 型分子中有分子内氢键,比 E 型更稳定。

14.6.1.3 乙酰乙酸乙酯的烃化和水解

乙酰乙酸乙酯的烯醇盐与伯卤代烷发生 S_N2 反应,主要生成 C-烃化产物。例如:

$$\text{CH}_3\text{COCH(Na)COOEt} + \text{CH}_3\text{I} \xrightarrow{\text{CH}_3\text{CON(CH}_3\text{)}_2} \underset{99\%}{\text{CH}_3\text{COCH(CH}_3\text{)COOEt}} + \underset{1\%}{\text{CH}_3\text{C(OCH}_3\text{)=CHCOOEt}}$$

乙酰乙酸乙酯的 C-烃化产物还可以继续发生烃化反应,生成二烃化产物。

乙酰乙酸乙酯用冷的稀碱溶液水解,酸化后加热脱羧,即得到丙酮:

$$\text{CH}_3\text{COCH}_2\text{COOEt} \xrightarrow[\text{② H}_3\text{O}^+]{\text{① H}_2\text{O,KOH}} \text{CH}_3\text{COCH}_2\text{CO}_2\text{H} \xrightarrow[-\text{CO}_2]{100\,^\circ\!C} \text{CH}_3\text{COCH}_3$$

乙酰乙酸的脱羧可能是通过环状过渡态进行的:

$$\text{CH}_3\text{-C(=O)-CH}_2\text{-C(=O)-OH} \longrightarrow \left[\begin{array}{c}\text{环状过渡态}\end{array}\right] \longrightarrow \text{CH}_3\text{-C(OH)=CH}_2 \longrightarrow \text{CH}_3\text{COCH}_3$$

在人体中乙酰乙酸是脂肪的代谢产物,在糖尿病患者尿中由于糖类的代谢障碍,可以检测出乙酰乙酸和丙酮。

14.6.1.4 乙酰乙酸乙酯合成法

乙酰乙酸乙酯的烃化、水解和脱羧结合进行，可以得到各种甲基酮 CH_3COCH_2R 和 $CH_3COCHRR'$。例如：

$$\underset{}{\text{AcOEt}} \xrightarrow[\text{② } n\text{-}C_4H_9Br]{\text{① EtONa, EtOH}} \underset{69\%\sim72\%}{\text{中间体}(CO_2Et)} \xrightarrow[\text{② } H_2SO_4, 25℃]{\text{① NaOH, } H_2O} \underset{61\%(总产率)}{\text{甲基酮}}$$

在合成 $CH_3COCHRR'$ 型甲基酮时，由于位阻加大，不容易水解。解决这个问题的一种方法是用乙酰乙酸叔丁酯作原料，经过烃化后，在酸性条件下进行水解和脱羧：

$$\text{AcOC}(CH_3)_3 \xrightarrow[\text{② } n\text{-}C_4H_9I]{\text{① } (CH_3)_3COK, (CH_3)_3COH} \text{中间产物}(CO_2C(CH_3)_3)$$

$$\xrightarrow[\text{② } iso\text{-}C_4H_9I]{\text{① } (CH_3)_3COK, (CH_3)_3COH} \underset{62\%}{(CH_3)_2HCH_2C—CO_2C(CH_3)_3}$$

$$\xrightarrow{CH_3C_6H_4SO_3H} \underset{82\%}{\text{酮}} + CH_2=C(CH_3)_2 + CO_2$$

14.6.2 丙二酸酯合成法

丙二酸酯在碱性试剂存在下也可以烃化，产物经水解和脱羧后生成羧酸。用这种方法可以合成 RCH_2COOH 和 $RR'CHCOOH$ 型羧酸。例如：

$$CH_2(CO_2Et)_2 \xrightarrow[\text{② } CH_3CH_2CHBrCH_3]{\text{① EtONa, EtOH}} \underset{\underset{CH_3}{|}}{CH_3CH_2CHCH(CO_2Et)_2} \xrightarrow{H_3O^+, \triangle} \underset{\underset{CH_3}{|}}{\underset{62\%\sim65\%}{CH_3CH_2CHCH_2CO_2H}}$$

$$80\%\sim81\%$$

$$CH_2(CO_2Et)_2 \xrightarrow[\text{② } n\text{-}C_5H_{11}Br]{\text{① EtONa, EtOH}} n\text{-}C_5H_{11}CH(CO_2Et)_2 \xrightarrow[\text{② } CH_3I]{\text{① EtONa, EtOH}}$$

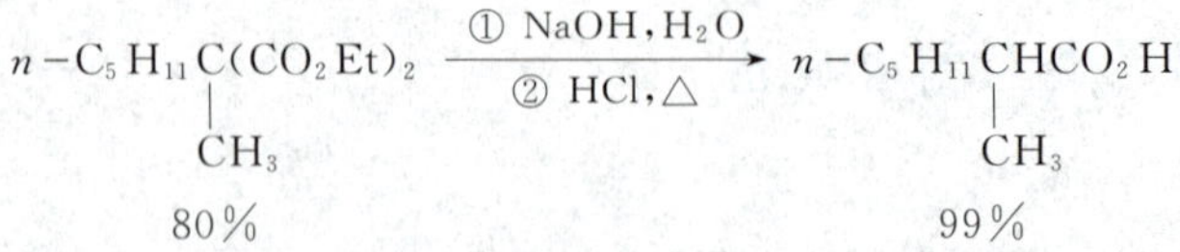

$$n\text{-}C_5H_{11}\underset{CH_3}{C}(CO_2Et)_2 \xrightarrow[\text{② HCl, }\triangle]{\text{① NaOH, H}_2\text{O}} n\text{-}C_5H_{11}\underset{CH_3}{CH}CO_2H$$

80%　　　　　　　　　　　　　　99%

用两分子碱和两分子卤代烃可以一次导入两个相同的烃基。例如：

$$CH_2(CO_2Et)_2 \xrightarrow[\text{② EtBr}]{\text{① EtONa, EtOH}} Et_2C(CO_2Et)_2$$

86%

如用适当的二卤代烷作烃化剂，可以合成脂环族羧酸：

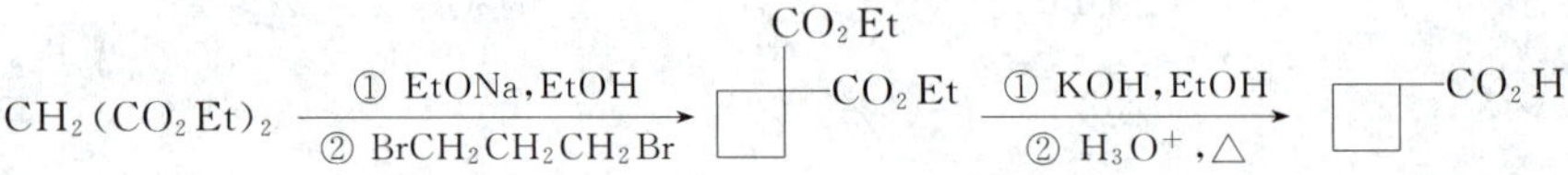

$$CH_2(CO_2Et)_2 \xrightarrow[\text{② BrCH}_2\text{CH}_2\text{CH}_2\text{Br}]{\text{① EtONa, EtOH}} \text{[环丁基-(CO}_2\text{Et)}_2\text{]} \xrightarrow[\text{② H}_3\text{O}^+,\triangle]{\text{① KOH, EtOH}} \text{环丁基-CO}_2\text{H}$$

环丁基甲酸
42%～44%

§14.7　阅 读 材 料

14.7.1　酰胺

酰胺的稳定性比酯高，这是由于在 N—C—O 三个原子之间 π 电子的离域程度高。

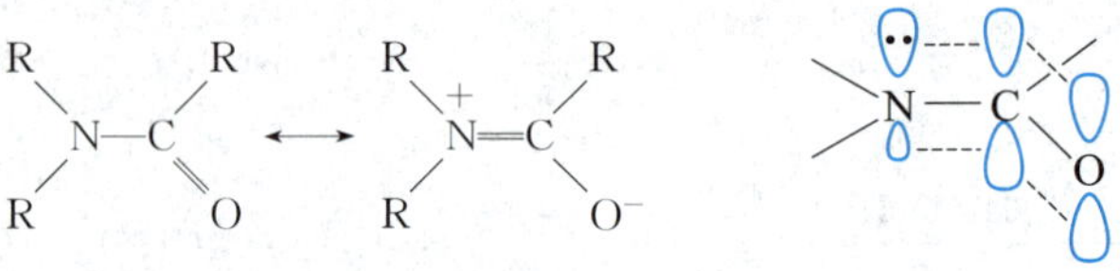

在酰胺分子中，N 原子上孤电子对的轨道的对称轴与 C，O 上 p 轨道的对称轴平行，几个轨道能有效地重叠。

如果由于几何原因，N 原子上孤电子对的轨道的对称轴与 C，O 上 p 电子轨道的对称轴不平行，π 电子的离域被阻碍，这种酰胺的稳定性将减小，更容易受亲核试剂进攻，其化学活性应与酯或酮相近。把酰胺分子中的 N 原子放在桥头上就可以得到这种扭曲的酰胺(twisted amide)。

在第二次世界大战期间，青霉素的结构尚未测定，由于它在水中迅速水解，许多化学家不认为它是酰胺，但是 Woodward R B 根据青霉素的水解和降解产物，认为它应当是酰胺，不过由于是 β-内酰胺，是扭曲的酰胺，所以化学活性高。后来单晶 X 射线衍射结果证实了 Woodward 的看法。

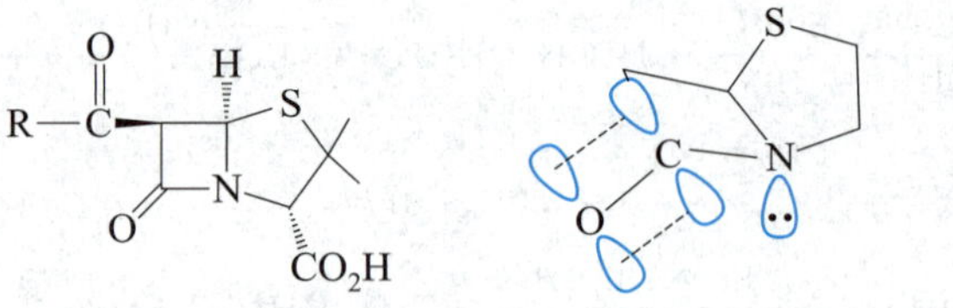

青霉素

此后陆续合成了一些 N 原子在桥头上的扭曲的酰胺。例如：

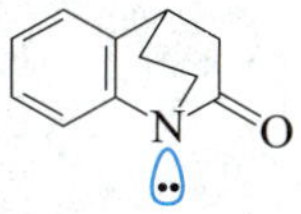

(1) 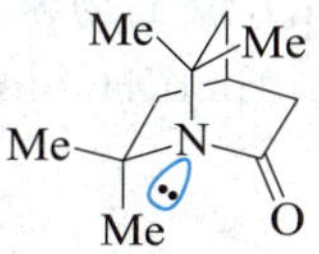　　　(2)

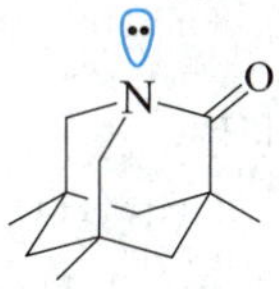

(3) 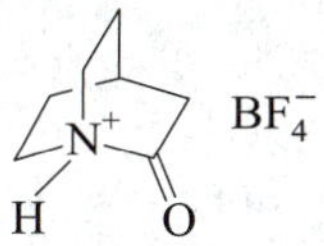　　　(4)

实验证明：(1)在酸性或碱性溶液中水解速率都比一般酰胺快；(2)在甲醇中于碱存在下是稳定的，可能是由于甲基的位阻，使试剂不易接近；(3)的化学活性很高，能够参与一般酰胺不能发生的反应。例如：

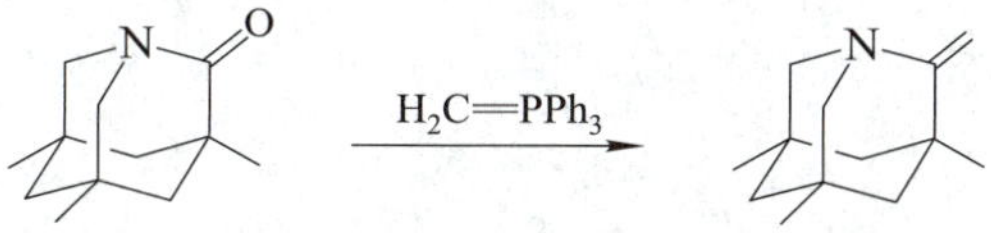

参考文献

(4)的结构已由单晶 X 射线衍射证实，它在 D_2O 中立即水解。

蛋白质分子中有许多酰胺键，酰胺的相对稳定性对于生命非常重要。

14.7.2　青霉素的合成

在第二次世界大战期间，由于青霉素在战时的重要作用，美、英两国动用了大量人力物力来研究它的工业生产、结构测定和合成方法。在工业生产方面取得了重要进步，艾森豪威尔将军在诺曼底登陆前就准备了 3 000 亿单位(约 180 t)青霉素。从 1945 年 5 月开始，美国各大药店都开始出售青霉素。但在结构测定和合成方面却都没有完成任务。

经过 10 年不懈的探索，Sheehan J C 在 1957 年才完成了青霉素的全合成。关键问题是解决最后一步，含四元环的内酰胺的成环：

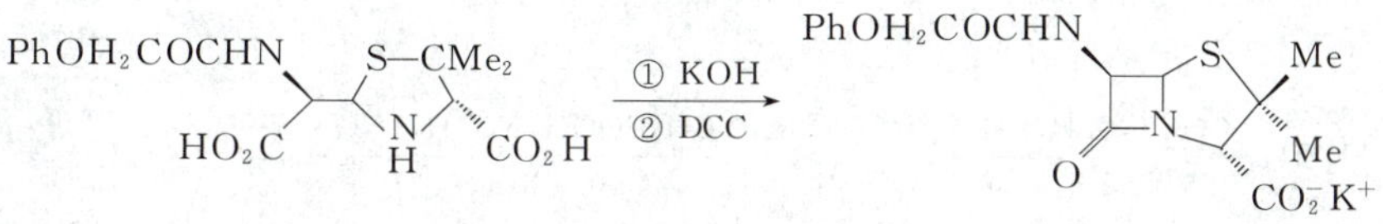

Sheehan 是经过长期的研究找到了 N,N'-二环己基碳二亚胺，(DCC)这一特殊的耦合剂才取得成功的。Sheehan 说："At the time of my successful synthesis of penicillin V in 1957, I compared the problem of trying to synthesis penicillin by classical methods to that of attempting to repair the mainspring of a fine watch with a blacksmith's anvil, hammer and tongs."(在成功合成 penicillin V 的时候，我比较了那些使用经典方法合成 penicillin 的尝试，它们的问题就好像使用铁匠的铁砧、铁锤、铁钳来修理一块名表的发条一样。)

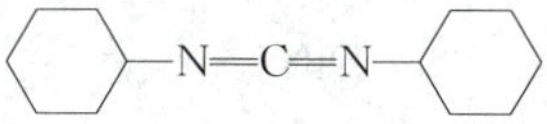

参考文献

结构复杂的药物的合成需要使用一些价格昂贵的特殊试剂,并且步骤多、流程长、产率低、容易污染环境。利用微生物来进行合成可能是最好的解决方法,因此,一门新的科学,合成生物学(synthetic biology)正在兴起。

习 题

1. 推测下列化合物的结构。
(1) C_4H_7N,σ_{max}:2 260 cm^{-1};δ_H:1.3(d,6H),2.7(七重峰,1H)。
(2) $C_8H_{14}O_4$,σ_{max}:1 750 cm^{-1};δ_H:1.2(t,6H),2.5(s,4H),4.1(q,4H)。
(3) $C_xH_yO_z$,σ_{max}:1 725 cm^{-1};δ_H:1.3(t,3H),4.3(q,2H),8.1(s,1H);m/z:74(M$^+$)。
(4) $C_{12}H_{14}O_4$,σ_{max}/cm^{-1}:1 720,1 500,840;δ_H:1.4(t),4.4(q),8.1(s),积分曲线高度比为3∶2∶2。
(5) $C_{12}H_{14}O_4$,σ_{max}/cm^{-1}:1 725,1 600,1 580,760;δ_H:1.4(t),4.4(q),7.7(m),积分曲线高度比为3∶2∶2。
(6) $C_7H_{10}O_3$,σ_{max}/cm^{-1}:1 816,1 768;δ_H:1.1(s),2.6(s),积分曲线高度比为3∶2。

$$\left[提示: C_7H_{10}O_3 + H_2O \xrightarrow{H^+} C_7H_{12}O_4 \qquad C_7H_{12}O_4 \xrightarrow{\triangle} C_7H_{10}O_3 \right]$$

2. 分离下列混合物。
(1) 丁酸和丁酸丁酯
(2) 苯甲醚、苯甲酸和苯酚
(3) 丁酸、苯酚、环己酮和丁醚
(4) 苯甲醇、苯甲醛和苯甲酸

3. 完成反应式。
(1) $HOCH_2CH_2CH_2CN \xrightarrow[回流,2\ h,80\%]{HBr(40\%)}$

(2) $CH_3CN \xrightarrow[42\ ℃,20\ h,78\%]{C_2H_5OH,HCl}$

(3) $CO(OEt)_2 + HOCH_2CH_2OH \xrightarrow[100\sim150\ ℃,60\%]{K_2CO_3}$

(4) (环己烷-1,3-二酮) $\xrightarrow[100\ ℃,1.5\ h,95\%]{CH_3OH(1.2\ mol)}$ $\xrightarrow[30\sim40\ ℃,3\ h,90\%]{SOCl_2}$

(5) $C_6H_5CH_2OH \xrightarrow[25\ ℃,2\ h,91\%]{COCl_2,C_6H_5CH_3}$ $\xrightarrow[0\ ℃,0.5\ h,86\%]{H_2NCH_2COOH,NaOH,H_2O}$

(6) $O_2N-C_6H_4-CO-C_6H_5 \xrightarrow[25\ ℃,0.5\ h,95\%]{AcOOH,AcOH,H_2SO_4}$

(7) $C_6H_5CHO \xrightarrow[50\sim60\ ℃,2\ h,90\%]{C_6H_5CH_2ONa}$

(8) $3,4-(CH_3O)_2C_6H_3CHO + CH_3COCH_2CH_2CO_2Et \xrightarrow[-10\ ℃,5\ h,90\%]{NaOH(aq),EtOH}$

(9) $CH_3CH=CHCHO \xrightarrow[90\sim100\ ℃,5\ h,31\%]{CH_2(COOH)_2,Py}$

(10) $CH_3COCH_3 + HCO_2CH_3 \xrightarrow[55\sim60\ ℃,2\ h]{CH_3ONa,CH_3OH} (\quad) \xrightarrow[②CH_3ONa,CH_3OH]{①(CH_3)_2SO_4} (\quad)\ 80\%$

(11) $CH_3-\underset{O}{\overset{O}{C}}-\overset{Na^+}{\underset{}{CH}}-\underset{O}{\overset{O}{C}}-OEt \xrightarrow[140\sim150\ ℃,6\ h,50\%]{C_6H_5CO_2Et} (\quad) + (\quad)$

(12) o-C$_6$H$_4$(COOCH$_3$)$_2$ + $CH_3COCH(C_6H_5)_2$ $\xrightarrow[110\sim115\ ℃,2\ h,60\%]{CH_3ONa,CH_3OH,C_6H_5CH_3}$

(13) $CH_3COCH_2COOC_2H_5 \xrightarrow[78\sim85\ ℃,5\ h,80\%]{Br(CH_2)_3Cl,K_2CO_3,C_2H_5OH}$

(14) $\underset{COOEt}{\overset{COOEt}{|}}$ + cyclopentane-1,1-(COOEt)$_2$ $\xrightarrow[130\ ℃,3\ h,50\%]{EtONa,EtOH}$

(15) o-HO-C$_6$H$_4$-CHO + $CH_2(COOEt)_2$ $\xrightarrow[回流,3\ h,75\%]{EtOH,AcOH,piperidine}$

4. 推测下列反应的机理。

(1) BuO-CH$_2$-CN $\xrightarrow[100\sim160\ ℃,5\ h,75\%]{H_2SO_4(80\%)}$ CH$_2$=CH-COO-Bu

(2) 3-bromo-3H-isobenzofuran-1-one $\xrightarrow[回流,0.5\ h,60\%]{HBr,H_2O}$ o-CHO-C$_6$H$_4$-COOH

(3) 2-hydroxyphenyl 3-phenyloxiran-2-yl ketone $\xrightarrow{CH_3ONa,CH_3OH}$ 2-benzylidene-benzofuran-3(2H)-one

(4) octahydronaphthalenone $\xrightarrow[室温,62\%]{Ac_2O,H_2SO_4}$ diacetoxy tetrahydronaphthalene isomers 1:1

(5) $(CH_3)_3CCHBrCHBrC(CH_3)_3 \xrightarrow[100\ ℃,1\ h,47\%]{KOH,DMSO} (CH_3)_3CCH=C(COOH)C(CH_3)_3$

(6) $CH_3COCH_2COOC_2H_5 \xrightarrow[180\sim190\ ℃,20\%]{NaHCO_3,N_2}$ 3-acetyl-6-methyl-2H-pyran-2,4(3H)-dione

(7) 2-(naphthalen-1-yl)-1H-indene-1,3(2H)-dione $\xrightarrow[40\ ℃]{HNO_3,AcOH}$ phthalic acid + 1-(nitromethyl)naphthalene 52%~60%

(8) [reaction scheme: 2'-hydroxyphenyl β-ketoester + (CH₃CO)₂O, HCO₂Na, 25 ℃, 15 h, 76% → chromone-3-carboxylate ethyl ester]

(9) [reaction scheme: CH₃CH=CHCOOEt + CH₃COCH₂COOEt, EtONa/EtOH, 回流, 5 h, 66% → 2-methyl-4-oxocyclohexane-1-carboxylic acid ethyl ester]

(10) [reaction scheme: diester with exocyclic =CH₂, ① Na, C₆H₆ ② H₂O → bicyclic hydroxyketone with CH₃]

5. 简答：

(1) 已知下列实验事实，给出合理解释。

$$C_6H_5COCH_2CO_2C_2H_5 \xrightarrow[74\%\sim 76\%]{C_6H_5NH_2, \triangle} C_6H_5COCH_2CONHC_6H_5$$

$$CH_3COCH_2CO_2C_2H_5 \xrightarrow[76\%\sim 80\%]{C_6H_5NH_2, \triangle} CH_3\underset{}{\overset{NHC_6H_5}{C}}{=}CHCO_2C_2H_5$$

(2) 试解释为何丙烯腈电解二聚的主要产物是己二腈，而不是甲基戊二腈或二甲基丁二腈。

$$CH_2{=}CHCN + 2e^- \xrightarrow[50\sim 60\ ℃, 92\%\sim 95\%]{H_3O^+, (C_2H_5)_4N^+TsO^-} \text{NC(CH}_2)_4\text{CN}$$

(3) 已知下列实验事实，反应 B 可顺利完成，反应 A 则不能进行，给出合理解释。

$$A: (CH_3)_2CHCOOEt \xrightarrow[EtOH]{EtONa} (CH_3)_2CHCOC(CH_3)_2COOEt$$

$$B: (CH_3)_2CHCOOEt \xrightarrow[Et_2O]{Ph_3CNa} (CH_3)_2CHCOC(CH_3)_2COOEt$$

(4) 试解释为什么 B(70%)是主要产物而 A 不是主要产物。

[reaction scheme: diethyl adipate-type diester, C₂H₅ONa, C₂H₅OH, 回流 4 h → A (1,2-disubstituted cyclohexanedione diester) + B (1,3-disubstituted isomer)]

6. 以四个碳以下简单化合物及简单芳香族化合物为原料合成下列化合物。

(1) CH₃COCH₂CH₂CO₂H

(2) 环丙基甲基酮（cyclopropyl methyl ketone）

（3） 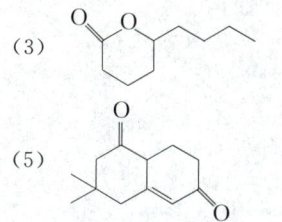   （4）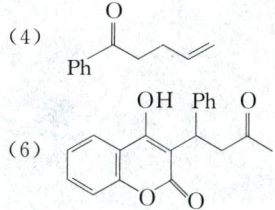

（5）

第十五章 胺

氨的烃基取代物称为胺(amines),氨分子中一个、两个或三个氢原子被烃基取代生成的化合物分别称为伯胺(primary amines)、仲胺(secondary amines)和叔胺(tertiary amines):

$$NH_3 \qquad RNH_2 \qquad RR'NH \qquad RR^1R^2N$$
$$\text{氨} \qquad \text{伯胺} \qquad \text{仲胺} \qquad \text{叔胺}$$

伯胺和仲胺中分别含有氨基(—NH_2,amino)和亚氨基($\diagdown$NH,imino)。

铵盐分子中四个氢原子都被烃基取代,则生成季铵盐(quaternary ammonium salts):

$$\overset{+}{N}H_4Cl^- \qquad RR^1R^2R^3\overset{+}{N}Cl^-$$
$$\text{铵盐} \qquad \text{季铵盐}$$

§15.1 胺的结构和命名

15.1.1 胺的结构

氨分子中氮原子位于三个氢原子所在平面的上方,整个分子呈角锥形,其键长、键角为

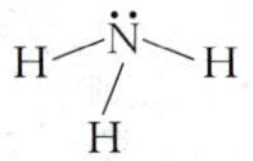

N—H 100.8 pm
∠HNH 107.3°

甲胺和三甲胺分子中的键长、键角分别为

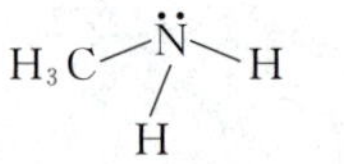

N—H 101.1 pm   N—C 147.4 pm
∠HNH 105.9°   ∠HNC 112.9°

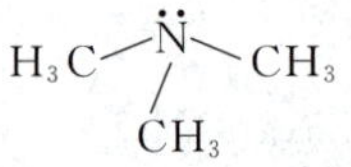

N—C 147 pm
∠CNC 108°

因此,可以认为氨和胺分子中氮原子为 sp^3 杂化,四个 sp^3 杂化轨道中,有一个为孤电子对所占据,其他三个 sp^3 杂化轨道则与氢原子或碳原子生成 σ 键。

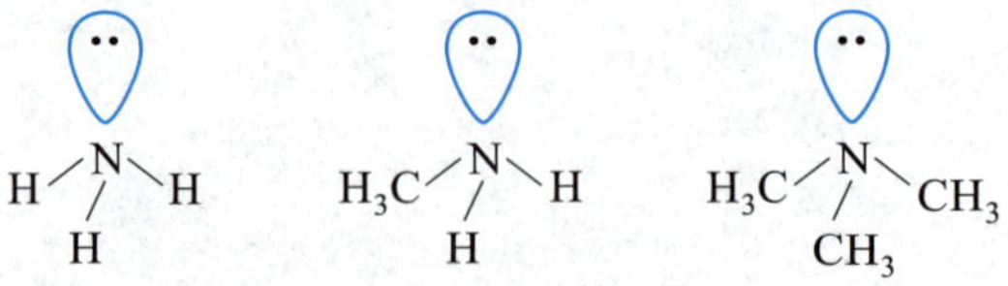

苯胺分子中键长、键角为

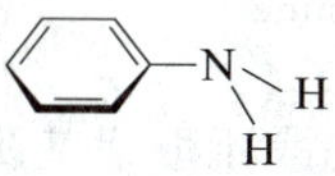

N—H	100 pm
N—C	140 pm
∠HNH	113°

苯环平面与 NH_2 三个原子所在平面之间的夹角为 142.5°，而甲胺分子中 C—N 键与 NH_2 所在平面之间的夹角为 125°：

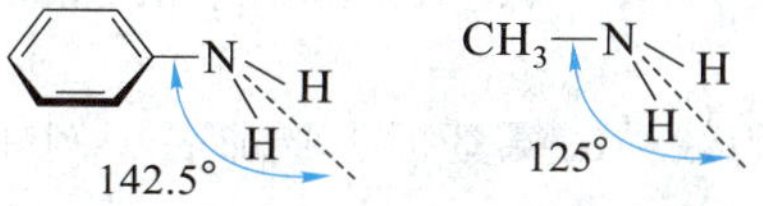

说明在苯胺分子中，氮原子更接近平面构型，氮原子的杂化状态在 sp^3 与 sp^2 之间，比甲胺更接近 sp^2。由于孤电子对所在的轨道具有部分 p 轨道成分，可以与苯环中 π 电子的轨道重叠，使 C—N 键具有部分双键的性质，因此，C—N 键的键长比甲胺中的 C—N 键短。苯胺的结构用共振式表示更为恰当：

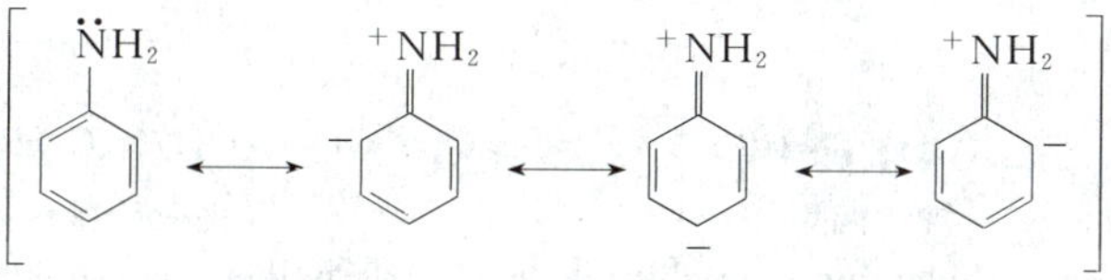

对氨基苯乙酮分子中 C—N 键更短（137.6 pm），说明在共振式中电荷分离的经典结构式贡献更大：

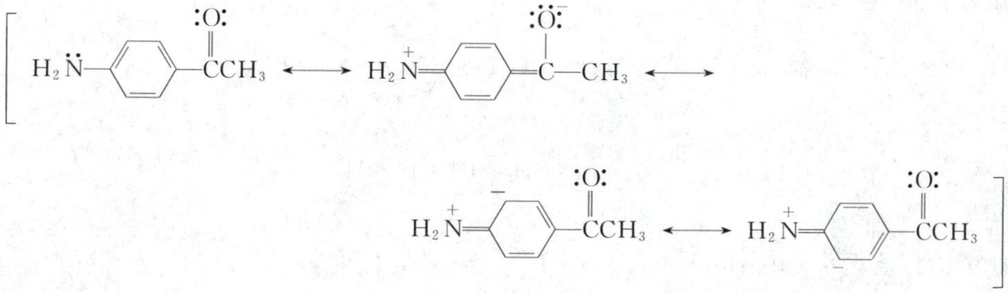

15.1.2 胺的命名

常见的胺的命名方法以"胺"字表示官能团，再加上与氮原子相连的烃基的名称和数目。例如：

CH_3NH_2	$CH_3CH_2NH_2$	环己基-NH_2	苯基-NH_2
甲胺	乙胺	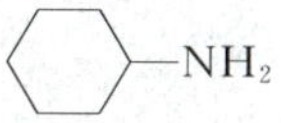 环己胺	苯胺
methylamine	ethylamine	cyclohexylamine	aniline

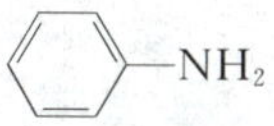

$(CH_3CH_2)_2NH$ $(CH_3CH_2CH_2CH_2)_3N$
二乙胺   三丁胺
diethylamine   tributylamine

氮原子上有不同取代基时，在取代基的前面加 $N-$ 表示取代基所在的位置。例如：

$CH_3CH_2NHCH_3$ $(CH_3)_2CHCH_2N\genfrac{}{}{0pt}{}{CH_3}{CH_2CH_3}$ 苯环$-N(CH_3)_2$

N-甲基乙胺   N-乙基-N,2-二甲基丙胺   N,N-二甲基苯胺
N-methylethylamine   N-ethyl-N,2-dimethylpropylamine   N,N-dimethylaniline

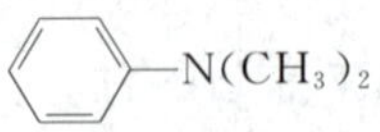

结构比较复杂的胺，可以作为烃类的氨基衍生物命名。例如：

$(CH_3)_2CHCH_2CHCH_3$ $H_2NCH_2CH_2OH$
$\qquad\qquad\quad\ |$
$\qquad\qquad\quad NH_2$

2-氨基-4-甲基戊烷   2-氨基乙醇
2-amino-4-methylpentane   2-aminoethanol

季铵盐的命名与铵盐相似。例如：

$(CH_3)_4\overset{+}{N}Cl^-$ $C_6H_5CH_2\overset{+}{N}(C_2H_5)_3Cl^-$
氯化四甲铵   氯化三乙基苄基铵
tetramethylammonium chloride   triethylbenzylammonium chloride

更详细的胺及其衍生物的命名方法见《有机化合物命名原则 2017》。

问题 15.1 命名下列化合物。

(1) 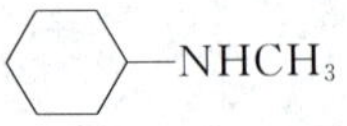 环己基-NHCH$_3$

(2) CH_3O-苯环$-N(CH_3)_2$

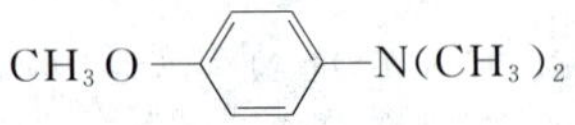

(3) 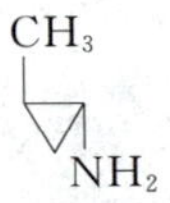 环丙基(CH$_3$)-NH$_2$

(4) $CH_2=CHCH_2NH_2$

(5) 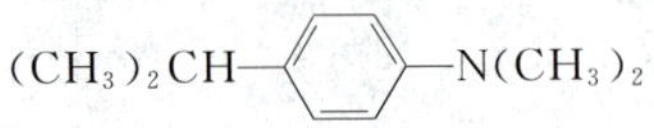 $(CH_3)_2CH-$苯环$-N(CH_3)_2$

(6) 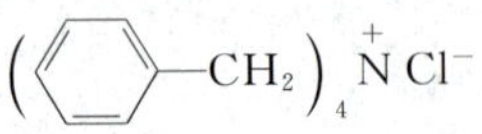 $(苯环-CH_2)_4\overset{+}{N}Cl^-$

---

§ 15.2　一元胺的物理性质

15.2.1　熔点、沸点和溶解度

一些一元胺的物理性质见表 15.1。

§15.2 一元胺的物理性质

表 15.1 一些一元胺的物理性质

化合物名称	英文名称	熔点/℃	沸点/℃	pK_a(共轭酸)(H$_2$O, 25 ℃)
甲胺	methylamine	−93	−7	10.66
乙胺	ethylamine	−81	17	10.80
丙胺	propylamine	−83	49	10.58
丁胺	butylamine	−50	77.8	
二甲胺	dimethylamine	−96	7	10.73
二乙胺	diethylamine	−42	56	10.09
三甲胺	trimethylamine	−117	3.5	9.80
三乙胺	triethylamine	−115	90	10.85
三丁胺	tributylamine		213	
苄胺	benzylamine		185	9.34
苯胺	aniline	−6	184	4.58
N-甲基苯胺	N-methylaniline	−57	196	4.85
N,N-二甲基苯胺	N,N-dimethylaniline	2	194	5.06
二苯胺	diphenylamine	54	302	0.8
三苯胺	triphenylamine	127	365	

脂肪胺中甲胺、乙胺、二甲胺和三甲胺在室温下为气体，其他的低级胺为液体。

N—H 键是极化的，但极化程度比 O—H 键小，氢键 N—H⋯N 也比 O—H⋯O 弱，因此，伯胺的沸点高于相对分子质量相近的烷烃而低于醇。位阻能妨碍氢键的生成，伯胺分子间生成的氢键比仲胺强，叔胺分子间不能生成氢键，所以，碳原子数相同的胺中，伯胺的沸点最高，仲胺次之，叔胺最低。

胺分子中氮原子上的孤电子对能接受水或醇分子中羟基上的氢原子，生成分子间的氢键，因此，含 6～7 个碳原子的低级胺能溶于水，胺在水中的溶解度略大于相应的醇，高级胺与烷烃相似，不溶于水。

芳香族胺为高沸点液体或低熔点固体，有特殊的气味，在水中的溶解度比相应的酚略低。

邻硝基苯胺的熔点和沸点(71.5 ℃，284 ℃)都比它的间位异构体(114 ℃，306 ℃)和对位异构体(148 ℃，332 ℃)低，这是因为邻位异构体能生成分子内氢键，而间位和对位异构体则生成分子间氢键。分子间氢键在晶体熔化时部分断裂，而在气相中几乎完全断裂，所以间位和对位异构体在相变过程中需要的能量高于邻位异构体。

邻硝基苯胺

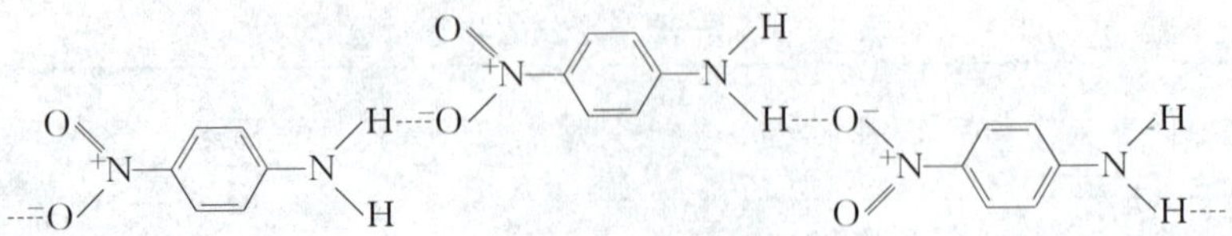

对硝基苯胺

芳香胺的毒性很大,液体芳胺还能透过皮肤而被人体吸收,虽然它们的蒸气压不大,长期呼吸后也会中毒。空气中含 1 μg·L^{-1} 苯胺,连续呼吸 12 h 后就会产生中毒的征象。苯胺、α- 和 β- 萘胺都有致癌作用。

15.2.2 偶极矩

脂肪胺的偶极矩比相应的醇小:

$$CH_3CH_2-NH_2 \qquad CH_3CH_2OH$$
$$\mu=4.0\times10^{-30} \text{ C·m} \qquad \mu=5.7\times10^{-30} \text{ C·m}$$

芳香胺的偶极矩与脂肪胺相近,但方向相反:

$$CH_3CH_2-NH_2 \qquad C_6H_5-NH_2$$
$$\mu=4.0\times10^{-30} \text{ C·m} \qquad \mu=4.3\times10^{-30} \text{ C·m}$$

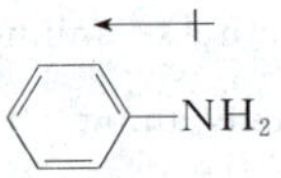

这是由取代苯胺的偶极矩推测出来的。例如,对三氟甲基苯胺的偶极矩与苯胺和三氟甲苯偶极矩之和相近,三氟甲基是吸电子的取代基,因此,氨基应当是给电子的取代基:

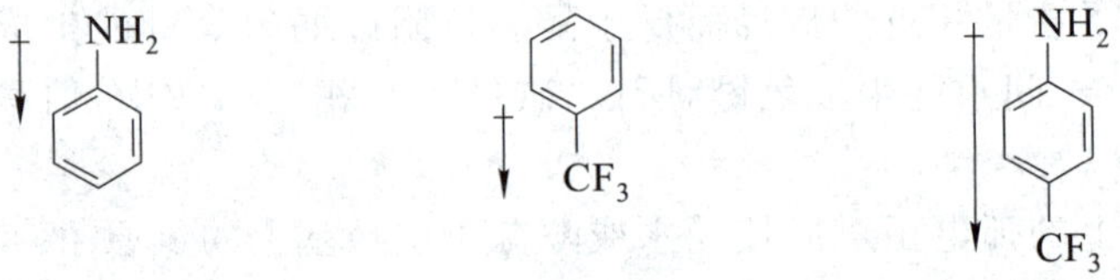

$$\mu=4.3\times10^{-30} \text{ C·m} \qquad \mu=9.7\times10^{-30} \text{ C·m} \qquad \mu=14.34\times10^{-30} \text{ C·m}$$

说明芳香胺中氮原子上的孤电子对与芳环中的 π 电子组成共轭体系。

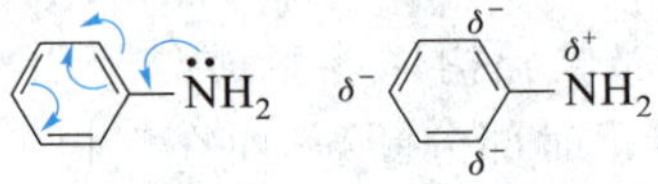

15.2.3 红外光谱

大多数液体脂肪族伯胺的 N—H 伸缩振动频率在 $\sigma=3\,400\sim3\,300$ cm^{-1}(不对称)和 $3\,300\sim3\,200$ cm^{-1}(对称),液体芳香族胺的 N—H 伸缩振动频率则在 $\sigma=3\,500\sim3\,390$ cm^{-1} 和 $3\,420\sim3\,300$ cm^{-1},仲胺的 N—H 伸缩振动频率在 $\sigma=3\,500\sim3\,300$ cm^{-1},强度较弱(见图 15.1 和图 15.2)。

§ 15.2 一元胺的物理性质

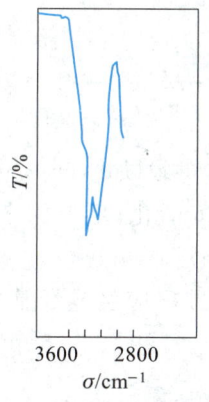

图 15.1 环己胺的红外光谱图中 NH_2 的振动吸收

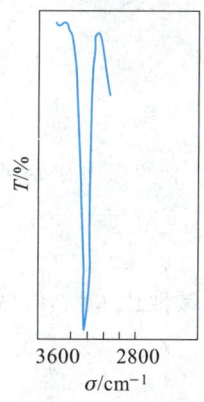

图 15.2 N-甲苯胺的红外光谱图中 NH 的振动吸收

15.2.4 核磁共振谱

氮原子的电负性小于氧原子，它对周围质子的屏蔽效应大于氧原子，N—CH_3，N—CH_2—和 N—CH 的 δ_H 分别在 2.2，2.4 和 2.8 左右，β-碳原子上的质子，δ_H 在 1.1～1.7。N—CH_2—和 $\diagdown$NH 与含 π 键的取代基相连，δ_H 向低场移动。例如，苄胺中甲叉基质子的 δ_H 为 4。辨别 α-质子信号的一种简单办法，是用 $CDCl_3$ 为溶剂测定胺的核磁共振谱以后，在样品溶液中滴入几滴三氟乙酸，使胺变为铵盐，这时 α-质子的 δ_H 将向低场移动 0.5～1.0。

氨基和亚氨基上质子的 δ_H 在 0.5～5，其具体位置决定于溶剂的性质、溶液的浓度和温度（这些因素对分子间氢键的生成有影响），在结构测定中的价值不大，这些质子的信号一般为宽峰，加入 D_2O 后消失，同时在 $\delta_H = 5$ 左右出现 DOH 的信号。由于质子的交换，H—C—N—H 型的偶合一般观察不出来。

15.2.5 质谱

脂肪族胺的分子离子峰很弱，相对分子质量较大的开链胺则观察不到，环胺和芳胺的分子离子峰很强，含奇数氮原子的化合物，其相对分子质量为奇数。

脂肪族胺最重要的裂解方式为

$$R-\overset{|}{\underset{|}{C}}-\overset{\diagdown}{N:} \longrightarrow R\cdot + \overset{\diagdown}{\underset{\diagup}{C}}=\overset{+}{\underset{\diagdown}{N}}$$

$$m/z = 30, 44, 58, 72, \cdots$$

直链伯胺和仲胺在 α-碳原子上没有支链，在 $m/z = 30$ 处有强峰。芳香族胺和低级脂肪胺常有 $M-1$ 峰。

问题 15.2　两个化合物 A 和 B，它们是 2-甲基庚-2-胺和 N-乙基-4-甲基戊-2-胺。质谱图中 A 在 $m/z = 72$ 处有强峰，B 在 $m/z = 58$ 处有强峰。试确定 A 和 B 的结构。

§15.3 胺的碱性

胺分子中氮原子上的孤电子对使它能接受质子而显碱性,进攻缺电子中心而显亲核性,芳香胺中氮原子上的孤电子对与苯环中的 π 电子共轭,使芳环高度活化,环上的亲电取代反应更容易进行。

胺同氨相似,其碱性比水强,胺的水溶液呈碱性反应。与酸反应生成烃基取代的铵盐,铵盐用碱处理又释出胺:

$$RNH_2 + H_2O \rightleftharpoons R\overset{+}{N}H_3 + {}^-OH$$

$$RNH_2 + HCl \rightleftharpoons R\overset{+}{N}H_3Cl^-$$

$$R\overset{+}{N}H_3Cl^- + NaOH \rightleftharpoons RNH_2 + NaCl + H_2O$$

通常根据胺的共轭酸——烃基取代铵离子的解离常数来比较胺的碱性强弱:

$$R\overset{+}{N}H_3 + H_2O \overset{K_a}{\rightleftharpoons} RNH_2 + H_3\overset{+}{O}$$

$$K_a = \frac{[RNH_2][H_3O^+]}{[R\overset{+}{N}H_3]}$$

在稀溶液中水的浓度接近恒定,故未包括在公式中。

胺的碱性越强,越容易接受质子,它的共轭酸越不容易失去质子,即共轭酸的酸性越弱而 pK_a 越大。因此,胺的碱性越强,其共轭酸的 pK_a 的数值越大。一些胺的共轭酸的 pK_a 见表 15.1。

氨的共轭酸——铵离子的 pK_a 为 9.25,因此,脂肪胺的碱性比氨强,而芳香族胺的碱性则比氨弱。

15.3.1 脂肪胺

乙胺的碱性比氨强,这是因为 C—N 键是极化的,乙胺有偶极矩,方向由乙基指向氮原子。在乙胺的共轭酸——乙基铵离子中,氮原子上的正电荷在偶极作用的影响下,一部分分散到乙基中,使乙基铵离子比铵离子更稳定:

$$NH_3 \qquad CH_3CH_2\overset{\longrightarrow}{NH_2} \qquad H-\overset{+}{N}H_3 \qquad H-\overset{+}{N}H_2\overset{\delta^+}{CH_2CH_3}$$

因此,乙基铵离子的酸性比铵离子弱,而乙胺的碱性比氨强。二乙基铵离子和三乙基铵离子中,氮原子上的正电荷可以分散到两个和三个乙基上,比乙基铵离子更稳定。在气相中测定的碱性强弱次序为

$$NH_3 < C_2H_5NH_2 < (C_2H_5)_2NH < (C_2H_5)_3N$$

即氮原子上乙基的数目越多碱性越强。

在水溶液中测定的碱性强弱次序为

§ 15.3 胺的碱性

$$NH_3 < C_2H_5NH_2 < (C_2H_5)_3N < (C_2H_5)_2NH$$
pK_a　　9.25　　10.80　　10.85　　11.09

与在气相中测定的次序不同,说明溶剂对碱性强弱有一定的影响。

一种简化的解释为烃基取代的铵离子在水溶液中能与水生成氢键:

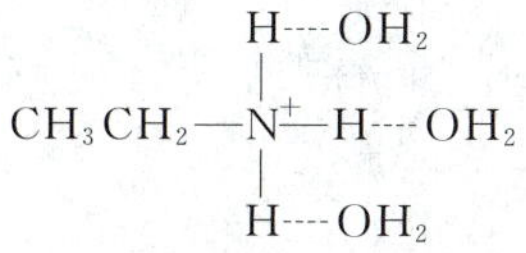

$$CH_3CH_2-\overset{H\cdots OH_2}{\underset{H\cdots OH_2}{\overset{|}{N^+}-H\cdots OH_2}}$$

氢键的生成使铵离子更加稳定,即使胺的碱性增强。一烃基取代的铵离子中有三个能参与氢键形成的氢原子,二烃基取代的铵离子和三烃基取代的铵离子中各有两个和一个能参与氢键形成的氢原子,因此,形成氢键使胺的碱性增强的次序是伯胺>仲胺>叔胺,正好与结构因素使碱性增强的次序伯胺<仲胺<叔胺相反,这两种因素协同作用,对于不同的烃基可以得出不同的次序。

在氯仿、乙腈、氯苯等非质子传递溶剂中测定胺的碱性强弱,可以避免生成氢键的干扰。例如,在氯苯中测定的丁胺、二丁胺和三丁胺的碱性强弱次序为

$$CH_3CH_2CH_2CH_2NH_2 < (CH_3CH_2CH_2CH_2)_2NH < (CH_3CH_2CH_2CH_2)_3N$$

在胺分子中导入吸电子基团,后者的场效应使碱性减弱。例如,三(三氟甲基)胺同三氟化氮一样,几乎没有碱性:

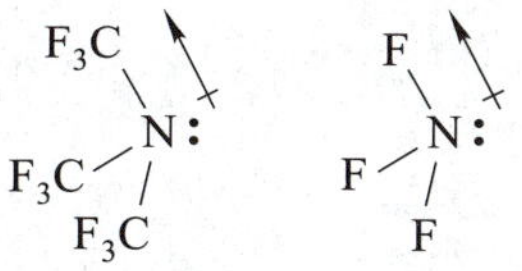

$$\underset{F_3C}{\overset{F_3C}{\underset{|}{\searrow}}}\!\!N\!\!:\qquad \underset{F}{\overset{F}{\underset{|}{\searrow}}}\!\!N\!\!:$$

问题 15.3 比较下列化合物的碱性强弱。
(1) $FCH_2CH_2NH_2$,$CH_3CH_2NH_2$
(2) $FCH_2CH_2NH_2$,$F_3CCH_2NH_2$
(3) $CH_3OCH_2CH_2NH_2$,$CH_3CH_2CH_2NH_2$
(4) $(C_2H_5)_2NCH_2C\equiv N$,$(C_2H_5)_3N$

15.3.2 芳香胺

苯胺分子中氮原子上的孤电子对与苯环中的 π 电子共轭,使部分电子云分布到苯环碳原子上,孤电子对接受质子的能力显著降低,因此,苯胺的碱性比氨弱得多,二苯胺的碱性更弱,三苯胺在一般条件下不显碱性,与硫酸不能生成盐,但能与高氯酸生成盐。

苯环上吸引电子的取代基使芳胺的碱性减弱。例如:

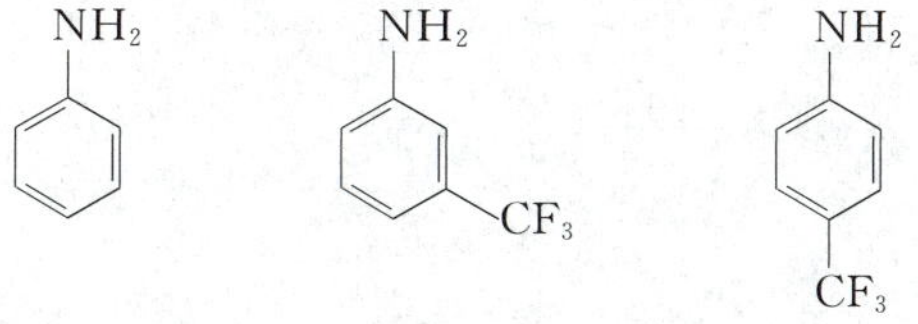

pK_a　　4.58　　3.20　　2.75

对硝基苯胺分子中,硝基、苯环和氨基形成共轭体系:

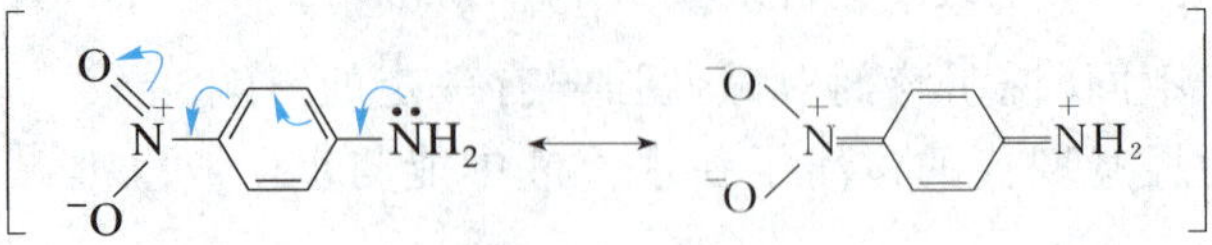

电荷分离的经典结构式在共振杂化体中的贡献较大,使对硝基苯胺的稳定性提高。在对硝基苯胺的共轭酸中,这种共轭不复存在:

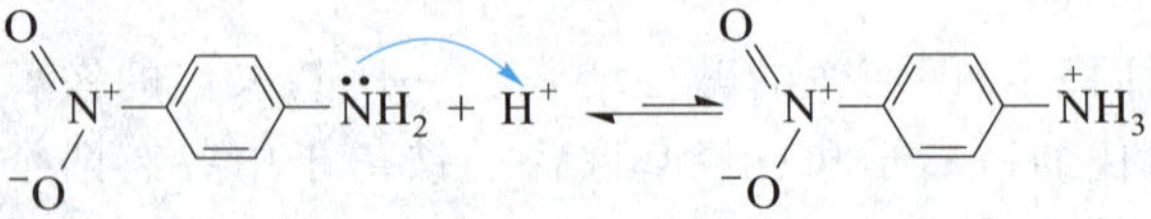

因此,平衡偏向左边,即硝基使胺的碱性降低。

在邻硝基苯胺分子中,硝基除了通过苯环与氨基共轭外,由于与氨基靠近,硝基强烈的诱导效应使碱性进一步降低。而在间硝基苯胺分子中,硝基只通过诱导效应使胺的碱性降低。

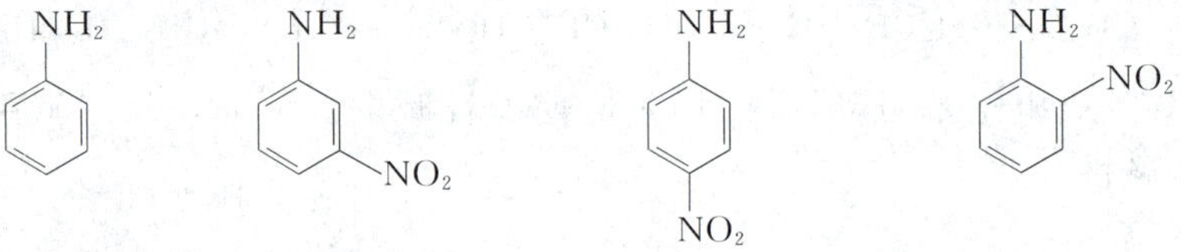

pK_a	4.58	2.47	1.00	−0.26

问题 15.4 比较下列化合物的碱性强弱。

(1) 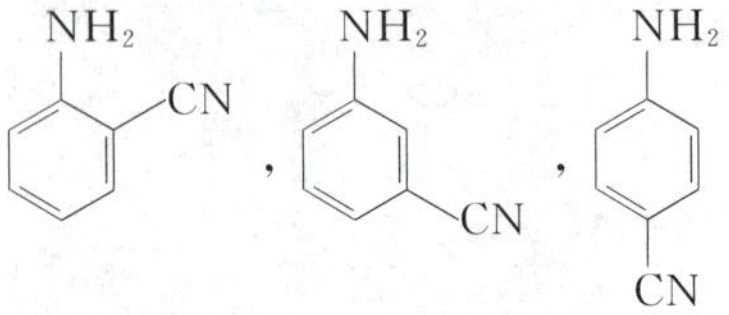 邻氰基苯胺,间氰基苯胺,对氰基苯胺

(2) 苯胺、对氯苯胺和对硝基苯胺

15.3.3 氢氧化四烃基铵

季铵盐与氢氧化钠不发生反应,但用水和氧化银处理,可以转变为氢氧化四烃基铵:

$$2\,R_4\overset{+}{N}\overset{-}{X} + H_2O + Ag_2O \longrightarrow 2\,R_4\overset{+}{N}\overset{-}{OH} + 2\,AgX$$

也可以用离子交换树脂将卤离子换成氢氧离子。

氢氧化四烃基铵为固体,其碱性与氢氧化钠或氢氧化钾相近,能从空气中吸收二氧化碳或从铵盐中释出氨。

15.3.4 胺的分离

胺与酸生成的烃基取代铵盐一般在水中有较大的溶解度,这一性质可用于胺与中性化合物

的分离。例如，癸胺(沸点：221 ℃)和十二烷(沸点：216 ℃)的混合物难以用分馏法分开，但可以用 10% 盐酸提取。癸胺变成烷基取代铵盐而进入水层，十二烷仍留在有机层中，可以用分液漏斗分开，水溶液加氢氧化钠后释出不溶于水的癸胺，容易与水层分开。

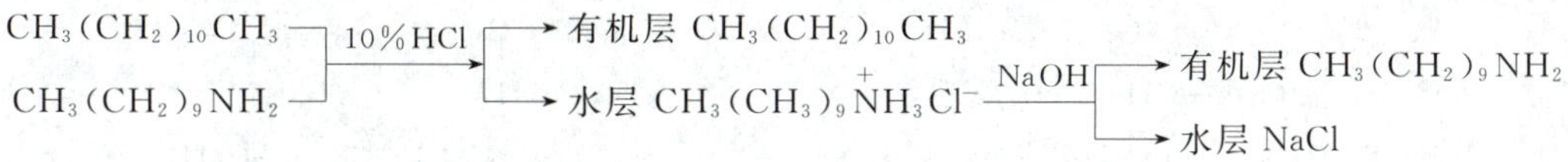

$$\begin{array}{c} CH_3(CH_2)_{10}CH_3 \\ CH_3(CH_2)_9NH_2 \end{array} \xrightarrow{10\% HCl} \begin{array}{l} \text{有机层 } CH_3(CH_2)_{10}CH_3 \\ \text{水层 } CH_3(CH_2)_9NH_3^+Cl^- \end{array} \xrightarrow{NaOH} \begin{array}{l} \text{有机层 } CH_3(CH_2)_9NH_2 \\ \text{水层 } NaCl \end{array}$$

问题 15.5 如何分离下列混合物？
(1) 癸烷、三丁胺和环己基甲酸
(2) 苯甲醛、苯乙酮和 N,N-二甲基苯胺

15.3.5 手性胺的拆分

胺的外消旋体与一个旋光的酸生成两种互为非对映异构体的盐，它们的溶解度不同，可以用分步结晶的方法分开，酸化后就得到旋光的胺。酒石酸及其衍生物、樟脑-10-磺酸都可用于胺的拆分。合成的胺，如 1-苯基乙胺，经拆分后又可用于手性酸的拆分。

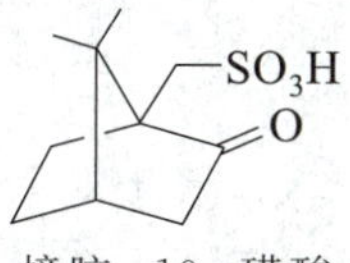

樟脑-10-磺酸 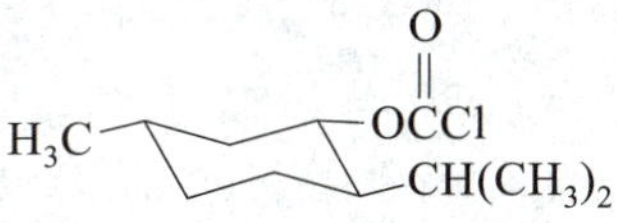　　氯甲酸蓋酯

氯甲酸蓋酯与胺的外消旋体生成互为非对映异构体的氨基甲酸酯，重结晶分开后水解，即得到旋光的胺，也可以用色谱法将两种非对映异构体分开。

用乳酸和纤维素乙酸酯作吸附剂，可以用色谱法直接将胺的外消旋体部分拆分。

问题 15.6 醇与邻苯二甲酸酐反应，生成邻苯二甲酸一酯：

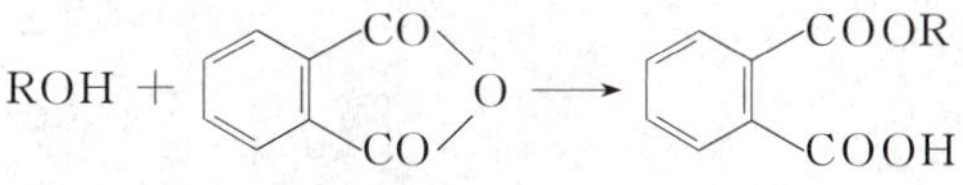

$$ROH + \underset{CO}{\underset{|}{\overset{CO}{\overset{|}{\bigcirc}}}}O \longrightarrow \begin{array}{c}COOR \\ COOH\end{array}$$

醇的外消旋体应如何拆分？

15.3.6 胺的酸性

胺的碱性常用其共轭酸的 pK_a 进行比较，必须注意不要与胺本身的 pK_a 相混淆。
氨、伯胺和仲胺分子中 N—H 键可以解离：

$$R_2NH \rightleftharpoons R_2N^- + H^+$$

因此，它们都有很弱的酸性。氨和二乙胺的 pK_a 分别为 34 和 36，其酸性强度相当于甲苯分子中

甲基上的氢原子，氨和胺的共轭碱 $\overset{..}{N}H_2^-$，$R\overset{..}{N}H^-$ 和 $R_2\overset{..}{N}^-$ 则是很强的碱。

二异丙胺在乙醚、四氢呋喃或乙二醇二甲醚溶液中与丁基锂反应，得到二异丙氨基锂（LDA）：

$$\underset{pK_a \approx 40}{\underset{}{(CH_3)_2CH-NH-CH(CH_3)_2}} + n\text{-}C_4H_9^-Li^+ \xrightarrow{THF} \underset{LDA \approx 50}{\underset{}{(CH_3)_2CH-N^-{:}Li^+-CH(CH_3)_2}} + n\text{-}C_4H_{10}$$

丁基锂的碱性比 LDA 更强，所以能使二异丙基胺完全转变为 LDA。

氨或胺分子中，氮原子上的氢原子被酰基取代，由于氮原子上的孤电子对与羰基共轭，酰胺的碱性减弱：

$$\left[\underset{}{H_3C-\overset{\overset{\displaystyle :\ddot{O}:}{\|}}{C}-\overset{..}{N}H_2} \longleftrightarrow H_3C-\overset{\overset{\displaystyle :\ddot{O}:^-}{|}}{C}=\overset{+}{N}H_2 \right]$$

它只能与极强的酸（如 HF/BF_3）生成盐。在另一方面，酰胺的酸性较强，能与醇钠生成盐：

$$\underset{pK_a \quad 17.59}{CH_3\overset{O}{\overset{\|}{C}}NHC_6H_5} + (CH_3)_3CONa \rightleftharpoons CH_3\overset{\overset{\displaystyle :\ddot{O}:^-}{|}}{C}=\overset{..}{N}-C_6H_5Na^+ + (CH_3)_3COH$$

酰亚胺的酸性比酰胺更强。例如，邻苯二甲酰亚胺在乙醇溶液中能与氢氧化钾生成盐：

$$\underset{pK_a \quad 8.3}{\text{邻苯二甲酰亚胺}} + KOH \longrightarrow \underset{17.15}{\text{邻苯二甲酰亚胺钾盐}} + H_2O$$

§15.4 胺 的 反 应

15.4.1 烃化

胺是亲核试剂，容易与伯卤代烷发生 S_N2 反应，由伯胺生成仲胺的盐：

$$RNH_2 + R'CH_2X \longrightarrow \underset{\underset{CH_2R'}{|}}{R\overset{+}{N}H_2}\overset{-}{X}$$

§15.4 胺的反应

仲胺的盐与未反应的伯胺之间迅速发生质子转移反应,释出的仲胺可以继续烃化,生成叔胺的盐:

$$RN\overset{+}{H}_2\overset{-}{X} + RNH_2 \rightleftharpoons RNH + R\overset{+}{N}H_3\overset{-}{X}$$
$$\quad\ |\qquad\qquad\qquad\qquad\ |$$
$$\ CH_2R'\qquad\qquad\quad\ CH_2R'$$

$$RNH + R'CH_2X \longrightarrow RN\overset{+}{H}\overset{-}{X}$$
$$\ |\qquad\qquad\qquad\qquad\quad |$$
$$CH_2R'\qquad\qquad\qquad (CH_2R')_2$$

以上反应重复进行,直到生成季铵盐:

$$R\overset{+}{N}H(CH_2R')_2\overset{-}{X} + RNH_2 \rightleftharpoons RN(CH_2R')_2 + R\overset{+}{N}H_3\overset{-}{X}$$

$$RN(CH_2R')_2 + R'CH_2X \longrightarrow R\overset{+}{N}(CH_2R')_3\overset{-}{X}$$

在一般条件下,难以使反应停留在只生成仲胺或叔胺的一步。如用过量的伯卤代烷,可以得到铵盐。例如:

C₆H₁₁—CH₂NH₂ + 3 CH₃I $\xrightarrow[\triangle]{CH_3OH}$ C₆H₁₁—CH₂$\overset{+}{N}$(CH₃)₃ I⁻
                                                                99%

在位阻因素的影响下,有时可以使主要产物为某一种胺:

(CH₃)₂CHNH₂ + 2,4-Cl₂C₆H₃CH₂Cl ⟶ (CH₃)₂CHNHCH₂-2,4-Cl₂C₆H₃
                                                        71%

胺与叔卤代烷主要生成消除产物。仲卤代烷、α-卤代酸、环氧化物也可以用来使胺烃化。胺作为亲核试剂,还可以与含活性烯键的化合物发生共轭加成反应。

问题 15.7 写出下列反应的产物。

(1) $(CH_3)_2CHNH_2$ + (3-甲氧基-5-甲氧基苯基环氧乙烷) ⟶

(2) 4-(2-溴乙基)哌啶 $\xrightarrow{NaOH}$

(3) $(CH_3)_3C$—(N-甲基哌啶) $\xrightarrow{C_6H_5CH_2Cl}$? + ?

(4) 哌啶—NH + 环己烯酮 ⟶

(5) Et_2NH + $C_6H_5COCH=CHCOC_6H_5$ ⟶

(6) $\text{O(CH}_2\text{CH}_2)_2\text{NH} + \text{C}_6\text{H}_5\overset{\text{O}}{\underset{\|}{\text{C}}}\text{CH}=\text{CHC}_6\text{H}_5 \longrightarrow$

(7) $(\text{C}_6\text{H}_5\text{CH}_2)_2\text{NH} + \text{CH}_3\overset{\text{O}}{\underset{\|}{\text{C}}}\text{CH}_2\text{Cl} \longrightarrow$

(8) $n\text{-C}_4\text{H}_9\text{NH}_2 + \text{H}_2\text{C}\underset{\text{O}}{\overset{}{-}}\text{CH}_2 \longrightarrow$

(9) 顺-1,2-二苯基环氧乙烷 + 哌啶 $\longrightarrow$

15.4.2 酰化

伯胺、仲胺容易与酰氯或酸酐反应,生成 N-烃基酰胺或 N,N-二烃基酰胺,它们是固体,有固定的熔点,可用于胺的鉴定。例如：

$$\text{C}_6\text{H}_5\text{NH}_2 + (\text{CH}_3\overset{\text{O}}{\underset{\|}{\text{C}}})_2\text{O} \longrightarrow \text{C}_6\text{H}_5\text{NHCOCH}_3 + \text{CH}_3\text{COOH}$$
熔点:114 ℃

$$\text{CH}_3\text{CH}_2\text{CH}_2\text{NH}_2 + \text{C}_6\text{H}_5\overset{\text{O}}{\underset{\|}{\text{C}}}\text{Cl} \longrightarrow \text{CH}_3\text{CH}_2\text{CH}_2\text{NHCOC}_6\text{H}_5 + \text{HCl}$$
熔点:84 ℃

叔胺的氮原子上没有氢原子,不能生成一般的酰胺。

在有机合成中常将氨基酰化后再进行其他反应,最后用水解法除去酰基,这样可以保护氨基,避免发生不需要的副反应。例如,在苯胺的硝化反应中,将氨基用酰基保护,既可避免苯胺被硝酸氧化,又可适当降低苯环的反应活性,以制备一硝化产物：

$$\text{C}_6\text{H}_5\text{NH}_2 \xrightarrow{(\text{CH}_3\text{CO})_2\text{O}} \text{C}_6\text{H}_5\text{NHCOCH}_3 \xrightarrow{\text{HNO}_3, \text{H}_2\text{SO}_4} p\text{-O}_2\text{N-C}_6\text{H}_4\text{-NHCOCH}_3 \xrightarrow[\text{② OH}^-]{\text{① H}_3\text{O}^+} p\text{-O}_2\text{N-C}_6\text{H}_4\text{-NH}_2$$

磺酰氯与胺的反应与酰氯相似：

$$\text{CH}_3\text{-C}_6\text{H}_4\text{-SO}_2\text{Cl} + \text{RNH}_2 \longrightarrow \text{CH}_3\text{-C}_6\text{H}_4\text{-SO}_2\text{NHR}$$

$$\text{CH}_3\text{-C}_6\text{H}_4\text{-SO}_2\text{Cl} + \text{R}_2\text{NH} \longrightarrow \text{CH}_3\text{-C}_6\text{H}_4\text{-SO}_2\text{NR}_2$$

由低级伯胺生成的 N-烃基对甲苯磺酰胺能溶于氢氧化钠水溶液中：

$$\text{CH}_3\text{-C}_6\text{H}_4\text{-SO}_2\text{NHR} + \text{NaOH} \longrightarrow \text{CH}_3\text{-C}_6\text{H}_4\text{-SO}_2\overset{-}{\text{N}}\overset{+}{\text{R}}\text{Na} + \text{H}_2\text{O}$$

叔胺与对甲苯磺酰氯只生成盐,与氢氧化钠反应又释放出叔胺:

$$CH_3-\underset{}{\bigcirc}-SO_2Cl + R_3N \longrightarrow CH_3-\underset{}{\bigcirc}-SO_2\overset{+}{N}R_3Cl^-$$

$$CH_3-\underset{}{\bigcirc}-SO_2\overset{+}{N}R_3Cl^- + 2NaOH \longrightarrow CH_3-\underset{}{\bigcirc}-\overset{-}{S}O_3\overset{+}{N}a + R_3N + NaCl + H_2O$$

15.4.3 亚硝化

在酸性溶液中,由亚硝酸钠产生的亚硝酸是常用的亚硝化试剂:

$$:\ddot{O}=N-\ddot{\underset{..}{O}}:Na^+ + H^+ \rightleftharpoons :\ddot{O}=N-\ddot{\underset{..}{O}}-H + Na^+$$
$$\text{亚硝酸钠} \qquad\qquad \text{亚硝酸}$$

15.4.3.1 脂肪胺

脂肪族仲胺与亚硝酸反应,生成 N-亚硝基胺。例如:

$$(CH_3)_2NH \xrightarrow[H_2O]{NaNO_2,HCl} (CH_3)_2N-NO$$
$$88\%\sim 90\%$$

进攻试剂是由亚硝酸生成的亚硝鎓离子:

$$HO-N=O + H^+ \rightleftharpoons \overset{+}{H_2O}-N=O$$

$$\overset{+}{H_2O}-N=O \rightleftharpoons H_2O + :\overset{+}{N}=\ddot{O}:$$
$$\text{亚硝鎓离子}$$

$$R_2\ddot{N}H + :\overset{+}{N}=\ddot{O}: \rightleftharpoons R_2\underset{\underset{H}{|}}{\overset{+}{N}}-\ddot{N}=\ddot{O}:$$

$$R_2\underset{\underset{H}{|}}{\overset{+}{N}}-\ddot{N}=\ddot{O}: \rightleftharpoons R_2\ddot{N}-\ddot{N}=\ddot{O}: + H^+$$

亚硝鎓离子与游离胺反应,生成 N-亚硝基胺。由于反应混合物中必须有游离胺存在,对于脂肪胺,溶液的 pH 要在 3 以上。

N-亚硝基二甲胺和其他一些 N-亚硝基胺有强烈的致癌作用。

脂肪族伯胺与亚硝酸生成的 N-亚硝基胺进一步转变为烷基重氮盐:

$$R-\ddot{N}H_2 + :\overset{+}{N}=\ddot{O}: \longrightarrow R-\underset{\underset{H}{|}}{\overset{\overset{H}{|}}{\overset{+}{N}}}-\ddot{N}=\ddot{O}:$$

$$R-\underset{\underset{H}{|}}{\overset{\overset{H}{|}}{\overset{+}{N}}}-\ddot{N}=\ddot{O}: \rightleftharpoons R-\underset{\underset{H}{|}}{\overset{H}{N}}-\ddot{N}=\ddot{O}: + H^+$$

$$R-\overset{H}{\underset{..}{N}}-\overset{..}{\underset{..}{N}}=\overset{..}{\underset{..}{O}}: + H^+ \rightleftharpoons \left[R-\overset{H}{\underset{..}{N}}-\overset{..}{\underset{..}{N}}=\overset{..}{\underset{..}{O}}H \leftrightarrow R-\overset{H}{\underset{..}{N}}-\overset{+}{\underset{..}{N}}=\overset{..}{\underset{..}{O}}H \right]$$

$$R-\overset{H}{\underset{+}{N}}=\overset{..}{\underset{..}{N}}-\overset{..}{\underset{..}{O}}H \rightleftharpoons R-\overset{..}{\underset{..}{N}}=\overset{..}{\underset{..}{N}}-\overset{..}{\underset{..}{O}}H + H^+$$

$$R-\overset{..}{\underset{..}{N}}=\overset{..}{\underset{..}{N}}-\overset{..}{\underset{..}{O}}H + H^+ \rightleftharpoons R-\overset{..}{\underset{..}{N}}=\overset{..}{\underset{..}{N}}-\overset{+}{\underset{H}{\overset{..}{O}}}H$$

$$R-\overset{..}{\underset{..}{N}}=\overset{..}{\underset{..}{N}}-\overset{+}{\underset{H}{\overset{..}{O}}}H \rightleftharpoons R-\overset{+}{N}\equiv N: + H_2O$$

烷基重氮盐中的 —$\overset{+}{N}\equiv N:$ 是一个离去倾向非常大的原子团,因此,在低温下也会放出氮气,生成碳正离子,实际得到的是碳正离子的反应产物。例如:

$$CH_3CH_2C(CH_3)_2 \xrightarrow[H_2O]{NaNO_2, HCl} CH_3CH_2C(CH_3)_2$$
$$\underset{NH_2}{|} \qquad\qquad \underset{\overset{+}{N_2}:}{|}$$

$$CH_3CH_2\underset{\underset{+}{N}\equiv N:}{C}(CH_3)_2 \longrightarrow CH_3CH_2\overset{+}{C}(CH_3)_2 + N_2\uparrow$$

$$CH_3CH_2\overset{+}{C}(CH_3)_2 \xrightarrow{H_2O} CH_3CH=C(CH_3)_2 + CH_3CH_2\overset{CH_3}{\underset{}{C}}=CH_2 + CH_3CH_2\underset{OH}{\overset{|}{C}}(CH_3)_2$$
$$\qquad\qquad\qquad 2\% \qquad\qquad\qquad 3\% \qquad\qquad\qquad 80\%$$

15.4.3.2 芳香胺

N,N-二烷基苯胺与亚硝酸反应,由于苯环碳原子的活性很高,亲电性较弱的亚硝鎓离子进攻对位碳原子,生成对位亚硝基取代产物:

$$\text{C}_6\text{H}_5\text{N}(\text{CH}_2\text{CH}_3)_2 \xrightarrow[\text{② HO}^-]{\text{① NaNO}_2, \text{HCl}, \text{H}_2\text{O}, 8\ ℃} \text{4-ON-C}_6\text{H}_4\text{-N}(\text{CH}_2\text{CH}_3)_2$$
$$\qquad\qquad\qquad\qquad\qquad\qquad\qquad 95\%$$

N-烷基苯胺与亚硝酸生成 N-亚硝基胺:

$$\text{C}_6\text{H}_5\text{NHCH}_3 \xrightarrow[87\%\sim93\%]{\text{NaNO}_2, \text{HCl}, \text{H}_2\text{O}, 10\ ℃} \text{C}_6\text{H}_5\text{N}(\text{CH}_3)\text{-N=O}$$
N-甲基苯胺 $\qquad\qquad\qquad\qquad\qquad\qquad$ N-甲基-N-亚硝基苯胺

§ 15.4 胺的反应

芳香族伯胺与亚硝酸生成芳基重氮盐：

$$\text{C}_6\text{H}_5\text{NH}_2 \xrightarrow[0\sim 5\ ℃]{\text{NaNO}_2,\text{HCl},\text{H}_2\text{O}} \text{C}_6\text{H}_5\overset{+}{\text{N}}\equiv\text{N}\!:\text{Cl}^-$$

芳基重氮盐比烷基重氮盐稳定，在水溶液中，0~5 ℃下可以保存一段时间，可以用于多种芳香族化合物的合成。

芳香胺的碱性很弱，在强酸性溶液中仍能与亚硝酸反应。

15.4.4 胺的氧化

胺容易氧化，用不同的氧化剂可以得到多种氧化产物。

15.4.4.1 叔胺的氧化

叔胺用过氧化氢或过酸氧化，生成氧化叔胺。例如：

$$\text{C}_6\text{H}_5\text{CH}_2\text{N}(\text{CH}_3)_2 \xrightarrow{\text{H}_2\text{O}_2,\text{CH}_3\text{OH}-\text{H}_2\text{O}} \text{C}_6\text{H}_5\text{CH}_2\overset{+}{\underset{\text{O}^-}{\text{N}}}(\text{CH}_3)_2$$

$$\text{C}_6\text{H}_5\text{N}(\text{CH}_3)_2 \xrightarrow{\text{H}_2\text{O}_2} \text{C}_6\text{H}_5\overset{+}{\underset{\text{O}^-}{\text{N}}}(\text{CH}_3)_2$$

15.4.4.2 芳香胺的氧化

芳香族伯胺的氧化经过下列阶段：

$$\underset{\text{伯胺}}{\text{ArNH}_2} \xrightarrow{[\text{O}]} \underset{N-\text{芳基羟胺}}{\text{ArNHOH}} \xrightarrow{[\text{O}]} \underset{\text{亚硝基化合物}}{\text{ArNO}} \xrightarrow{[\text{O}]} \underset{\text{硝基化合物}}{\text{ArNO}_2}$$

例如：

2-甲基-4-硝基苯胺 $\xrightarrow[\text{(Caro酸)}]{\text{H}_2\text{SO}_5}$ 2-甲基-4-硝基亚硝基苯

对甲苯胺 $\xrightarrow{\text{H}_2\text{O}_2,\text{CH}_3\text{COOH}}$ 对硝基甲苯

苯胺用二氧化锰和硫酸氧化，主要产物为对苯醌：

$$\underset{\text{苯胺}}{\text{C}_6\text{H}_5\text{NH}_2} \xrightarrow{\text{MnO}_2,\text{H}_2\text{SO}_4} \underset{\text{对苯醌}}{\text{O}=\text{C}_6\text{H}_4=\text{O}}$$

芳香胺的盐较难氧化，故有时将芳胺以盐的形式储存。

15.4.5 芳香胺的亲电取代反应

15.4.5.1 卤化

芳香族伯胺分子中的氨基使芳环高度活化,在氯化和溴化反应中,迅速生成多氯和多溴化物,难以使反应停留在一氯化或一溴化的阶段。例如:

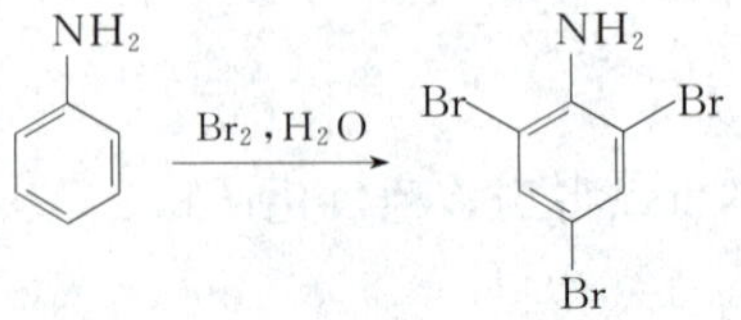

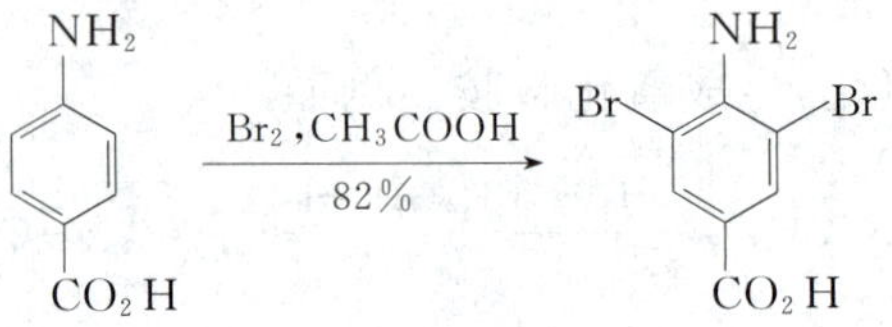

氨基用酰基保护后,反应可以停留在生成一溴或一氯化物的阶段。例如:

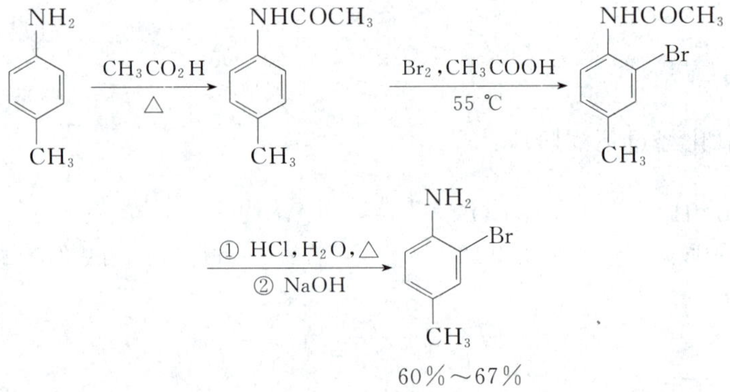

酰基的作用是使氮原子上的电子云密度降低,从而减弱它对苯环的活化作用:

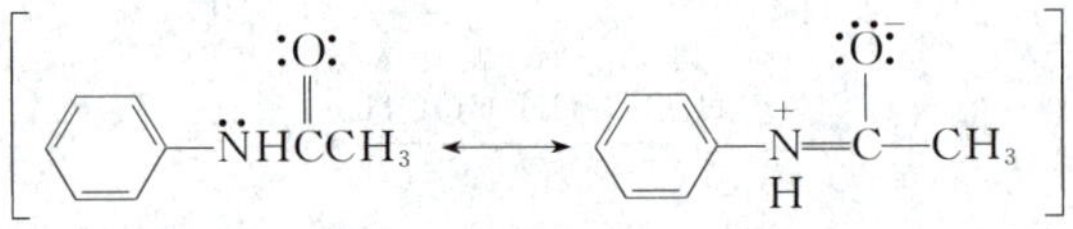

另外一种方法是将苯环上的一个位置保护起来:

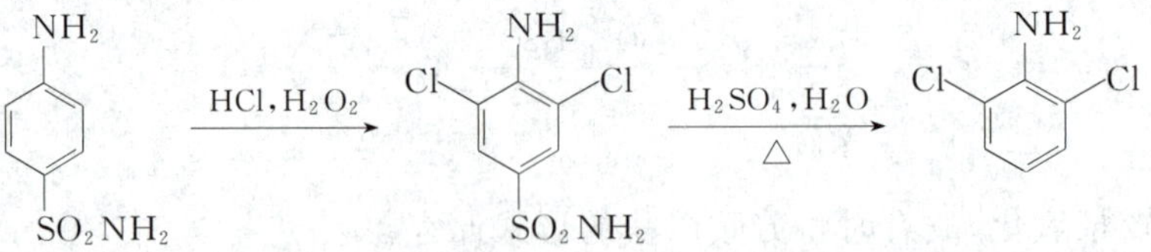

芳香胺与活性小的碘反应，能够得到一碘化物。

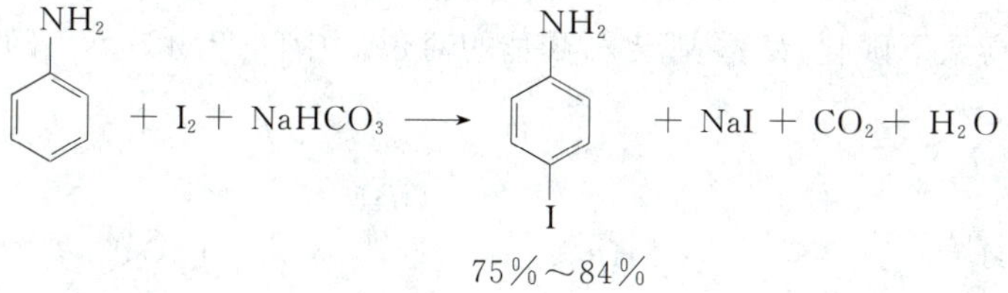

$$\underset{}{C_6H_5NH_2} + I_2 + NaHCO_3 \longrightarrow \underset{75\%\sim84\%}{4\text{-}I\text{-}C_6H_4NH_2} + NaI + CO_2 + H_2O$$

N,N-二甲基苯胺在乙酸中溴化生成对溴化物，在硫酸中，有硫酸银存在下溴化，则得到间溴化物：

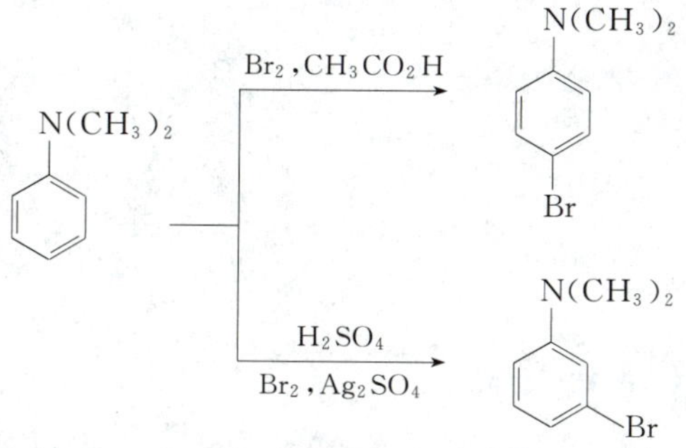

在乙酸中，底物为游离胺，而在硫酸中，则为铵盐。—$\overset{+}{N}H(CH_3)_2$ 是间位定位基。

15.4.5.2 硝化

芳香族伯胺容易氧化，不能直接用硝酸硝化。氨基用酰基保护后，硝化可以顺利进行。

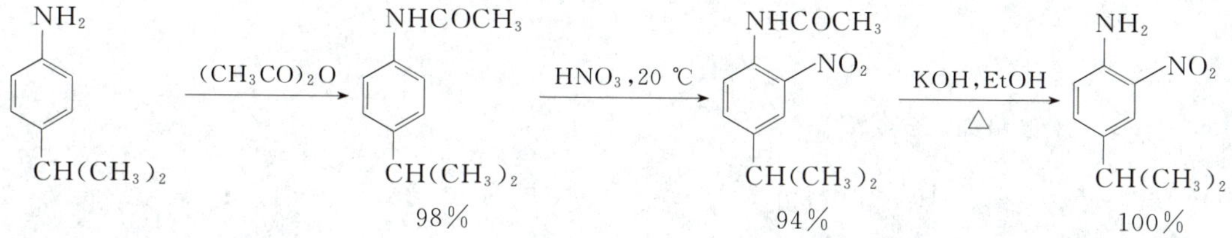

叔胺可以用混酸硝化：

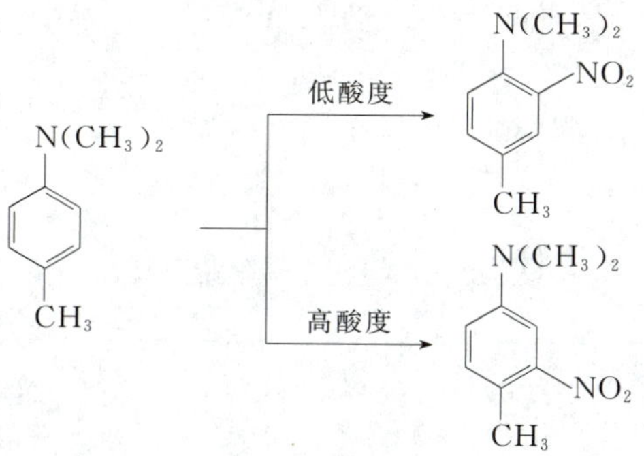

15.4.5.3 磺化

芳香族伯胺在高温下磺化,磺酸基导入氨基的对位。中间产物为 N-磺基化合物,它在加热时重排为氨基磺酸:

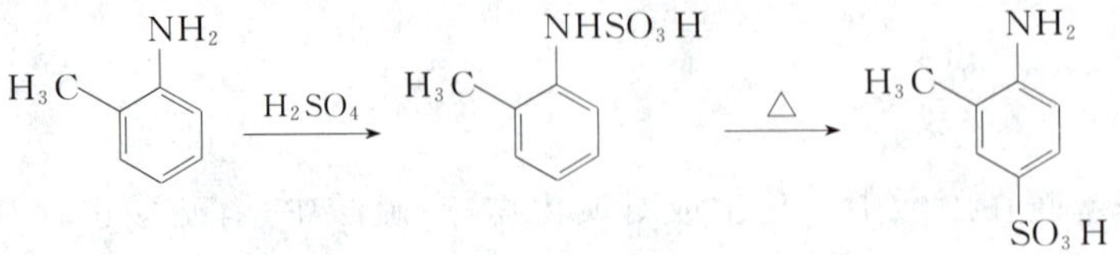

如氨基的对位被占据,则生成邻位化合物:

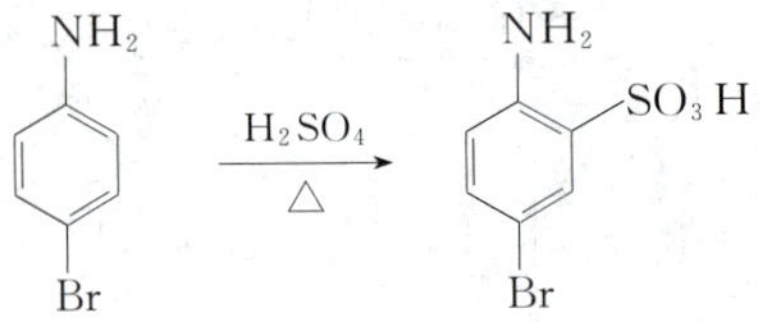

15.4.5.4 Friedel-Crafts 反应

芳香族伯胺中的氨基用酰基保护后,可以顺利地进行酰化或烃化反应:

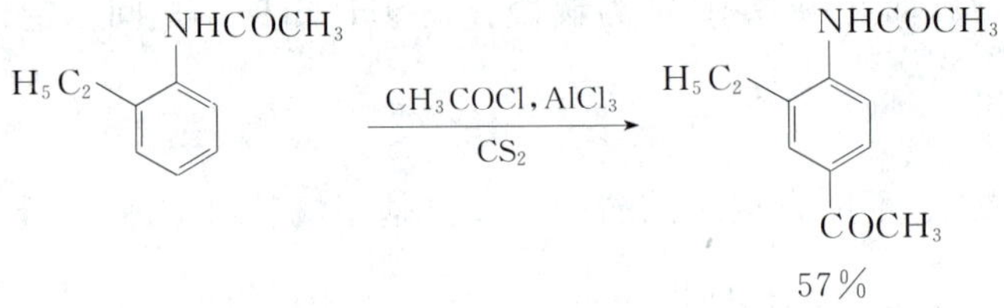

问题 15.8 下列化合物应如何合成?

(1) 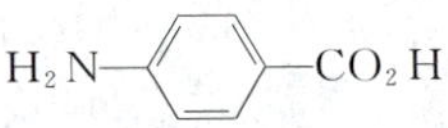 H_2N—C$_6$H$_4$—CO_2H (由 CH_3—C$_6$H$_4$—NH_2)

(2) 2,6-二氯-4-硝基苯胺 (由苯胺)

(3) 1-硝基-2-氨基萘 (由 2-氨基萘)

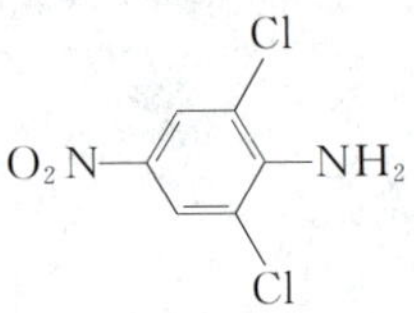

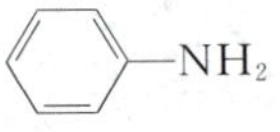

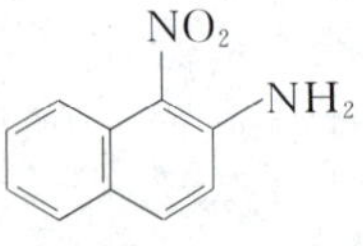

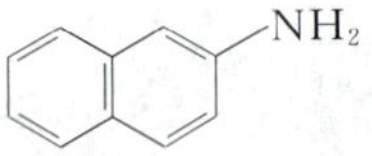

§15.5 胺的制法

15.5.1 氨或胺的直接烃化

氨是一个亲核试剂,可以同卤代烃、磺酸酯等发生 S_N2 反应生成伯胺的盐:

$$NH_3 + RX \longrightarrow R\overset{+}{N}H_3 X^-$$

生成的伯胺盐迅速与氨发生质子转移而释出伯胺:

$$R\overset{+}{N}H_3 X^- + NH_3 \longrightarrow RNH_2 + \overset{+}{N}H_4 X^-$$

伯胺继续烃化,生成仲胺的盐、叔胺的盐和季铵盐,反应结束后加碱,得到的是各种胺的混合物,在一般情况下很难使反应停留在某一特定阶段。用过量的氨或伯胺作原料可以使主要产物为伯胺或仲胺,但产物仍为混合物,分离提纯有一定的困难。例如:

$$CH_3(CH_2)_6CH_2Br + NH_3 \longrightarrow \underset{45\%}{CH_3(CH_2)_6CH_2NH_2} + \underset{43\%}{[CH_3(CH_2)_6CH_2]_2NH}$$

因此,这种方法的用途有限。如用作原料的卤代烷不是很贵,它与氨反应生成的伯胺又容易分离提纯,可以用来制备这种伯胺。

芳香族伯胺的亲核性弱,与卤代烃的反应在较高的温度下才能进行,生成的仲胺要在更剧烈的条件下才能继续烃化,因此,容易停留在生成仲胺的阶段。例如:

$$C_6H_5NH_2 + C_6H_5CH_2Cl \xrightarrow[90\sim 95\ ℃,4\ h]{NaHCO_3,H_2O} \underset{85\%\sim 87\%}{C_6H_5NHCH_2C_6H_5}$$

15.5.2 Gabriel(S)合成法

邻苯二甲酰亚胺钾与卤代烷发生 S_N2 反应,生成 N-烃基邻苯二甲酰亚胺,后者在酸或碱存在下水解,即得到伯胺:

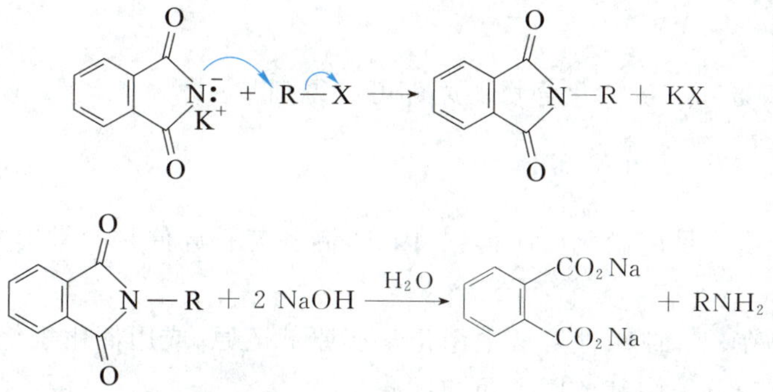

这样得到的伯胺,不含仲胺、叔胺等杂质。

烃化反应在 DMF 溶液中更容易进行, N-烃基邻苯二甲酰亚胺的水解有困难时, 可以用水合肼进行肼解:

$$\text{邻苯二甲酰亚胺-NR} \xrightarrow{NH_2NH_2} \left[\text{邻-CONHNH}_2, \text{CONHR}\right] \longrightarrow \text{酞嗪二酮} + RNH_2$$

例如:

$$\text{邻苯二甲酰亚胺-NH} \xrightarrow[\text{② } C_6H_5CH_2Cl, DMF]{\text{① } K_2CO_3} \text{邻苯二甲酰亚胺-NCH}_2C_6H_5 \xrightarrow[EtOH]{NH_2NH_2} C_6H_5CH_2NH_2$$

74%~77%   90%~98%

在 Gabriel 合成法中是用两个酰基作保护基, 占据氮原子上两个价的位置, 只留下一个可供烃基取代的氢原子, 烃化后再除去保护基。应用同样的原理, 用对甲苯磺酰基把伯胺中氮原子上的一个价占据, 只留下一个可供取代的氢原子, 烃化和水解后可以得到仲胺:

$$CH_3-\langle\rangle-SO_2NHR \xrightarrow[\text{② } R'X]{\text{① NaOH}} CH_3-\langle\rangle-SO_2NR(R') \xrightarrow{NaOH, H_2O} RR'NH$$

在强酸性溶液中由叔醇生成的碳正离子, 可以同腈分子中氮原子上的孤电子对结合, 转变为 N-烃基酰胺, 后者水解生成胺。例如:

$$RC\equiv N: + (CH_3)_3COH \xrightarrow{H_2SO_4} R\overset{+}{C}=NC(CH_3)_3 \xrightarrow{H_2O} RC=NC(CH_3)_3$$
$$\qquad\qquad\qquad\qquad\qquad\qquad\qquad\qquad\qquad\qquad\quad |\overset{+}{O}H_2$$

$$\xrightarrow{-H^+} R\underset{OH}{C}=NC(CH_3)_3 \longrightarrow R\underset{O}{C}NHC(CH_3)_3 \xrightarrow{H_2O} (CH_3)_3CNH_2$$

相当于将氮原子上的三个价用三键保护后再烃化。

15.5.3 还原法

含碳-氮单键、双键和三键的化合物还原都可以得到胺。

15.5.3.1 硝基化合物的还原

芳香族硝基化合物容易由硝化反应得到, 因此, 制备芳香族伯胺的常用方法是硝基化合物的还原。

硝基化合物可以在酸性或碱性溶液中用化学还原剂还原, 或用催化氢化的方法转变为伯胺。反应条件的选择决定于分子中其他原子团的性质。

硝基化合物常用锡、铁和锌等金属和盐酸还原, 乙醇可用作溶剂。例如:

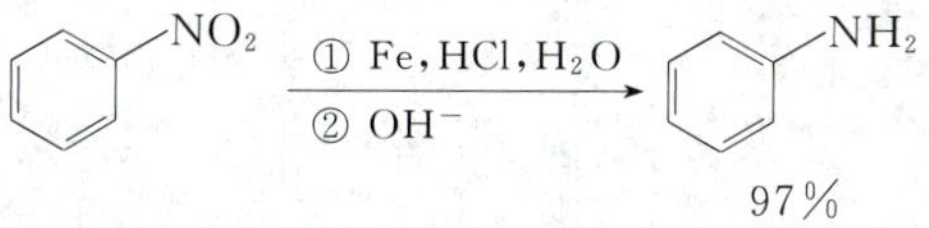

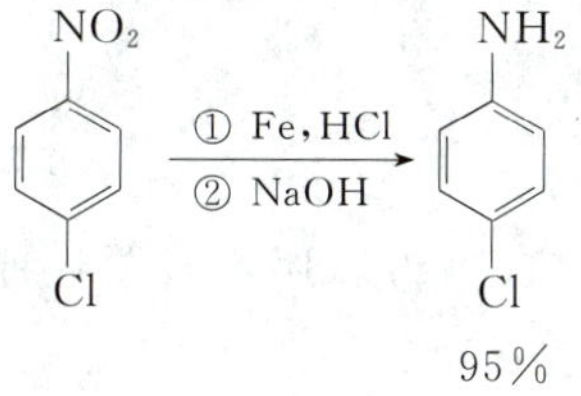

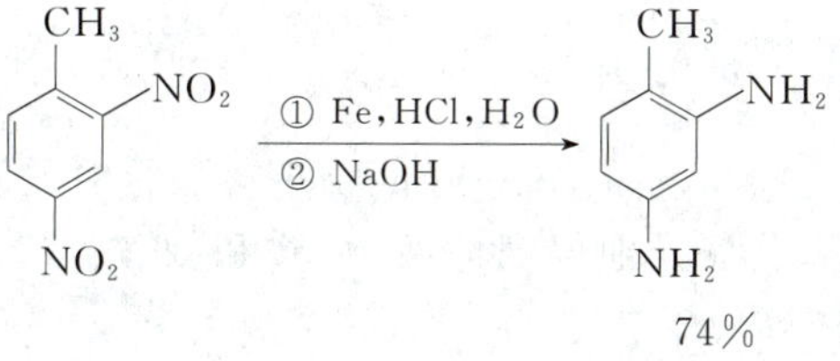

$$\underset{\text{硝基苯}}{\text{C}_6\text{H}_5\text{NO}_2} \xrightarrow[\text{② OH}^-]{\text{① Fe, HCl, H}_2\text{O}} \underset{97\%}{\text{C}_6\text{H}_5\text{NH}_2}$$

$$\underset{\text{对硝基氯苯}}{p\text{-ClC}_6\text{H}_4\text{NO}_2} \xrightarrow[\text{② NaOH}]{\text{① Fe, HCl}} \underset{95\%}{p\text{-ClC}_6\text{H}_4\text{NH}_2}$$

2,4-二硝基甲苯 $\xrightarrow[\text{② NaOH}]{\text{① Fe, HCl, H}_2\text{O}}$ 2,4-二氨基甲苯 (74%)

如硝基化合物中含有醛基或酮基，则要用较温和的还原剂还原。例如：

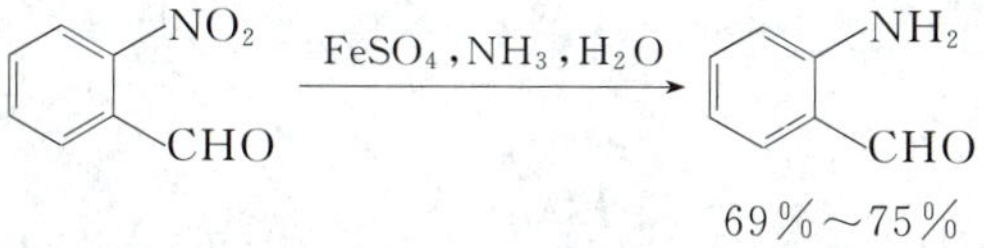

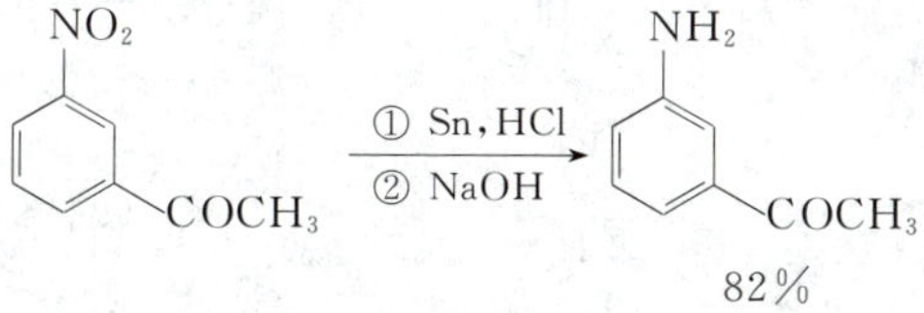

邻硝基苯甲醛 $\xrightarrow{\text{FeSO}_4,\text{NH}_3,\text{H}_2\text{O}}$ 邻氨基苯甲醛 (69%~75%)

间硝基苯乙酮 $\xrightarrow[\text{② NaOH}]{\text{① Sn, HCl}}$ 间氨基苯乙酮 (82%)

用硫氢化钠可以使二硝基化合物分子中只有一个硝基被还原：

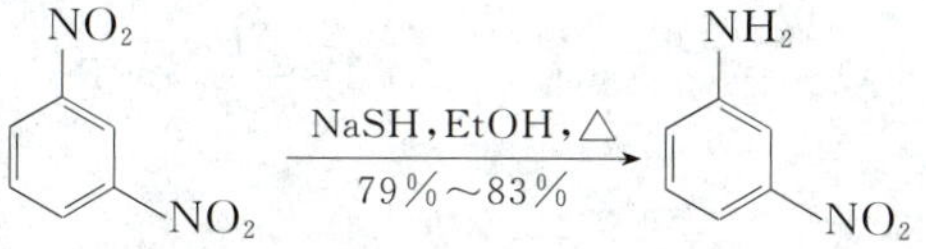

间二硝基苯 $\xrightarrow[79\%\sim83\%]{\text{NaSH, EtOH,}\triangle}$ 间硝基苯胺

催化氢化是使硝基化合物转变为伯胺的一种既干净又方便的方法，镍、铂和钯都可用作催化剂。如溶液中加入少量氯仿，则产物为伯胺的盐酸盐。

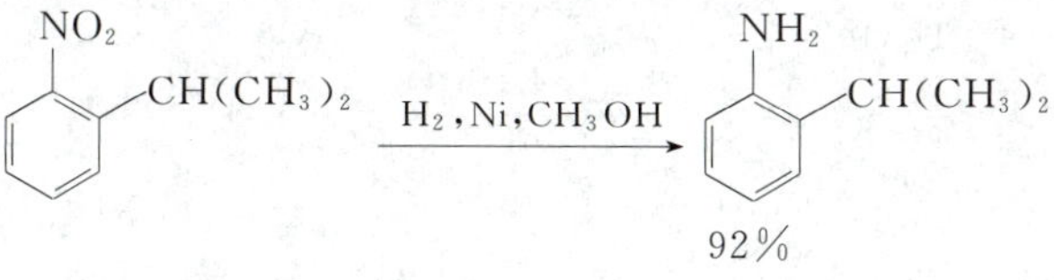

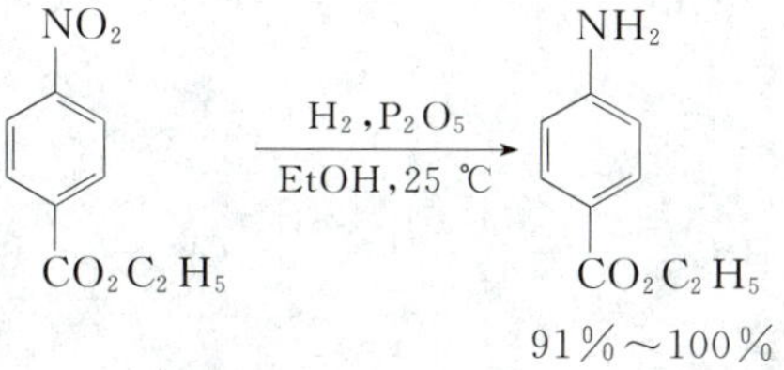

邻硝基异丙苯 $\xrightarrow{\text{H}_2,\text{Ni, CH}_3\text{OH}}$ 邻氨基异丙苯 (92%)

对硝基苯甲酸乙酯 $\xrightarrow[\text{EtOH, 25°C}]{\text{H}_2,\text{P}_2\text{O}_5}$ 对氨基苯甲酸乙酯 (91%~100%)

在镍、钯等催化剂存在下，硝基化合物可以用水合肼还原成伯胺，产率高，后处理方便。水合肼的作用是提供还原所需的氢。

15.5.3.2 酰胺、肟和腈的还原

酰胺和氢化铝锂在无水乙醚等溶剂中一起回流时，分子中的羰基还原成亚甲基，从酰胺、N-烃基酰胺和 N,N-二烃基酰胺分别得到伯胺、仲胺和叔胺：

$$C_6H_5CHCH_2CNH_2 \xrightarrow[\text{② } H_2O]{\text{① } LiAlH_4, Et_2O} C_6H_5CHCH_2CH_2NH_2$$
$$\underset{CH_3}{} \phantom{\xrightarrow{}} \underset{CH_3}{} $$
59%

$$CH_3CH_2CH_2CNHCH_2CH_2CH_3 \xrightarrow[\text{② } H_2O]{\text{① } LiAlH_4, Et_2O} CH_3CH_2CH_2CH_2NHCH_2CH_2CH_3$$
88%

$$\text{C}_6\text{H}_{11}\text{CN(CH}_3)_2 \xrightarrow[\text{② } H_2O]{\text{① } LiAlH_4, Et_2O} \text{C}_6\text{H}_{11}\text{CH}_2\text{N(CH}_3)_2$$
88%

肟容易还原成伯胺，这是由醛、酮制备伯胺的方便方法：

$$RR'C{=}O \xrightarrow{NH_2OH} RR'C{=}NOH \xrightarrow{[H]} RR'CHNH_2$$

例如：

$$CH_3(CH_2)_5CCH_3 \xrightarrow[62\%\sim69\%]{Na, EtOH} CH_3(CH_2)_5CHCH_3$$
$$\underset{NOH}{\parallel} \underset{NH_2}{|}$$

$$\underset{H_5C_6}{\overset{H_5C_6}{>}}\!\!\underset{}{\underset{\text{环己酮肟}}{\bigcirc}}\!\!{=}NOH \xrightarrow[80\%]{LiAlH_4, Et_2O} \underset{H_5C_6}{\overset{H_5C_6}{>}}\!\!\underset{}{\underset{\text{环己胺}}{\bigcirc}}\!\!{-}NH_2$$

$$CH_3CH_2CH_2CCH_3 \xrightarrow[85\%]{H_2, Ni, EtOH} CH_3CH_2CH_2CHCH_3$$
$$\underset{NOH}{\parallel} \underset{NH_2}{|}$$

腈可以用氢化铝锂还原成伯胺：

$$CF_3{-}\!\!\bigcirc\!\!{-}CH_2C{\equiv}N \xrightarrow[\text{② } H_2O]{\text{① } LiAlH_4, Et_2O} CF_3{-}\!\!\bigcirc\!\!{-}CH_2CH_2NH_2$$
53%

腈也可以用催化加氢的方法转变为伯胺，反应的中间体是亚胺：

$$RC\equiv N \underset{-H_2}{\overset{+H_2}{\rightleftharpoons}} RCH=NH \underset{-H_2}{\overset{+H_2}{\rightleftharpoons}} RCH_2NH_2$$

由于亚胺能与生成的伯胺发生加成反应：

$$RCH=NH \underset{-RCH_2NH_2}{\overset{+RCH_2NH_2}{\rightleftharpoons}} \underset{NHCH_2R}{RCHNH_2} \underset{+NH_3}{\overset{-NH_3}{\rightleftharpoons}} RCH=NCH_2R$$

产物加氢后生成仲胺：

$$RCH=NCH_2R \underset{-H_2}{\overset{+H_2}{\rightleftharpoons}} RCH_2NHCH_2R$$

由仲胺又可以进一步生成叔胺：

$$RCH=NH \underset{-(RCH_2)_2NH}{\overset{+(RCH_2)_2NH}{\rightleftharpoons}} \underset{N(CH_2R)_2}{RCHNH_2} \underset{+NH_3}{\overset{-NH_3}{\rightleftharpoons}} RCH=CHN(CH_2R)_2$$

$$RCH=CHN(CH_2R)_2 \underset{-H_2}{\overset{+H_2}{\rightleftharpoons}} RCH_2N(CH_2R)_2$$

在催化剂存在下，以上均为平衡反应。加入过量的氨，可以使亚胺加伯胺或仲胺的平衡移向左边，抑制仲胺和叔胺的生成。也可以加酸或乙酐，使伯胺生成后，即从平衡中除去，使伯胺成为主要产物。

$$C_6H_5CH_2C\equiv N \xrightarrow[97\%]{H_2/Ni, Ac_2O} C_6H_5CH_2CH_2NHCOCH_3$$

15.5.3.3 醛、酮的还原胺化

醛、酮与氨反应生成亚胺，亚胺经催化加氢后转变为伯胺：

$$\underset{O}{R-\overset{\parallel}{C}-R'} + NH_3 \rightleftharpoons \underset{NH_2}{\underset{|}{R-\overset{OH}{\underset{|}{C}}-R'}}$$

$$\underset{NH_2}{\underset{|}{R-\overset{OH}{\underset{|}{C}}-R'}} \rightleftharpoons \underset{NH}{\underset{\parallel}{R-C-R'}} + H_2O$$

$$\underset{NH}{\underset{\parallel}{R-C-R'}} + H_2 \rightleftharpoons \underset{NH_2}{\underset{|}{RCHR'}}$$

因此，醛、酮在氨存在下进行催化加氢，产物为伯胺。反应包括胺化和还原两种过程，因此称为还原胺化（reductive amination）。生成的伯胺还可以与中间产物亚胺发生加成反应，从而产生仲胺。氨的用量多，有利于伯胺的生成。

$$C_6H_5CHO + NH_3 \xrightarrow{H_2, Ni, 40 \sim 70 \ ℃} C_6H_5CH_2NH_2 + (C_6H_5CH_2)_2NH$$

苄胺　　　　二苄基胺

1 mol	1 mol	89.4%	
1 mol	0.5 mol		80.8%

醛、酮与伯胺一起进行催化加氢则得到仲胺,中间产物为亚胺:

$$(CH_3)_2CHCHO + CH_3CH_2CH_2CH_2NH_2 \longrightarrow (CH_3)_2CHCH=NCH_2CH_2CH_3$$

$$(CH_3)_2CHCH=NCH_2CH_2CH_3 \xrightarrow{H_2, Pt, EtOH} (CH_3)_2CHCH_2NHCH_2CH_2CH_3$$

92%

醛、酮与仲胺一起催化加氢则生成叔胺:

$$CH_3CH_2CH_2CHO + \underset{H}{\underset{|}{\text{piperidine}}} \xrightarrow[\text{EtOH}]{H_2, Ni} CH_3CH_2CH_2CH_2N\text{(piperidyl)}$$

93%

中间产物为醇胺或其脱水产物:

$$CH_3CH_2CH_2\underset{OH}{\underset{|}{CH}}N\text{(piperidyl)}$$

醛、酮和乙酸铵在醇溶液中用氰基硼氢化钠(NaBH$_3$CN)还原得到伯胺:

$$C_6H_5\overset{O}{\overset{\|}{C}}CH_3 + CH_3CO_2^- NH_4^+ \xrightarrow[77\%]{NaBH_3CN} C_6H_5\underset{NH_2}{\underset{|}{CH}}CH_3$$

苯乙酮　　　　　　　　　　　　　　　1-苯基乙胺

乙酸铵的作用是供给氨,使醛、酮转变为亚胺。将硼氢化钠分子中的一个氢换成氰基,是为了使试剂的还原能力降低,使其不能将醛、酮还原为醇。醛、酮与氨反应生成亚胺,亚胺在溶液中(pH=6~8)接受质子后,活性提高,能够被还原能力较低的氰基硼氢化钠还原成胺。用类似的方法可以合成仲胺和叔胺:

$$C_6H_5CHO + CH_3CH_2NH_2 \xrightarrow[91\%]{NaBH_3CN, CH_3OH} C_6H_5CH_2NHCH_2CH_3$$

$$\text{cyclohexanone} + (CH_3)_2NH \xrightarrow[52\%\sim54\%]{NaBH_3CN, CH_3OH} \text{cyclohexyl-N(CH}_3)_2$$

这种合成胺方法的特点是操作方便。

问题 15.9 如何实现下列转变?

(1) 3,5-二甲苯 → 2,4-二甲基-5-氨基苯 (结构式见图)

(2) $(CH_3)_2CHCH_2CH_2Br \longrightarrow (CH_3)_2CHCH_2CH_2CH_2NH_2$

(3) $(CH_3)_2CHCHO \longrightarrow (CH_3)_2CHCH_2NHCH_2CH_2CH_3$

(4) $(CH_3)_2CHNH_2 \longrightarrow (CH_3)_2CHNCH_2CH_2CH_3$
　　　　　　　　　　　　　　　　　　$|$
　　　　　　　　　　　　　　　　　CH_3

问题 15.10 下列化合物应如何合成？

(1) $C_6H_5CH_2N(CH_3)_2$

(2) 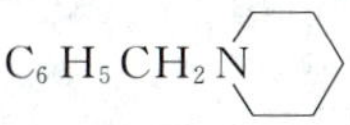 $C_6H_5CH_2N\!\!\begin{pmatrix}\end{pmatrix}$ (piperidyl)

(3) $C_6H_5\overset{CH_3}{\underset{CH_3}{\overset{|}{\underset{|}{N^+}}}}(CH_2)_{11}CH_2Cl^-$

(4) $C_6H_5NHCH(C_2H_5)_2$

15.5.4　酰胺的 Hofmann 重排

酰胺与氯或溴在碱溶液中反应，生成少一个碳原子（羰基碳原子）的伯胺，称为 Hofmann(A W) 重排：

$$RCONH_2 + 4\,{}^-OH + Br_2 \longrightarrow RNH_2 + 2\,Br^- + CO_3^{2-} + 2\,H_2O$$

在反应中酰胺分子的羰基碳原子成为碳酸盐脱去，因此，这是使碳链缩短的一种方法，可以用于伯胺的制备。例如：

$$(CH_3)_3CCH_2CONH_2 \xrightarrow[94\%]{Br_2,NaOH,H_2O} (CH_3)_3CCH_2NH_2$$

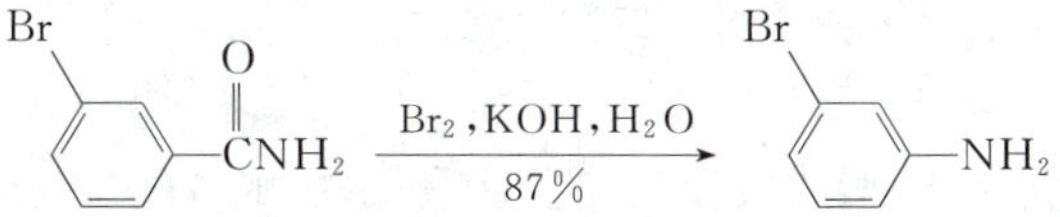

$$m\text{-}BrC_6H_4CONH_2 \xrightarrow[87\%]{Br_2,KOH,H_2O} m\text{-}BrC_6H_4NH_2$$

也可以用氯代替溴。例如：

$$CH_3(CH_2)_8CONH_2 \xrightarrow[66\%]{Cl_2,\,{}^-OH,H_2O} CH_3(CH_2)_8NH_2$$

§ 15.6　胺 的 用 途

15.6.1　低相对分子质量的胺

工业上将醇的蒸气和氨在 0.8～3.5 MPa 压力下通过加热到 300～500 ℃ 的催化剂（氧化铝、二氧化硅、氧化钛）而得到胺，产物为伯胺、仲胺和叔胺的混合物，分离出所需要的某一种胺后，剩余物再与原料一起继续循环反应。

另一种方法是将醇、氨和氢在 130～200 ℃ 和 0.8～3.5 MPa 下通过镍、银、铜等催化剂，这种方法的转化率较高,选择性好。

低相对分子质量的胺主要用作有机合成的中间体。

1,6-己二胺在工业上由己二腈催化加氢得到:

$$N \equiv CCH_2CH_2CH_2CH_2C \equiv N \xrightarrow{H_2, Ni} H_2NCH_2CH_2CH_2CH_2CH_2CH_2NH_2$$

为结晶固体,熔点:42 ℃,是合成尼龙-66的原料。

15.6.2 芳香胺

芳香胺是有机合成的重要中间体,用于染料、药物、高聚物、合成橡胶、农用药物等的生产。

苯胺以前由硝基苯在少量盐酸存在下,用铁屑和水还原生产,这个方法产生大量含苯胺的铁泥,造成环境污染。目前只有同时生产涂料级氧化铁时才采用。大量苯胺由硝基苯的催化加氢生产。

甲苯经二硝化后加氢,得到二氨基甲苯,主要用于甲苯二异氰酸酯的生产。

二苯胺由苯胺盐酸盐与苯胺加热到 350 ℃ 以上得到:

$$C_6H_5NH_2 \cdot HCl + C_6H_5NH_2 \xrightarrow{\triangle} (C_6H_5)_2NH + NH_4Cl$$

用作橡胶防老化剂或染料中间体。

§15.7 芳基重氮盐

15.7.1 重氮化反应

芳香族伯胺在强酸存在下与亚硝酸反应,生成重氮盐,称为重氮化(diazotization)。

$$ArNH_2 + NaNO_2 + 2 HX \longrightarrow ArN_2^+ X^- + 2 H_2O + NaX$$

例如:

$$C_6H_5NH_2 + NaNO_2 + 2 HCl \longrightarrow C_6H_5N_2^+ Cl^- + 2 H_2O + NaCl$$

氯化重氮苯
phenyldiazonium chloride

重氮化是制备芳基重氮盐最重要的方法。一般是将芳香胺溶解或悬浮在过量的稀盐酸(HCl 的物质的量为芳香胺的 2.5 倍左右)中,在 0～10 ℃下加入与芳香胺物质的量相等的亚硝酸钠的水溶液,在一般情况下,反应迅速进行,重氮盐的产率差不多是定量的。碱性很弱的胺,可以溶解在浓硫酸中,在冷却下滴入亚硝酸钠溶液:

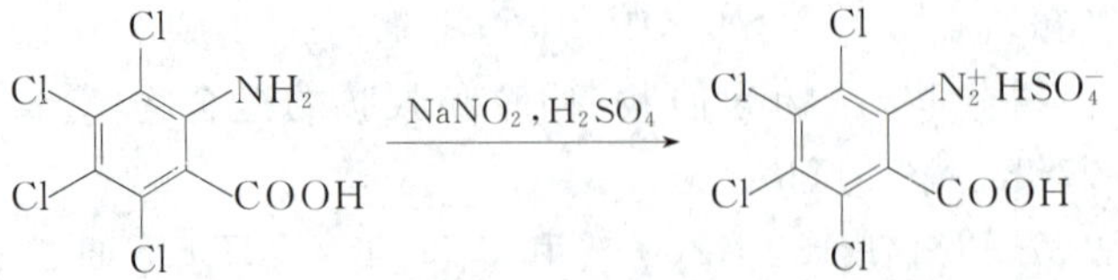

生成的重氮盐与四氯邻氨基苯甲酸在 $NaNO_2, H_2SO_4$ 条件下反应,得到相应的重氮盐 $N_2^+ HSO_4^-$ 产物(四氯取代苯环上含 COOH 基团)。

个别芳香胺生成的重氮盐比较稳定,可以在较高的温度,如 40~45 ℃下重氮化。

由重氮化反应得到的重氮盐水溶液,一般直接用于合成,不需分离纯化。

如需要得到纯粹的重氮盐,则在冰乙酸溶液中用亚硝酸戊酯重氮化,由于有爆炸的危险,必须仔细操作。

纯粹的重氮盐为无色晶体,能溶于水,不溶于有机溶剂,在稀溶液中完全解离。重氮盐晶体在空气中颜色变深,受热或震动能发生爆炸。重氮盐水溶液没有爆炸的危险,因此,一般在水溶液中制备和使用。

重氮盐水溶液在升高温度时放出氮气,光能促进重氮盐的分解。在 0 ℃时一般的重氮盐水溶液也只能保存几小时,因此,在制备后应尽快使用。

重氮盐能与氯化锌、氟化硼等生成稳定的络盐,它们可以在固态下保存或使用。

15.7.2 芳基重氮盐的取代反应

芳基重氮盐分子中的重氮基($-N_2^+$)容易被许多亲核试剂取代,生成相应的产物。

15.7.2.1 Sandmeyer 反应

亚铜盐对芳基重氮盐的分解有催化作用,重氮盐溶液在氯化亚铜、溴化亚铜和氰化亚铜存在下分解,分别生成芳基氯、芳基溴和芳腈,称为 Sandmeyer(T)反应:

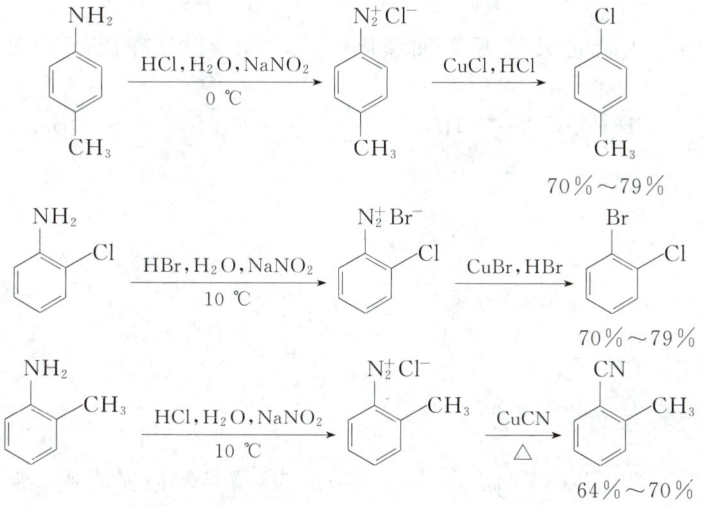

利用 Sandmeyer 反应制备芳基腈是制备取代苯甲酸的重要途径。

Sandmeyer 反应的机理较复杂,一种观点认为是自由基反应,亚铜盐的作用是传递电子:

$$CuCl + Cl^- \longrightarrow CuCl_2^-$$
$$ArN_2^+ + CuCl_2^- \longrightarrow Ar\cdot + N_2 + CuCl_2$$
$$Ar\cdot + CuCl_2 \longrightarrow ArCl + CuCl$$

15.7.2.2 重氮盐被碘取代

芳香胺在盐酸中重氮化后,在溶液中加入碘化钾,产物为芳香族碘化合物。例如:

$$\underset{}{\underset{}{C_6H_5NH_2}} \xrightarrow[\text{② KI, 25 °C}]{\text{① HCl, H}_2\text{O, NaNO}_2, 0\sim5\ ℃} \underset{74\%\sim76\%}{C_6H_5I}$$

$$\underset{}{\text{2-BrC}_6H_4NH_2} \xrightarrow[\text{② KI, 25 °C}]{\text{① HCl, H}_2\text{O, NaNO}_2, 0\sim5\ ℃} \underset{72\%\sim83\%}{\text{2-BrC}_6H_4I}$$

反应机理可能为

$$ArN_2^+ + I^- \longrightarrow Ar\cdot + N_2 + I\cdot$$
$$2\,I\cdot \longrightarrow I_2$$
$$I_2 + I^- \longrightarrow I_3^-$$
$$Ar\cdot + I_3^- \longrightarrow ArI + I_2^-\cdot$$
（自由基负离子）
$$ArN_2^+ + I_2^-\cdot \longrightarrow Ar\cdot + N_2 + I_2$$

即 I^- 起着给予电子的作用,使芳基重氮离子转变成芳基自由基。

15.7.2.3 重氮基被羟基取代

在重氮盐溶液中加入硝酸铜,然后再加氧化亚铜,即得到相应的酚。例如:

$$CH_3\text{-}C_6H_4\text{-}N_2^+HSO_4^- \xrightarrow[\text{Cu}^{2+},\text{H}_2\text{O}]{\text{Cu}_2\text{O}} \underset{93\%}{CH_3\text{-}C_6H_4\text{-}OH}$$

反应的机理可能为

$$ArN_2^+ + Cu^+ \longrightarrow Ar\cdot + N_2 + Cu^{2+}$$
$$Ar\cdot + Cu(H_2O)^{2+} \longrightarrow ArOH + H^+ + Cu^+$$

15.7.2.4 重氮基被氢取代

芳基重氮盐与次磷酸(H_3PO_2,熔点:26.5 ℃)反应,重氮基被氢取代。例如:

$$\underset{2,4,6\text{-Br}_3C_6H_2NH_2}{} \xrightarrow{\text{HCl, NaNO}_2} \underset{2,4,6\text{-Br}_3C_6H_2N_2^+Cl^-}{} \xrightarrow{50\%\ H_3PO_2} \underset{70\%}{1,3,5\text{-Br}_3C_6H_3 \to 1,3\text{-Br}_2C_6H_4}$$

这是一种还原脱氨反应(reductive deamination),反应可能是通过芳基自由基进行的。

利用氨基的定位效应和活化作用把取代基导入指定位置后,再脱去氨基,可以制备用一般方法难以得到的化合物。

15.7.2.5 Schiemann 反应

芳基重氮氟硼酸盐在加热时分解而生成芳基氟,称为 Schiemann(G)反应。重氮化反应如在氟硼酸中进行,反应完毕后重氮氟硼酸盐直接沉淀出来,过滤、干燥后,缓和加热,或在惰性溶剂中加热,即得到芳基氟:

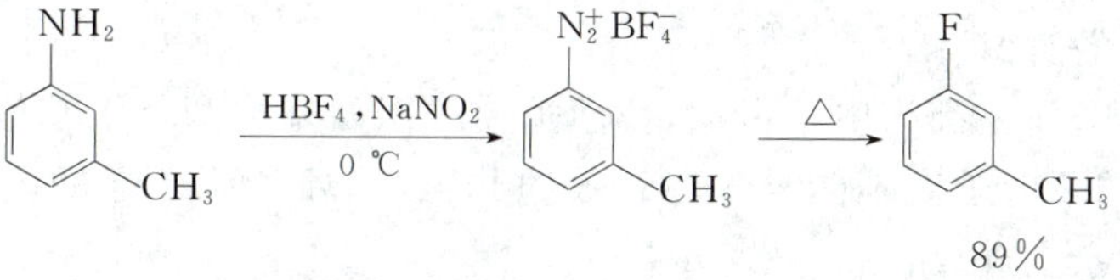

间甲苯胺 $\xrightarrow{HBF_4, NaNO_2}{0\ ℃}$ 间甲苯基重氮氟硼酸盐 $\xrightarrow{\triangle}$ 间氟甲苯 89%

也可以在盐酸中重氮化,反应完毕后加入氟硼酸使重氮氟硼酸盐沉淀出来。

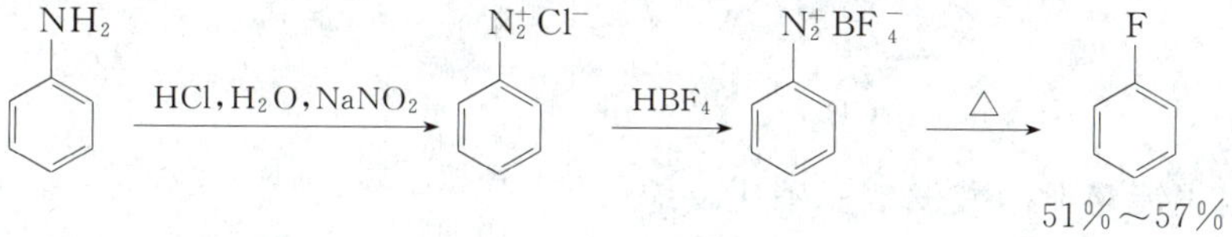

苯胺 $\xrightarrow{HCl, H_2O, NaNO_2}$ 苯基重氮氯 $\xrightarrow{HBF_4}$ 苯基重氮氟硼酸盐 $\xrightarrow{\triangle}$ 氟苯 51%～57%

Schiemann 反应可能是通过生成芳基正离子进行的。

问题 15.11 从指定的原料合成下列化合物。

(1) 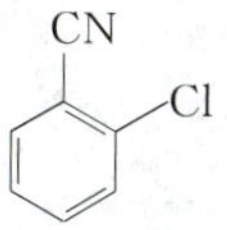 邻氯苯甲腈 (从氯苯)

(2) 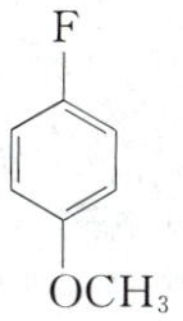 对氟苯甲醚 (从苯酚)

(3) 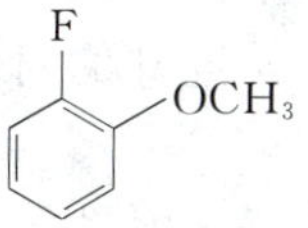 邻氟苯甲醚 (从苯酚)

(4) 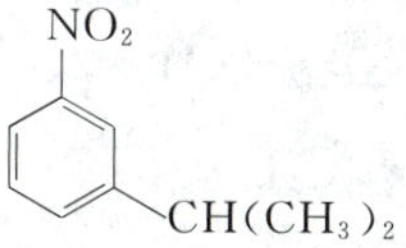 间硝基异丙苯 (从异丙苯)

(5) 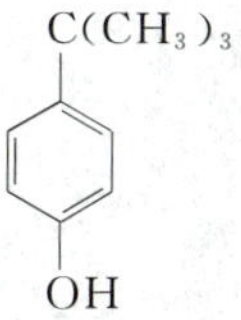 对叔丁基苯酚 (从苯)

(6) 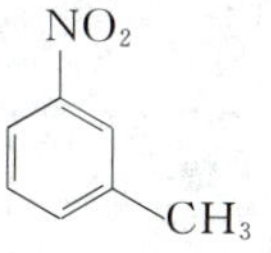 间硝基甲苯 (从甲苯)

15.7.3 偶联

芳基重氮正离子的结构与酰基正离子或亚硝鎓离子相似:

$$Ar\overset{+}{N}{=\!\!=}N: \qquad R-\overset{+}{C}{=\!\!=}O: \qquad :\overset{+}{O}{=\!\!=}N:$$

它们都能与芳香族化合物发生亲电取代反应。芳基重氮正离子是稳定性很差的试剂,它只能进攻高度活化的芳环,主要是酚类和芳胺分子中的芳环,产物为偶氮化合物,这种反应称为偶联(coupling)。

芳基重氮盐与 N,N-二烷基芳香胺的偶联在弱酸性溶液（pH=4～7）中进行：

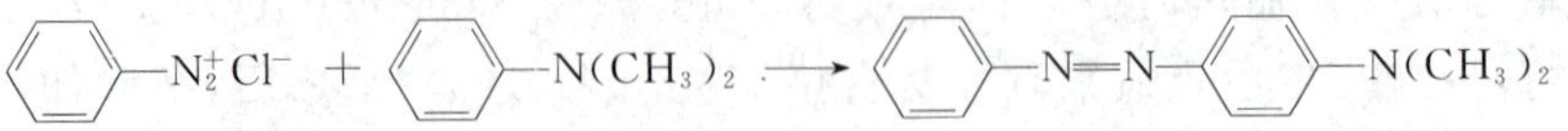

$$\text{氯化重氮苯} \quad + \quad N,N\text{-二甲苯胺} \quad \longrightarrow \quad \text{对二甲氨基偶氮苯}$$

偶氮基进入二甲氨基的对位。

如二甲氨基的两个邻位都为甲基占据，位阻迫使二甲氨基中两个甲基偏离苯环平面，位于平面的上下，氮原子上的孤电子对不能与苯环有效的共轭，苯环碳原子上的电子云密度降低，不能再接受芳基重氮盐的亲电进攻：

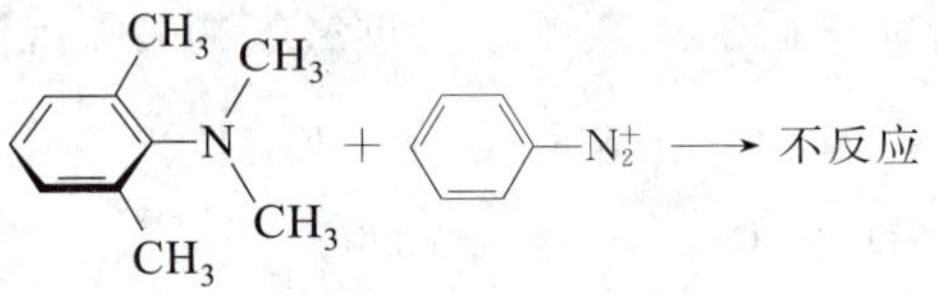

（结构式）+ （结构式） ⟶ 不反应

这样的化合物也不能与亚硝酸发生亚硝化反应。

芳基重氮盐与芳香族伯胺或仲胺先在氮原子上偶联，生成重氮氨基化合物，后者在酸性条件下重排成氨基偶氮化合物：

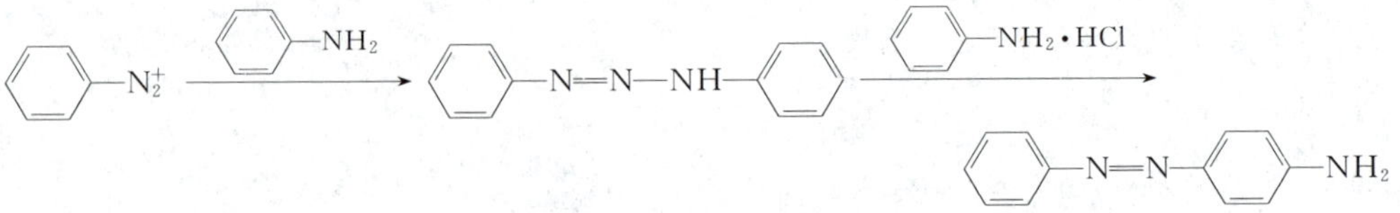

（反应式，产物为对氨基偶氮苯）

偶氮基进入氨基的对位，如对位被占据，则进入邻位。

芳香重氮盐与酚类的偶联在弱碱性溶液（pH=7～9）中进行，偶氮基进入羟基的对位，但也有少量邻位异构体生成：

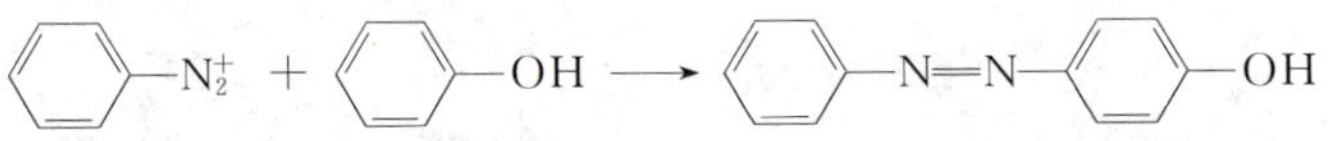

$$\text{氯化重氮苯} \quad + \quad \text{苯酚} \quad \longrightarrow \quad \text{对羟基偶氮苯}$$

如对位被占据，则在邻位上进行：

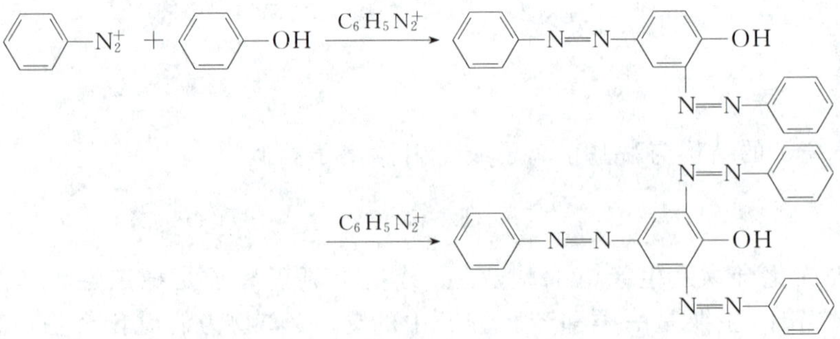

（反应式）

§15.7 芳基重氮盐

如邻对位都被占据，则不发生偶联。如对位被占据，邻位上有羧基等取代基，则后者可以被偶氮基取代。

分子中同时含有氨基和酚羟基的化合物，在不同的 pH 下与不同的重氮盐偶联，可以得到多种多样的双偶氮化合物。例如：

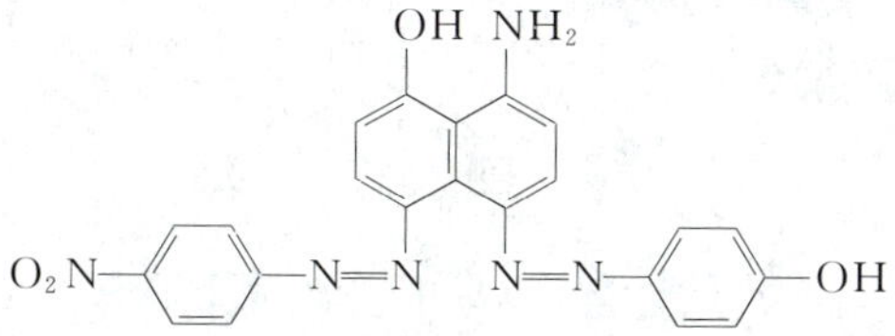

问题 15.12 完成下列反应式。

(1) 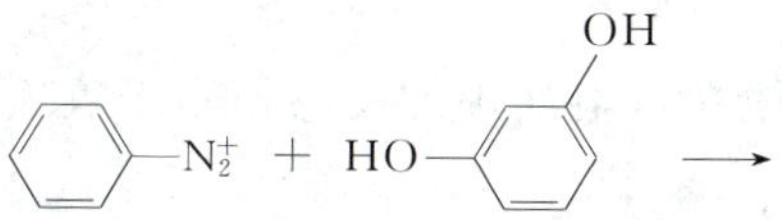 C₆H₅N₂⁺ + 间苯二酚 →

(2)  O₂N-C₆H₄-N₂⁺ + 苯酚 →

(3) 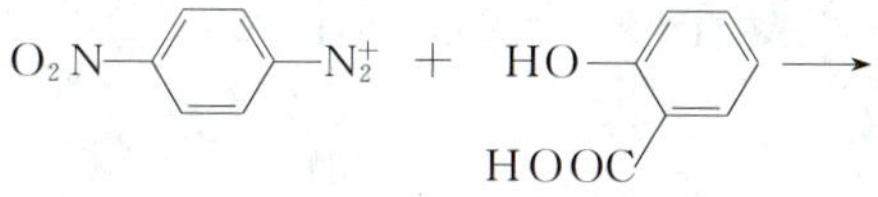 O₂N-C₆H₄-N₂⁺ + 水杨酸 →

(4) 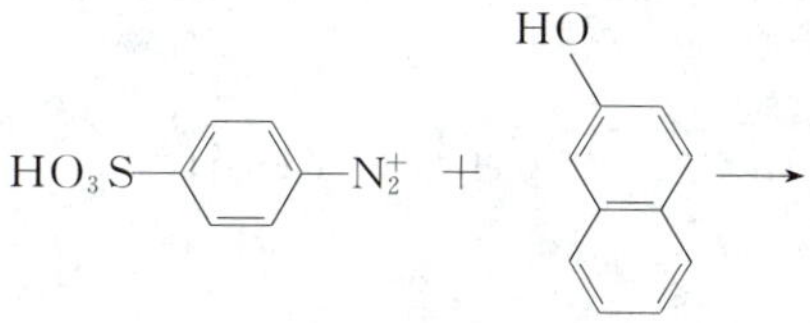 HO₃S-C₆H₄-N₂⁺ + 2-萘酚 →

问题 15.13 下列化合物应如何合成？

(1) 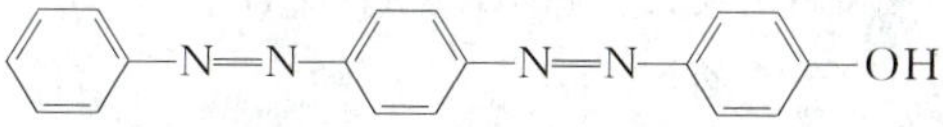 C₆H₅-N=N-C₆H₄-N=N-C₆H₄-OH
  （分散黄，涤纶染料）

(2) NaO₃S-C₆H₄-N=N-C₆H₄-N(CH₃)₂ 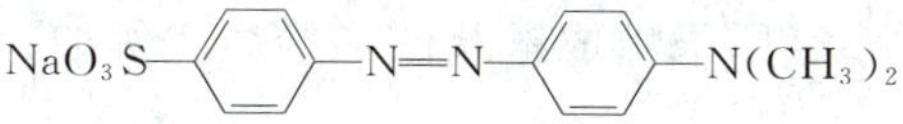
  （甲基橙，一种指示剂）

(3) 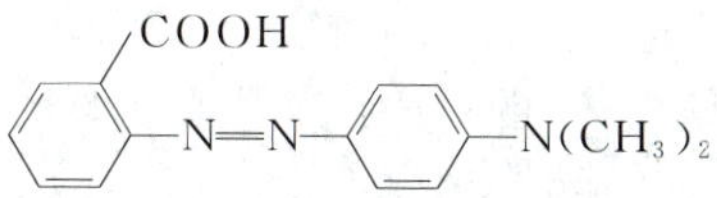 邻-HOOC-C₆H₄-N=N-C₆H₄-N(CH₃)₂
  （甲基红，一种指示剂）

15.7.4 还原成肼

芳基重氮盐用锌和盐酸、氯化亚锡和盐酸等还原,保留氮原子而生成芳基肼。例如:

$$\underset{\text{NO}_2}{\text{C}_6\text{H}_4\text{N}_2^+\text{Cl}^-} \xrightarrow[70\%]{\text{SnCl}_2,\ \text{HCl}} \underset{\text{NO}_2}{\text{C}_6\text{H}_4\text{NHNH}_2}$$

§15.8 阅 读 材 料

15.8.1 季铵碱(氢氧化四烃基铵)

季铵盐与氧化银在水溶液中反应生成季铵碱,氧化银在水溶液中的反应相当于氢氧化银:

$$\text{C}_6\text{H}_{11}\text{—CH}_2\overset{+}{\text{N}}\text{Me}_3\ \text{I}^- + \text{AgOH} \longrightarrow \text{C}_6\text{H}_{11}\text{—CH}_2\overset{+}{\text{N}}\text{Me}_3\ \text{OH}^- + \text{AgI}$$

季铵碱为强碱,在加热时消除一分子叔胺而生成烯烃:

$$\text{C}_6\text{H}_{11}\text{—CH}_2\overset{+}{\text{N}}\text{Me}_3\ \text{OH}^- \xrightarrow{\triangle} \text{C}_6\text{H}_{11}\text{=CH}_2 + \text{NMe}_3 + \text{H}_2\text{O}$$

这类消除反应称为 Hofmann(A W)消除。

在 Hofmann 消除中,如能生成两种结构不同的烯烃,主要产物为双键上烷基取代最少的烯烃:

$$\underset{\underset{\text{OH}^-}{+\text{NMe}_3}}{\text{CH}_3\text{CH}_2\text{CHCH}_3} \xrightarrow{\triangle \atop 93\%(\text{总})} \underset{95\%}{\text{CH}_3\text{CH}_2\text{CH=CH}_2} + \underset{5\%}{\text{CH}_3\text{CH=CHCH}_3}$$

$$\text{CH}_3\text{CH}_2\overset{\text{Me}}{\underset{\underset{\text{OH}^-}{\text{Me}}}{\overset{|}{\overset{+}{\text{N}}}}}\text{—CH}_2\text{CH}_2\text{CH}_3 \xrightarrow{\triangle} \underset{98\%}{\text{CH}_2\text{=CH}_2} + \underset{2\%}{\text{CH}_3\text{CH=CH}_2}$$

消除反应的这一规律称为 Hofmann 规律。

应用 Hofmann 消除,可以将氮杂脂环降解,消除氮原子生成链状的二烯烃。例如:

$$\underset{}{\text{环}-\text{NH}} \xrightarrow[\text{② AgOH}]{\text{① CH}_3\text{I}} \underset{}{\text{环}-\overset{+}{\text{N}}(\text{CH}_3)_2 \cdot \text{OH}^-} \xrightarrow[150\ ℃]{-\text{H}_2\text{O}} \text{链}-\text{N}(\text{CH}_3)_2$$

$$\xrightarrow[\text{② AgOH}]{\text{① CH}_3\text{I}} \text{链}-\overset{+}{\text{N}}(\text{CH}_3)_3 \cdot \text{OH}^- \xrightarrow[\triangle]{-\text{H}_2\text{O}} \text{二烯} + \text{N}(\text{CH}_3)_3$$

先在氮原子上导入甲基转变为季铵盐,与 Ag_2O 一起加热,发生消除反应,环裂开成链状化合物;然后再重复进行一轮甲基化和消除反应,就得到一个不含氮的链状化合物。这一系列反应称为 Hofmann 降解(Hofmann degradation)。

有些生物碱中含有氮杂脂环,一百年以前只能靠化学反应来测定有机化合物的结构,当时 Hofmann 降解是不可缺少的方法。

应用 Hofmann 降解不但能使氮杂脂环开环,还可以将含有氮桥的桥环化合物脱去氮桥,转变为脂环化合物。

15.8.2 托烷类生物碱

托烷类生物碱(tropane alkaloid)是托烷的衍生物,主要分布于茄科、古柯科等植物中。

(—)-天仙子碱(hyoscyamine)存在于茄科莨菪属植物中,是托品(tropine)和莨菪酸[(S)-tropic acid]所生成的酯。阿托品(atropine)是天仙子碱的外消旋体。从植物中提取天仙子碱时,由于操作过程中发生外消旋化,得到的产品是阿托品。阿托品主要用于治疗内脏绞痛和扩张瞳孔。

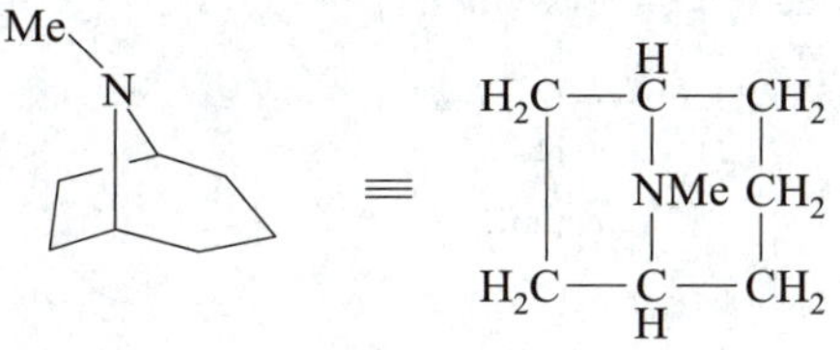

托烷
tropane

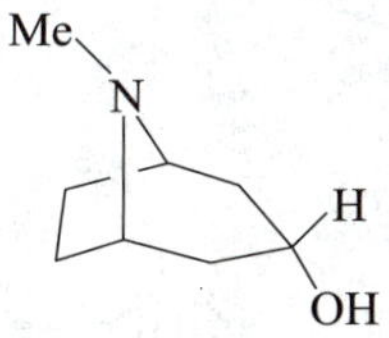

托品
tropine

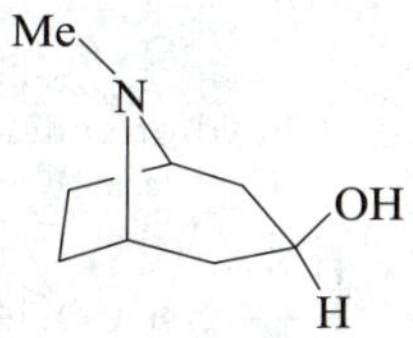

ψ-tropine

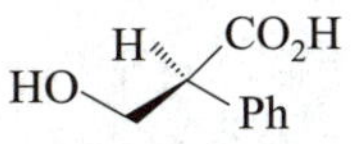

莨菪酸
(S)-tropic acid

古柯碱(cocaine)又名可卡因,是从古柯叶中提取出来的一种生物碱,早期用作局部麻醉剂,但毒性大,水溶液不稳定,易水解失效,已不作药物使用。可卡因能刺激中枢神经,使人感到精神愉快,但很快转变成精神抑郁,渴望服用更多的可卡因来缓解,因此,现已列为毒品。

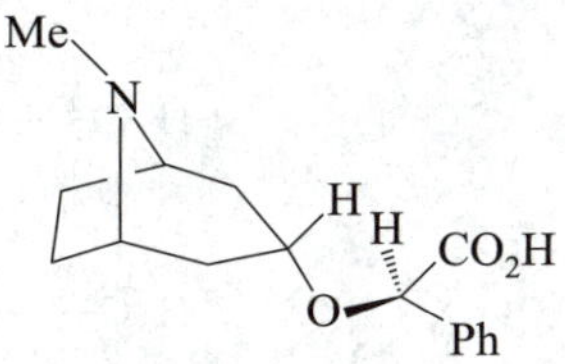

(—)-天仙子碱
hyoscyamine

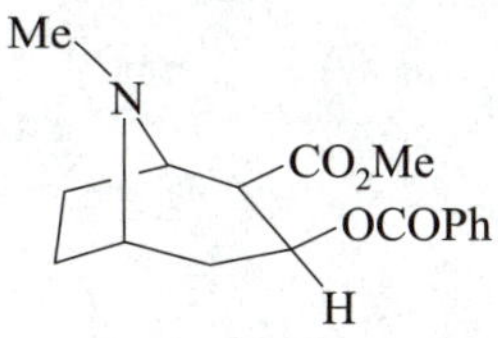

古柯碱(可卡因)
cocaine

19 世纪末,Willstätter R 通过一系列化学反应推测出托品的结构,其中最主要的反应是 Hofmann 降解:

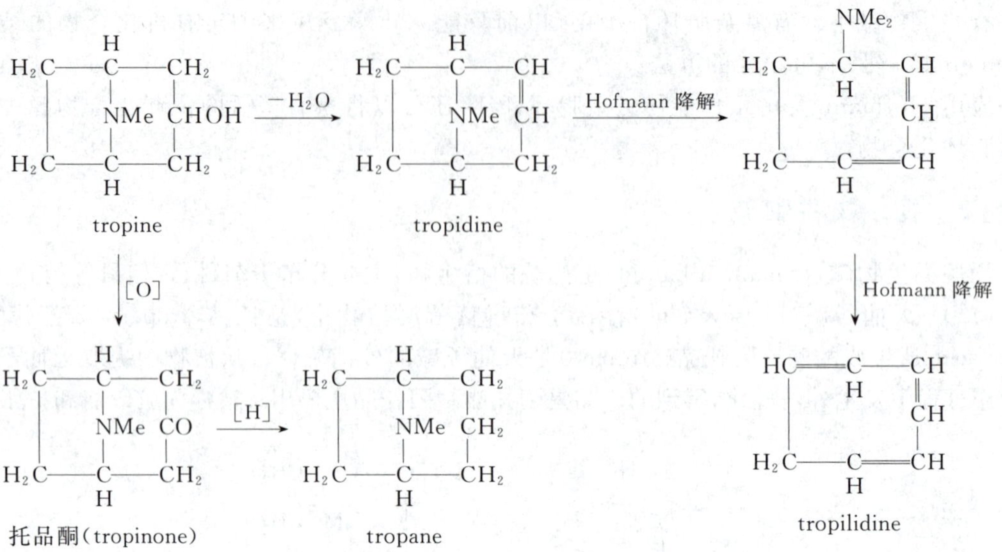

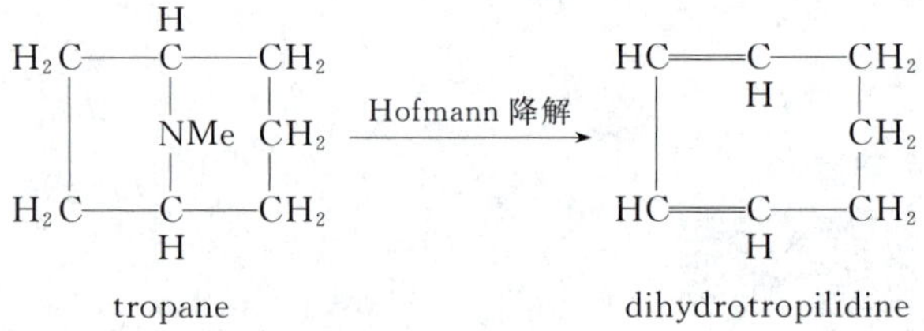

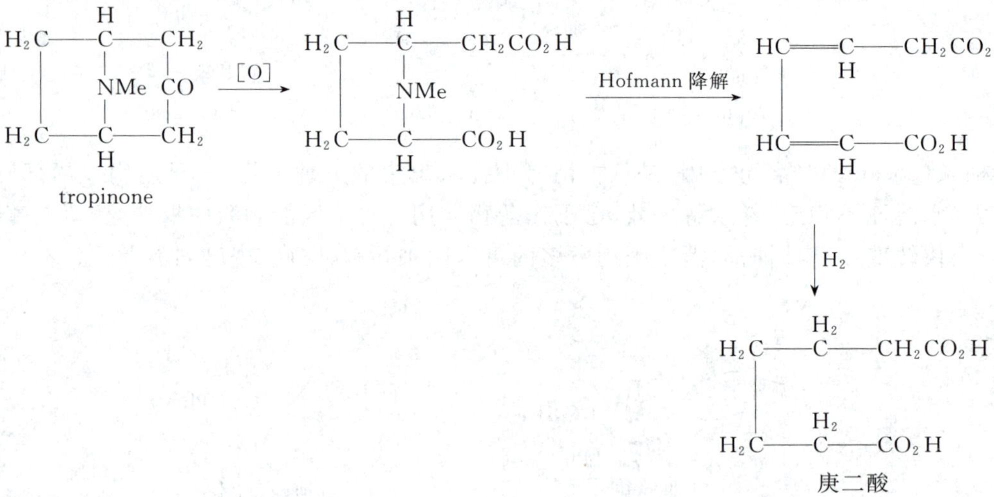

由此推测出 tropane 的结构是七元碳环中有一个由 >NMe 连接起来的桥，tropine 和 tropinone 分别是 tropane 的羟基和羰基衍生物。

15.8.3 托品酮的合成

在早期的有机化学研究中，由于没有 IR, NMR, MS 等测试手段，完全是根据化学降解反应来推测目标化合物的结构。为了检验结构的正确性,一般是用结构已知的化合物作原料,经过一系列已知的反应来合成目标化合物,比较合成样品与天然产物的性质,以证明它们是同一化合物。

1903 年,Willstätter 经过约 20 步反应合成了托品酮。合成的策略是先合成七元碳环,再加上 >NMe 桥和羰基:

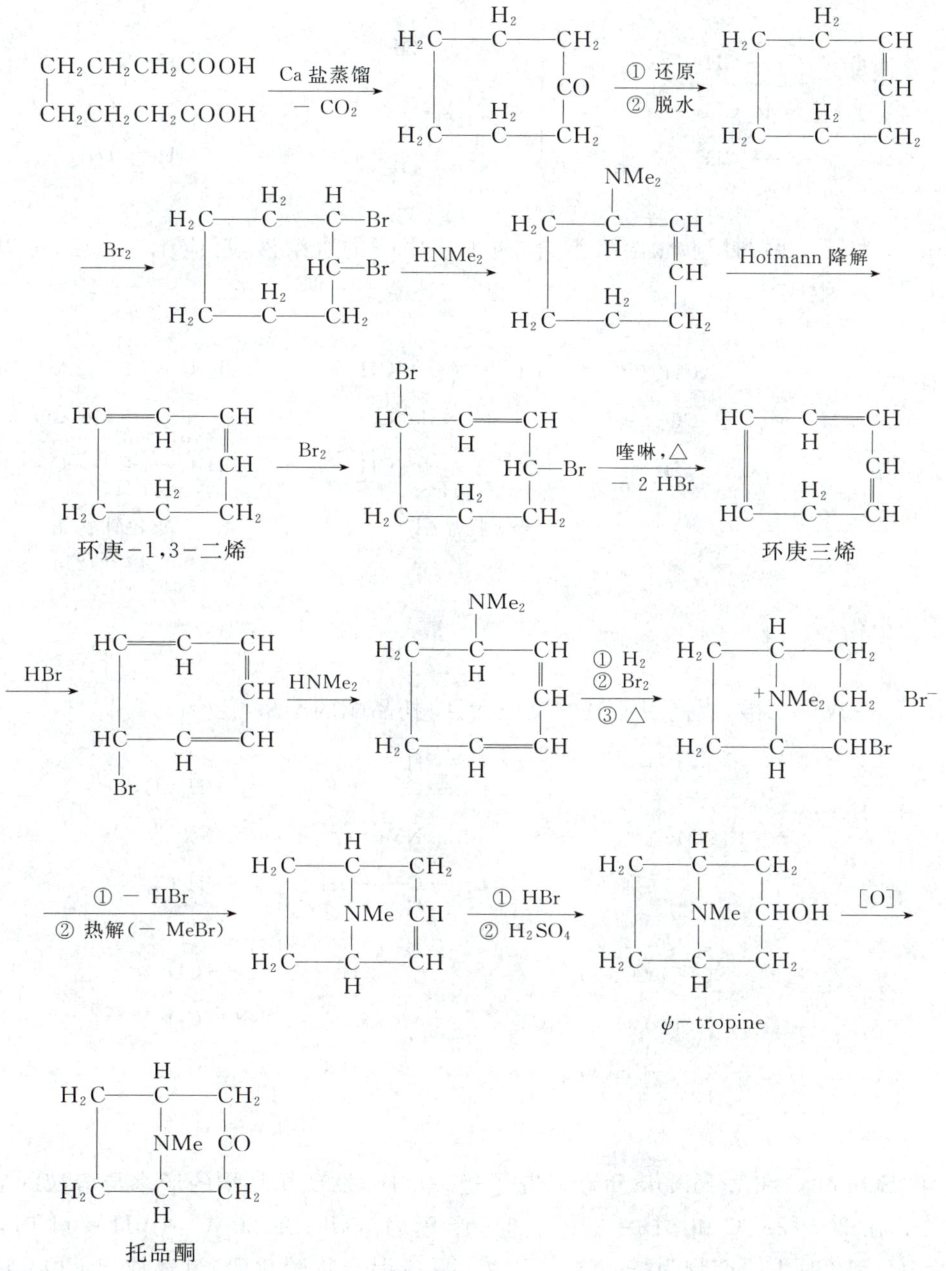

实验证明:合成得到的环庚三烯就是 tropilidine,环庚二烯就是 dihydrotropilidine,合成得到的托

品酮与从天然产物得到的样品性质相同。

15.8.4 托品酮的一锅合成法

1917 年，Robinson R 认为托品酮可以作为合成阿托品或可卡因的中间体，Willstätter 的合成方法路线太长，难以得到足够量的产品，而托品酮在结构上有一定的对称性，可能从容易得到的原料合成。Robinson 假设：托品酮在虚线处水解，应得到丁二醛、甲胺和丙酮：

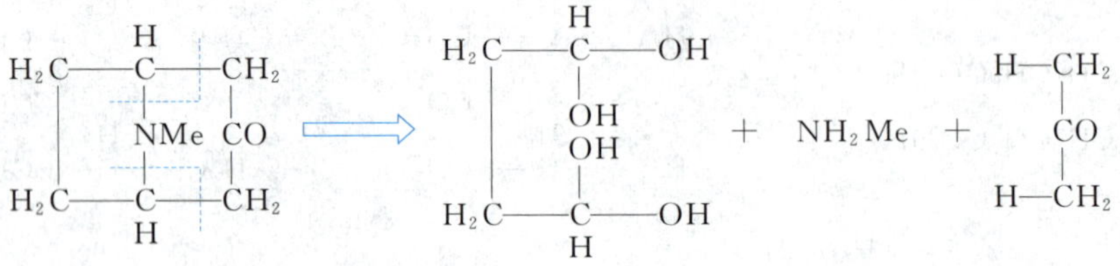

因此，Robinson 将丁二醛与甲胺水溶液混合，再加入丙酮的水溶液，反应 1.5 h 后，可以用胡椒醛检验出托品酮的生成：

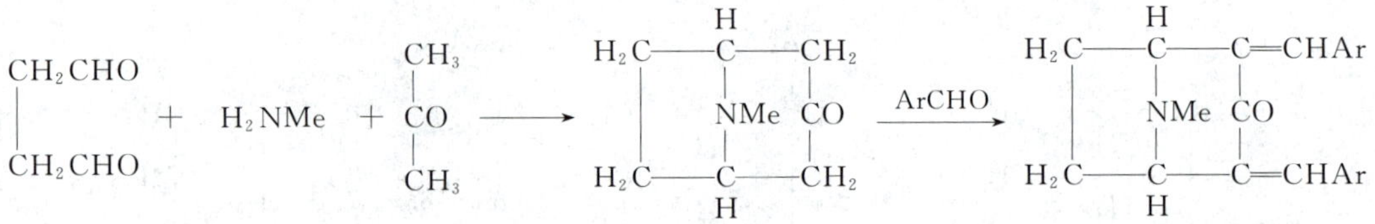

托品酮　　　　黄色针状晶体

熔点：214 ℃

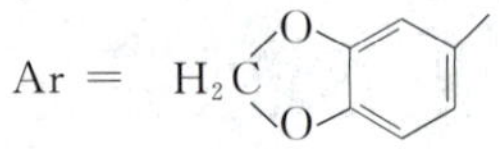

如将丙酮换成 3-戊酮二酸，提高甲叉基的反应活性，托品酮的产率可达 42%。

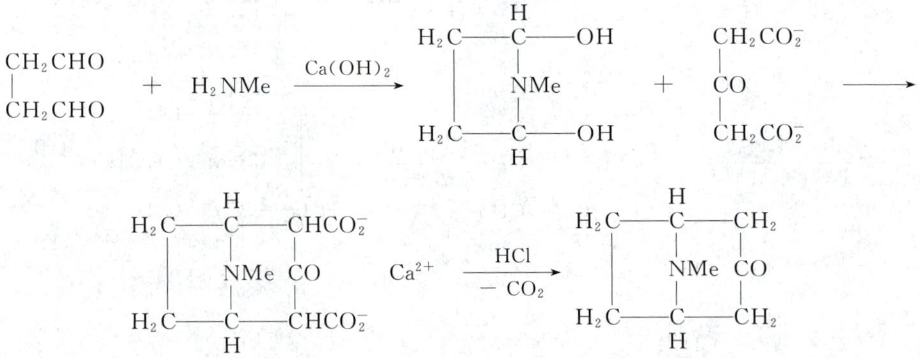

托品酮

1935 年，Schöpf C 和 Lehmann 重新研究了这一反应，发现托品酮的产率与溶液的 pH 和反应温度有关。在 20～25 ℃ 和 pH＝3～11 时，产率为 50%；在 20 ℃ 和 pH＝11 时，产率为 92.5%；在 pH＝13 时主要产物为托品酮二羧酸。反应混合物酸化后，迅速放出 CO_2，转变为托品酮。

Robinson 的思考方法是逆合成分析的萌芽,可以表示作:

$$\begin{array}{c}H_2C-\overset{H}{C}-CH_2\\|\quad NMe\quad CO\\H_2C-\underset{H}{C}-CH_2\end{array} \Rightarrow \begin{array}{c}H_2C-\overset{H}{C}-CHCO_2^-\\|\quad NMe\quad CO\\H_2C-\underset{H}{C}-CHCO_2^-\end{array} \Rightarrow \begin{array}{c}CH_2CHO\\|\\CH_2CHO\end{array} + H_2NMe + \begin{array}{c}CH_2CO_2^-\\|\\CO\\|\\CH_2CO_2^-\end{array}$$

15.8.5 逆合成分析

逆合成分析(retrosynthetic analysis)法的基本原理和方法是 20 世纪中期由 Corey E J 提出来的,这种方法在结构复杂的化合物的全合成中起了非常重要的作用。

Corey 是在长叶烯的全合成过程中发展了逆合成分析的基本原理和方法,以后又与计算机技术相结合,编出程序,从而开创了一个新的研究领域,计算机辅助设计的有机合成(computer-assisted design of complex organic synthesis),并完成了一系列结构复杂的天然产物的全合成。为了表彰他在有机合成理论与方法方面的杰出贡献,Corey 于 1990 年被授予诺贝尔化学奖。

长叶烯(longifolene)是存在于松科 pinus ponderosa, pinus roxburghii 等植物中的倍半萜,含有三个环。

长叶烯作为天然产物,原料丰富,不需要用合成方法制备,但是由于结构复杂,它的全合成是对有机合成方法的检验,有很高的学术价值,在 20 世纪 50 年代已有两次不成功的尝试。这时,Corey 也决定研究长叶烯的全合成,长叶烯与托品酮不同,结构中只有一个碳-碳双键,没有其他官能团,键在哪里断裂才能使结构简化,不是一目了然。

Corey 将长叶烯分子中的叔碳原子和季碳原子编号,假定 C—C 键在这两种碳原子之间断裂,得到 I, II 和 III:

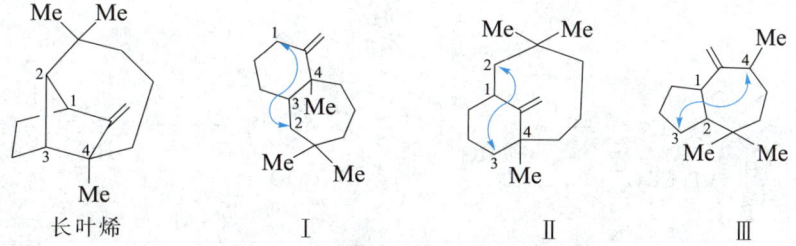

C—C 键如在叔碳原子或季碳原子与其他碳原子之间断裂,得到 IV 和 V:

有两个 C—C 键断裂，得到 Ⅵ，等等。

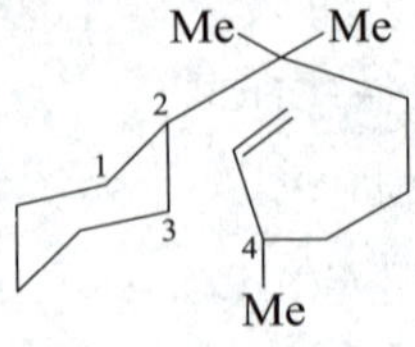

结构 Ⅰ 由一个六元环和一个七元环在顺位稠合生成，如果有这样的化合物作为中间体，通过某些反应使 C(1) 和 C(2) 之间成键，就得到长叶烯的碳架。这又有几种可能：

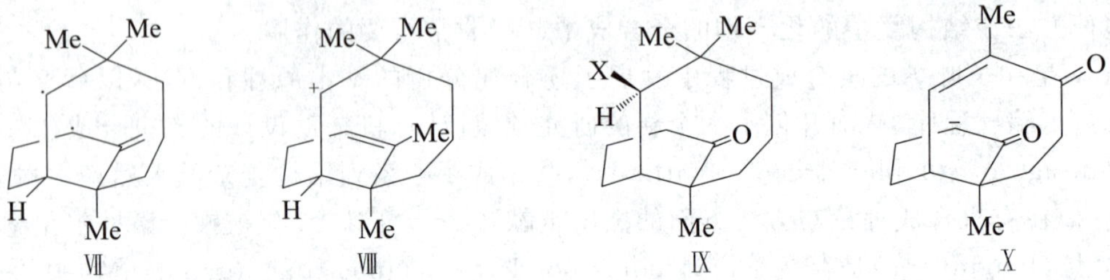

一是由两个自由基连接成键（Ⅶ），二是由一个碳正离子与烯键加成（Ⅷ），或酮在 α 位烃化（Ⅸ），再就是酮的 α-碳原子与 α,β-不饱和酮进行 Michael 加成（Ⅹ）。

山道年（santonin）是从山道年草（*Artemisia cina*）中提取出来的倍半萜内酯，是强力驱蛔剂，它在碱性溶液中转变为山道酸（santonic acid），其机理可能为

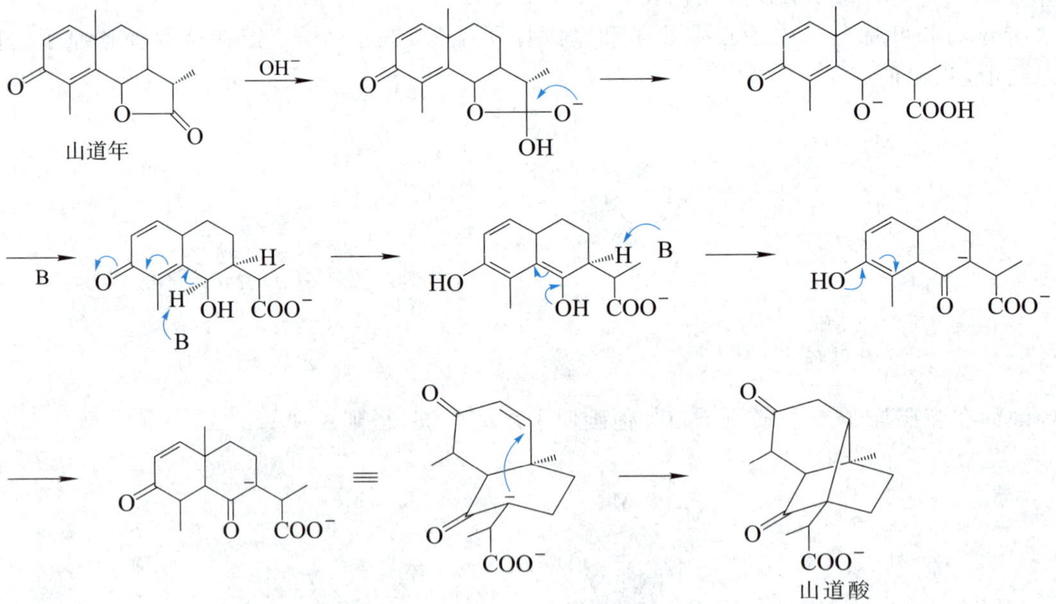

其中最后一步就是两个环之间的 Michael 加成。假定有一个十氢化萘系的二酮（Ⅺ），经过 Michael 加成后转变成 Ⅻ：

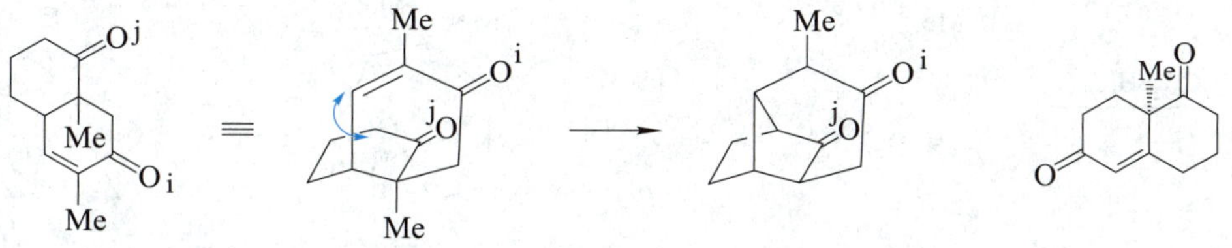

§15.8 阅读材料

那么,将含有羰基 i 的六元环扩大成含七元环的 X,经过 Michael 加成反应后就能得到长叶烯的环系,再经过羰基 i 的 α-甲基化,去掉羰基 j,以及把羰基 i 转变成烯键,就可以得到长叶烯。因此,这一合成路线是可行的,而最方便的原料是 Wheland-Miescher 酮(XIII),它可以通过有机合成(Org. Synth)上的方法方便地合成(现已有商品售出):

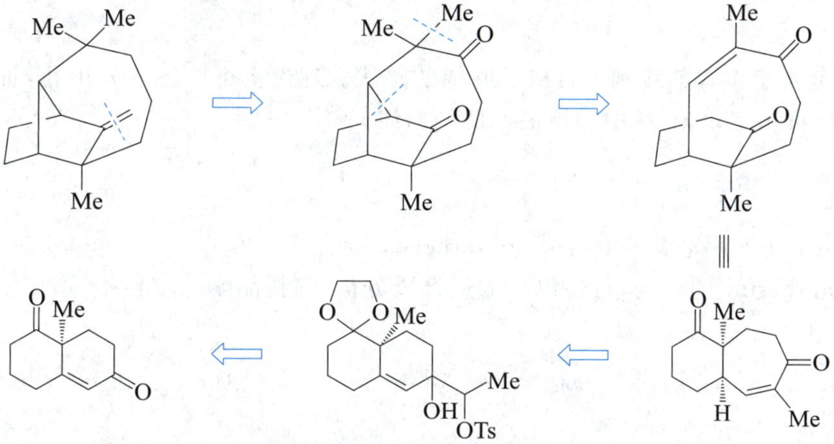

扩环是利用 1,2-二醇的频哪醇重排完成的,将二醇中的仲醇基转变成 OTs,使 OTs 优先离去,决定重排的方向,保证生成扩环产物。具体的实验步骤为

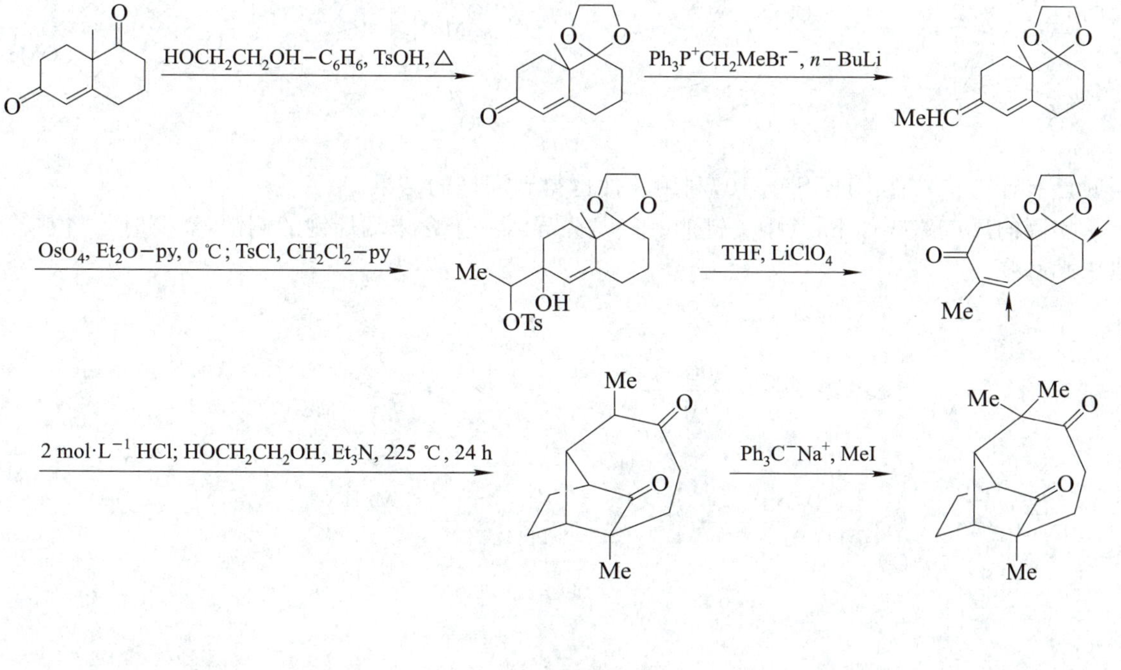

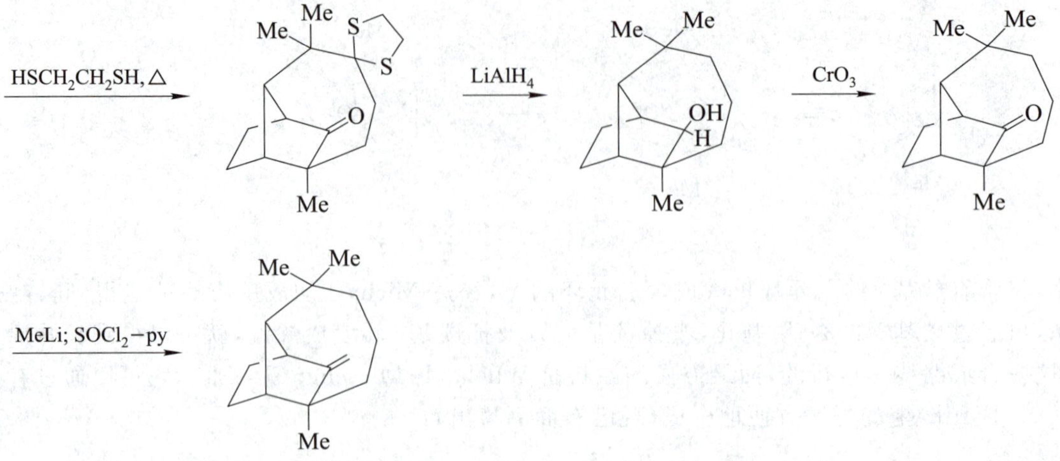

（±）-长叶烯

Corey 只分析了 I 式就找到了合成长叶烯的路线。理论上可以逐一分析 II，III，IV 等找出可能的合成路线，再相互比较，从中选择最方便的路线。

15.8.6　生物碱 poratherine 的全合成

1974 年，Corey E J 完成了生物碱 porantherine 的合成。

根据 porantherine 的结构，可做以下的逆合成分析（与托品酮比较！）：

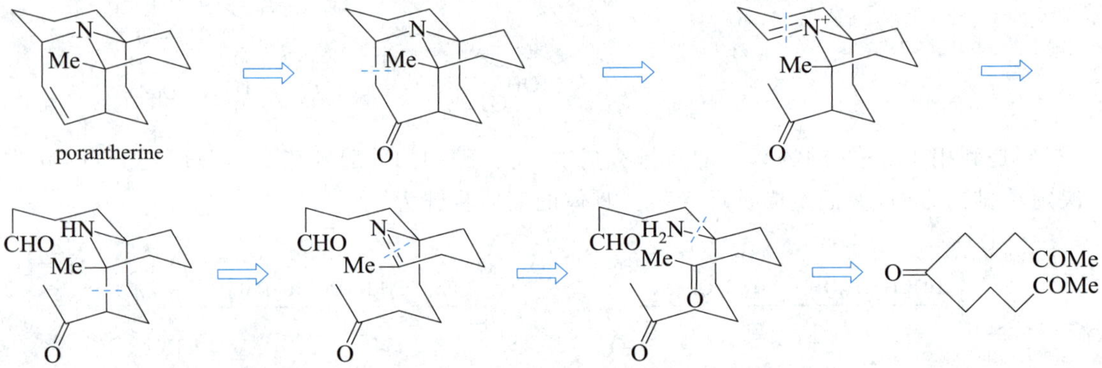

当时已有计算机软件 LHASA-10，利用软件也得到同样的结果。

实际的反应路线如下，其中关键的一点是先导入一个含末端烯键的侧链，需要时才将它转变成末端醛基：

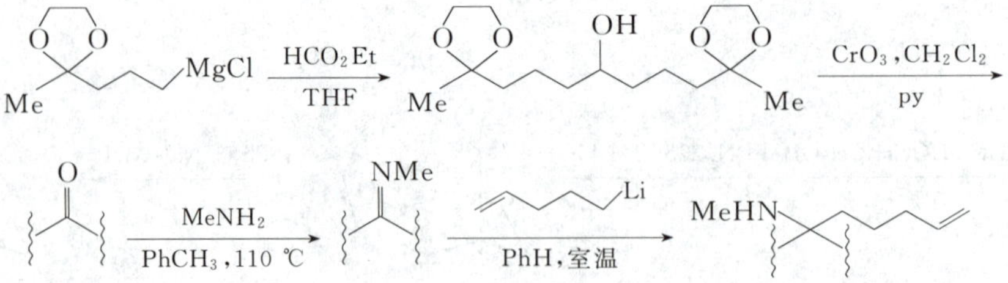

porantherine

参考文献

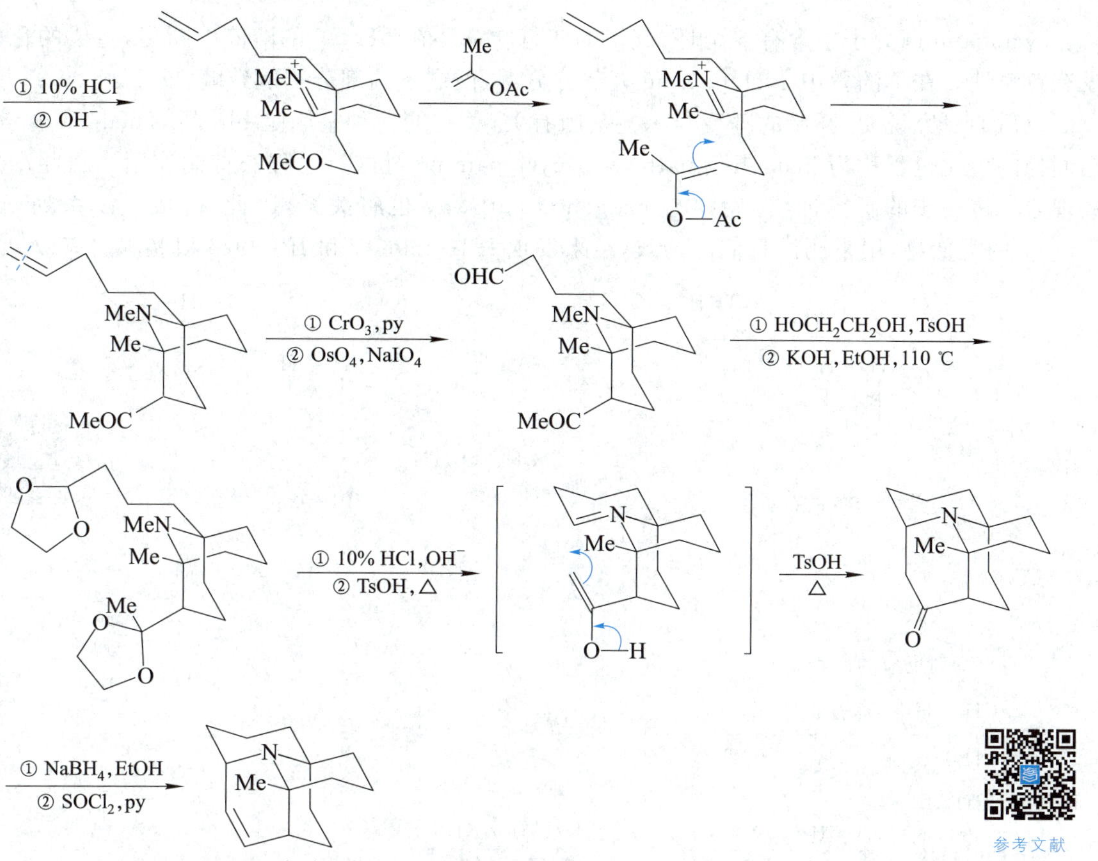

15.8.7 cyclopamine

希腊神话中有奥德赛(Odyseus)在攻陷特洛伊(Troy)城后航海回家途中遇到独眼巨人(Cyclop)的故事。不知道诗人荷马(Homer)是不是看到过独眼的畸形儿,由此产生灵感,创造出独眼巨人的神话。不过,独眼羊却是存在的。

20世纪中期,美国 Idaho 州的一些绵羊产下的羊羔中有多达 25%的一只眼长在前额上的独眼羊。美国农业部派去调查的一位科学家跟着羊群放牧三年后发现:羊群在每年的干旱季节转移到山上的牧场,那里有很多学名为 veratrum californicum 的植物,怀孕的母羊可能是吃了这种植物的花才生下独眼畸胎的。系统的研究证实了这一猜想。进一步研究证明羊怀胎14日后就可以在 veratrum californicum 的影响下产生畸胎。

从这种植物中提取生物碱,逐一试验它们对绵羊胚胎发育的影响,发现三种生物碱能致畸,作用最强的一种根据独眼巨人一词命名为 cyclopamine。

cyclopamine

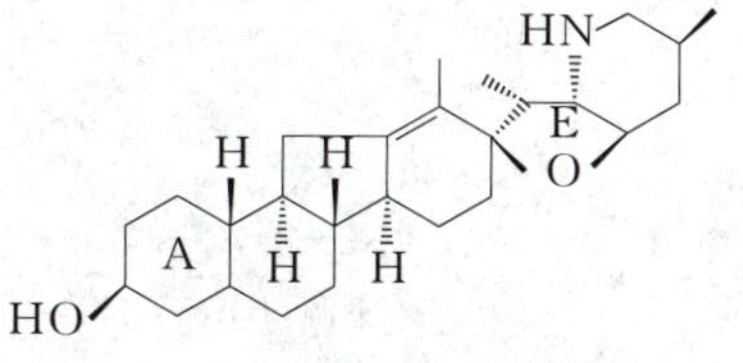

cyclopamine 分子中含有 6 个环,其中的四氢呋喃环在 pH<2 的溶液中断裂,生成的化合物没有致畸性。在羊的胃中 cyclopamine 大部分分解,但剩下的部分仍能致畸。

以后的研究说明:胚胎的畸变与一些基因有关,关键的一种基因是 hh 基因(hedgehog geu),它调控的生化过程称为 hedgehog pathway。cyclopamine 对这一过程有抑制作用。因此产生致畸现象。进一步的研究证明:癌症与 hedgehog pathway 也有关系,因此,合成了一系列 cyclopamine 的类似物,用来测试它们的药效,结果发现 IPI-269609 和 IPI-926 对胰腺癌有效。

IPI-269609

IPI-926

参考文献

习 题

1. 写出下列反应的产物。

(1) $\begin{array}{c}CH_2NH_2\\|\\CH_2NH_2\end{array}$ $\xrightarrow[50\ ℃,6\ h,80\%\sim90\%]{ClCH_2COOH(4.8\ mol),NaOH,H_2O}$ ( )

(2) 2,6-二甲基苯胺 $\xrightarrow[\text{回流},8\ h,75\%]{ClCH_2COCl,C_6H_6}$ ( ) $\xrightarrow[\text{回流}\ 7\ h,76\%]{(C_2H_5)_2NH}$ ( )

(3) $HN(CH_2CH_2OH)_2$ $\xrightarrow[90\sim98\ ℃,5\ h,85\%]{CH_2O,HCOOH}$ ( )

(4) $CH_3NH_2 + CH_2=CHCOOEt(2\ mol)$ $\xrightarrow[\text{室温},6\ d,85\%]{EtOH}$ ( )

(5) CH_3CH_2OH $\xrightarrow[20\sim25\ ℃,16\ h,32\%]{H_2NCONH_2,H_2SO_4(\text{浓})}$ ( ) $\xrightarrow[\text{回流},4\ h,75\%]{NaOH,H_2O,HOCH_2CH_2OH}$ ( )

(6) 2-氧代-1,3-二(甲氧羰基)环己烷 $+ CH_2O + CH_3NH_2$ $\xrightarrow[\text{室温},24\ h,80\%]{CH_3OH}$ ( )

(7) 环辛基-N(CH$_3$)$_2$ $\xrightarrow[\text{室温},26\ h]{H_2O_2,CH_3OH}$ ( ) $\xrightarrow{120\ ℃}$ ( )90%

(8) $CH_3(CH_2)_5NH_2$ $\xrightarrow[NaOH(25\%\ aq)]{(CH_3)_2SO_4}$ ( ) $\xrightarrow{Ba(OH)_2}$ ( ) $\xrightarrow[\triangle]{KOH}$ ( )66%

(9) 1-氨基-4-硝基萘 $\xrightarrow[0\sim20\ ℃,2\ h]{NaNO_2,H_2SO_4,AcOH}$ ( ) $\xrightarrow[\text{室温},1\ h,55\%]{NaNO_2,CuSO_3}$ ( )

(10) [o-phenylenediamine] $\xrightarrow[80\ ℃,1\ h,75\%]{NaNO_2,AcOH,H_2O}$ ( )

(11) [4-amino-5-hydroxy-naphthalene-2,7-disulfonic acid disodium salt] + $C_6H_5\overset{+}{N}_2Cl^-$ $\xrightarrow{\begin{array}{c}pH\ 4.2\sim4.5\\pH\ 9\sim9.5\end{array}}$ ( ) ( )

(12) $Cl^-\ H_3\overset{+}{N}CH_2COOEt$ $\xrightarrow[0\sim2\ ℃,80\%]{NaNO_2,H_2SO_4,H_2O}$ ( ) $\xrightarrow[180\ ℃,3\ h,80\%]{C_6H_5CH=CH_2}$ ( )

(13) Cl—[C$_6$H$_4$]—$COCl$ $\xrightarrow[70\%]{CH_2N_2,Et_2O}$ ( ) $\xrightarrow[60\sim70\ ℃,2\ h,80\%]{AgNO_3,NH_3,H_2O}$ ( )

(14) $C_6H_5N(CH_3)_2$ $\xrightarrow[5\ ℃,2\ h]{NaNO_2,HCl,H_2O}$ ( ) $\xrightarrow[\substack{K_2CO_3,C_2H_5OH\\ 回流,5\ h}]{O_2N\text{-}C_6H_3(NO_2)\text{-}CH_3}$ ( ) $\xrightarrow[100\ ℃,0.5\ h]{HCl,H_2O}$ ( ) + ( )

(15) 卡比多巴是一种治疗帕金森症的药物，合成路线如下，写出各步中间产物。

[3-methoxy-4-hydroxybenzaldehyde] $\xrightarrow[回流,10\ h,90\%]{C_2H_5NO_2,AcOH,C_6H_5CH_3,C_4H_9NH_2}$ ( ) $\xrightarrow[回流]{Fe,HCl(35\%aq)}$ $\xrightarrow[H_2O]{NaHSO_3}$ ( ) 90%

$\xrightarrow[室温,10\ h,85\%]{NaCN,H_2NNH_2(40\%aq),(C_2H_5)_2O,H_2O}$ ( ) $\xrightarrow[8\ ℃,8\ h]{HBr(48\%aq),HCl}$ $\xrightarrow[回流,3\ h]{-HCl(g)}$

[HO,HO-C$_6$H$_3$-CH$_2$-C(CH$_3$)(NHNH$_2$)-COOH] 50%

2. 简答：

(1) 已知下列反应生成物中三种乙醇胺的比例（质量分数/%），为何更容易生成仲胺和叔胺？

[环氧乙烷] + $NH_3 \longrightarrow H_2NCH_2CH_2OH + HN(CH_2CH_2OH)_2 + N(CH_2CH_2OH)_3$

环氧乙烷：氨（摩尔比）	乙醇胺	二乙醇胺	三乙醇胺
1∶10	61~75	21~27	4~12
1∶2	25~31	38~52	17~37
1∶1	12~15	23~26	59~65

(2) 已知下列实验事实，解释为什么第二个反应优先生成苄基衍生物。

$C_6H_5COO^- + CH_3\overset{+}{N}(CH_3)(CH_3)C_6H_5 \xrightarrow[回流,30\ min,90\%]{C_6H_5CH_3} C_6H_5COOCH_3 + CH_3-N(CH_3)(C_6H_5)$

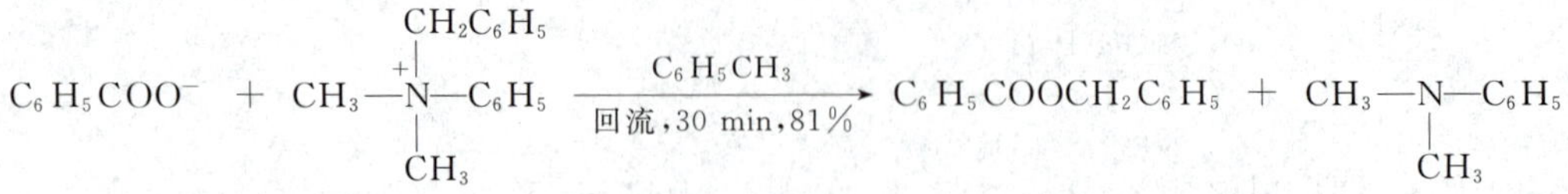

$C_6H_5COO^-$ + $CH_3\overset{+}{N}(CH_3)(CH_2C_6H_5)CH_3$ $\xrightarrow[\text{回流, 30 min, 81\%}]{C_6H_5CH_3}$ $C_6H_5COOCH_2C_6H_5$ + $CH_3-N(CH_3)-C_6H_5$

(3) 解释下列实验事实，为何第二个和第三个反应没能得到产物。

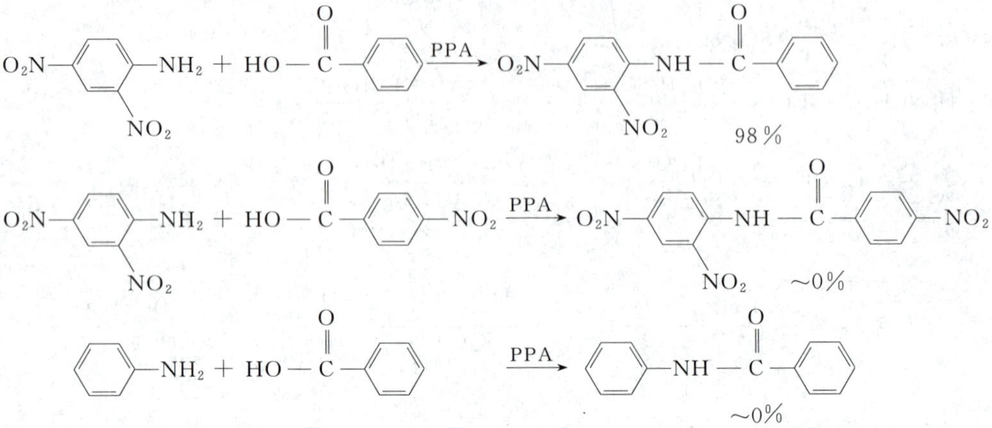

2,4-二硝基苯胺 + 苯甲酸 $\xrightarrow{PPA}$ 2,4-二硝基-N-苯甲酰苯胺 (98%)

2,4-二硝基苯胺 + 对硝基苯甲酸 $\xrightarrow{PPA}$ 产物 (~0%)

苯胺 + 苯甲酸 $\xrightarrow{PPA}$ N-苯基苯甲酰胺 (~0%)

3. 指出合理的反应机理。

(1) $CCl_3CH(OH)_2$ $\xrightarrow[\text{回流, 1 h, 70\%}]{NH_3, H_2O, NaCN}$ $Cl_2CHCONH_2$

(2) 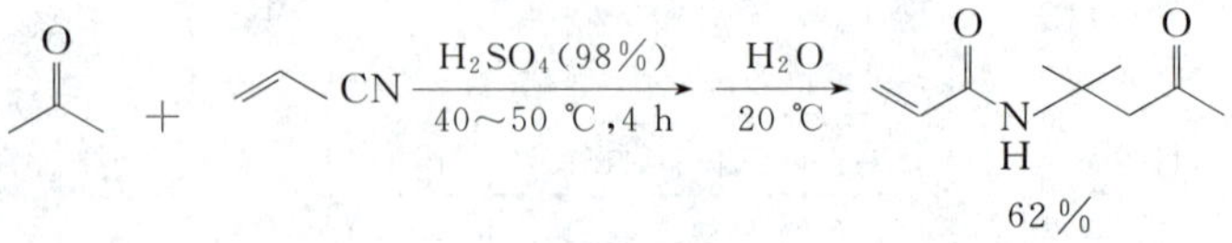 丙酮 + $CH_2=CHCN$ $\xrightarrow[40\sim50\text{ ℃, 4 h}]{H_2SO_4(98\%)}$ $\xrightarrow[20\text{ ℃}]{H_2O}$ 产物 (62%)

(3) 邻氨基甲酰基苯甲酸 $\xrightarrow[-10\text{ ℃, 2 h, 90\%}]{NaClO, NaOH, CH_3OH}$ 邻氨基苯甲酸甲酯

(4) 邻苯二胺 + $N\equiv C-NHCOCH_3$ $\xrightarrow[98\sim100\text{ ℃, 2 h, 88\%}]{HCl(35\%)}$ 2-甲氧羰基氨基苯并咪唑

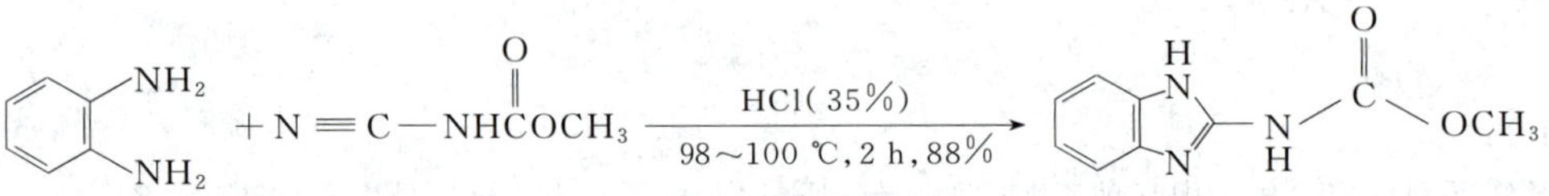

(5) 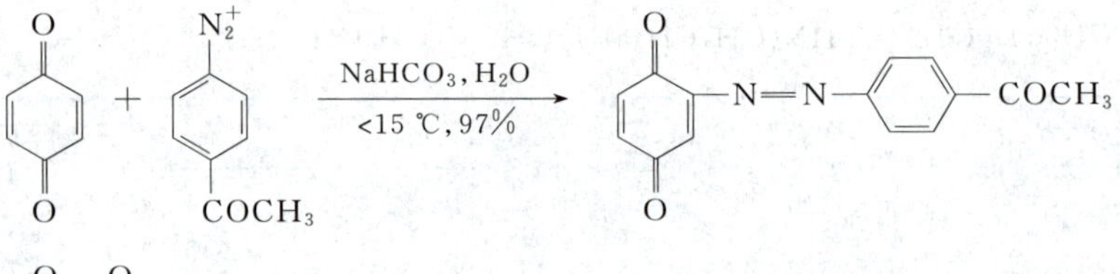 对苯醌 + 对乙酰基苯重氮盐 $\xrightarrow[<15\text{ ℃, 97\%}]{NaHCO_3, H_2O}$ 偶氮产物

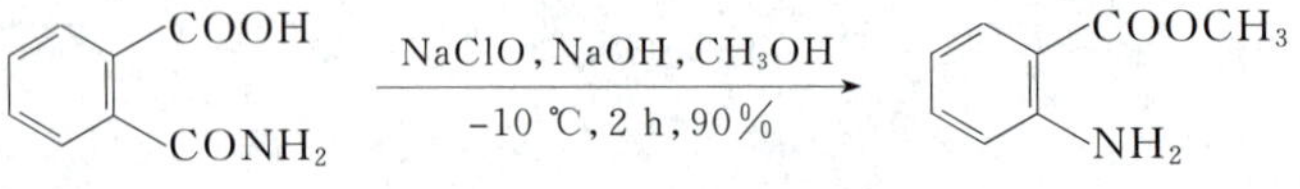

(6) 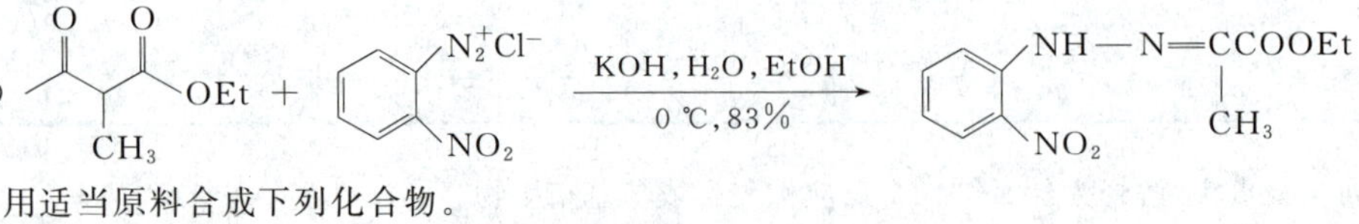 2-甲基乙酰乙酸乙酯 + 邻硝基苯重氮氯 $\xrightarrow[0\text{ ℃, 83\%}]{KOH, H_2O, EtOH}$ 产物

4. 用适当原料合成下列化合物。

(1) 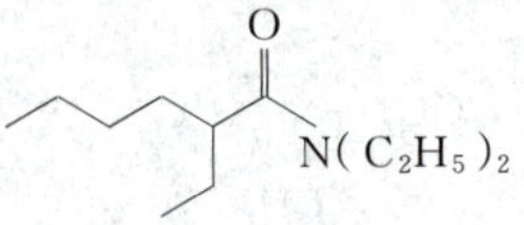 2-乙基己酰-N,N-二乙基酰胺

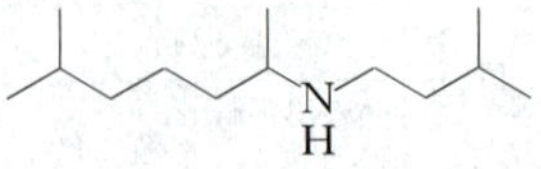

(2) 2,6-二甲基-4-异戊基氨基庚烷

习 题

(3) HO—⟨ ⟩—NHCOCH₃

(4) 结构：3,4-二羟基苯乙胺 (HO, HO 取代基在苯环上，—CH₂CH₂NH₂)

(5) 2,5-二氯-1,4-苯二胺 (Cl, NH₂, H₂N, Cl 取代的苯环)

(6) 3-氯-4-甲基苯基-N'-二甲基脲：Cl, CH₃ 取代苯环，—NH—C(=O)—N(CH₃)₂

(7) 邻氰基苯氧基取代的 —O—CH₂—CH(OH)—CH₂—NHC(CH₃)₃；苯环邻位为 CN

(8) 对氯苯基取代的 β-氨基酸：Cl—⟨ ⟩—CH(NH₂)—CH₂—COOH (结构中 NH₂ 与 COOH 相连于中心碳)

(9) 3,3'-二甲氧基联苯：CH₃O—⟨ ⟩—⟨ ⟩—OCH₃

(10) O_2N—⟨ ⟩—N=N—⟨ ⟩—N(CH₂CH₂OH)₂

5. 推测下列各化合物可能的构造。

(1) 分子式为 $C_7H_7NO_2$ 的化合物 A，B，C 和 D，它们都含有苯环。A 能溶于酸和碱中，B 能溶于酸而不溶于碱，C 能溶于碱而不溶于酸，D 不能溶于酸和碱中。

(2) 分子式为 $C_{15}H_{15}NO$ 的化合物 A，不溶于水、稀盐酸和稀氢氧化钠溶液。A 与氢氧化钠溶液一起回流时慢慢溶解，同时有油状化合物浮在液面上。用水蒸气蒸馏法将油状产物分出，得化合物 B。B 能溶于稀盐酸，与对甲苯磺酰氯作用，生成不溶于碱的沉淀。把去掉 B 以后的碱性溶液酸化，有化合物 C 分出。C 能溶于碳酸氢钠溶液，其熔点为 182 ℃。

6. 推测下列化合物的结构。

(1) $C_8H_{11}N$，δ_H：1.3(d,3H)，1.4(s,2H)，4.0(q,1H)，7.2(s,5H)。

(2) $C_8H_{11}N$，δ_H：1.0(s,2H)，2.5~3.0(m,4H)，7.3(s,5H)。

(3) $C_{12}H_{11}N$，σ_{max}/cm^{-1}：3 500，1 600，1 500，730，690；δ_H：5.5(b,1H)，7.0(m,10H)。

(4) $C_8H_{11}N$，σ_{max}/cm^{-1}：3 400，1 500，740，690；δ_H：1.4(s,1H)，2.5(s,3H)，3.8(s,2H)，7.3(s,5H)。

参考答案

郑重声明

高等教育出版社依法对本书享有专有出版权。任何未经许可的复制、销售行为均违反《中华人民共和国著作权法》，其行为人将承担相应的民事责任和行政责任；构成犯罪的，将被依法追究刑事责任。为了维护市场秩序，保护读者的合法权益，避免读者误用盗版书造成不良后果，我社将配合行政执法部门和司法机关对违法犯罪的单位和个人进行严厉打击。社会各界人士如发现上述侵权行为，希望及时举报，我社将奖励举报有功人员。

反盗版举报电话　　（010）58581999　58582371
反盗版举报邮箱　　dd@hep.com.cn
通信地址　　北京市西城区德外大街4号　高等教育出版社法律事务部
邮政编码　　100120

读者意见反馈

为收集对教材的意见建议，进一步完善教材编写并做好服务工作，读者可将对本教材的意见建议通过如下渠道反馈至我社。

咨询电话　　400-810-0598
反馈邮箱　　hepsci@pub.hep.cn
通信地址　　北京市朝阳区惠新东街4号富盛大厦1座
　　　　　　高等教育出版社理科事业部
邮政编码　　100029